미래 예측 및 시계열 자료 분석에 필요한 기법들을 설명

SPSS 활용
미래 예측과 시계열분석

한 광 종

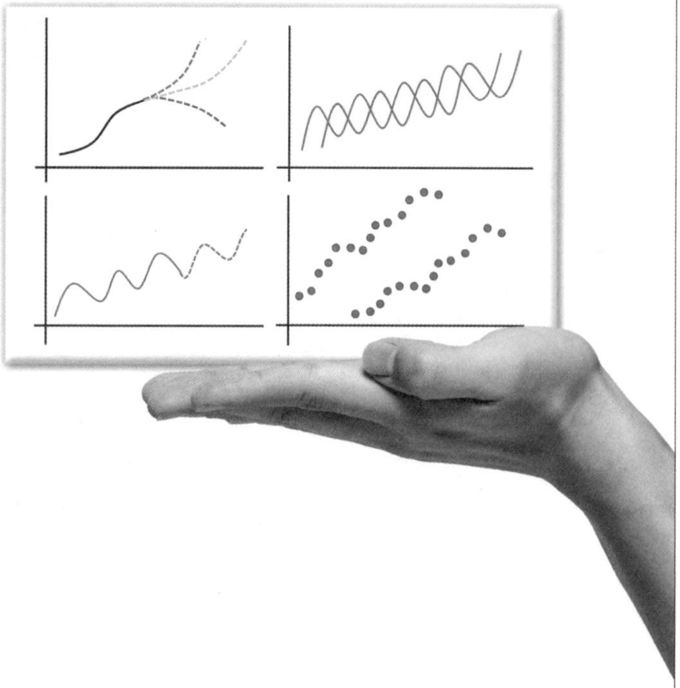

백산출판사

본서에서 다룬 샘플 파일과 풀이 결과 파일은 백산출판사 홈페이지(www.ibaeksan.kr)의 상단 메뉴에서 자료실을 선택한 후 Subdirectory에서 일반 자료실에 들어오시면 다운로드가 가능합니다.

책 내용에 대해서 궁금한 점이 있으시면 저자의 E-mail(fatherofsusie@hanmail.net)로 언제든지 직접 문의하거나 blog.daum.net/fatherofsusie의 방명록에 메모로 남겨 주시기 바랍니다.

머리말 Preface

앞으로 내년 순이익은 어떻게 될까? 다음 분기 판매량은 어느 정도가 될까? 다음 달 매출액은 얼마나 될까? 다음 주 환율과 유가는 어떻게 변할까? 예측이란 과거로부터 현재까지의 상황을 기반으로 미래상황에 대한 가정이다. 만약 미래에 대한 정확한 예측이 가능하다면, 이를 바탕으로 우리는 앞으로의 계획을 보다 합리적으로 수립하고, 손실을 최소화할 수 있는 대처방안을 미리 마련해서 Risk Management가 가능하다.

미래 예측에 시계열 분석은 빼놓을 수 없는 요소임에도 불구하고 시계열 분석을 어렵고 부담스럽게 느껴서 쉽게 접근하는 데 어려움을 하소연하는 분들이 많다. 본서는 시계열 분석이 필요하지만 스스로 시계열 분석하는 데 적지 않은 어려움을 겪고 있는 분들뿐만 아니라 통계와 시계열 분석에 기초 지식이 부족한 분들도 본서의 설명대로 따라 하기만 하면 누구나 자연스럽게 그리고 쉽게 SPSS 활용 시계열 분석을 응용할 수 있도록 분석 진행과정을 상세하게 설명하였고 특히 자동 모형 생성기(Expert Modeler)에 초점을 맞추어 손쉽게 적절한 모형을 찾을 수 있도록 구성했다. 시계열 분석은 초보에게 큰 부담으로 느껴질 수 있지만, 자동 모형 생성기를 잘 활용하면 누구나 적절한 모형을 찾아서 미래를 예측할 수 있다.

본서는 기존 시계열 분석 책들이 다루는 딱딱한 이론 중심에서 벗어나 실무에 바로 적용하는 방법 위주로 작성했다는 점이 큰 차이점이다.

본서는 미래 예측에 필요한 시계열 분석을 SPSS 버전 21을 활용해 예측하는 다양한 기법을 각 단계별로 화면 캡처해서 설명하였으므로 따라 하기만 하면 누구나 쉽게 미래 예측과 시계열 분석을 자신감 있게 할 수 있도록 정리했으며 ARIMA 분석(홀트 선형추세, 브라운 선형추세, 진폭감소추세, 윈터스 가법, 윈터스 승법 등), 선형 회귀분석, 비선형 회귀분석, 로지스틱 회귀분석, 더미변수 회귀분석, 로그선형모형, 상표 전환행렬, 인공신경망, 횡단시계열 자료 분석, 몬테칼로 시뮬레이션 등을 포함해서 미래 예측과 시계열 자료 분석에 필요한 다양한 기법을 골고루 소개하고 있다.

본서는 SPSS 21을 기준으로 설명했지만 SPSS 18, 19, 20, 22에 모두 그대로 적용이 가능하다. 몬테칼로 시뮬레이션은 SPSS 21 이상에서만 적용할 수 있다.

엑셀로 미래 예측과 시계열 분석을 하고자 하시는 분들은 백산출판사에서 발간한『Excel 활용 미래 예측과 시계열 분석』을 참고하기 바란다.

통계 서적은 독자층이 비교적 두텁지 않음에도 불구하고 본서의 출판을 기꺼이 맡아주신 백산출판사의 진성원 상무님께 진심으로 감사드립니다. 한 권의 책이 나오기까지 많은 분들의 도움이 필요합니다. 편집과 교정작업 그리고 포토샵과 디자인 작업에 수고해 주신 김호철 편집부장님, 성인숙 과장님, 오정은 실장님, 오양현 대리님, 박채린 님에게도 감사의 말씀을 드립니다. 1974년 진욱상 사장님께서 백산출판사를 설립한 이래 지금까지 꾸준히 쌓아온 관광분야 전문출판사로서의 명성을 토대로 더욱 발전하기 바랍니다.

부족한 부분은 개선해 나가도록 하겠습니다. 본서의 내용에 대해서 궁금한 점이 있으면 언제든지 저자의 E–mail(fatherofsusie@hanmail.net)로 직접 문의하거나 blog.daum.net/fatherofsusie의 방명록에 메모로 남겨 주기 바랍니다.

한 광 종

2014년 11월

Contents

Part 1. 미래 예측과 시계열 분석 이해

Part 2. 미래 예측과 시계열 분석 초급

Part 4. 미래 예측과 시계열 분석 고급

PART 01

미래 예측과 시계열 분석 이해

01

CHAPTER

시계열 분석 기초

01 시계열 분석 기초

1.1 시계열 분석 과정

1.1.1 시계열 분석 의미와 응용 범위

시계열 분석이란 분석하고자 하는 조사 대상의 자료 값을 일정한 시간 간격으로 표시된 자료의 특성(추세 변동, 계절 변동, 순환 변동, 불규칙 변동)을 파악해서 이의 연장선상에서 미래를 예측하는 분석 방법을 말한다. 즉, 시계열 분석은 과거의 흐름으로부터 미래를 투영하는 방법이다.

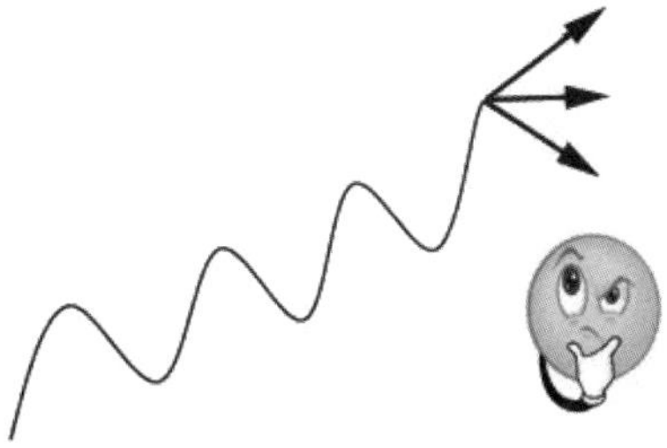

항공사(병원 · 호텔 · 여행사)의 매출액, 순이익, 환율 변동, 실업률 변화 등 일정기간 내에 연속된 시점들을 통하여 관측되고 측정된 일련의 과거 사건들이 미래에도 계속적으로 발생할 것이라는 가정을 포함한다.

시계열 분석 방법에는 평활법, ARIMA 모형(Box Jenkins 방법), 선형 회귀분석, 비선형 회귀분석, 신경망 분석 등이 있다. 예측기간은 장기예측, 중기예측, 단기예측으로 분류될 수 있다. 예측기법에는 인과형 예측기법(회귀분석)과 시계열 예측기법으로 분류된다.

시계열 분석은 어느 분야에 적용할 수 있을까?

- 내년 의료관광객은 몇 명이 될까?

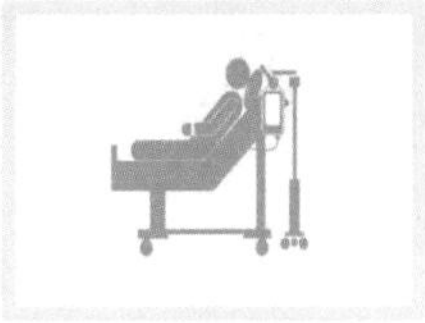

- 내년 병원의 매출액은 어느 정도가 될까?

- 내년 TV 판매량은 어느 정도가 될까?

- 지진을 예측할 수 있을까?

- 내년 전기 수요는 어느 정도가 될까?

- 다음 달 항공기 이용 승객은 몇 명이 될까?

- 앞으로 4개월 동안 항공화물은 몇 톤이 될까?

- 다음 달 선박화물은 몇 톤이 될까?

- 앞으로 6개월 동안 주가는 어떻게 변할까?

- 앞으로 3개월 동안 유가는 어떻게 될까?

- 앞으로 6개월 동안 환율 변화는 어떻게 될까?

- 앞으로 3개월 동안 호텔 투숙률은 몇 퍼센트가 될까?

- 다음 달 범죄 발생은 몇 건이 될까?

- 다음 분기 와인 판매량은 몇 병이 될까?

- 다음 분기 제빵제과 수요량은 몇 개일까?

- 다음 분기 택배 물량은 몇 개가 될까?

1.1.2 회귀분석과 시계열 분석의 차이점

회귀분석과 시계열 분석의 차이점은 무엇일까?

회귀분석은 종속변수와 독립변수 사이의 관계에서 모형을 설정하며, 시계열 분석은 변수 자체의 시간의 흐름에 따른 특성을 토대로 모형을 설정한다.

시계열 분석의 장점은 예측치 추정에 유용하다. 시계열 분석의 단점은 변수 자체의 시간의 흐름에 따른 특성만을 토대로 모형을 설정하므로 변수 사이의 이론적인 관계를 고려하지 못한다는 한계점이 있다.

구분	내용
회귀분석	• 종속변수와 독립변수 사이의 관계에서 모형 설정 • 선형 회귀분석, 중다 회귀분석
시계열 분석	• 변수 자체의 시간의 흐름에 따른 특성을 토대로 모형 설정 시계열 분석의 장점은 단기 예측에 유용하다. 시계열 분석의 단점은 변수 자체의 시간의 흐름에 따른 특성만을 토대로 모형을 설정하므로 변수 사이의 이론적인 관계를 고려하지 못한다는 한계점이 있다. • ARIMA 모형, 윈터스 가법, 윈터스 승법 등

2012년 4분기부터 2018년 1분기까지 호텔 광고홍보비와 매출액을 조사했다.

파일 이름: 호텔매출액과 광고홍보비(단위: 억 원)

	Year	분기	매출액	광고홍보비
1	2012	4	78266	356.00
2	2013	1	95622	544.00
3	2013	2	92022	452.00
4	2013	3	103958	567.00
5	2013	4	112563	623.00
6	2014	1	124832	713.00
7	2014	2	102022	623.00
8	2014	3	113958	756.00
9	2014	4	122563	852.00
10	2015	1	134832	954.00

① 선형 회귀분석

분석 → 회귀분석 → 선형

- 종속변수: 매출액
- 독립변수: 광고홍보비
- 통계량: 추정값
- 잔차: 더빈왓슨(회귀분석에서 잔차의 자기상관 검증)
- 예측값: 비표준화 → 계속 → 확인 → 결과

모형 요약[b]

모형	R	R 제곱	수정된 R 제곱	추정값의 표준오차	Durbin-Watson
1	.949[a]	.901	.896	7294.873	1.196

a. 예측값: (상수), 광고홍보비

b. 종속변수: 매출액

분산분석[a]

모형		제곱합	자유도	평균 제곱	F	유의확률
1	회귀 모형	9661335463	1	9661335463	181.552	.000[b]
	잔차	1064303462	20	53215173.11		
	합계	10725638925	21			

a. 종속변수: 매출액

b. 예측값: (상수), 광고홍보비

계수[a]

모형		비표준화 계수		표준화 계수	t	유의확률
		B	표준오차	베타		
1	(상수)	66724.380	4636.642		14.391	.000
	광고홍보비	67.523	5.011	.949	13.474	.000

a. 종속변수: 매출액

더빈왓슨 값이 1.196이다. 종속변수가 1개이고 케이스가 22개(2012년 4분기부터 2018년 1분기까지)이므로 Sample Size 20에서 유의확률 0.05를 기준으로 dL(1.2)보다 작거나 2.59(4 − dL = 4 − 1.41)보다 크면 자기상관이 없다는 귀무가설을 기각한다. 더빈왓슨 값이 1.196으로 1.2보다 작기 때문에 양의 자기상관이 있으므로 자기회귀 모형을 탐색해 본다.

(Chapter 15의 더빈왓슨 표 참조)

매출액 = 67.523 × 광고홍보비 + 66724.38

회귀방정식에 따르면, 광고홍보비를 1단위 증가시킬 때마다 매출액은 67.523배 증가된다는 의미이다.

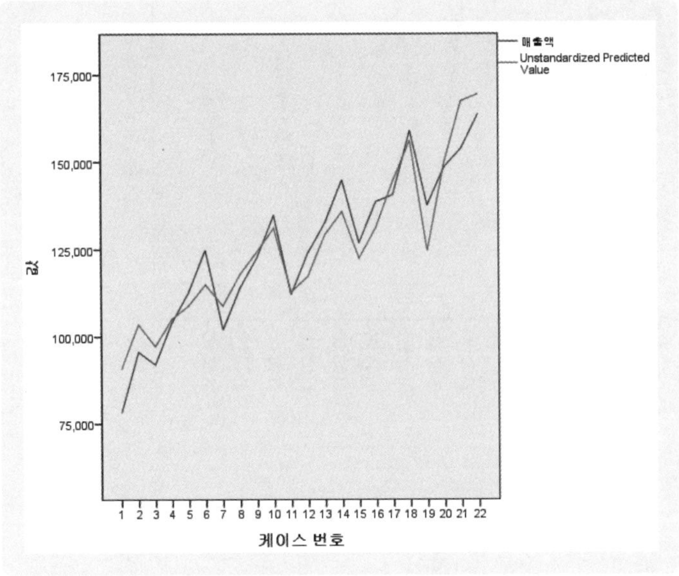

그래프 → 레거시 대화상자 → 선도표
- 다중
- 도표에 표시할 데이터: 각 케이스의 값 → 정의
- 선 표시: 매출액, Unstandardized Predicted Value → 확인

② ARIMA 시계열 분석

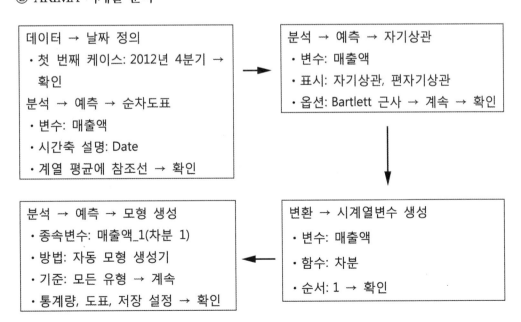

데이터 → 날짜 정의
- 첫 번째 케이스: 2012년 4분기 → 확인

분석 → 예측 → 순차도표
- 변수: 매출액
- 시간축 설명: Date
- 계열 평균에 참조선 → 확인

→

분석 → 예측 → 자기상관
- 변수: 매출액
- 표시: 자기상관, 편자기상관
- 옵션: Bartlett 근사 → 계속 → 확인

↓

변환 → 시계열변수 생성
- 변수: 매출액
- 함수: 차분
- 순서: 1 → 확인

←

분석 → 예측 → 모형 생성
- 종속변수: 매출액_1(차분 1)
- 방법: 자동 모형 생성기
- 기준: 모든 유형 → 계속
- 통계량, 도표, 저장 설정 → 확인

자동 모형 생성기로 탐색된 시계열 모형: 단순 계절

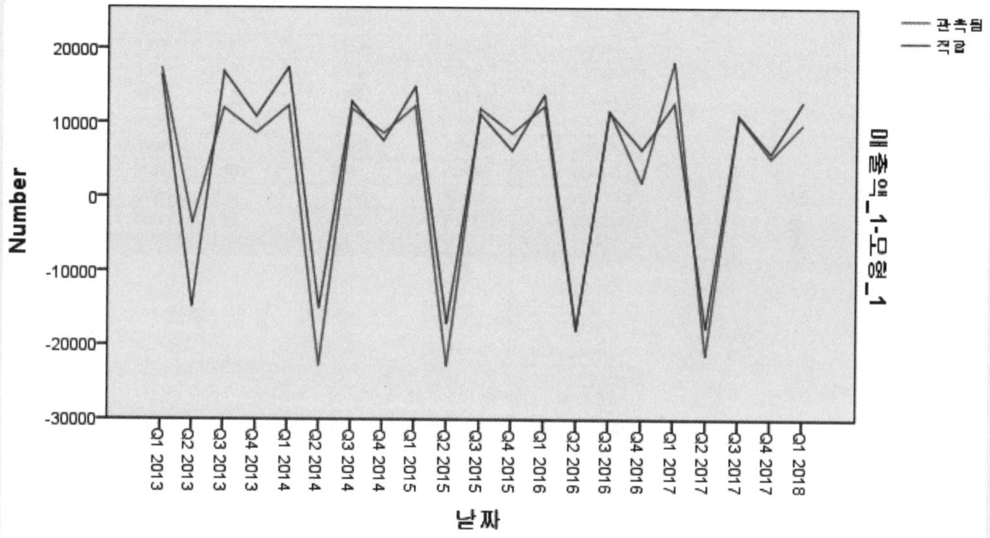

1.1.3 시계열 분석에 의한 예측관련 문제점

① 천재지변에 의한 영향

② 최고 의사결정권자의 일방적인 의사결정 및 지시

③ 예측값과의 오차가 크면 예측자는 책임을 져야만 하는가?

④ 객관적이어야 한다. 분석자의 편견과 개인적 이슈가 개입되면 안된다.

⑤ 시계열 패턴은 정치・경제・사회・문화의 변화에 함께 달라질 수 있다. 환율 변화, 졸업과 입학 시즌, 지역 대규모 행사 등 외생 변수가 발생할 수 있다. 따라서 예측모형은 지속적인 관리가 필요하다.

02

CHAPTER

시계열 자료 입력

02 시계열 자료 입력

2.1 자료 코딩

Excel에서 작업한 후 SPSS로 불러들이는 방법도 있고, SPSS에서 직접 입력하는 방법도 있다. 변수 보기에서 변수 이름, 변수 유형(종류), 소수점 이하 결정, 변수값 설정, 측도 변경 등이 가능하다.

파일(F) 편집(E) 보기(V) 데이터(D) 변환(T) 분석(A) 다이렉트 마케팅(M) 그래프(G) 유틸리티(U) 창(W) 도움말(H)
이름 유형 너비 소수점이... 설명 값 결측값 열 맞춤 측도
1 연도 숫자 8 2 없음 없음 8 오른쪽 척도(S)
2 분기 숫자 8 2 없음 없음 8 오른쪽 척도(S)
3 매출액 숫자 8 2 없음 없음 8 오른쪽 척도(S)
4
(생략)
10
11
데이터 보기(D) 변수 보기(V)

Excel의 자료를 SPSS로 불러들이는 가장 편리한 방법

① Excel에서 자료 정리를 할 때 첫 번째 행에 변수별 이름을 적는다.
② 시계열 자료를 입력한다. (Excel)
③ 저장한다. (Excel)
④ 바탕화면에 SPSS 단축 아이콘을 만든 후
⑤ Excel 파일을 SPSS 단축 아이콘 위로 드래그한다.
⑥ 데이터 첫 행에서 변수 이름 읽어오기 체크
⑦ 확인

2.2 TIME 변수 생성

TIME 변수는 어떻게 만들 수 있을까? $Casenum 함수를 사용한다.

1995년부터 2018년까지의 항공화물과 여객수송 매출액을 조사했다.

파일 이름: TIME변수 생성(단위: 억 원)

	연도	항공화물	여객수송
1	1995	662	9096
2	1996	902	10404
3	1997	1022	10950
4	1998	1142	12026
5	1999	1382	30804
6	2000	1622	33384
7	2001	1502	44064
8	2002	1622	54744
9	2003	1742	61680
10	2004	1861	69600

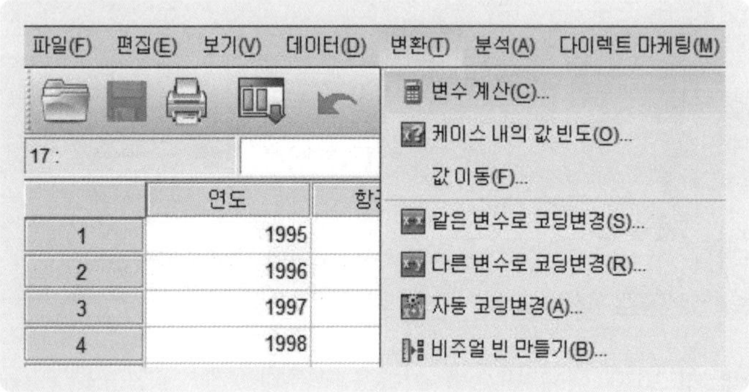
파일(F) 편집(E) 보기(V) 데이터(D) 변환(T) 분석(A) 다이렉트 마케팅(M)
변수 계산(C)...
케이스 내의 값 빈도(O)...
값 이동(F)...
같은 변수로 코딩변경(S)...
다른 변수로 코딩변경(R)...
자동 코딩변경(A)...
비주얼 빈 만들기(B)...
17 :
연도
1995
1996
1997
1998

변환 → 변수 계산

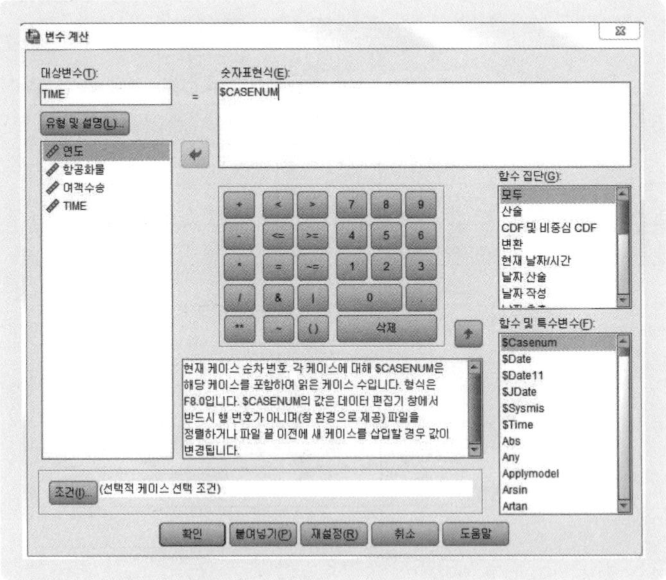

- 대상변수: TIME
- 함수 집단: 모두 또는 기타 → 함수 및 특수변수: $Casenum → $Casenum을 더블클릭 → $Casenum 함수가 숫자표현식 안으로 들어간다. → 확인

확인 → 결과

	연도	항공화물	여객수송	TIME
1	1995	662	9096	1.00
2	1996	902	10404	2.00
3	1997	1022	10950	3.00
4	1998	1142	12026	4.00
5	1999	1382	30804	5.00
6	2000	1622	33384	6.00
7	2001	1502	44064	7.00
8	2002	1622	54744	8.00
9	2003	1742	61680	9.00
10	2004	1861	69600	10.00

Time 변수가 새롭게 생성된다.

2.3 구조변환

행과 열로 정리된 자료를 어떻게 한 개의 열로 나열해서 정리할 수 있을까?

행과 열로 정리된 자료	시계열 분석을 위해 한 개의 열로 정리된 자료

분기	2013	2014	2015	2016
1				
2				
3				
4				

연도	분기	순이익
2013	1	
2013	2	
2013	3	
2013	4	
2014	1	
2014	2	
2014	3	
2014	4	
2015	1	
2015	2	
2015	3	
2015	4	
2016	1	
2016	2	
2016	3	
2016	4	

파일 이름: 구조변환_전(단위: 억 원)

	Month	Year2011	Year2012	Year2013	Year2014	Year2015	Year2016	Year2017
1	1	.	4460	5678	3686	24789	5682	4680
2	2	.	8925	9267	4280	4890	5450	6780
3	3	.	8256	17812	4000	14500	14500	.
4	4	6740	7230	6892	6829	5780	5760	.
5	5	2040	2780	11678	5880	5180	3960	.
6	6	4750	12890	12782	7924	6580	6030	.
7	7	9270	20150	9267	11826	9260	14420	.
8	8	12630	13910	16782	18290	18790	19070	.
9	9	7600	7290	9267	8680	8490	28220	.
10	10	3630	3260	17820	5780	4950	4370	.
11	11	9270	5780	8267	74580	3856	4825	.
12	12	5060	5360	1567	7825	4780	4460	.

| 참고 | 변수 이름은 숫자로 입력이 되지 않는다.

예 2015 (×)

Year_2015 (○)

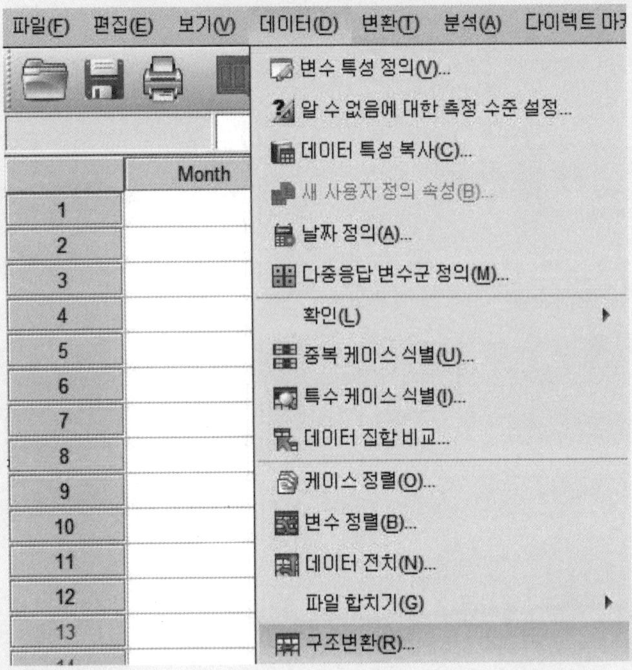

데이터 → 구조변환

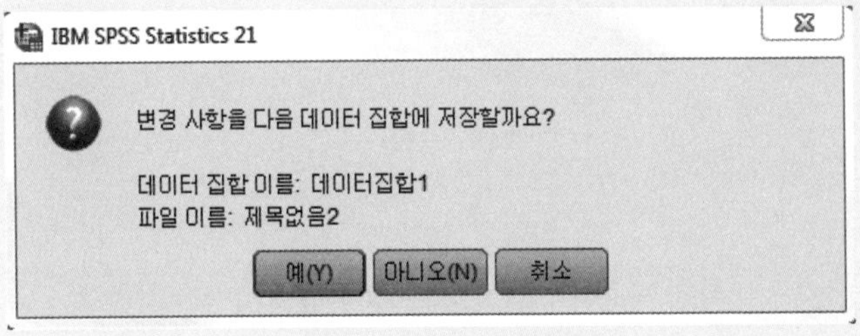

변경 사항을 다음 데이터 집합에 저장할까요? → 아니오

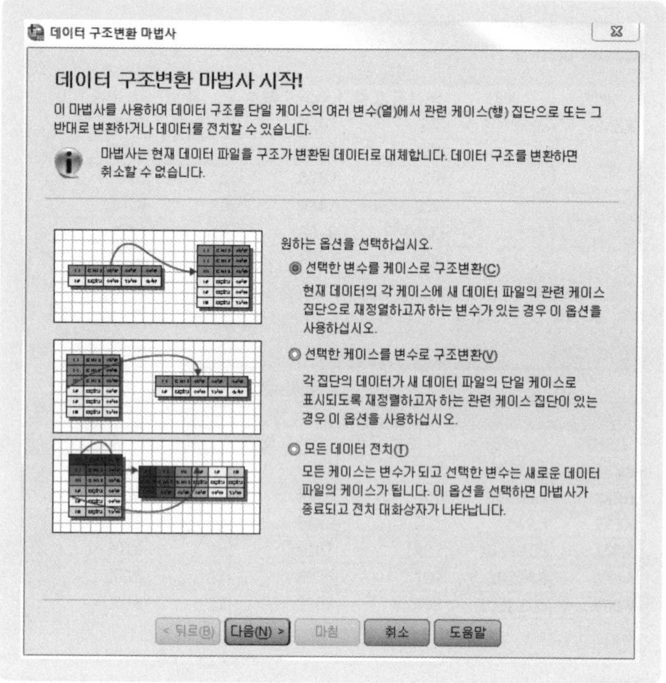
데이터 구조변환 마법사
데이터 구조변환 마법사 시작!
이 마법사를 사용하여 데이터 구조를 단일 케이스의 여러 변수(열)에서 관련 케이스(행) 집단으로 또는 그 반대로 변환하거나 데이터를 전치할 수 있습니다.
마법사는 현재 데이터 파일을 구조가 변환된 데이터로 대체합니다. 데이터 구조를 변환하면 취소할 수 없습니다.
원하는 옵션을 선택하십시오.
선택한 변수를 케이스로 구조변환(C)
현재 데이터의 각 케이스에 새 데이터 파일의 관련 케이스 집단으로 재정열하고자 하는 변수가 있는 경우 이 옵션을 사용하십시오.
선택한 케이스를 변수로 구조변환(V)
각 집단의 데이터가 새 데이터 파일의 단일 케이스로 표시되도록 재정렬하고자 하는 관련 케이스 집단이 있는 경우 이 옵션을 사용하십시오.
모든 데이터 전치(T)
모든 케이스는 변수가 되고 선택한 변수는 새로운 데이터 파일의 케이스가 됩니다. 이 옵션을 선택하면 마법사가 종료되고 전치 대화상자가 나타납니다.
< 뒤로(B)
다음(N) >
마침
취소
도움말

• 원하는 옵션을 선택하십시오: 선택한 변수를 케이스로 구조변환 → 다음

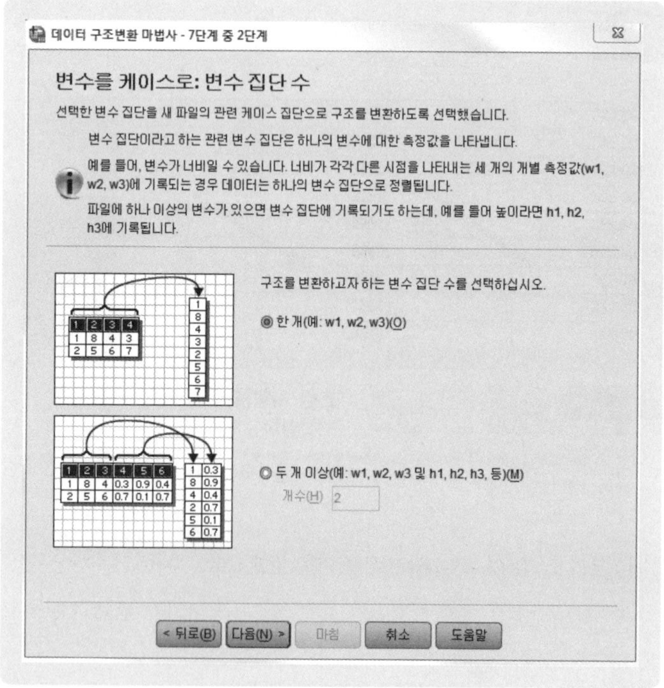
데이터 구조변환 마법사 - 7단계 중 2단계
변수를 케이스로: 변수 집단 수
선택한 변수 집단을 새 파일의 관련 케이스 집단으로 구조를 변환하도록 선택했습니다.
변수 집단이라고 하는 관련 변수 집단은 하나의 변수에 대한 측정값을 나타냅니다.
예를 들어, 변수가 너비일 수 있습니다. 너비가 각각 다른 시점을 나타내는 세 개의 개별 측정값(w1, w2, w3)에 기록되는 경우 데이터는 하나의 변수 집단으로 정렬됩니다.
파일에 하나 이상의 변수가 있으면 변수 집단에 기록되기도 하는데, 예를 들어 높이라면 h1, h2, h3에 기록됩니다.
구조를 변환하고자 하는 변수 집단 수를 선택하십시오.
한 개(예: w1, w2, w3)(O)
두 개 이상(예: w1, w2, w3 및 h1, h2, h3, 등)(M)
개수(H) 2
< 뒤로(B)
다음(N) >
마침
취소
도움말

• 구조를 변환하고자 하는 변수 집단 수를 선택하십시오: 한 개 → 다음

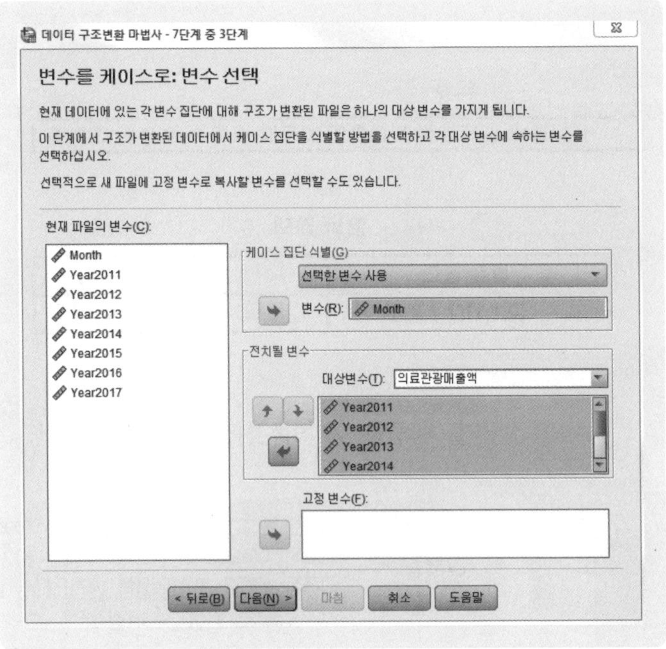
데이터 구조변환 마법사 - 7단계 중 3단계
변수를 케이스로: 변수 선택
현재 데이터에 있는 각 변수 집단에 대해 구조가 변환된 파일은 하나의 대상 변수를 가지게 됩니다.
이 단계에서 구조가 변환된 데이터에서 케이스 집단을 식별할 방법을 선택하고 각 대상 변수에 속하는 변수를 선택하십시오.
선택적으로 새 파일에 고정 변수로 복사할 변수를 선택할 수도 있습니다.
현재 파일의 변수(C):
Month
Year2011
Year2012
Year2013
Year2014
Year2015
Year2016
Year2017
케이스 집단 식별(G)
선택한 변수 사용
변수(R): Month
전치될 변수
대상변수(T): 의료관광매출액
Year2011
Year2012
Year2013
Year2014
고정 변수(F):
< 뒤로(B)
다음(N) >
마침
취소
도움말

- 케이스 집단 식별: 선택한 변수 사용
- 변수: Month 변수 선택
- 대상변수: trans1을 의료관광매출액으로 변경
- 대상변수에 Year2011부터 Year2017까지 선택(Year2011을 선택하고 Shift Key를 누른 상태에서 Year2017을 선택) → 전치될 변수로 드래그 → 다음

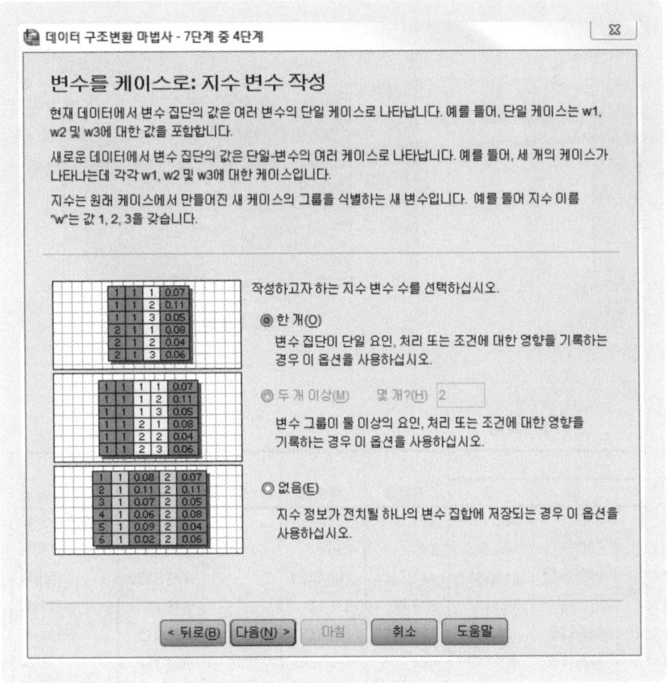
데이터 구조변환 마법사 - 7단계 중 4단계
변수를 케이스로: 지수 변수 작성
현재 데이터에서 변수 집단의 값은 여러 변수의 단일 케이스로 나타납니다. 예를 들어, 단일 케이스는 w1, w2 및 w3에 대한 값을 포함합니다.
새로운 데이터에서 변수 집단의 값은 단일-변수의 여러 케이스로 나타납니다. 예를 들어, 세 개의 케이스가 나타나는데 각각 w1, w2 및 w3에 대한 케이스입니다.
지수는 원래 케이스에서 만들어진 새 케이스의 그룹을 식별하는 새 변수입니다. 예를 들어 지수 이름 "w"는 값 1, 2, 3을 갖습니다.
작성하고자 하는 지수 변수 수를 선택하십시오.
한 개(O)
변수 집단이 단일 요인, 처리 또는 조건에 대한 영향을 기록하는 경우 이 옵션을 사용하십시오.
두 개 이상(M)
몇 개?(H)
2
변수 그룹이 둘 이상의 요인, 처리 또는 조건에 대한 영향을 기록하는 경우 이 옵션을 사용하십시오.
없음(E)
지수 정보가 전치될 하나의 변수 집합에 저장되는 경우 이 옵션을 사용하십시오.
< 뒤로(B)
다음(N) >
마침
취소
도움말

- 작성하고자 하는 지수 변수 수를 선택하십시오: 한 개(변수가 한 개이므로) → 다음

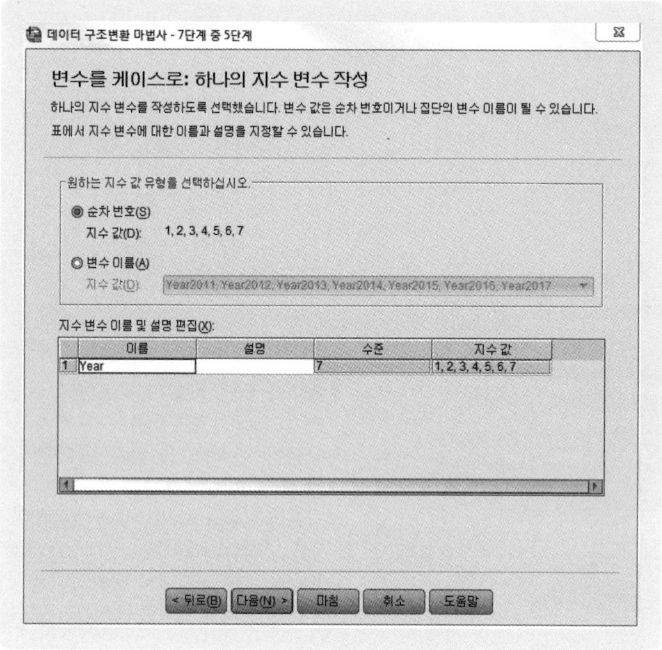
데이터 구조변환 마법사 - 7단계 중 5단계
변수를 케이스로: 하나의 지수 변수 작성
하나의 지수 변수를 작성하도록 선택했습니다. 변수 값은 순차 번호이거나 집단의 변수 이름이 될 수 있습니다.
표에서 지수 변수에 대한 이름과 설명을 지정할 수 있습니다.
원하는 지수 값 유형을 선택하십시오.
순차 번호(S)
지수 값(D): 1, 2, 3, 4, 5, 6, 7
변수 이름(A)
지수 값(D): Year2011, Year2012, Year2013, Year2014, Year2015, Year2016, Year2017
지수 변수 이름 및 설명 편집(X):
이름
설명
수준
지수 값
Year
7
1, 2, 3, 4, 5, 6, 7
< 뒤로(B)
다음(N) >
마침
취소
도움말

- 순차 번호(변수 이름을 선택하면 Year 2011, Year2012 등으로 나타난다.)
- 지수 변수 이름 및 설명 편집: 지수 1을 Year로 변경 → 마침

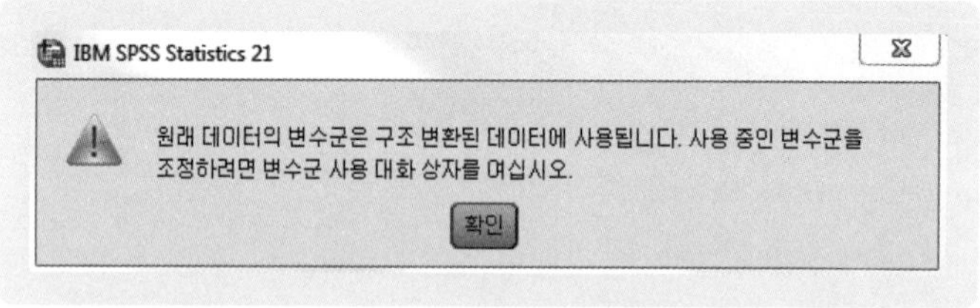
IBM SPSS Statistics 21
원래 데이터의 변수군은 구조 변환된 데이터에 사용됩니다. 사용 중인 변수군을 조정하려면 변수군 사용 대화 상자를 여십시오.
확인

원래 데이터의 변수군은 구조변환된 데이터에 사용됩니다. 사용 중인 변수군을 조정하려면 변수군 사용 대화상자를 여십시오. → 확인

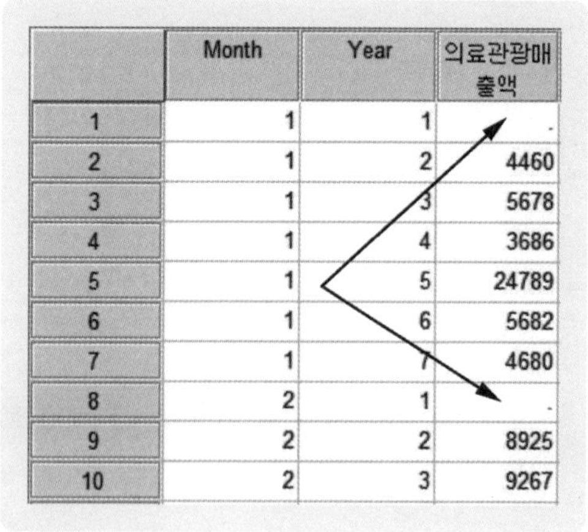

	Month	Year	의료관광매출액
1	1	1	.
2	1	2	4460
3	1	3	5678
4	1	4	3686
5	1	5	24789
6	1	6	5682
7	1	7	4680
8	2	1	.
9	2	2	8925
10	2	3	9267

- 변수가 케이스로 변환된다. → 시작 연도의 월별 자료가 1월부터 시작하지 않을 경우, 자료 중 일부가 결측값으로 나타난다.
- Month로 정렬된 케이스를 Year 변수를 기준으로 정렬

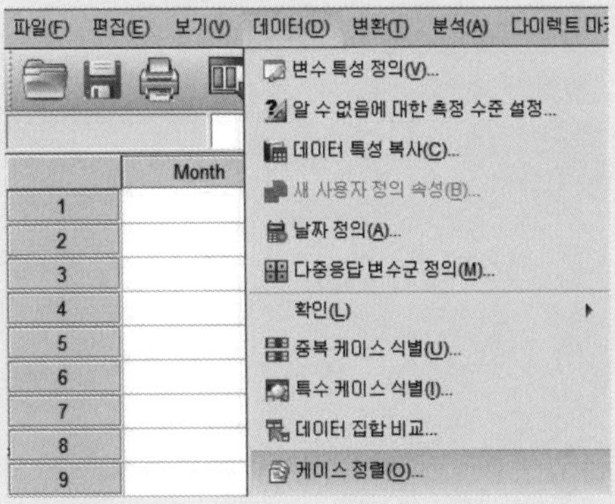

데이터 → 케이스 정렬

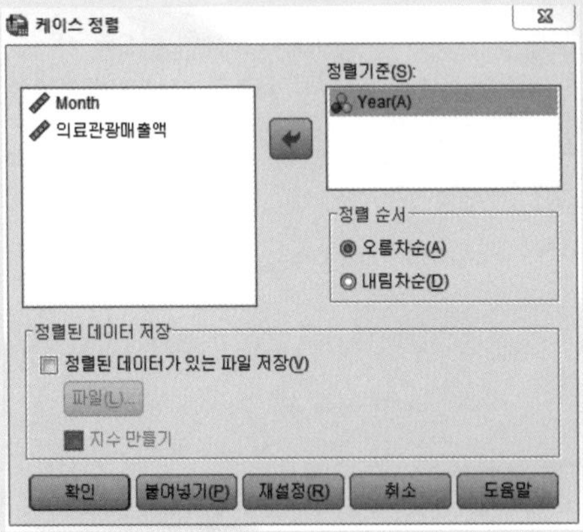

- 정렬기준: Year
- 정렬 순서: 오름차순
  연도를 2011, 2012, 2013, 2014, 2015의 순서로 정렬해야 하므로 오름차순 선택 → 확인

…참고
- 오름차순: 작은 수가 위로 올라가도록 정렬
  예 1·2·3·4·5·6·7·8·9·10의 순서로 정렬
- 내림차순: 큰 수가 위로 가도록 정렬
  예 10·9·8·7·6·5·4·3·2·1의 순서로 정렬

결과

	Month	Year	의료관광매출액
1	1	1	.
2	2	1	.
3	3	1	.
4	4	1	6740
5	5	1	2040
6	6	1	4750
7	7	1	9270
8	8	1	12630
9	9	1	7600
10	10	1	3630

	Month	Year	의료관광매출액
1	1	1	.
2		1	.
3		1	.
4		1	6740
5		1	2040
6		1	4750
7		1	9270
8	8	1	12630
9	9	1	7600
10	10	1	3630
11	11	1	9270
12	12	1	5060
13	1	2	4460
14	2	2	8925
15	3	2	8256

케이스 맨 앞 번호와 맨 뒷 번호를 확인해서 결측값으로 처리된 관측치 없는 케이스를 모두 삭제한다.

선택 → 마우스 오른쪽 → 지우기

주의: 결측값을 그대로 둔 상태에서 시계열 분석을 하려고 하면 스펙트럼 분석 등 일부 시계열 분석 자체가 실행되지 않을 수 있다.

날짜 정의

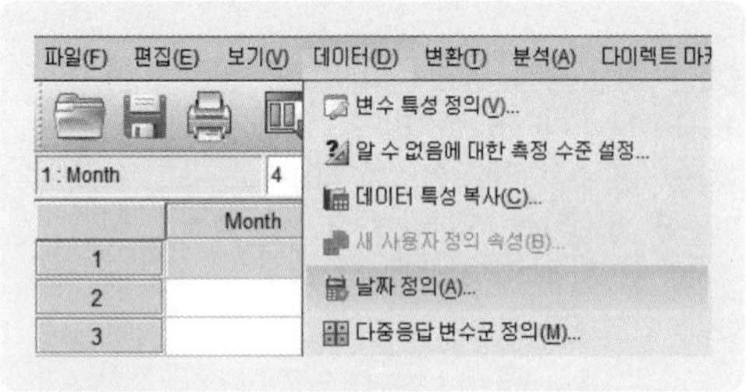

데이터 → 날짜 정의

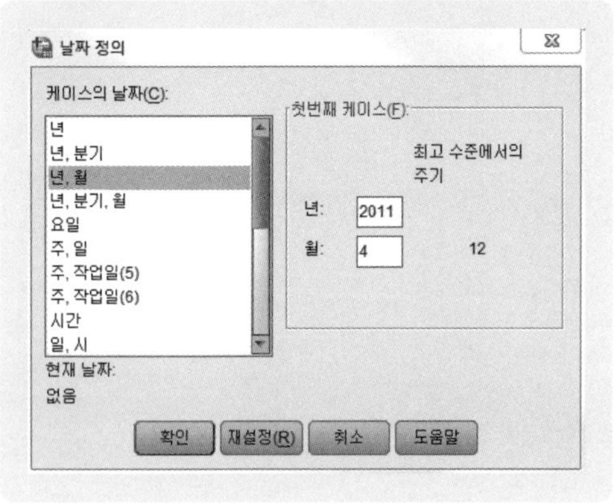

첫번째 케이스

- 년: 2011
- 월: 4

확인 → 결과

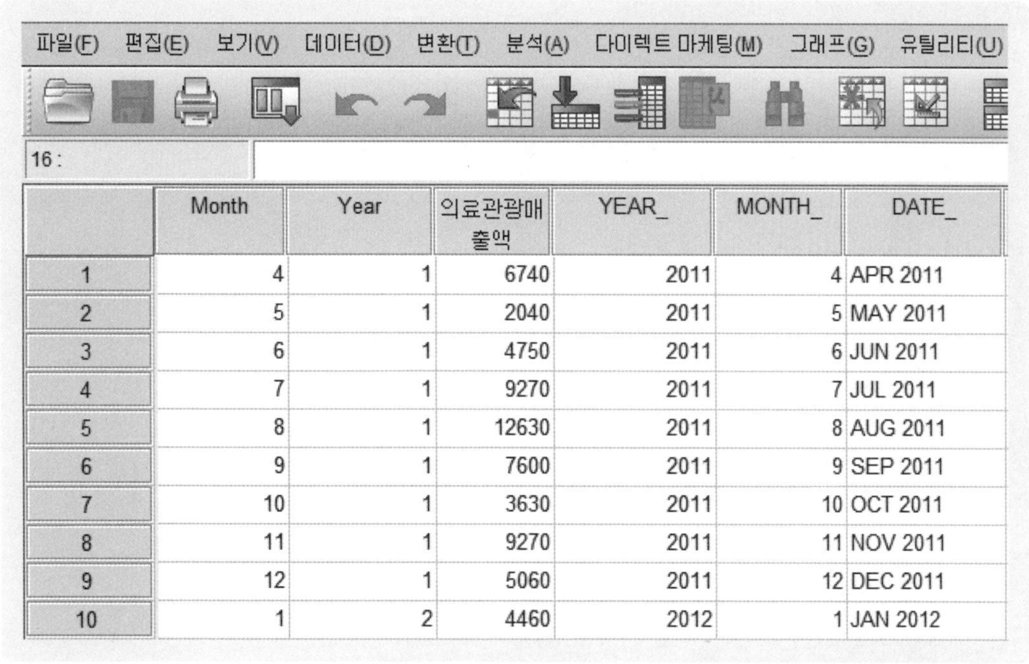
파일(F) 편집(E) 보기(V) 데이터(D) 변환(T) 분석(A) 다이렉트 마케팅(M) 그래프(G) 유틸리티(U)
16 :

	Month	Year	의료관광매출액	YEAR_	MONTH_	DATE_
1	4	1	6740	2011	4	APR 2011
2	5	1	2040	2011	5	MAY 2011
3	6	1	4750	2011	6	JUN 2011
4	7	1	9270	2011	7	JUL 2011
5	8	1	12630	2011	8	AUG 2011
6	9	1	7600	2011	9	SEP 2011
7	10	1	3630	2011	10	OCT 2011
8	11	1	9270	2011	11	NOV 2011
9	12	1	5060	2011	12	DEC 2011
10	1	2	4460	2012	1	JAN 2012

2.4 시차

2.4.1 시차 1

시차는 자기회귀 모형을 만들기 위한 과정이다. AR(1) 모형은 시차 1, AR(2) 모형은 시차 1과 시차 2를 한 후에 모수를 찾는다.

구분	모형	
AR(1) ARIMA(1,0,0)	자기회귀: 1 차분: 0 이동평균: 0	예측값 = 계수 × 시차 1 + 상수
AR(2) ARIMA(2,0,0)	자기회귀: 2 차분: 0 이동평균: 0	예측값 = 계수 × 시차 1 + 계수 × 시차 2 + 상수

2010년 1분기부터 2017년 3분기까지 항공사매출액을 조사했다.

파일 이름: 시차(단위: 억 원)

	연도	분기	항공사매출액
1	2010	1	124
2	2010	2	129
3	2010	3	152
4	2010	4	157
5	2011	1	121
6	2011	2	128
7	2011	3	142
8	2011	4	168
9	2012	1	188
10	2012	2	208

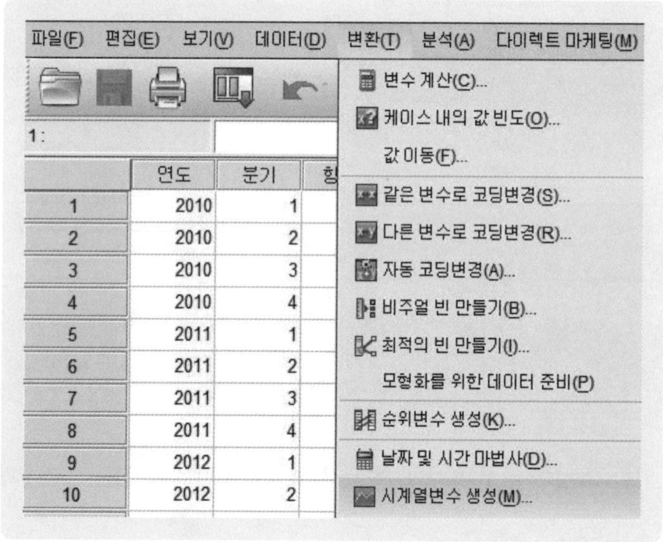
파일(F) 편집(E) 보기(V) 데이터(D) 변환(T) 분석(A) 다이렉트 마케팅(M)
변수 계산(C)...
케이스 내의 값 빈도(O)...
값 이동(F)...
같은 변수로 코딩변경(S)...
다른 변수로 코딩변경(R)...
자동 코딩변경(A)...
비주얼 빈 만들기(B)...
최적의 빈 만들기(I)...
모형화를 위한 데이터 준비(P)
순위변수 생성(K)...
날짜 및 시간 마법사(D)...
시계열변수 생성(M)...
연도
분기

변환 → 시계열 변수 생성

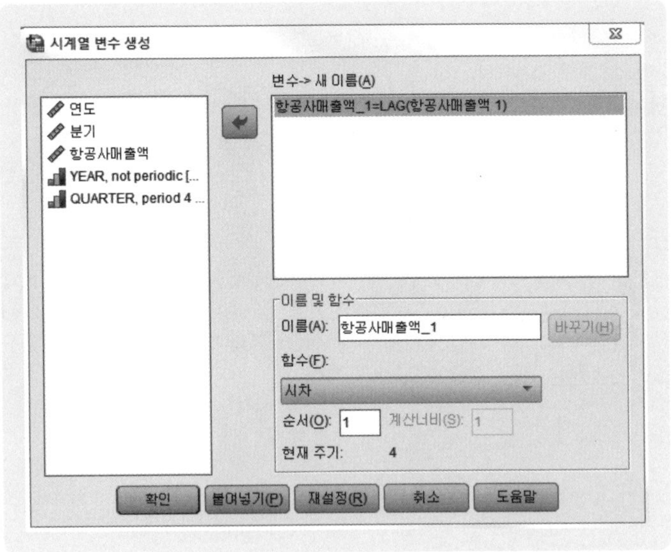

- 변수 → 새 이름: 항공사매출액 선택 → 이름 및 함수에 항공사매출액_1이라고 자동 생성된다. 기본값으로 차분이 나타난다.
- 함수: 시차 선택
- 순서: 1 → 바꾸기 → 변수 새 이름: 항공사매출액_1=LAG(항공사매출액 1) → 확인

결과

시차가 한 행씩 뒤로 밀려서 출력된다.

	연도	분기	항공사매출액	YEAR_	QUARTER_	DATE_	항공사매출액_1
1	2010	1	124	2010	1	Q1 2010	.
2	2010	2	129	2010	2	Q2 2010	124
3	2010	3	152	2010	3	Q3 2010	129
4	2010	4	157	2010	4	Q4 2010	152
5	2011	1	121	2011	1	Q1 2011	157
6	2011	2	128	2011	2	Q2 2011	121
7	2011	3	142	2011	3	Q3 2011	128
8	2011	4	168	2011	4	Q4 2011	142
9	2012	1	188	2012	1	Q1 2012	168
10	2012	2	208	2012	2	Q2 2012	188

2.4.2 시차 2

변환 → 시계열 변수 생성 → 재설정

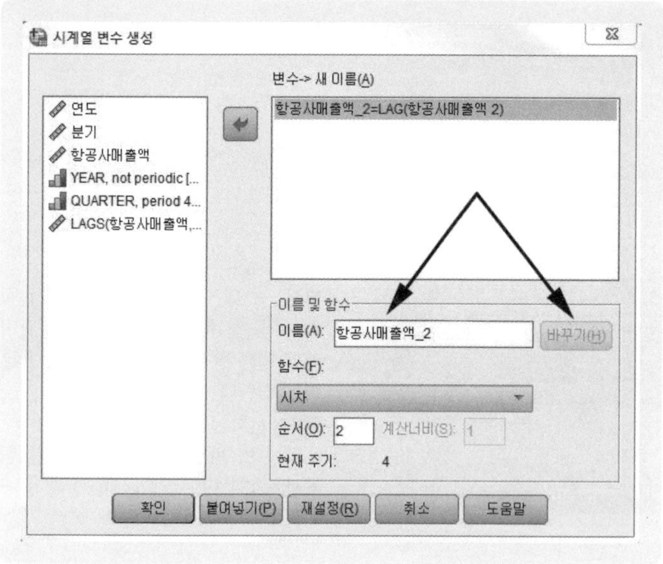

- 변수 → 새 이름: 항공사매출액 선택
- 이름 및 함수: 항공사매출액_2=LAG (항공사매출액 2)로 이름 변경 → 바꾸기
- 함수: 시차
- 순서: 2

주의: 이름을 바꾸지 않으면 기존 변수에 덮어쓰기가 된다.

확인 - 결과

	연도	분기	항공사매출액	YEAR_	QUARTER_	DATE_	항공사매출액_1	항공사매출액_2
1	2010	1	124	2010	1	Q1 2010	.	.
2	2010	2	129	2010	2	Q2 2010	124	.
3	2010	3	152	2010	3	Q3 2010	129	124
4	2010	4	157	2010	4	Q4 2010	152	129
5	2011	1	121	2011	1	Q1 2011	157	152
6	2011	2	128	2011	2	Q2 2011	121	157
7	2011	3	142	2011	3	Q3 2011	128	121
8	2011	4	168	2011	4	Q4 2011	142	128
9	2012	1	188	2012	1	Q1 2012	168	142
10	2012	2	208	2012	2	Q2 2012	188	168

여행사순이익의 원자료에서 시차가 두 행씩 뒤로 밀린다. 항공사매출액_2란 두 번째 새로운 변수가 추가로 생성된다.

2.5 결측값

자료 앞뒤로 결측값이 있어도 시계열 분석이 가능하다. 그러나 자료 앞뒤의 결측값이 있으면 교차상관 등 일부 시계열 분석을 시행할 수 없다. 따라서 결측값은 삭제하는 습관을 들이도록 한다.

파일 이름: 결측값(단위: 억 원)

	연도	월	순이익	매출액
1	2011	1	.	.
2	2011	2	.	.
3	2011	3	7100	28400
4	2011	4	7502	30008
5	2012	1	7882	31528
6	2012	2	9065	36260
7	2012	3	10211	40844
8	2012	4	11663	46652
9	2013	1	43896	85584
10	2013	2	16445	65780

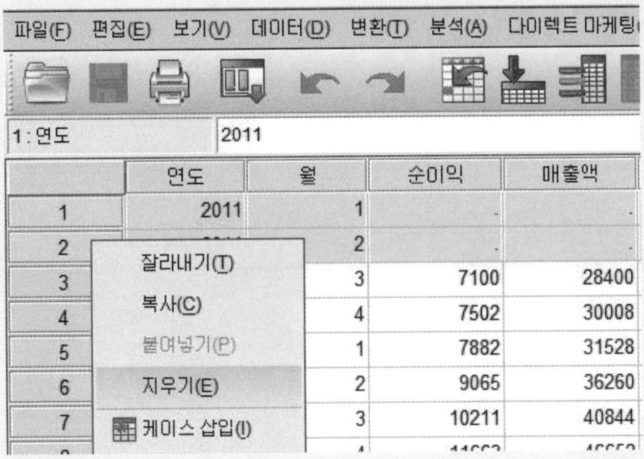

케이스 선택 → 마우스 오른쪽 클릭 → 지우기

결과

	연도	월	순이익	매출액
1	2011	3	7100	28400
2	2011	4	7502	30008
3	2012	1	7882	31528
4	2012	2	9065	36260
5	2012	3	10211	40844
6	2012	4	11663	46652
7	2013	1	43896	85584
8	2013	2	16445	65780
9	2013	3	19520	78080
10	2013	4	20791	83164

03

CHAPTER

날짜 정의

03 날짜 정의

3.1 년·분기·월 날짜 정의

날짜 정의 특성

① 시계열 분석에서 항상 날짜 정의를 제일 먼저 실시하도록 한다. 연도별 자료에서 연도를 독립변수로 선택한 선형 회귀분석은 날짜 정의가 필요 없지만 대부분의 시계열 분석은 날짜 정의를 먼저 해야 한다.

② 날짜 정의를 하면 연도·분기·월·주 단위 날짜의 셀이 새로 생성된다. 변수 이름 오른쪽에 생성되는 Under Bar(YEAR_, MONTH_, DATE_)는 이 변수들이 시스템 변수들이라는 점을 뜻하므로 변수 이름을 임의로 수정하지 않도록 한다.

③ 날짜 정의는 새로운 케이스가 추가될 때마다 해야 되며, 새로 날짜 정의를 하면 기존의 날짜 정의는 사라지고 오른쪽 맨 끝 열에 새롭게 날짜 정의가 추가로 생성된다.

④ 다변량 시계열 분석, 개입모형, 시나리오 분석, 인공신경망 등에서 새로운 조건을 추가했으면 반드시 날짜 정의를 다시 해야 된다. 기존 날짜 정의는 사라지면서 새로된 날짜 정의는 오른쪽 맨 끝 열에 추가로 생성된다.

2012년부터 2018년 2월까지 외국인환자 유치 의료기관에서 의료관광매출액을 조사했다.

파일 이름: 날짜 정의(단위: 백만 원)

	Month	Year	의료관광매출액
1	4	2012	6740
2	5	2012	2040
3	6	2012	4750
4	7	2012	9270
5	8	2012	12630
6	9	2012	7600
7	10	2012	3630
8	11	2012	9270
9	12	2012	5060
10	1	2013	4460

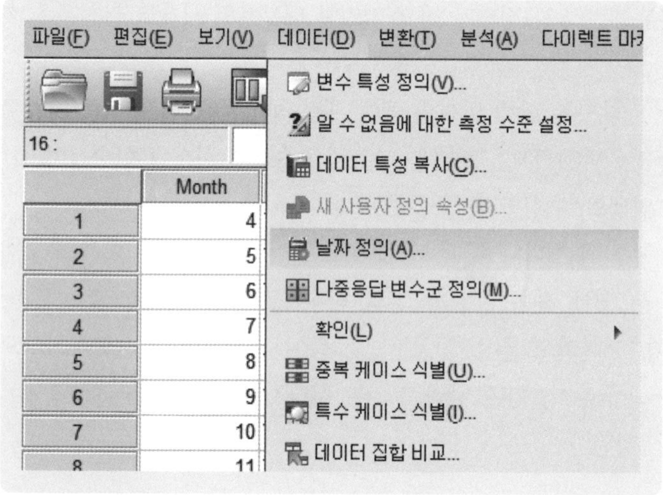

데이터 → 날짜 정의

날짜 정의 종류

구분	특징
년	연도별 자료
년, 분기	1/4, 2/4, 3/4, 4/4 분기별 자료
년, 월	1월부터 12월까지 연도별 자료
시간	시간별 자료

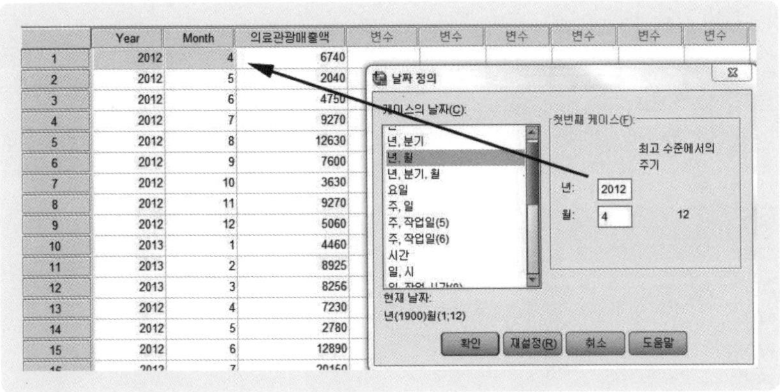

- 케이스의 날짜: 년 · 월
- 첫번째 케이스
  년: 20012
  월: 4

확인 → 결과: YEAR_, MONTH_, DATE_ 변수가 추가로 생성된다.

	Year	Month	의료관광매출액	YEAR_	MONTH_	DATE_
1	2012	4	6740	2012	4	APR 2012
2	2012	5	2040	2012	5	MAY 2012
3	2012	6	4750	2012	6	JUN 2012
4	2012	7	9270	2012	7	JUL 2012
5	2012	8	12630	2012	8	AUG 2012
6	2012	9	7600	2012	9	SEP 2012
7	2012	10	3630	2012	10	OCT 2012
8	2012	11	9270	2012	11	NOV 2012
9	2012	12	5060	2012	12	DEC 2012
10	2013	1	4460	2013	1	JAN 2013

3.2 주별 날짜 정의

주단위는 날짜 정의 옵션의 선택 항목에 없다. 만약 주단위로 날짜 정의를 하고자 하면 어떻게 해야 할까? 명령문을 사용해야 된다.

파일 이름: 날짜 정의_주간(단위: 백만 원)

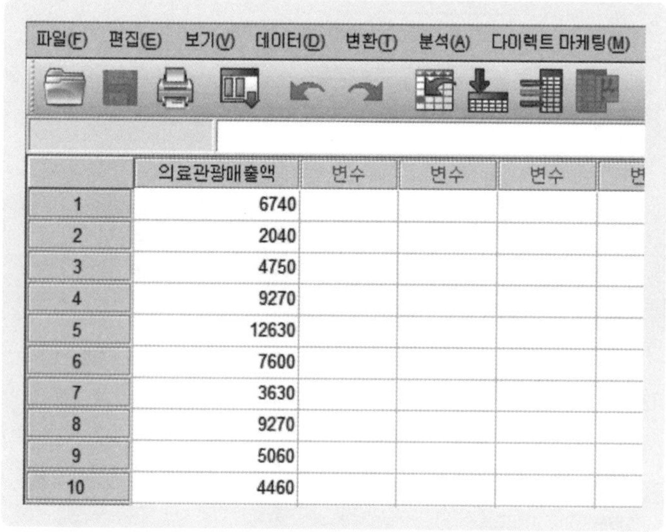

	의료관광매출액	변수	변수	변수	변
1	6740				
2	2040				
3	4750				
4	9270				
5	12630				
6	7600				
7	3630				
8	9270				
9	5060				
10	4460				

1년에는 52주와 53주가 있으므로 먼저 조사 기간에 몇 주가 있는지 확인한다.

명령문 입력 → DATE CYCYLE 시작 연도 WEEK 처음 주 주 수.(맨 끝에 마침표) 또는 DATE CYCLE 시작 연도 OBS 처음 주 조사 첫해 주 수(52 또는 53)

예 2015년은 52주가 있고, 자료를 첫 주부터 정리할 경우: DATE CYCLE 2015 WEEK 1 52. 또는 DATE CYCLE 2015 OBS 1 52.

예 2015년에 52주가 있고, 자료를 셋째 주부터 정리할 경우: DATE CYCLE 2015 WEEK 3 52. 또는 DATE CYCLE 2015 OBS 3 52.

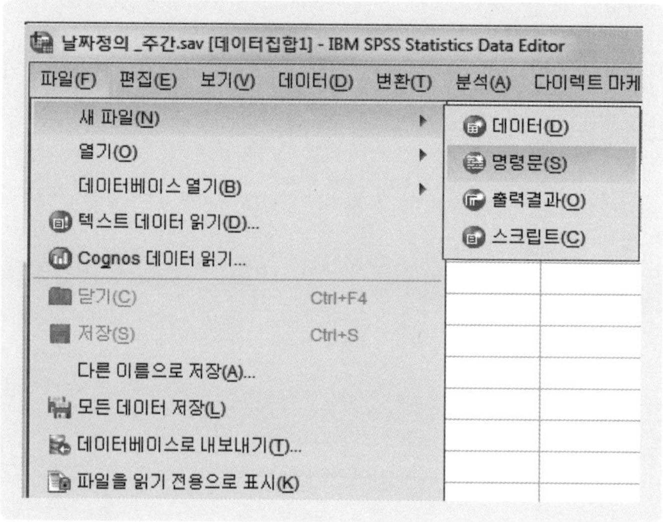

파일 → 새 파일 → 명령문

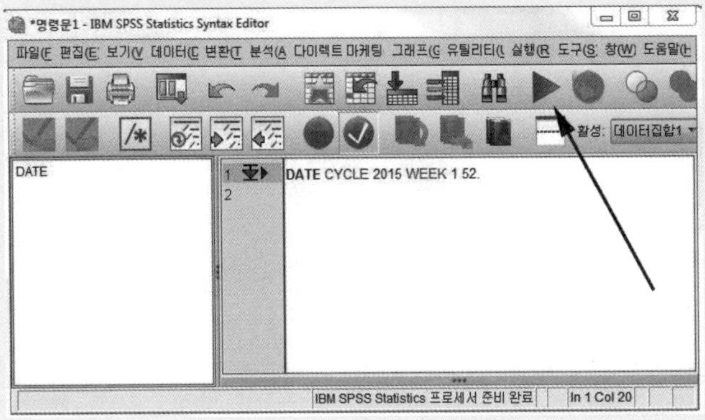

• 실행을 클릭(녹색 삼각형 모양 ▶)

…참고
명령문이 2줄 이상이면 실행 → 모두 또는 명령문을 모두 드래그해서 파란색으로 변할 때, 녹색 삼각형 ▶을 클릭해도 된다.

결과

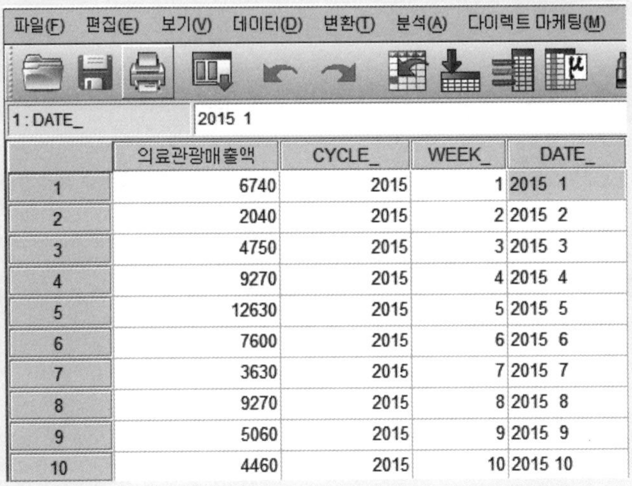

	의료관광매출액	CYCLE_	WEEK_	DATE_
1	6740	2015	1	2015 1
2	2040	2015	2	2015 2
3	4750	2015	3	2015 3
4	9270	2015	4	2015 4
5	12630	2015	5	2015 5
6	7600	2015	6	2015 6
7	3630	2015	7	2015 7
8	9270	2015	8	2015 8
9	5060	2015	9	2015 9
10	4460	2015	10	2015 10

CHAPTER 04

이상값 해결 방법

04 이상값 해결 방법

4.1 이상값 종류

4.1.1 SPSS의 자동 모형 생성기에서 찾아주는 이상값의 종류

SPSS의 자동 모형 생성기에서는 이상값을 자동으로 찾도록 설정하거나 특정 값을 이상값으로 직접 지정할 수도 있다.

이상값 종류	순차도표(산점도)	이상값 종류	순차도표(산점도)
가법적 이상값		수준 이동	
일시적 변화		혁신적 이상값	
계절 가법		국소 추세	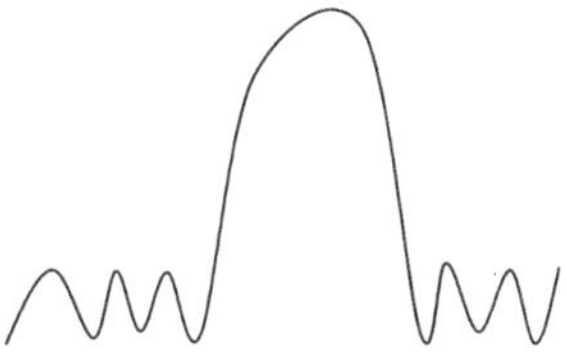
연속적인 가법적 이상값	가법적 이상값(Addictive Outlier)들이 연속적으로 발생한 것 		

4.1.2 더미변수 회귀분석에서 다룰 수 있는 이상값의 종류

종류	순차도표(산점도)	종류	순차도표(산점도)
펄스	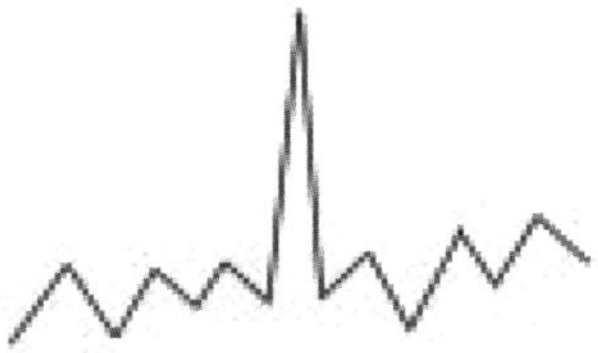	계단	
계절	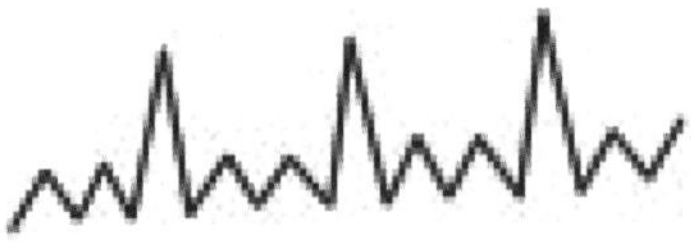		

4.2 이상값 삭제

연도별 자료의 경우, 회귀분석에서 이상값은 삭제할 수 있다.

주의 분기별, 월별, 주별 자료의 경우 이상값을 삭제하면 결측값이 생기므로 삭제보다는 가까운 값의 평균으로 대체하거나 ARIMA 모형에서 이상값을 체크해서 탐색하거나 이상값을 더미변수로 만들어서 모형을 탐색한다.

이상값을 삭제하고 선형 회귀분석을 재실시하는 사례는 Chapter 16의 2 선형 회귀분석을 참고한다.

4.3 이상값 평균으로 대체

4.3.1 연도별 자료

순차도표를 이용해서 시각적으로 보았을 때, 이상값(이상치)으로 판명 또는 의심되는 데이터를 제거한 후 결측값으로 만들고 가장 가까운 두 개의 관측값 평균으로 대체한다.

1988년 2분기부터 2017년 3분기까지 항공사순이익을 조사했다.

파일 이름: 이상값(단위: 10억 원)

	연도	분기	항공사순이익
1	1998	2	1852
2	1998	3	2883
3	1998	4	2906
4	1999	1	2803
5	1999	2	2094
6	1999	3	2056
7	1999	4	2067
8	2000	1	1843
9	2000	2	1041
10	2000	3	1932

날짜 정의(날짜 정의에서 설명한 내용을 참고) → 분석 → 예측 → 순차도표

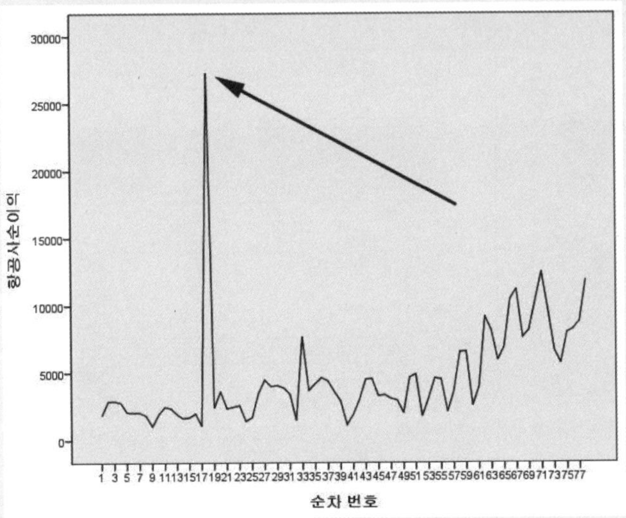

이상값(이상치)을 한눈에 파악할 수 있다.

이상값의 케이스 번호를 어떻게 정확히 알 수 있을까?

결과를 더블클릭하면 도표 편집기가 뜬다.

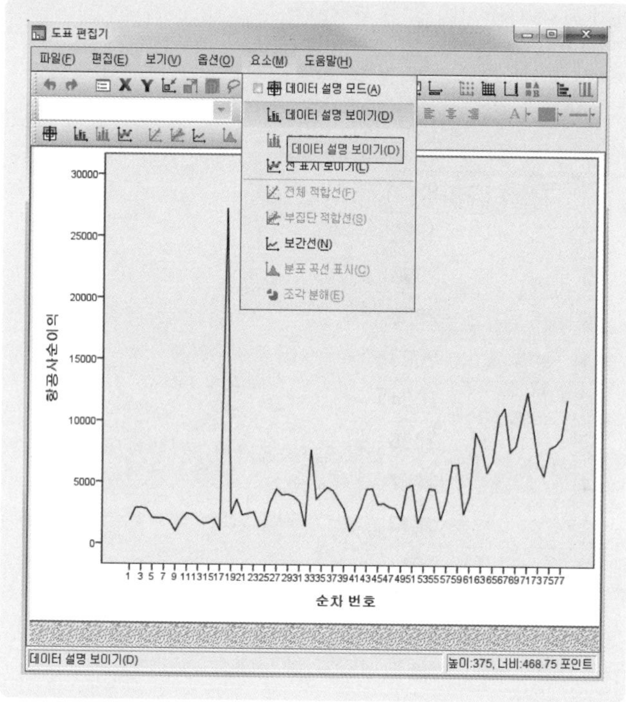

도표 편집기 → 요소: 데이터 설명 보이기

특성 대화상자에서 표시와 표시 안 함을 선택 및 드래그해서 바꾼다.

드래그 전	드래그 후
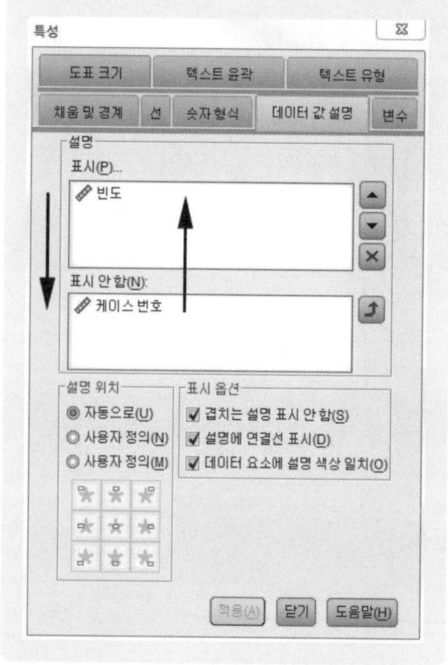	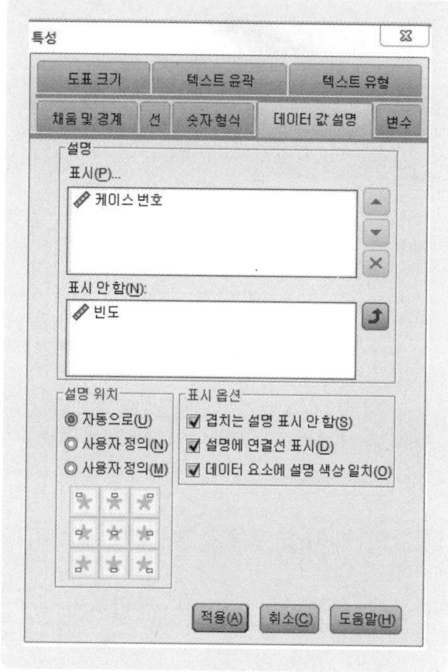

적용 → 닫기

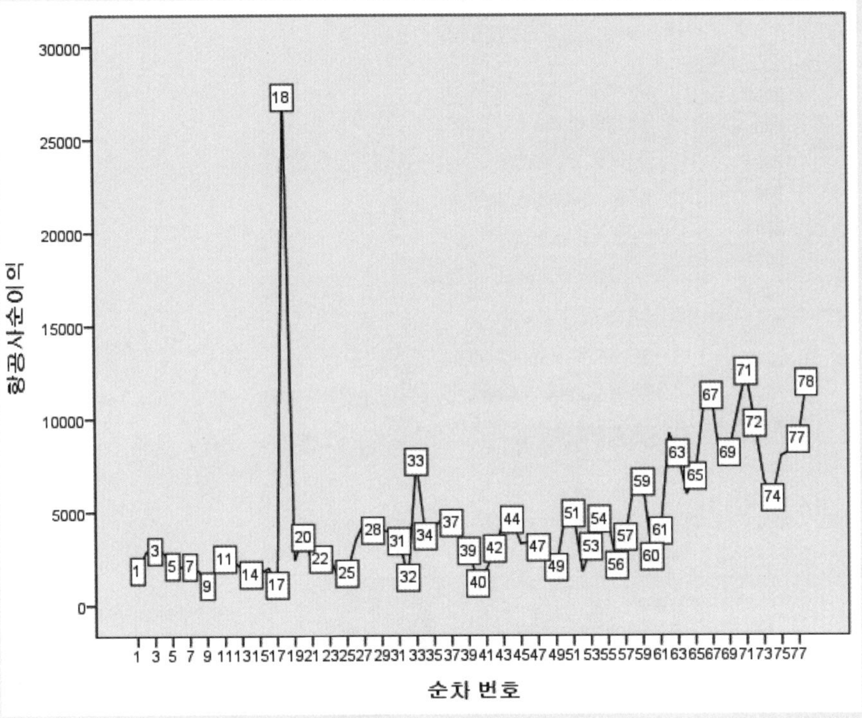

18번 케이스가 이상값(이상치)이라는 것을 알 수 있다.

	연도	분기	항공사순이익
10	2000	3	1932
11	2000	4	2481
12	2001	1	2370
13	2001	2	1923
14	2001	3	1634
15	2001	4	1700
16	2002	1	1984
17	2002	2	1070
18	2002	3	.
19	2002	4	2423
20	2003	1	3620

이상값(이상치)으로 판명된 케이스를 선택 → Key Board의 Delete Key로 삭제 → 제거한 후 결측값으로 대체한다.

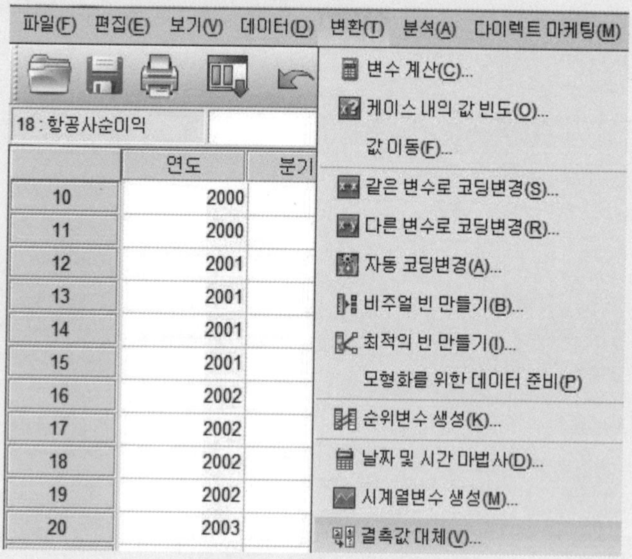

변환 → 결측값 대체

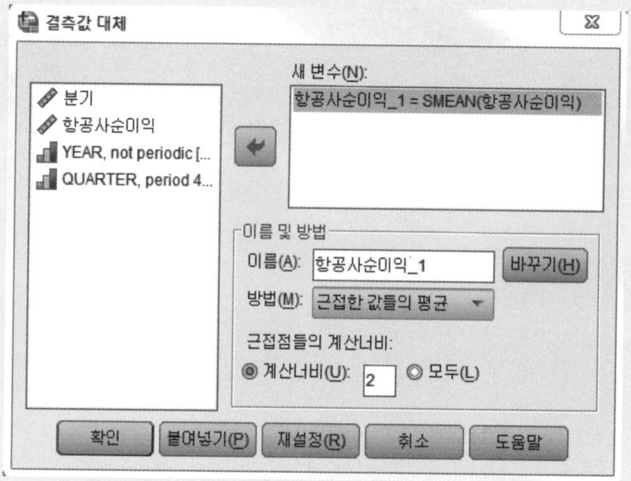

결측값 대체
- 새 변수: 항공사순이익
- 방법: 계열평균, 근접한 값들의 평균, 근접한 값들의 중위수, 선형보간법, 결측값에서 선형추세 중 선택
- 근접점들의 계산너비: 2

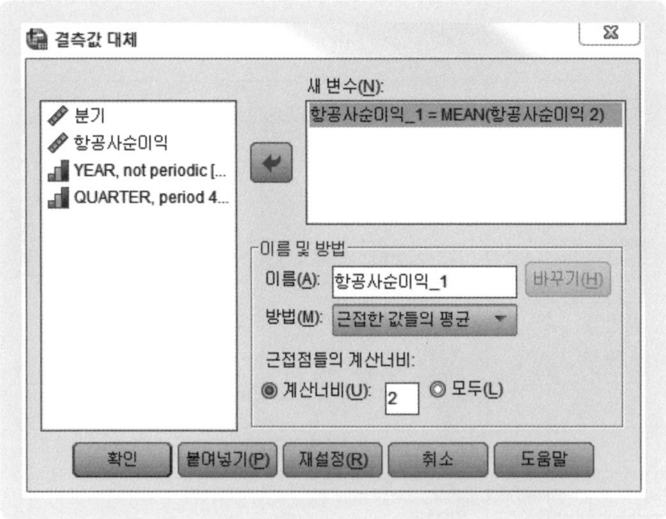

바꾸기 → 새 변수 이름이 항공사순이익_1 = MEAN(항공사순이익 2)로 변경

확인 → 결과

	연도	분기	항공사순이익	항공사순이익_1
10	2000	3	1932	1932
11	2000	4	2481	2481
12	2001	1	2370	2370
13	2001	2	1923	1923
14	2001	3	1634	1634
15	2001	4	1700	1700
16	2002	1	1984	1984
17	2002	2	1070	1070
18	2002	3	.	2274
19	2002	4	2423	2423
20	2003	1	3620	3620

결측값이 대체된 새로운 변수(항공사순이익_1)가 추가로 생성된다.

4.3.2 분기별 · 월별 자료

분기별 또는 월별 자료에서는 가까운 값의 평균으로 하는 것보다 가까운 연도의 동분기, 동월의 평균으로 대체한다.

분기별 자료

연도	분기별	관측값
2013	1	
	2	
	3	
	4	
2014	1	(2013년 1분기 + 2015년 1분기) / 2
	2	
	3	
	4	
2015	1	

월별 자료

연도	월별	관측값
2013	1	
	2	
	11	
	12	
2014	1	(2013년 1월 + 2015년 1월) / 2
	2	
	11	
	12	
2015	1	
	2	

4.4 ARIMA 모형에서 이상값 검색

4.4.1 ARIMA 모형에서 이상값이 없다고 가정한 시계열 분석

이상값(이상치)이 없다고 가정해서 이상값을 고려하지 않고 시계열 분석을 한다.

분석 → 예측 → 모형 생성

변수

- 종속변수: 예측할 변수 선택
- 방법: 자동 모형 생성기

모형

- 모형 유형: ARIMA 모형만 선택
- 자동 모형 생성기에서 계절 모형 고려 체크

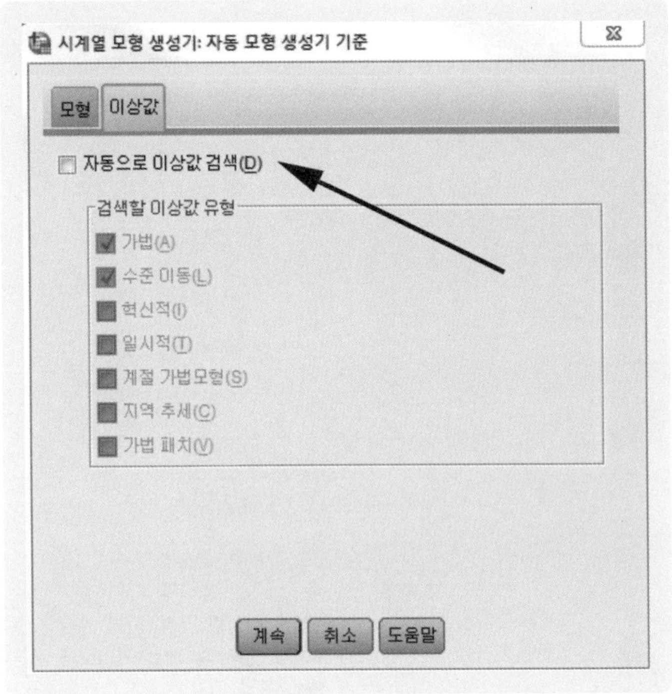

이상값: 자동으로 이상값 검색 체크 해제 (체크 해제하면, 이상값을 고려하지 않은 모형을 찾는다.)

통계량, 도표, 저장, 옵션 등의 선택방법은 자동 모형 생성기에서 좀 더 자세히 설명한다.

4.4.2 ARIMA 모형에서 이상값을 포함하는 방법

이상값을 모형에 포함하고자 할 경우 자동으로 이상값 검색을 체크한 후 검색할 이상값 유형을 선택한다.

분석 → 예측 → 모형 생성

변수
- 종속변수: 예측할 변수 선택
- 방법: 자동 모형 생성기

모형
- 모형 유형: ARIMA 모형만 선택
- 자동 모형 생성기에서 계절 모형 고려 체크

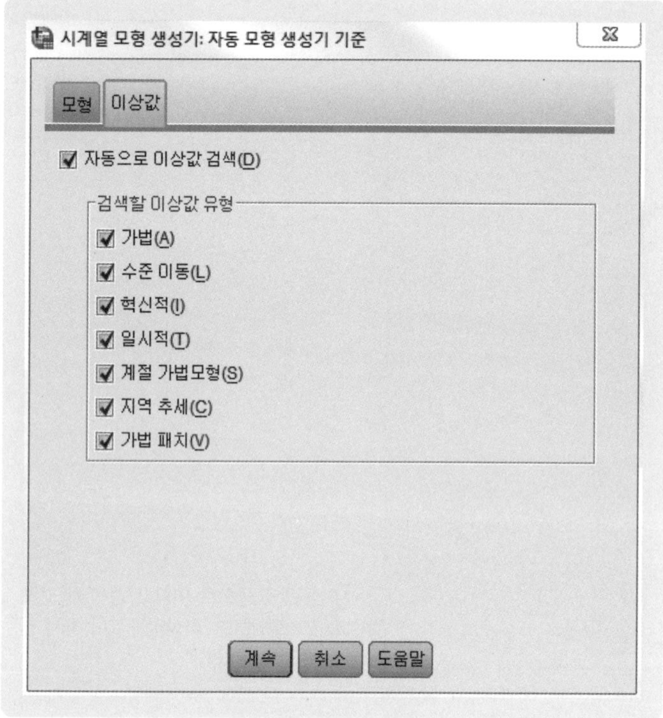

- 검색할 이상값 유형: 가법, 수준 이동, 혁신적, 일시적, 계절 가법모형, 지역 추세, 가법 패치

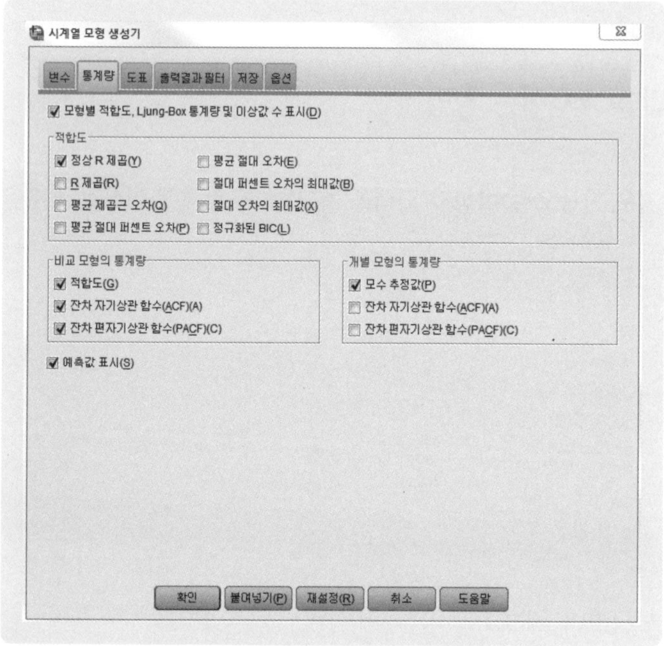

계속 → 통계량

- 모형별 적합도, Ljung-Box 통계량 및 이상값 수 표시
- 적합도: 정상 R 제곱
- 비교 모형의 통계량: 적합도, 잔차 자기상관 함수, 잔차 편자기상관 함수
- 개별 모형의 통계량: 모수 추정값
- 예측값 표시 → 확인 → 결과

주의 지수평활모형에서는 이상값을 체크하지 않는다.

4.4.3 ARIMA 모형에서 이상값을 직접 선택하는 방법

이상값을 모형에 직접 콕 집어서 선택해서 포함하고자 할 경우는 어떻게 하면 좋을까?

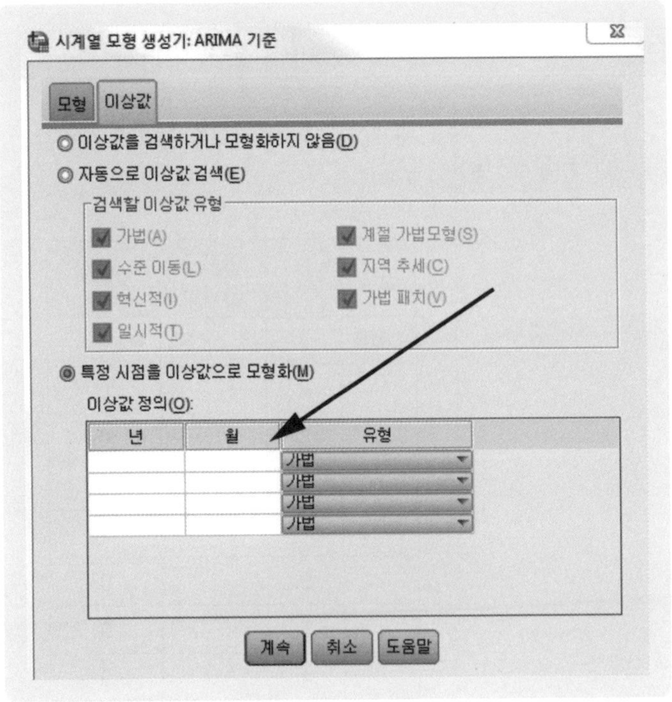

특정 시점을 이상값으로 모형화를 선택한다.
예 년: 2015년
월: 6월
유형: 가법

이상값(이상치)의 년, 월, 유형(가법, 수준 이동, 혁신적 등)을 선택한다.

특정 시점을 이상값(이상치)으로 선택해서 모형화를 할 때는 분석자가 이상값을 이미 알고 있는 경우에 매우 유용하다. 즉, 이상값을 직접 선택・포함해서 모형을 찾을 수 있다.

4.5 이상값을 더미변수로 처리

4.5.1 더미변수 회귀분석 개입모형과 ARIMA 분석 개입모형 비교

<table>
<tr><th>구분</th><th>더미변수 회귀분석</th><th>ARIMA 분석 개입모형</th></tr>
<tr><td>변수
입력</td><td>개입변수 입력
• 개입(이상값): 1
• 개입 없음: 0 → 파일 → 새 파일 → 명령문 입력 →
IF (분기=1) 분기1=1.
IF (분기=1) 분기2=0.
IF (분기=1) 분기3=0.
IF (분기=2) 분기1=0.
IF (분기=2) 분기2=1.
IF (분기=2) 분기3=0.
IF (분기=3) 분기1=0.
IF (분기=3) 분기2=0.
IF (분기=3) 분기3=1.
IF (분기=4) 분기1=0.
IF (분기=4) 분기2=0.
IF (분기=4) 분기3=0.
EXECUTE. → 실행 → 모두</td><td>개입변수 입력
• 개입(이상값): 1(2017년 1분기에 이상값 있음)
• 개입 없음: 0
<table>
<tr><th>연도</th><th>분기</th><th>항공사 순이익</th><th>개입</th></tr>
<tr><td>2016</td><td>1</td><td></td><td>0</td></tr>
<tr><td></td><td>2</td><td></td><td>0</td></tr>
<tr><td></td><td>3</td><td></td><td>0</td></tr>
<tr><td></td><td>4</td><td></td><td>0</td></tr>
<tr><td>2017</td><td>1</td><td></td><td>1</td></tr>
<tr><td></td><td>2</td><td></td><td>0</td></tr>
<tr><td></td><td>3</td><td></td><td>0</td></tr>
<tr><td></td><td>4</td><td></td><td>0</td></tr>
</table></td></tr>
<tr><td>분석
방법</td><td>분석 → 회귀분석 → 선형
• 종속변수: 항공사순이익
• 독립변수: 개입, 분기1,2,3 → 확인</td><td>예측 → 모형 생성
• 종속변수: 항공사순이익
• 독립변수: 개입
• 기준: ARIMA 모형만
• 독립변수: 개입
• 이상값: 자동으로 이상값 검색 체크 해제 → 계속 → 확인</td></tr>
</table>

4.5.2 더미변수 회귀분석 개입모형의 종류

시계열 자료가 분기별, 월별, 주별로 정리된 경우, 이상값은 더미변수로 만들어 더미변수 회귀분석을 할 수 있다.

개입: 1　　　개입 없음: 0

연도	분기	펄스 개입	계절 개입	계단 개입
2015	1	0	0	0
	2	0	0	0
	3	0	0	0
	4	0	0	0
2016	1	0	0	0
	2	1	0	0
	3	0	1	0
	4	0	0	0
2017	1	0	0	1
	2	0	0	1
	3	0	1	1
	4	0	0	1
2018	1	0	0	1
	2	0	0	1
	3	0	1	1
	4	0	0	1

주의 계절 개입은 시계열 자료에서 첫 해의 자료에 포함하지 않는다.

4.5.3 혼합형 개입모형

이상값의 종류를 두 가지로 구분하고 각각 더미변수를 더미변수 회귀분석을 실시할 수도 있다.

연도	1분기	2분기	3분기	더미변수 A (펄스 개입)	더미변수 B (계단 개입)
(생략)					
2012	1	0	0	0	0
2012	0	1	0	0	0
2012	0	0	1	1	0
(생략)					
2018	1	0	0	0	1
2018	0	1	0	0	1
2018	0	0	1	0	1

예
- 더미변수 A: 사고, 환율 하락, 유가 상승, 신설 도로 개통 등 외부적인 환경 변화
- 더미변수 B: 신규 해외 영업망 개설 등 내부적인 환경 변화

더미변수 회귀분석 사례는 Chapter 19를, ARIMA 분석 개입모형 사례는 Chapter 23의 설명을 참고한다.

05

CHAPTER

자료 안정화

05 자료 안정화

5.1 차분

5.1.1 차분 1

비안정적인 시계열 자료를 차분, 계절차분, 자연로그로 안정화시킬 수 있다.

구분	선도표 특징			
안정적 시계열	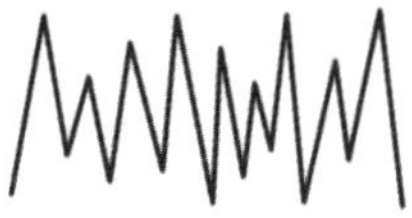			
비안정적 시계열				

비안정적 시계열을 안정적 시계열로 변환하는 방법

구분	일반적 방법
순차도표	• 이상값이 있으면 이상값을 평균으로 대체 • 자연로그로 변환 • 추세가 있으면 차분 • 주기성이 있으면 계절차분
자기상관	• 추세가 있으면 차분 • 주기성이 있으면 계절차분
스펙트럼 분석	• 주기성이 있으면 계절차분

차분의 목적은 비안정적 시계열 자료에서 자료 정상화로 안정적 시계열을 얻기 위함이다.

<table>
<tr><th>구분</th><th>특징</th></tr>
<tr><td>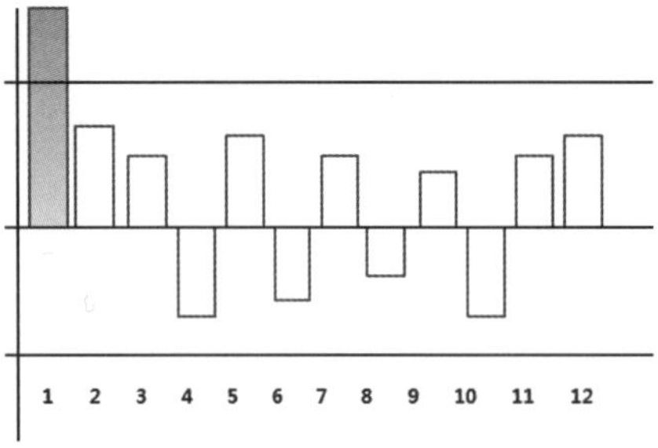</td><td>자기상관함수(ACF)에서 시차 1에서 신뢰한계를 벗어난 Peak(Spike)가 있으면 차분 1을 한다.</td></tr>
<tr><td>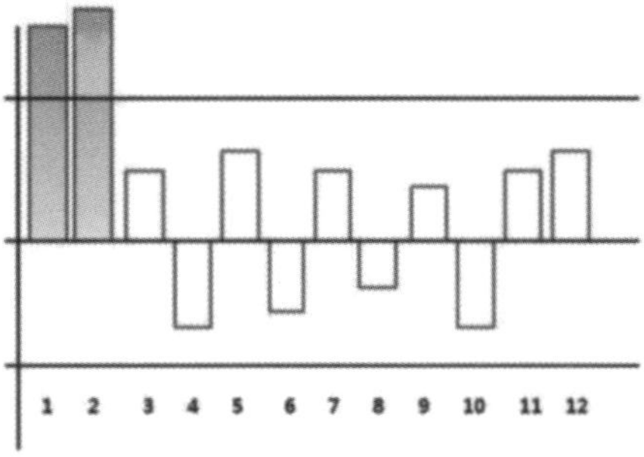</td><td>자기상관함수(ACF)에서 시차 2에서 신뢰한계를 벗어난 Spike가 있으면 차분 2를 한다.</td></tr>
<tr><td>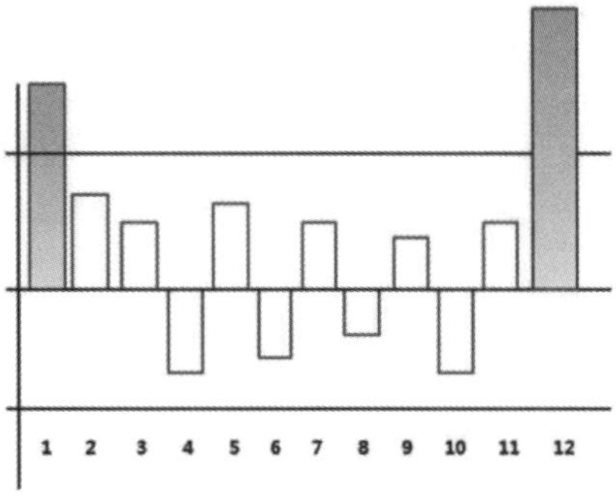</td><td>자기상관함수(ACF)에서 시차 1, 2, 3 등과 시차 12(12주기)가 동시에 신뢰한계를 벗어난 Spike가 있으면 계절차분만을 한다.</td></tr>
<tr><td>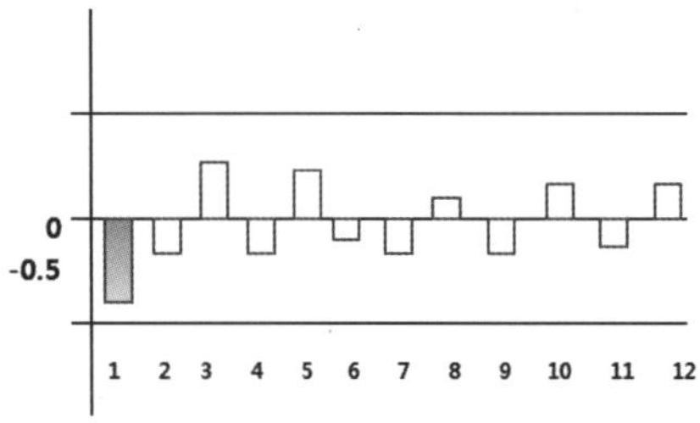</td><td>과대차분(Over-differencing)
• 차분 1, 차분 2 또는 계절차분한 결과, 자기상관함수(ACF)가 -0.5에 가깝거나 이하인 경우
<table>
<tr><th>차분을 한 결과</th><th>결정</th></tr>
<tr><td>차분 1 결과 자기상관: -0.48
차분 2 결과 자기상관: -0.56
(-0.5 이하)</td><td>차분 1 실시</td></tr>
<tr><td>차분 1 결과 자기상관: -0.26
차분 2 결과 자기상관: -0.42
(-0.5에 가까움)</td><td>차분 2 실시</td></tr>
</table></td></tr>
</table>

- 표준오차가 증가할 경우: 차분을 해서 표준오차가 오히려 증가한 경우

차분을 한 결과	결정
차분 1 결과 표준오차: 1.09 차분 2 결과 표준오차: 1.24 (표준오차 증가)	차분 1 실시

2012년 3월부터 2018년 5월까지 여행사순이익을 조사했다.

파일 이름: 차분(단위: 억 원)

	Year	Month	여행사순이익
1	2012	3	37
2	2012	4	142
3	2012	5	68
4	2012	6	79
5	2012	7	101
6	2012	8	86
7	2012	9	92
8	2012	10	54
9	2012	11	38
10	2012	12	35

SPSS 미래 예측 및 시계열 분석 초보자의 경우 아래 BOX 안의 설명을 건너뛴다.

데이터 → 날짜 정의 → 년: 2012 / 월: 3 → 확인 → 분석 → 예측 → 순차도표 → 결과: 이상값(이상치)으로 의심되는 관측값이 두 개 보인다. 여기서는 이상값을 가까운 값의 평균으로 대체하거나 ARIMA 모형에서 이상값을 탐색하거나 이상값을 더미변수로 만들어 모형을 탐색하지 않고 그대로 진행한다.

분석 → 예측 → 자기상관
- 표시: 자기상관, 편자기상관
- 옵션: 독립성 모형 → 계속 → 확인

자기상관

계열: 여행사순이익

시차	자기상관	표준오차[a]	Box-Ljung 통계량		
			값	자유도	유의확률[b]
1	-.216	.105	4.207	1	.040
2	.136	.105	5.891	2	.053
3	-.065	.104	6.285	3	.099
4	-.143	.104	8.193	4	.085
5	.223	.103	12.896	5	.024
6	-.328	.102	23.207	6	.001
7	.231	.102	28.371	7	.000
8	-.130	.101	30.032	8	.000
9	-.036	.100	30.159	9	.000
10	.112	.100	31.422	10	.000
11	-.217	.099	36.200	11	.000
12	.382	.098	51.239	12	.000
13	-.201	.098	55.448	13	.000
14	.143	.097	57.607	14	.000
15	-.111	.096	58.921	15	.000
16	-.135	.096	60.902	16	.000

a. 가정된 기본 공정은 독립적입니다(백색잡음).

b. 점근 카이제곱 근사를 기준으로 합니다.

Box-Ljung 통계량의 유의확률이 유의수준 0.05보다 작다.
Box-Ljung 통계량 유의확률이 유의수준 0.05보다 작으면 백색잡음으로부터 독립적이지 못하다. 백색잡음으로부터 독립적이지 못하면 과거의 값으로 미래의 값을 설명하지 못한다.

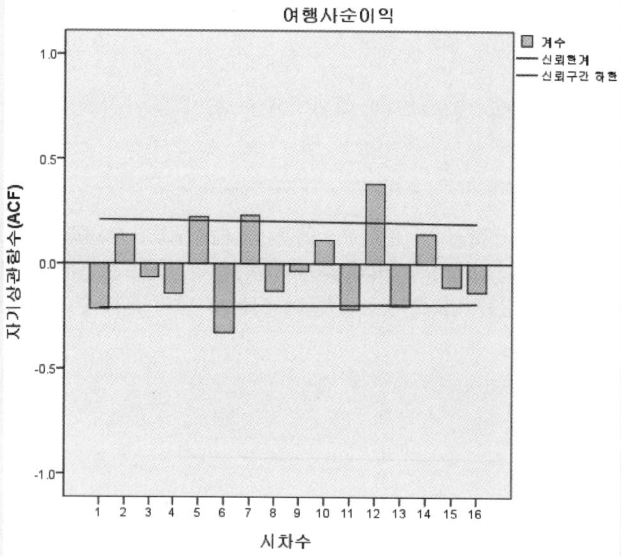

자기상관함수(ACF) 5시차, 7시차, 12시차에서 신뢰한계를 벗어난 Peak(Spike)가 보인다.

··· 참고
차분과 계절차분을 함께 고려해야 할 경우, 결과 해석의 어려움이 있으므로 계절차분만을 한다.

편자기상관

계열: 여행사순이익

시차	편자기상관	표준오차
1	-.216	.107
2	.094	.107
3	-.020	.107
4	-.182	.107
5	.186	.107
6	-.250	.107
7	.097	.107
8	-.026	.107
9	-.094	.107
10	.046	.107
11	-.087	.107
12	.232	.107
13	-.030	.107
14	.039	.107
15	-.113	.107
16	-.060	.107

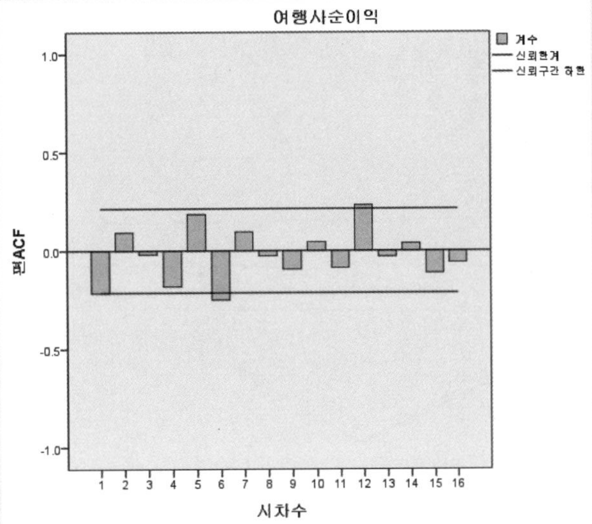

분석 → 예측 → 자기상관

- 변수: 여행사순이익
- 변환: 계절차분 1
- 옵션: 독립성 모형 → 계속 → 확인
- 표시: 자기상관, 편자기상관
- 최대 시차수: 16

자기상관

계열: 여행사순이익

시차	자기상관	표준오차[a]	Box-Ljung 통계량		
			값	자유도	유의확률[b]
1	-.014	.113	.015	1	.902
2	-.012	.112	.027	2	.987
3	.028	.112	.091	3	.993
4	-.001	.111	.091	4	.999
5	.003	.110	.092	5	1.000
6	-.049	.109	.293	6	1.000
7	-.058	.109	.575	7	.999
8	-.021	.108	.613	8	1.000
9	.002	.107	.614	9	1.000
10	-.003	.106	.615	10	1.000
11	.004	.105	.616	11	1.000
12	-.478	.104	21.601	12	.042
13	.015	.104	21.623	13	.061
14	.071	.103	22.103	14	.077
15	-.032	.102	22.203	15	.103
16	.006	.101	22.206	16	.137

a. 가정된 기본 공정은 독립적입니다(백색잡음).

b. 점근 카이제곱 근사를 기준으로 합니다.

계절차분 1을 했을 때, 자기상관의 Box-Ljung 통계량의 유의확률이 유의수준 0.05보다 크다. 백색잡음으로부터 독립적이다.

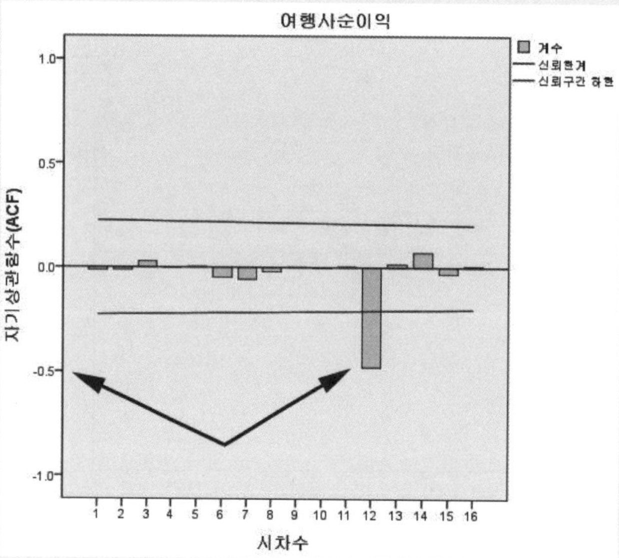

계절차분 1을 했을 때 자기상관이 -0.478로 -0.5에 가깝기 때문에 더 이상 차분하면 과대차분(Over-differening)이 된다.

편자기상관

계열: 여행사순이익

시차	편자기상관	표준오차
1	-.014	.115
2	-.013	.115
3	.028	.115
4	-.001	.115
5	.004	.115
6	-.050	.115
7	-.059	.115
8	-.024	.115
9	.002	.115
10	-.001	.115
11	.006	.115
12	-.484	.115
13	-.008	.115
14	.069	.115
15	-.004	.115
16	-.001	.115

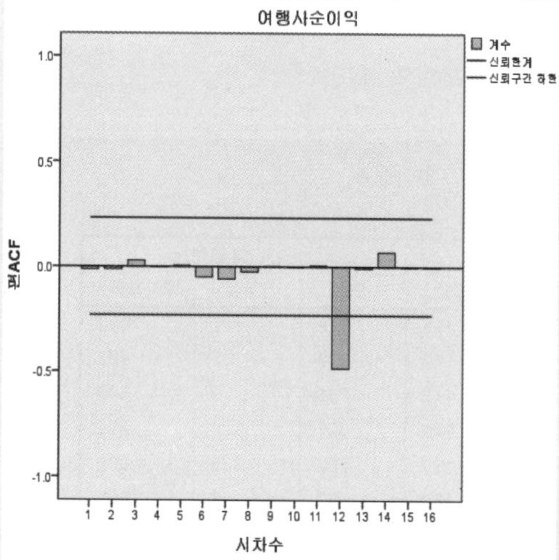

편자기상관 함수(PACF)도 -0.5에 가깝다.

차분 1을 했을 때, 계절차분 1보다 표준오차가 감소하지만, Box-Ljung 통계량의 유의확률이 0.000으로 유의수준 0.05보다 작다. 따라서 차분 1을 하지 않고 계절차분을 해야만 한다.

구분	표준오차 비교	
	계절차분	차분 1
시차 1	- 0.113	0.106
(생략)		
시차 12	- 0.104	0.099

그러나 여기서는 차분 1을 설명하기 위해서 계절차분을 하지 않고 차분 1을 실시하여 설명하고자 한다.

날짜 정의 → 변환 → 시계열 변수 생성

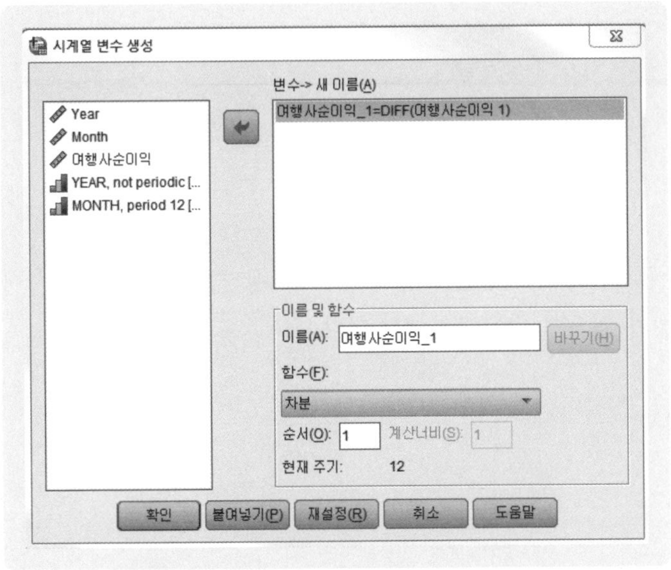

- 변수 → 새 이름: 여행사순이익 선택 → 여행사순이익_1=DIFF(여행사순이익 1): 변수 이름이 자동으로 생성
- 이름 및 함수: 여행사순이익_1(변수 이름 자동 생성)
- 함수: 차분
- 순서: 1

… 참고
새로운 변수는 여행사순이익_차분1 등으로 자유롭게 변경이 가능하다.

확인 → 결과

	Year	Month	여행사순이익	YEAR_	MONTH_	DATE_	여행사순이익_1
1	2012	3	37	2012	3	MAR 2012	.
2	2012	4	142	2012	4	APR 2012	105
3	2012	5	68	2012	5	MAY 2012	-74
4	2012	6	79	2012	6	JUN 2012	11
5	2012	7	101	2012	7	JUL 2012	22
6	2012	8	86	2012	8	AUG 2012	-15
7	2012	9	92	2012	9	SEP 2012	6
8	2012	10	54	2012	10	OCT 2012	-38
9	2012	11	38	2012	11	NOV 2012	-16
10	2012	12	35	2012	12	DEC 2012	-3

차분 1이 된 여행사순이익_1이란 새로운 변수(여행사순이익_1)가 추가로 생성된다.

- 142 − 37 = 105 (2012년 4월 − 2012년 3월)
- 68 − 142 = −74 (2012년 5월 − 2012년 4월)
- 79 − 68 = 11 (2012년 6월 − 2012년 5월)
- 101 − 79 = 22 (2012년 7월 − 2012년 6월)

5.1.2 차분 2

차분 2도 자료 안정화를 위해서 실시한다. 자기상관을 실시해서 자기상관함수(ACF) 시차 2에서 신뢰한계를 벗어난 Peak(Spike)가 있으면 차분 2를 실시한다.

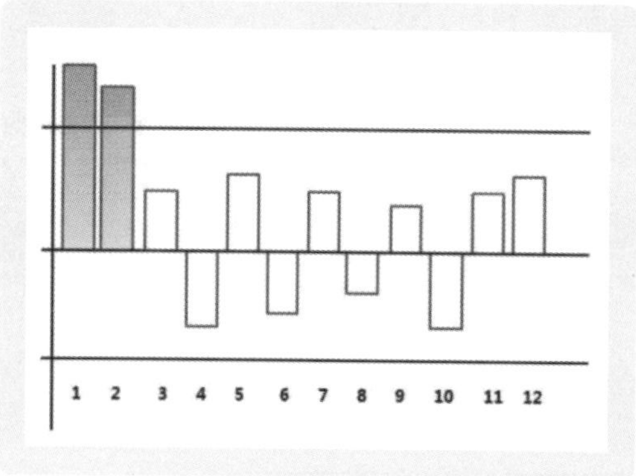

차분 1에서 사용한 파일을 그대로 사용해서 설명한다.

변환 → 시계열 변수 생성 → 재설정

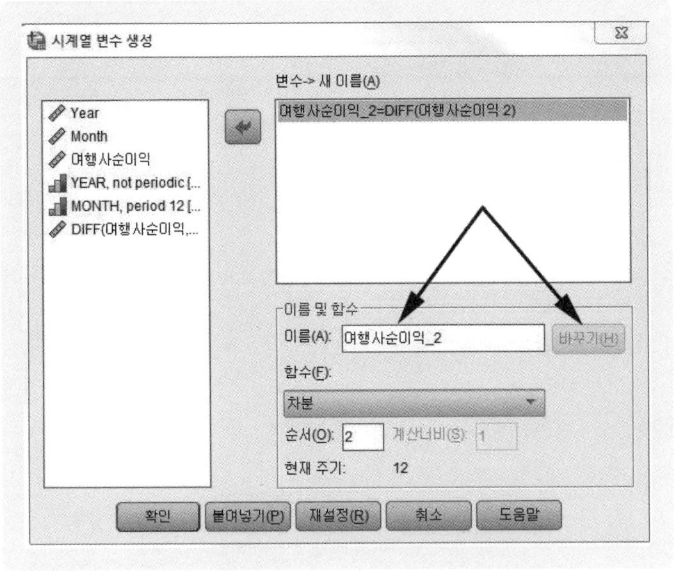

- 변수 → 새 이름: 여행사순이익 선택
- 이름 및 함수: 여행사순이익_2
- 함수: 차분
- 순서: 2 → 바꾸기

…참고
새로운 변수는 여행사_순이익_차분2 등으로 자유롭게 변경이 가능하다.

확인 → 결과

	Year	Month	여행사순이익	YEAR_	MONTH_	DATE_	여행사순이익_1	여행사순이익_2
1	2012	3	37	2012	3	MAR 2012	.	.
2	2012	4	142	2012	4	APR 2012	105	.
3	2012	5	68	2012	5	MAY 2012	-74	-179
4	2012	6	79	2012	6	JUN 2012	11	85
5	2012	7	101	2012	7	JUL 2012	22	11
6	2012	8	86	2012	8	AUG 2012	-15	-37
7	2012	9	92	2012	9	SEP 2012	6	21
8	2012	10	54	2012	10	OCT 2012	-38	-44
9	2012	11	38	2012	11	NOV 2012	-16	22
10	2012	12	35	2012	12	DEC 2012	-3	13

- 여행사순이익_1 변수는 차분 1
- 여행사순이익_2 변수는 차분 2

- (−74) − 105 = 179
- 11 − (−74) = 85
- 22 − 11 = 11
- (−15) − 22 = −37

5.2 계절차분

5.2.1 계절차분 1

계절차분, 차분, 자연로그 변환을 하는 목적은 자료 정상화(Stationary Data)를 얻기 위함이다.

자기상관함수(ACF) 12주기에서 신뢰한계를 벗어난 Spike가 있으면 계절차분을 실시한다.

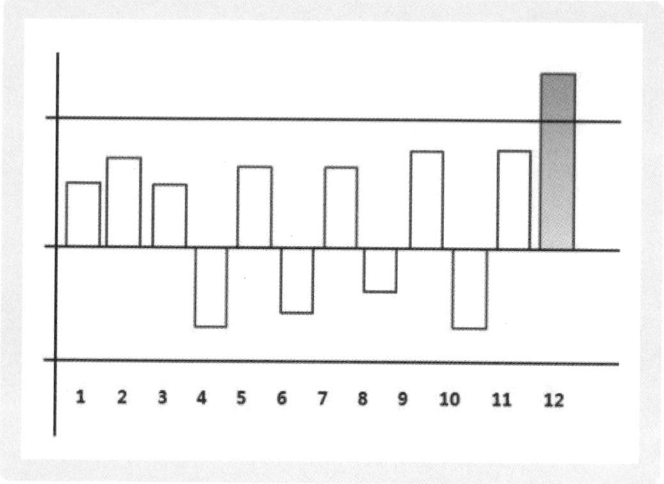

주의 차분도 필요하고 계절차분도 필요한 경우는 어떻게 하면 좋을까? 차분도 하고 계절차분도 할 경우 해석에 어려움이 있으므로 계절차분만을 한다.

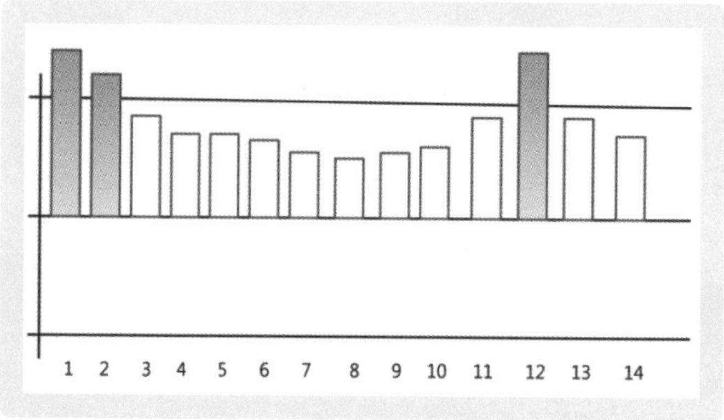

2012년부터 2018년 5월까지 여행사순이익을 조사했다.

파일 이름: 차분(단위: 억 원)

	Year	Month	여행사순이익
1	2012	3	37
2	2012	4	142
3	2012	5	68
4	2012	6	79
5	2012	7	101
6	2012	8	86
7	2012	9	92
8	2012	10	54
9	2012	11	38
10	2012	12	35

주의 날짜 정의를 반드시 먼저 실시한다. 날짜 정의가 되어 있지 않으면 계절차분이 비활성화되어 선택이 불가능하다.

데이터 → 날짜 정의

분석 → 예측 → 순차도표

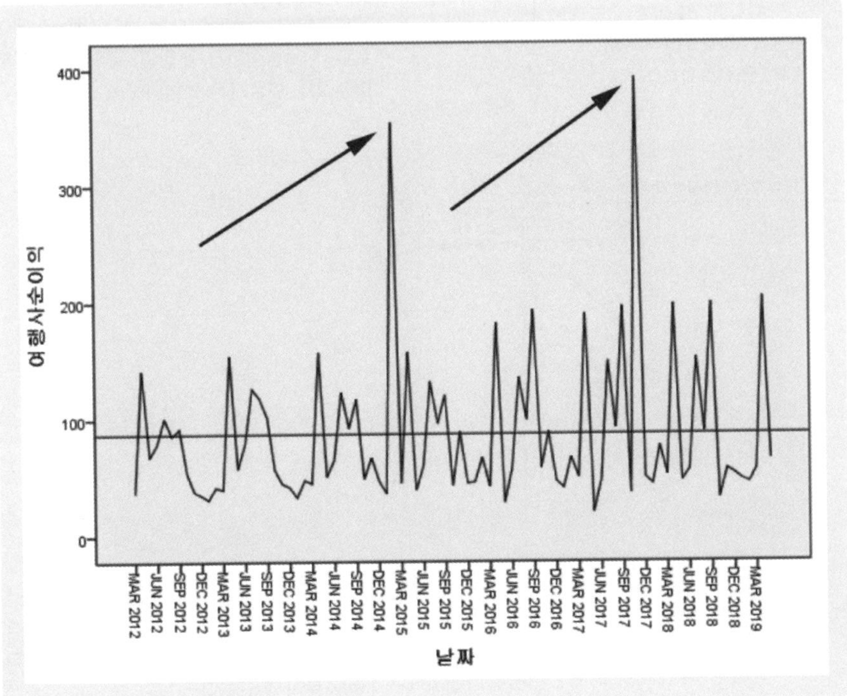

두 개의 이상값(이상치)이 의심된다. 이상값을 가까운 값(월)의 평균으로 대체하지 않거나 ARIMA 모형에서 이상값을 포함해서 모형을 찾거나 이상값을 더미변수로 만들어서 모형을 탐색한다. 여기서는 그대로 진행한다.

분석 → 예측 → 자기상관

- 변수: 여행사순이익
- 표시: 자기상관, 편자기상관
- 옵션: 독립성 모형 선택 → 계속 → 확인

자기상관

계열: 여행사순이익

시차	자기상관	표준오차[a]	Box-Ljung 통계량 값	자유도	유의확률[b]
1	-.216	.105	4.207	1	.040
2	.136	.105	5.891	2	.053
3	-.065	.104	6.285	3	.099
4	-.143	.104	8.193	4	.085
5	.223	.103	12.896	5	.024
6	-.328	.102	23.207	6	.001
7	.231	.102	28.371	7	.000
8	-.130	.101	30.032	8	.000
9	-.036	.100	30.159	9	.000
10	.112	.100	31.422	10	.000
11	-.217	.099	36.200	11	.000
12	.382	.098	51.239	12	.000
13	-.201	.098	55.448	13	.000
14	.143	.097	57.607	14	.000
15	-.111	.096	58.921	15	.000
16	-.135	.096	60.902	16	.000

a. 가정된 기본 공정은 독립적입니다(백색잡음).

b. 점근 카이제곱 근사를 기준으로 합니다.

Box-Ljung 통계량의 유의확률이 유의수준 0.05보다 작다. Box-Ljung 통계량의 유의확률이 유의수준 0;04보다 작기 때문에 백색잡음으로부터 독립적이지 못하다. 백색잡음으로부터 독립적이지 못하면 과거값으로부터 미래값을 설명하지 못한다.

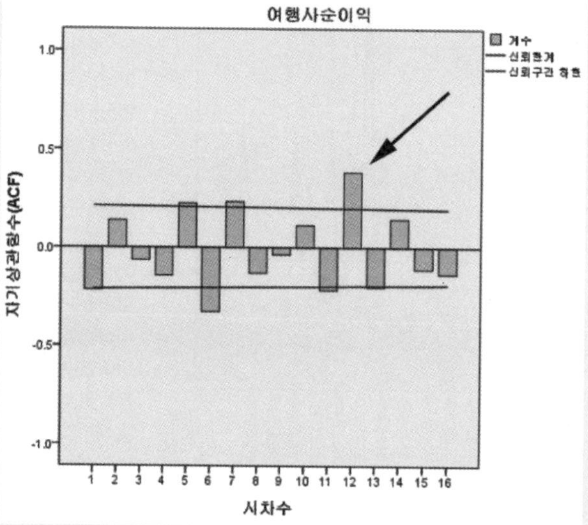

시차 12(주기 12)에서 Peak(Spike)가 보인다. 계절차분이 필요하다.

편자기상관

계열: 여행사순이익

시차	편자기상관	표준오차
1	-.216	.107
2	.094	.107
3	-.020	.107
4	-.182	.107
5	.186	.107
6	-.250	.107
7	.097	.107
8	-.026	.107
9	-.094	.107
10	.046	.107
11	-.087	.107
12	.232	.107
13	-.030	.107
14	.039	.107
15	-.113	.107
16	-.060	.107

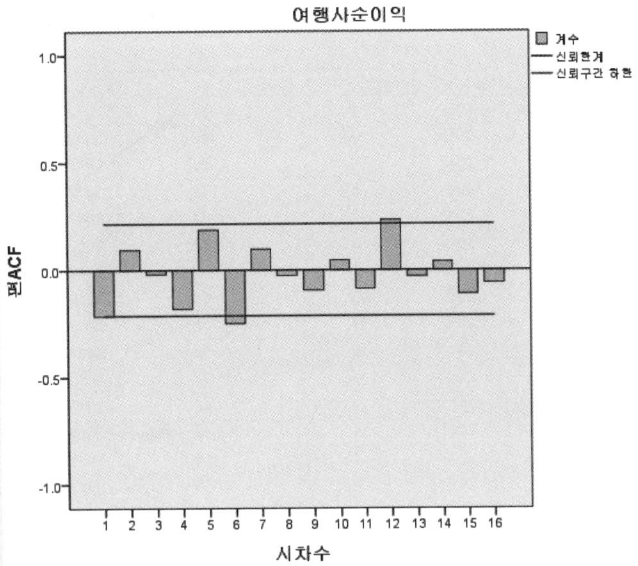

변환 → 시계열 변수 생성

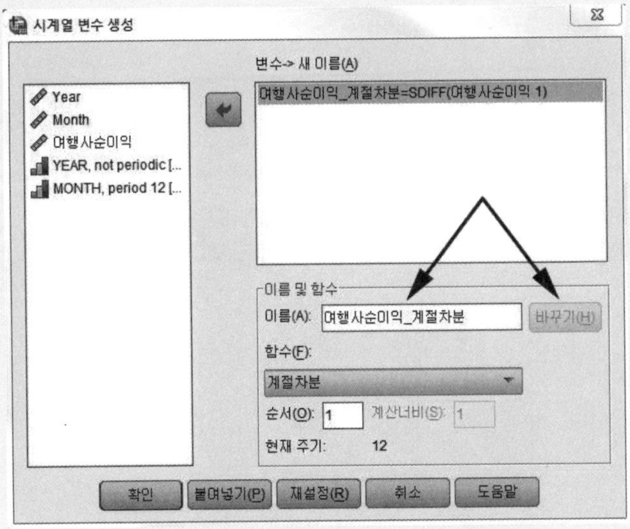

- 변수 새 이름: 여행사순이익 선택 → 이름 및 함수: 여행사순이익_계절차분 → 바꾸기(바꾸기를 클릭하면 SDIFF로 이름이 변경된다.)
- 함수: 계절차분 선택
- 순서: 1

확인 → 결과

	Year	Month	여행사순이익	YEAR_	MONTH_	DATE_	여행사순이익_1
1	2012	3	37	2012	3	MAR 2012	.
2	2012	4	142	2012	4	APR 2012	.
3	2012	5	68	2012	5	MAY 2012	.
4	2012	6	79	2012	6	JUN 2012	.
5	2012	7	101	2012	7	JUL 2012	.
6	2012	8	86	2012	8	AUG 2012	.
7	2012	9	92	2012	9	SEP 2012	.
8	2012	10	54	2012	10	OCT 2012	.
9	2012	11	38	2012	11	NOV 2012	.
10	2012	12	35	2012	12	DEC 2012	.
11	2013	1	31	2013	1	JAN 2013	.
12	2013	2	42	2013	2	FEB 2013	.
13	2013	3	40	2013	3	MAR 2013	3
14	2012	4	154	2013	4	APR 2013	12
15	2012	5	58	2013	5	MAY 2013	-10

- 2013년 3월 - 2012년 3월 = 40 - 37 = 3
- 2013년 4월 - 2012년 4월 = 154 - 142 = 12
- 2013년 5월 - 2012년 5월 = 58 - 68 = -10
- 2013년 6월 - 2012년 6월 = 79 - 79 = 0

SPSS 미래 예측 및 시계열 분석 초보자의 경우 아래 BOX 안의 설명을 건너뛴다.

자기상관을 재실시해서 자기상관에서 -0.5에 가깝거나 이하인 Peak(Spike)가 있는지 확인한다. 분석 → 예측 → 자기상관에서 계절차분을 선택해서 한번에 확인하는 방법도 있다.

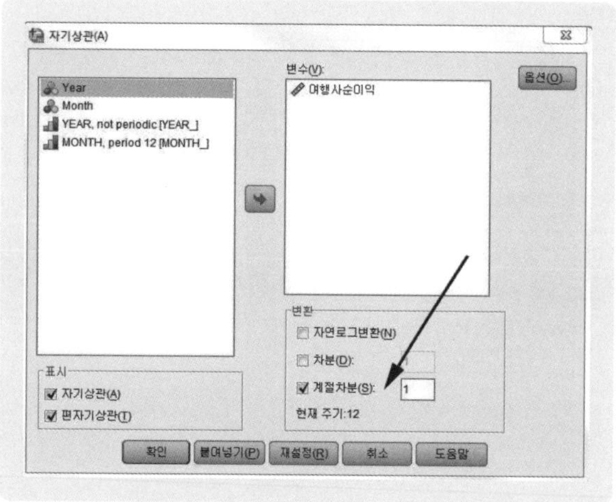

확인 → 결과

자기상관

계열: 여행사순이익

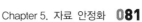

시차	자기상관	표준오차[a]	Box-Ljung 통계량		
			값	자유도	유의확률[b]
1	-.014	.113	.015	1	.902
2	-.012	.112	.027	2	.987
3	.028	.112	.091	3	.993
4	-.001	.111	.091	4	.999
5	.003	.110	.092	5	1.000
6	-.049	.109	.293	6	1.000
7	-.058	.109	.575	7	.999
8	-.021	.108	.613	8	1.000
9	.002	.107	.614	9	1.000
10	-.003	.106	.615	10	1.000
11	.004	.105	.616	11	1.000
12	-.478	.104	21.601	12	.042
13	.015	.104	21.623	13	.061
14	.071	.103	22.103	14	.077
15	-.032	.102	22.203	15	.103
16	.006	.101	22.206	16	.137

a. 가정된 기본 공정은 독립적입니다(백색잡음).

b. 점근 카이제곱 근사를 기준으로 합니다.

Box-Ljung 통계량의 유의확률이 0.902로 유의수준 0.05보다 크다. Box-Ljung 통계량의 유의확률이 유의수준 0.05보다 크기 때문에 백색잡음으로부터 독립적이다.

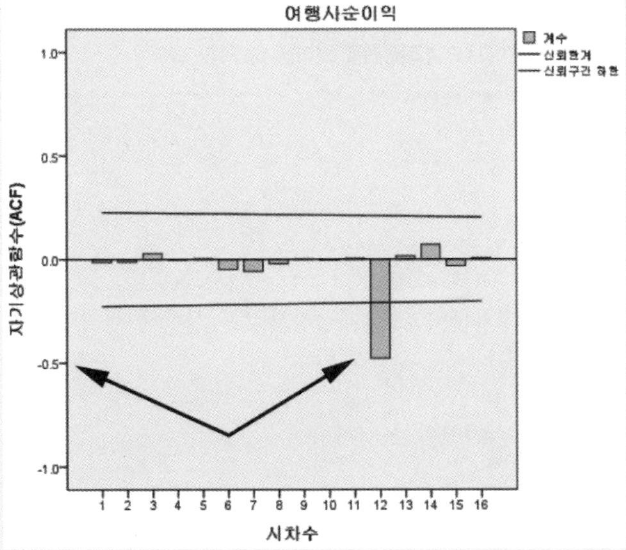

자기상관함수(ACF)가 -0.478로 -0.5에 가까운 Spike가 있으므로 더 이상의 차분은 불필요하다. 만약 차분을 더 하면 표준오차도 증가하므로 과대차분(Over-differening)이 된다.

표준오차도 계절차분 1을 했을 때 0.104에 비해서 계절차분 2를 했을 때 0.112로 증가한다.

구분	표준오차 비교	
	계절차분 1	계절차분 2
시차 1	0.113	0.123
(생략)		
시차 12	0.104	0.112

편자기상관

계열: 여행사순이익

시차	편자기상관	표준오차
1	-.014	.115
2	-.013	.115
3	.028	.115
4	-.001	.115
5	.004	.115
6	-.050	.115
7	-.059	.115
8	-.024	.115
9	.002	.115
10	-.001	.115
11	.006	.115
12	-.484	.115
13	-.008	.115
14	.069	.115
15	-.004	.115
16	-.001	.115

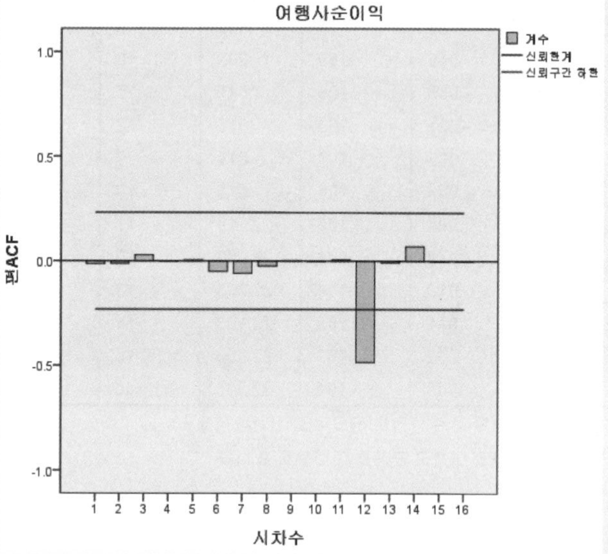

편자기상관에서도 신뢰한계를 벗어난 Spike가 있다.

5.2.2 계절차분 2

앞에서 설명했듯이 계절차분 2를 하면 과대차분이지만, 계절차분 2를 실행해서 설명하고자 한다.

2012년부터 2018년까지 5월까지 여행사순이익을 조사했다.

파일 이름: 차분

	Year	Month	여행사순이익
1	2012	3	37
2	2012	4	142
3	2012	5	68
4	2012	6	79
5	2012	7	101
6	2012	8	86
7	2012	9	92
8	2012	10	54
9	2012	11	38
10	2012	12	35

변환 → 시계열 변수 생성 → 재설정

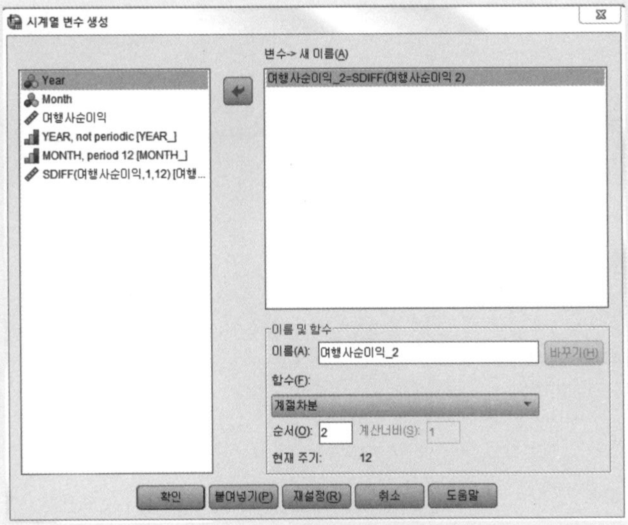

- 변수 → 새 이름: 여행사순이익 선택
- 이름 및 함수: 여행사순이익_계절차분 2 → 바꾸기(변수 새 이름이 SDIFF(여행사순이익 2)로 변경)
- 순서: 2

확인 → 결과

	Year	Month	여행사순이익	YEAR_	MONTH_	DATE_	여행사순이익_1	여행사순이익_2
1	2012	3	37	2012	3	MAR 2012	.	.
2	2012	4	142	2012	4	APR 2012	.	.
3	2012	5	68	2012	5	MAY 2012	.	.
4	2012	6	79	2012	6	JUN 2012	.	.
5	2012	7	101	2012	7	JUL 2012	.	.
6	2012	8	86	2012	8	AUG 2012	.	.
7	2012	9	92	2012	9	SEP 2012	.	.
8	2012	10	54	2012	10	OCT 2012	.	.
9	2012	11	38	2012	11	NOV 2012	.	.
10	2012	12	35	2012	12	DEC 2012	.	.
11	2013	1	31	2013	1	JAN 2013	.	.
12	2013	2	42	2013	2	FEB 2013	.	.
13	2013	3	40	2013	3	MAR 2013	3	.
14	2012	4	154	2013	4	APR 2013	12	.
15	2012	5	58	2013	5	MAY 2013	-10	.
16	2012	6	79	2013	6	JUN 2013	0	.
17	2012	7	126	2013	7	JUL 2013	25	.
18	2012	8	118	2013	8	AUG 2013	32	.
19	2012	9	102	2013	9	SEP 2013	10	.
20	2012	10	57	2013	10	OCT 2013	3	.
21	2012	11	45	2013	11	NOV 2013	7	.
22	2012	12	42	2013	12	DEC 2013	7	.
23	2013	1	33	2014	1	JAN 2014	2	.
24	2013	2	48	2014	2	FEB 2014	6	.
25	2013	3	45	2014	3	MAR 2014	5	2
26	2013	4	157	2014	4	APR 2014	3	-9

계절차분과 자기상관을 동시에 시행해서 결과를 확인할 수 있다.

분석 → 예측 → 자기상관

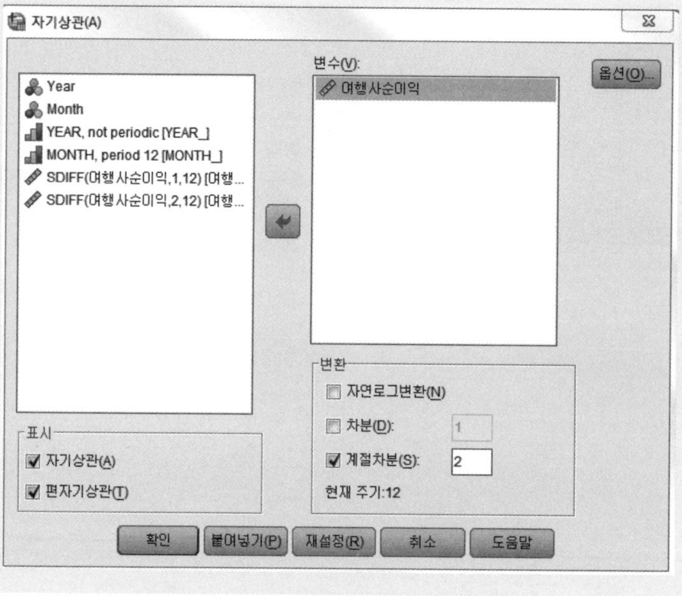

- 변수: 여행사순이익
- 표시: 자기상관, 편자기상관
- 변환: 계절차분 2

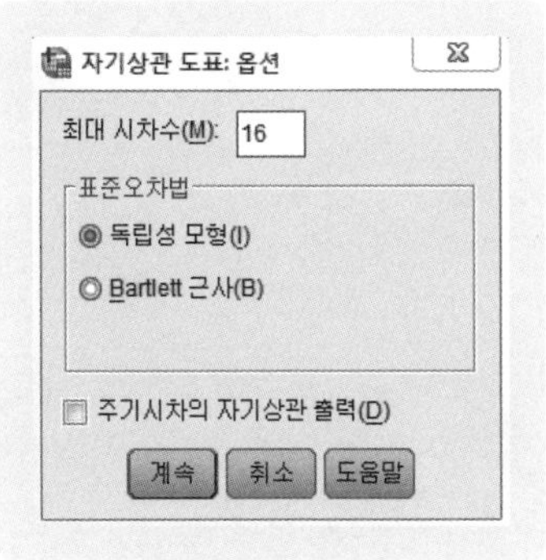

옵션
- 최대 시차수: 16
- 표준오차법: 독립성 모형 → 계속

확인 → 결과

자기상관

계열: 여행사순이익

시차	자기상관	표준오차[a]	Box-Ljung 통계량		
			값	자유도	유의확률[b]
1	-.024	.123	.037	1	.848
2	-.037	.122	.129	2	.937
3	.017	.121	.150	3	.985
4	.002	.120	.150	4	.997
5	.025	.119	.193	5	.999
6	-.034	.118	.274	6	1.000
7	-.079	.117	.726	7	.998
8	-.026	.116	.776	8	.999
9	.095	.115	1.455	9	.997
10	-.003	.114	1.456	10	.999
11	.021	.113	1.492	11	1.000
12	-.533	.112	24.330	12	.018
13	.018	.110	24.356	13	.028
14	.081	.109	24.898	14	.036
15	-.006	.108	24.902	15	.051
16	.011	.107	24.912	16	.071

a. 가정된 기본 공정은 독립적입니다(백색잡음).

b. 점근 카이제곱 근사를 기준으로 합니다.

Box-Ljung의 유의확률이 유의수준 0.05보다 크다.

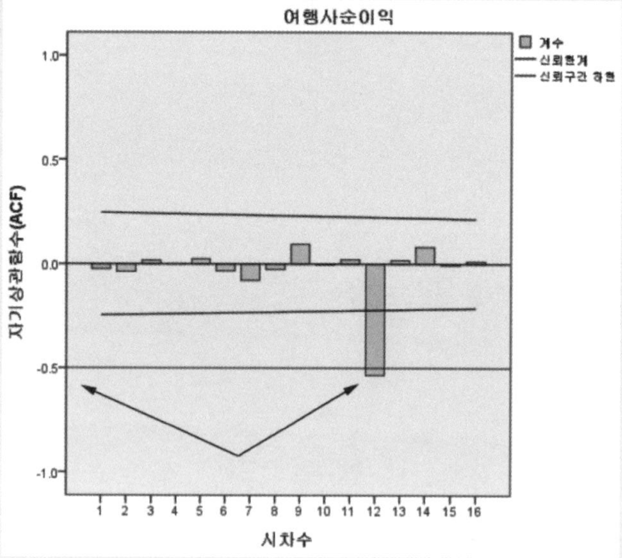

자기상관함수(ACF)가 -0.533으로 -0.5보다 더 크다.
과대차분(Over-Differencing)이다. 계절차분 1을 했을 때, 자기상관함수(ACF)가 -0.478로 -0.5에 가깝기 때문에 계절차분 1만으로 충분하다.

편자기상관

계열: 여행사순이익

시차	편자기상관	표준오차
1	-.024	.126
2	-.038	.126
3	.016	.126
4	.001	.126
5	.026	.126
6	-.033	.126
7	-.079	.126
8	-.033	.126
9	.089	.126
10	.002	.126
11	.031	.126
12	-.544	.126
13	-.005	.126
14	.049	.126
15	.070	.126
16	.028	.126

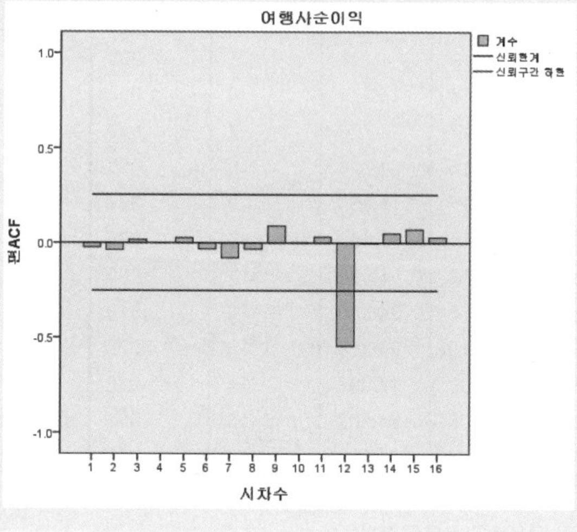

편자기상관함수(PACF)도 -0.5에 가깝다.

5.3 자연로그

5.3.1 자연로그 변환

차분, 계절차분, 자연로그로 변환하는 목적은 자료 정상화(Stationary Data)를 얻기 위함이다.

자연로그로 변환시키는 것은 비안정적인 시계열 자료를 안정적인 시계열 자료로 만들기 위해서 시계열 분석에서 사용할 뿐만 아니라 회귀분석과 프로빗 분석 등에도 자주 쓰이고 있다.

확률분포의 정규화, 분산의 안정화, 회귀분석 또는 프로빗 분석 등을 위해서 곡선적인 관계를 직선적인 관계로 귀착시키기 위해서 자연로그로 변환하는 경우가 있다.

불규칙적인 시계열 자료 또는 선형추세가 있는 시계열 자료는 로그변환을 한다.

구분	선도표 특징			
안정적 시계열				
비안정적 시계열				

자연로그로 시계열 분석을 실시한 후 지수함수를 이용해서 원래 값으로 돌려놓을 수 있다.

예 차분과 자연로그

원자료

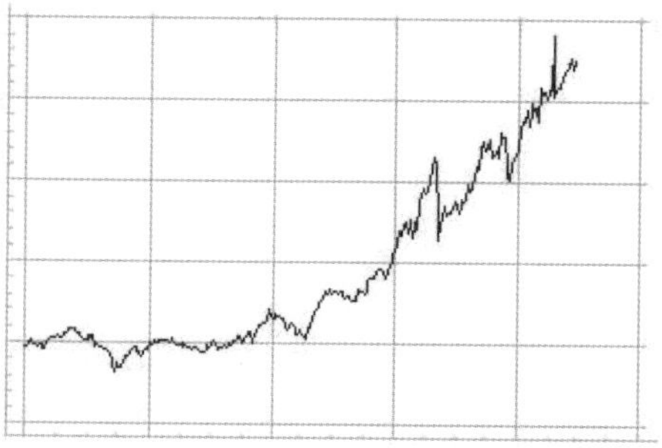

차분 1

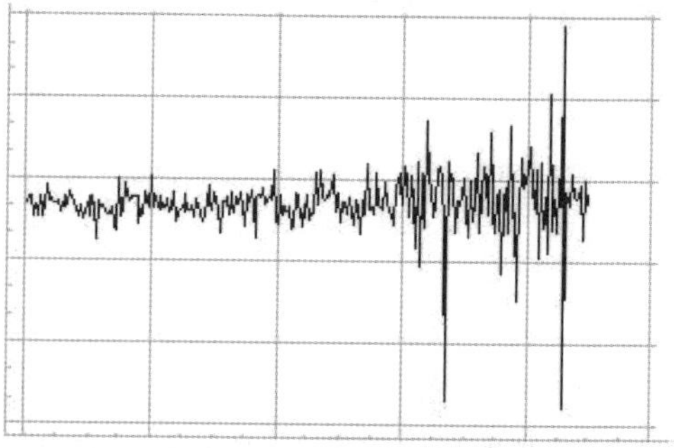

자연로그 변환

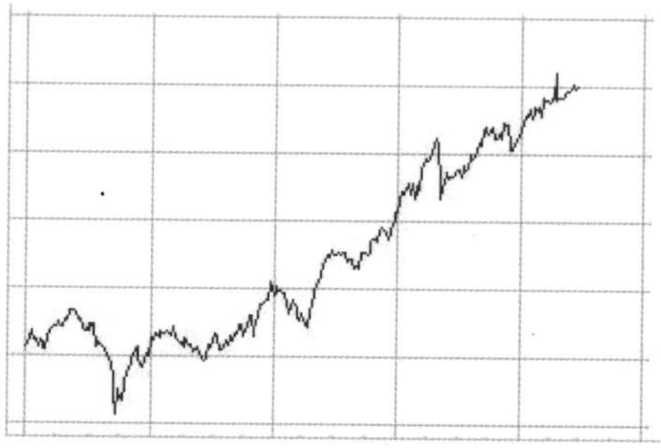

자연로그 변환 후 차분 1

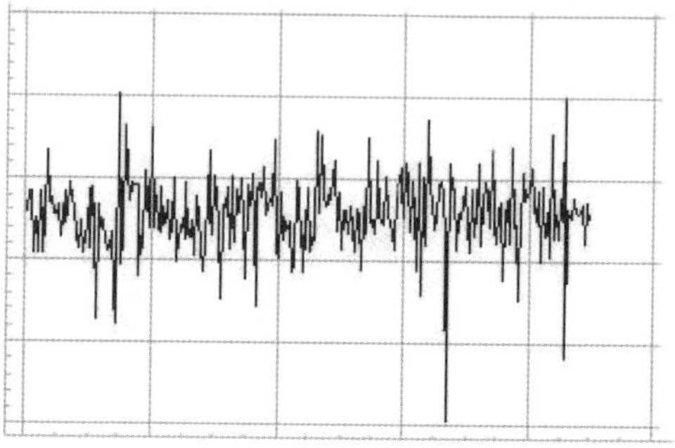

2014년 3월부터 2018년 4월까지 여행사순이익을 조사했다.

파일 이름: 자연로그 변환(단위: 억 원)

	Year	Month	여행사순이익
1	2014	3	203
2	2014	4	236
3	2014	5	132
4	2014	6	283
5	2014	7	243
6	2014	8	152
7	2014	9	146
8	2014	10	132
9	2014	11	125
10	2014	12	68

구조변환 → 날짜 정의 → 분석 → 예측 → 순차도표

• 변수: 예측할 변수(여행사순이익)
• 시간축 설명: 날짜 정의로 생성된 Date 변수
• 형식: 계열 평균에 참조선

순차도표를 이용해서 시계열 자료가 안정적인지 파악해 본다.

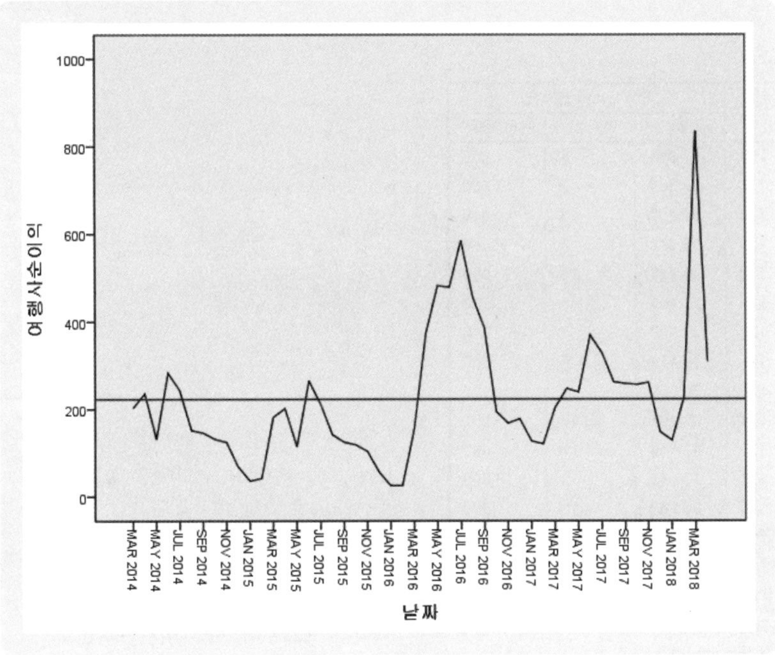

SPSS 미래 예측 및 시계열 분석 초보자의 경우 아래 BOX 안의 설명을 건너뛴다.

분석 → 예측 → 자기상관
변수: 여행사순이익
표시: 자기상관, 편자기상관

옵션
최대 시차수: 16
표준오차법: 독립성 모형 → 계속 → 확인

자기상관

계열: 여행사순이익

시차	자기상관	표준오차[a]	Box-Ljung 통계량		
			값	자유도	유의확률[b]
1	.571	.137	17.274	1	.000
2	.304	.136	22.264	2	.000
3	.135	.134	23.267	3	.000
4	.008	.133	23.270	4	.000
5	-.142	.132	24.428	5	.000
6	-.227	.130	27.461	6	.000
7	-.204	.129	29.973	7	.000
8	-.085	.127	30.419	8	.000
9	.059	.126	30.639	9	.000
10	.093	.124	31.205	10	.001
11	.186	.122	33.504	11	.000
12	.216	.121	36.685	12	.000
13	.146	.119	38.183	13	.000
14	.072	.118	38.558	14	.000
15	-.015	.116	38.574	15	.001
16	-.137	.114	40.016	16	.001

a. 가정된 기본 공정은 독립적입니다(백색잡음).
b. 점근 카이제곱 근사를 기준으로 합니다.

Box-Ljung 통계량의 유의확률이 0.000으로 유의수준 0.05보다 작다.
Box-Ljung 통계량의 유의확률이 유의수준 005보다 작으면 백색잡음으로부터 독립적이지 못하다.
백색잡음으로부터 독립적이지 못하면 과거값으로 미래값을 설명하지 못한다.

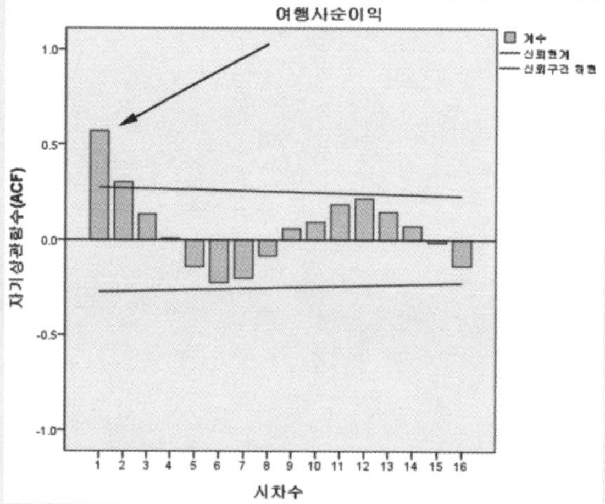

자기상관함수(ACF) 시차 1에서 신뢰한계를 벗어난 강한 Peak(Spike)가 보인다.

편자기상관

계열: 여행사순이익

시차	편자기상관	표준오차
1	.571	.141
2	-.033	.141
3	-.038	.141
4	-.069	.141
5	-.159	.141
6	-.095	.141
7	.007	.141
8	.105	.141
9	.129	.141
10	-.026	.141
11	.113	.141
12	.018	.141
13	-.064	.141
14	.006	.141
15	-.036	.141
16	-.107	.141

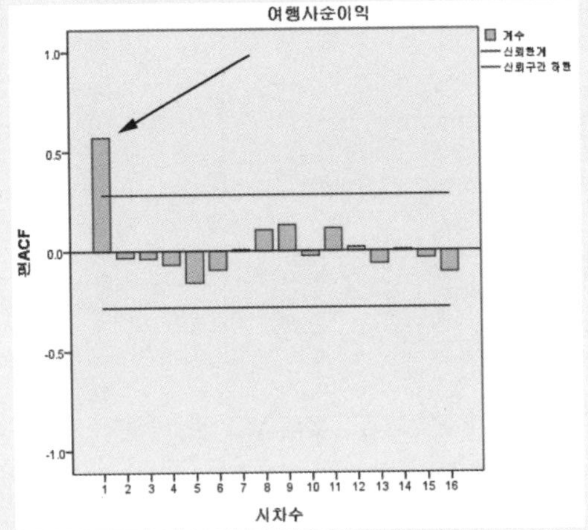

편자기상관(PACF)에서도 시차 1에서 Spike가 보인다. 따라서 차분 1을 실시한다.

분석 → 예측 → 자기상관
변수: 여행사순이익
변환: 차분 1
표시: 자기상관, 편자기상관

옵션
독립성 모형 → 계속 → 확인

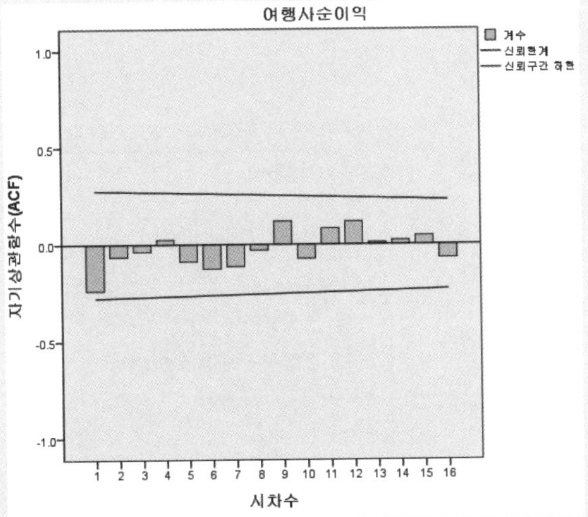

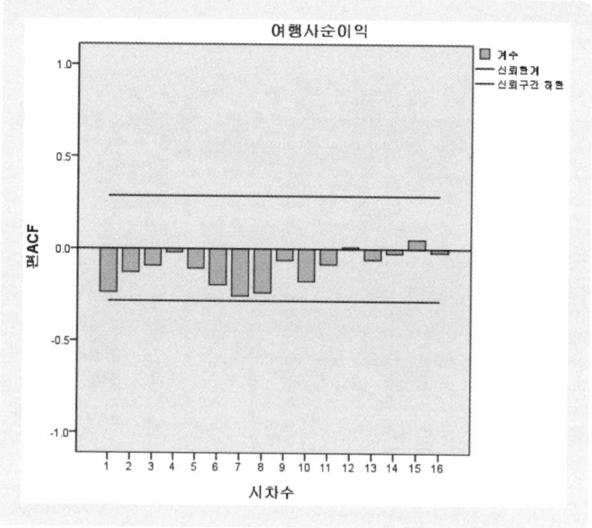

여기서는 차분 1 대신에 자연로그로 설명하고자 한다.

순차도표에서 자연로그로 변환을 선택해서 순차도표를 실행한다.

분석 → 예측 → 순차도표

- 변수: 예측할 변수(여행사순이익)
- 시간축 설명: 날짜 정의로 생성된 Date 변수
- 변환: 자연로그변환 체크

형식 → 단일 변수 도표: 계열 평균에 참조선

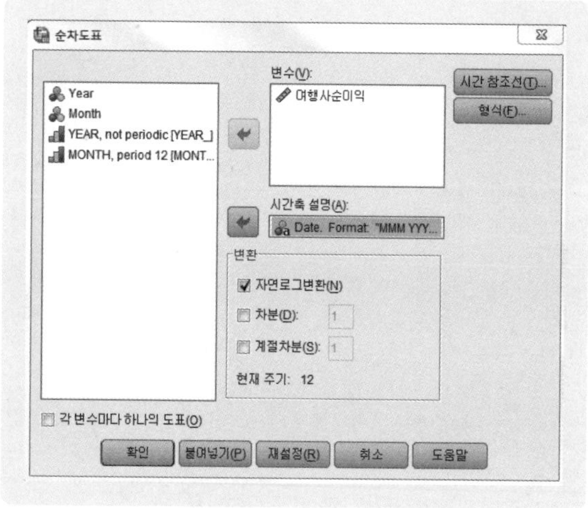

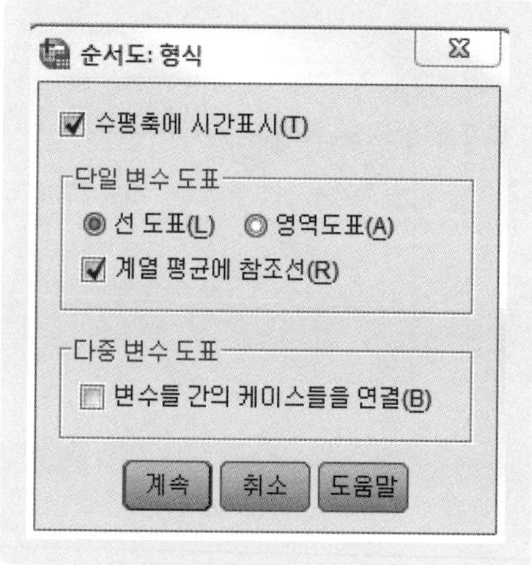

계속 → 확인 → 결과

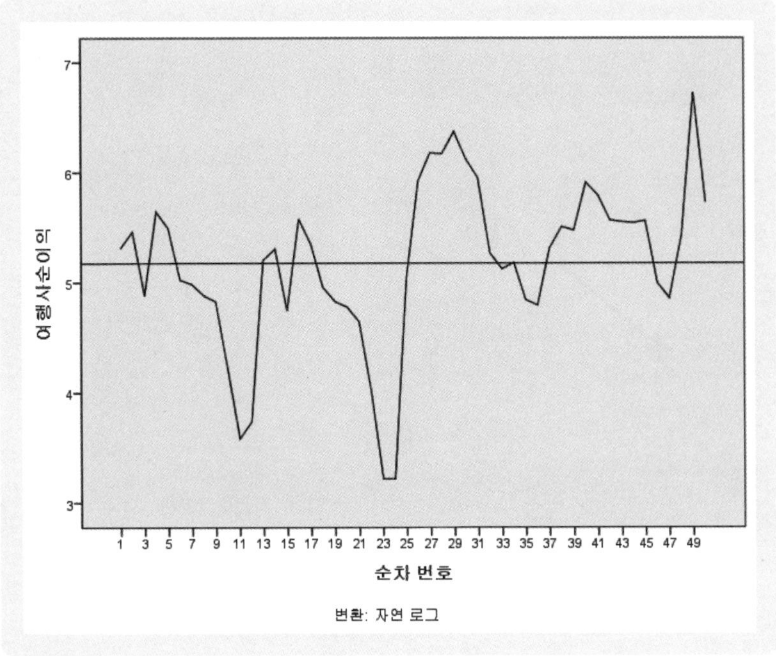

자연로그로 순차도표를 만들었을 때, 평균을 중심으로 좀 더 골고루 분포된 것을 확인할 수 있다.

자연로그 변환은 시계열 분석에서 자주 사용되고 있다. 순차도표뿐만 아니라 자기상관과 교차상관에서도 자연로그 변환 기능이 포함되어 있다. 자연로그 변환을 선택해서 동시에 자연로그로의 변환과 분석(자기상관 또는 교차상관)을 동시에 실시할 수 있는 편리함이 있다.

분석 → 예측 → 자기상관

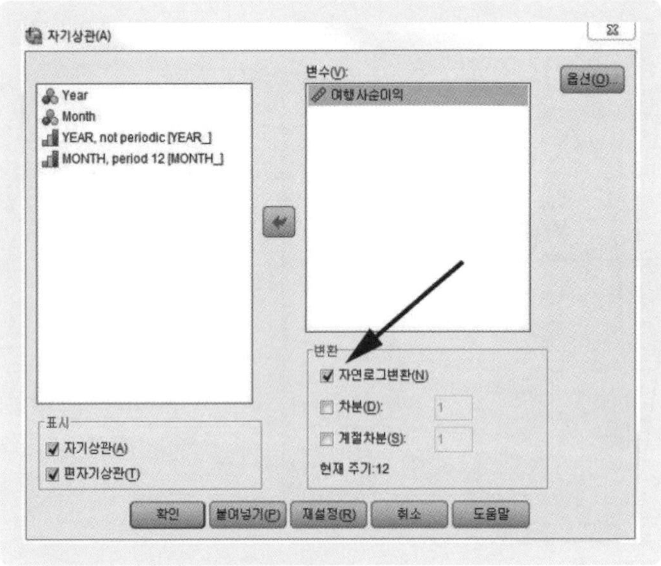

- 변수: 여행사순이익
- 변환: 자연로그변환
- 표시: 자기상관, 편자기상관

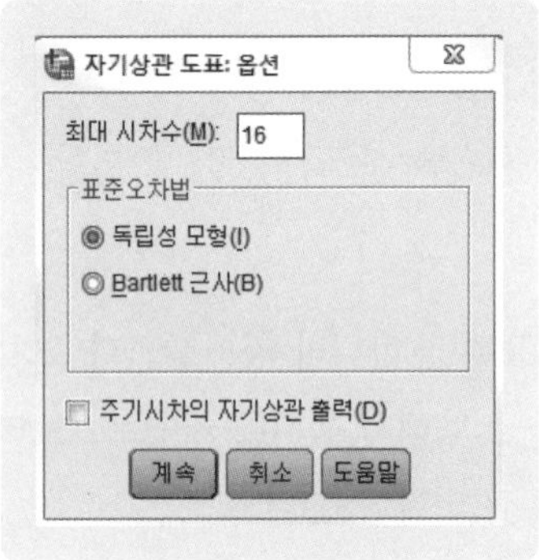

옵션
- 최대 시차수: 16
- 표준오차법: 독립성 모형

계속 → 확인 → 결과

자기상관

계열: 여행사순이익

시차	자기상관	표준오차[a]	Box-Ljung 통계량		
			값	자유도	유의확률[b]
1	.707	.137	26.560	1	.000
2	.332	.136	32.524	2	.000
3	.129	.134	33.445	3	.000
4	-.020	.133	33.467	4	.000
5	-.180	.132	35.340	5	.000
6	-.282	.130	40.041	6	.000
7	-.259	.129	44.088	7	.000
8	-.102	.127	44.735	8	.000
9	.064	.126	44.994	9	.000
10	.138	.124	46.225	10	.000
11	.319	.122	53.009	11	.000
12	.454	.121	67.102	12	.000
13	.329	.119	74.716	13	.000
14	.139	.118	76.120	14	.000
15	-.016	.116	76.140	15	.000
16	-.160	.114	78.102	16	.000

a. 가정된 기본 공정은 독립적입니다(백색잡음).

b. 점근 카이제곱 근사를 기준으로 합니다.

Box-Ljung 통계량의 유의확률이 유의수준 0.05보다 작다. Box-Ljung 통계량의 유의확률이 유의수준 0.05보다 작으면 백색잡음으로부터 독립적이지 못하다. 백색잡음으로부터 독립적이지 못하면 과거값으로 미래값을 설명할 수 없다.

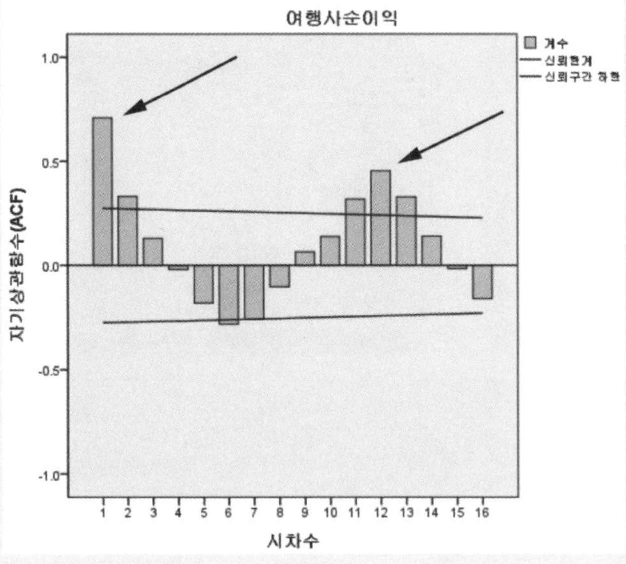

자기상관함수(ACF) 시차 1과 시차 12에서 신뢰한계를 벗어난 강한 Peak(Spike)를 보이고 있다.

편자기상관

계열: 여행사순이익

시차	편자기상관	표준오차
1	.707	.141
2	-.338	.141
3	.122	.141
4	-.191	.141
5	-.140	.141
6	-.072	.141
7	.039	.141
8	.171	.141
9	.057	.141
10	-.016	.141
11	.413	.141
12	-.076	.141
13	-.183	.141
14	.089	.141
15	-.172	.141
16	-.064	.141

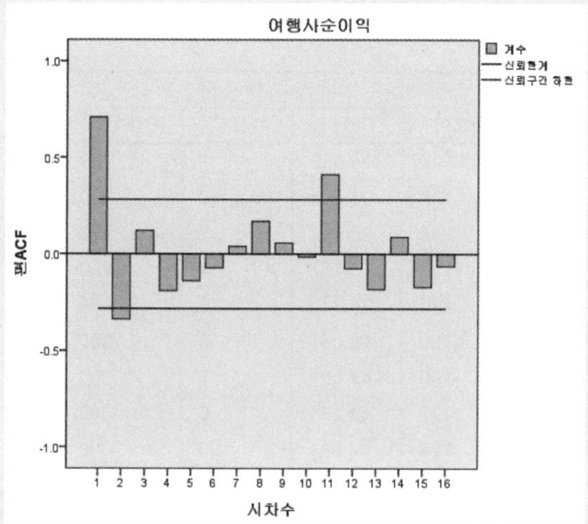

편자기상관 함수(PACF)에서도 시차 1에서 신뢰한계를 벗어난 Spike가 보인다.

SPSS 미래 예측 및 시계열 분석 초보자의 경우 아래 BOX 안의 설명을 건너뛴다.

시차 1과 시차 12에서 동시에 신뢰한계를 벗어난 Spike를 보이고 있으므로 계절차분을 해야 할까? SPSS 자기상관에서 자연로그와 차분을 동시에 선택할 수 있다.

<table>
<tr><th></th><th>자연로그 변환 및 계절차분 1</th><th>자연로그 변환 및 차분 1</th></tr>
<tr><td>선택</td><td>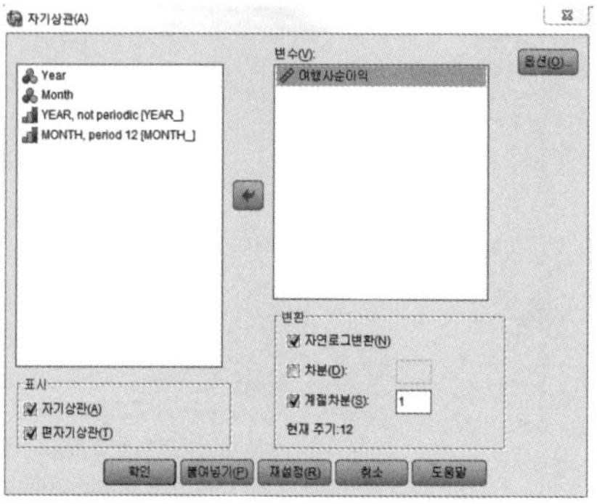
</td><td>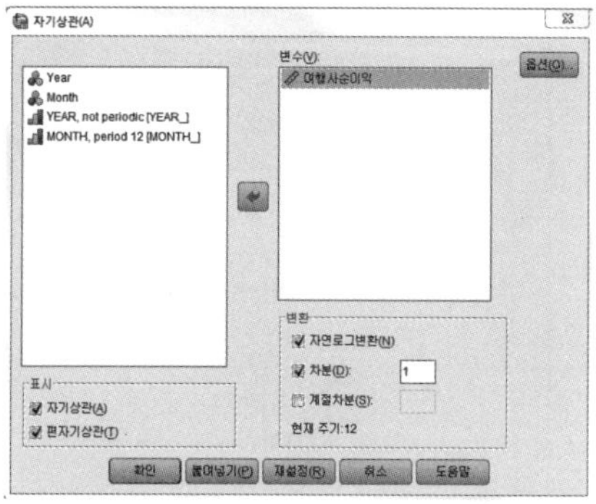
</td></tr>
</table>

결과

자기상관

계열: 여행사순이익

시차	자기상관	표준오차[a]	Box-Ljung 통계량 값	자유도	유의확률[b]
1	.706	.156	20.457	1	.000
2	.367	.154	26.148	2	.000
3	.189	.152	27.707	3	.000
4	.197	.150	29.445	4	.000
5	.070	.147	29.673	5	.000
6	-.125	.145	30.413	6	.000
7	-.191	.143	32.201	7	.000
8	-.174	.140	33.734	8	.000
9	-.170	.138	35.251	9	.000
10	-.377	.136	42.958	10	.000
11	-.496	.133	56.794	11	.000
12	-.464	.131	69.397	12	.000
13	-.241	.128	72.932	13	.000
14	-.136	.126	74.102	14	.000
15	-.116	.123	74.993	15	.000
16	-.124	.120	76.055	16	.000

a. 가정된 기본 공정은 독립적입니다(백색잡음).

b. 점근 카이제곱 근사를 기준으로 합니다.

Box-Ljung 통계량의 유의확률이 0.000으로 유의수준 0.05보다 작기 때문에 백색잡음으로부터 독립적이지 못하다.

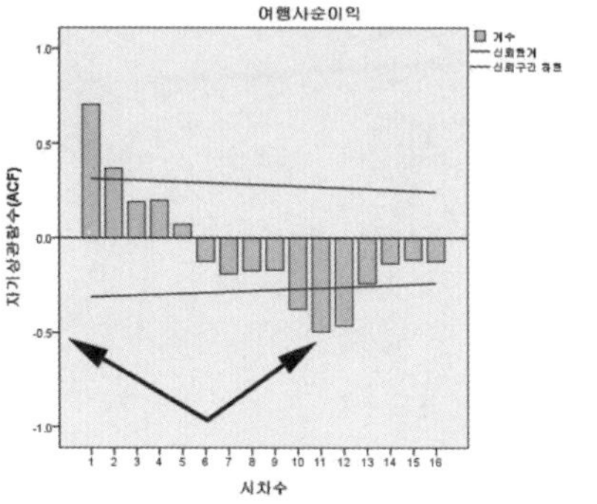

자기상관

계열: 여행사순이익

시차	자기상관	표준오차[a]	Box-Ljung 통계량 값	자유도	유의확률[b]
1	.107	.139	.597	1	.440
2	-.250	.137	3.919	2	.141
3	-.080	.136	4.268	3	.234
4	.017	.134	4.284	4	.369
5	-.119	.133	5.084	5	.406
6	-.218	.131	7.845	6	.250
7	-.232	.130	11.058	7	.136
8	-.017	.128	11.077	8	.197
9	.158	.127	12.633	9	.180
10	-.188	.125	14.898	10	.136
11	.095	.123	15.486	11	.161
12	.439	.122	28.488	12	.005
13	.120	.120	29.480	13	.006
14	-.036	.118	29.573	14	.009
15	-.029	.117	29.634	15	.013
16	-.109	.115	30.541	16	.015

a. 가정된 기본 공정은 독립적입니다(백색잡음).

b. 점근 카이제곱 근사를 기준으로 합니다.

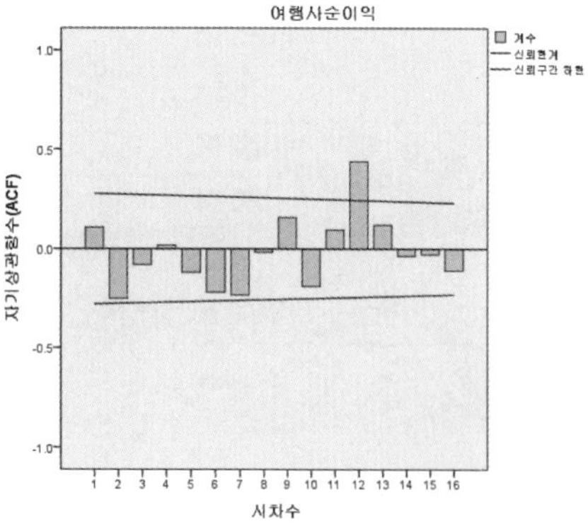

계절차분을 할 경우 Box-Ljung 통계량의 유의확률이 유의수준 0.05보다 작으며, 자기상관도 -0.464로 -0.5에 가깝기 때문에 과대차분(Over-differencing)에 해당된다. 따라서 차분 1을 해야 한다.

앞에서 원자료에서 차분 1만을 해도 자료 안정화가 되었고, 자연로그를 설명하기 위해서 자연로그 변환 후 다시 차분 1을 해서 자료 안정화가 가능했다. 최소화 원칙에 따라서 자연로그 변환을 거치지 않고 바로 차분 1만을 하는 것이 바람직하다.

5.3.2 자연로그 계산

파일 이름: 자연로그 변환

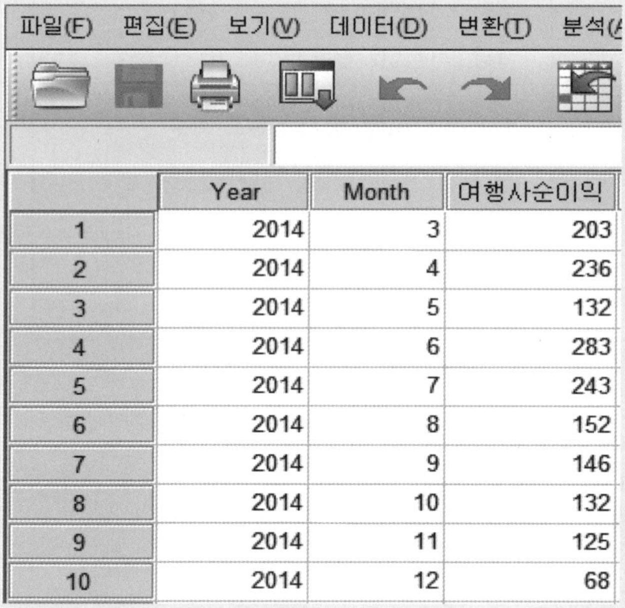

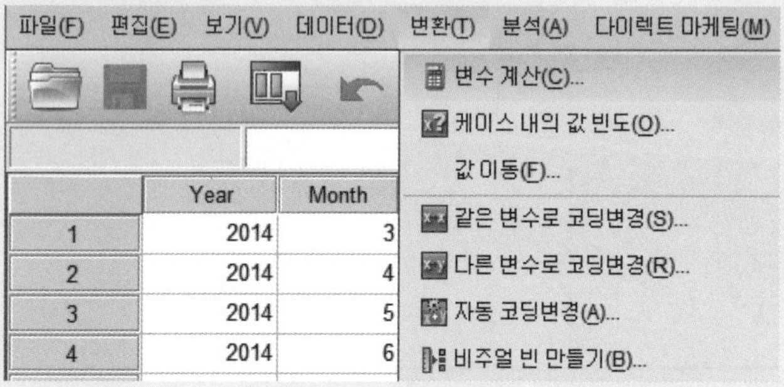

변환 → 변수 계산

대상변수: 자연로그변환

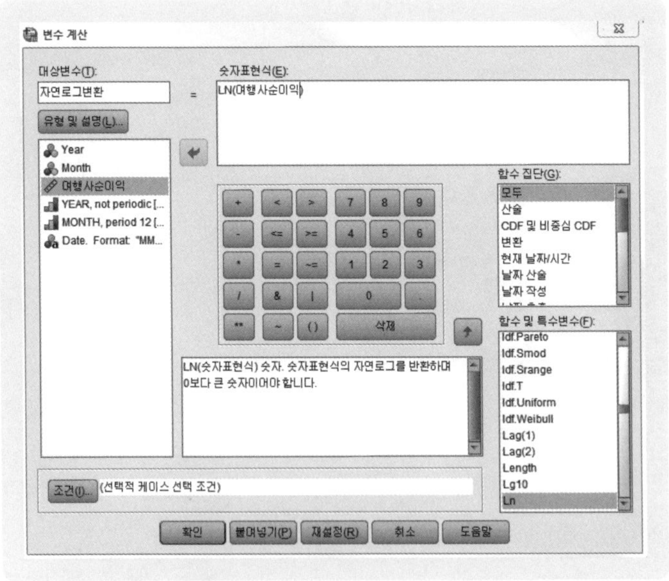

함수 집단 → 산술 → Ln 더블클릭 → 숫자표현식에 LN(?)가 나타난다. → 물음표를 선택하고, 자연로그로 변경할 변수를 클릭

확인 → 결과: 자연로그로 변환된 변수가 추가로 생성된다.

	Year	Month	여행사순이익	YEAR_	MONTH_	DATE_	자연로그변환
1	2014	3	203	2014	3	MAR 2014	5.31
2	2014	4	236	2014	4	APR 2014	5.46
3	2014	5	132	2014	5	MAY 2014	4.88
4	2014	6	283	2014	6	JUN 2014	5.65
5	2014	7	243	2014	7	JUL 2014	5.49
6	2014	8	152	2014	8	AUG 2014	5.02
7	2014	9	146	2014	9	SEP 2014	4.98
8	2014	10	132	2014	10	OCT 2014	4.88
9	2014	11	125	2014	11	NOV 2014	4.83
10	2014	12	68	2014	12	DEC 2014	4.22

5.3.3 원래 값 환원

자연로그를 다시 원래 값으로 환원하려면 지수함수를 이용한다.

변환 → 변수 계산 → 재설정

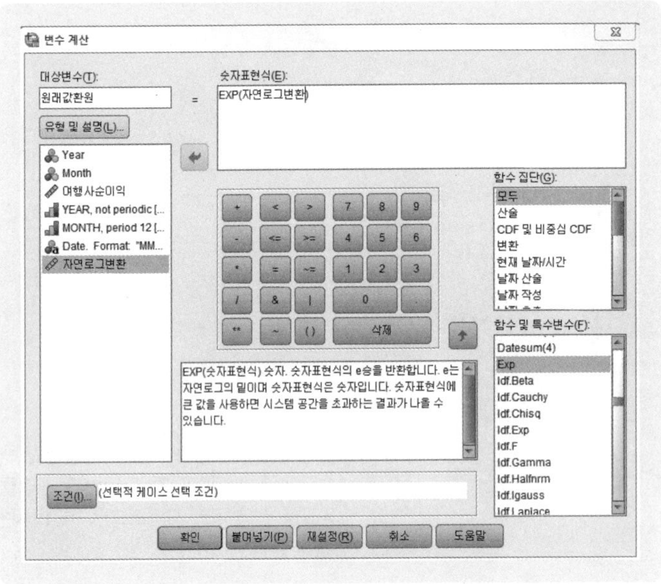

대상변수: 새로 생성할 변수 이름(원래값환원)
숫자표현식: EXP(자연로그변환)

확인 → 결과

| 참고 | 자연로그로 예측한 결과를 원래 단위의 값으로 환원할 때 사용한다.
잔차 = 여행사순이익 – (자연로그 변환 후 시계열 예측 결과를 지수함수로 원래 값 환원)

	Year	Month	여행사순이익	YEAR_	MONTH_	DATE_	자연로그변환	원래값환원
1	2014	3	203	2014	3	MAR 2014	5.31	203.00
2	2014	4	236	2014	4	APR 2014	5.46	236.00
3	2014	5	132	2014	5	MAY 2014	4.88	132.00
4	2014	6	283	2014	6	JUN 2014	5.65	283.00
5	2014	7	243	2014	7	JUL 2014	5.49	243.00
6	2014	8	152	2014	8	AUG 2014	5.02	152.00
7	2014	9	146	2014	9	SEP 2014	4.98	146.00
8	2014	10	132	2014	10	OCT 2014	4.88	132.00
9	2014	11	125	2014	11	NOV 2014	4.83	125.00
10	2014	12	68	2014	12	DEC 2014	4.22	68.00

5.4 제곱근

5.4.1 제곱근 계산

- 화폐단위로 된 자료는 자연로그와 제곱근으로 변환해서 많이 사용한다.
- 지수평활모형 탐색에서 제곱근으로 변환시키는 옵션이 있다. 제곱근은 어떻게 구하고 어떻게 원래 값으로 환원시킬 수 있을까?

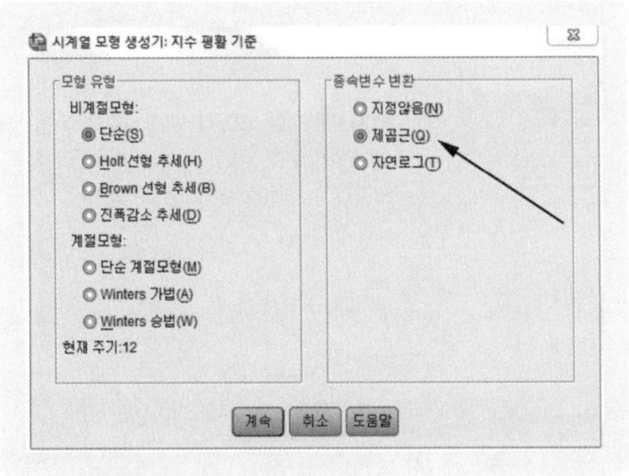

2011년 3월부터 2018년 10월까지 백화점순이익을 조사했다.

파일 이름: 제곱근(단위: 억 원)

	연도	월별	백화점순이익
1	2011	3	1150.0
2	2011	4	380.0
3	2011	5	280.0
4	2011	6	1859.0
5	2011	7	678.0
6	2011	8	795.0
7	2011	9	1946.0
8	2011	10	585.0
9	2011	11	868.0
10	2011	12	1326.0

변환 → 변수 계산

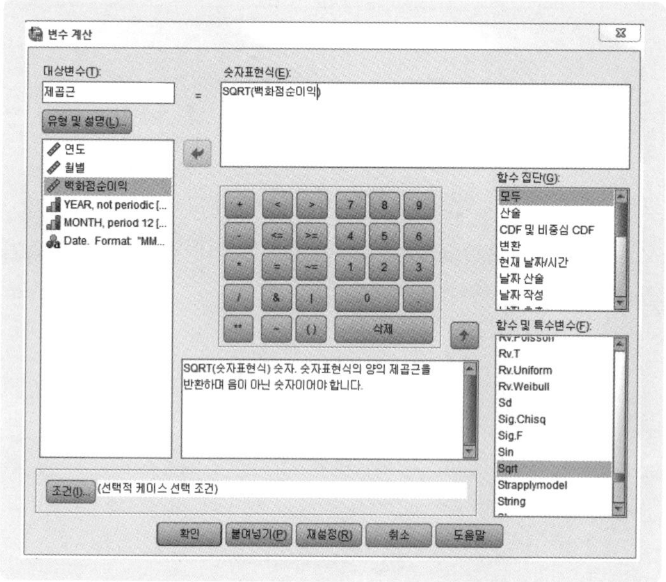

- 대상변수: 제곱근
- 숫자표현식: 함수 집단 → SQRT 선택 → SQRT(?) → 백화점순이익 → SQRT(백화점순이익)

…참고
숫자표현식에 SQRT(백화점순이익)을 직접 입력해도 된다.
SQRT는 Square Root의 약자

확인: 제곱근으로 변환된 변수가 추가로 생성된다.

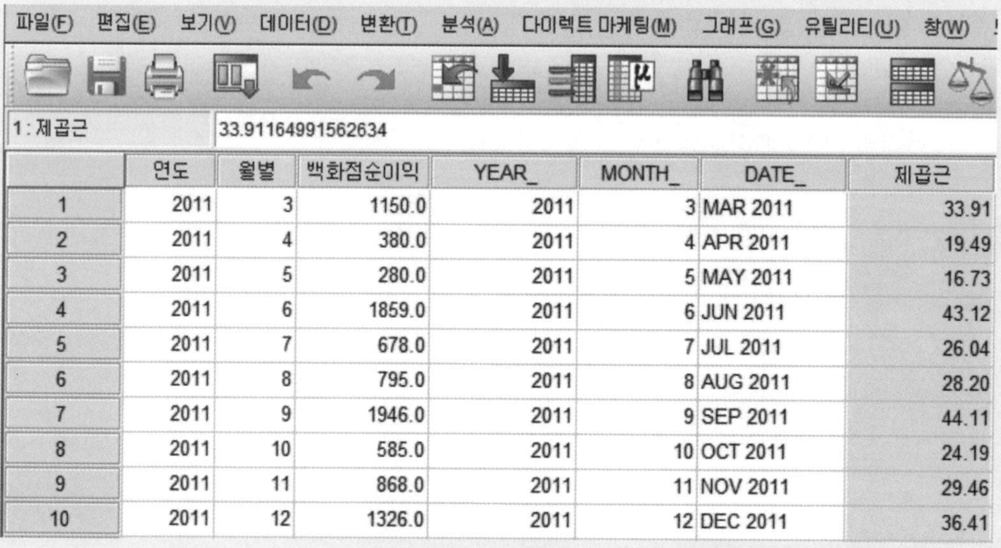

	연도	월별	백화점순이익	YEAR_	MONTH_	DATE_	제곱근
1	2011	3	1150.0	2011	3	MAR 2011	33.91
2	2011	4	380.0	2011	4	APR 2011	19.49
3	2011	5	280.0	2011	5	MAY 2011	16.73
4	2011	6	1859.0	2011	6	JUN 2011	43.12
5	2011	7	678.0	2011	7	JUL 2011	26.04
6	2011	8	795.0	2011	8	AUG 2011	28.20
7	2011	9	1946.0	2011	9	SEP 2011	44.11
8	2011	10	585.0	2011	10	OCT 2011	24.19
9	2011	11	868.0	2011	11	NOV 2011	29.46
10	2011	12	1326.0	2011	12	DEC 2011	36.41

5.4.2 원래 값 환원

변환 → 변수 계산 → 재설정

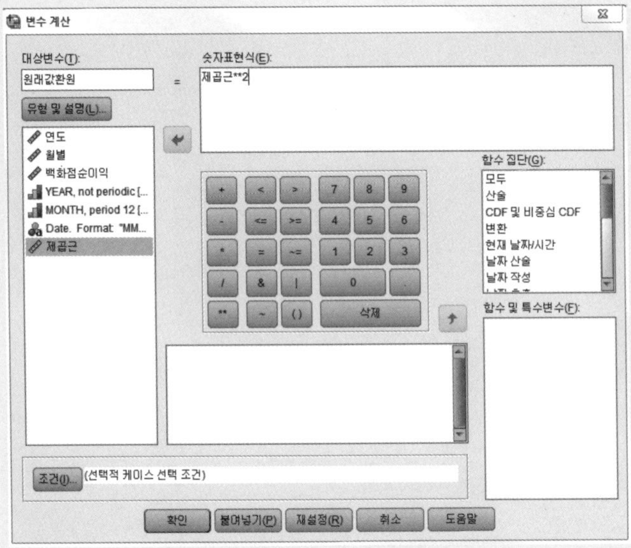

- 대상변수: 원래값
- 숫자표현식: 제곱근**2
  또는 제곱근*제곱근

확인 → 제곱근으로 예약된 결과를 원래 단위의 값으로 되돌려 준다.

	연도	월별	백화점순이익	YEAR_	MONTH_	DATE_	제곱근	원래값환원
1	2011	3	1150.0	2011	3	MAR 2011	33.91	1150.00
2	2011	4	380.0	2011	4	APR 2011	19.49	380.00
3	2011	5	280.0	2011	5	MAY 2011	16.73	280.00
4	2011	6	1859.0	2011	6	JUN 2011	43.12	1859.00
5	2011	7	678.0	2011	7	JUL 2011	26.04	678.00
6	2011	8	795.0	2011	8	AUG 2011	28.20	795.00
7	2011	9	1946.0	2011	9	SEP 2011	44.11	1946.00
8	2011	10	585.0	2011	10	OCT 2011	24.19	585.00
9	2011	11	868.0	2011	11	NOV 2011	29.46	868.00
10	2011	12	1326.0	2011	12	DEC 2011	36.41	1326.00

02

PART

미래 예측과 시계열 분석 초급

06

CHAPTER

순차도표

06 순차도표

6.1 시계열 분석의 순차도표

시계열 분석에서 제일 먼저 실시하는 단계가 날짜 정의이며 바로 이어서 순차도표를 실시해서 비안정적 시계열과 이상값(이상치)의 유무를 시각적으로 파악한다.

순차도표뿐만 아니라 레거시 대화상자의 상자도표, 레거시 대화상자의 선도표에서도 계절성, 추세를 시각적으로 확인할 수 있다. 레거시 대화상자의 상자도표와 선도표에 대해서는 Chapter 19의 더미변수 회귀분석의 설명을 참고한다.

2010년 4월부터 2017년 2월까지 병원매출액을 조사했다.

파일 이름: 순차도표(단위: 억 원)

	Year	Month	병원매출액
1	2010	4	2740.5
2	2010	5	1945.0
3	2010	6	1780.8
4	2010	7	1390.2
5	2010	8	1600.5
6	2010	9	1875.0
7	2010	10	2145.8
8	2010	11	3420.2
9	2010	12	3975.0
10	2011	1	5913.5

날짜 정의

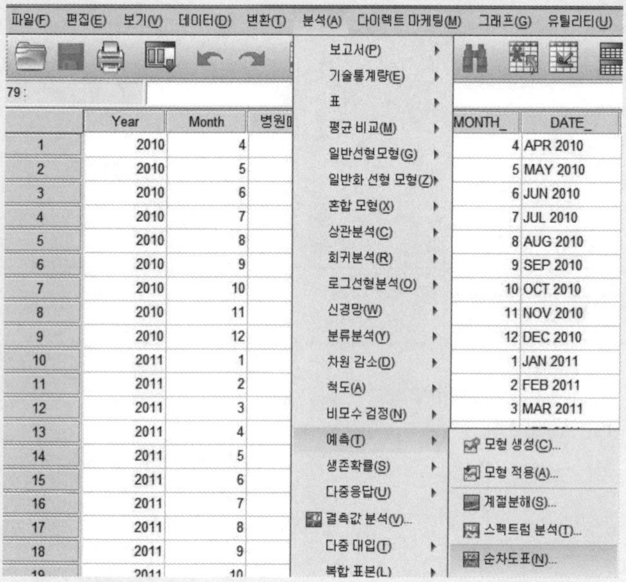

분석 → 예측 → 순차도표

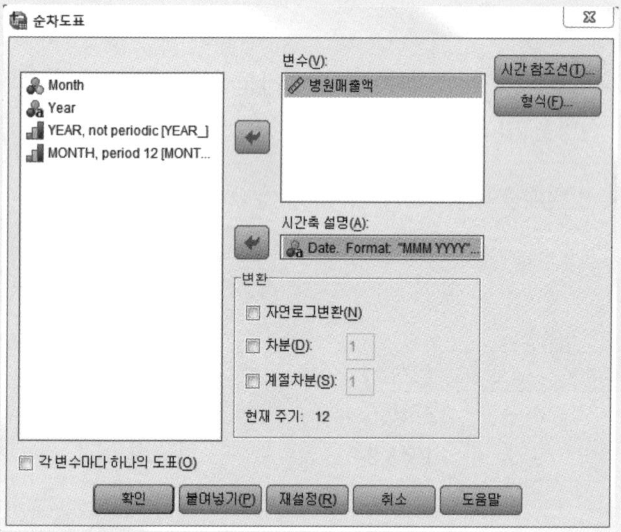

- 변수: 관측값 변수(병원매출액)
- 시간축 설명: 날짜 정의로 새로 생성된 변수(DATE)

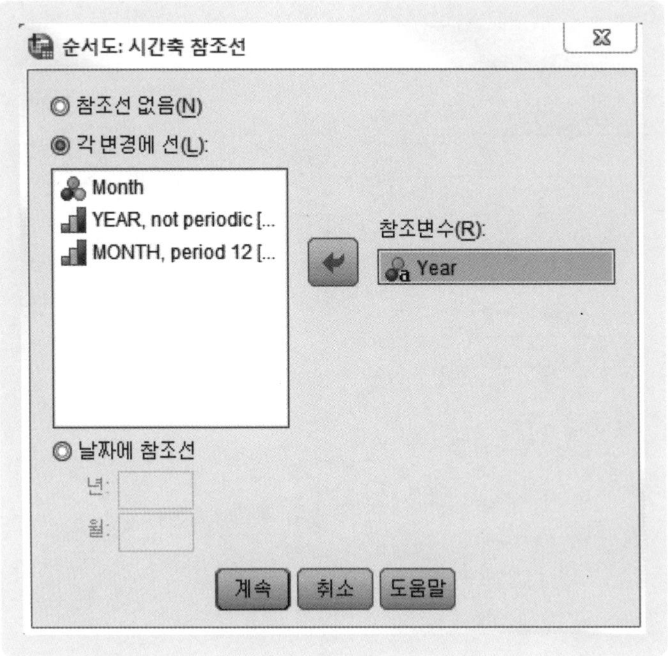

시간 참조선: 참조변수로 Year 변수를 드래그해서 선택하면 X축에 연도별로 줄이 생긴다. 월별로 된 자료에 연도로 구분하고자 할 때 선택한다. 줄이 너무 많으면 표가 복잡해 보일 수 있다.

계속 → 확인 → 결과

각 Year별로 X축에 참조선으로 나타난다.

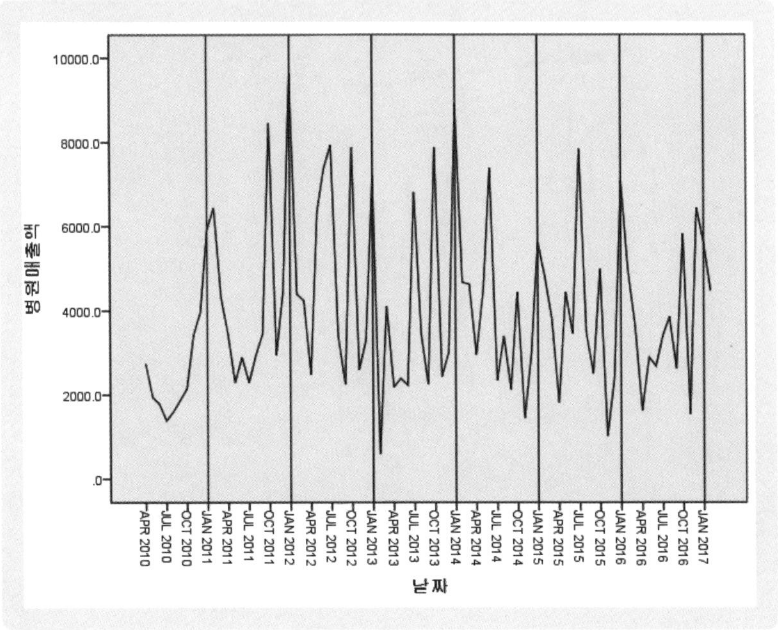

특정한 시점을 기준으로 표시하고자 한다면, "날짜에 참조선"을 선택한다.

날짜에 참조선은 관측값과 예측값을 구분할 때, 특정 시점을 기준으로 시계열 자료를 구분할 때 유용하다.

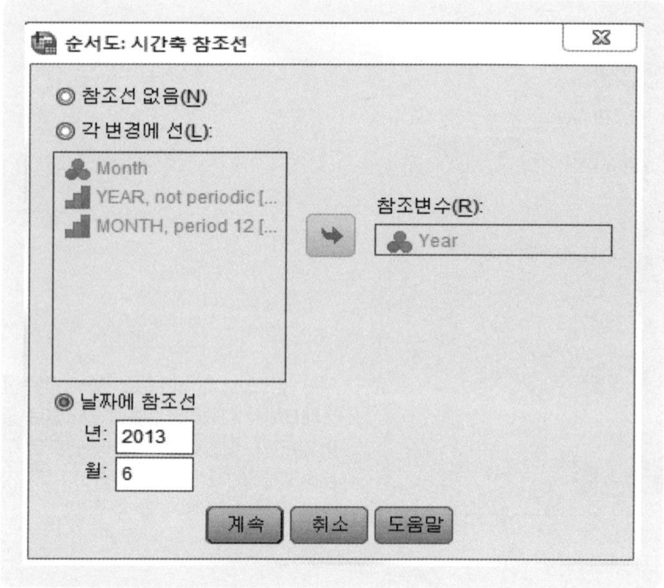

날짜에 참조선
- 년: 2013
- 월: 6

계속 → 확인 → 결과

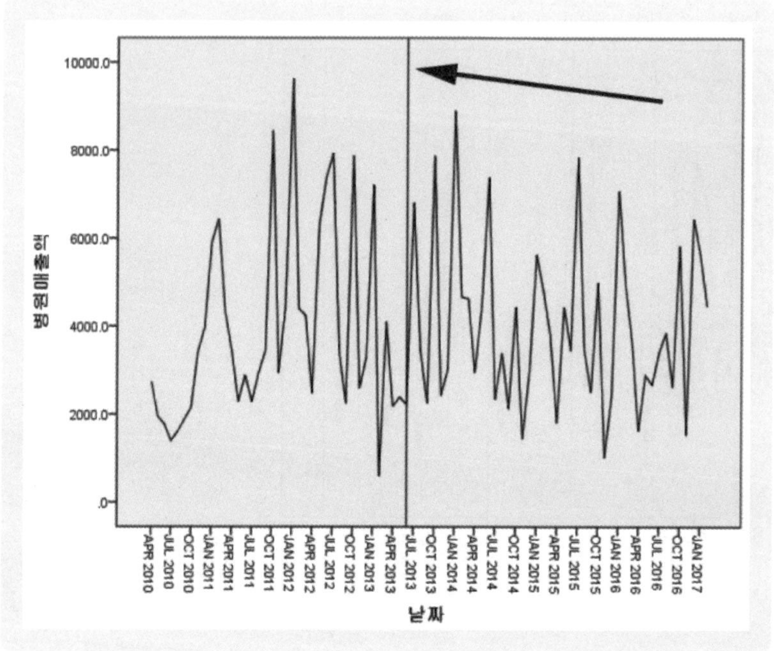

단일 변수 도표: 계열 평균에 참조선을 선택하면 평균값을 기준으로 Y축에 선이 생긴다.

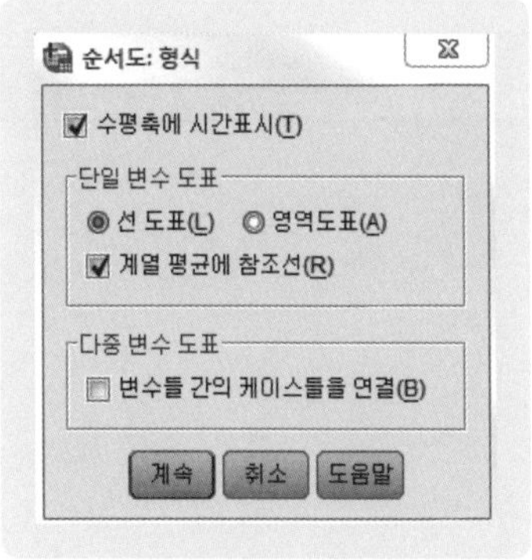

계열 평균에 참조선: 평균값에 선을 표시한다.

계속 → 확인 → 결과

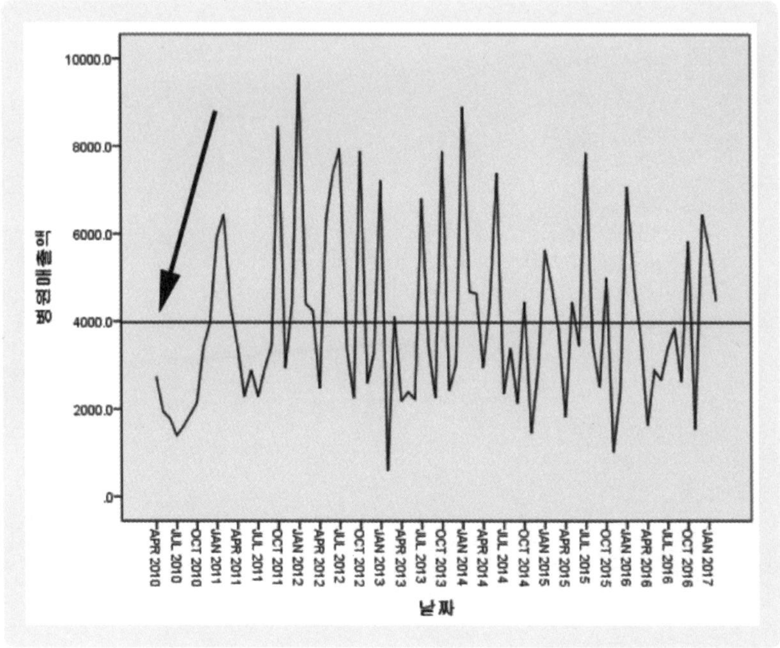

순차도표는 시각적으로 시계열 자료의 계절성, 추세, 이상치(이상값)를 한눈에 파악할 수 있다. 이상치가 발견되었으면 이상치를 어떻게 처리할 것인가를 결정한다.

6.2 레거시 대화상자의 선도표

순서도표는 레거시 대화상자의 선도표와 동일하다.

그래프 → 레거시 대화상자 → 선도표

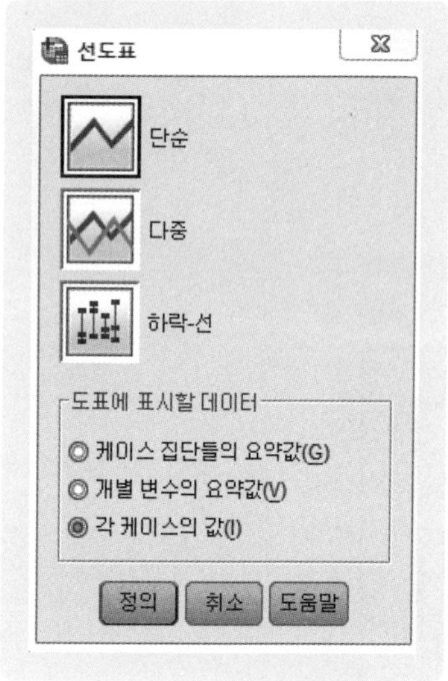

- 단순 산점도
- 도표에 표시할 데이터: 각 케이스의 값

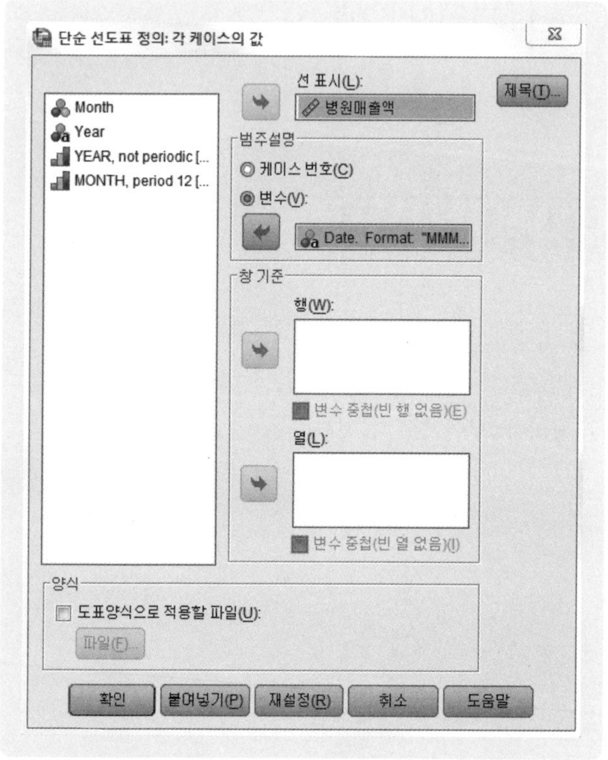

정의

- 선 표시: 병원매출액
- 범주설명 → 변수: Date

확인 → 결과

도표 더블클릭 → 도표 편집기 → 옵션: Y축 참조선
참조선 → 축 위치: 평균

선에 설명 추가를 선택하면 평균값을 선에 표시할 수 있다.
적용 → 닫기 → 도표 편집기 닫기(도표 편집기 상단 오른쪽의 X 클릭)

예측의 순차도표 결과와 그래프의 레거시 대화상자에 있는 선도표에서 동일한 결과를 보여준다.

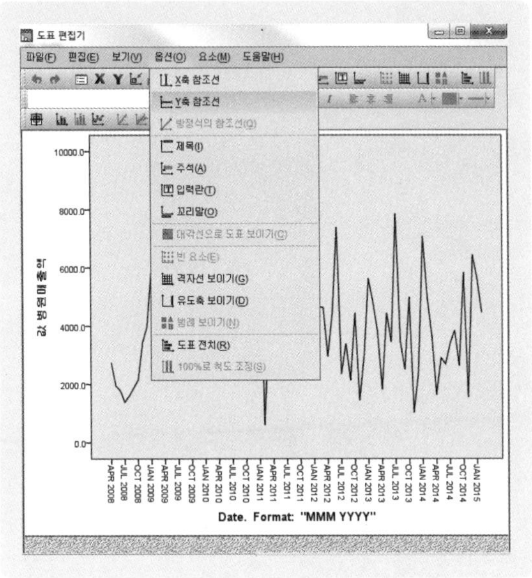

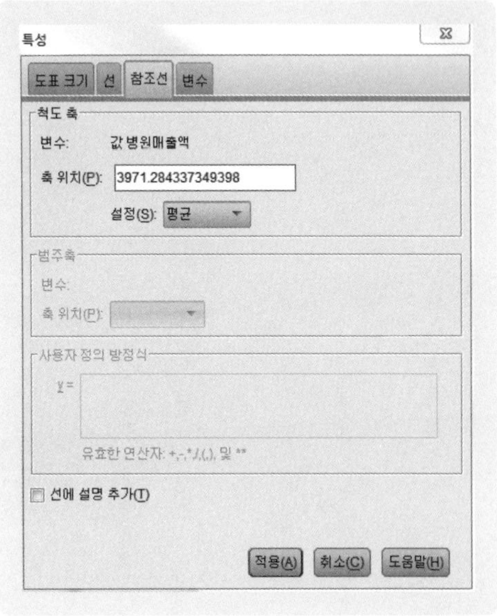

07

CHAPTER

자기상관

07 자기상관

7.1 자기상관함수(ACF)와 편자기상관함수(PACF)의 활용

① 차분, 계절차분 여부 판단해서 자료 안정화

② Spike와 모양으로 시계열 모형을 판단한다.

③ 잔차의 자기상관함수(ACF)로 시계열 모형의 적합성을 판단한다. 잔차 ACF와 PACF에서 잔차가 백색잡음으로부터 독립적이어야 한다. 잔차의 유의확률이 유의수준 0.05보다 커서 통계적으로 유의미하지 않을 때 적합한 모델을 추정한 것으로 판단한다. 백색잡음은 평균이 제로이며 분산이 상수인 정규분포를 하는 확률변수로서 서로 독립적이어야 한다. 무의미한 백색잡음 값들의 관계는 자기상관관계를 기각한다.

자기상관함수(ACF)에 신뢰한계를 벗어난 Spike가 없어야 한다. 신뢰한계를 벗어난 Spike가 있으면 모형을 재탐색해야 된다.

7.2 더빈왓슨

선형 회귀분석 및 더비변수 회귀분석에서 더빈왓슨 값으로 자기상관을 판단한다. 더빈왓슨 값의 해석은 샘플 크기에 따라서, 독립변수의 수에 따라서 더빈왓슨 값 기준으로 해석할 수 있다.

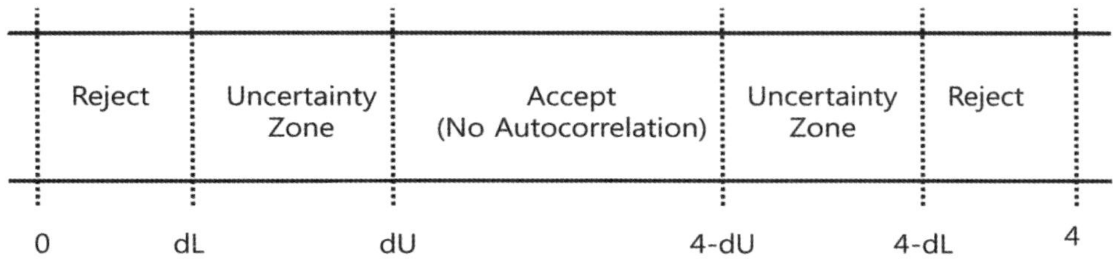

예 샘플 수가 40개이고 독립변수가 1개

- 유의수준 0.05를 기준으로 더빈왓슨 값이 1.44보다 작으면 오차항에 양의 자기상관이 없다는 귀무가설을 기각한다. 즉, 자기상관이 있다. (양의 자기상관)
- 더빈왓슨 값이 dL과 dU 사이이면 오차항에 자기상관이 있다 없다 결론 내릴 수 없다.
- 더빈왓슨 값이 2.56(4 − dL = 4 − 1.44)보다 크면 오차항에 음의 자기상관이 없다는 귀무가설을 기각한다. 즉, 오차항에 자기상관이 있다. (음의 자기상관)

Critical Values of the Durbin-Watson Statistic

Sample Size	Probability in Lower Tail (Significance Level= α)	k = Number of Regressors (Excluding the Intercept) 1		2		3		4		5	
		d_L	d_U	d_L	d_U	d_L	d_U	d_L	d_U	d_L	d_U
15	.01	.81	1.07	.70	1.25	.59	1.46	.49	1.70	.39	1.96
	.025	.95	1.23	.83	1.40	.71	1.61	.59	1.84	.48	2.09
	.05	1.08	1.36	.95	1.54	.82	1.75	.69	1.97	.56	2.21
20	.01	.95	1.15	.86	1.27	.77	1.41	.63	1.57	.60	1.74
	.025	1.08	1.28	.99	1.41	.89	1.55	.79	1.70	.70	1.87
	.05	1.20	1.41	1.10	1.54	1.00	1.68	.90	1.83	.79	1.99
25	.01	1.05	1.21	.98	1.30	.90	1.41	.83	1.52	.75	1.65
	.025	1.13	1.34	1.10	1.43	1.02	1.54	.94	1.65	.86	1.77
	.05	1.29	1.45	1.21	1.55	1.12	1.66	1.04	1.77	.95	1.89
30	.01	1.13	1.26	1.07	1.34	1.01	1.42	.94	1.51	.88	1.61
	.025	1.25	1.38	1.18	1.46	1.12	1.54	1.05	1.63	.98	1.73
	.05	1.35	1.49	1.28	1.57	1.21	1.65	1.14	1.74	1.07	1.83
40	.01	1.25	1.34	1.20	1.40	1.15	1.46	1.10	1.52	1.05	1.58
	.025	1.35	1.45	1.30	1.51	1.25	1.57	1.20	1.63	1.15	1.69
	.05	1.44	1.54	1.39	1.60	1.34	1.66	1.29	1.72	1.23	1.79
50	.01	1.32	1.40	1.28	1.45	1.24	1.49	1.20	1.54	1.16	1.59
	.025	1.42	1.50	1.38	1.54	1.34	1.59	1.30	1.64	1.26	1.69
	.05	1.50	1.59	1.46	1.63	1.42	1.67	1.38	1.72	1.34	1.77
60	.01	1.38	1.45	1.35	1.48	1.32	1.52	1.28	1.56	1.25	1.60
	.025	1.47	1.54	1.44	1.57	1.40	1.61	1.37	1.65	1.33	1.69
	.05	1.55	1.62	1.51	1.65	1.48	1.69	1.44	1.73	1.41	1.77
80	.01	1.47	1.52	1.44	1.54	1.42	1.57	1.39	1.60	1.36	1.62
	.025	1.54	1.59	1.52	1.62	1.49	1.65	1.47	1.67	1.44	1.70
	.05	1.61	1.66	1.59	1.69	1.56	1.72	1.53	1.74	1.51	1.77
100	.01	1.52	1.56	1.50	1.58	1.48	1.60	1.45	1.63	1.44	1.65
	.025	1.59	1.63	1.57	1.65	1.55	1.67	1.53	1.70	1.51	1.72
	.05	1.65	1.69	1.63	1.72	1.61	1.74	1.59	1.76	1.57	1.78

자기상관이란 어떤 한 시계열이 시간에 따라 반복되는 패턴, 즉 스스로 상관이 있는지에 대한 분석이다. 시계열을 그대로 복사하여 두 개의 같은 시계열을 만들고 시차 0에서부터 차례로 어긋나게 배열하면서 상관을 구한다.

7.3 독립성 모형

자기상관의 옵션에서 독립성 모형은 자기상관으로부터 독립적인지 확인하고자 할 때 실시한다.

2011년 3월부터 2018년 2월까지 의료관광객수를 조사했다.

파일 이름: 자기상관(단위: 명)

	Year	Month	의료관광객수
1	2011	3	9150
2	2011	4	5480
3	2011	5	3890
4	2011	6	3560
5	2011	7	2780
6	2011	8	3200
7	2011	9	3750
8	2011	10	4290
9	2011	11	6840
10	2011	12	7950

날짜 정의 → 자기상관

분석 → 예측 → 자기상관

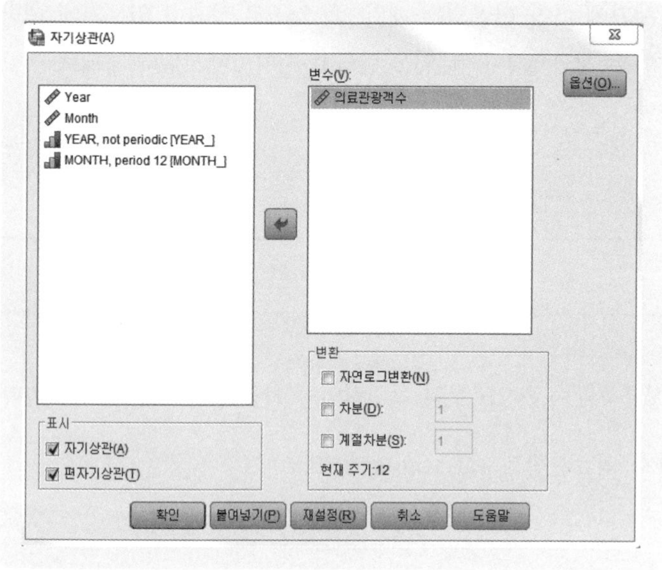

- 변수: 의료관광객수(변수에 2개 이상의 여러 변수들을 동시에 선택해서 자기상관과 편자기상관을 분석할 수 있다.)
- 표시: 자기상관, 편자기상관

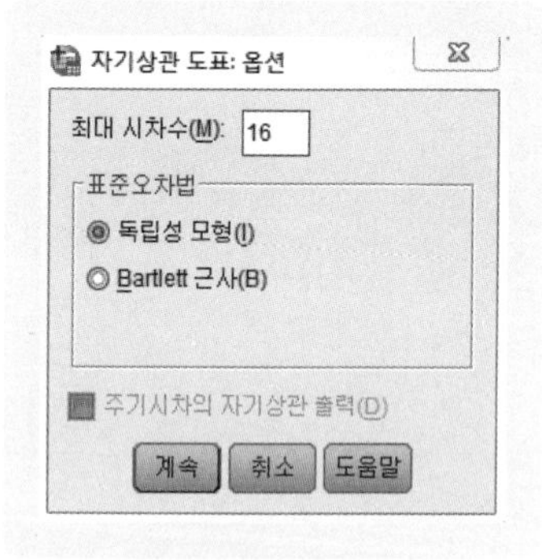

옵션
- 최대 시차수: 12~16(1년은 12, 분기는 4보다 더 큰 수를 선택하며, 기본값인 16을 그대로 둔다.)
- 표준오차법: 독립성 모형

표준오차:
- 독립성 모형: 가정된 기본 공정은 백색잡음으로부터 독립적이다.
- Bartlett 근사: 가정된 기본 공정은 시차수에서 1을 뺀 것과 같은 차수인 이동평균이다. 시차 증가에 따라서 표준오차도 증가한다. Bartlett 근사는 시차수가 증가하면서 신뢰한계의 폭이 넓어지는 모습이다.

| 참고 | 자연로그로 변환시킨 후 자기상관과 편자기상관 분석
자기상관 → 변환 → 자연로그변환

| 참고 | 직접 계산해서 자연로그로 변환하려면 어떻게 해야 할까? 나중에 자연로그 항목에서 별도로 설명하고자 한다.

순차도표, 자기상관, 교차상관에서 자연로그를 옵션으로 선택하면 위에서 설명한 자연로그로 직접 계산해서 변수를 변환하는 과정을 거치지 않고 자동으로 자연로그 변환한 자기상관 분석이 가능하다.

계속 → 결과 → 확인

자기상관

계열: 의료관광객수

시차	자기상관	표준오차[a]	Box-Ljung 통계량		
			값	자유도	유의확률[b]
1	-.111	.107	1.078	1	.299
2	-.106	.107	2.067	2	.356
3	.229	.106	6.726	3	.081
4	-.059	.105	7.040	4	.134
5	-.055	.105	7.314	5	.198
6	.038	.104	7.446	6	.282
7	-.022	.103	7.494	7	.379
8	-.090	.103	8.269	8	.408
9	.092	.102	9.088	9	.429
10	-.147	.101	11.195	10	.343
11	-.094	.101	12.075	11	.358
12	.256	.100	18.671	12	.097
13	-.129	.099	20.360	13	.087
14	-.049	.098	20.606	14	.112
15	-.008	.098	20.614	15	.150
16	-.071	.097	21.145	16	.173

a. 가정된 기본 공정은 독립적입니다(백색잡음).

b. 점근 카이제곱 근사를 기준으로 합니다.

Box-Ljung 통계량의 유의확률이 유의수준 0.05보다 크고 도표에서 신뢰한계선 밖으로 튀어나온 Peak(Spike)가 없다면 차분 또는 계절차분할 필요가 없다. Box-Ljung 통계량의 유의확률이 0.05보다 크면 백색잡음으로부터 독립적이다. 백색잡음(White Noise)은 시계열 자료에 자기상관이 전혀 없는 경우이며, 현재값의 크기가 미래 예측에 전혀 도움이 되지 못한다.

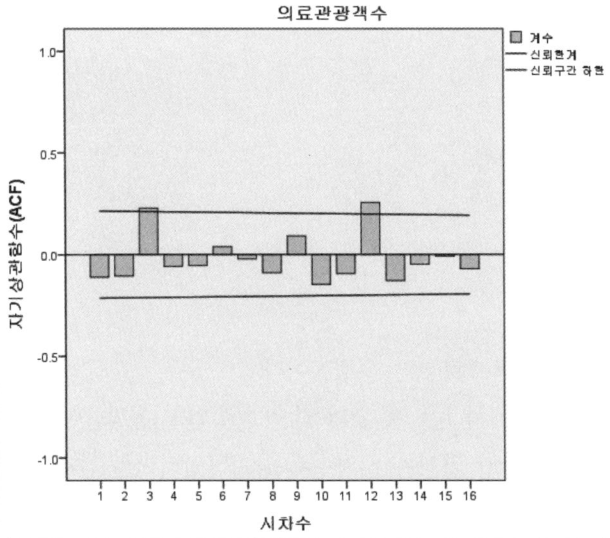

자기상관함수(ACF) 시차 3, 시차 12(12주기)에서 신뢰한계를 넘는 Peak(Spike)를 보이고 있다. 이는 3개월 및 12개월 단위로 계절적인 변동이 있다는 뜻이다. 이와 같이 자기상관계수가 신뢰한계선 밖으로 튀어나와 있다면, 계절적인 변동이 존재함을 의미한다. 시차 3과 계절차분(시차 12)이 동시에 필요한 경우 계절차분만을 한다.

편자기상관

계열: 의료관광객수

시차	편자기상관	표준오차
1	-.111	.109
2	-.120	.109
3	.208	.109
4	-.025	.109
5	-.021	.109
6	-.026	.109
7	-.011	.109
8	-.084	.109
9	.074	.109
10	-.154	.109
11	-.078	.109
12	.193	.109
13	-.052	.109
14	-.002	.109
15	-.150	.109
16	-.055	.109

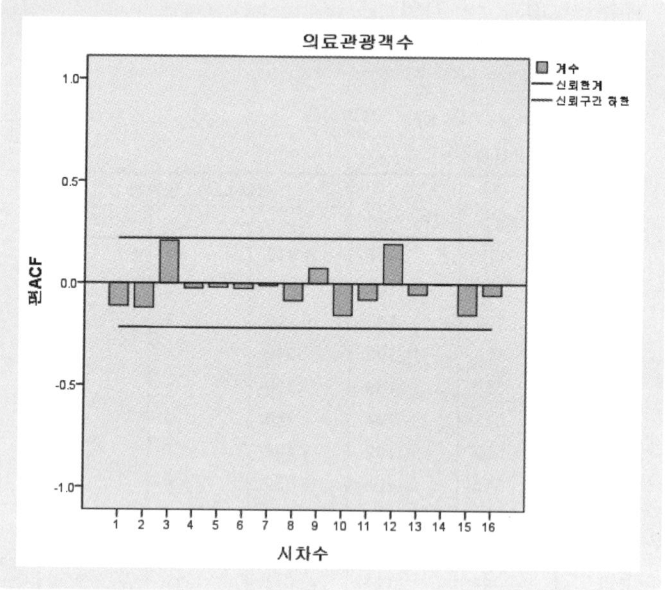

7.4 Bartlett 근사

자기상관의 옵션에서 Bartlett 근사를 선택한다.

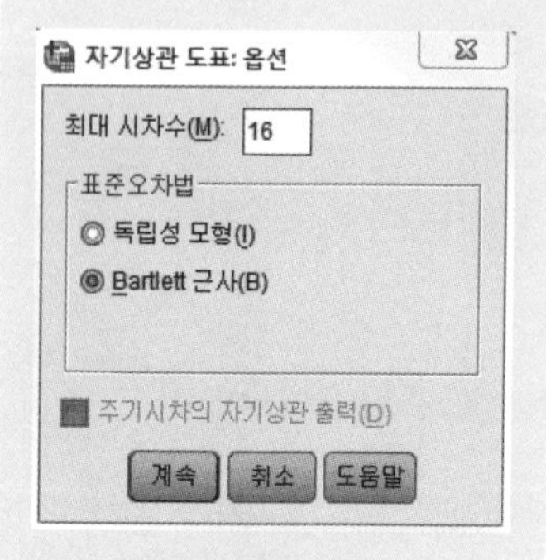

- 독립성 모형: 가정된 기본 공정은 백색잡음으로부터 독립적이다.
- Bartlett 근사: 가정된 기본 공정은 시차수에서 1을 뺀 것과 같은 차수인 이동평균이다. 시차 증가에 따라서 표준오차도 증가한다. Bartlett 근사는 시차수가 증가하면서 신뢰한계의 폭이 넓어지는 모습이다.
- 주기 시차의 자기상관 출력: 주기가 있는 시차의 자기상관만을 출력해 준다.

자기상관

계열: 의료관광객수

시차	자기상관	표준오차[a]	Box-Ljung 통계량		
			값	자유도	유의확률[b]
1	-.111	.109	1.078	1	.299
2	-.106	.110	2.067	2	.356
3	.229	.112	6.726	3	.081
4	-.059	.117	7.040	4	.134
5	-.055	.117	7.314	5	.198
6	.038	.118	7.446	6	.282
7	-.022	.118	7.494	7	.379
8	-.090	.118	8.269	8	.408
9	.092	.119	9.088	9	.429
10	-.147	.120	11.195	10	.343
11	-.094	.122	12.075	11	.358
12	.256	.123	18.671	12	.097
13	-.129	.129	20.360	13	.087
14	-.049	.130	20.606	14	.112
15	-.008	.131	20.614	15	.150
16	-.071	.131	21.145	16	.173

a. 가정된 기본 공정은 시차 수에서 1을 뺀 것과 같은 차수인 MA입니다. Bartlett 근사가 사용되었습니다.

b. 점근 카이제곱 근사를 기준으로 합니다.

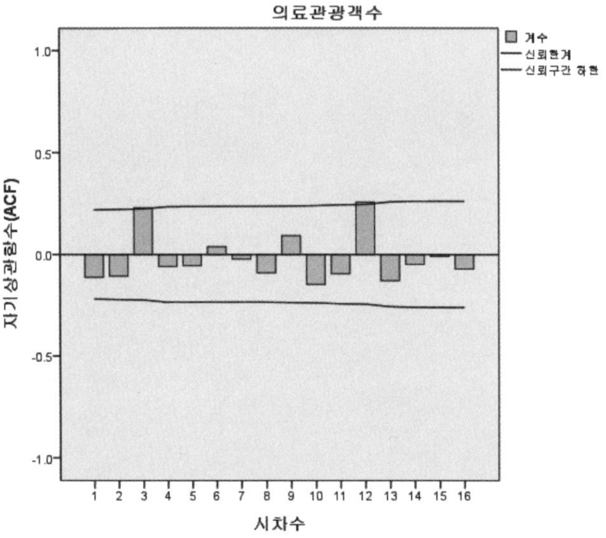

Box-Ljung 통계량의 유의확률이 모두 유의수준 0.05보다 크며, 자기상관함수(ACF)에서 신뢰한계를 벗어난 Peak(Spike)가 없다. 따라서 차분, 계절차분은 필요 없다.

편자기상관

계열: 의료관광객수

시차	편자기상관	표준오차
1	-.111	.109
2	-.120	.109
3	.208	.109
4	-.025	.109
5	-.021	.109
6	-.026	.109
7	-.011	.109
8	-.084	.109
9	.074	.109
10	-.154	.109
11	-.078	.109
12	.193	.109
13	-.052	.109
14	-.002	.109
15	-.150	.109
16	-.055	.109

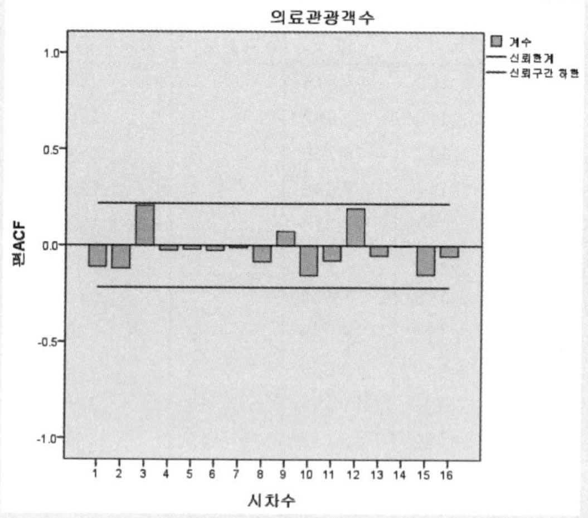

편자기상관함수(PACF)도 신뢰한계를 벗어난 Spike가 없다.

08
CHAPTER

교차상관

08 교차상관

8.1 교차상관

교차상관 분석은 두 시계열 자료 간의 시간 영역에서의 유사성과 선형관계를 나타내기 위해서 사용된다. 교차상관함수는 ±1의 범위를 가진다.

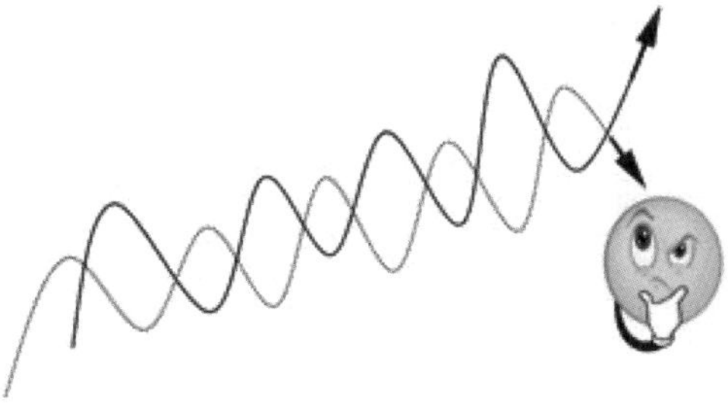

시계열 자료에 대한 통계모형은 시간적으로 가까운 관측값들이 시간적으로 먼 경우보다 상관성을 더 많이 가진다는 점을 반영한다.

자기상관이란 어떤 한 시계열이 시간에 따라 반복되는 패턴, 즉 스스로 상관이 있는지에 대한 분석이다. 시계열을 그대로 복사하여 두 개의 같은 시계열을 만들고 시차 0에서부터 차례로 어긋나게 배열하면서 상관을 구하는 것이다.

교차상관의 응용분야는 가까운 미래의 경기 흐름에 앞서서 움직이는 경기선행지수가 있다. 경기선행지수로 미래의 경제 흐름을 예측할 수 있다.

교차상관은 매우 다양한 분야에서 활용되고 있다.

- 주식의 상승과 감소에 경기선행지수가 몇 개월 선행하는가?

- 달러 대 원화 환율과 엔화 대 원화 환율 변화의 선행관계?

- 주택 매매가격과 전세가격의 선형관계?

- 수출선행지수와 매출과의 선행관계?

- 은행주가지수가 주택매매가격지수와의 선행관계는?

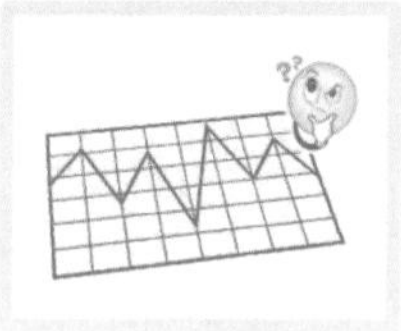

- 주식 선물시장과 현물시장의 선행관계는?

- 강 상류 강우량과 강 하위 수위의 선행관계는?

- 미국 대통령 선거에서 후보들에 대한 관심도(1부터 100까지 범위) 변화에서 선행관계는?

2010년 3월부터 2017년 7월까지 여행사고객수와 여행사순이익을 조사했다. 여행사고객수와 여행사순이익의 교차상관을 알고자 한다.

파일 이름: 교차상관(단위: 억 원)

	연도	월	여행사고객수	여행사순이익
1	2010	3	130	354
2	2010	4	622	1124
3	2010	5	152	408
4	2010	6	423	675
5	2010	7	175	365
6	2010	8	1211	1348
7	2010	9	708	408
8	2010	10	311	950
9	2010	11	875	454
10	2010	12	254	1926

데이터 → 날짜 정의 → 분석 → 예측 → 순차도표

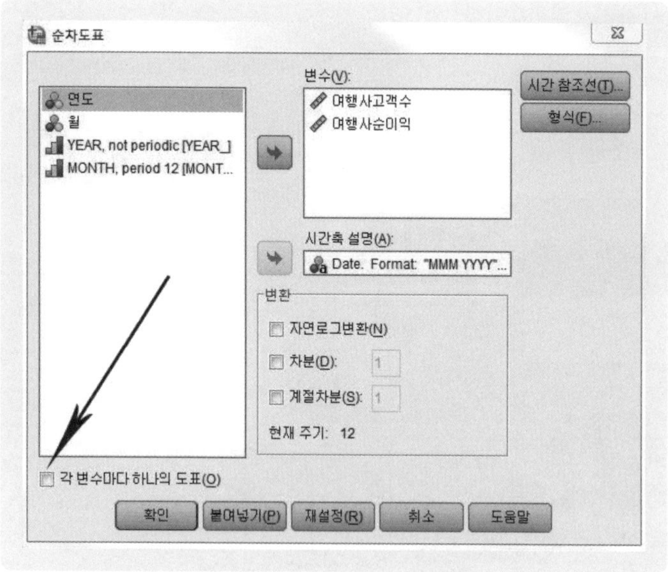

- 변수: 여행사고객수, 여행사순이익
- 시간축 설명: DATE_
  각 변수마다 하나의 도표: 체크 해제

형식

- 수평축에 시간표시
- 계열 평균에 참조선

계속 → 확인 → 결과

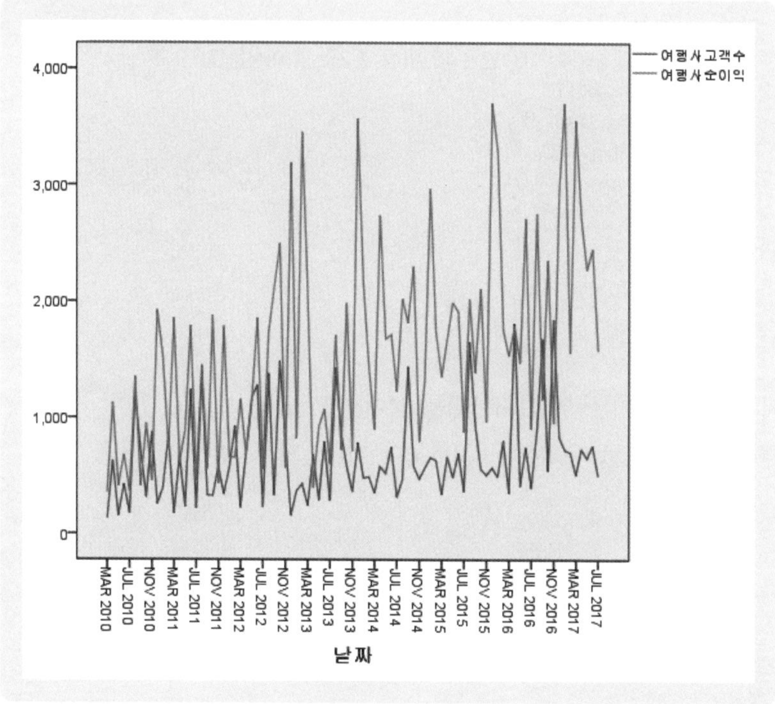

선도표로 추세, 이상값 여부를 시각적으로 확인할 수 있다.

분석 → 예측 → 자기상관

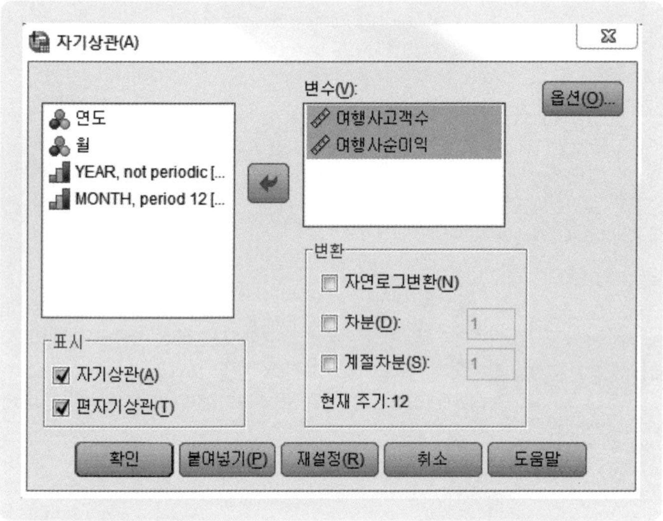

자기상관
- 변수: 여행사고객수, 여행사순이익
- 표시: 자기상관, 편자기상관

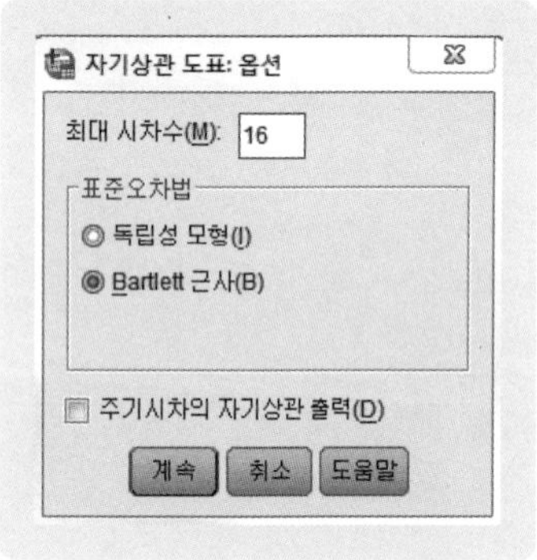

옵션
- 최대 시차수: 16(1년은 12 이상, 분기는 4 이상을 입력해야 된다.)
- 표준오차법
  Bartlett 근사

계속 → 확인 → 결과

여행사고객수

자기상관함수(ACF) 시차 12(12주기)에서 신뢰한계를 넘어선 Peak를 보이고 있다. 자기상관 Box-Ljung 통계량 유의확률이 0.047로 유의수준 0.05보다 작다. 계절차분 1이 필요.

자기상관

계열: 여행사고객수

시차	자기상관	표준오차[a]	Box-Ljung 통계량		
			값	자유도	유의확률[b]
1	-.187	.106	3.208	1	.073
2	.214	.110	7.459	2	.024
3	-.057	.114	7.769	3	.051
4	.018	.115	7.800	4	.099
5	.004	.115	7.802	5	.167
6	-.067	.115	8.241	6	.221
7	-.007	.115	8.246	7	.311
8	.015	.115	8.268	8	.408
9	-.029	.115	8.354	9	.499
10	.096	.115	9.291	10	.505
11	-.134	.116	11.157	11	.430
12	.310	.118	21.235	12	.047
13	-.149	.127	23.596	13	.035
14	.172	.129	26.779	14	.021
15	.021	.131	26.827	15	.030
16	.055	.131	27.159	16	.040

a. 가정된 기본 공정은 시차 수에서 1을 뺀 것과 같은 차수인 MA입니다. Bartlett 근사가 사용되었습니다.

b. 점근 카이제곱 근사를 기준으로 합니다.

시차 12에서 Box-Ljung 통계량의 유의확률이 0.047로 0.05보다 작다.

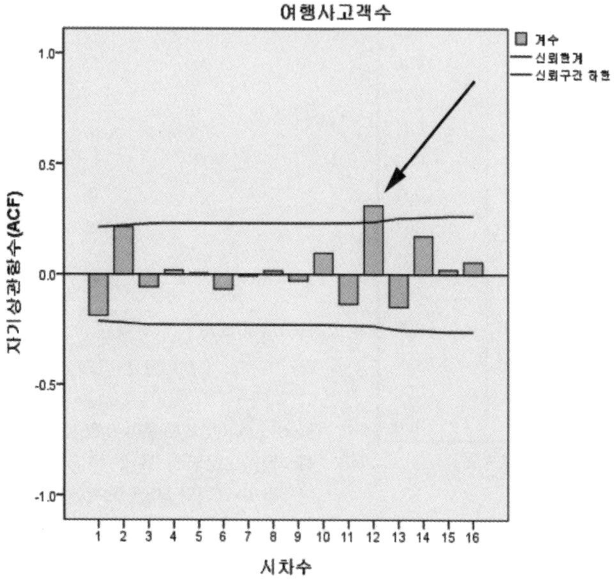

시차 12에서 신뢰한계를 벗어난 Peak(Spike)를 보이고 있다. 계절차분 1을 실시한다.

편자기상관

계열: 여행사고객수

시차	편자기상관	표준오차
1	-.187	.106
2	.185	.106
3	.010	.106
4	-.031	.106
5	.012	.106
6	-.066	.106
7	-.035	.106
8	.039	.106
9	-.018	.106
10	.082	.106
11	-.104	.106
12	.258	.106
13	-.035	.106
14	.051	.106
15	.105	.106
16	.043	.106

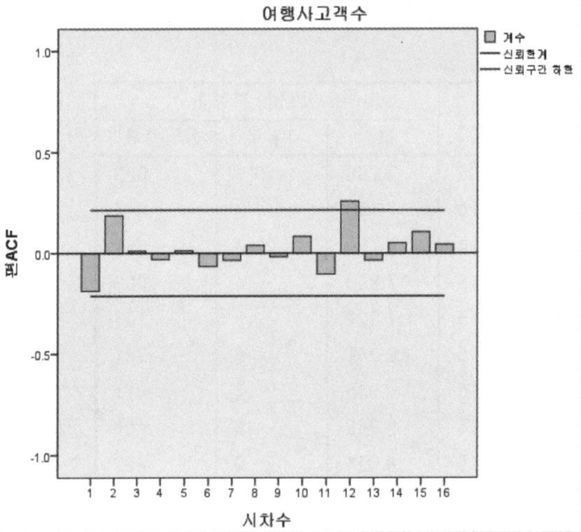

편자기상관함수(PACF)에서도 신뢰한계를 벗어난 Peak(Spike)를 보이고 있다.

여행사순이익

자기상관

계열: 여행사순이익

시차	자기상관	표준오차[a]	Box-Ljung 통계량		
			값	자유도	유의확률[b]
1	.063	.106	.363	1	.547
2	.353	.106	11.952	2	.003
3	.161	.119	14.384	3	.002
4	.278	.121	21.747	4	.000
5	.129	.128	23.359	5	.000
6	.119	.130	24.751	6	.000
7	.020	.131	24.790	7	.001
8	.148	.131	26.976	8	.001
9	.049	.133	27.220	9	.001
10	.202	.133	31.383	10	.001
11	-.037	.136	31.522	11	.001
12	.380	.136	46.680	12	.000
13	-.031	.148	46.781	13	.000
14	.266	.148	54.429	14	.000
15	.105	.153	55.645	15	.000
16	.253	.154	62.760	16	.000

a. 가정된 기본 공정은 시차 수에서 1을 뺀 것과 같은 차수인 MA입니다. Bartlett 근사가 사용되었습니다.

b. 점근 카이제곱 근사를 기준으로 합니다.

자기상관 Box-Ljung 통계량 유의확률도 각각 0.003, 0.000으로 유의수준 0.05보다 작다.
Box-Ljung 유의확률이 0.05보다 작으면 백색잡음으로부터 독립적이지 않으므로 현재값의 크기가 미래 예측에 전혀 도움이 되지 못한다.

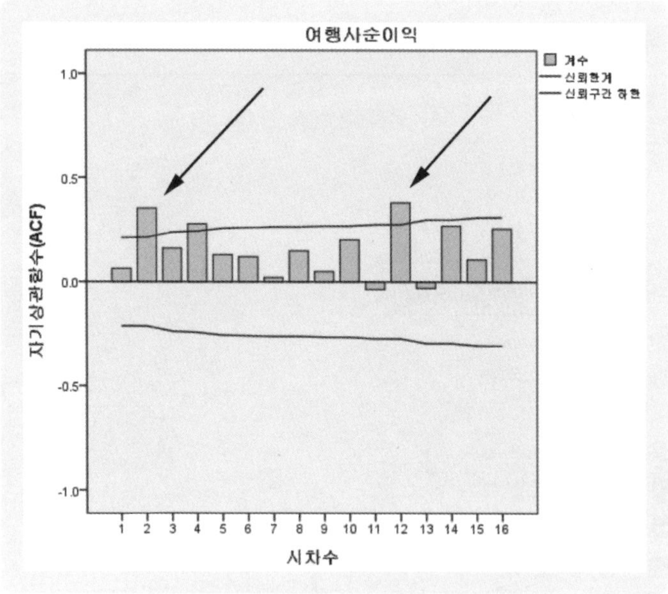

자기상관 시차 2와 시차 12(12주기)에서 Peak를 보이고 있다.

시차 2와 시차 12가 동시에 필요하다 어떻게 해야 할까? 차분과 계절차분이 동시에 필요한 경우, 계절차분만을 한다. 따라서 계절차분 1을 실시한다.

편자기상관

계열: 여행사순이익

시차	편자기상관	표준오차
1	.063	.106
2	.350	.106
3	.142	.106
4	.174	.106
5	.038	.106
6	-.046	.106
7	-.110	.106
8	.062	.106
9	.042	.106
10	.175	.106
11	-.066	.106
12	.303	.106
13	-.087	.106
14	.050	.106
15	.058	.106
16	.099	.106

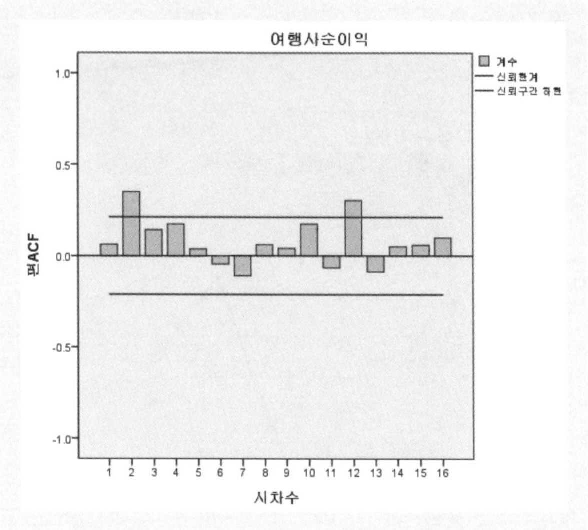

편자기상관에서도 시차 2와 시차 12(12주기)에서 Peak를 보이고 있다.

8.2 시계열 변수 생성 후 교차상관 분석

8.2.1 시계열 변수 생성

변환 → 시계열 변수 생성

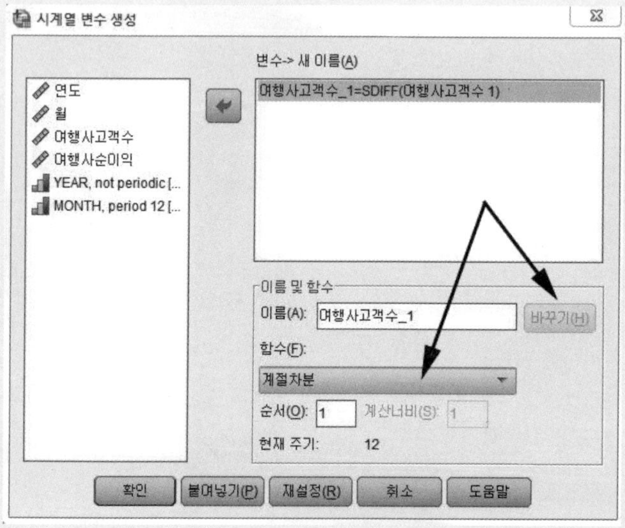

변수 → 새 이름: 여행사고객수 선택
이름 및 함수: 여행사고객수_1
함수: 계절차분(기본값은 차분이므로 계절차분으로 변경)
순서: 1 → 바꾸기 → 변수 이름이 DIFF(여행사고객수_1)에서 SDIFF(여행사고객수_1)로 변경 → 확인

주의: 시계열 변수 생성은 변수를 하나씩 선택한다.

결과

	연도	월	여행사고객수	여행사순이익	YEAR_	MONTH_	DATE_	여행사고객수_1
1	2010	3	130	354	2010	3	MAR 2010	.
2	2010	4	622	1124	2010	4	APR 2010	.
3	2010	5	152	408	2010	5	MAY 2010	.
4	2010	6	423	675	2010	6	JUN 2010	.
5	2010	7	175	365	2010	7	JUL 2010	.
6	2010	8	1211	1348	2010	8	AUG 2010	.
7	2010	9	708	408	2010	9	SEP 2010	.
8	2010	10	311	950	2010	10	OCT 2010	.
9	2010	11	875	454	2010	11	NOV 2010	.
10	2010	12	254	1926	2010	12	DEC 2010	.
11	2011	1	394	1520	2011	1	JAN 2011	.
12	2011	2	840	726	2011	2	FEB 2011	.
13	2011	3	174	1854	2011	3	MAR 2011	44
14	2011	4	671	612	2011	4	APR 2011	49
15	2011	5	226	892	2011	5	MAY 2011	74

여행사순이익도 같은 방법으로 시계열 변수 생성한다.

변환 → 시계열 변수 생성 → 재설정

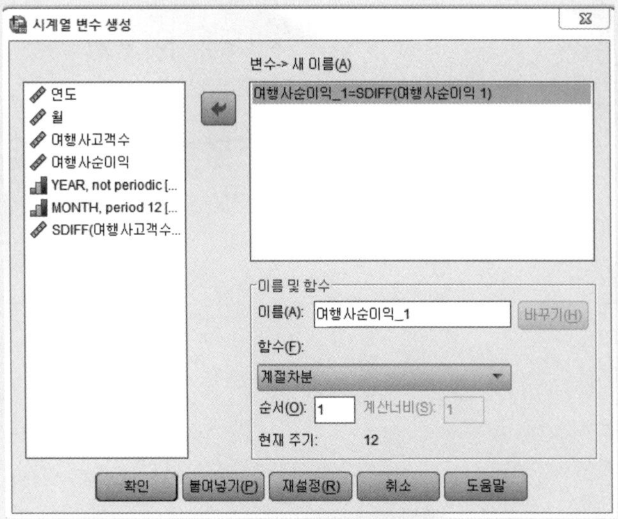

변수 → 새 이름: 여행사순이익 선택
이름 및 함수: 여행사순이익_1
함수: 계절차분(기본값은 차분이므로 계절차분으로 변경)
순서: 1 → 바꾸기 → 변수 이름이 DIFF(여행사순이익_1)에서 SDIFF(여행사순이익_1)로 변경 → 확인

	연도	월	여행사고객수	여행사순이익	YEAR_	MONTH_	DATE_	여행사고객수_1	여행사순이익_1
1	2010	3	130	354	2010	3	MAR 2010	.	.
2	2010	4	622	1124	2010	4	APR 2010	.	.
3	2010	5	152	408	2010	5	MAY 2010	.	.
4	2010	6	423	675	2010	6	JUN 2010	.	.
5	2010	7	175	365	2010	7	JUL 2010	.	.
6	2010	8	1211	1348	2010	8	AUG 2010	.	.
7	2010	9	708	408	2010	9	SEP 2010	.	.
8	2010	10	311	950	2010	10	OCT 2010	.	.
9	2010	11	875	454	2010	11	NOV 2010	.	.
10	2010	12	254	1926	2010	12	DEC 2010	.	.
11	2011	1	394	1520	2011	1	JAN 2011	.	.
12	2011	2	840	726	2011	2	FEB 2011	.	.
13	2011	3	174	1854	2011	3	MAR 2011	44	1500
14	2011	4	671	612	2011	4	APR 2011	49	-512
15	2011	5	226	892	2011	5	MAY 2011	74	484

8.2.2 교차상관 분석

변수

교차상관 도표에서 변수를 선택할 때, 위에 위치한 변수가 기준이 된다. 즉, 순이익이 위에 있으면 여행사순이익이 여행사고객수에 몇 개월 선행·후행하는가를 교차상관으로 알 수 있다.

여행사순이익(위)이 여행사고객수(아래)에 몇 개월 선행 또는 후행하는가?

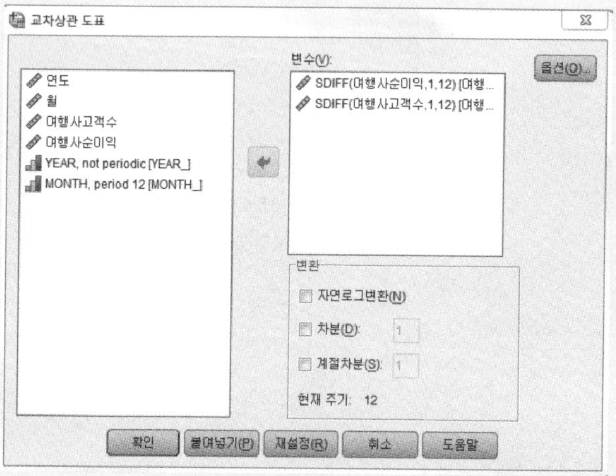

- 위: SDIFF 여행사순이익(계절차분한 변수)
- 아래: SDIFF 여행사고객수(계절차분한 변수)

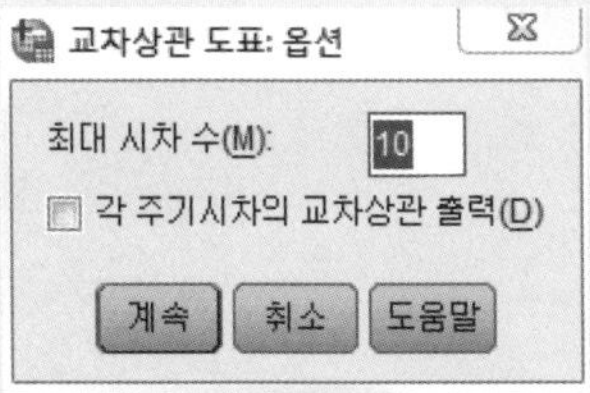

옵션
- 최대 시차수: 10

주의: 각 주기시차의 교차상관 출력 체크할 경우(각 주기시차의 교차상관 출력을 체크하면 주기시차보다 높은 값 입력)
예 분기: 5 이상(분기는 4개이므로)

계속 → 확인 → 결과

여행사고객수를 포함하는 여행사순이익

교차상관

계열 대응: SDIFF(여행사고객수,1

시차	교차상관	표준오차[a]
-10	.015	.122
-9	.112	.121
-8	.031	.120
-7	-.102	.120
-6	-.029	.119
-5	.021	.118
-4	.799	.117
-3	-.097	.116
-2	.008	.115
-1	-.152	.115
0	-.023	.114
1	.024	.115
2	-.062	.115
3	-.114	.116
4	-.090	.117
5	.098	.118
6	-.020	.119
7	-.060	.120
8	-.401	.120
9	.033	.121
10	.045	.122

a. 계열이 교차상관이 아니고 계열 중 하나가 백색잡음이라는 가정을 기준으로 합니다.

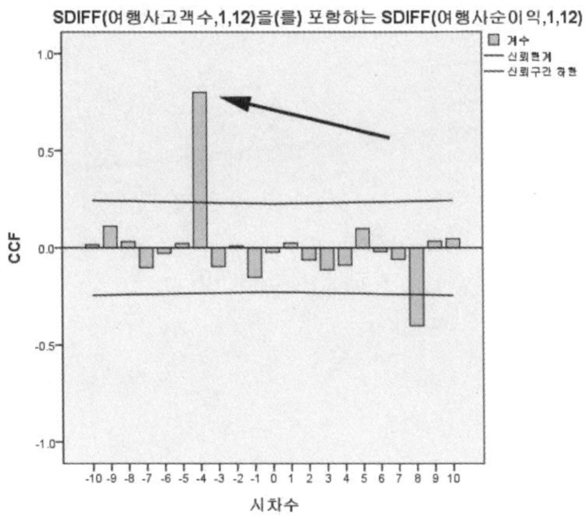

시차수 -4의 교차상관이 0.799로 가장 높기 때문에 여행사순이익은 여행사고객수에 비해서 4개월 후행하고 있다. 즉, 여행사 수가 증감하면 4개월 후에 여행사순이익에 효과가 나타난다는 의미가 된다.

8.2.3 변수 위치 변경

여행사고객수를 기준으로 교차상관

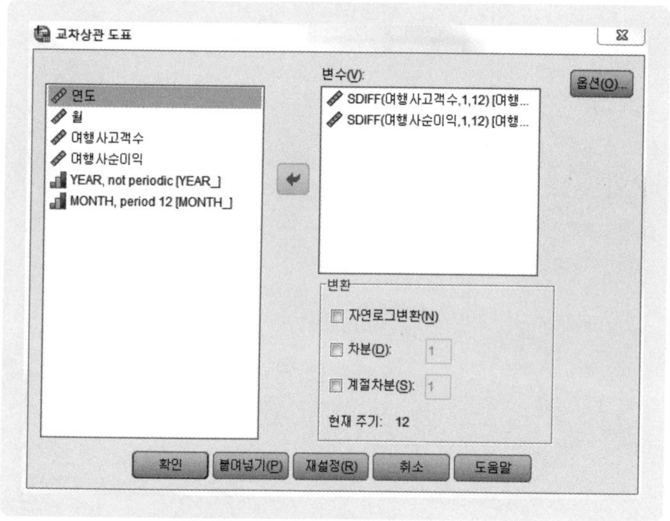

- 위: SDIFF 여행사고객수_1
- 아래: SDIFF 여행사순이익_1

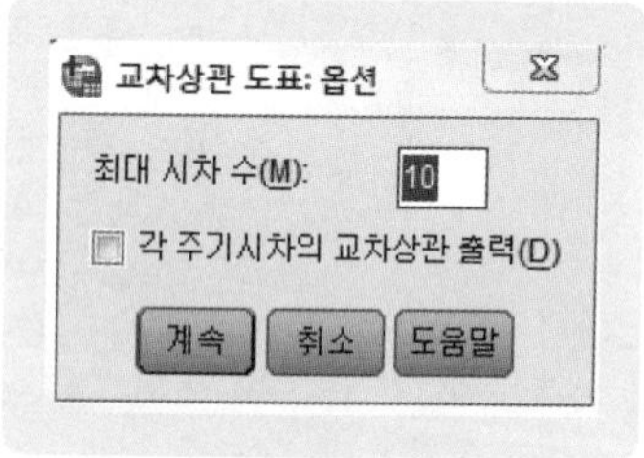

옵션

- 최대 시차수: 10

교차상관

계열 대응: SDIFF(여행사순이익,1

시차	교차상관	표준오차[a]
-10	.045	.122
-9	.033	.121
-8	-.401	.120
-7	-.060	.120
-6	-.020	.119
-5	.098	.118
-4	-.090	.117
-3	-.114	.116
-2	-.062	.115
-1	.024	.115
0	-.023	.114
1	-.152	.115
2	.008	.115
3	-.097	.116
4	.799	.117
5	.021	.118
6	-.029	.119
7	-.102	.120
8	.031	.120
9	.112	.121
10	.015	.122

a. 계열이 교차상관이 아니고 계열 중 하나가 백색잡음이라는 가정을 기준으로 합니다.

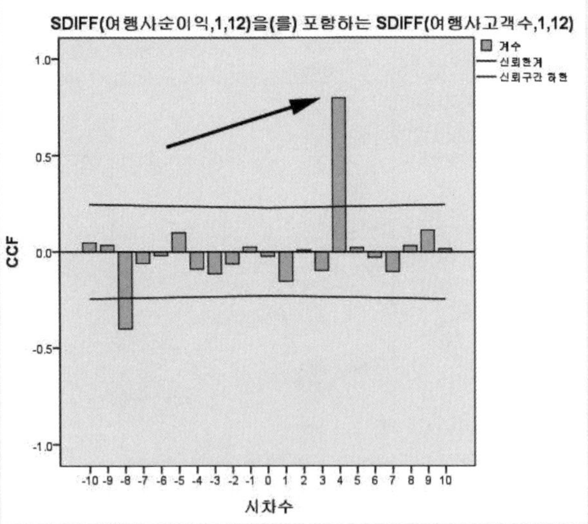

시차수 4인 교차상관이 0.799로 가장 크다. 즉, 여행사고객수는 여행사순이익에 비해서 4개월 선행하고 있다. 여행사고객수의 증감 변화 4개월 후에 여행사순이익 변화가 나타난다는 의미가 된다.

구분	내용
플러스 시차	위에 있는 변수가 아래에 있는 변수에 비해서 시차수 선행 예 +3: 3개월 선행
마이너스 시차	위에 있는 변수가 아래에 있는 변수에 비해서 시차수 후행 예 -3: 3개월 후행

8.3 차분 · 계절차분과 교차상관 분석 동시 실행

두 변수 모두 계절차분을 하거나 두 변수 모두 차분을 하는 경우, 변환에서 차분 또는 계절차분을 선택하면 시계열 변수로 변수 변환을 하는 중간 과정을 모두 생략하고 간편하게 교차상관 분석이 가능하다.

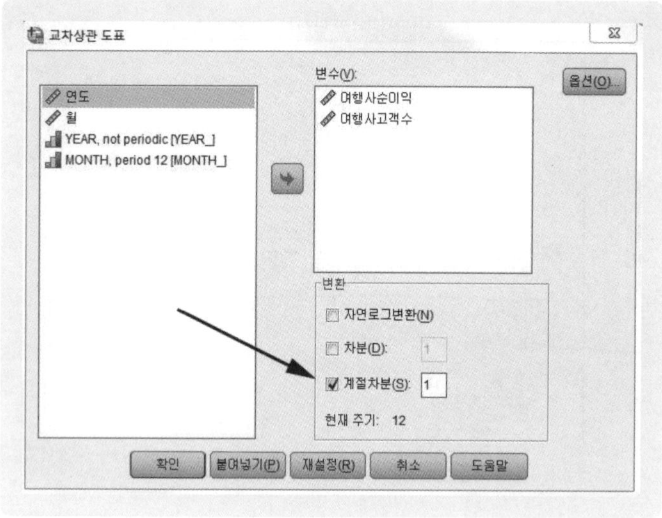

변수: 여행사순이익, 여행사고객수
변환: 계절차분 1

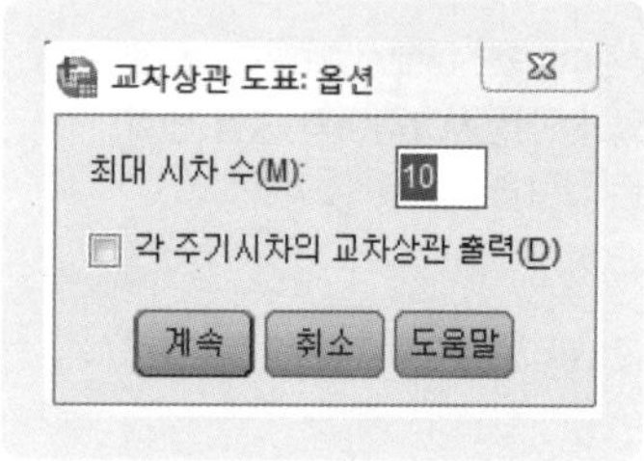

옵션
최대 시차수: 10 → 계속 → 확인

결과는 동일하다.

교차상관

계열 대응: 여행사고객수을(를) 포

시차	교차상관	표준오차[a]
-10	.015	.122
-9	.112	.121
-8	.031	.120
-7	-.102	.120
-6	-.029	.119
-5	.021	.118
-4	.799	.117
-3	-.097	.116
-2	.008	.115
-1	-.152	.115
0	-.023	.114
1	.024	.115
2	-.062	.115
3	-.114	.116
4	-.090	.117
5	.098	.118
6	-.020	.119
7	-.060	.120
8	-.401	.120
9	.033	.121
10	.045	.122

a. 계열이 교차상관이 아니고 계열 중 하나가 백색잡음이라는 가정을 기준으로 합니다.

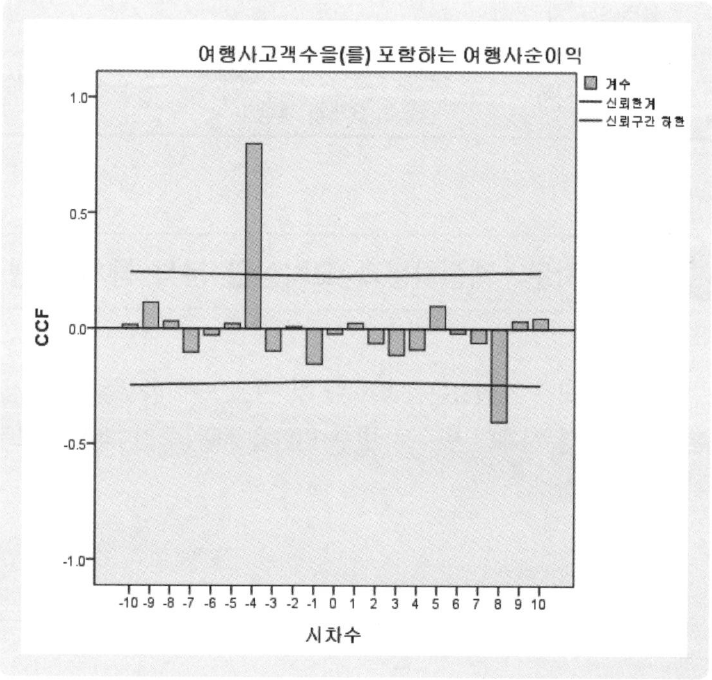

09
CHAPTER

이동평균법

09 이동평균법

9.1 단순이동평균법

이동평균법(moving average method)은 시계열 자료에 대해서 예측시점(T)을 기준으로 차기 예측값(T+1)을 시점 T의 과거 자료들의 평균값으로 예측하는 방법이다. 각 과거치에 동일한 가중치를 부여한다.

구분	특징
이동평균법	• 과거치에 대해서 동일한 가중치를 부여 • 단순이동평균법, 가중이동평균법, 이중이동평균법
지수평활법	• 가까운 시점에 가장 많은 가중치를 주며, 과거로 멀어질수록 낮은 가중치를 부여 • 단순지수평활법, 홀트 선형추세, 브라운 선형추세, 윈터스 가법, 윈터스 승법

이동평균법에서 주기를 크게 하면 할수록 시계열 자료를 부드럽게 하는 효과가 있다. 왜냐하면 자료들의 평균을 내서 예측하기 때문에 완만한 곡선이 되기 때문이다. 이동평균값은 몇 기간의 평균값이므로 실제 시계열에서 계절적, 순환적, 그리고 불규칙적인 변동이 평활(smoothing)됨을 나타낸다.

시계열 자료에 추세, 순환, 변동, 계절적 변동이나 급격한 변화가 없고 우연 변동만 존재하는 경우에 유용하게 적용될 수 있다.

2011년 4월부터 2017년 2월까지 의료관광매출액을 조사했다.

파일 이름: 단순이동평균법(단위: 억 원)

	Year	Month	의료관광매출액
1	2011	4	6740
2	2011	5	2040
3	2011	6	4750
4	2011	7	9270
5	2011	8	12630
6	2011	9	7600
7	2011	10	3630
8	2011	11	9270
9	2011	12	5060
10	2012	1	4460

구조변환 → 날짜 정의 → 순차도표 → 자기상관

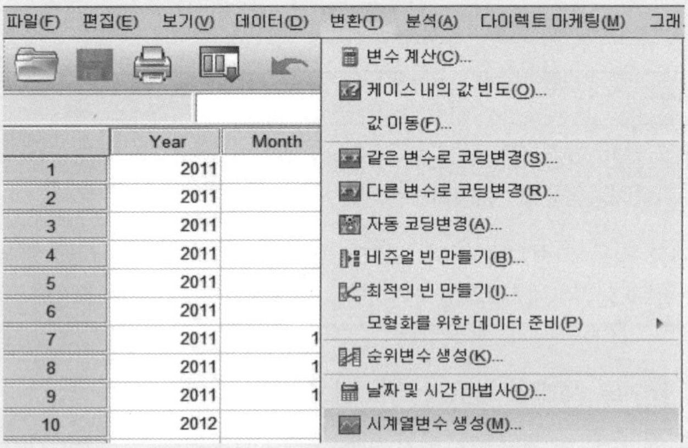

변환 → 시계열 변수 생성

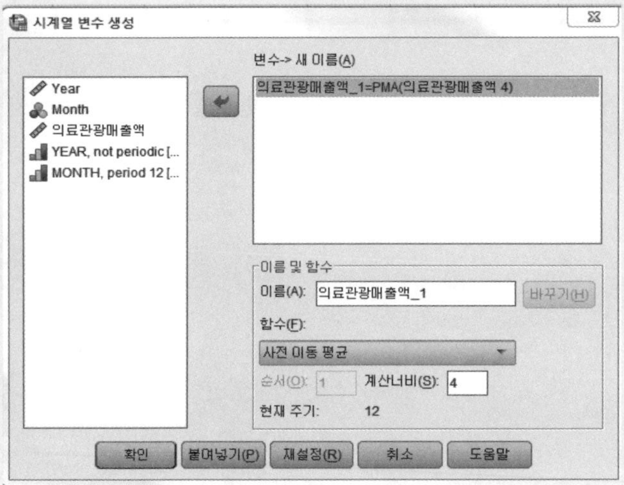

- 의료관광매출액을 "변수 - 새 이름"으로 드래그
- 이름 및 함수에 이름 "의료관광매출액_1"이 자동으로 생성
- 함수: 사전 이동평균 선택

주의: 함수를 변경하면 "바꾸기"가 활성화된다. 바꾸기는 함수를 결정하고, 계산너비도 결정한 후에 선택한다.

- 계산너비: 4

계산너비(주기)는 예측시점을 기준으로 과거 몇 개의 자료로부터 평균을 얻을 것인가를 의미하다.

예 계산너비 2: 2개의 평균　　　계산너비 3: 3개의 평균
계산너비 4: 4개의 평균　　　계산너비 5: 5개의 평균

- 이름 및 함수 → 바꾸기 → 바꾸기를 클릭하면 새 이름의 변수 이름이 의료관광매출액 _1=PMA(의료관광매출액 1)로 변경된다.

확인 → 결과: 데이터 보기에 이동평균 결과가 새로운 변수로 출력된다.

	Year	Month	의료관광매출액	YEAR_	MONTH_	DATE_	의료관광매출액_1
1	2011	4	6740	2011	4	APR 2011	.
2	2011	5	2040	2011	5	MAY 2011	.
3	2011	6	4750	2011	6	JUN 2011	.
4	2011	7	9270	2011	7	JUL 2011	.
5	2011	8	12630	2011	8	AUG 2011	5700
6	2011	9	7600	2011	9	SEP 2011	7173
7	2011	10	3630	2011	10	OCT 2011	8563
8	2011	11	9270	2011	11	NOV 2011	8283
9	2011	12	5060	2011	12	DEC 2011	8283
10	2012	1	4460	2012	1	JAN 2012	6390

(6740 + 2040 + 4750 + 9270) / 4 = 5700　　(2040 + 4750 + 9270 + 12630) / 4 = 7172.5

9.2 중심화 이동평균법

단순이동평균법에서는 예를 들어서 주기가 3인 이동평균을 계산할 때, 시점 1, 2, 3의 이동평균값이 시점 4의 예측값이 된다. 그러나 계절적인 변동이 있을 경우, 시점 1, 2, 3의 이동평균은 계절변동을 상쇄한 것이므로 이동평균의 위치는 1, 2, 3의 중심인 시점 2에 위치하는 것이 바람직하다. 이를 중심화 이동평균법이라고 한다.

중심화 이동평균법은 주기 N의 이동평균값의 위치를 N 기간의 가운데로 하는 것이다.
만약 주기 N이 짝수인 경우, 주기 N의 이동평균값을 연속적으로 구하여 2개의 이동평균값들의 평균을 (N/2 + 1)번째에 위치하게 된다.
즉, 주기가 4인 경우, 시점 1~4의 이동평균값을 시점 3에 위치시킨다.

단순 이동평균법에 이어서 설명한다.

파일 이름: 중심화이동평균법(단위: 억 원)

	Year	Month	의료관광매출액	YEAR_	MONTH_	DATE_	의료관광매출액_1
1	2011	4	6740	2011	4	APR 2011	.
2	2011	5	2040	2011	5	MAY 2011	.
3	2011	6	4750	2011	6	JUN 2011	.
4	2011	7	9270	2011	7	JUL 2011	.
5	2011	8	12630	2011	8	AUG 2011	5700
6	2011	9	7600	2011	9	SEP 2011	7173
7	2011	10	3630	2011	10	OCT 2011	8563
8	2011	11	9270	2011	11	NOV 2011	8283
9	2011	12	5060	2011	12	DEC 2011	8283
10	2012	1	4460	2012	1	JAN 2012	6390

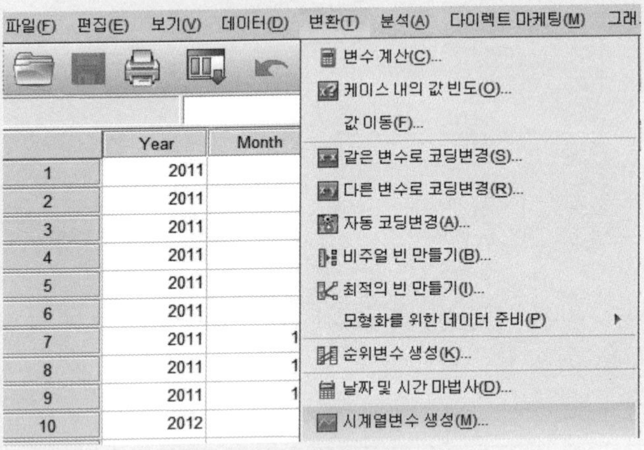

변환 → 시계열 변수 생성

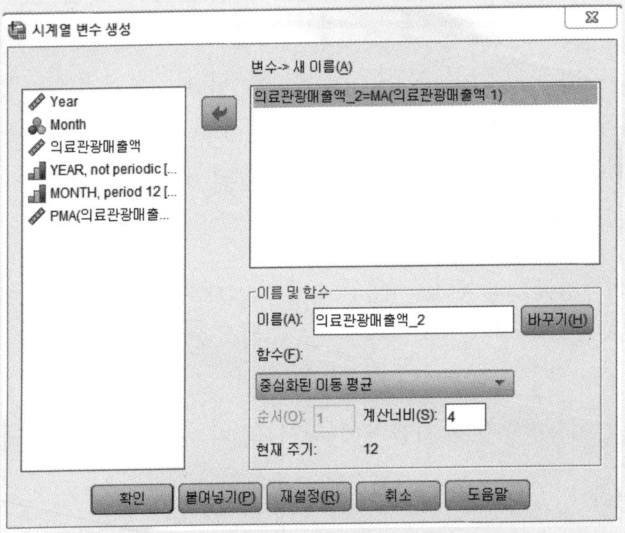

- 변수 → 새 이름으로 의료관광매출액 선택
- 이름: 의료관광매출액_2
- 함수: 중심화된 이동평균 선택(중심화 이동평균을 선택하면 "이름의 바꾸기"가 활성화된다.)
- 계산너비: 4(시점 1에서 4까지의 이동 평균값들의 평균을 시점 2에 위치시킨다는 뜻)
  바꾸기: 변수 → 새 이름의 변수 이름이 의료관광매출액_2 = MA(의료관광매출액 4)로 변경

확인 → 결과

데이터 보기에 의료관광매출액_1이란 중심화 이동평균 결과가 추가로 생성된다.

	Year	Month	의료관광매출액	YEAR_	MONTH_	DATE_	의료관광매출액_1	의료관광매출액_2
1	2011	4	6740	2011	4	APR 2011	.	.
2	2011	5	2040	2011	5	MAY 2011	.	.
3	2011	6	4750	2011	6	JUN 2011	.	6436
4	2011	7	9270	2011	7	JUL 2011	.	7868
5	2011	8	12630	2011	8	AUG 2011	5700	8423
6	2011	9	7600	2011	9	SEP 2011	7173	8283
7	2011	10	3630	2011	10	OCT 2011	8563	7336
8	2011	11	9270	2011	11	NOV 2011	8283	5998
9	2011	12	5060	2011	12	DEC 2011	8283	6267
10	2012	1	4460	2012	1	JAN 2012	6390	6802

(5700 + 7172.5) / 2 = 6436.25　　　　(7172.5 + 8562.5) / 2 = 7867.5

가중이동평균법은 백산출판사의 『Excel 활용 미래 예측과 시계열 분석』을 참고하고, 이중이동평균법은 교우사의 『엑셀 활용 비즈니스 시계열분석』을 참고한다.

10
CHAPTER

비계절 모형

10 비계절 모형

10.1 단순

지수평활법(Exponential Smoothing Method)은 일종의 과거로 내려갈수록 시간에 부여하는 가중치가 지수함수적으로 감소한다. 즉, 가까운 과거에 가장 큰 가중치를 부여하게 되는 셈이다.

평활(Smoothing)이라는 표현은 시계열의 올랐다가 내렸다가 하는 형태를 평평하고 부드럽게 조정한다는 의미다. ARMIA 모형과 더불어 대표적인 단변량 시계열을 예측하는 방법으로, 매 시점에서 예측을 하며 가장 최근 관측값을 설명하기 위해서 매 시점 끝에서 최신화시킨다.

ARMIA 모형과 더불어 대표적인 단변량 시계열을 예측하는 방법으로, 예측값을 계산하기 위해서 기간에 부여하는 가중치는 가장 가까운 과거에 좀 더 큰 가중치를 부여한다. 지수평활법은 지수적 모형의 정확성이 높기 때문에 시계열 분석 방법 중에서 단기예측에 가장 많이 쓰이고 있다.

단순지수평활법은 시계열 속에서 상승추세나 하향추세가 없는 경우에 적절하다.

장기추세인 경우에 단순지수평활법을 사용하면 너무 낮은 예측값을 산출한다. 하향추세인 경우에 단순지수평활법을 사용하면 너무 높은 예측값을 산출한다.

예 상향추세

예 하향추세

지수평활법과 ARIMA 모형과의 비교

	구분	특징	선도표
비계절 모형	단순	• 추세나 계절성이 없는 시계열에 적합하다. • ARIMA(0,1,1) 모형과 유사하다.	
	Holt 선형추세	• 선형추세이고, 계절성이 없는 시계열에 적합하다. • Holt의 지수평활화는 ARIMA의 (0, 2, 2)와 유사하다.	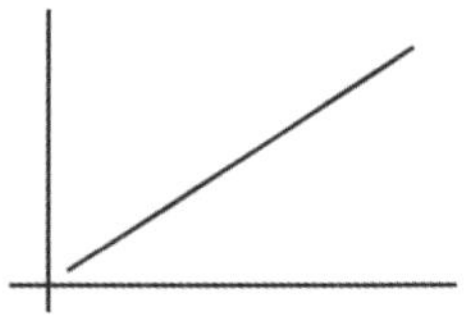
	Brown 선형추세	• 선형추세이고, 계절성이 없는 시계열에 적합하다. • ARIMA의 (0, 2, 2)와 유사하며, Brown 모형은 Holt 모형의 특수한 케이스이다.	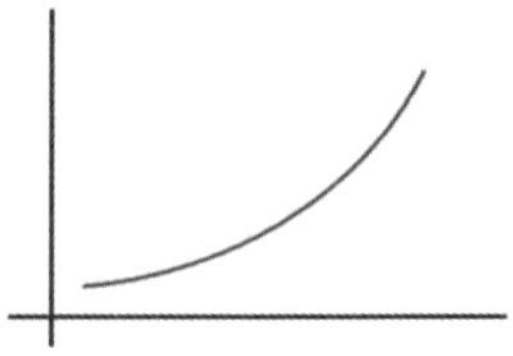
	진폭감소 추세	• 감소하는 선형추세이고, 계절성이 없는 시계열에 적합하다.	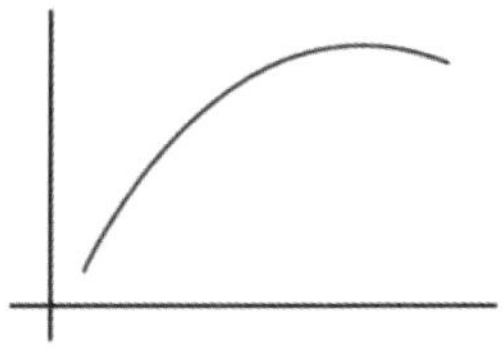
계절 모형	단순 계절 모형	• 추세가 없고 시간에 관계없이 일정한 계절성이 있는 시계열(추세가 없고 시간에 관계없이 일정한 계절효과가 있는 시계열) • ARIMA(0,1,1)과 유사하다.	
	Winters 가법모형	• 선형추세이고 계절성이 있는 시계열 • 시계열 변동의 폭이 시간이 경과함에 관계없이 일정하게 유지되므로 가법(Additive)인 계절적 변동이 존재한다. • ARIMA(0,1,1)과 유사하다.	
	Winters 승법모형	• 선형추세이고 계절성이 있는 시계열 • 시간이 경과함에 따라 계절적 주기 내의 변동의 폭이 갈수록 증가하므로 승법(Multiplicative)인 계절적 변동이 존재한다. • ARIMA 모형에 없음	

2008년 2분기부터 2017년 2분기까지 호텔순이익을 조사했다.

파일 이름: 단순(단위: 억 원)

	Year	분기	호텔순이익
1	2008	2	174
2	2008	3	182
3	2008	4	279
4	2009	1	285
5	2009	2	156
6	2009	3	185
7	2009	4	194
8	2010	1	168
9	2010	2	178
10	2010	3	127

데이터 → 날짜 정의 → 년: 2008 / 분기: 1 → 확인 → 분석 → 예측 → 순차도표 → 확인 → 결과: 비안정적인 시계열 자료이므로 차분 또는 자연로그 변환이 필요하다.

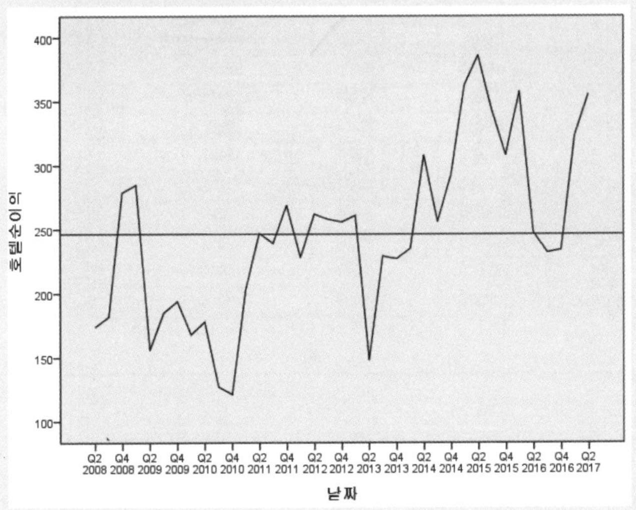

자기상관

변수: 호텔순이익

변환: 차분, 자연로그 변환, 차분 및 자연로그 변환 모두 선택

옵션: 독립성 모형 → 계속 → 확인

결과 → 비교

원자료

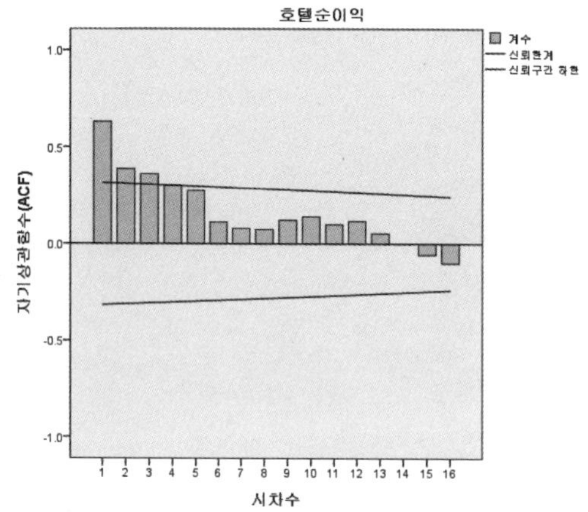

자연로그 변환

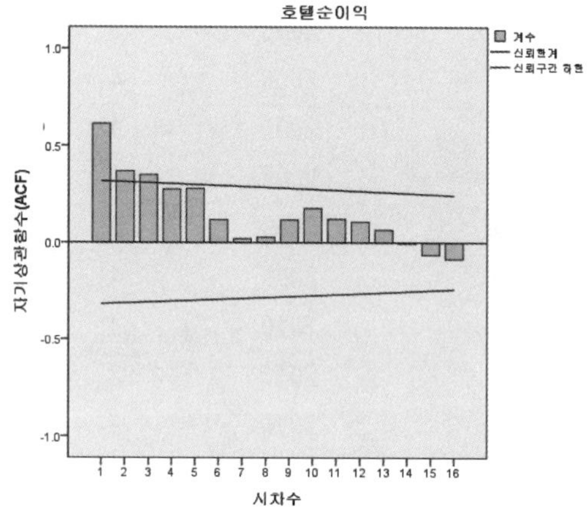

차분 1

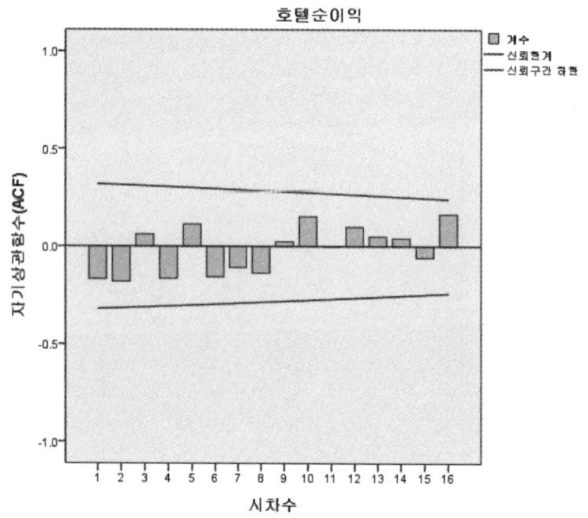

차분 1 및 자연로그 변환

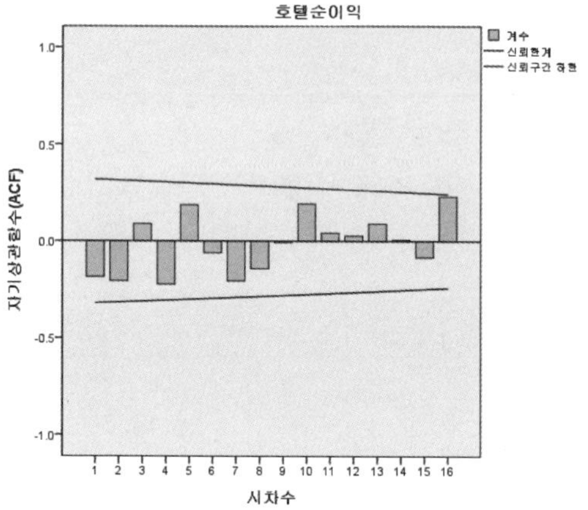

차분 1, 차분 1 및 자연로그 변환에서 자기상관함수(ACF)에서 신뢰한계를 벗어난 Peak(Spike)가 없다. 따라서 최소화의 원칙에 따라 차분 1을 선택한다.

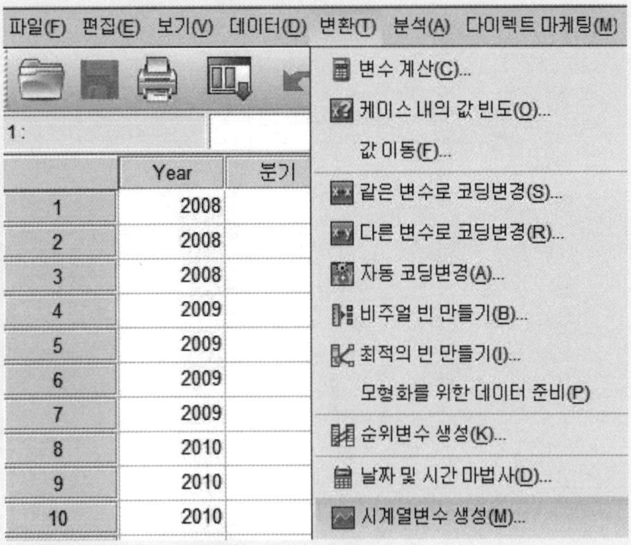

변환 → 시계열 변수 생성

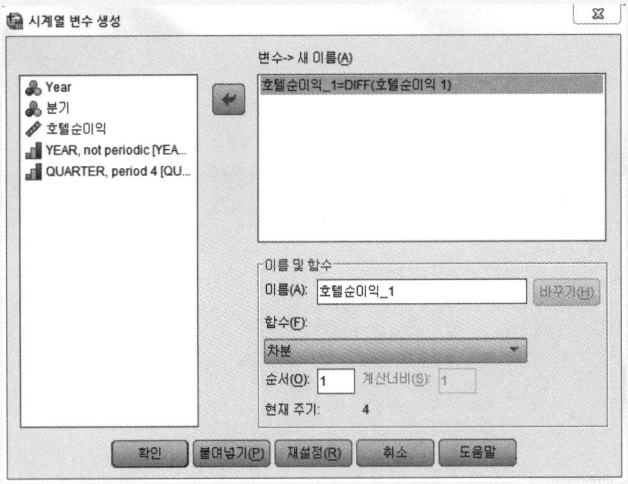

- 변수: 호텔순이익 선택
- 함수: 차분
- 순서: 1

확인 → 결과

	Year	분기	호텔순이익	YEAR_	QUARTER_	DATE_	호텔순이익_1
1	2008	2	174	2008	2	Q2 2008	.
2	2008	3	182	2008	3	Q3 2008	8
3	2008	4	279	2008	4	Q4 2008	97
4	2009	1	285	2009	1	Q1 2009	6
5	2009	2	156	2009	2	Q2 2009	-129
6	2009	3	185	2009	3	Q3 2009	29
7	2009	4	194	2009	4	Q4 2009	9
8	2010	1	168	2010	1	Q1 2010	-26
9	2010	2	178	2010	2	Q2 2010	10
10	2010	3	127	2010	3	Q3 2010	-51

(182 − 174) = 8

(279 − 182) = 97

분석 → 예측 → 모형 생성 → 자동 모형 생성기 → 종속변수: 호텔순이익_1(차분 1을 한 변수) → 기준: 지수평활모형만 선택 → 이상값 체크하지 않음 → 통계량 · 도표 · 저장 선택 → 확인 → 결과 → 모형: 단순

파일(F) 편집(E) 보기(V) 데이터(D) 변환(T) 분석(A) 다이렉트 마케팅(M) 그래프(G) 유틸리티(U)
25 : 호텔순이익_1
73
보고서(P)
기술통계량(E)
표
평균 비교(M)
일반선형모형(G)
일반화 선형 모형(Z)
혼합 모형(X)
상관분석(C)
회귀분석(R)
로그선형분석(O)
신경망(W)
분류분석(Y)
차원 감소(D)
척도(A)
비모수 검정(N)
예측(T)
모형 생성(C)...

분석 → 예측 → 모형 생성

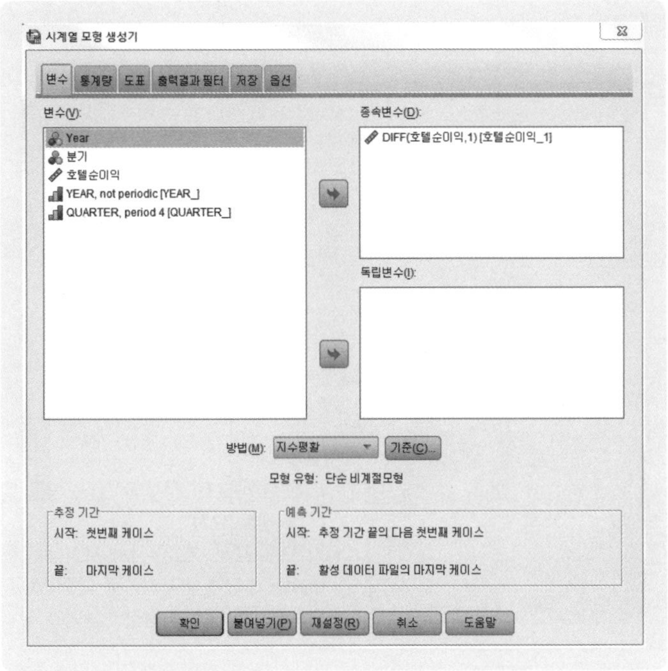

- 종속변수: 호텔순이익_1(차분 1을 실시한 변수)
- 방법: 지수평활 → 기준: 비계열모형 단순

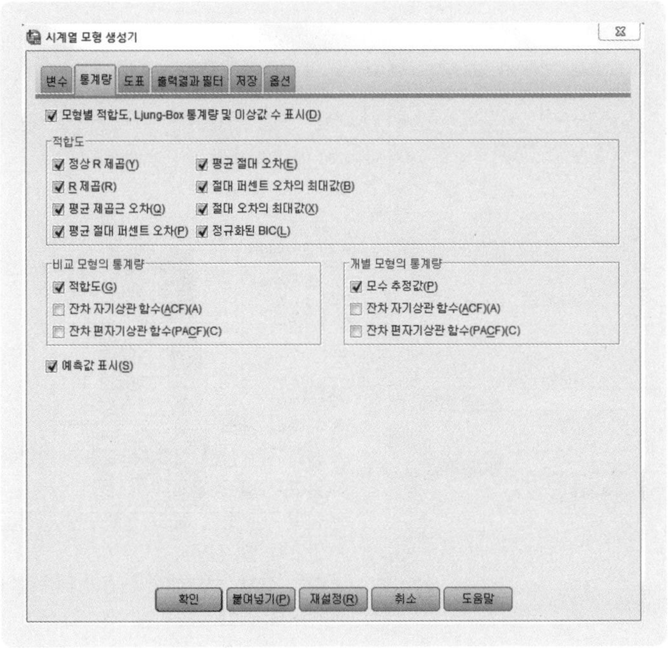

통계량

- 모형별 적합도 · Ljung-Box 통계량 및 이상값 수 표시 체크
- 적합도: 정상 R 제곱, R 제곱, 평균 절대 퍼센트 오차, 절대 퍼센트 오차의 절대값, 정규화된 BIC
- 비교 모형의 통계량: 적합도
- 개별 모형의 통계량: 모수 추정값 체크
- 예측값 표시

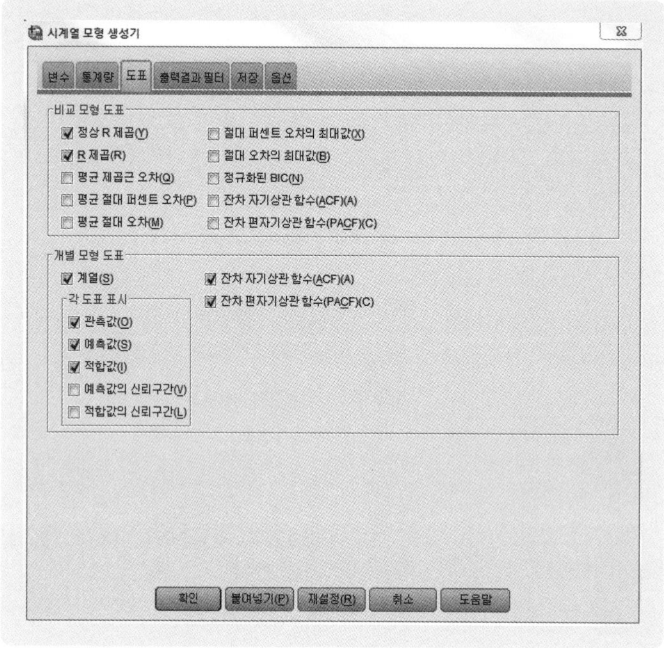

도표
- 비교 모형 도표: 정상 R 제곱, 평균 절대 퍼센트 오차
- 각 도표 표시: 계열, 잔차 자기상관 함수(ACF), 잔차 편자기상관 함수(PACF)
- 관측값, 예측값, 적합값

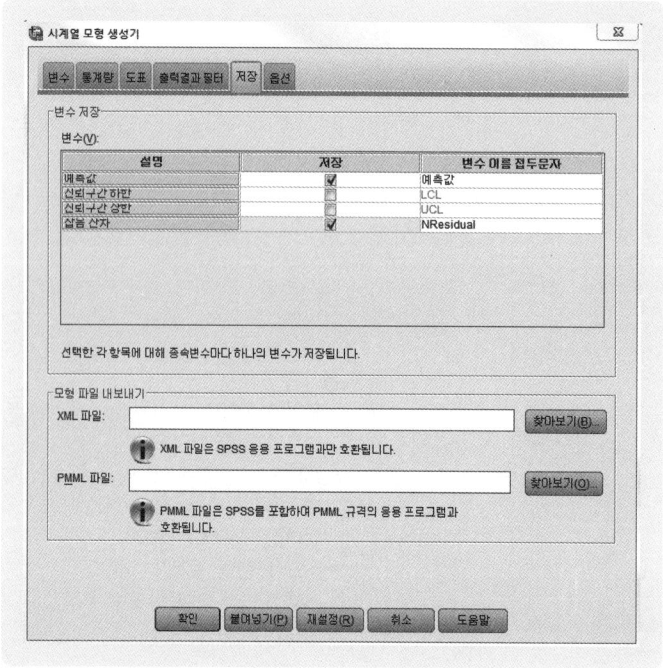

저장
- 예측값 체크
- 신뢰구간 상한 체크: 신뢰구간 상한을 알고자 할 경우
- 신뢰구간 하한 체크: 신뢰구간 하한을 알고자 할 경우
- 잡음 잔차: 실제값(관측값)과 예측값의 차이를 계산

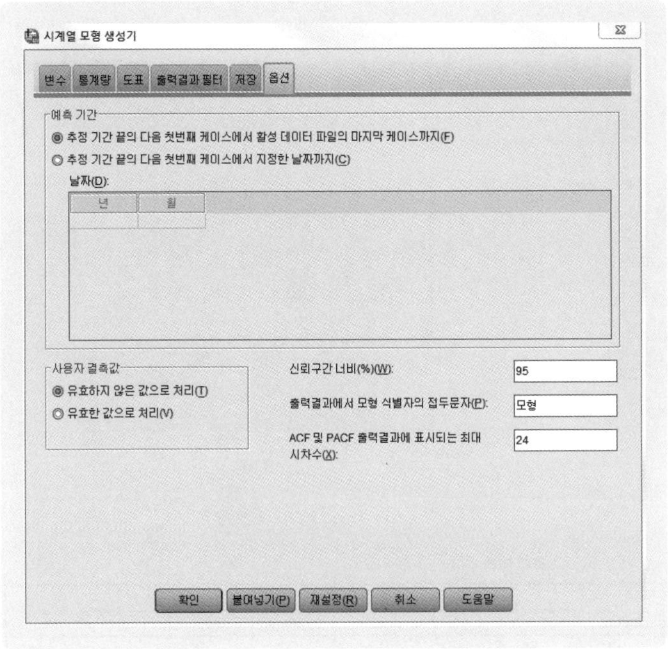

옵션
모형을 알고자 하는 단계이므로 옵션을 설정하지 않는다. 모형을 확인한 후, 추정 기간 끝의 다음 첫번째 케이스에서 예측하고자 하는 기간을 입력한다.

확인 → 결과 → 모형: 단순

Ljung-Box의 유의확률이 0.05보다 크면 백색잡음으로부터 독립적이기 때문에 통계적으로 유의하다. Ljung-Box의 유의확률이 0.456이므로 백색잡음으로부터 독립적이기 때문에 통계적으로 유의미하다.

경고

예측을 계산할 수 없기 때문에 예측표가 작성되지 않습니다.

모형 설명

	모형 유형
모형 ID DIFF(호텔순이익,1) 모형_1	단순

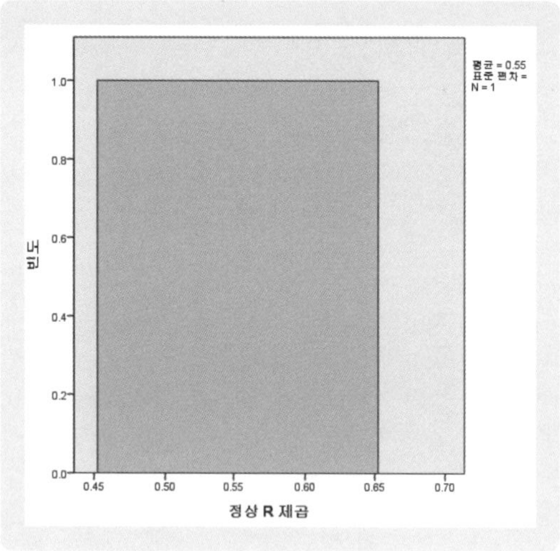

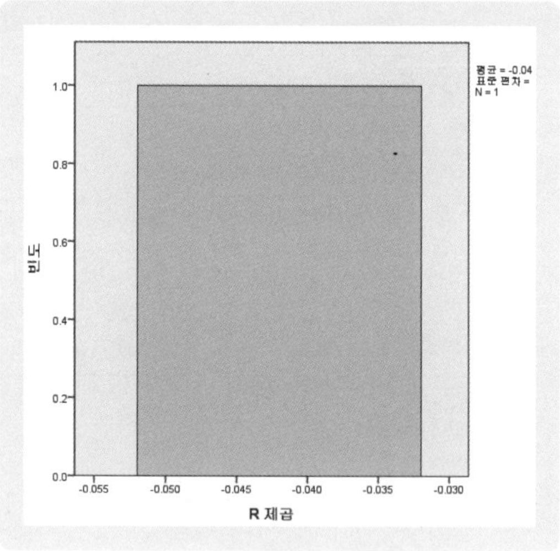

모형적합

적합 통계량	평균	SE	최소값	최대값	백분위수 5	10	25	50	75	90	95
정상 R 제곱	.552	.	.552	.552	.552	.552	.552	.552	.552	.552	.552
R 제곱	-.042	.	-.042	-.042	-.042	-.042	-.042	-.042	-.042	-.042	-.042
RMSE	55.441	.	55.441	55.441	55.441	55.441	55.441	55.441	55.441	55.441	55.441
MAPE	133.045	.	133.045	133.045	133.045	133.045	133.045	133.045	133.045	133.045	133.045
MaxAPE	601.351	.	601.351	601.351	601.351	601.351	601.351	601.351	601.351	601.351	601.351
MAE	40.674	.	40.674	40.674	40.674	40.674	40.674	40.674	40.674	40.674	40.674
MaxAE	144.665	.	144.665	144.665	144.665	144.665	144.665	144.665	144.665	144.665	144.665
정규화된 BIC	8.130	.	8.130	8.130	8.130	8.130	8.130	8.130	8.130	8.130	8.130

모형 통계량

모형	예측변수 수	모형적합 통계량 정상 R 제곱	Ljung-Box Q(18) 통계량	자유도	유의확률	이상값 수
DIFF(호텔순이익,1)-모형_1	0	.552	14.396	17	.639	0

지수평활 모형 모수

모형			추정값	SE	t	유의확률
DIFF(호텔순이익,1)-모형_1	변환 안 함	알파(수준)	.032	.031	1.014	.318

Ljung-Box의 유의확률이 0.639로 0.05보다 크므로 백색잡음으로부터 독립적이다. 백색잡음(White Noise)이 있다면 자기상관이 전혀 없는 특별한 시계열 자료라서 현재값의 크기가 미래 예측에 전혀 도움이 되지 못한다.

모수의 유의확률이 유의수준 0.05보다 작아야만 통계적으로 유의미하다.

지수평활모형 모수
알파(수준): 0.032

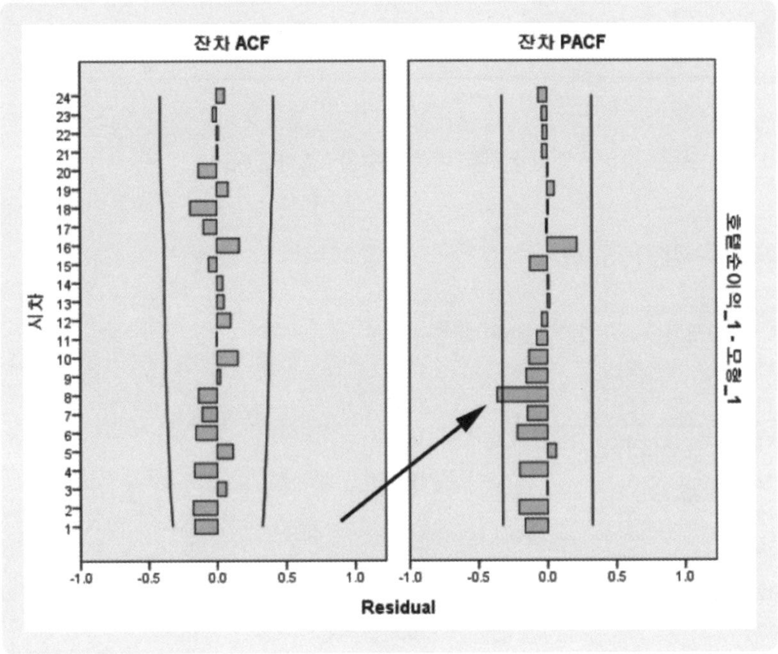

잔차 ACF, 잔차 PACF에 95% 신뢰한계선 밖으로 튀어나온 Peak(Spike)가 없어야 된다. 만약 눈에 띄게 신뢰한계선 밖으로 튀어나온 Peak(Spike)가 발견되면, 모형을 재검토해야만 된다. PACF에서 Spike가 한 개 발견되었다. 모형의 재검토가 필요하다.

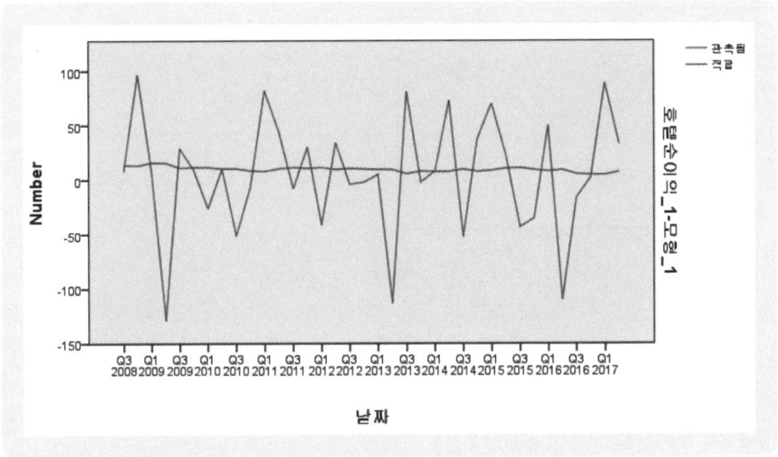

관측값과 예측값의 선도표에서도 많은 차이가 보인다.

10.2 홀트 선형추세

2009년 2분기부터 2015년 3분기까지 컨벤션센터이용객수를 조사했다.

파일 이름: 홀트 선형추세(단위: 1000명)

	Year	분기	컨벤션센터이용객수
1	2011	2	128
2	2011	3	142
3	2011	4	168
4	2012	1	188
5	2012	2	208
6	2012	3	228
7	2012	4	248
8	2013	1	268
9	2013	2	278
10	2013	3	308

데이터 → 날짜 정의 → 년: 2011 분기: 2 → 분석 → 예측 → 순차도표

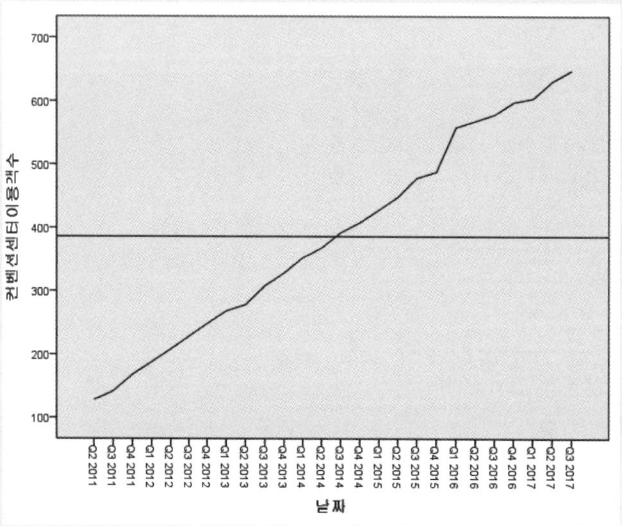

계절성은 없고 추세가 있다.

분석 → 예측 → 자기상관
- 변수: 컨벤션센터이용객수
- 표시: 자기상관, 편자기상관

옵션
- 최대 시차수: 16
- 표준오차법: Bartlett 근사 → 계속 → 확인

자기상관

계열: 컨벤션센터이용객수

시차	자기상관	표준오차[a]	Box-Ljung 통계량 값	자유도	유의확률[b]
1	.889	.196	22.991	1	.000
2	.775	.315	41.225	2	.000
3	.667	.381	55.319	3	.000
4	.555	.424	65.504	4	.000
5	.445	.451	72.364	5	.000
6	.332	.468	76.387	6	.000
7	.218	.477	78.215	7	.000
8	.128	.480	78.878	8	.000
9	.034	.482	78.927	9	.000
10	-.047	.482	79.028	10	.000
11	-.123	.482	79.759	11	.000
12	-.189	.483	81.625	12	.000
13	-.252	.486	85.180	13	.000
14	-.304	.491	90.780	14	.000
15	-.350	.498	98.901	15	.000
16	-.387	.508	109.785	16	.000

a. 가정된 기본 공정은 시차 수에서 1을 뺀 것과 같은 차수인 MA입니다. Bartlett 근사가 사용되었습니다.

b. 점근 카이제곱 근사를 기준으로 합니다.

자기상관 Box-Ljung 통계량 유의확률이 0.000으로 유의수준 0.05보다 작다. Box-Ljung 유의확률이 0.05보다 작으면 백색잡음으로부터 독립적이지 않으므로 현재값의 크기가 미래 예측에 전혀 도움이 되지 못한다.

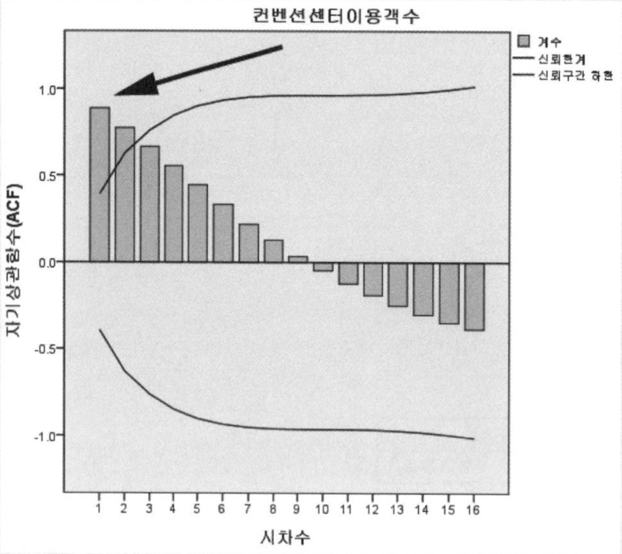

자기상관함수(ACF) 시차 1에서 신뢰한계를 벗어난 Spike를 보이고 있다.

편자기상관

계열: 컨벤션센터이용객수

시차	편자기상관	표준오차
1	.889	.196
2	-.068	.196
3	-.039	.196
4	-.087	.196
5	-.059	.196
6	-.089	.196
7	-.092	.196
8	.022	.196
9	-.103	.196
10	-.021	.196
11	-.070	.196
12	-.043	.196
13	-.078	.196
14	-.044	.196
15	-.061	.196
16	-.053	.196

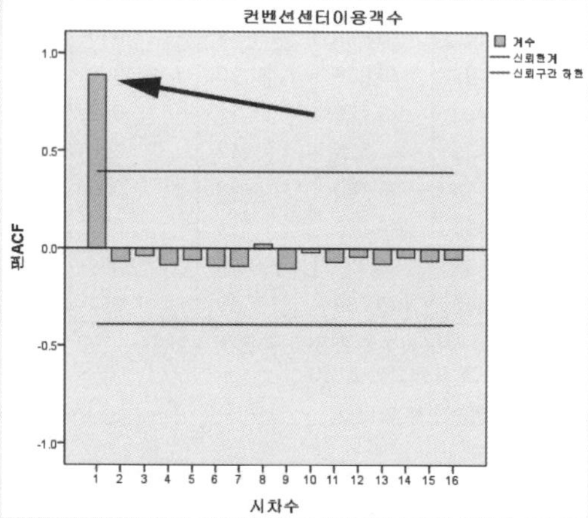

편자기상관함수도 시차 1에서 Spike가 보인다. 따라서 차분 1이 필요하다.

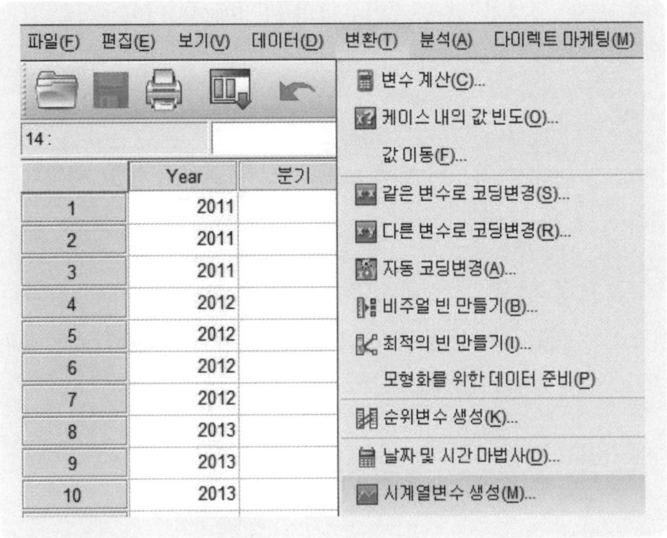

변환 → 시계열 변수 생성

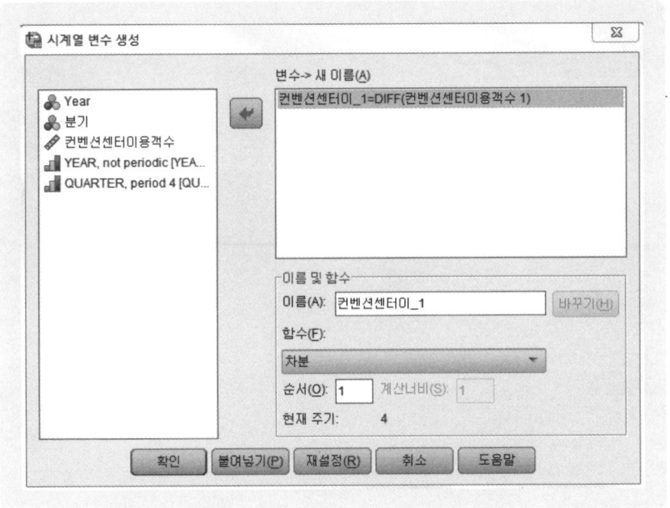

- 변수: 컨벤션센터이용객수
- 함수: 차분
- 순서: 1

확인 → 결과

	Year	분기	컨벤션센터이용객수	YEAR_	QUARTER_	DATE_	컨벤션센터이_1
1	2011	2	128	2011	2	Q2 2011	.
2	2011	3	142	2011	3	Q3 2011	14
3	2011	4	168	2011	4	Q4 2011	26
4	2012	1	188	2012	1	Q1 2012	20
5	2012	2	208	2012	2	Q2 2012	20
6	2012	3	228	2012	3	Q3 2012	20
7	2012	4	248	2012	4	Q4 2012	20
8	2013	1	268	2013	1	Q1 2013	20
9	2013	2	278	2013	2	Q2 2013	10
10	2013	3	308	2013	3	Q3 2013	30

분석 → 예측 → 모형 생성 → 자동 모형 생성기 → 종속변수: DIFF(컨벤션센터이용객수_1(차분 1을 한 변수) → 기준: 지수평활모형만 선택 → 이상값 체크하지 않음 → 통계량 · 도표 · 저장 선택 → 확인 → 결과 → 모형: 단순

그러나 여기서는 홀트 모형을 설명하기 위해서 차분한 변수를 변수로 선택하지 않고 원자료를 선택해서 자동 모형 생성기를 돌린다.

분석 → 예측 → 모형 생성 → 자동 모형 생성기 → 종속변수: 컨벤션센터이용객수 → 기준: 지수평활모형만 선택 → 이상값 체크하지 않음 → 통계량 · 도표 · 저장 선택 → 확인 → 결과 → 홀트

분석 → 예측 → 모형 생성

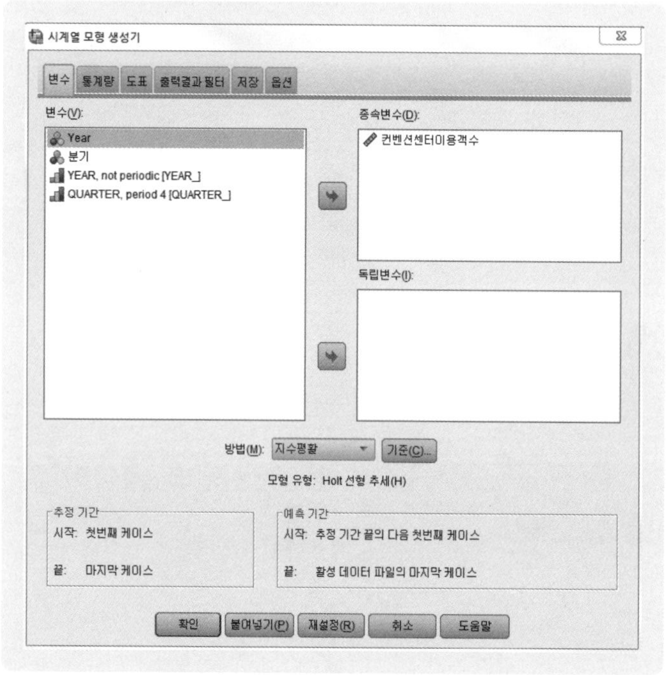

- 종속변수: 컨벤션센터이용객수
- 방법: 지수평활
- 기준: 홀트 선형추세

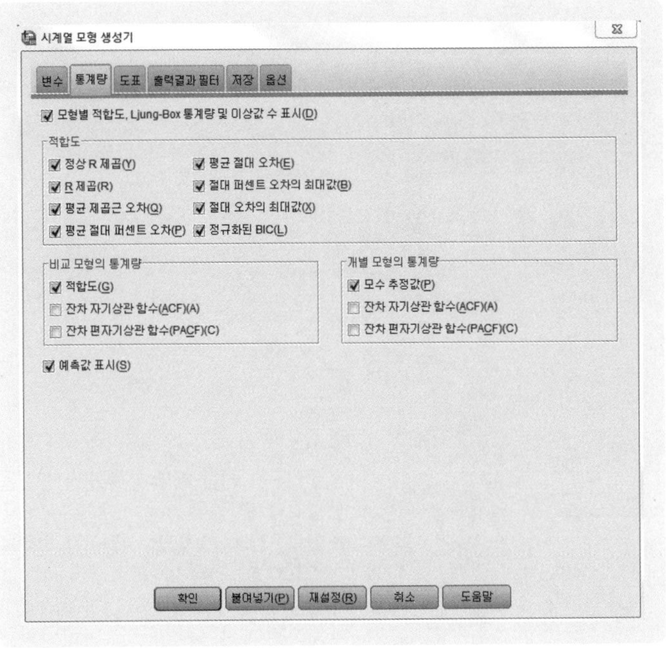

통계량
- 모형별 적합도 · Ljung-Box 통계량 및 이상값 수 표시 체크
- 적합도: 정상 R 제곱, R 제곱, 평균 절대 퍼센트 오차, 절대 퍼센트 오차의 절대값, 정규화된 BIC
- 비교 모형의 통계량: 적합도
- 개별 모형의 통계량: 모수 추정값 체크
- 예측값 표시

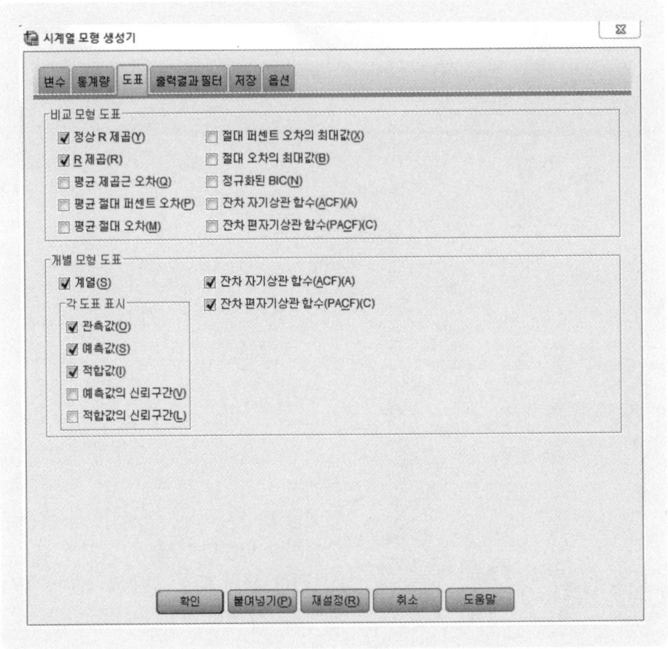

도표
- 비교 모형 도표: 정상 R 제곱, 평균 절대 퍼센트 오차
- 각 도표 표시: 계열, 잔차 자기상관 함수(ACF), 잔차 편자기상관 함수(PACF)
- 관측값, 예측값, 적합값

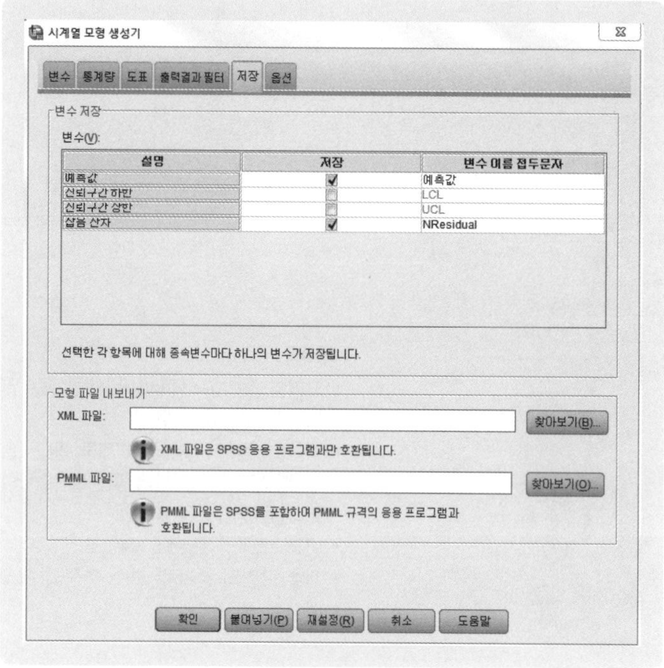

저장
- 예측값 체크
- 신뢰구간 상한 체크: 신뢰구간 상한을 알고자 할 경우
- 신뢰구간 하한 체크: 신뢰구간 하한을 알고자 할 경우
- 잡음 잔차: 실제값(관측값)과 예측값의 차이를 계산

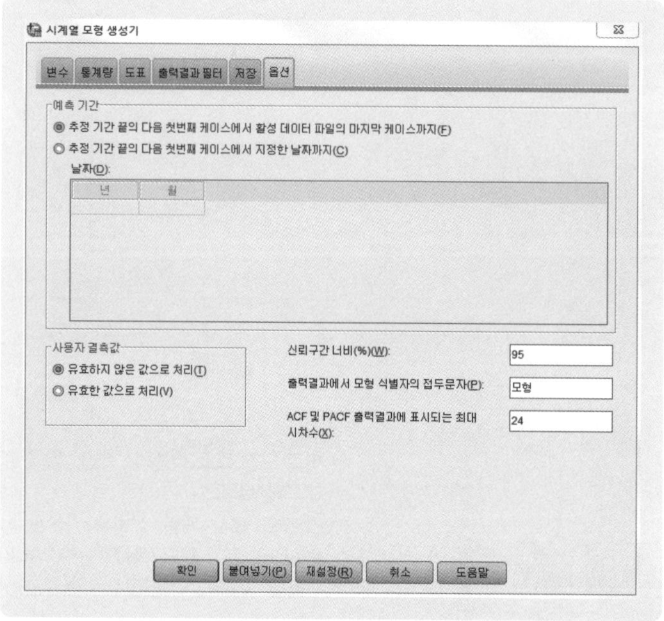

옵션
모형을 알고자 하는 단계이므로 옵션을 설정하지 않는다. 모형을 확인한 후, 추정 기간 끝의 다음 첫번째 케이스에서 예측하고자 하는 기간을 입력한다.

확인 → 결과

경고문이 뜨지 않도록 하려면 통계량에서 예측값 표시를 체크하지 않으면 된다.

경고

예측을 계산할 수 없기 때문에 예측표가 작성되지 않습니다.

모형 설명

	모형 유형
모형 ID　컨벤션센터이용객수　모형_1	Holt

모형 유형: Holt

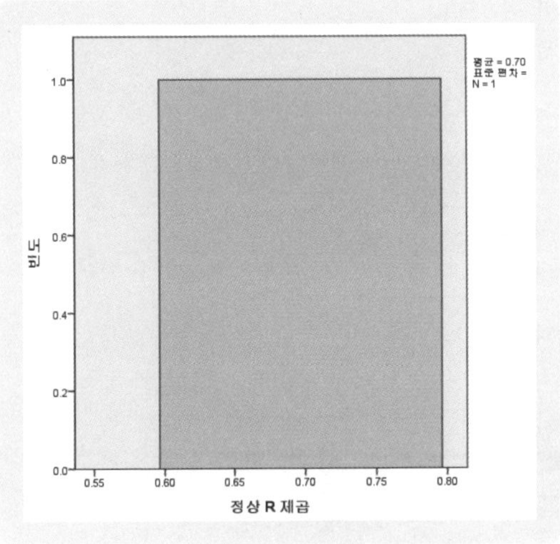

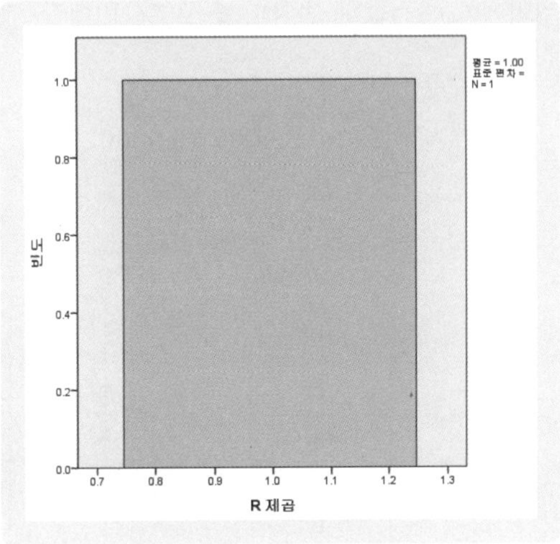

모형을 탐색할 때, 정상 R 제곱과 R 제곱 중 어느 것을 기준으로 비교해야 할까?

추세, 계절성이 있을 때 정상 R 제곱을 비교해서 정상 R 제곱이 높은 모형이 좋은 모형이다. 홀트 선형모형은 선형이 있는 시계열 분석이므로 정상 R 제곱을 확인한다. 정상 R 제곱이 0.7이므로 정상 R 제곱은 모형식이 관측값 70%를 설명하고 있다.

모형적합

적합 통계량	평균	SE	최소값	최대값	백분위수						
					5	10	25	50	75	90	95
정상 R 제곱	.696	.	.696	.696	.696	.696	.696	.696	.696	.696	.696
R 제곱	.996	.	.996	.996	.996	.996	.996	.996	.996	.996	.996
RMSE	11.071	.	11.071	11.071	11.071	11.071	11.071	11.071	11.071	11.071	11.071
MAPE	1.566	.	1.566	1.566	1.566	1.566	1.566	1.566	1.566	1.566	1.566
MaxAPE	8.014	.	8.014	8.014	8.014	8.014	8.014	8.014	8.014	8.014	8.014
MAE	6.224	.	6.224	6.224	6.224	6.224	6.224	6.224	6.224	6.224	6.224
MaxAE	44.716	.	44.716	44.716	44.716	44.716	44.716	44.716	44.716	44.716	44.716
정규화된 BIC	5.059	.	5.059	5.059	5.059	5.059	5.059	5.059	5.059	5.059	5.059

모형 통계량

모형	예측변수 수	모형적합 통계량								Ljung-Box Q(18)			이상값 수
		정상 R 제곱	R 제곱	RMSE	MAPE	MAE	MaxAPE	MaxAE	정규화된 BIC	통계량	자유도	유의확률	
컨벤션센터이용객수-모형_1	0	.696	.996	11.071	1.566	6.224	8.014	44.716	5.059	7.892	16	.952	0

지수평활 모형 모수

모형			추정값	SE	t	유의확률
컨벤션센터이용객수-모형_1	변환 안 함	알파(수준)	.504	.179	2.810	.010
		감마(추세)	2.016E-005	.030	.001	.999

Ljung-Box의 유의확률이 0.05보다 크면 백색잡음으로부터 독립적이기 때문에 통계적으로 유의하다. Ljung-Box의 유의확률이 0.952이므로 백색잡음으로부터 독립적이기 때문에 통계적으로 유의미해서 과거값의 변화로 현재 및 미래를 예측할 수 있다.

알파(수준): 0.504

감마(추세): 2.016 E−005 (0.00002016)

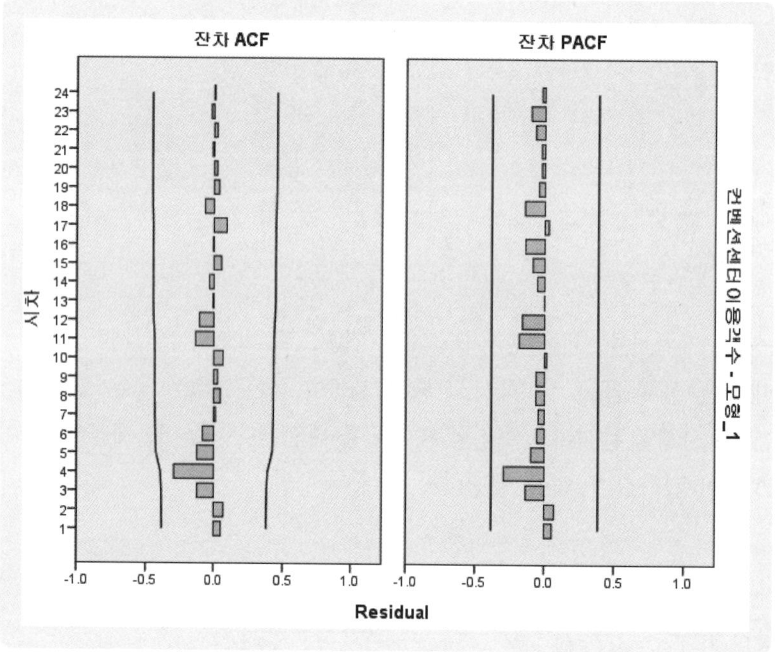

잔차 ACF, 잔차 PACF에서 Spike가 보이지 않아야 된다. 만약 잔차 ACF, 잔차 PACF에서 Spike가 있다면 모형을 재검토해야만 한다.

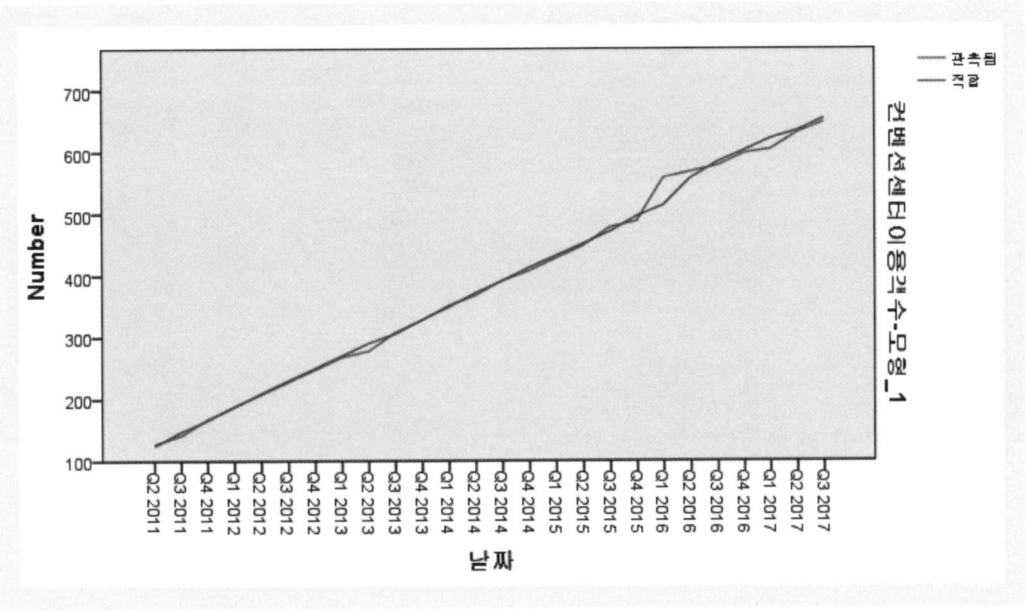

예측값, 잔차가 새로운 변수로 생성된다.

10.3 브라운 선형추세

Brown 선형추세는 Holt 선형추세의 특수한 케이스로 여기서는 Holt 선형추세를 Brown 지수 평활법으로 예측하는 방법을 설명하고자 한다.

1999년부터 2017년까지 백화점 매출액을 조사했다.

파일 이름: 브라운선형추세(단위: 억 원)

	연도	매출액
1	1999	670.00
2	2000	700.00
3	2001	750.00
4	2002	800.00
5	2003	950.00
6	2004	1020.00
7	2005	1240.00
8	2006	1355.00
9	2007	1150.00
10	2008	900.00

날짜 정의 → 분석 → 예측 → 순차도표

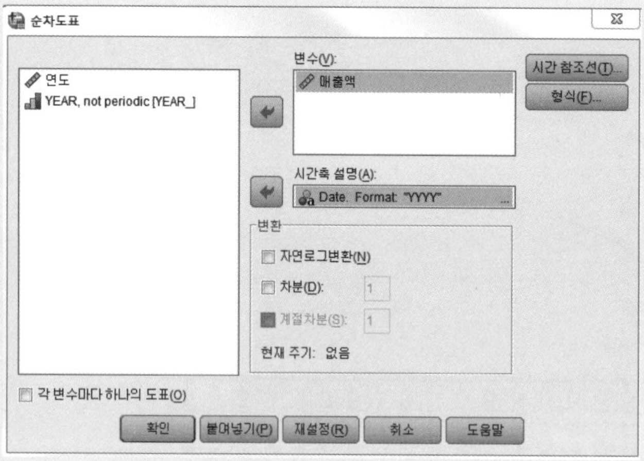

• 변수: 매출액
• 시간축 설명: Date

확인 → 결과

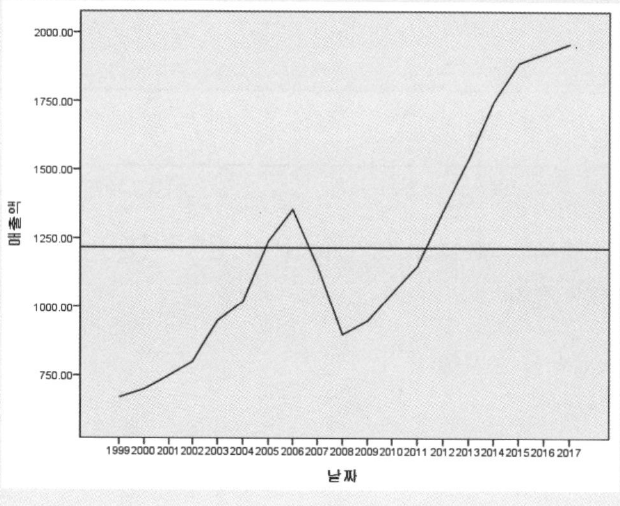

자기상관

• 변수: 매출액
• 표시: 자기상관, 편자기상관

옵션

• 최대 시차수: 16
• 표준오차법: Bartlett 근사 → 확인

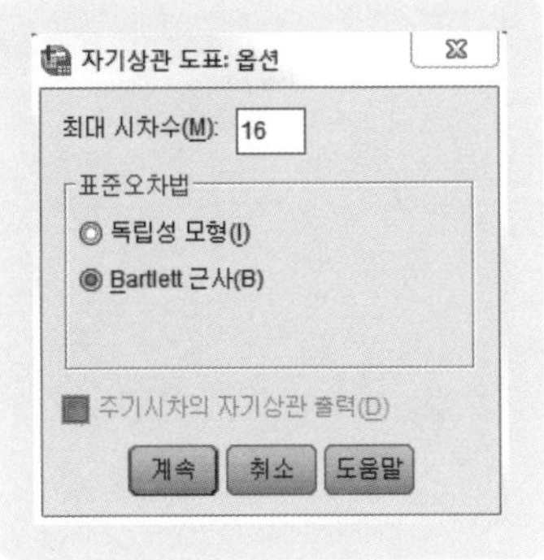
자기상관 도표: 옵션
최대 시차수(M): 16
표준오차법
독립성 모형(I)
Bartlett 근사(B)
주기시차의 자기상관 출력(D)
계속
취소
도움말

확인 → 결과

자기상관

계열: 매출액

시차	자기상관	표준오차[a]	Box-Ljung 통계량 값	자유도	유의확률[b]
1	.811	.229	14.563	1	.000
2	.564	.349	22.024	2	.000
3	.312	.394	24.453	3	.000
4	.095	.407	24.694	4	.000
5	-.041	.408	24.743	5	.000
6	-.106	.408	25.085	6	.000
7	-.074	.410	25.269	7	.001
8	.000	.410	25.269	8	.001
9	.044	.410	25.345	9	.003
10	.025	.411	25.373	10	.005
11	-.070	.411	25.621	11	.007
12	-.220	.411	28.383	12	.005
13	-.344	.417	36.251	13	.001
14	-.392	.432	48.538	14	.000
15	-.399	.450	64.385	15	.000
16	-.337	.469	79.460	16	.000

a. 가정된 기본 공정은 시차 수에서 1을 뺀 것과 같은 차수인 MA입니다. Bartlett 근사가 사용되었습니다.

b. 점근 카이제곱 근사를 기준으로 합니다.

자기상관 Box-Ljung 통계량 유의확률이 0.000으로 유의수준 0.05보다 작다. Box-Ljung 유의확률이 0.05보다 작으면 백색 잡음으로부터 독립적이지 않으므로 현재 값의 크기가 미래 예측에 전혀 도움이 되지 못한다.

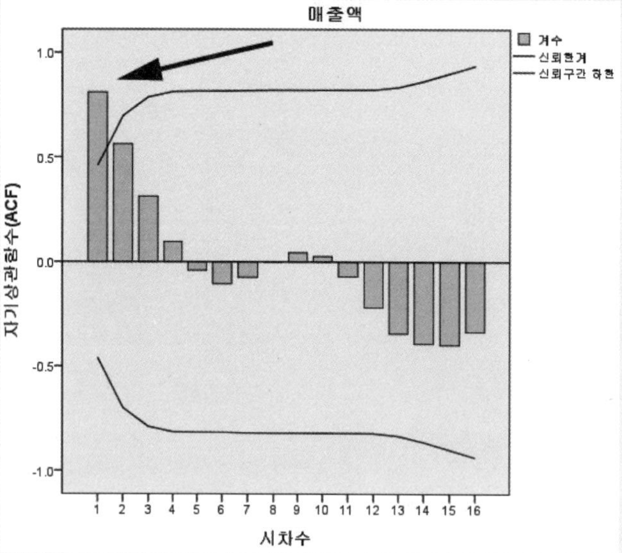

자기상관함수(ACF) 시차 1에서 신뢰한계를 벗어난 Peak(Spike)가 나타났다. 따라서 차분 1이 필요하다.

편자기상관

계열: 매출액

시차	편자기상관	표준오차
1	.811	.229
2	-.272	.229
3	-.154	.229
4	-.080	.229
5	.035	.229
6	.013	.229
7	.138	.229
8	.040	.229
9	-.100	.229
10	-.144	.229
11	-.180	.229
12	-.178	.229
13	-.007	.229
14	.077	.229
15	-.097	.229
16	-.005	.229

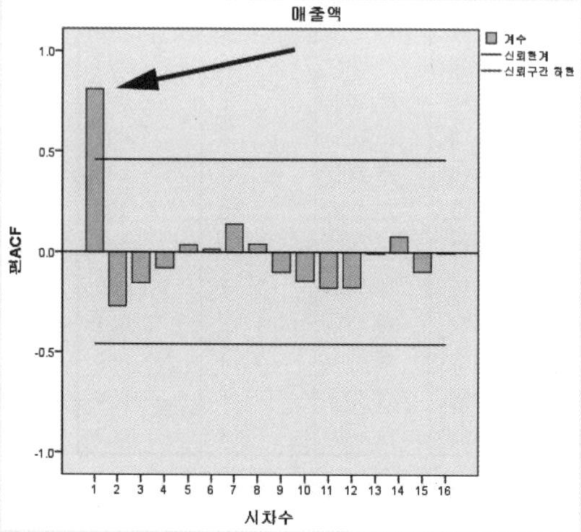

편자기상관함수(PACF)도 시차 1에서 신뢰한계를 벗어난 Spike가 보인다.

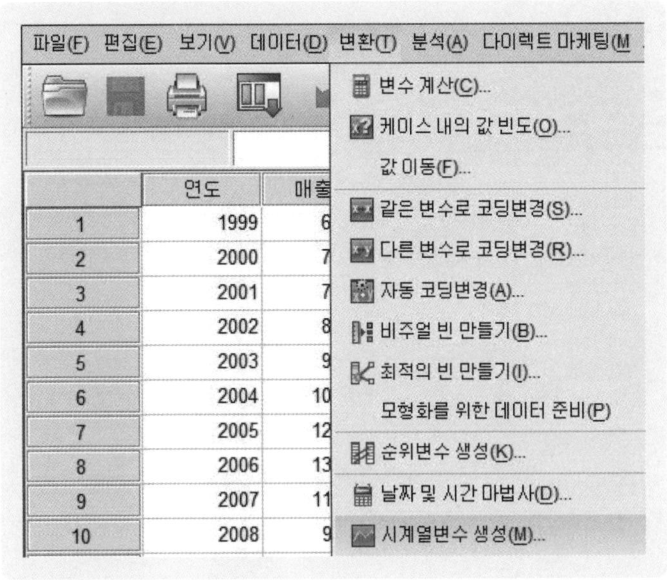

변환 → 시계열 변수 생성

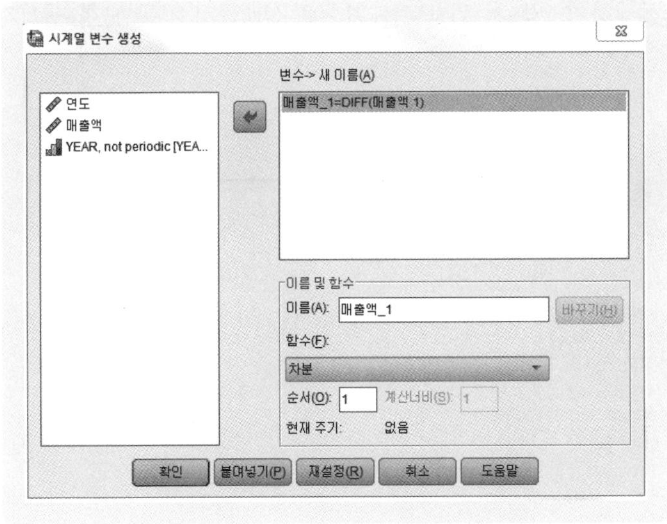

- 변수: 매출액
- 함수: 차분
- 순서: 1

확인 → 결과

	연도	매출액	YEAR_	DATE_	매출액_1
1	1999	670.00	1999	1999	.
2	2000	700.00	2000	2000	30.00
3	2001	750.00	2001	2001	50.00
4	2002	800.00	2002	2002	50.00
5	2003	950.00	2003	2003	150.00
6	2004	1020.00	2004	2004	70.00
7	2005	1240.00	2005	2005	220.00
8	2006	1355.00	2006	2006	115.00
9	2007	1150.00	2007	2007	-205.00
10	2008	900.00	2008	2008	-250.00

분석 → 예측 → 모형 생성 → 자동 모형 생성기 → 종속변수: DIFF(매출액_1: 차분 1을 한 변수) → 기준: 지수평활모형만 선택 → 이상값 체크하지 않음 → 통계량·도표·저장 선택 → 확인 → 결과 → 단순

그러나 여기서는 브라운 모형을 설명하기 위해서 원자료를 변수로 선택해서 자동 모형 생성기를 돌린다. → 결과 → Brown

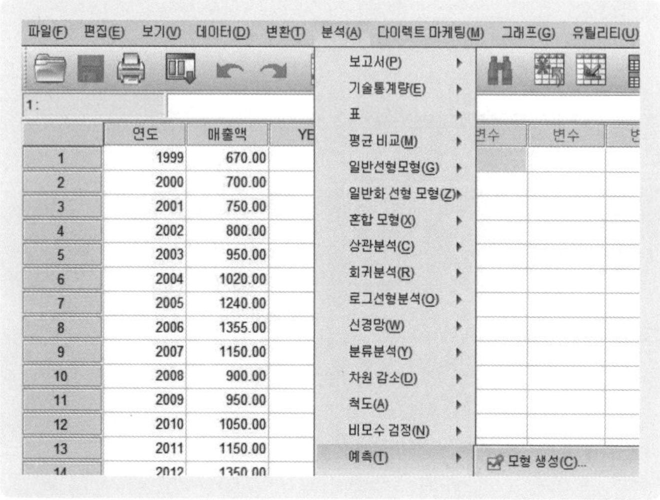
파일(F) 편집(E) 보기(V) 데이터(D) 변환(T) 분석(A) 다이렉트 마케팅(M) 그래프(G) 유틸리티(U)
보고서(P)
기술통계량(E)
표
평균 비교(M)
일반선형모형(G)
일반화 선형 모형(Z)
혼합 모형(X)
상관분석(C)
회귀분석(R)
로그선형분석(O)
신경망(W)
분류분석(Y)
차원 감소(D)
척도(A)
비모수 검정(N)
예측(T)
모형 생성(C)...
연도
매출액
변수

분석 → 예측 → 모형 생성

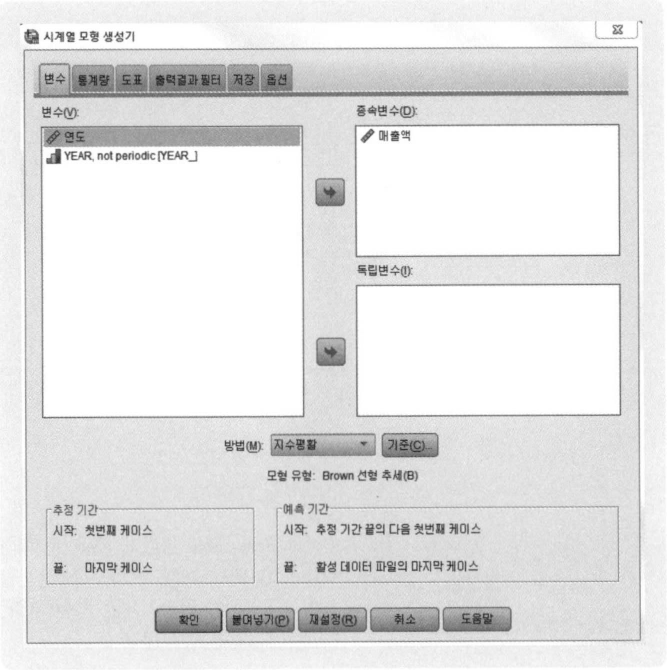

변수

- 종속변수: 매출액
- 방법: 지수평활 → 기준: Brown 선형 추세

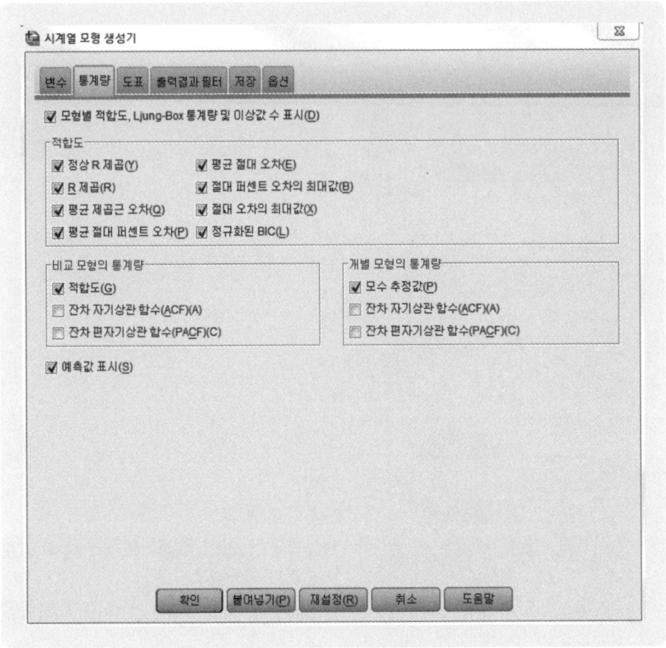

통계량

- 모형별 적합도 · Ljung-Box 통계량 및 이상값 수 표시 체크
- 적합도: 정상 R 제곱, R 제곱, 평균 절대 퍼센트 오차, 절대 퍼센트 오차의 절대값, 정규화된 BIC
- 비교 모형의 통계량: 적합도
- 개별 모형의 통계량: 모수 추정값 체크
- 예측값 표시

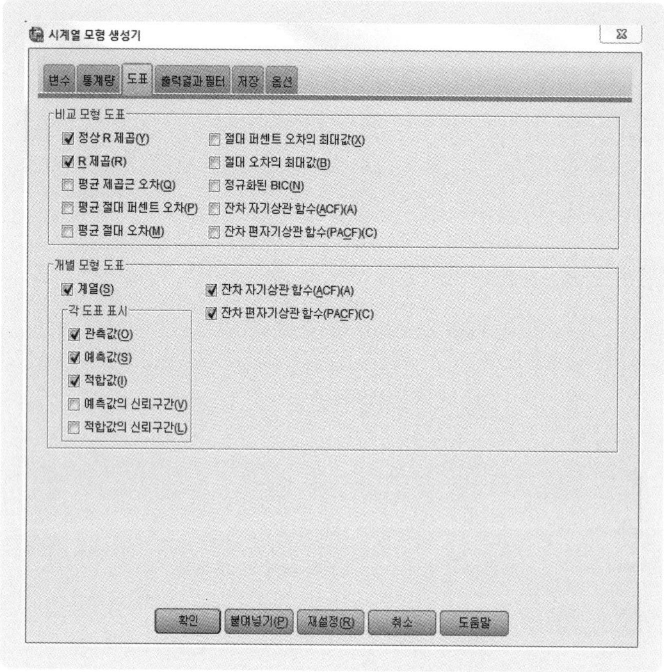

도표
- 비교 모형 도표: 정상 R 제곱, R 제곱
- 각 도표 표시: 계열, 잔차 자기상관 함수(ACF), 잔차 편자기상관 함수(PACF)
- 관측값, 예측값, 적합값

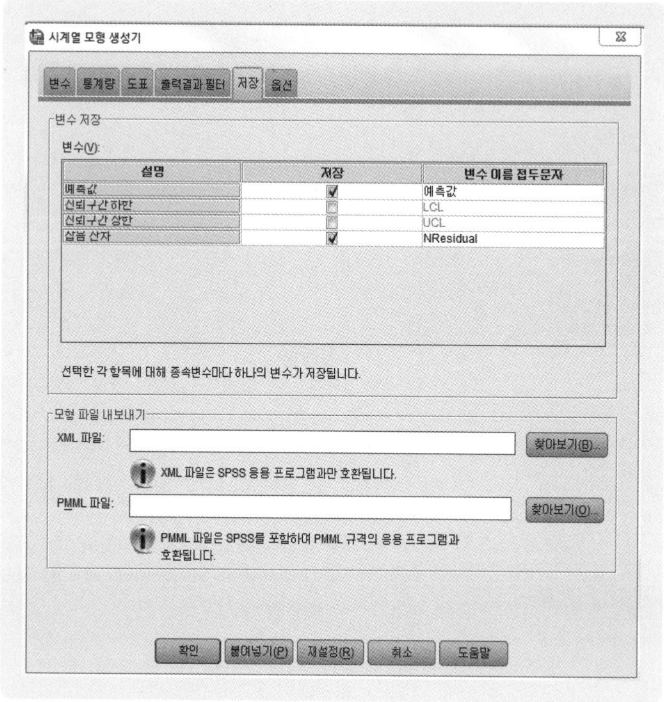

저장
- 예측값 체크
- 신뢰구간 상한 체크: 신뢰구간 상한을 알고자 할 경우
- 신뢰구간 하한 체크: 신뢰구간 하한을 알고자 할 경우
- 잡음 잔차

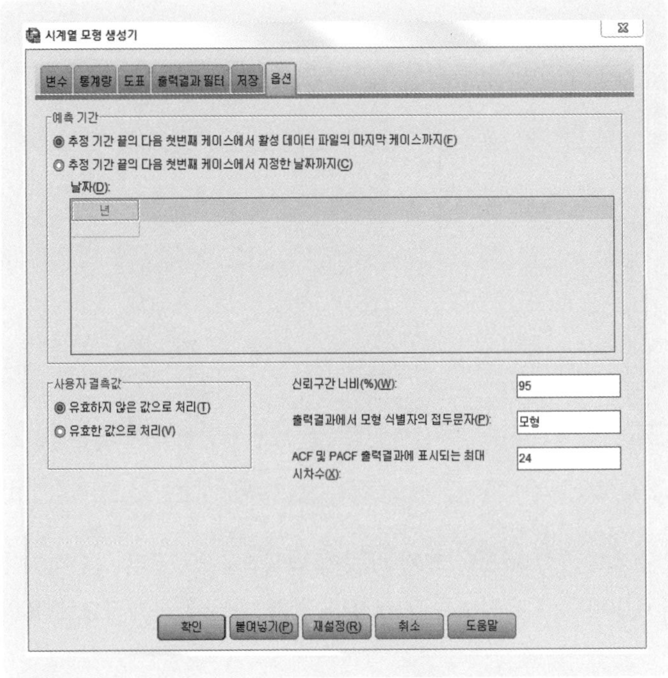

옵션
모형을 알고자 하는 단계이므로 옵션을 설정하지 않는다. 모형을 확인한 후, 추정기간 끝의 다음 첫번째 케이스에서 예측하고자 하는 기간을 입력한다.

확인 → 결과

경고

예측을 계산할 수 없기 때문에 예측표가 작성되지 않습니다.

모형 설명

			모형 유형
모형 ID	매출액	모형_1	Brown

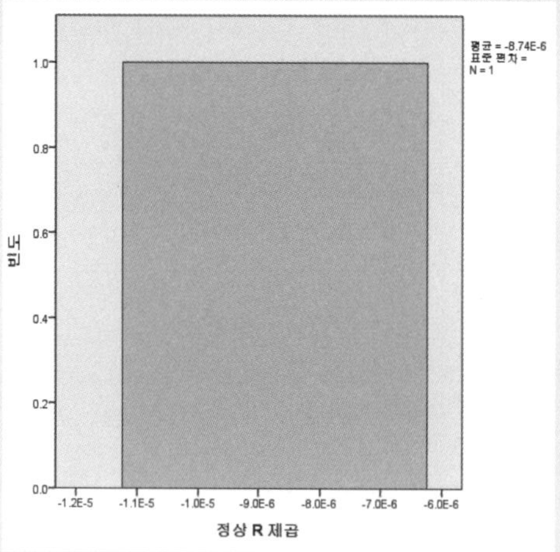

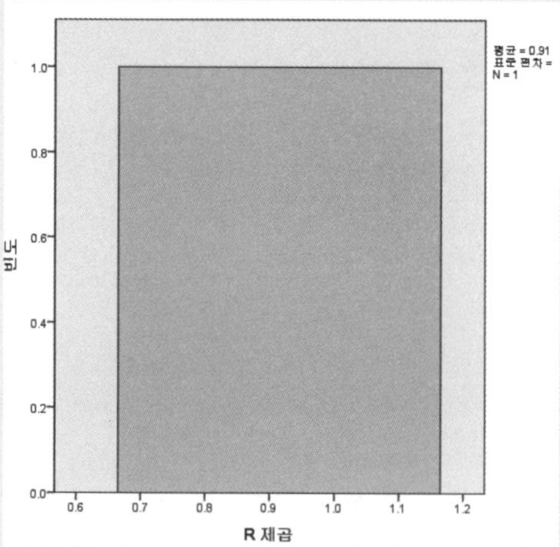

Ljung-Box의 유의확률이 0.709로 유의수준 0.05보다 크기 때문에 백색잡음으로부터 독립적이다.

지수평활모형 모수의 유의확률이 0.000으로 유의수준 0.05보다 작기 때문에 통계적으로 유의미하다.

모형적합

적합 통계량	평균	SE	최소값	최대값	백분위수 5	10	25	50	75	90	95
정상 R 제곱	-8.744E-006	.	-8.744E-006	-8.744E-006	-8.744E-006	-8.744E-006	-8.744E-006	-8.744E-006	-8.744E-006	-8.744E-006	-8.744E-006
R 제곱	.915	.	.915	.915	.915	.915	.915	.915	.915	.915	.915
RMSE	123.305	.	123.305	123.305	123.305	123.305	123.305	123.305	123.305	123.305	123.305
MAPE	6.758	.	6.758	6.758	6.758	6.758	6.758	6.758	6.758	6.758	6.758
MaxAPE	31.579	.	31.579	31.579	31.579	31.579	31.579	31.579	31.579	31.579	31.579
MAE	77.632	.	77.632	77.632	77.632	77.632	77.632	77.632	77.632	77.632	77.632
MaxAE	320.003	.	320.003	320.003	320.003	320.003	320.003	320.003	320.003	320.003	320.003
정규화된 BIC	9.784	.	9.784	9.784	9.784	9.784	9.784	9.784	9.784	9.784	9.784

모형 통계량

모형	예측변수 수	모형적합 통계량								Ljung-Box Q(18)			이상값 수
		정상 R 제곱	R 제곱	RMSE	MAPE	MAE	MaxAPE	MaxAE	정규화된 BIC	통계량	자유도	유의확률	
매출액-모형_1	0	-8.744E-006	.915	123.305	6.758	77.632	31.579	320.003	9.784	7.261	17	.980	0

지수평활 모형 모수

모형			추정값	SE	t	유의확률
매출액-모형_1	변환 안 함	알파(수준 및 추세)	1.000	.118	8.501	.000

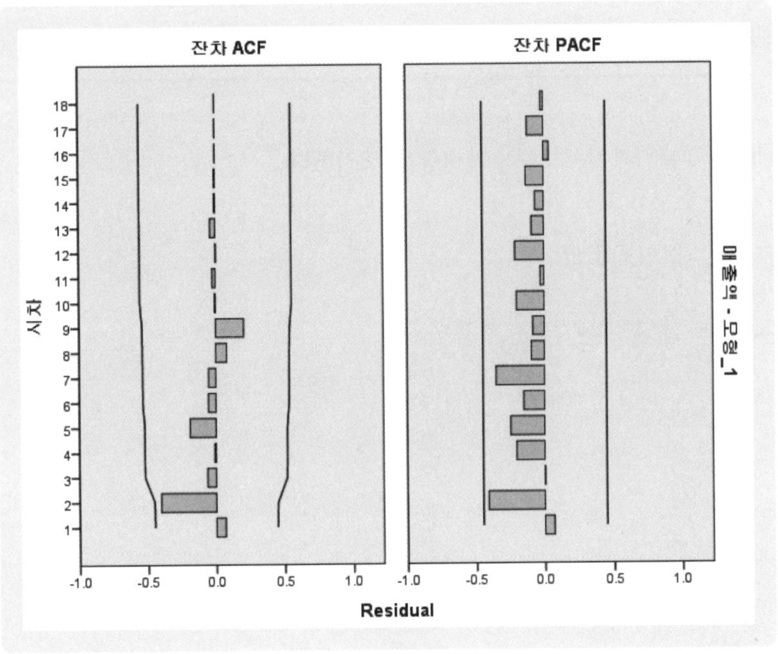

잔차 ACF, 잔차 PACF에서 Spike가 보이지 않아야 된다. 만약 잔차 ACF, 잔차 PACF에서 Spike가 있다면 모형을 재검토해야만 한다.

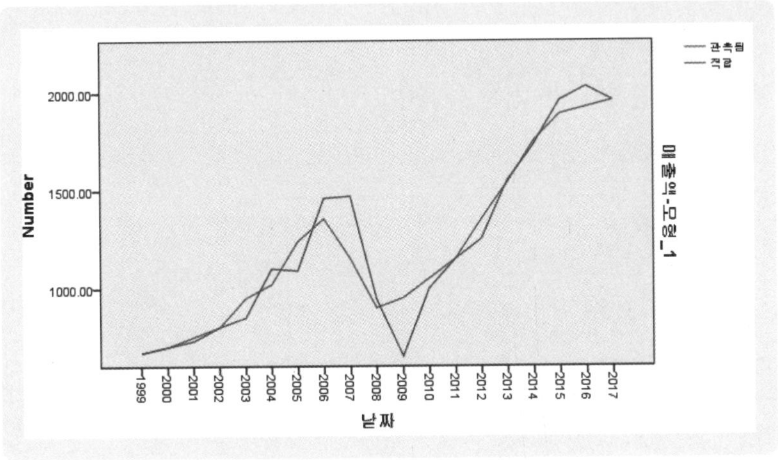

예측값, 잔차가 새로운 변수로 생성된다.

10.4 진폭감소추세

2011년 4분기부터 2018년 1분기까지 노트북 판매량을 조사했다.

파일 이름: 진폭감소추세(단위: 1000개)

	연도	분기	매출액
1	2011	4	256
2	2012	1	478
3	2012	2	692
4	2012	3	792
5	2012	4	692
6	2013	1	982
7	2013	2	1095
8	2013	3	1272
9	2013	4	1562
10	2014	1	1652

날짜 정의 → 분석 → 예측 → 순차도표

- 변수: 매출액
- 시간축 설명: Date
- 단일 변수 도표: 계열 평균에 참조선 → 계속 → 확인

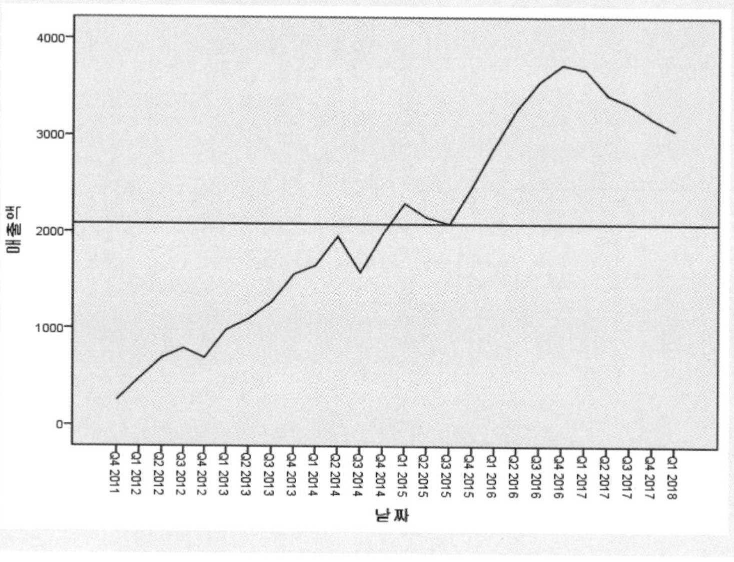

증가하다가 정점을 찍고 감소하는 추세를 보이고 있다.

자기상관
- 변수: 매출액
- 표시: 자기상관, 편자기상관

옵션
- 최대 시차수: 16
- 표준오차법: Bartlett 근사 → 확인

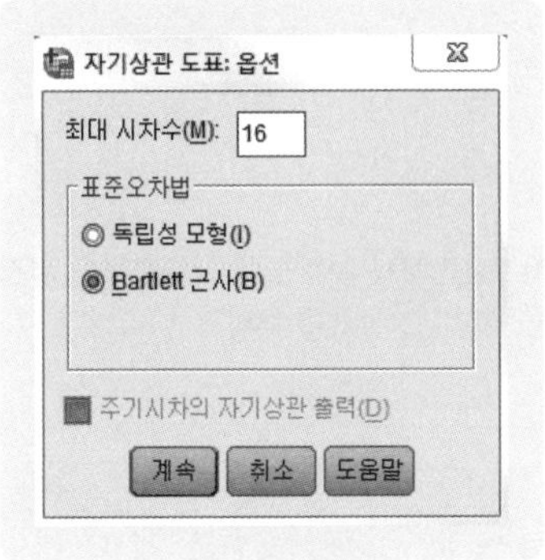

확인 → 결과

자기상관

계열: 매출액

시차	자기상관	표준오차[a]	Box-Ljung 통계량		
			값	자유도	유의확률[b]
1	.903	.196	23.771	1	.000
2	.799	.318	43.131	2	.000
3	.691	.388	58.251	3	.000
4	.574	.433	69.143	4	.000
5	.432	.461	75.604	5	.000
6	.302	.476	78.918	6	.000
7	.185	.483	80.228	7	.000
8	.077	.486	80.470	8	.000
9	-.008	.487	80.473	9	.000
10	-.076	.487	80.736	10	.000
11	-.122	.487	81.455	11	.000
12	-.208	.488	83.714	12	.000
13	-.279	.492	88.089	13	.000
14	-.323	.498	94.433	14	.000
15	-.366	.506	103.291	15	.000
16	-.428	.516	116.632	16	.000

a. 가정된 기본 공정은 시차 수에서 1을 뺀 것과 같은 차수인 MA입니다. Bartlett 근사가 사용되었습니다.

b. 점근 카이제곱 근사를 기준으로 합니다.

자기상관 Box-Ljung 통계량 유의확률이 0.000으로 유의수준 0.05보다 작다. Box-Ljung 유의확률이 0.05보다 작으면 백색잡음으로부터 독립적이지 않으므로 현재값의 크기가 미래 예측에 전혀 도움이 되지 못한다.

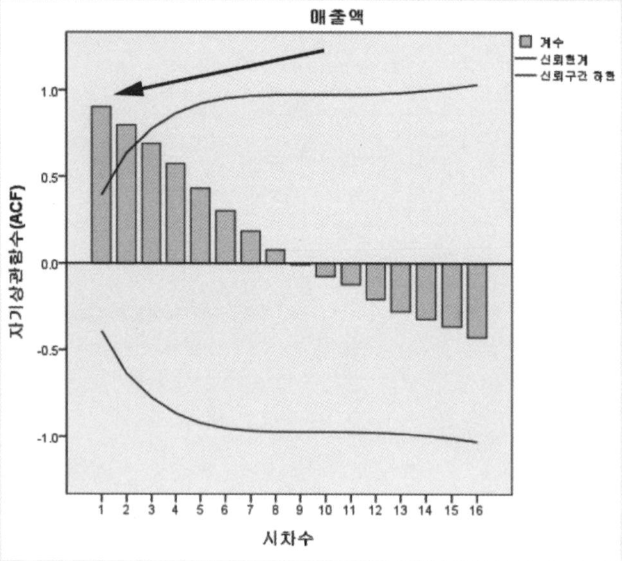

자기상관에서 시차 1과 시차 2에서 한계를 벗어난 Peak(Spike)가 나타났다.

편자기상관

계열: 매출액

시차	편자기상관	표준오차
1	.903	.196
2	-.095	.196
3	-.074	.196
4	-.116	.196
5	-.209	.196
6	-.025	.196
7	-.025	.196
8	-.039	.196
9	.040	.196
10	-.021	.196
11	.026	.196
12	-.334	.196
13	-.047	.196
14	.039	.196
15	-.086	.196
16	-.140	.196

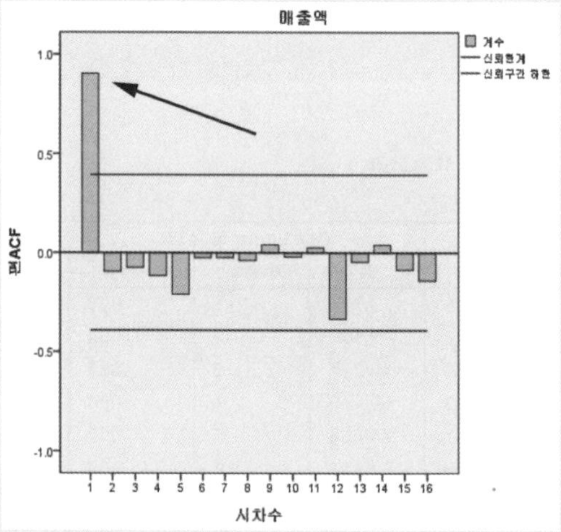

편자기상관에서도 시차 1에서만 Peak(Spike)가 나타났다. 따라서 차분 1이 필요하다.

SPSS 미래 예측 및 시계열 분석 초보자의 경우 아래 BOX 안의 설명을 건너뛴다.

차분 1을 선택해서 자기상관을 재실시한다. → 변환: 차분 1 선택 → 확인 → 결과

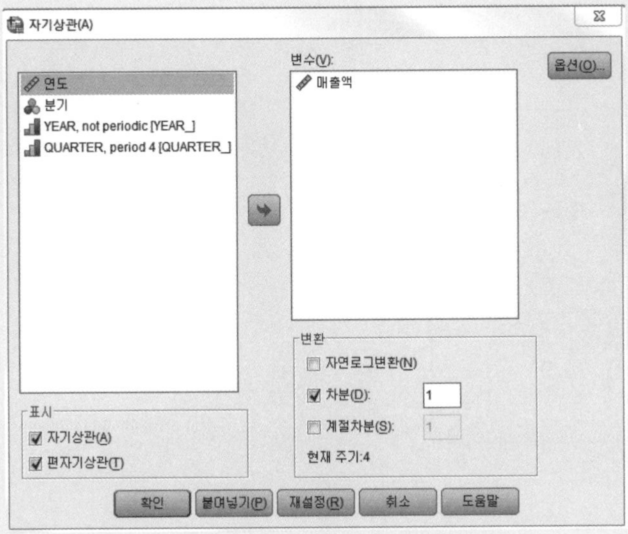

자기상관

계열: 매출액

시차	자기상관	표준오차[a]	Box-Ljung 통계량 값	자유도	유의확률[b]
1	.176	.200	.874	1	.350
2	.017	.206	.883	2	.643
3	.037	.206	.926	3	.819
4	-.061	.206	1.046	4	.903
5	-.206	.207	2.472	5	.781
6	-.304	.215	5.749	6	.452
7	.011	.232	5.754	7	.569
8	-.025	.232	5.778	8	.672
9	-.108	.232	6.274	9	.712
10	.089	.234	6.633	10	.760
11	.230	.235	9.183	11	.605
12	-.057	.244	9.352	12	.673
13	-.052	.245	9.504	13	.734
14	-.025	.245	9.542	14	.795
15	-.055	.245	9.746	15	.835
16	-.031	.246	9.817	16	.876

a. 가정된 기본 공정은 시차 수에서 1을 뺀 것과 같은 차수인 MA입니다. Bartlett 근사가 사용되었습니다.

b. 점근 카이제곱 근사를 기준으로 합니다.

Box-Ljung 통계량 유의확률이 유의수준 0.05보다 크다. 따라서 백색잡음으로부터 독립적이다.

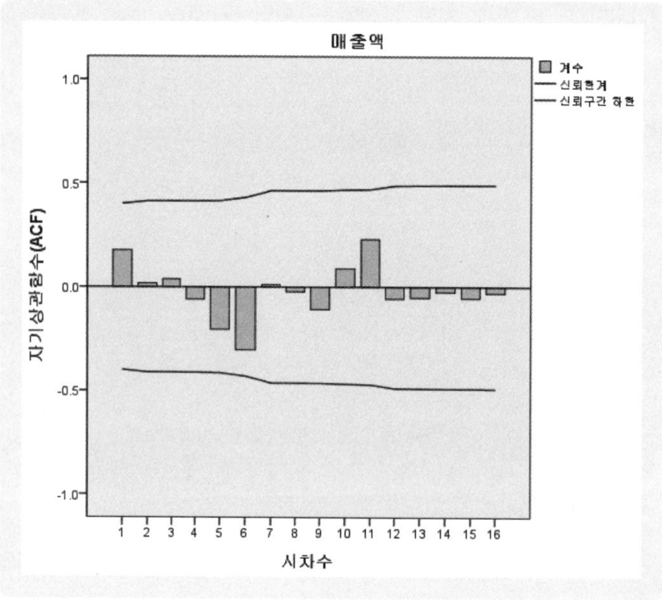

신뢰한계를 벗어난 Spike가 보이지 않는다. 따라서 차분 1이면 충분하다.
만약 차분 2를 하면 표준오차도 증가하고 자기상관함수도 -0.424로 -0.5에 가깝기 때문에 과대차분(Over-differencing)이 된다.

자기상관

계열: 매출액

시차	자기상관	표준오차[a]	Box-Ljung 통계량 값	Box-Ljung 통계량 자유도	Box-Ljung 통계량 유의확률[b]
1	-.424	.204	4.866	1	.027
2	-.102	.238	[illegible]162	2	.076
3	.065	.240	5.289	3	.152
4	.028	.240	5.314	4	.257
5	.007	.241	5.316	5	.379
6	-.249	.241	7.470	6	.280
7	.225	.251	9.323	7	.230
8	.048	.259	9.411	8	.309
9	-.193	.260	10.956	9	.279
10	.021	.266	10.976	10	.359
11	.212	.266	13.131	11	.285
12	-.126	.273	13.957	12	.303
13	.024	.275	13.990	13	.375
14	-.062	.275	14.234	14	.432
15	.017	.276	14.255	15	.506
16	-.013	.276	14.268	16	.579

a. 가정된 기본 공정은 시차 수에서 1을 뺀 것과 같은 차수인 MA입니다. Bartlett 근사가 사용되었습니다.

b. 점근 카이제곱 근사를 기준으로 합니다.

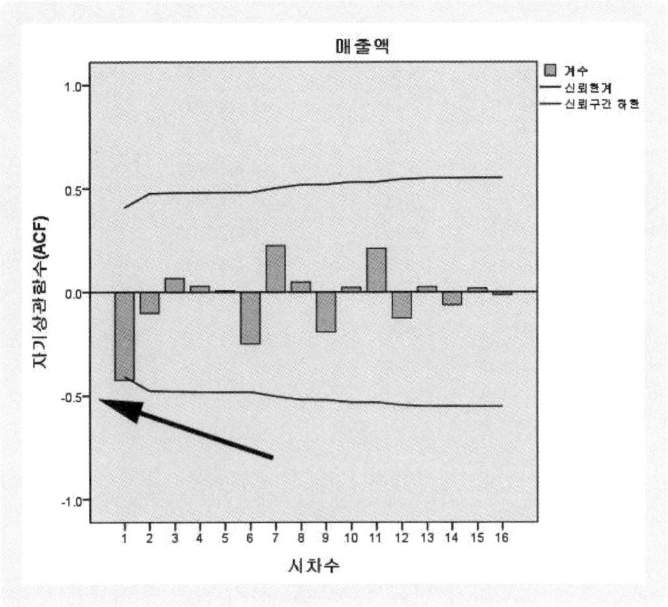

변환 → 시계열 변수 생성

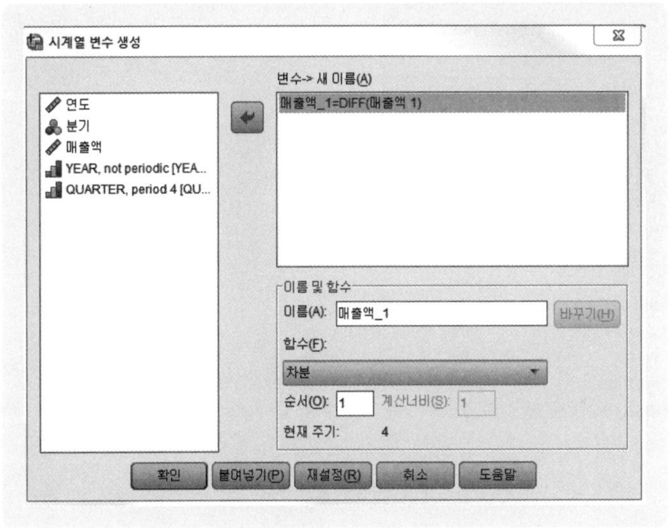

- 변수: 매출액
- 함수: 차분
- 순서: 1 → 확인 → 결과 → 차분 1이 된 매출액_1 변수가 추가로 생성된다.

	연도	분기	매출액	YEAR_	QUARTER_	DATE_	매출액_1
1	2011	4	256	2011	4	Q4 2011	.
2	2012	1	478	2012	1	Q1 2012	222
3	2012	2	692	2012	2	Q2 2012	214
4	2012	3	792	2012	3	Q3 2012	100
5	2012	4	692	2012	4	Q4 2012	-100
6	2013	1	982	2013	1	Q1 2013	290
7	2013	2	1095	2013	2	Q2 2013	113
8	2013	3	1272	2013	3	Q3 2013	177
9	2013	4	1562	2013	4	Q4 2013	290
10	2014	1	1652	2014	1	Q1 2014	90

분석 → 예측 → 모형 생성 → 자동 모형 생성기 → 종속변수: DIFF(매출액_1: 차분 1을 한 변수) → 기준: 지수평활모형만 선택 → 이상값 체크하지 않음 → 통계량 · 도표 · 저장 선택 → 확인 → 결과 → 모형: 단순

그러나 여기서는 진폭감소추세 모형을 설명하기 위해서 차분도 하지 않고 원자료를 변수로 선택해서 자동 모형 생성기를 돌린다. → 결과 → 진폭감소추세

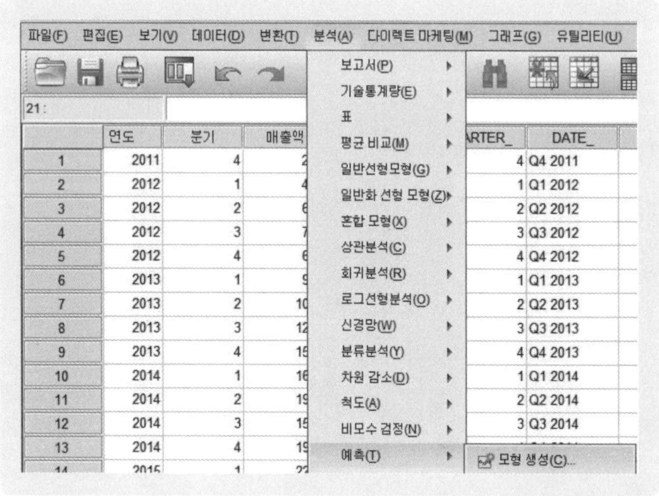

분석 → 예측 → 모형 생성

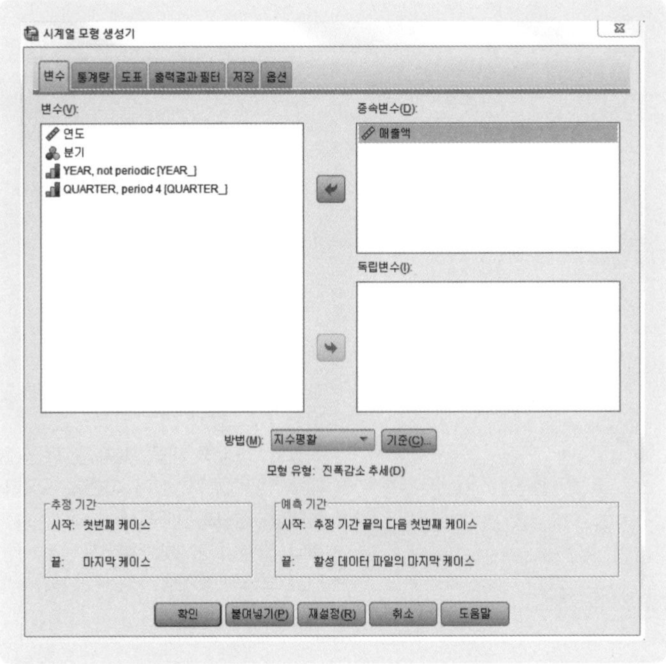

• 종속변수: 매출액

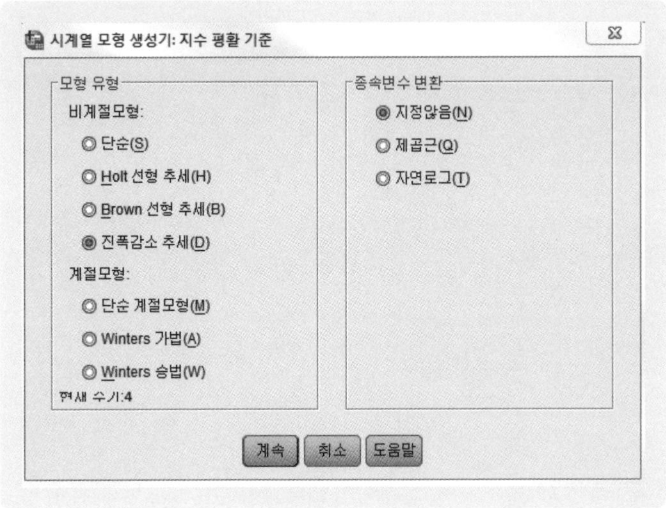

기준: 진폭감소 추세 → 계속 → 방법: 모형 유형이 진폭감소 추세로 변경

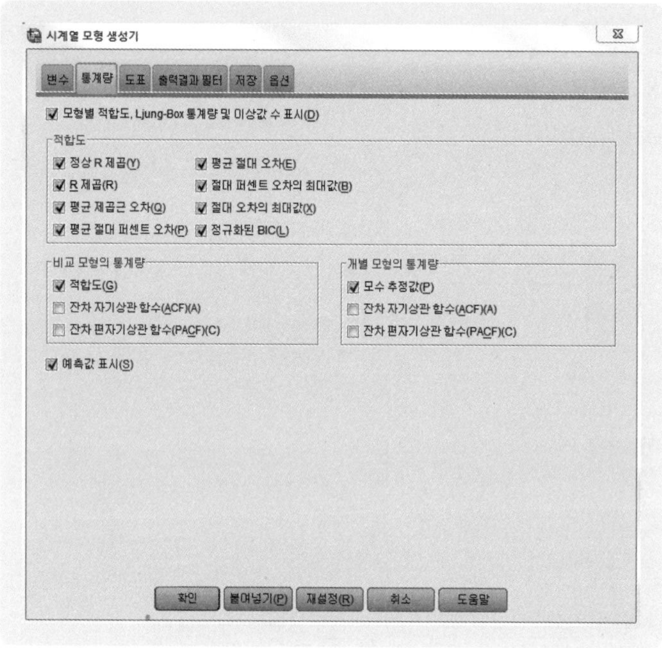

통계량
- 모형별 적합도 · Ljung-Box 통계량 및 이상값 수 표시 체크
- 적합도: 정상 R 제곱, R 제곱, 평균 절대 퍼센트 오차, 절대 퍼센트 오차의 절대값, 정규화된 BIC
- 비교 모형의 통계량: 적합도
- 개별 모형의 통계량: 모수 추정값 체크
- 예측값 표시

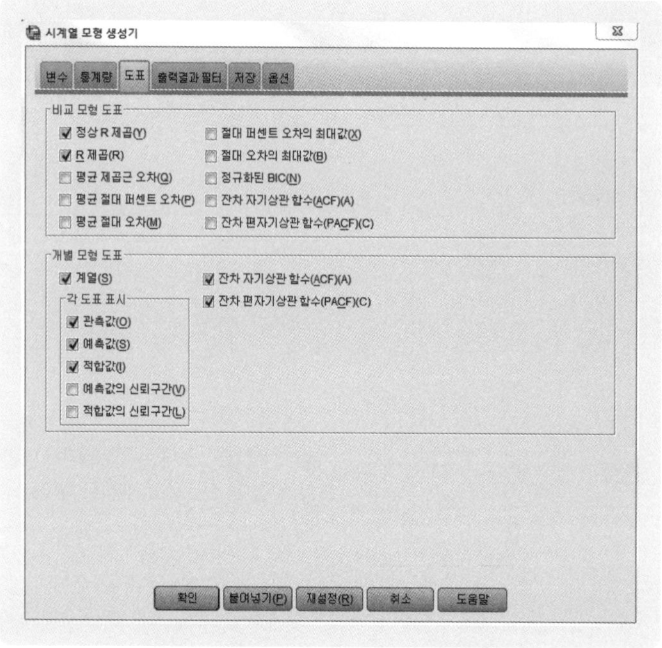

도표
- 비교 모형 도표: 정상 R 제곱, R 제곱
- 각 도표 표시: 계열, 잔차 자기상관 함수(ACF), 잔차 편자기상관 함수(PACF)
- 관측값, 예측값, 적합값

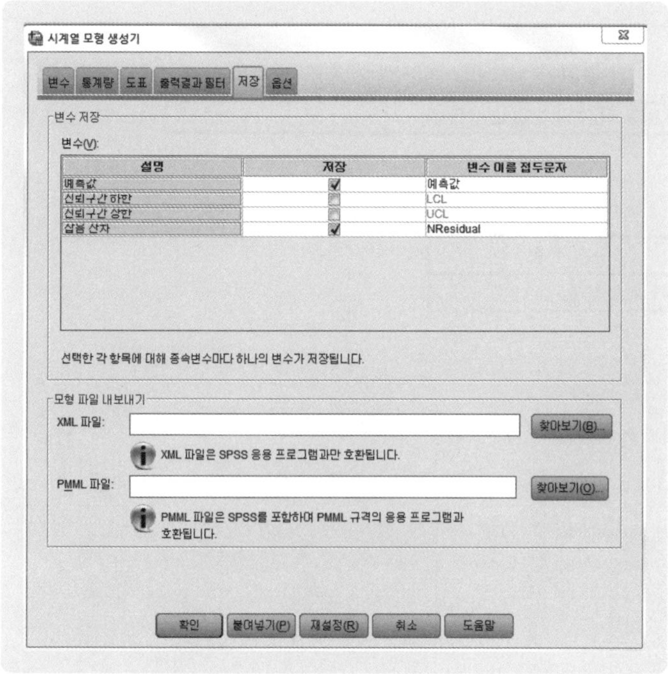

저장

- 예측값 체크
- 신뢰구간 상한 체크: 신뢰구간 상한을 알고자 할 경우
- 신뢰구간 하한 체크: 신뢰구간 하한을 알고자 할 경우
- 잡음 잔차

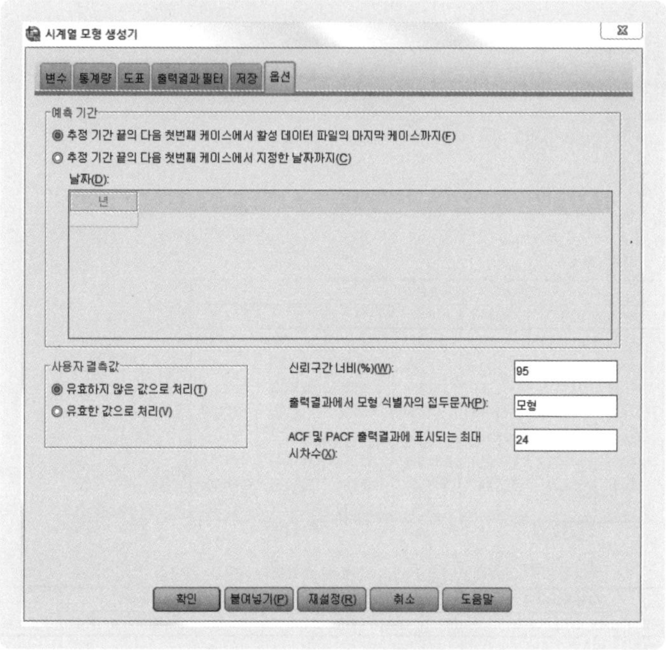

옵션

모형을 알고자 하는 단계이므로 옵션을 설정하지 않는다. 모형을 확인한 후, 추정 기간 끝의 다음 첫번째 케이스에서 예측하고자 하는 기간을 입력한다.

확인 → 결과

경고

예측을 계산할 수 없기 때문에 예측표가 작성되지 않습니다.

모형 설명

	모형 유형
모형 ID 매출액 모형_1	진폭감소추세

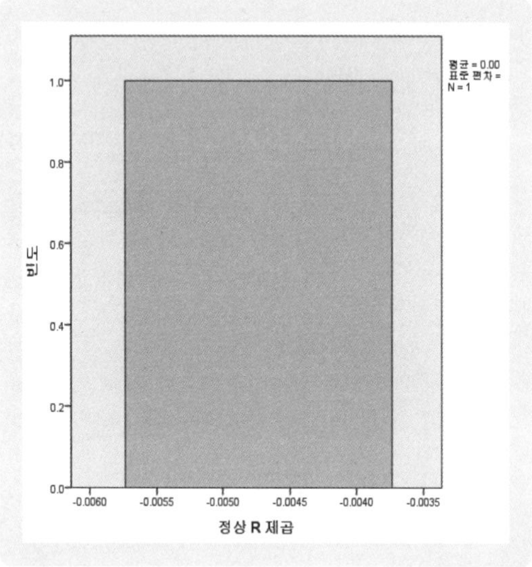

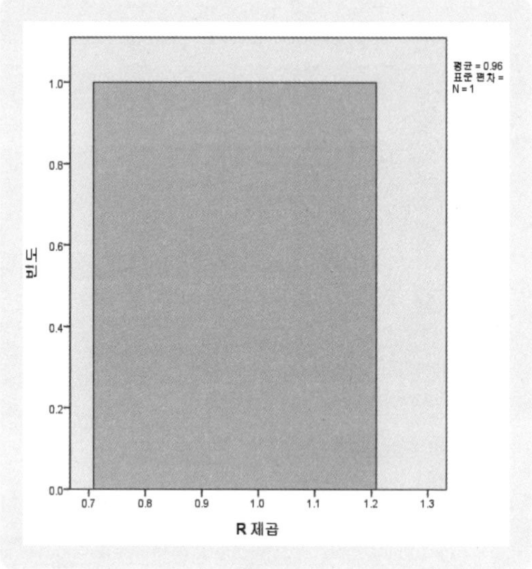

모형적합

적합 등계량	평균	SE	최소값	최대값	백분위수 5	10	25	50	75	90	95
정상 R 제곱	-.005	.	-.005	-.005	-.005	-.005	-.005	-.005	-.005	-.005	-.005
R 제곱	.959	.	.959	.959	.959	.959	.959	.959	.959	.959	.959
RMSE	233.036	.	233.036	233.036	233.036	233.036	233.036	233.036	233.036	233.036	233.036
MAPE	10.030	.	10.030	10.030	10.030	10.030	10.030	10.030	10.030	10.030	10.030
MaxAPE	33.639	.	33.639	33.639	33.639	33.639	33.639	33.639	33.639	33.639	33.639
MAE	184.314	.	184.314	184.314	184.314	184.314	184.314	184.314	184.314	184.314	184.314
MaxAE	505.661	.	505.661	505.661	505.661	505.661	505.661	505.661	505.661	505.661	505.661
정규화된 BIC	11.278	.	11.278	11.278	11.278	11.278	11.278	11.278	11.278	11.278	11.278

모형 등계량

모형	예측변수 수	모형적합 등계량 정상 R 제곱	R 제곱	RMSE	MAPE	MAE	MaxAPE	MaxAE	정규화된 BIC	Ljung-Box Q(18) 등계량	자유도	유의확률	이상값 수
매출액-모형_1	0	-.005	.959	233.036	10.030	184.314	33.639	505.661	11.278	10.138	15	.811	0

지수평활 모형 모수

모형			추정값	SE	t	유의확률
매출액-모형_1	변환 안 함	알파(수준)	1.000	.227	4.406	.000
		감마(추세)	2.965E-005	.154	.000	1.000
		파이(진폭감소추세 요인)	.999	.016	63.805	.000

Ljung-Box의 유의확률이 0.011로 유의수준 0.05보다 작기 때문에 백색잡음으로부터 독립적이지 않다. 백색잡음으로부터 독립적이지 못하기 때문에 과거값으로 미래값을 설명하지 못한다.

지수평활모형 모수의 유의확률이 유의수준 0.05보다 작은 것만이 통계적으로 유의미하다.

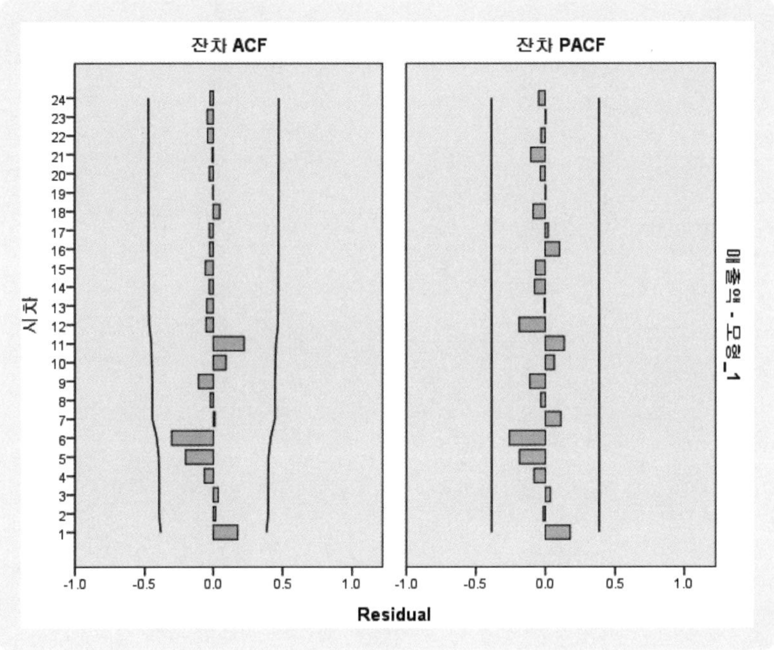

잔차 ACF, 잔차 PACF에서 Spike가 보이지 않아야 된다. 만약 잔차 ACF, 잔차 PACF에서 Spike가 있다면 모형을 재검토해야만 한다.

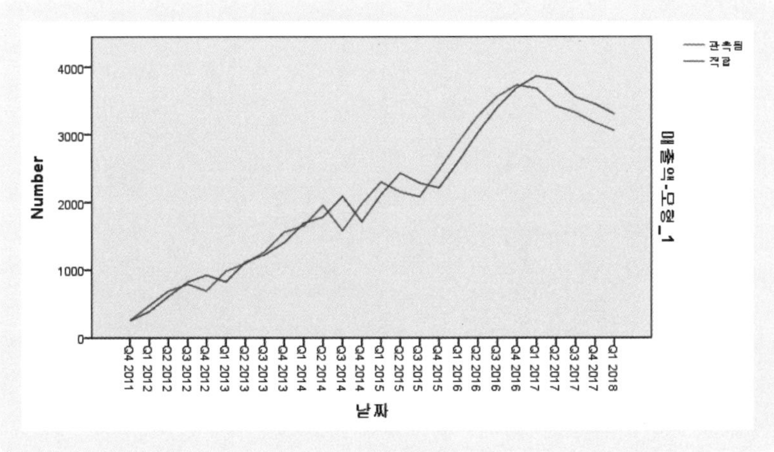

예측값, 잔차가 새로운 변수로 생성된다.

CHAPTER 11

계절분해

11 계절분해

11.1 가법

11.1.1 이동평균가중값 모든 시점이 동일

진폭이 점점 증가한다면 승법 분석이 적합하고, 진폭이 일정하다면 가법 분석이 적합하다. 계절분해의 목적은 숨어있는 Trend를 찾는 것이다.

2010년 3월부터 2017년 2월까지 한국을 찾은 의료관광객수를 월별로 조사했다.

파일 이름: 계절분해(단위: 명)

	Year	Month	의료관광객수
1	2010	3	9150
2	2010	4	5480
3	2010	5	3890
4	2010	6	3560
5	2010	7	2780
6	2010	8	3200
7	2010	9	3750
8	2010	10	4290
9	2010	11	6840
10	2010	12	7950

대이터 → 날짜 정의

주의 결측값이 있으면 케이스 선택 → 마우스 오른쪽 → 지우기 → 결측값이 있는 케이스를 지운다. 결측값이 있으면 계절분해를 할 때 결측값이 있다는 경고 메시지가 뜰 수 있다.

분석 → 예측 → 계절분해

파일(F) 편집(E) 보기(V) 데이터(D) 변환(T) 분석(A) 다이렉트 마케팅(M) 그래프(G) 유틸리티(U)
보고서(P)
기술통계량(E)
표
평균 비교(M)
일반선형모형(G)
일반화 선형 모형(Z)
혼합 모형(X)
상관분석(C)
회귀분석(R)
로그선형분석(O)
신경망(W)
분류분석(Y)
차원 감소(D)
척도(A)
비모수 검정(N)
예측(T)
생존확률(S)
다중응답(U)
모형 생성(C)...
모형 적용(A)...
계절분해(S)...
Year
Month
MONTH_
DATE_

계절분해

- 변수: 의료관광객수
- 모형 유형: 가법
- 이동평균가중값: 모든 시점이 동일 선택(동일한 가중치를 적용)
- 케이스별 목록 출력 체크: 계절분해를 통해서 원래값, 이동평균계열, 계절조정계열, 평활추세 순환계열을 파악할 수 있다.

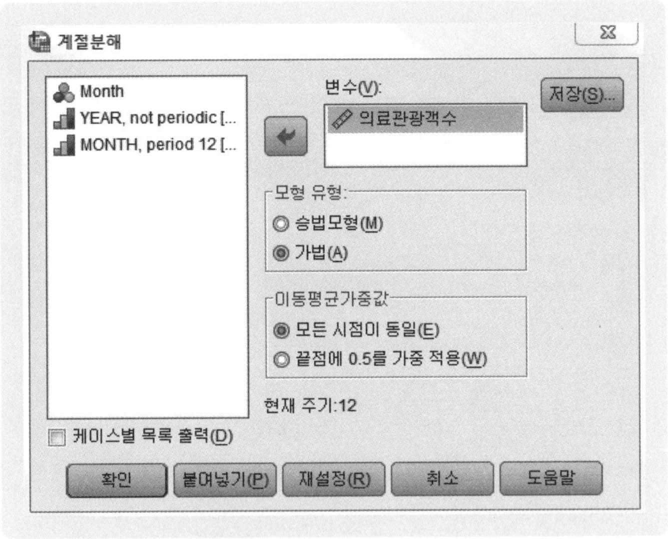

| 참고 | 끝점에 0.5를 가중 적용: 맨 끝 케이스에 0.5 가중치를 적용
케이스별 목록 출력 체크를 해제하면 계절요인 결과를 얻을 수 있다.

어떤 경우 승법모형을 선택하고 어떤 경우 가법을 선택할까?
순차도표를 보고 판단한다. 진폭이 시간의 흐름에 따라 증가하지 않으므로 가법을 선택한다.

구분	방법	특징	그래프
가법	• 변동요인의 합 • 여러 가지 가변요소를 더하기로 계산	진폭이 일정하다.	
승법모형	• 변동요인의 곱 • 여러 가지 가변요소들이 서로 관련을 갖고 있기 때문에 곱하기로 계산	진폭이 점점 증가한다.	

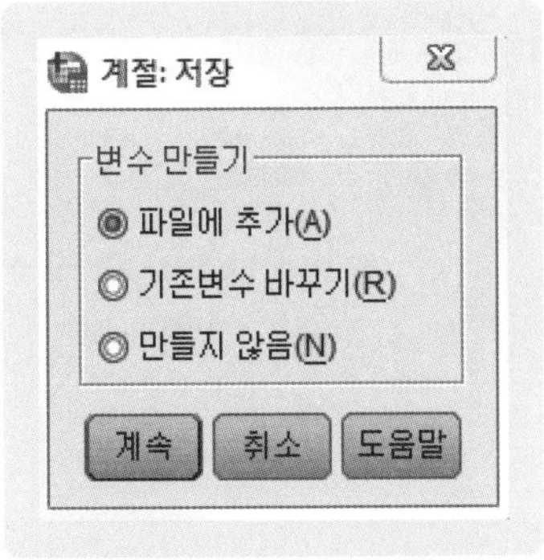

저장 → 파일에 추가 → 계속

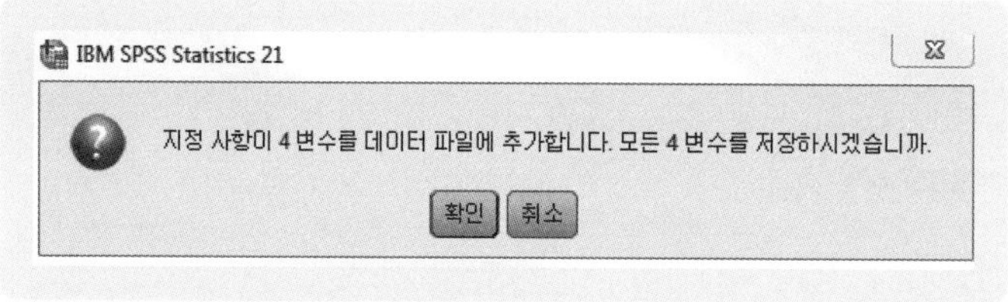
IBM SPSS Statistics 21
지정 사항이 4 변수를 데이터 파일에 추가합니다. 모든 4 변수를 저장하시겠습니까.
확인
취소

확인 → 지정 사항이 4변수를 데이터 파일에 추가합니다. 모든 4변수를 저장하시겠습니까? → 확인 → 결과

계절요인

계열 이름: 의료관광2

주기	계절요인
1	-503.912
2	-3948.079
3	-1283.579
4	-132.246
5	4668.643
6	-2033.093
7	-3579.728
8	6644.685
9	-3974.982
10	-1928.232
11	6141.935
12	-71.412

계절요인(SAF_1)에서 플러스 값은 계절 증가를 의미하고 마이너스 값은 계절 감소를 의미한다.

주기 8(10월)에 6644.685로 높아지고 주기 9(11월)에 −3974.982로 낮아짐을 알 수 있다.

주의 출력결과에서 계절주기 1은 1월이 아니다. 원래 계열(관측값)의 첫번째 케이스가 주기 1이 된다. 따라서 이 자료에서 주기 1은 3월이 된다.

ERR_1, SAS_1, SAF_1, STC_1 변수가 추가로 생성된다.

	Year	Month	의료관광객수	YEAR_	MONTH_	DATE_	ERR_1	SAS_1	SAF_1	STC_1
1	2010	3	9150	2010	3	MAR 2010	277.60802	9653.91237	-503.91237	9376.30434
2	2010	4	5480	2010	4	APR 2010	1342.88889	9428.07903	-3948.07903	8085.19015
3	2010	5	3890	2010	5	MAY 2010	-329.38272	5173.57903	-1283.57903	5502.96175
4	2010	6	3560	2010	6	JUN 2010	102.49228	3692.24570	-132.24570	3589.75342
5	2010	7	2780	2010	7	JUL 2010	-4631.76036	-1888.64319	4668.64319	2743.11717
6	2010	8	3200	2010	8	AUG 2010	2130.98082	5233.09292	-2033.09292	3102.11210
7	2010	9	3750	2010	9	SEP 2010	3255.02359	7329.72784	-3579.72784	4074.70425
8	2010	10	4290	2010	10	OCT 2010	-7280.98369	-2354.68485	6644.68485	4926.29883
9	2010	11	6840	2010	11	NOV 2010	4092.11155	10814.98181	-3974.98181	6722.87026
10	2010	12	7950	2010	12	DEC 2010	1740.50772	9878.23181	-1928.23181	8137.72410

구분	특징	예측 기간	
ERR_1 (Residual or Error value)	• 불규칙한 성분 • 불규칙적인 변화 파악 및 단기 예측		ERR_1 = 관측값 - (STC_1 + SAF_1
SAS_1 (Seasonally Adjusted Series)	• 계절조정계열		SAS_1 = 관측값 - SAF_1
SAF_1 (Seasonal Adjustment Factors)	• 계절요인 • 추세변동과 순환변동(계절의 불규칙 변동을 제거) • 중기 예측	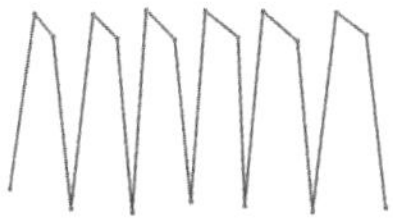	SAF_1 = 관측값 - SAS_1
STC_1 (Smoothed trend-cycle components)	• 평활추세순환계열 • 추세요인과 순환요인 • 장기적인 추세 파악		STC_1 = 예측값 - SAF_1
예측(Fitted)	• 추세순환(Smoothed Trend)과 계절변동을 고려한 예측		예측값 = STC_1 + SAF_1 또는 예측값 = 관측값 - ERR_1

추세: 시계열 자료가 장기적으로 어떤 경향을 나타내는가를 추세라고 한다. 즉, 시계열 자료가 경향이 있는지 감소하고 경향이 있는지를 알 수 있다.

계절변동: 1주일, 분기, 1년 등 1년 이내의 주기로 반복적으로 나타나는 변동을 의미한다.

예 전력소비량, 강우량, 온도 등

순환변동: 일정한 주기를 갖지 않더라도 침체기와 활황기가 반복적으로 나타나는 변동을 의미한다.

예 국민총생산, 주택수요 등

11.1.2 끝점에 0.5를 가중 적용

분석 → 예측 → 계절분해

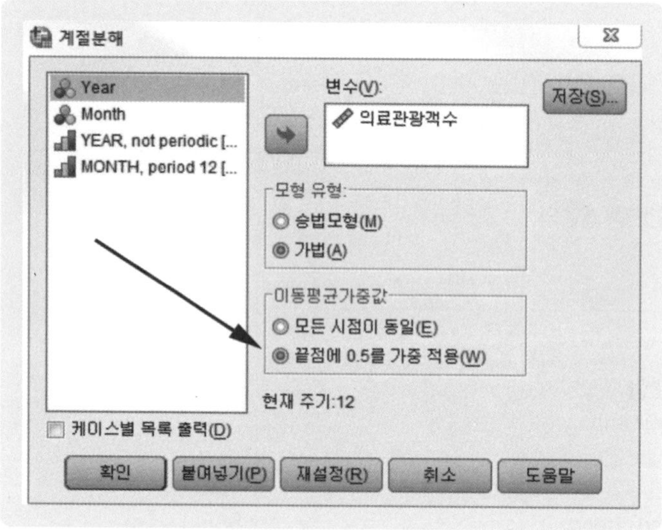

- 변수: 의료관광객수
- 모형 유형: 가법
- 이동평균가중값: 모든 시점이 동일 선택(동일한 가중치를 적용)
- 케이스별 목록 출력 체크: 계절분해를 통해서 원래값, 이동평균계열, 계절조정계열, 평활추세순환계열을 파악할 수 있다.

저장

• 파일에 추가 → 계속 → 확인 → 지정 사항이 4변수를 데이터 파일에 추가합니다. 모든 4변수를 저장하시겠습니까? → 확인 → 결과

모든 시점이 동일		끝점에 0.5를 가중 적용	
계절요인		계절요인	
계열 이름: 의료관광객		계열 이름: 의료관광객	
주기	계절요인	주기	계절요인
1	-503.912	1	-486.632
2	-3948.079	2	-3971.632
3	-1283.579	3	-1215.882
4	-132.246	4	-138.854
5	4668.643	5	4700.222
6	-2033.093	6	-1977.868
7	-3579.728	7	-3790.535
8	6644.685	8	6687.799
9	-3974.982	9	-3960.410
10	-1928.232	10	-1913.035
11	6141.935	11	6141.792
12	-71.412	12	-74.965

계절요인(SAF_1)에서 플러스 값은 계절 증가를 의미하고 마이너스 값은 계절 감소를 의미한다. 주기 8(10월)에 6687.799로 높아지고 주기 2(4월)에 −3971.632로 낮아짐을 알 수 있다.

주의 출력결과에서 계절주기 1은 1월이 아니다. 원래 계열(관측값)의 첫번째 케이스가 주기 1이 된다. 따라서 이 자료에서 주기 1은 3월이 된다.

ERR_1, SAS_1, SAF_1, STC_1 변수가 추가로 생성된다.

11.1.3 평활추세순환계열과 계절요인을 고려한 가법 계산

이동평균가중값 모든 시점이 동일에서의 결과에 이어서 설명한다.

평활추세순환(Smoothed Trend: STC_1)과 계절요인(계절변동: SAF_1)을 고려해서 가법을 실시한다.

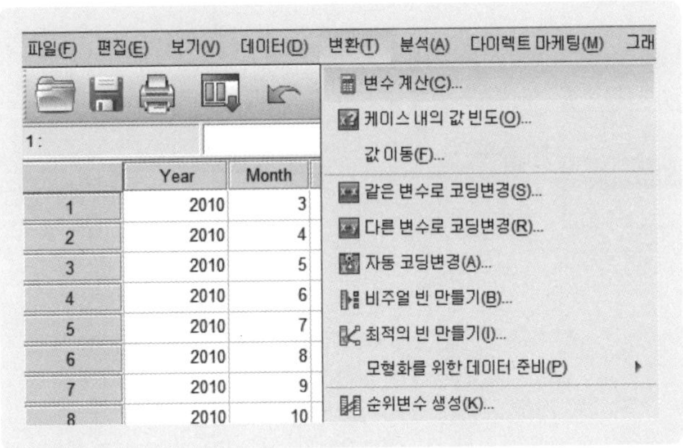

변환 → 변수 계산

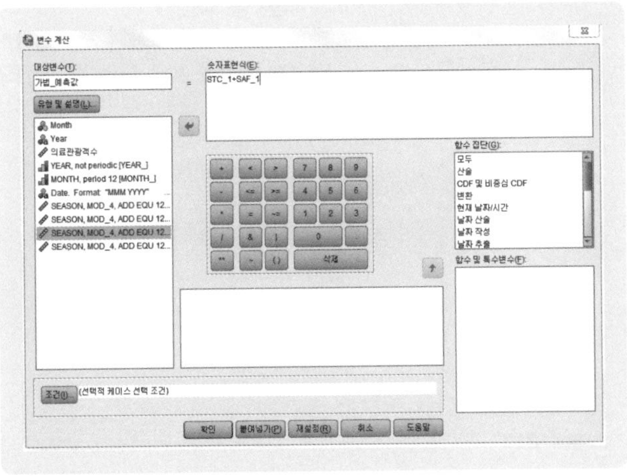

대상변수: 가법_예상값
숫자표현식: 추세순환 + 계절요인 = STC_1+SAF_1
가법_예측값(FITTED) = STC_1 + SAF_1

확인 → 결과

관측값 = 가법 예측값 - ERR_1(잔차)

모형 검증에서 MAE, MAPE(평균 절대 퍼센트 오차), MSE, RMSE를 비교해서 값이 적을수록 좋은 모형이다.

11.2 승법

가법에서 설명한 자료를 그대로 사용한다.

11.2.1 이동평균가중값 모든 시점이 동일

분석 → 예측 → 계절분해

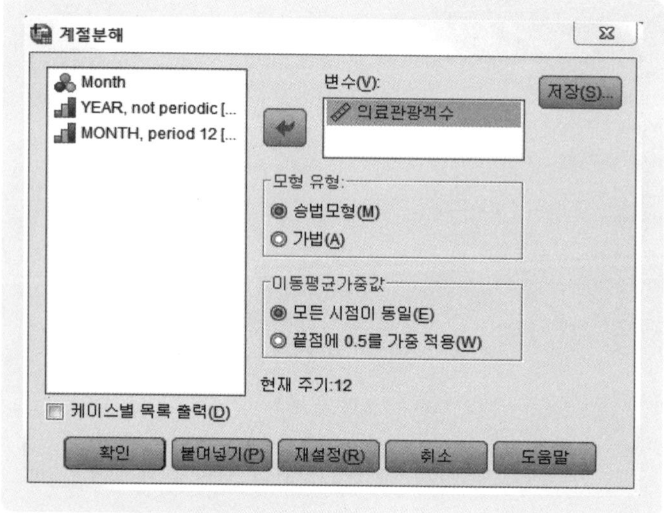

- 변수: 의료관광객수
- 모형 유형: 승법모형
- 이동평균가중값: 모든 시점이 동일

…참고
끝점에 0.5를 가중 적용(맨 끝 케이스에 0.5 가중치를 적용)

- 케이스별 목록 출력 체크 해제(케이스별 목록 출력을 체크 해제하면 계절요인만을 별도로 출력・확인할 수 있다.)

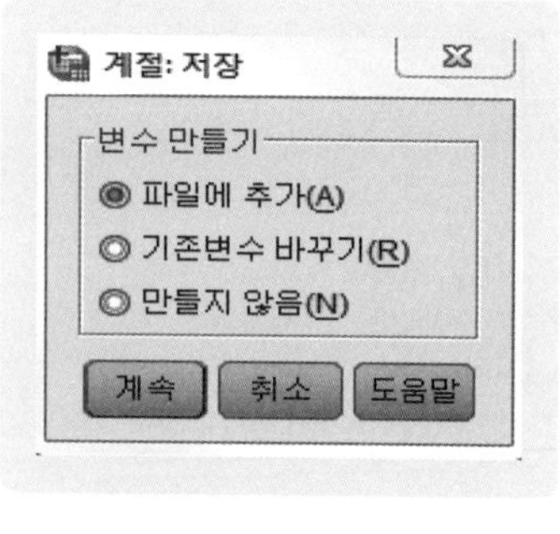

저장 → 파일에 추가

계속 → 확인

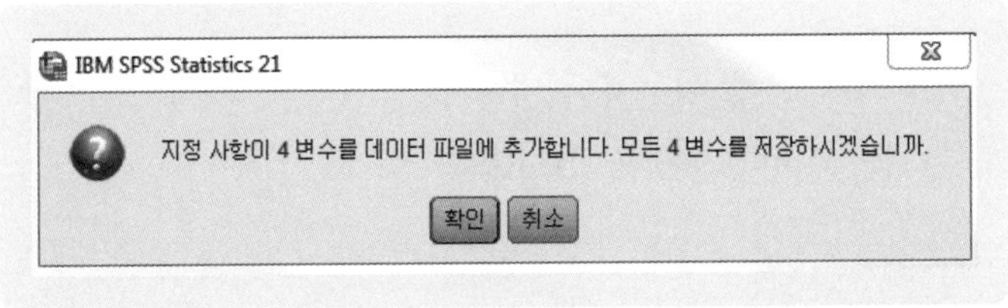
IBM SPSS Statistics 21
지정 사항이 4 변수를 데이터 파일에 추가합니다. 모든 4 변수를 저장하시겠습니까.
확인
취소

지정 사항이 4변수를 데이터 파일에 추가합니다. 모든 4변수를 저장하시겠습니까? → 확인

결과

계절요인(케이스별 목록 출력을 체크 해제한 경우)

계절요인

계열 이름:
의료관광객수

주기	계절요인(%)
1	99.1
2	54.3
3	88.5
4	95.1
5	123.1
6	79.5
7	60.5
8	168.4
9	55.9
10	82.0
11	181.0
12	112.5

승법이므로 단위가 %로 표시된다.

주의 출력결과에서 계절주기 1은 1월이 아니다. 원래 계열(관측값)의 첫번째 케이스가 주기 1이 된다. 따라서 이 자료에서 주기 1은 3월이 된다.

관측값(원래계열), 이동평균계열, 이동평균계열에 의한 원래 계열의 비율, 계절요인(%), 계절조정계열, 평활추세순환계열, 불규칙한(오차) 성분이 출력결과에 나타난다.

11.2.2 추세순환과 계절요인을 고려한 승법 계산

이동평균가중값 모든 시점이 동일에서의 결과에 이어서 설명한다. 추세순환(STC_1)과 계절요인(SAF_1)을 고려한 승법을 실시한다.

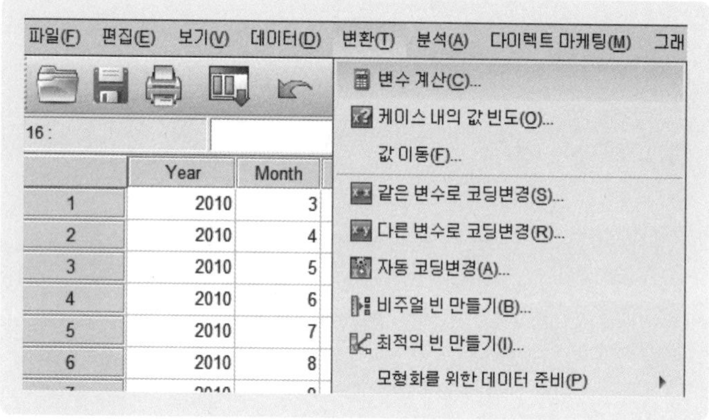

변환 → 변수 계산

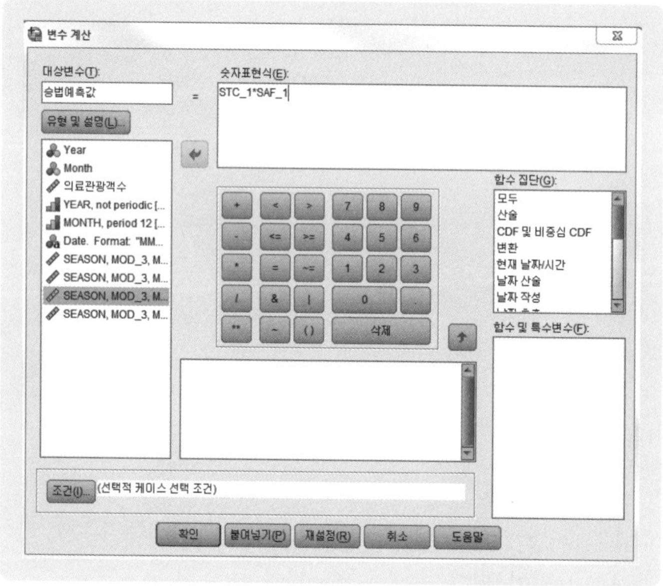

승법예측값(FITTED) = 추세 순환 × 계절요인 = STC_1 × SAF_1 = STC_1*SAF_1

주의 엑셀과 SPSS 연산 기호 비교

	엑셀	SPSS
더하기	+	+
빼기	-	-
곱하기	*	*
나누기	/	/
제곱	^2	**2

확인 → 결과

승법 ERR_1(잔차) = 관측값/예측값 = 의료관광객수/승법예측값

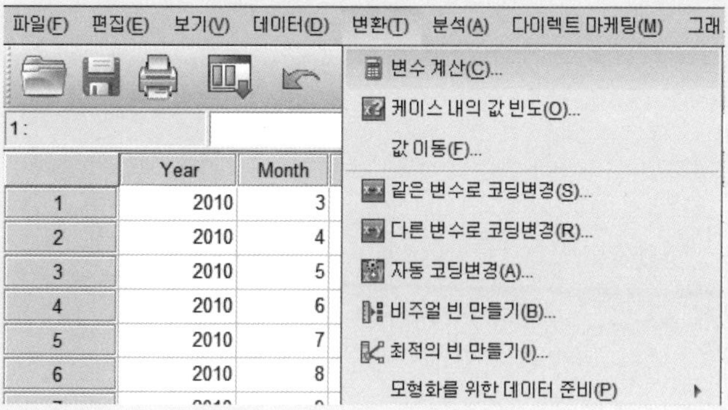

변환 → 변수 계산

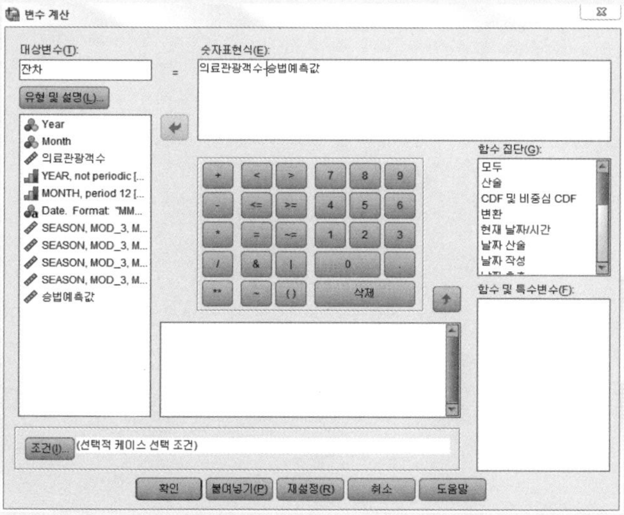

- 대상변수: 잔차
- 숫자표현식: 의료관광객수 - 승법예측값

확인 → 결과

잔차로 MAE(MAD), MAPE(평균 절대 퍼센트 오차), MSE, RMSE를 계산해서 최적의 모형을 찾는다.

CHAPTER 12

계절 모형

12 계절 모형

12.1 단순계절 모형

지수평활법은 시계열 자료가 추세, 순환, 변동, 계절적 변동이 크게 작용하지 않고 비교적 안정되어 있는 시계열 자료에 적합하다.

2010년 3월부터 2017년 5월까지 여행사순이익을 조사했다.

파일 이름: 단순계절 모형(단위: 억 원)

	Year	Month	여행사순이익
1	2010	3	37
2	2010	4	142
3	2010	5	68
4	2010	6	79
5	2010	7	101
6	2010	8	86
7	2010	9	92
8	2010	10	54
9	2010	11	38
10	2010	12	35
11	2011	1	31
12	2011	2	42
13	2011	3	40
14	2011	4	154
15	2011	5	58

구조변환: 구조변환 설명 자료를 참고 → 날짜 정의: 날짜 정의 설명 자료를 참고 → 순차도표

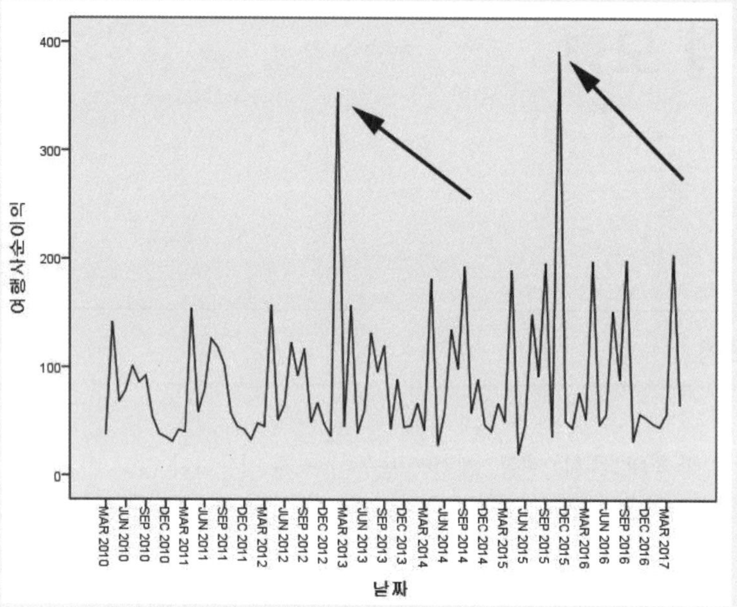

두 개의 이상값(2011년 2월과 2013년 11월)이 의심된다.

여기서는 이상값을 가까운 값의 평균으로 대체하거나 ARIMA 모형에서 이상값을 포함해서 모형을 탐색하거나 이상값을 더미변수로 만들어서 모형을 찾지 않고 원자료 그대로 진행한다.

자기상관

자기상관

계열: 여행사순이익

시차	자기상관	표준오차ᵃ	Box-Ljung 통계량 값	자유도	유의확률ᵇ
1	-.216	.105	4.207	1	.040
2	.136	.105	5.891	2	.053
3	-.065	.104	6.285	3	.099
4	-.143	.104	8.193	4	.085
5	.223	.103	12.896	5	.024
6	-.328	.102	23.207	6	.001
7	.231	.102	28.371	7	.000
8	-.130	.101	30.032	8	.000
9	-.036	.100	30.159	9	.000
10	.112	.100	31.422	10	.000
11	-.217	.099	36.200	11	.000
12	.382	.098	51.239	12	.000
13	-.201	.098	55.448	13	.000
14	.143	.097	57.607	14	.000
15	-.111	.096	58.921	15	.000
16	-.135	.096	60.902	16	.000

a. 가정된 기본 공정은 독립적입니다(백색잡음).

b. 점근 카이제곱 근사를 기준으로 합니다.

자기상관 Box-Ljung 통계량 유의확률이 0.000으로 유의수준 0.05보다 작다.

Box-Ljung 통계량 유의확률이 유의수준 0.05보다 작아서 백색잡음으로부터 독립적이지 못하다. 백색잡음으로부터 독립적이지 못하면 과거값으로 미래값을 설명하지 못한다.

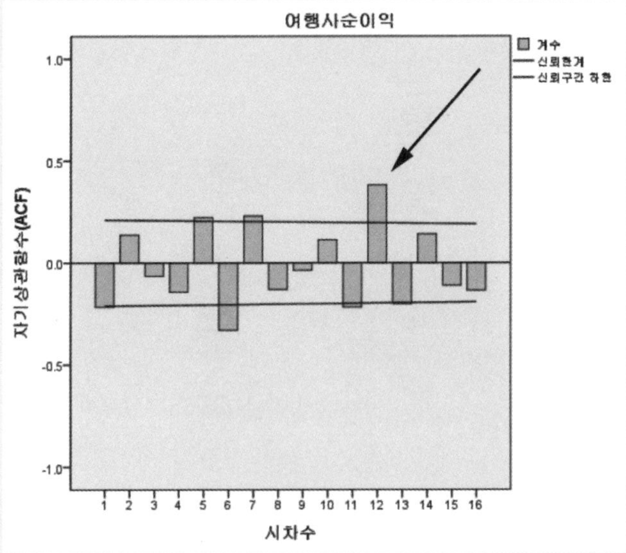

자기상관함수(ACF)에서 신뢰한계를 벗어난 Spike가 발견되었다. 시차 5, 시차 7에서 신뢰한계를 약간 벗어났으며 시차 12(12주기)에서 현저한 Peak(Spike)가 보인다.

차분과 계절차분이 동시에 필요한 경우 계절차분만을 한다. 계절차분 1을 한다.

편자기상관

계열: 여행사순이익

시차	편자기상관	표준오차
1	-.216	.107
2	.094	.107
3	-.020	.107
4	-.182	.107
5	.186	.107
6	-.250	.107
7	.097	.107
8	-.026	.107
9	-.094	.107
10	.046	.107
11	-.087	.107
12	.232	.107
13	-.030	.107
14	.039	.107
15	-.113	.107
16	-.060	.107

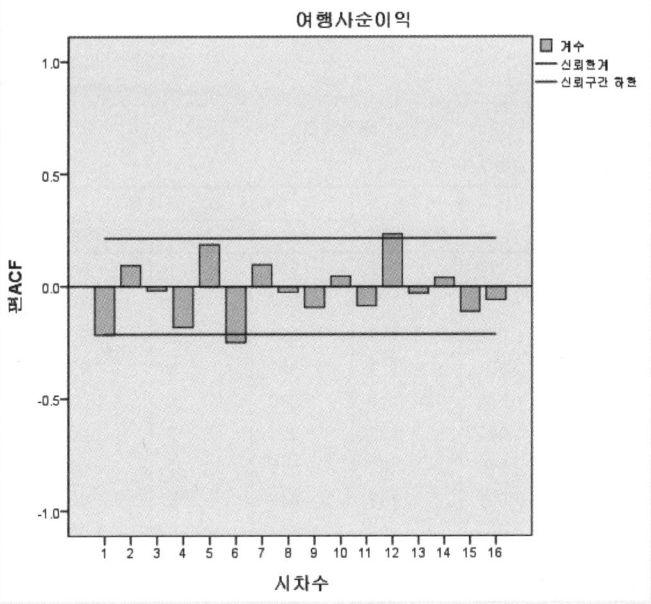

분석 → 예측 → 자기상관

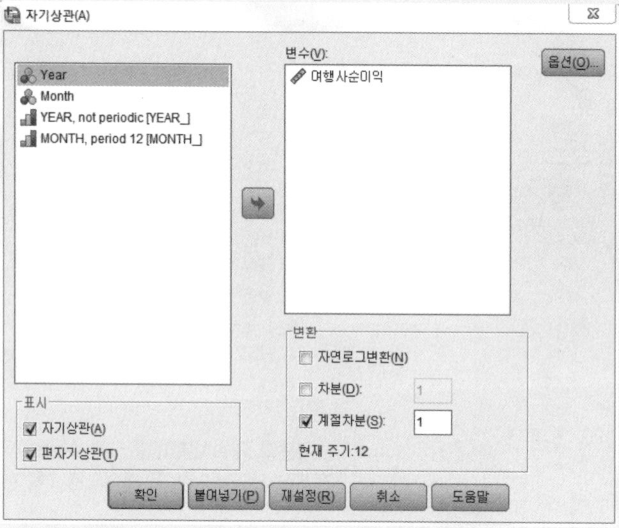

- 변수: 여행사순이익
- 표시: 자기상관, 편자기상관
- 변환: 계절차분 1 선택

확인 → 결과

자기상관

계열: 여행사순이익

시차	자기상관	표준오차[a]	Box-Ljung 통계량		
			값	자유도	유의확률[b]
1	-.014	.113	.015	1	.902
2	-.012	.112	.027	2	.987
3	.028	.112	.091	3	.993
4	-.001	.111	.091	4	.999
5	.003	.110	.092	5	1.000
6	-.049	.109	.293	6	1.000
7	-.058	.109	.575	7	.999
8	-.021	.108	.613	8	1.000
9	.002	.107	.614	9	1.000
10	-.003	.106	.615	10	1.000
11	.004	.105	.616	11	1.000
12	-.478	.104	21.601	12	.042
13	.015	.104	21.623	13	.061
14	.071	.103	22.103	14	.077
15	-.032	.102	22.203	15	.103
16	.006	.101	22.206	16	.137

a. 가정된 기본 공정은 독립적입니다(백색잡음).

b. 점근 카이제곱 근사를 기준으로 합니다.

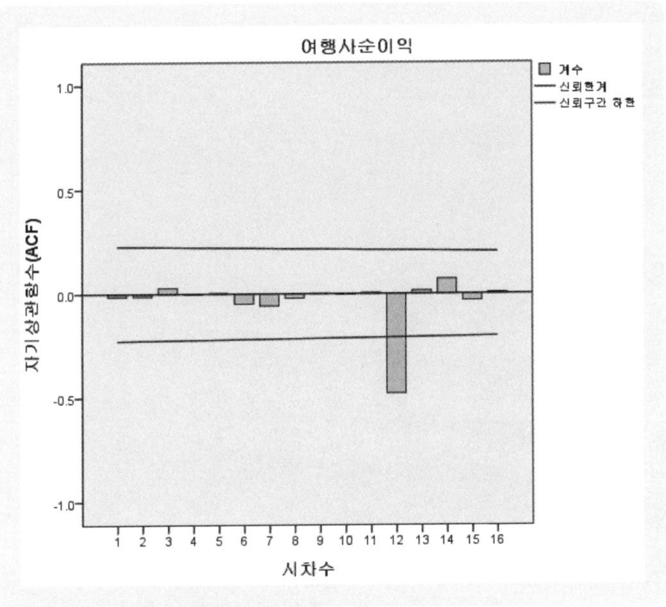

시차 12(12주기)에서 자기상관함수가 -0.5에 가깝다. 따라서 계절차분으로 충분하다. 더 이상 차분하면 과대 차분(Over-differening)이 된다.

여기서는 계절차분을 하지 않고 원자료 그대로 지수평활 중에서 모형을 탐색한다.

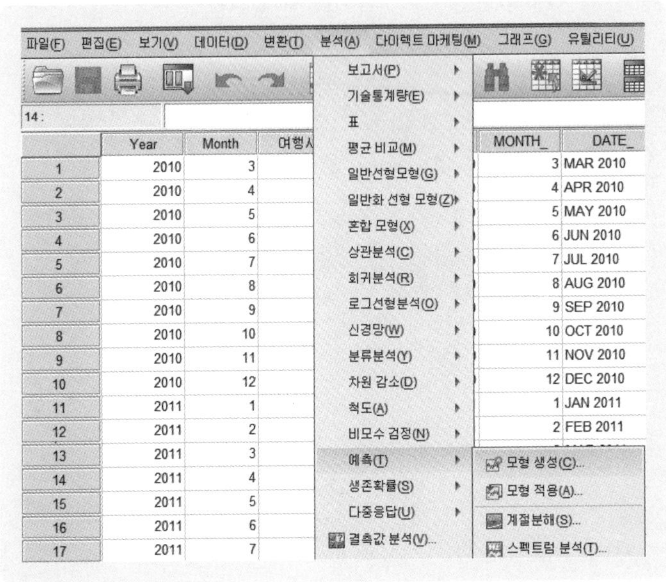

분석 → 예측 → 모형 생성

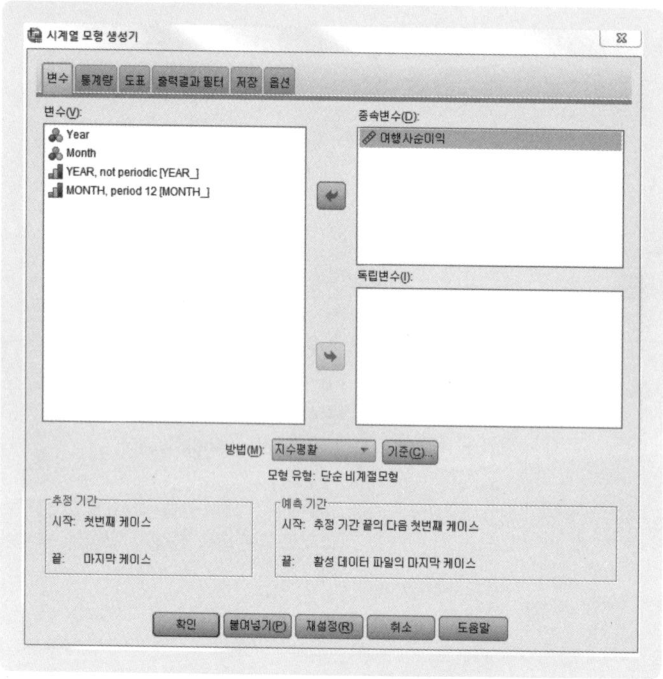

변수
- 종속변수: 여행사순이익
- 방법: 지수평활(기준을 선택해서 변경)

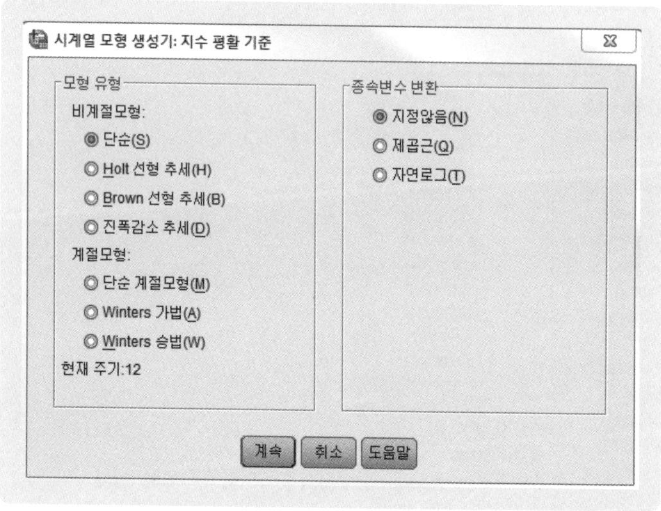

- 모형 유형: 비계절모형 - 단순
- 종속변수 변환: 지정않음

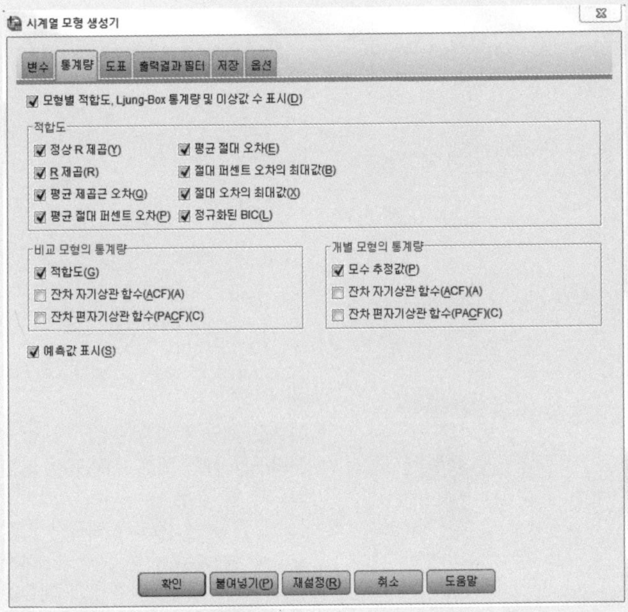

계속 → 통계량
- 모형별 적합도 · Ljung-Box 통계량 및 이상값 수 표시 체크
- 적합도: 정상 R 제곱, R 제곱, 평균 절대 퍼센트 오차, 절대 퍼센트 오차의 절대값, 정규화된 BIC
- 비교 모형의 통계량: 적합도
- 개별 모형의 통계량: 모수 추정값 체크
- 예측값 표시

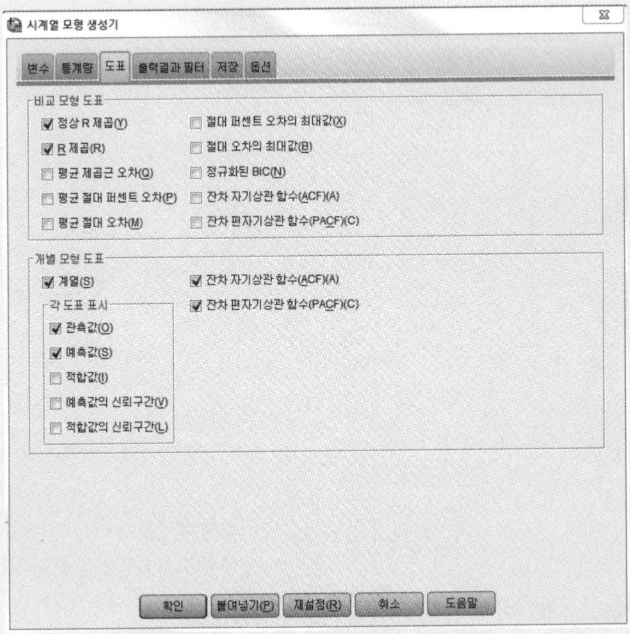

도표
- 비교 모형 도표: 정상 R 제곱, R 제곱
- 각 도표 표시: 계열, 잔차 자기상관 함수(ACF), 잔차 편자기상관 함수(PACF)
- 관측값, 예측값

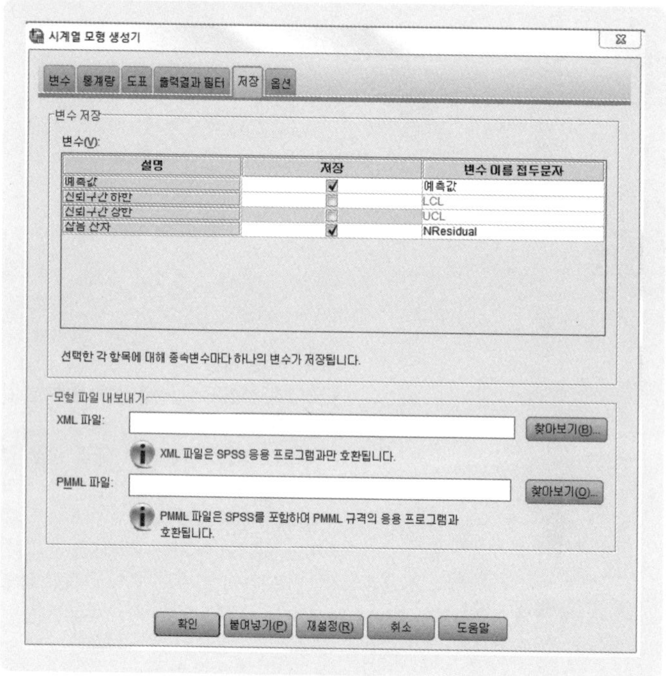

시계열 모형 생성기   ☒

변수 | 통계량 | 도표 | 출력결과 필터 | 저장 | 옵션

변수 저장

변수(V):

설명	저장	변수 이름 접두문자
예측값	✔	예측값
신뢰구간 하한	☐	LCL
신뢰구간 상한	☐	UCL
잡음 산차	✔	NResidual

선택한 각 항목에 대해 종속변수마다 하나의 변수가 저장됩니다.

모형 파일 내보내기

XML 파일: [　　　　　　　　] 찾아보기(B)...

ⓘ XML 파일은 SPSS 응용 프로그램과만 호환됩니다.

PMML 파일: [　　　　　　　　] 찾아보기(O)...

ⓘ PMML 파일은 SPSS를 포함하여 PMML 규격의 응용 프로그램과 호환됩니다.

확인 | 붙여넣기(P) | 재설정(R) | 취소 | 도움말

저장
- 예측값 체크
- 신뢰구간 상한 체크: 신뢰구간 상한을 알고자 할 경우
- 신뢰구간 하한 체크: 신뢰구간 하한을 알고자 할 경우
- 잡음 잔차: 실제값(관측값)과 예측값의 차이를 계산

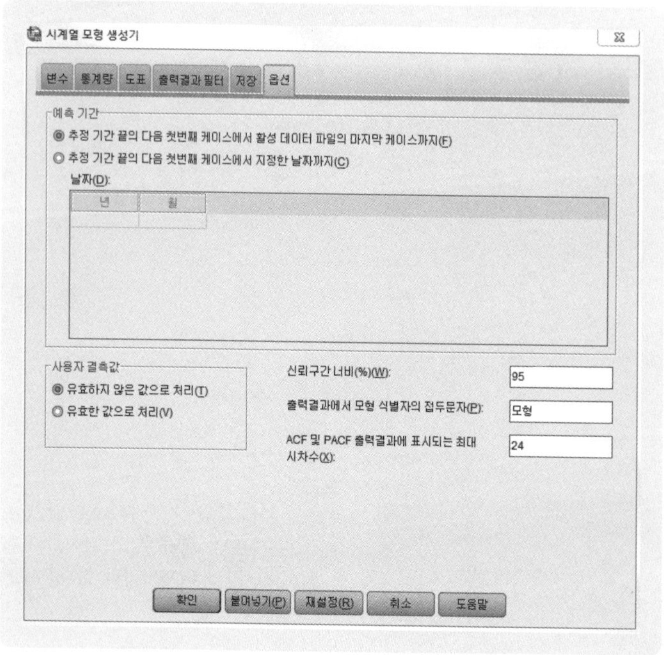

시계열 모형 생성기   ☒

변수 | 통계량 | 도표 | 출력결과 필터 | 저장 | 옵션

예측 기간

⦿ 추정 기간 끝의 다음 첫번째 케이스에서 활성 데이터 파일의 마지막 케이스까지(F)

○ 추정 기간 끝의 다음 첫번째 케이스에서 지정한 날짜까지(C)

날짜(D):

년	월

사용자 결측값

⦿ 유효하지 않은 값으로 처리(T)

○ 유효한 값으로 처리(V)

신뢰구간 너비(%)(W): [95]

출력결과에서 모형 식별자의 접두문자(P): [모형]

ACF 및 PACF 출력결과에 표시되는 최대 시차수(X): [24]

확인 | 붙여넣기(P) | 재설정(R) | 취소 | 도움말

옵션
예측기간: 추정기간 끝의 다음 첫번째 케이스에서 예측하고자 하는 기간을 입력한다.
예) 2018년 3월

확인 → 결과

경고문이 뜨지 않도록 하려면 통계량에서 예측값 표시를 체크하지 않거나 미래 예측기간을 설정하면 된다.

경고

예측을 계산할 수 없기 때문에 예측표가 작성되지 않습니다.

모형 설명

			모형 유형
모형 ID	여행사순이익	모형_1	단순

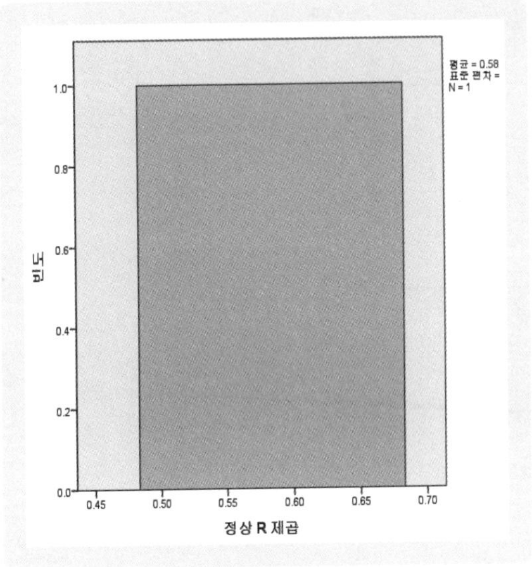

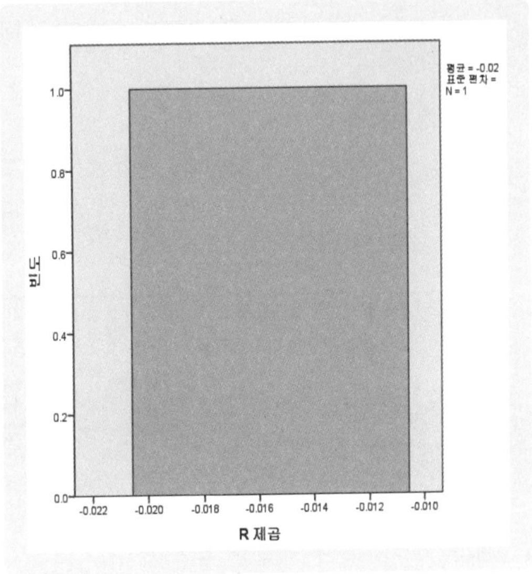

모형적합

적합 통계량	평균	SE	최소값	최대값	백분위수 5	10	25	50	75	90	95
정상 R 제곱	.583	.	.583	.583	.583	.583	.583	.583	.583	.583	.583
R 제곱	-.016	.	-.016	-.016	-.016	-.016	-.016	-.016	-.016	-.016	-.016
RMSE	65.808	.	65.808	65.808	65.808	65.808	65.808	65.808	65.808	65.808	65.808
MAPE	62.104	.	62.104	62.104	62.104	62.104	62.104	62.104	62.104	62.104	62.104
MaxAPE	312.511	.	312.511	312.511	312.511	312.511	312.511	312.511	312.511	312.511	312.511
MAE	45.877	.	45.877	45.877	45.877	45.877	45.877	45.877	45.877	45.877	45.877
MaxAE	308.756	.	308.756	308.756	308.756	308.756	308.756	308.756	308.756	308.756	308.756
정규화된 BIC	8.425	.	8.425	8.425	8.425	8.425	8.425	8.425	8.425	8.425	8.425

모형 통계량

모형	예측변수 수	모형적합 통계량 정상 R 제곱	R 제곱	RMSE	MAPE	MAE	MaxAPE	MaxAE	정규화된 BIC	Ljung-Box Q(18) 통계량	자유도	유의확률	이상값 수
여행사순이익-모형_1	0	.583	-.016	65.808	62.104	45.877	312.511	308.756	8.425	74.912	17	.000	0

지수평활 모형 모수

모형			추정값	SE	t	유의확률
여행사순이익-모형_1	변환 안 함	알파(수준)	.016	.023	.676	.501

Ljung-Box의 유의확률이 0.000으로 유의수준 0.05보다 크기 때문에 백색잡음으로부터 독립적이지 못하다. 즉, 과거값이 미래를 예측하는 데 도움이 되지 못한다.

지수평활모형 모수가 0.501로 유의확률이 0.05보다 크므로 통계적으로 유의미하지 못하다.

모수

알파: 0.015851(더블클릭하면 소수점 4자리 이하도 확인이 가능)

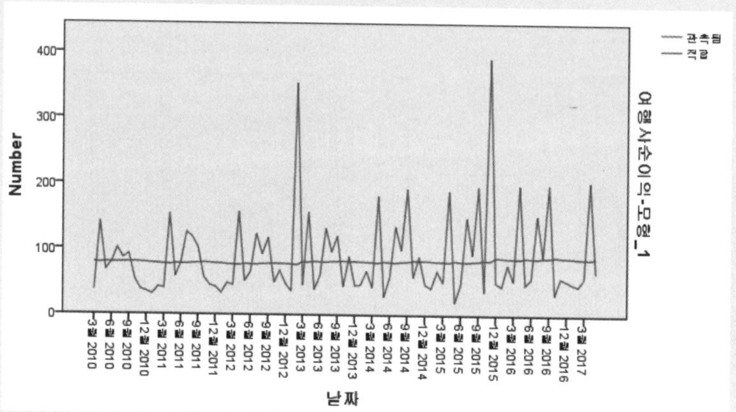

눈으로 봐도, 관측값과 예측값의 차이가 현저하다.

예측값과 잔차가 새로운 변수로 추가된다.

잔차 = 관측값 - 예측값

	Year	Month	여행사순이익	YEAR_	MONTH_	DATE_	예측값_여행사순이익_모형_1	NResidual_여행사순이익_모형_1
1	2010	3	37	2010	3	MAR 2010	79	-42
2	2010	4	142	2010	4	APR 2010	78	64
3	2010	5	68	2010	5	MAY 2010	79	-11
4	2010	6	79	2010	6	JUN 2010	79	0
5	2010	7	101	2010	7	JUL 2010	79	22
6	2010	8	86	2010	8	AUG 2010	80	6
7	2010	9	92	2010	9	SEP 2010	80	12
8	2010	10	54	2010	10	OCT 2010	80	-26
9	2010	11	38	2010	11	NOV 2010	80	-42
10	2010	12	35	2010	12	DEC 2010	79	-44

직접 계산(엑셀로 설명)

2010년 3월 예측값: SPSS 예측값 그래도 입력

2010년 4월 예측값: 알파 × 2010년 3월 + (1 − 알파) × 2010년 3월 예측값

D3 = 0.015851*C2+(1−0.015851)*D2

D3 =0.015851*C2+(1-0.015851)*D2

	A	B	C	D	E	F	G
1	Year	Month	관측값	예측값			
2	2010	3	37	79.16			
3	2010	4	142	78.49			
4	2010	5	68	78.33			
5	2010	6	79	78.34			
6	2010	7	101	78.70			
7	2010	8	86	78.81			
8	2010	9	92	79.02			
9	2010	10	54	78.62			
10	2010	11	38	77.98			

12.2 윈터스 가법

구분	종류	ARIMA 모형	특성
계절	단순	ARIMA(0,1,1)	선형추세와 계절성이 없음
	윈터스 가법	ARIMA(0,1,1)	선형추세와 계절성이 있음
	윈터스 승법	ARIMA 모형에 없음	선형추세와 계절성이 있음
비계절	단순	ARIMA(0,1,1)	선형추세와 계절성이 모두 없음
	홀트	ARIMA(0,2,2)	선형추세가 있지만 계절성이 없음
	브라운	ARIMA(0,2,2)	선형추세가 있지만 계절성이 없음 Brown 모형은 Holt 모형의 특수한 케이스이다.

윈터스 가법은 선형추세이고 계절성이 있는 시계열이다.

시계열 변동의 폭이 시간이 경과함에 관계없이 일정하게 유지되므로 가법(Additive)인 계절적 변동이 존재한다.

윈터스 승법은 선형추세이고 계절성이 있는 시계열이다.

시간이 경과함에 따라 계절적 주기 내의 변동폭이 갈수록 증가하므로 승법(Multiplicative)인 계절적 변동이 존재한다.

2008년 7월부터 2017년 2월까지 항공사순이익을 조사했다.

파일 이름: 윈터스 가법(단위: 억 원)

	Year	Month	항공사순이익
1	2008	7	765
2	2008	8	825
3	2008	9	452
4	2008	10	325
5	2008	11	356
6	2008	12	256
7	2009	1	250
8	2009	2	245
9	2009	3	350
10	2009	4	380

날짜 정의: 날짜 정의 설명 자료를 참고 → 순차도표: 이상값 유무 확인

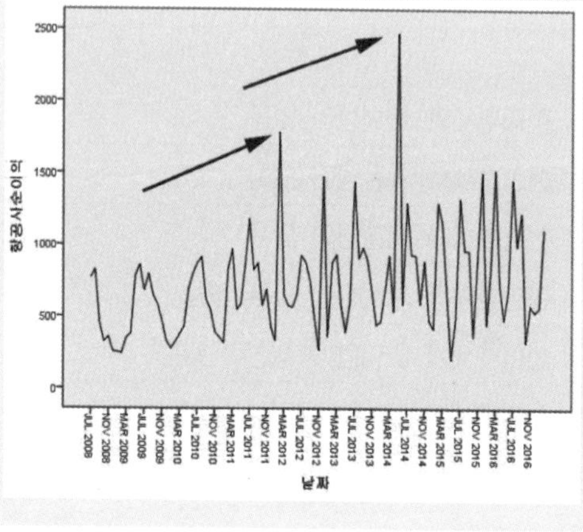

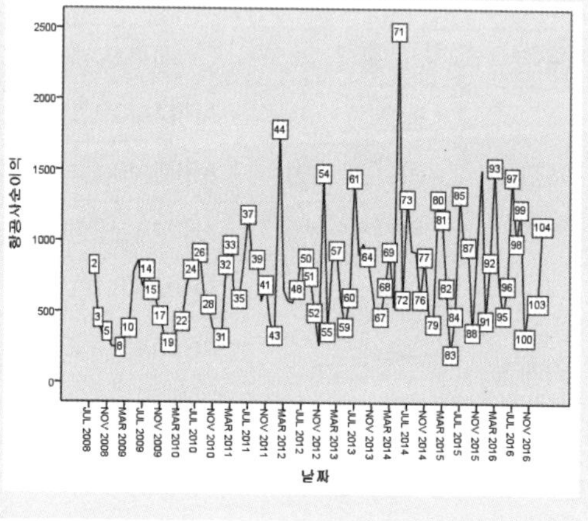

두 개의 이상값(44, 71 케이스)이 의심된다. 이상값의 케이스 번호를 확인하는 방법은 Chapter 4의 4.3 이상값 평균으로 대체 내용을 참고한다.

이상값은 삭제하고 가까운 값의 평균값으로 대체하거나 ARIMA 모형에서 이상값을 포함하거나 이상값을 더미변수로 추가한 후 모형을 찾는다. 그러나 여기서는 이상값을 그대로 둔 상태에서 진행한다.

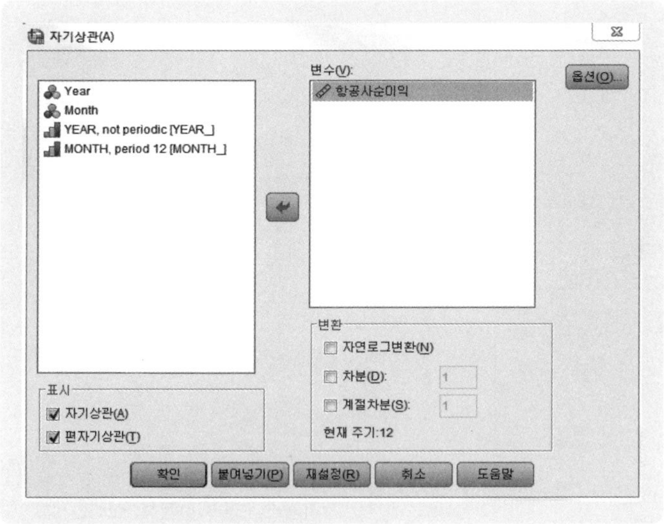

자기상관
- 변수: 항공사순이익
- 표시: 자기상관, 편자기상관

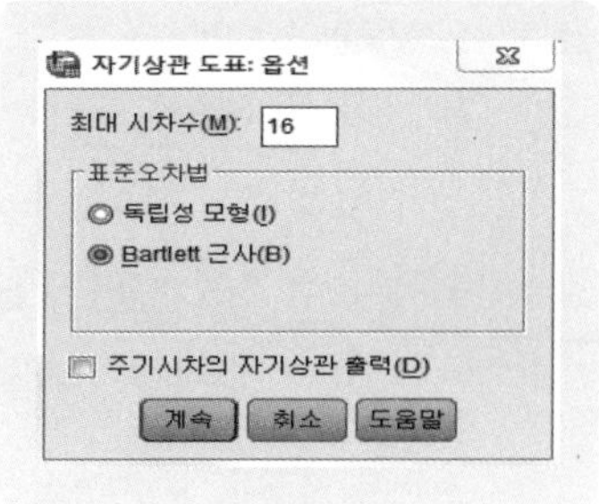

- 최대 시차수: 16
- 옵션: Bartlett 근사 선택

확인 → 결과

자기상관

계열: 항공사순이익

시차	자기상관	표준오차[a]	Box-Ljung 통계량 값	자유도	유의확률[b]
1	.103	.098	1.132	1	.287
2	.066	.099	1.599	2	.449
3	.020	.100	1.643	3	.650
4	.060	.100	2.037	4	.729
5	.038	.100	2.196	5	.821
6	-.005	.100	2.199	6	.900
7	.105	.100	3.462	7	.839
8	.021	.101	3.513	8	.898
9	.059	.101	3.918	9	.917
10	.193	.101	8.284	10	.601
11	.061	.105	8.729	11	.647
12	.223	.105	14.700	12	.258
13	.104	.110	16.008	13	.249
14	.067	.111	16.563	14	.280
15	-.048	.111	16.849	15	.328
16	-.010	.111	16.861	16	.395

a. 가정된 기본 공정은 시차 수에서 1을 뺀 것과 같은 차수인 MA입니다. Bartlett 근사가 사용되었습니다.

b. 점근 카이제곱 근사를 기준으로 합니다.

Box-Ljung 통계량의 유의확률이 모두 0.05보다 크다.

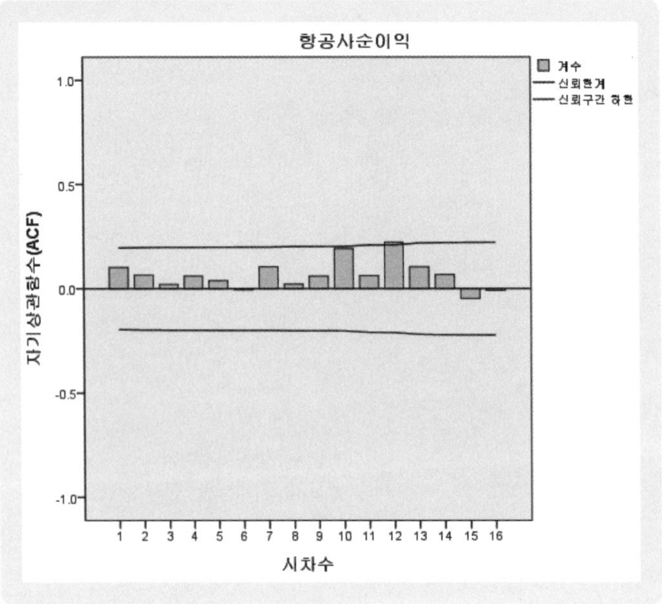

자기상관함수(ACF)에서 신뢰한계를 벗어난 Peak(Spike)가 없으므로 차분 또는 계절차분은 필요없어 보인다.

자동 모형 생성기로 모형 확인

분석 → 예측 → 모형 생성 → 자동 모형 생성기 → 종속변수: 항공사순이익 → 기준: 지수평활 모형만 선택 → 이상값 체크하지 않음 → 통계량 · 도표 · 저장 선택 → 확인 → 결과 → 모형: 윈터스 가법

분석 → 예측 → 모형 생성

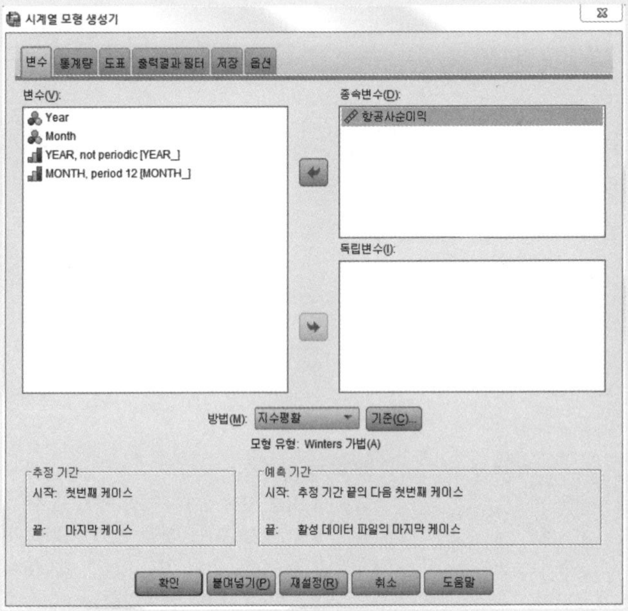

- 종속변수: 항공사순이익
- 방법: 지수평활 → 계절 모형 윈터스 가법

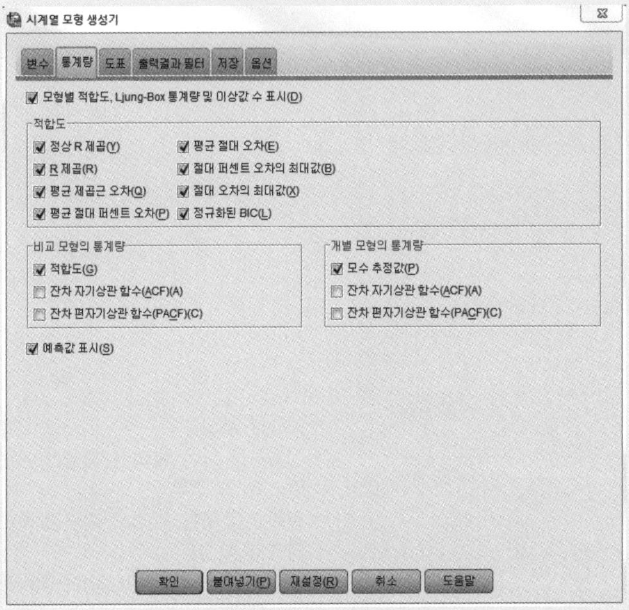

통계량

- 모형별 적합도 · Ljung-Box 통계량 및 이상값 수 표시 체크
- 적합도: 정상 R 제곱, R 제곱, 평균 절대 퍼센트 오차, 절대 퍼센트 오차의 절대값, 정규화된 BIC
- 비교 모형의 통계량: 적합도
- 개별 모형의 통계량: 모수 추정값 체크
- 예측값 표시

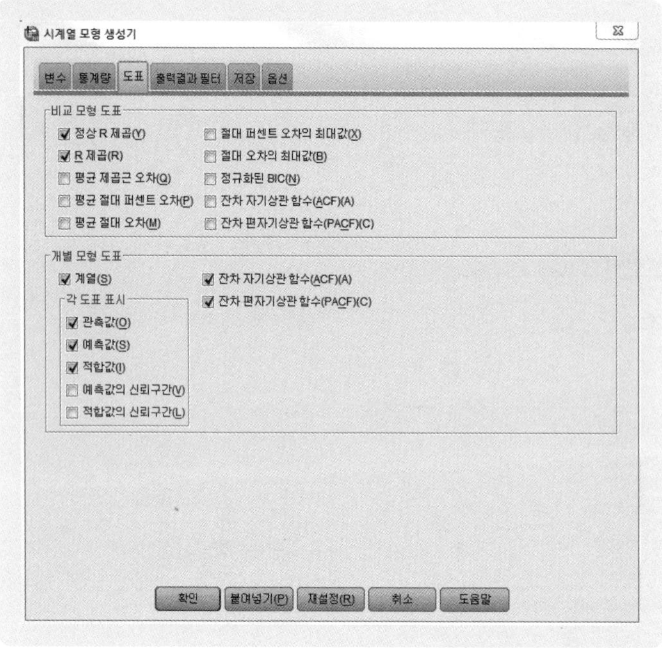

도표
- 비교 모형 도표: 정상 R 제곱, R 제곱
- 각 도표 표시: 계열, 잔차 자기상관 함수(ACF), 잔차 편자기상관 함수(PACF)
- 관측값, 예측값, 적합값

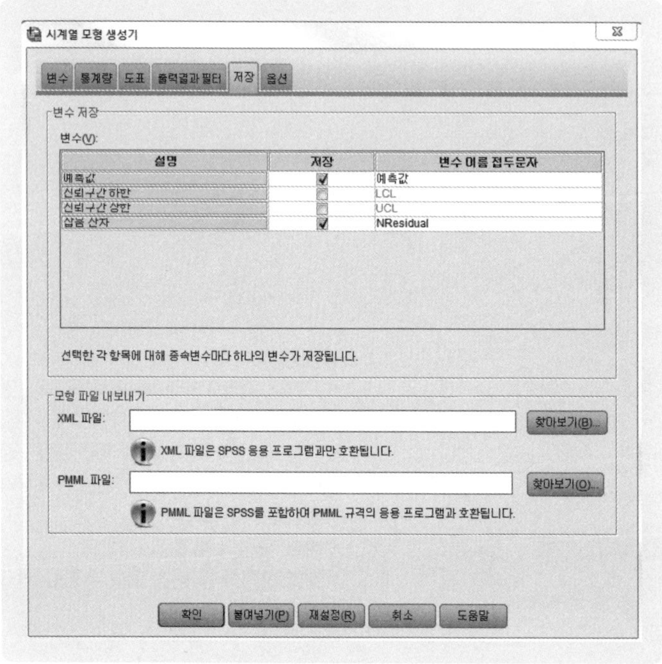

저장
- 예측값 체크
- 신뢰구간 상한 체크: 신뢰구간 상한을 알고자 할 경우
- 신뢰구간 하한 체크: 신뢰구간 하한을 알고자 할 경우
- 잡음 잔차: 실제값(관측값)과 예측값의 차이를 계산

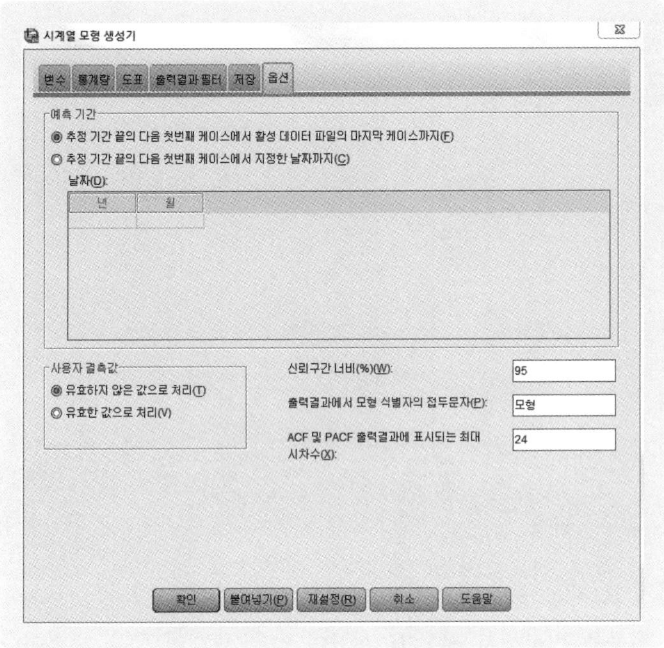

옵션
모형을 알고자 하는 단계이므로 옵션을 설정하지 않는다. 모형을 확인한 후, 추정기간 끝의 다음 첫번째 케이스에서 예측하고자 하는 기간을 입력한다.

확인 → 결과

경고문이 뜨지 않도록 하려면 통계량에서 예측값 표시를 체크하지 않으면 된다.

경고

예측을 계산할 수 없기 때문에 예측표가 작성되지 않습니다.

모형 설명

			모형 유형
모형 ID	항공사순이익	모형_1	Winters 가법

정상 R 제곱이 0.789이므로 관측치의 78.9%를 설명하고 있다.

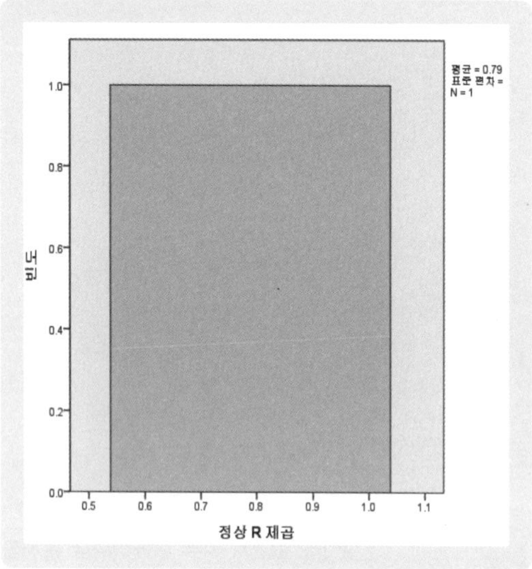

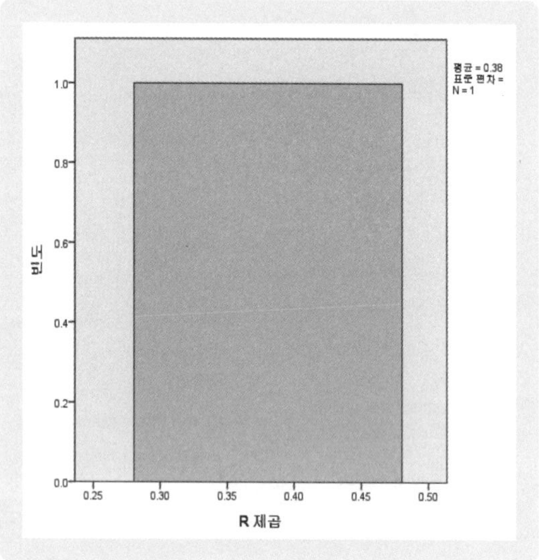

모형을 탐색할 때, 정상 R 제곱과 R 제곱 중 어느 것을 기준으로 비교해야 할까?

추세, 계절성이 있을 때 정상 R 제곱을 비교해서 정상 R 제곱이 높은 모형이 좋은 모형이다. 윈터스 가법은 계절성이 있는 시계열 분석이므로 정상 R 제곱을 확인한다. 정상 R 제곱이 0.79이므로 정상 R 제곱은 모형식이 관측값 79%를 설명하고 있다.

Ljung-Box의 유의확률이 0.155로 유의수준 0.05보다 크므로 백색잡음으로부터 독립적이다.

지수평활모형 모수의 유의확률이 유의수준 0.05보다 크면 통계적으로 유의미하지 않다. 지수평활모형 Winters 가법의 모수 알파(수준), 감마(추세), 델타(계절)의 유의확률이 각각 0.324, 1.0, 0.99로 유의수준 0.05보다 크기 때문에 통계적으로 유의미하지 않다.

모형적합

적합 통계량	평균	SE	최소값	최대값	백분위수 5	10	25	50	75	90	95
정상 R 제곱	.789	.	.789	.789	.789	.789	.789	.789	.789	.789	.789
R 제곱	.380	.	.380	.380	.380	.380	.380	.380	.380	.380	.380
RMSE	298.044	.	298.044	298.044	298.044	298.044	298.044	298.044	298.044	298.044	298.044
MAPE	32.500	.	32.500	32.500	32.500	32.500	32.500	32.500	32.500	32.500	32.500
MaxAPE	359.416	.	359.416	359.416	359.416	359.416	359.416	359.416	359.416	359.416	359.416
MAE	189.963	.	189.963	189.963	189.963	189.963	189.963	189.963	189.963	189.963	189.963
MaxAE	1623.484	.	1623.484	1623.484	1623.484	1623.484	1623.484	1623.484	1623.484	1623.484	1623.484
정규화된 BIC	11.528	.	11.528	11.528	11.528	11.528	11.528	11.528	11.528	11.528	11.528

모형 통계량

모형	예측변수 수	모형적합 통계량 정상 R 제곱	R 제곱	RMSE	MAPE	MAE	MaxAPE	MaxAE	정규화된 BIC	Ljung-Box Q(18) 통계량	자유도	유의확률	이상값 수
항공사순이익-모형_1	0	.789	.380	298.044	32.500	189.963	359.416	1623.484	11.528	20.468	15	.155	0

지수평활 모형 모수

모형			추정값	SE	t	유의확률
항공사순이익-모형_1	변환 안 함	알파(수준)	.021	.021	.992	.324
		감마(추세)	8.419E-007	.008	.000	1.000
		델타(계절)	.001	.080	.012	.990

Winters 가법 모수

알파(수준): 0.21

감마(추세: 8.419 E−007 (0.0000008419)

델타(계절): 0.001

잔차 ACF, 잔차 PACF에 95% 신뢰한계선 밖으로 튀어나온 Peak(Spike)가 없어야 된다. 만약 눈에 띄게 신뢰한계선 밖으로 튀어나온 스파이크가 발견되면, 모형을 재검토해야만 된다

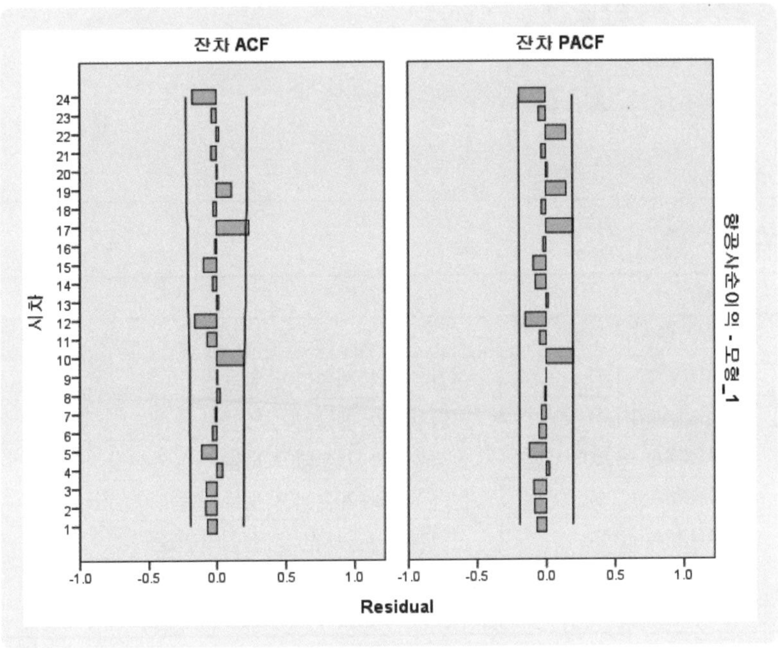

잔차 ACF, 잔차 PACF에서 Spike가 보이지 않아야 된다. 만약 잔차 ACF, 잔차 PACF에서 Spike가 있다면 모형을 재검토해야만 한다.

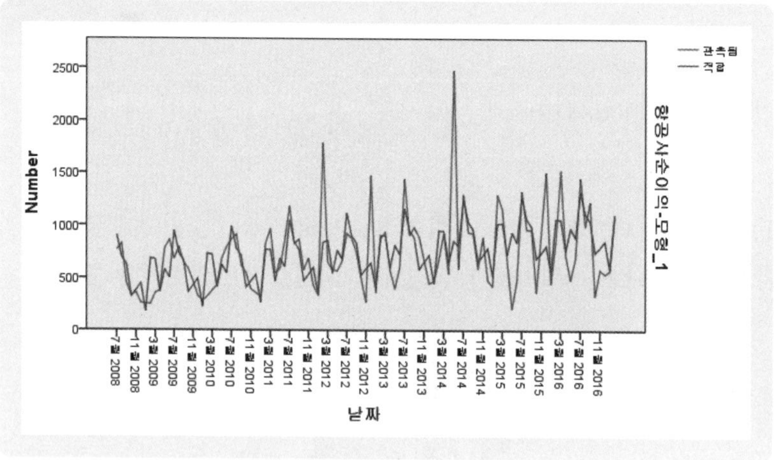

12.3 윈터스 승법

구분	종류	ARIMA 모형	
계절	단순	ARIMA(0,1,1)	선형추세와 계절성이 없음
	윈터스 가법	ARIMA(0,1,1)	선형추세와 계절성이 있음
	윈터스 승법	ARIMA 모형에 없음	선형추세와 계절성이 있음
비계절	단순	ARIMA(0,1,1)	선형추세와 계절성이 모두 없음
	홀트	ARIMA(0,2,2)	선형추세가 있지만 계절성이 없음
	브라운	ARIMA(0,2,2)	선형추세가 있지만 계절성이 없음 Brown 모형은 Holt 모형의 특수한 케이스이다.

파일 이름: 윈터스 승법(윈터스 가법과 동일)(단위: 억 원)

	Year	Month	항공사순이익
1	2008	7	765
2	2008	8	825
3	2008	9	452
4	2008	10	325
5	2008	11	356
6	2008	12	256
7	2009	1	250
8	2009	2	245
9	2009	3	350
10	2009	4	380

날짜 정의 → 순차도표: 계절성 및 추세 유무를 확인

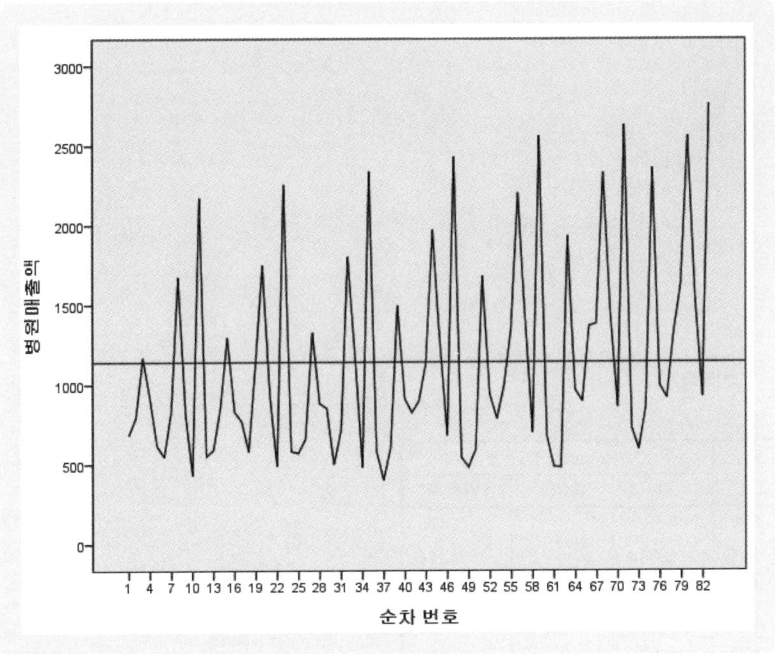

계절성이 있고 추세가 있다.

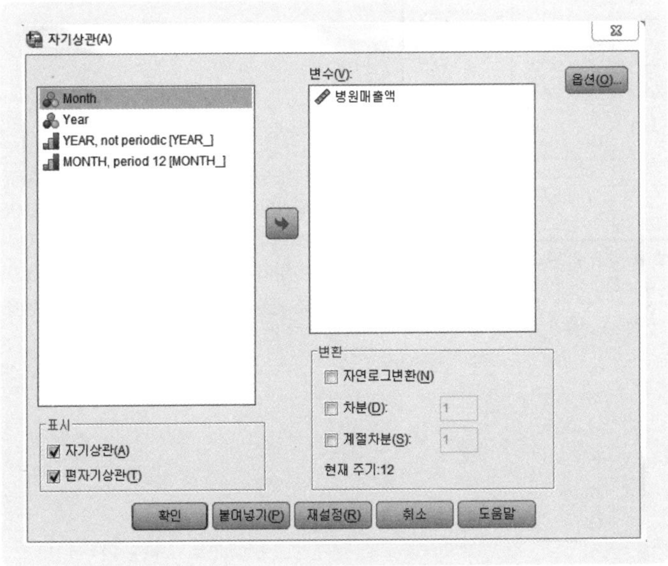

자기상관
- 변수: 병원매출액
- 표시: 자기상관, 편자기상관

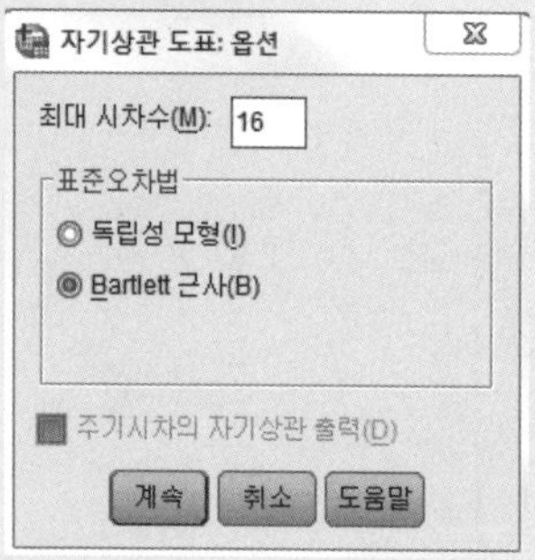

옵션

- 최대 시차수: 16
- 표준오차법: Barlett 근사 선택 → 계속 → 확인

자기상관

계열: 병원매출액

시차	자기상관	표준오차[a]	Box-Ljung 통계량		
			값	자유도	유의확률[b]
1	-.084	.110	.607	1	.436
2	-.159	.111	2.804	2	.246
3	.188	.113	5.937	3	.115
4	.226	.117	10.502	4	.033
5	-.034	.122	10.605	5	.060
6	-.165	.122	13.093	6	.042
7	-.062	.125	13.446	7	.062
8	.210	.125	17.608	8	.024
9	.136	.129	19.366	9	.022
10	-.157	.131	21.750	10	.016
11	-.091	.133	22.556	11	.020
12	.806	.134	87.098	12	.000
13	-.109	.183	88.304	13	.000
14	-.164	.184	91.067	14	.000
15	.129	.186	92.781	15	.000
16	.173	.187	95.920	16	.000

a. 가정된 기본 공정은 시차 수에서 1을 뺀 것과 같은 차수인 MA입니다. Bartlett 근사가 사용되었습니다.

b. 점근 카이제곱 근사를 기준으로 합니다.

시차 12의 자기상관 Box-Ljung 통계량의 유의확률이 0.000으로 유의수준 0.05보다 작아서 백색잡음으로부터 독립적이지 못하다. 백색잡음으로부터 독립적이지 못하면 과거값으로 미래값을 설명하지 못한다.

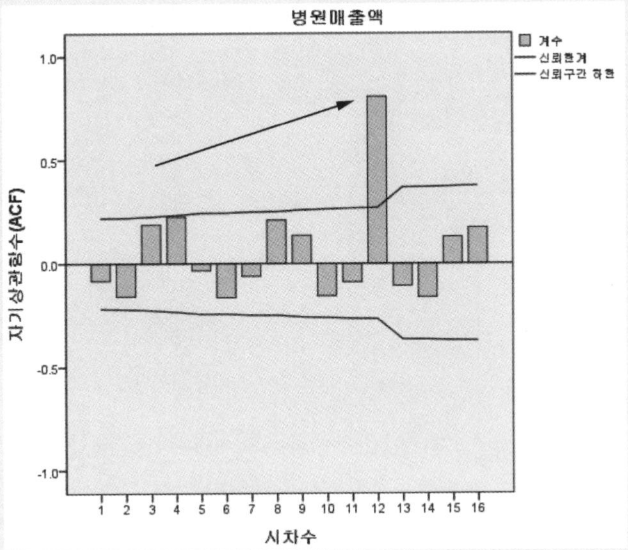

자기상관함수(ACF) 시차 12에서 신뢰한계를 벗어난 Peak(Spike)가 나타났다. 따라서 계절차분이 필요하다.

편자기상관

계열: 병원매출액

시차	편자기상관	표준오차
1	-.084	.110
2	-.167	.110
3	.165	.110
4	.244	.110
5	.070	.110
6	-.148	.110
7	-.211	.110
8	.101	.110
9	.268	.110
10	.073	.110
11	-.152	.110
12	.743	.110
13	-.119	.110
14	-.022	.110
15	-.239	.110
16	-.112	.110

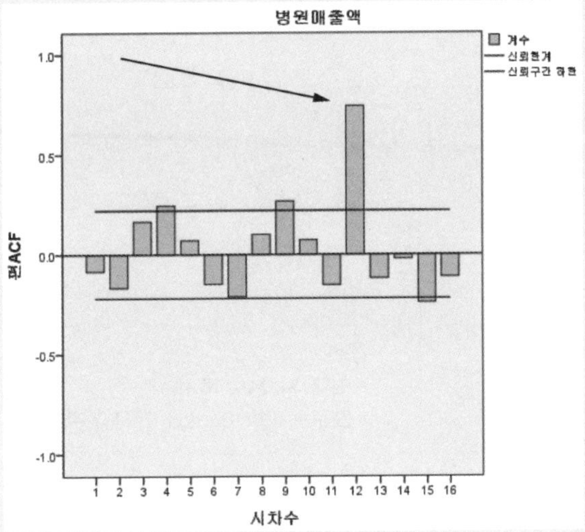

편자기상관(PACF)의 시차 12에서도 신뢰한계를 벗어난 Peak(Spike)가 나타났다.

계절차분을 한 자기상관 확인

분석 → 예측 → 자기상관

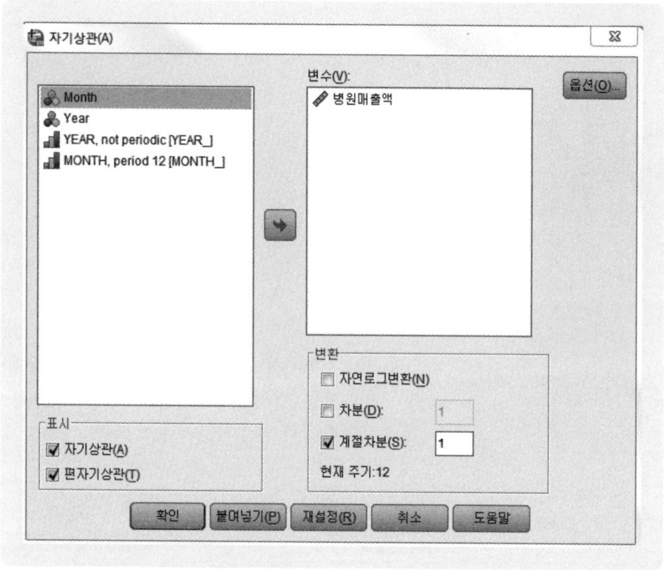

- 변수: 병원매출액
- 표시: 자기상관, 편자기상관
- 변환: 계절차분 1

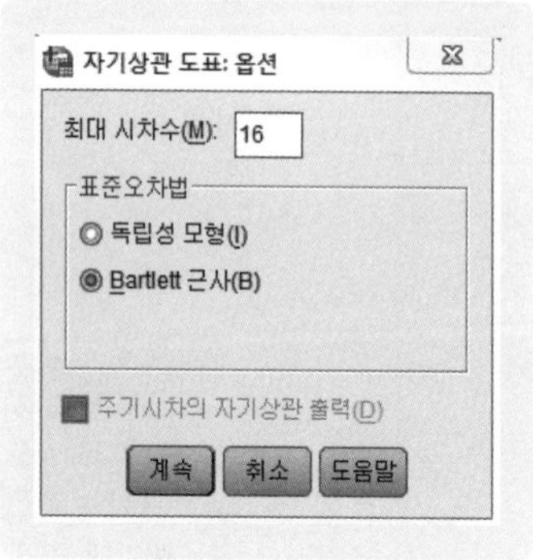

옵션
- 최대 시차수: 16
- 표준오차법: Bartlett 근사 선택

확인 → 결과

자기상관

계열: 병원매출액

시차	자기상관	표준오차[a]	Box-Ljung 통계량		
			값	자유도	유의확률[b]
1	.225	.119	3.757	1	.053
2	-.073	.125	4.158	2	.125
3	.023	.125	4.198	3	.241
4	.085	.125	4.751	4	.314
5	.071	.126	5.145	5	.398
6	.001	.127	5.145	6	.525
7	-.021	.127	5.182	7	.638
8	-.012	.127	5.194	8	.737
9	.144	.127	6.940	9	.643
10	.101	.129	7.812	10	.647
11	-.029	.130	7.885	11	.724
12	-.100	.130	8.766	12	.723
13	-.006	.131	8.769	13	.790
14	.090	.131	9.503	14	.798
15	.011	.132	9.514	15	.849
16	-.064	.132	9.902	16	.872

a. 가정된 기본 공정은 시차 수에서 1을 뺀 것과 같은 차수인 MA입니다. Bartlett 근사가 사용되었습니다.

b. 점근 카이제곱 근사를 기준으로 합니다.

Box-Ljung 통계량의 유의확률이 유의수준 0.05보다 크기 때문에 백색잡음(White Noise)으로부터 독립적이다. 백색잡음이 있으면 과거값으로 미래값을 설명할 수 없다.

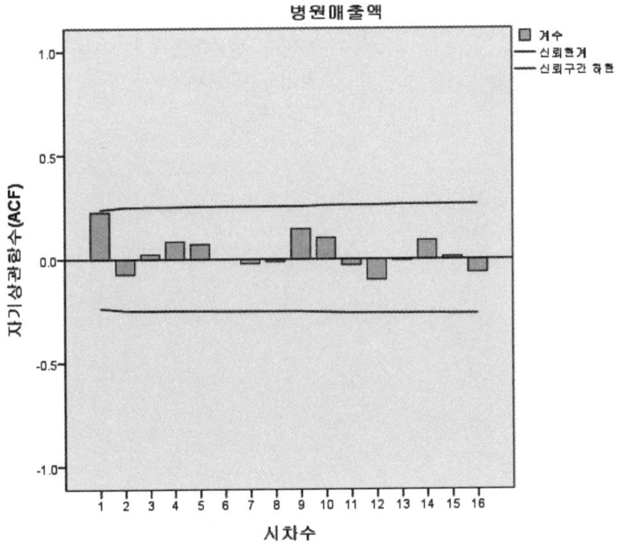

자기상관함수(ACF)에서 신뢰한계를 벗어난 Peak(Spike)가 없다.

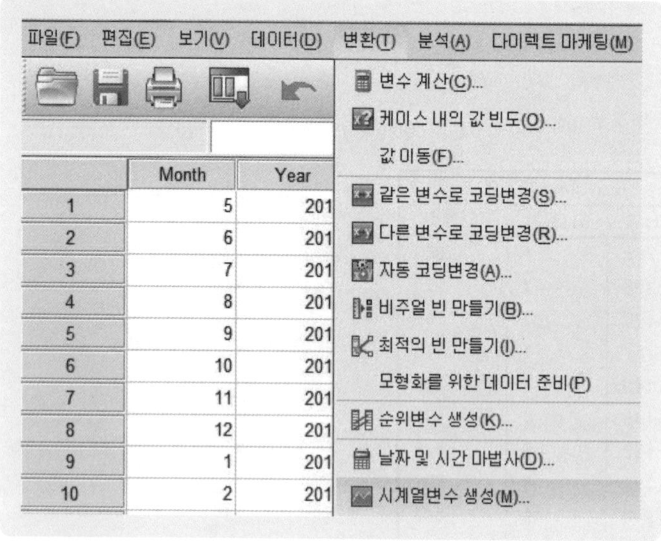

변환 → 시계열 변수 생성

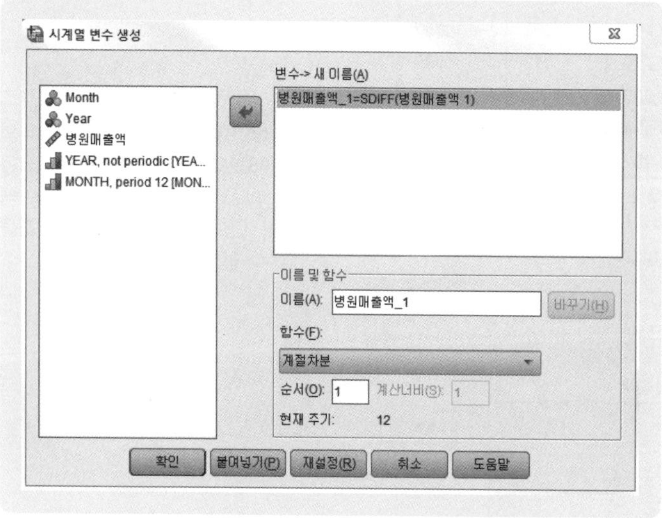

- 변수: 병원매출액 선택
- 이름: 병원매출액_1 → 바꾸기
- 함수: 계절차분
- 순서: 1

확인 → 결과: 계절차분된 변수가 새롭게 생성된다.

	Month	Year	병원매출액	YEAR_	MONTH_	DATE_	병원매출액_1
1	5	2010	684	2010	5	MAY 2010	.
2	6	2010	795	2010	6	JUN 2010	.
3	7	2010	1169	2010	7	JUL 2010	.
4	8	2010	912	2010	8	AUG 2010	.
5	9	2010	615	2010	9	SEP 2010	.
6	10	2010	548	2010	10	OCT 2010	.
7	11	2010	839	2010	11	NOV 2010	.
8	12	2010	1676	2010	12	DEC 2010	.
9	1	2011	819	2011	1	JAN 2011	.
10	2	2011	431	2011	2	FEB 2011	.
11	3	2011	2171	2011	3	MAR 2011	.
12	4	2011	551	2011	4	APR 2011	.
13	5	2011	591	2011	5	MAY 2011	-93
14	6	2011	859	2011	6	JUN 2011	64
15	7	2011	1295	2011	7	JUL 2011	126

계절차분된 변수를 종속변수로 선택하고 자동 모형 생성기에서 지수평활모형에서만 찾으면 윈터스 가법으로 결과가 나온다. 그러나 여기서는 윈터스 승법을 설명하기 위해서 원자료를 계절차분하지 않고 원자료 그대로 변수로 선택해서 자동 모형 생성기로 돌린다.

자동 모형 생성기로 모형 확인

분석 → 예측 → 모형 생성 → 자동 모형 생성기 → 종속변수: 병원매출액 → 기준: 지수평활모형만 선택 → 이상값 체크하지 않음 → 통계량 · 도표 · 저장 선택 → 확인 → 결과 → 모형: 윈터스 승법

· 원래는 종속변수로 병원매출액_1(계절차분한 변수)를 선택해야 된다.

분석 → 예측 → 모형 생성

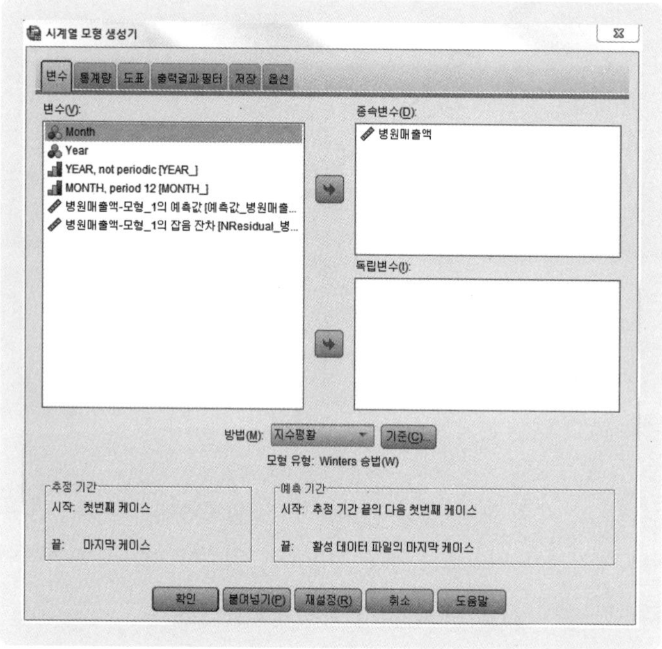

- 종속변수: 병원매출액
- 방법: 기준에서 방법 선택
  지수평활 → 기준: Winters 승법

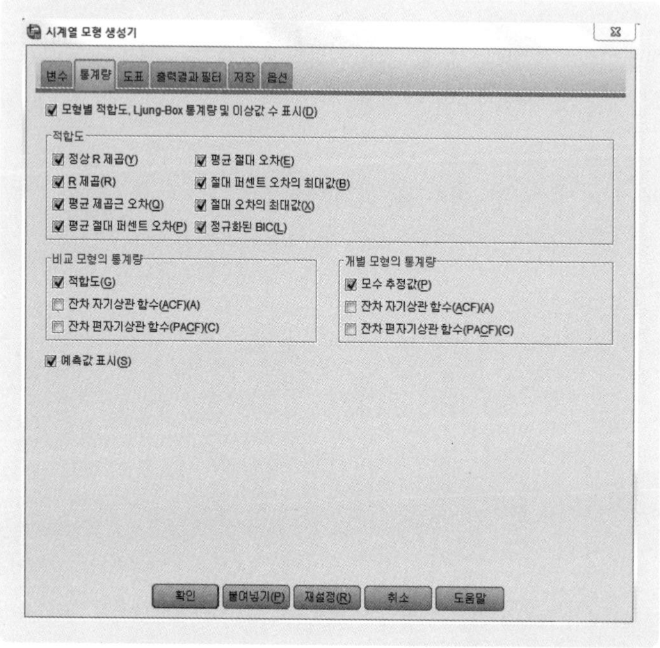

통계량

- 모형별 적합도 · Ljung-Box 통계량 및 이상값 수 표시 체크
- 적합도: 정상 R 제곱, R 제곱, 평균 절대 퍼센트 오차, 절대 퍼센트 오차의 절대값, 정규화된 BIC
- 비교 모형의 통계량: 적합도
- 개별 모형의 통계량: 모수 추정값 체크
- 예측값 표시

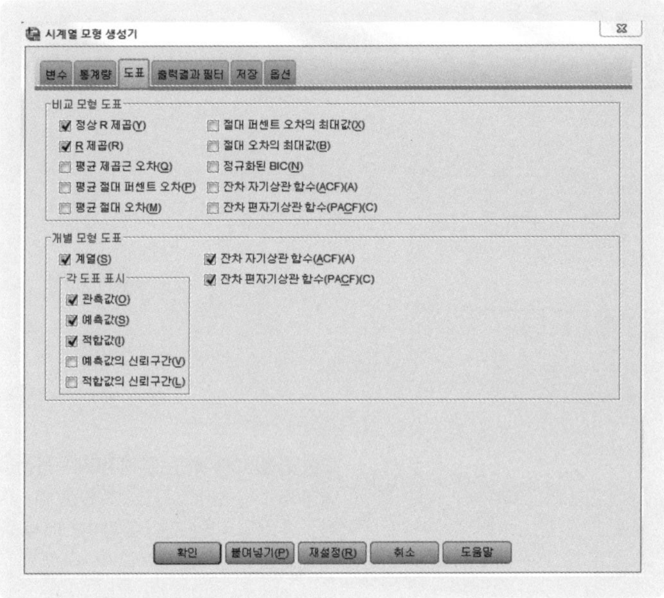

도표

- 비교 모형 도표: 정상 R 제곱, 평균 절대 퍼센트 오차
- 각 도표 표시: 계열, 잔차 자기상관 함수(ACF), 잔차 편자기상관 함수(PACF)
- 관측값, 예측값, 적합값

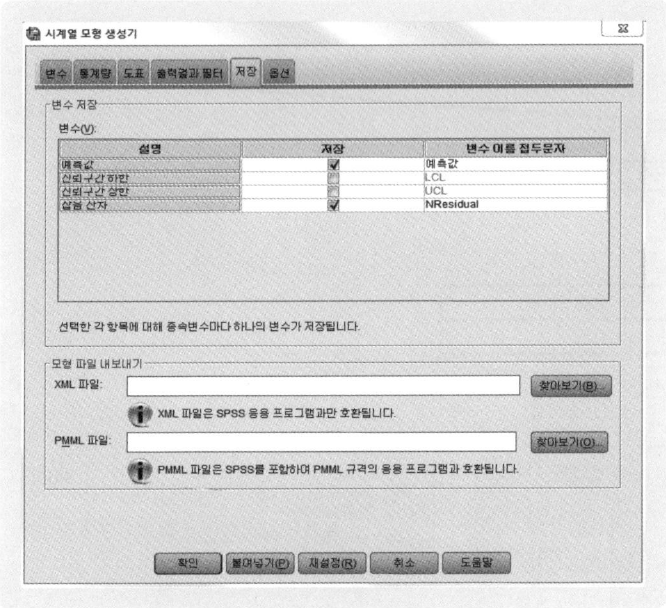

저장

- 예측값 체크
- 신뢰구간 상한 체크: 신뢰구간 상한을 알고자 할 경우
- 신뢰구간 하한 체크: 신뢰구간 하한을 알고자 할 경우
- 잡음 잔차: 실제값(관측값)과 예측값의 차이를 계산

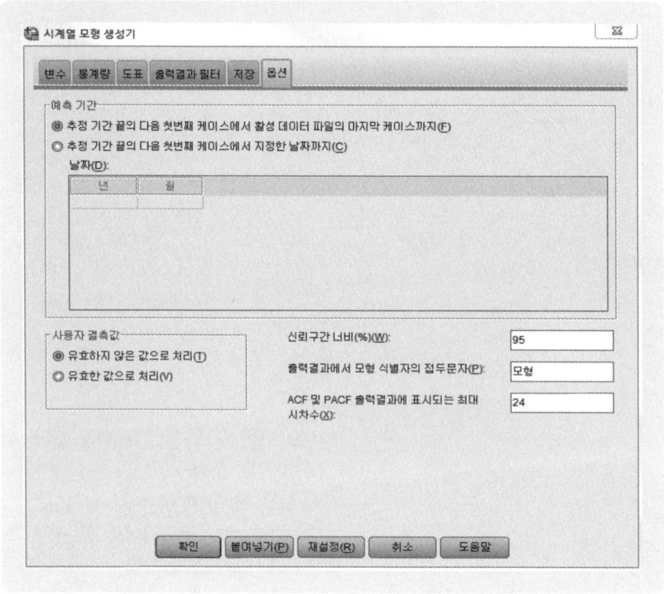

옵션
모형을 알고자 하는 단계이므로 옵션을 설정하지 않는다. 모형을 확인한 후, 추정기간 끝의 다음 첫번째 케이스에서 예측하고자 하는 기간을 입력한다.

확인 → 결과

모형: 윈터스 승법

경고

예측을 계산할 수 없기 때문에 예측표가 작성되지 않습니다.

모형 설명

			모형 유형
모형 ID	병원매출액	모형_1	Winters 승법

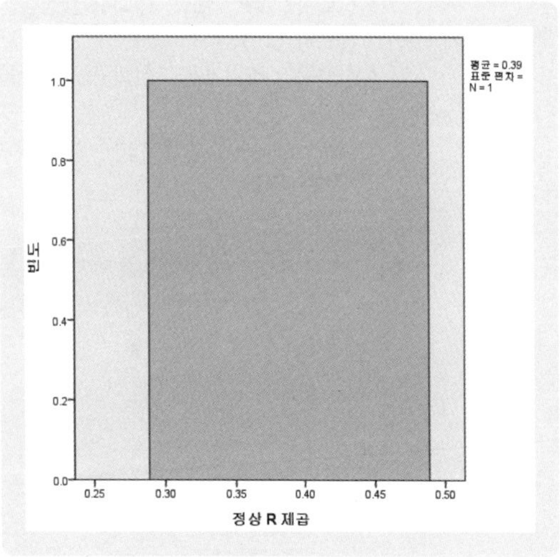

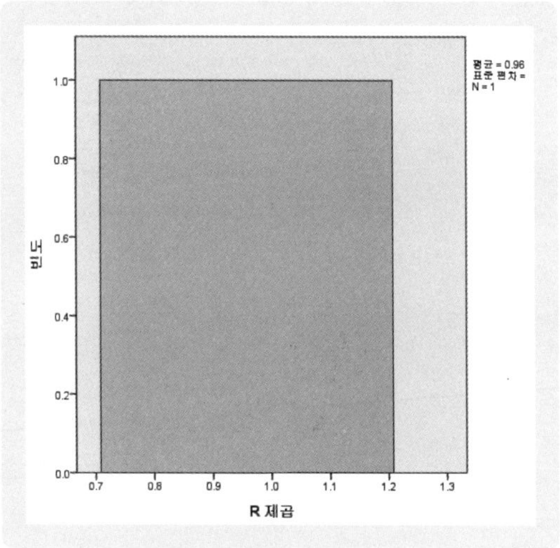

모형적합

적합 통계량	평균	SE	최소값	최대값	백분위수 5	10	25	50	75	90	95
정상 R 제곱	.389	.	.389	.389	.389	.389	.389	.389	.389	.389	.389
R 제곱	.958	.	.958	.958	.958	.958	.958	.958	.958	.958	.958
RMSE	130.278	.	130.278	130.278	130.278	130.278	130.278	130.278	130.278	130.278	130.278
MAPE	9.719	.	9.719	9.719	9.719	9.719	9.719	9.719	9.719	9.719	9.719
MaxAPE	60.534	.	60.534	60.534	60.534	60.534	60.534	60.534	60.534	60.534	60.534
MAE	89.147	.	89.147	89.147	89.147	89.147	89.147	89.147	89.147	89.147	89.147
MaxAE	435.847	.	435.847	435.847	435.847	435.847	435.847	435.847	435.847	435.847	435.847
정규화된 BIC	9.899	.	9.899	9.899	9.899	9.899	9.899	9.899	9.899	9.899	9.899

모형 통계량

모형	예측변수 수	모형적합 통계량 정상 R 제곱	R 제곱	RMSE	MAPE	MAE	MaxAPE	MaxAE	정규화된 BIC	Ljung-Box Q(18) 통계량	자유도	유의확률	이상값 수
병원매출액-모형_1	0	.389	.958	130.278	9.719	89.147	60.534	435.847	9.899	11.700	15	.702	0

지수평활 모형 모수

모형			추정값	SE	t	유의확률
병원매출액-모형_1	변환 안 함	알파(수준)	.018	.020	.897	.373
		감마(추세)	.207	.210	.984	.328
		델타(계절)	.821	.105	7.811	.000

Ljung-Box의 유의확률이 0.05보다 크면 백색잡음으로부터 독립적이기 때문에 통계적으로 유의하다. Ljung-Box의 유의확률이 0.702로 0.05보다 크므로 백색잡음으로부터 독립적이며 통계적으로 유의미하다. 백색잡음(White Noise)이 있다면 자기상관이 전혀 없는 특별한 시계열 자료라서 현재값이 미래 예측에 전혀 도움이 되지 못한다.

지수평활모형 모수
알파(수준): 0.018
감마(추세): 0.207
델타(계절): 0.821

잔차 ACF, 잔차 PACF에 95% 신뢰한계선 밖으로 튀어나온 Spike가 없어야 된다. 만약 눈에 띄게 신뢰한계선 밖으로 튀어나온 스파이크가 발견되면, 모형을 재검토해야만 한다.

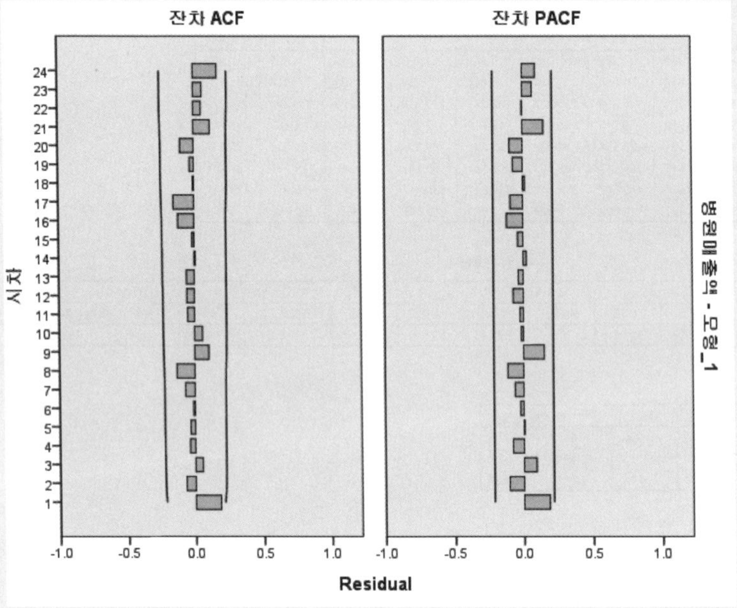

잔차 ACF, 잔차 PACF에서 Spike가 보이지 않아야 된다. 만약 잔차 ACF, 잔차 PACF에서 Spike가 있다면 모형을 재검토해야만 한다.

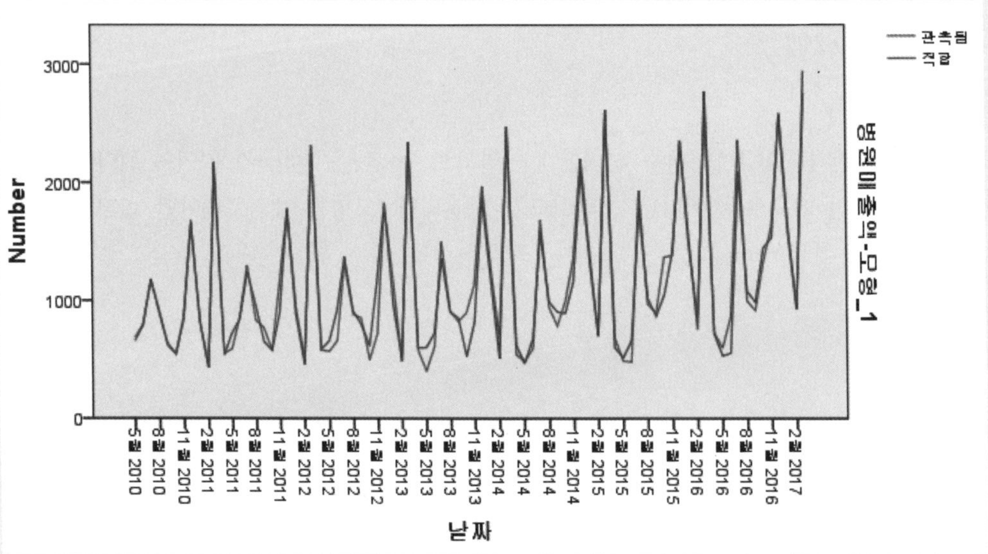

13

CHAPTER

ARIMA 모형

13 ARIMA 모형

13.1 ARIMA 모형 구축 조건

ARIMA 모형은 시계열 자료의 과거치들이 설명변수인 AR 모형과 과거의 오차항들이 설명변수인 MA 모형의 합성어이다.

ARIMA 모형은 먼 과거보다 가까운 과거의 관측값에 더 많은 비중을 주기 때문에 단기예측에 적합하다. 즉, ARIMA 모형은 장기 예측값보다는 단기예측에 신뢰성이 더 높다.

예측 종류	예측기간	특징
장기예측	2년 이상	추세요인, 순환요인
중기예측	2년	계절요인, 순환요인
단기예측	1~2개월	불규칙 요인

ARIMA 모형을 탐색하기 위해서 어떤 조건이 필요할까?

① ARIMA 모형으로 시계열 분석을 하기 위해서는 최소 50~60개 이상의 관측값이 필요하다. 계절적인 변동이 있는 자료는 더 많은 표본이 필요하다.

② 모수를 절약해야 한다(Principle of Parsimony): 불필요한 계수들을 사용하지 않고 자료를 찾는다. 모수의 수가 절약된 모형의 예측력이 더 좋다. 예를 들면 AR(1)과 AR(2) 모형 중에서 AR(1)이 AR(2)에 비해서 계수 수가 하나 더 적기 때문에 AR(1) 모형을 선택한다.

③ 안정적(Stationary)이어야 한다: 백색잡음이 정규분포를 따르면서, 관측값들의 평균, 분산, 자기상관함수가 모두 일정해야만 한다. 그러나 실제로 대부분의 관측값들은 시계열의 평균과 분산이 비안정적이다.

구분	선도표 특징	
안정적 시계열		
비안정적 시계열		
	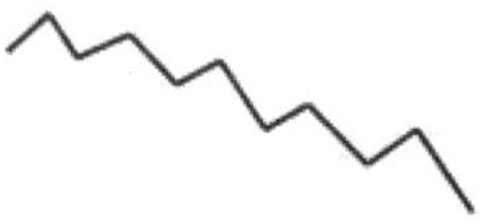	

비안정적인 자료는 자연로그, 차분 등으로 안정적 시계열로 만들 수 있다. 자연로그를 통해서 분산이 안정적으로 변환된 시계열 분석은 나중에 자연로그의 역함수(지수함수)로 다시 원상태로 되돌려 놓을 수 있다.

LN( ) → EXP( )

시계열의 평균이 비안정적이면 차분을 통해서 평균을 안정적으로 만들 수 있다.

④ 추정단계에서 추정된 계수들은 통계적으로 유의해야만 되며, 계수들은 서로 크게 상관되지 말아야 된다: 추정된 계수에 대한 t통계량의 절대값이 2.0 이상이어야 한다.

⑤ 추정된 계수의 유의확률이 유의수준 0.05보다 작아야 된다. 추정된 계수의 유의확률이 0.05보다 크거나 t통계량의 절대값이 "2.0"보다 작으면 정확도가 떨어지는 예측값을 얻게 된다.

⑥ 잔차들이 통계적으로 서로 독립되어야 한다: 잔차 자기상관함수에 대한 Box-Ljung 검증에서 유의수준 0.05보다 커야 된다.

13.2 ARIMA 모형 탐색 단계

평균과 분산의 정상성 → ARIMA 모형 식별 → 시계열 분석 → 모형 검증 → 최종 모형을 찾을 때까지 ARIMA 모형 식별 → 미래 추정 → 모형 검증 반복

시계열 분석의 순서

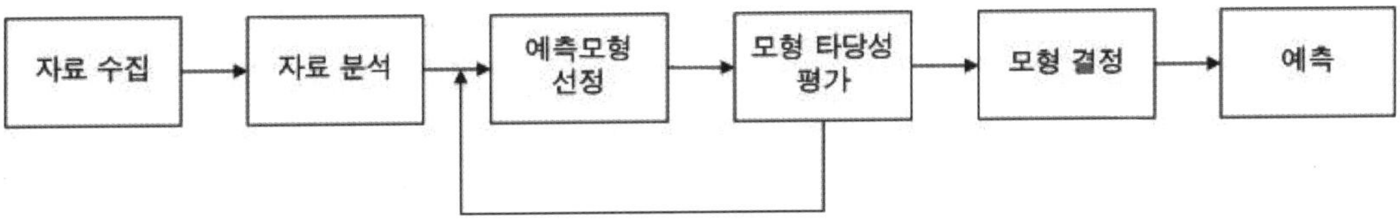

자동 모형 생성기 장점: 단변량 시계열에서 자동으로 ARIMA 모형을 제시해 준다.

단변량에서 평활, 자기 회귀, 이동평균으로 설명될 수 있는 데이터의 경우, 모든 방법을 비교 후에 적합도가 가장 좋은 통계량을 선택해서 추천해 주고, 내부 이상치 발견 기능이 있어서 개입 모형 개발에도 유용하다.

13.3 ARIMA 모형 종류

시계열 자료가 안정적 시계열일 경우 3가지 모형의 하나이다.

① 자기회귀모형(AR: Auto-Regressive Model)
② 이동평균모형(MA: Moving Average Model)
③ 자기회귀이동평균모형(ARMA: Auto-Regressive Moving Average Model)

SPSS에서 ARIMA 모형 선택 방법

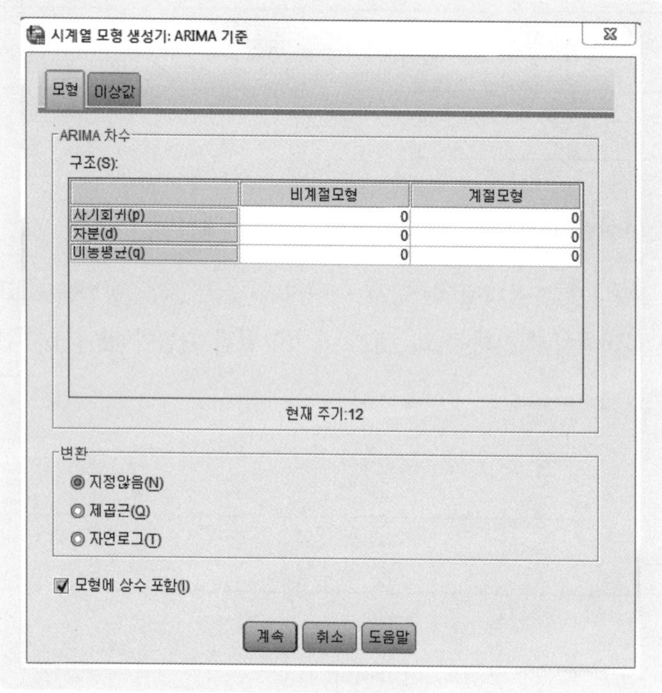

기준

- 비계절 모형
  자기회귀: 0 차분: 0 이동평균: 0
- 계절 모형
  자기회귀: 0 차분: 0 이동평균: 0
  변환: 지정않음, 제곱근, 자연로그 중 선택
- 모형에 상수 포함

13.4 ARIMA 모형 공식 표기 방법

(p, d, q) (P, D, Q)s

(p, d, q): 비계절

(P, D, Q): 계절

s: 계절 주기(12: 월별, 4: 분기별, 7: 주별)

Model
Autoregressive of order p $y_t = \delta + \phi_1 y_{t-1} + \phi_2 y_{t-2} + \cdots + \phi_p y_{t-p} + \varepsilon_t$
Moving Average of order q $y_t = \delta + \varepsilon_t - \theta_1 \varepsilon_{t-1} - \theta_2 \varepsilon_{t-2} - \cdots - \theta_q \varepsilon_{t-q}$
Mixed Autoregressive-Moving Average of order (p,q) $y_t = \delta + \phi_1 y_{t-1} + \phi_2 y_{t-2} + \cdots + \phi_p y_{t-p}$ $+ \varepsilon_t - \theta_1 \varepsilon_{t-1} - \theta_2 \varepsilon_{t-2} - \cdots - \theta_q \varepsilon_{t-q}$

ARIMA 수식을 표현하는 방법

모형	수식
ARIMA(1,0,0) AR(1)	Yt = Ø 1 Yt-1 + εt 예 Yt = 0.7361 Yt-1 + εt
ARIMA(1,1,0)	Yt= Ø (Y(t-1) - Y(t-2)) - Y(t-1) + εt 또는 Yt= Ø (Y(t-1) - Y(t-2)) - Y(t-1) + μ
ARIMA(1,1,1)	Yt= Y(t-1) + Ø (Y(t-1) - Y(t-2)) - Ø ε(t-1) + εt
ARIMA(0,1,1)	Yt= Y(t-1) - Ø ε(t-1) + εt
ARIMA(2,0,0) (0,0,0) AR(2)	Yt = Ø1 Yt-1 - Ø 2 Yt-2 + εt = 0.4281 Yt-1 - 0.4184 Yt-2 + εt
ARIMA(0,0,0) (1,0,0) MA(1)	Yt = εt - Θ1 εt-1 Yt = εt - (5) εt-1
ARIMA(0,0,0) (2,0,0) MA(2)	Yt = εt + Θ 1 εt-1 + Θ 2 εt-2 Yt = εt + (-0.7208) εt-1 + (-1) εt-2
ARIMA(1,0,0)(1,0,0) ARMA(1,1)	Yt - Θ 1 Yt-1 = εt - Ø 1 εt-1 Yt - 0.9965 Yt-1 = εt - 0.8688 εt-1

13.5 ACF와 PACF에 의한 ARIMA 모형 구분

SPSS 미래 예측 및 시계열 분석 초보자의 경우 ACF와 PACF에 의한 ARIMA 모형 구분의 설명을 건너뛴다. 논문을 작성할 때, 모형 선택의 근거를 설명하기 위해서 매우 중요한 부분이지만 충분한 준비 없이 접근하면 미래 예측과 시계열 분석에 대한 거리감만 키운다. 미래 예측과 시계열 분석 초보자는 자동 모형 생성기의 활용에 어느 정도 적응한 후에 접근하도록 한다.

ACF와 PACF는 ARIMA 모형을 진단하기 위해서 사용된다.

① ACF(Autocorrelation function): 자기상관함수(자기상관계수를 함수 형태로 표시한 것)

② AC(자기상관계수):

- 주어진 시계열 자료에서 정해진 시차 간의 상관계수

• K기간 떨어진 값들의 상관계수

주어진 시계열 자료가 시간의 흐름에 따라 나타내는 특성을 토대로 모형을 설정한다. 따라서 서로 떨어진 두 시점에서의 상관관계가 매우 중요하다.

③ PACF(Partial autocorrelation function): PAC(부분자기상관계수)는 서로 다른 두 시점 사이의 관계를 분석할 때 중간에 있는 값들의 영향을 제외시킨 상관관계

④ 자기회귀모형(AR: Auto-Regressive Model): AR 모형은 자기회귀(Auto regressive)를 따르는 모형이다. 과거의 값에 들어 있는 정보를 이용해서 미래를 예측하는 형태이다.

- AR(1,0,0) 모형에서 ACF는 시차가 커질수록 점진적으로 감소하는 모양을 갖는다. PACF(부분자기상관계수)는 시차 1에서만 존재한다.
- AR(2,0,0) 모형은 PACF 그래프에서 시차 1과 2에서만 값이 존재한다.
- 반대로 PACF가 시차 1과 시차 2 등에서 유의적으로 나타나면서 ACF가 점진적으로 작아지는 형태로 얻어지면 AR 모형으로 식별할 수 있다.

ARIMA 모형 식별 공식

	AR(p)	MA(q)	ARMA(p,q)
ACF	Tails off	D(q)	Tails off
PACF	D(p)	Tails off	Tails off

Tails off: Tail off exponentially

D(p): Drop(Cut) off to 0 after lag p

AR(1) 모형

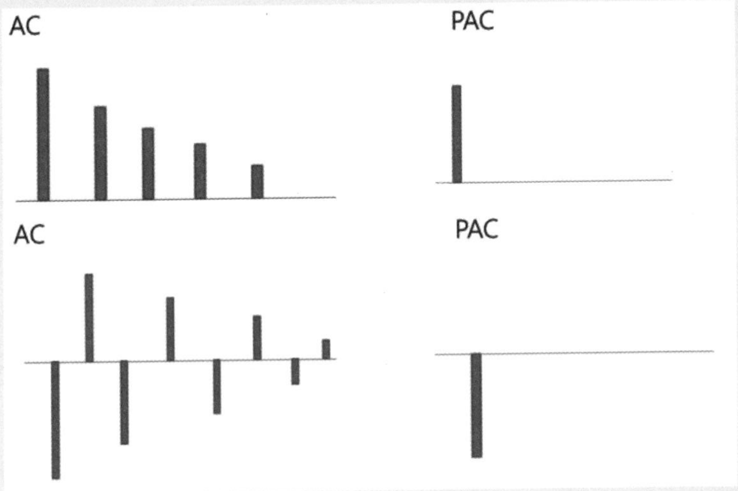

자기회귀모형이란 시계열 자료가 과거값들로써 설명된다는 모형이다. AR(p)로 표현된다.

바로 전기(T − 1)의 값만이 현재 T의 값에 중요하게 영향을 준다고 할 경우, AR(1) 모형이 된다.

AR 모형은 MA 모형과 달리 주어진 시계열 자료의 PAC가 돌출적인 값들을 갖고, AC는 순차적으로 작아지는 모습을 나타낸다. AR 모형으로 판단되면, 유의적인 PAC의 Peak(Spike) 수로 차수를 결정한다.

AR(2) 모형

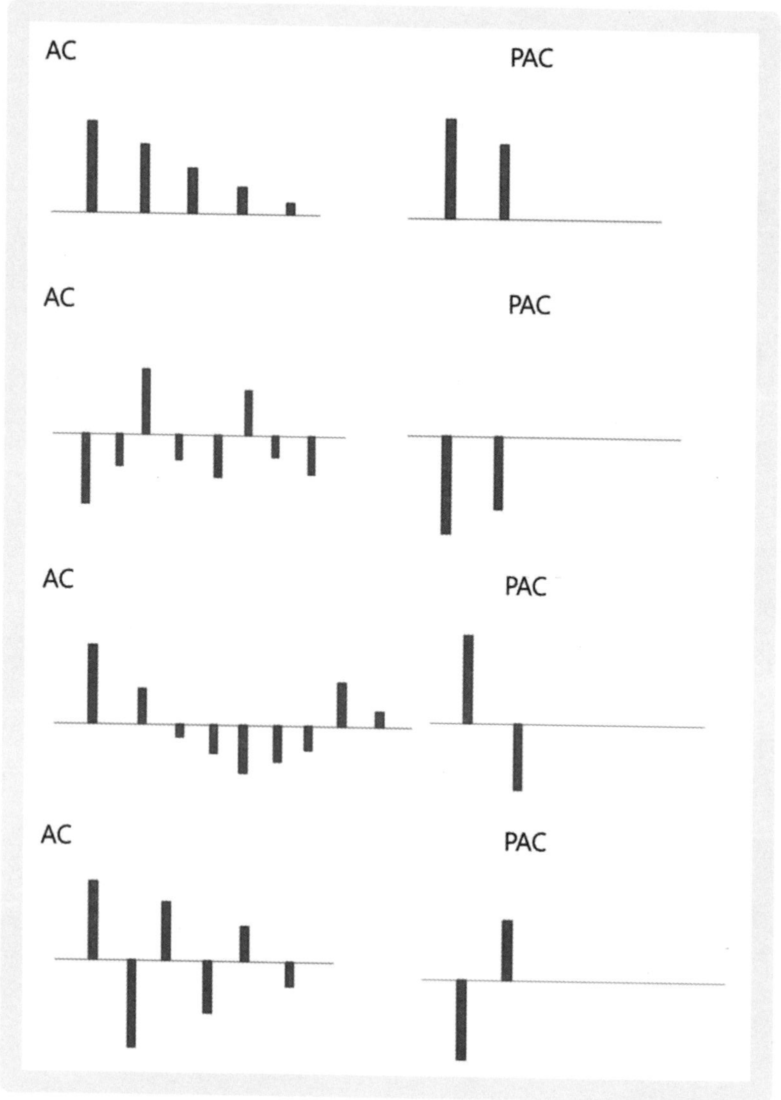

⑤ 이동평균모형(MA: Moving Average Model): MA 모형은 Moving average(이동평균)을 따르는 모형이다. 현재와 과거의 오차항의 가중합으로 미래를 예측하는 형태이다.

- MA(0,0,1) 모형은 시차 1의 ACF(자기상관계수)만이 존재하며 2 이상의 시차에서는 ACF값들이 0이 되고, PACF(부분자기상관계수)는 점진적으로 소멸되는 형태이다.
- MA(0,0,2) 모형은 ACF 그래프에서 시차 1과 2에서만 ACF값이 존재하고 그 이상의 시차에서는 0으로 얻어진다.

즉, 시계열 자료에 대해서 ACF가 시차 1과 시차 2 등에서 유의적인 값으로 얻어지고 PACF가 점진적으로 작아지면 그 시계열 자료는 MA 모형으로 식별한다.

이동평균모형은 시계열 자료가 연속적인 오차항들의 영향을 받는다는 것으로서 MA(q)로 표현된다.

MA 모형은 시계열 자료의 AC가 돌출적인 값들을 갖고 PAC는 순차적으로 작아지는 모습을 나타낸다. 유의적인 AC의 Spike 수로 MA 모형의 차수를 결정한다.

MA(1) 모형

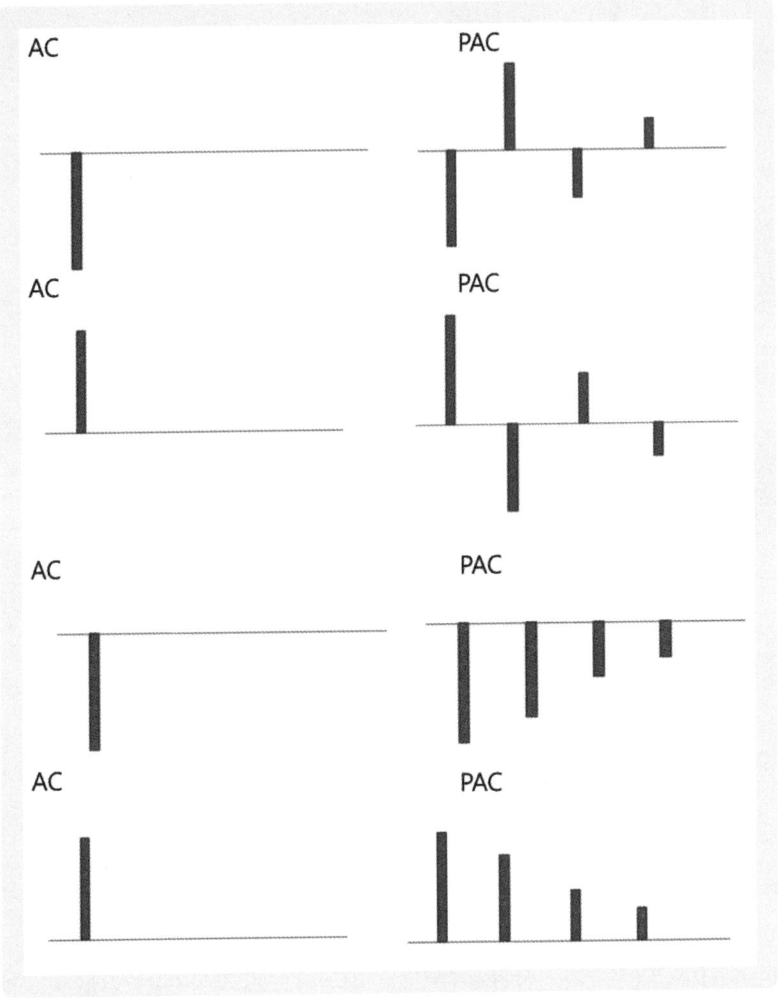

MA(2) 모형

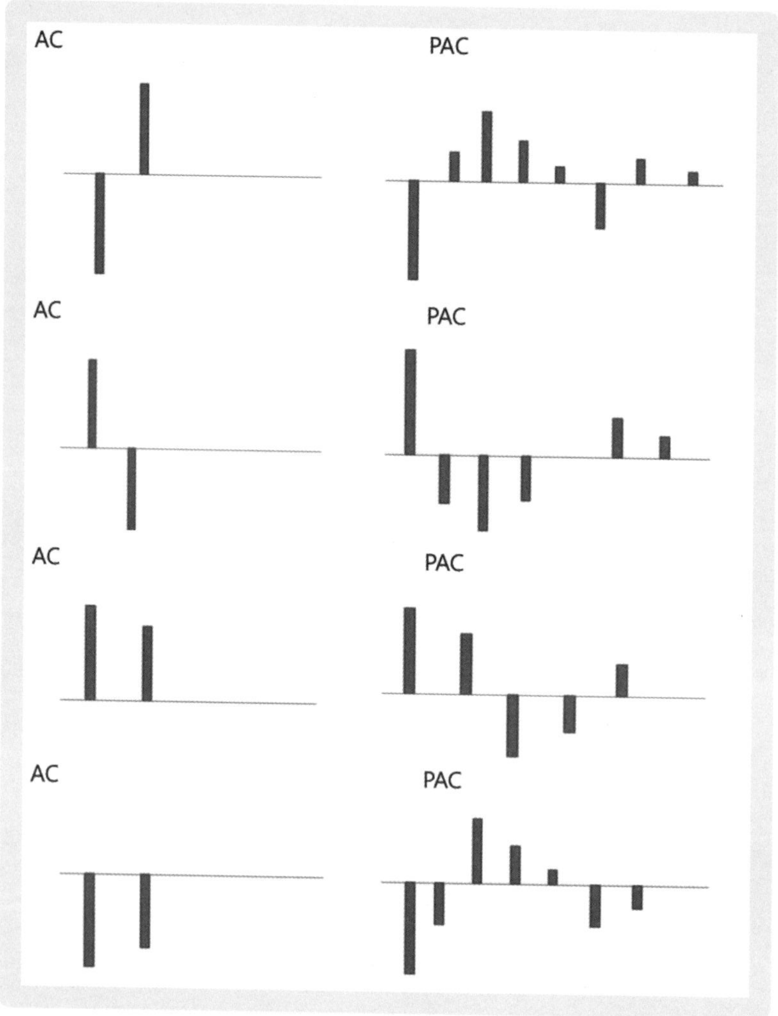

⑥ 자기회귀이동평균모형(ARMA: Auto-Regressive Moving Average Model): AR과 MA 모형의 혼합형태이다. 자기회귀(Auto-regressive)와 이동평균(Moving average)을 따르는 모형이다.

- ACF(자기상관계수)나 PACF(부분자기상관계수) 모두 점진적으로 작아지는 형태이다. 과거의 시계열 값들과 과거의 오차항들 모두의 영향을 받는다고 할 수 있다.
- AC와 PAC 모두 순차적으로 작아지는 경우 ARMA 모형으로 식별되며, 차수는 대체로 (2,2)를 넘지 않는다. 즉, AC와 PAC의 유의적인 Peak(Spike) 수가 각각 2를 넘지 않는다.

ARMA(1,1)

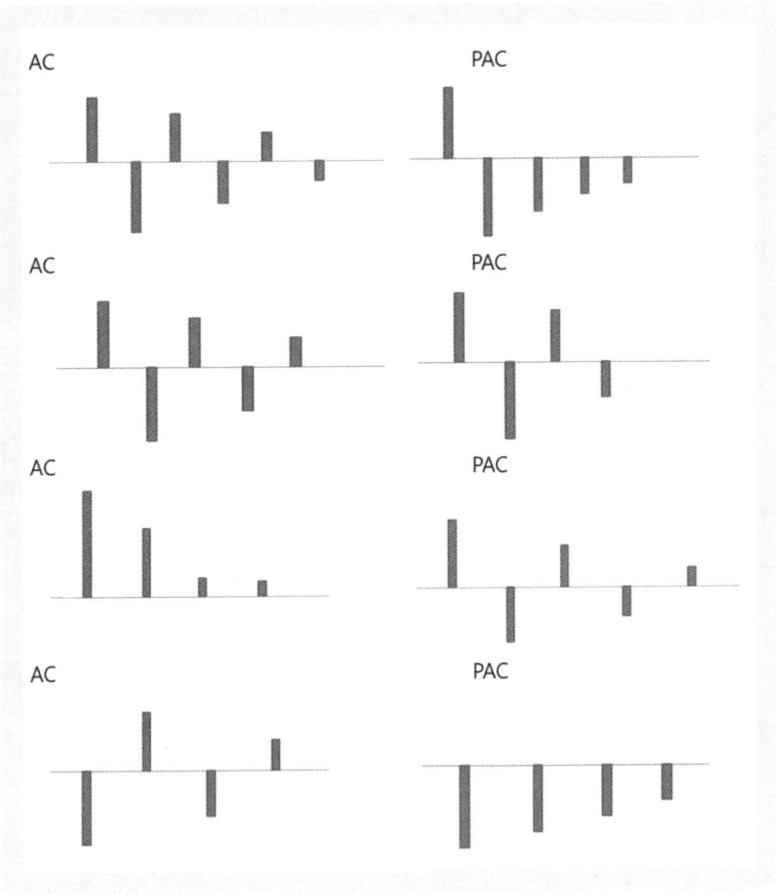

14

CHAPTER

자동 모형 생성기

14 자동 모형 생성기

14.1 탐색 가능 모형 종류

자동 모형 생성기로 찾을 수 있는 모형의 종류는 다음과 같다.

구분		종류
지수평활 모형	비계절 모형	단순, 홀트 선형 추세, 브라운 선형 추세, 진폭감소 추세
	계절 모형	단순 계절 모형, 윈터스 가법, 윈터스 승법
ARIMA 모형	비계절 모형	· p: 자기회귀 차수 · d: 차분 차수 · q: 이동평균 차수
	계절 모형	· P: 계절 자기회귀 차수 · D: 계절차분 차수 · Q: 계절 이동평균 차수

본서에서 지수평활모형은 골고루 다루었고, ARIMA 모형은 모형 구분하는 방법과 모형 생성기에서 ARIMA 모형을 다루었다.

14.2 자동 모형 생성기 사용

ARIMA 모형은 먼 과거보다 가까운 과거의 관측값에 더 많은 비중을 주기 때문에 단기예측에 적합하다. 즉, ARIMA 모형은 장기 예측값보다는 단기예측에 신뢰성이 더 높다.

14.2.1 모형 구축 조건

표본 크기 ARIMA 모형을 설정하기 위해서는 최소 50~60개 이상의 관측값이 필요하다. 계절적인 변동이 있는 자료는 더 많은 표본이 필요하다.

① 모수를 절약해야 한다(Principle of Parsimony): 불필요한 계수들을 사용하지 않고 자료를 찾는다. 모수의 수가 절약된 모형의 예측력이 더 좋다. 예를 들면 AR(2)와 AR(1) 모형에서 AR(1)이 AR(2)에 비해서 계수가 하나 더 적기 때문에 AR(1) 모형을 선택한다.

② 안정적(Stationary)이어야 한다: 백색잡음이 정규분포를 따르면서, 관측값들의 평균, 분산, 자기상관함수가 모두 일정해야만 한다.

- 실제로 대부분의 관측값들은 시계열의 평균과 분산이 비안정적이다.
- 자연로그를 통해서 분산을 안정적으로 변환시킬 수 있다.
- 시계열의 평균이 비안정적이면 차분을 통해서 평균을 안정적으로 만들 수 있다.

③ 가역적(Invertible)이여야 한다: 단기예측을 하기 위해서 ARIMA 모형은 최근에 가까운 관측값일수록 가중값이 더 커져야만 한다. 비가역적인 ARIMA 모형은 과거 관측값이 갖는 가중값이 최근에 가까운 관측값이 갖는 가중값과 차이가 없음을 의미한다.

④ 추정단계에서 추정된 계수들은 통계적으로 유의해야만 하며, 계수들은 서로 크게 상관되지 말아야 된다: 추정된 계수에 대한 t통계량의 절대값이 "2.0" 이상이어야 한다.

⑤ 추정된 계수의 유의확률이 유의수준 0.05보다 작아야 된다. 추정된 계수의 유의확률이 0.05보다 크거나 t통계량의 절대값이 "2.0"보다 작으면 정확도가 떨어지는 예측값을 얻게 된다.

⑥ 잔차들이 통계적으로 서로 독립되어야 한다: 잔차 자기상관함수에 대한 Box-Ljung 검증에서 유의확률이 유의수준 0.05보다 커야 된다. Box-Ljung의 유의확률이 0.05보다 크면 백색잡음으로부터 독립적이다. 백색잡음은 과거의 값이 현재 또는 미래의 값을 전혀 설명하지 못한다는 것을 의미한다.

자동 모형 생성기의 장점은 SPSS 초보자에게 자동으로 ARIMA 모형을 제시해 준다. 그러나 무조건 신뢰하면 안되고, 모형 검증을 거쳐서 적정 모형인지 판단해야 한다.

14.2.2 모형 탐색 과정

어떻게 모형을 찾을 수 있을까? 자동 모형 생성기(Expert Modeler)를 이용하면 시계열 분석의 초보자도 쉽게 모형을 찾을 수 있다.

자동 모형 생성기 과정 요약

과정	설명
자료 수집	관측값 정리
시계열 분석	분석 → 예측 → 순차도표(관측값 변화 시각적으로 확인) 자연로그 변환 여부 및 이상값 유무 확인 → 자연로그 변환 및 이상값 보정방법 결정 분석 → 예측 → 모형 생성
모형 검진	모형 검진(잔차자기상관함수, 잔차도표, Box-Ljung) 자연로그로 예측된 값 → 지수함수로 원래 단위로 변환 → 모델에 의한 예측값과 관측값을 비교 또는 여러 모델의 예측값과 관측값 차이를 비교한 후 합계 · 평균 · 표준편차를 비교
발표 자료 작성	결과의 그래프를 PNG로 내보내기하는 방법도 있고 그래프 → 레거시 대화상자 → 그래프를 완성할 수도 있고 엑셀로 내보내기한 후 포토샵과 플래시에서 그래프를 애니메이션으로 만들기 → 파워포인트에서 발표 자료 작성

2010년 4월부터 2017년 2월까지 병원매출액을 조사했다.

파일 이름: 자동 모형 생성기(단위: 천만 원)

	Month	Year	병원매출액
1	4	2010	2740.5
2	5	2010	1945.0
3	6	2010	1780.8
4	7	2010	1390.2
5	8	2010	1600.5
6	9	2010	1875.0
7	10	2010	2145.8
8	11	2010	3420.2
9	12	2010	3975.0
10	1	2011	5913.5

날짜 정의 → 분석 → 예측 → 순차도표

- 변수: 병원매출액
- 시간축 설명: Date

형식

• 수평축에 시간표시

• 단일 변수 도표: 선도표, 계열 평균에 참조선

계속 → 확인

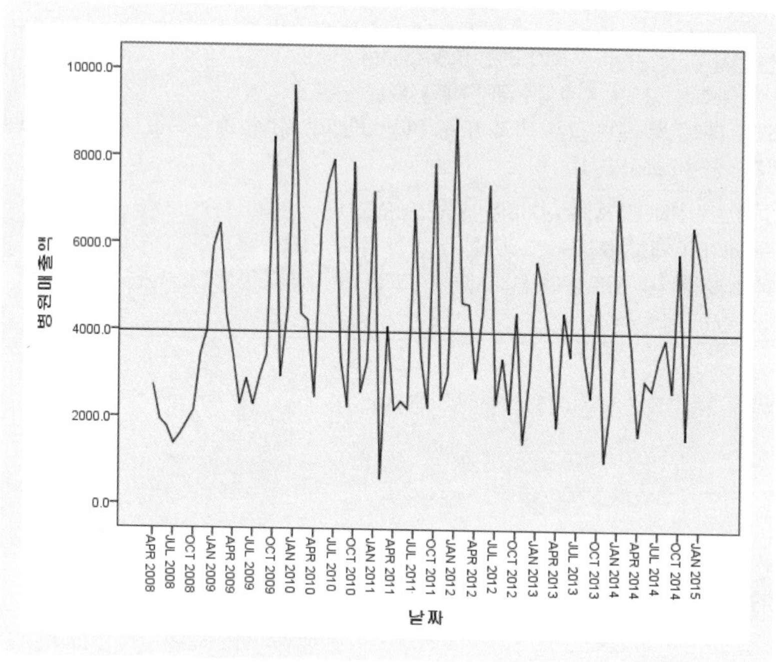

자기상관

분석 → 예측 → 자기상관

• 변수: 병원매출액

• 표시: 자기상관, 편자기상관

옵션

• 최대 시차수: 12

• 표준오차법: Bartlett 근사

계속 → 확인 → 결과

자기상관

계열: 병원매출액

시차	자기상관	표준오차[a]	Box-Ljung 통계량		
			값	자유도	유의확률[b]
1	.018	.110	.029	1	.866
2	-.020	.110	.062	2	.970
3	.168	.110	2.539	3	.468
4	-.060	.113	2.862	4	.581
5	.038	.113	2.995	5	.701
6	-.017	.113	3.021	6	.806
7	.012	.113	3.035	7	.882
8	-.106	.113	4.093	8	.849
9	.079	.115	4.690	9	.860
10	-.165	.115	7.327	10	.694
11	-.123	.118	8.808	11	.640
12	.342	.120	20.435	12	.059
13	-.135	.131	22.263	13	.051
14	-.136	.133	24.160	14	.044
15	.038	.134	24.309	15	.060
16	-.133	.134	26.177	16	.052

a. 가정된 기본 공정은 시차 수에서 1을 뺀 것과 같은 차수인 MA입니다. Bartlett 근사가 사용되었습니다.

b. 점근 카이제곱 근사를 기준으로 합니다.

시차 12(주기 12)의 Box-Ljung 통계량 유의확률이 0.59로 유의수준 0.05보다 크다.

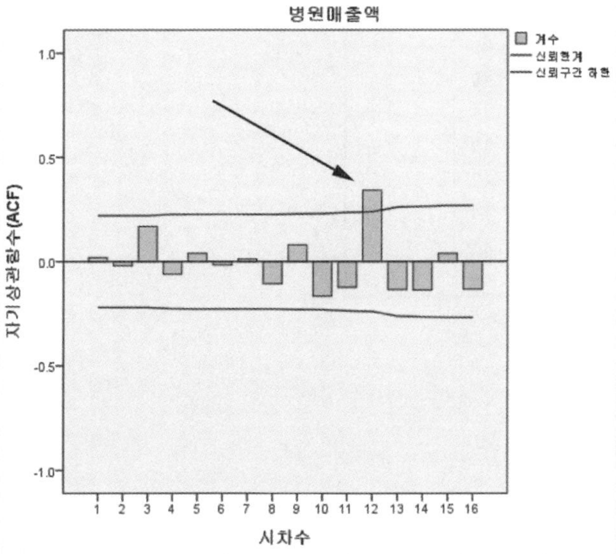

자기상관함수(ACF) 시차 12(주기 12)에서 신뢰한계를 넘는 Peak(Spike)를 보이고 있다. 12개월 단위로 계절적인 변동이 있다는 뜻이다.

SPSS 미래 예측 및 시계열 분석 초보자의 경우 다음 BOX 안의 설명을 건너뛴다.

시차 12(주기 12)에서 편자기상관계수(PACF)도 신뢰한계선 밖으로 튀어나와 있기 때문에 계절차분 1을 실시해야 할까?

계절차분 1을 해서 자기상관함수가 -0.5에 가깝거나 넘으면 과대차분(Over-differencing)이 된다. 그리고 표준오차가 증가하는지 확인해야 한다. 계절차분 실시 이전에 비해서 계절차분했을 때 표준오차가 0.12에서 0.132로 더 증가한다.

구분	표준오차 비교
계절차분 1 실시 전	0.12
계절차분 1 실시 후	0.132

자기상관

계열: 병원매출액

시차	자기상관	표준오차[a]	Box-Ljung 통계량		
			값	자유도	유의확률[b]
1	.180	.119	2.411	1	.121
2	.147	.122	4.033	2	.133
3	.156	.125	5.889	3	.117
4	.070	.128	6.263	4	.180
5	.004	.128	6.264	5	.281
6	.003	.128	6.265	6	.394
7	-.088	.128	6.898	7	.440
8	-.068	.129	7.282	8	.507
9	-.043	.130	7.427	9	.592
10	-.072	.130	7.876	10	.641
11	-.142	.130	9.620	11	.565
12	-.442	.132	26.769	12	.008
13	-.006	.152	26.772	13	.013
14	.029	.152	26.848	14	.020
15	-.012	.152	26.860	15	.030
16	-.114	.152	28.078	16	.031

a. 가정된 기본 공정은 시차 수에서 1을 뺀 것과 같은 차수인 MA입니다. Bartlett 근사가 사용되었습니다.

b. 점근 카이제곱 근사를 기준으로 합니다.

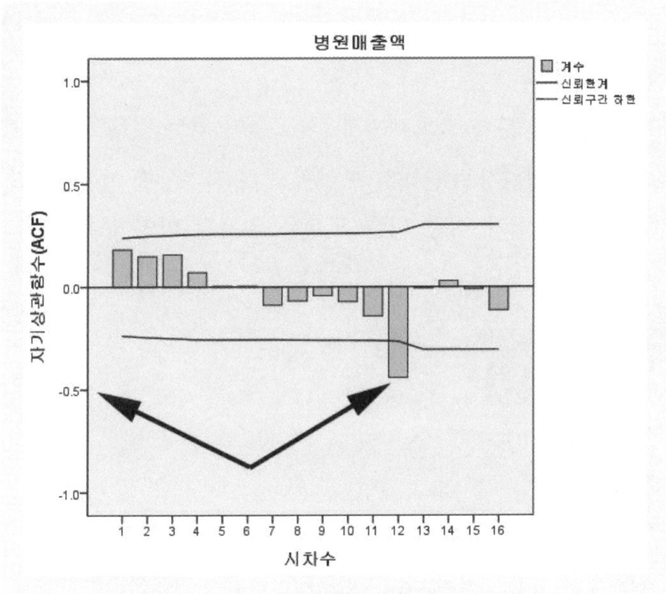

자기상관함수(ACF)도 -0.442로 -0.5에 가깝다. 따라서 계절차분을 하면 과대차분(Over-differencing)이 된다.
따라서 계절차분 1을 하지 않고 그대로 모형을 탐색한다.

편자기상관

계열: 병원매출액

시차	편자기상관	표준오차
1	.018	.110
2	-.020	.110
3	.168	.110
4	-.069	.110
5	.051	.110
6	-.053	.110
7	.041	.110
8	-.135	.110
9	.117	.110
10	-.217	.110
11	-.039	.110
12	.307	.110
13	-.115	.110
14	-.143	.110
15	-.027	.110
16	-.095	.110

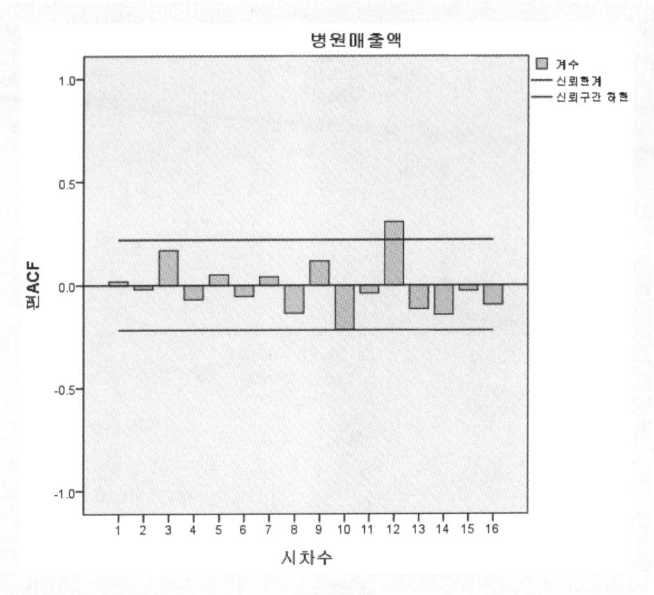

ARIMA 모형을 찾을 때, Chapter 14의 ACF와 PACF 모양을 보고 판단한다.

시계열 분석 초보자들에게 ACF와 PACF 모양만을 보고 모형을 찾는 것은 쉽지 않다.

초보자들은 어떻게 모형을 찾을 수 있을까?

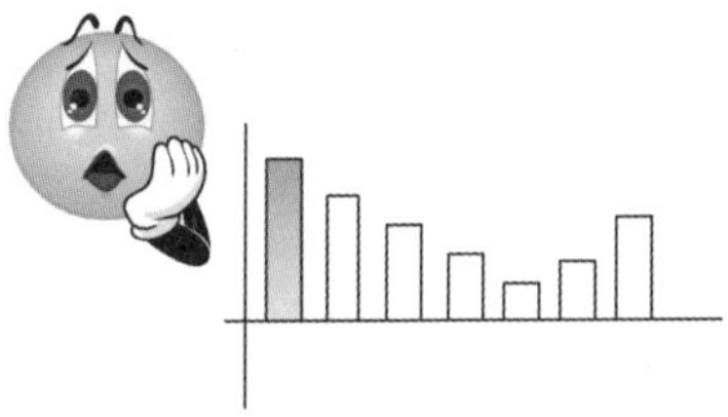

SPSS의 자동 모형 생성기로 모형을 파악한다. 자동 모형 생성기는 초보자가 쉽게 시계열 모형을 파악할 수 있도록 도와준다.

주의 SPSS의 자동 모형 생성기가 시계열 분석 초보자에게 큰 도움이 되는 것은 틀림없지만, 무조건 신뢰하는 것은 곤란하다. 자동 모형 생성기로 탐색된 모형의 잔차 자기상관 여부를 확인해야 하며, MAE(MAD), MSE, RMSE, MAPE가 적은 다른 모형은 없는지 확인이 필요하다.

분석 → 예측 → 모형 생성

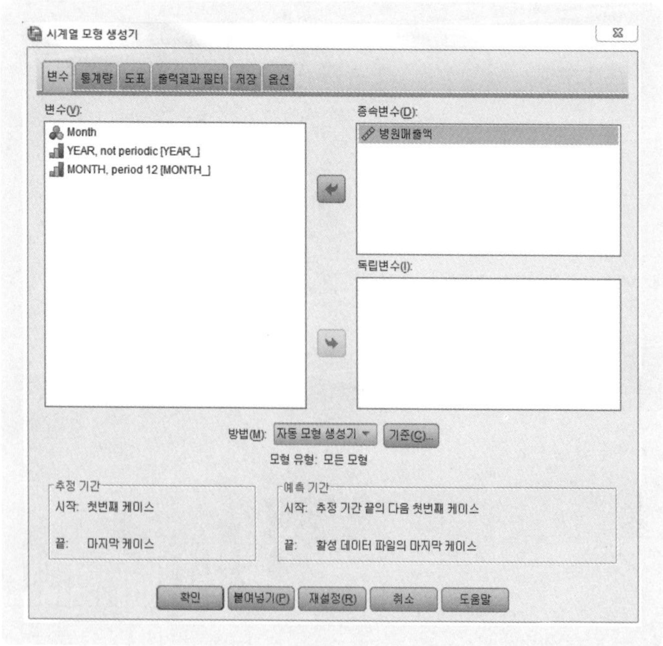

종속변수 선택

- 종속변수: 병원매출액
- 독립변수: 만약 독립변수를 선택하면 자동 모형 생성기에서 ARIMA 모형만 가능하다.
  - 예 사건변수(1: 사건 발생, 0: 사건 미발생)
  - 예 광고·홍보비(독립변수)와 고객수(독립변수) 변화에 따른 매출액 변화(종속변수)를 예측할 수 있다. 독립변수가 포함된다면 ARIMA 모형만을 체크한다.
- 방법: 자동 모형 생성기

기준

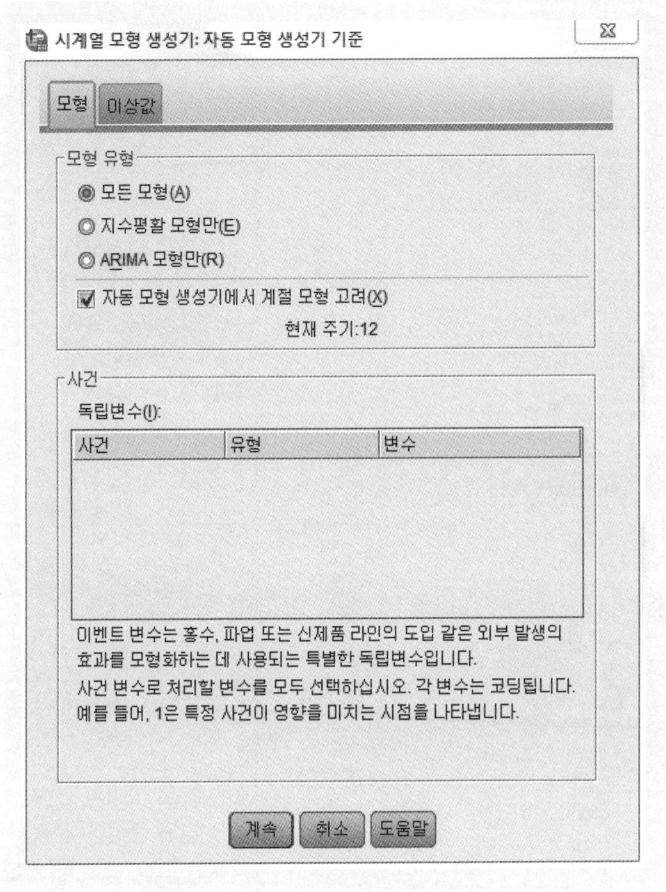

- 모형 유형: 모든 모형
- 자동 모형 생성기에서 계절 모형 고려

- 모형 유형: 모든 모형 선택

종류	특징
모든 모형 선택한 경우	모든 모형을 선택하면, ARIMA 모형뿐만 아니라 Holt, Brown, Winters 모형까지도 고려해서 적절한 모형을 찾을 수 있다. 즉, 지수평활모형과 ARIMA 모형 모두를 고려한 결과를 얻을 수 있다.
지수평활모형만 선택	지수평활모형(Holt, Brown, Winters)에서만 모형을 찾는다.
ARIMA 모형만 선택	ARIMA 모형 안에서만 모형을 찾는다. 독립변수를 포함한 경우, 개입모형을 이용한 시계열 분석은 반드시 ARIMA 모형만 선택한다.

자동 모형 생성기에서 계절 모형 고려: 체크하면 계절 모형과 비계절 모형을 모두 고려하며, 체크를 해제하면 비계절 모형만을 고려한다.

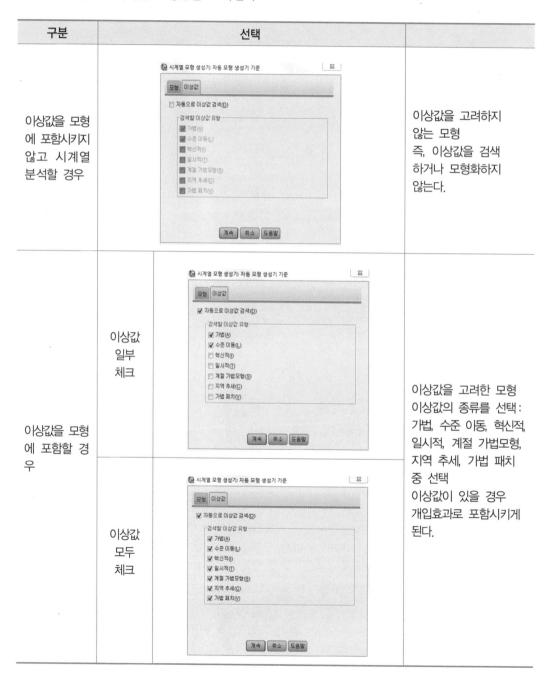

<table>
<tr><th>구분</th><th colspan="2">선택</th><th></th></tr>
<tr><td>이상값을 모형에 포함시키지 않고 시계열 분석할 경우</td><td colspan="2">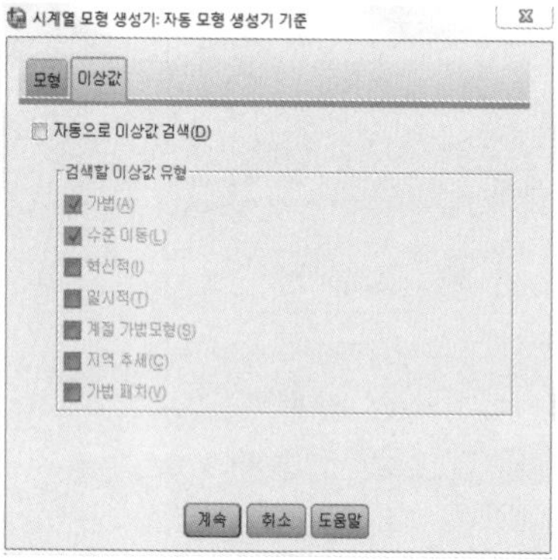
</td><td>이상값을 고려하지 않는 모형
즉, 이상값을 검색하거나 모형화하지 않는다.</td></tr>
<tr><td rowspan="2">이상값을 모형에 포함할 경우</td><td>이상값 일부 체크</td><td>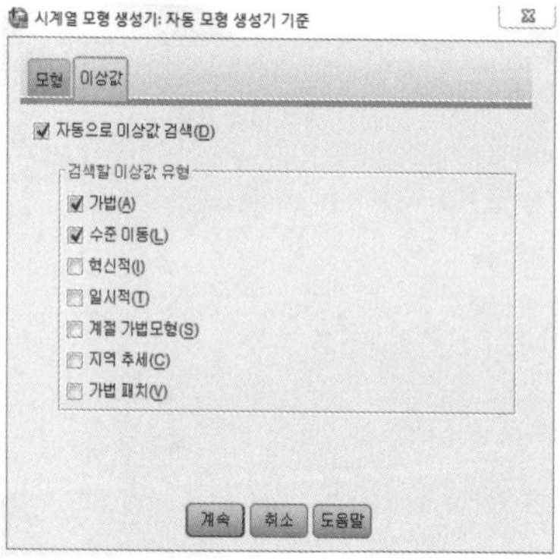
</td><td rowspan="2">이상값을 고려한 모형
이상값의 종류를 선택 : 가법, 수준 이동, 혁신적, 일시적, 계절 가법모형, 지역 추세, 가법 패치 중 선택
이상값이 있을 경우 개입효과로 포함시키게 된다.</td></tr>
<tr><td>이상값 모두 체크</td><td>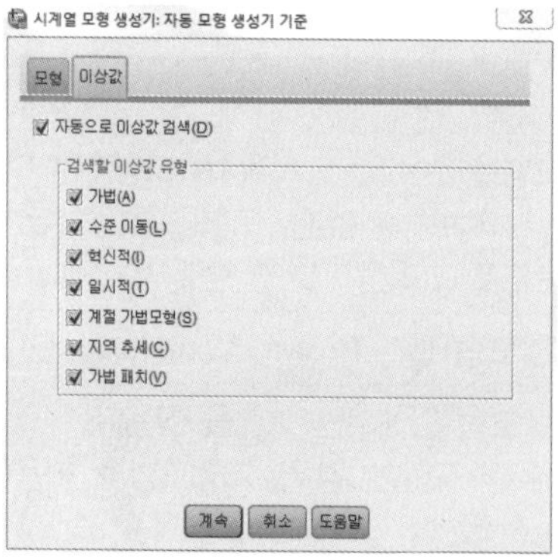
</td></tr>
</table>

여기서는 이상값 모형에 모두 체크를 한 방법을 선택해서 설명하고자 한다.

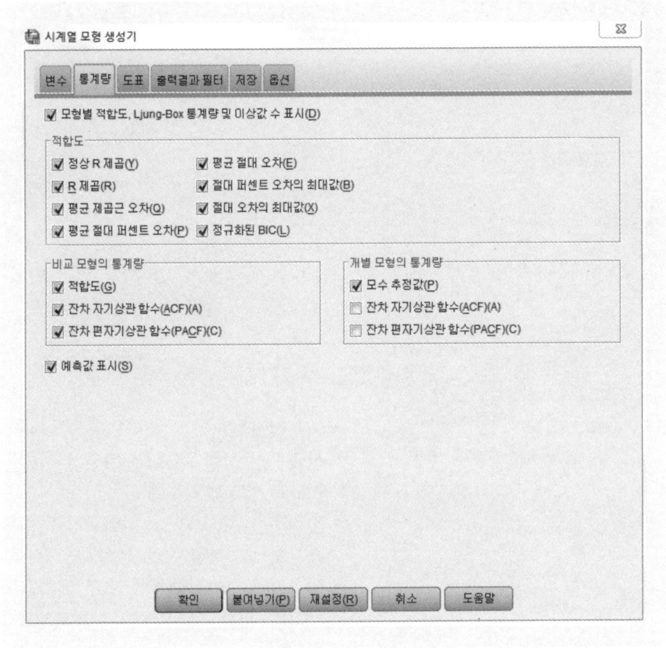

계속 → 통계량
- 모형별 적합도 · Ljung-Box 통계량 및 이상값 수 표시 체크
- 적합도: 정상 R 제곱, R 제곱, 평균 절대 퍼센트 오차, 절대 퍼센트 오차의 절대값, 정규화된 BIC
- 비교 모형의 통계량: 적합도
- 개별 모형의 통계량: 모수 추정값 체크
- 예측값 표시

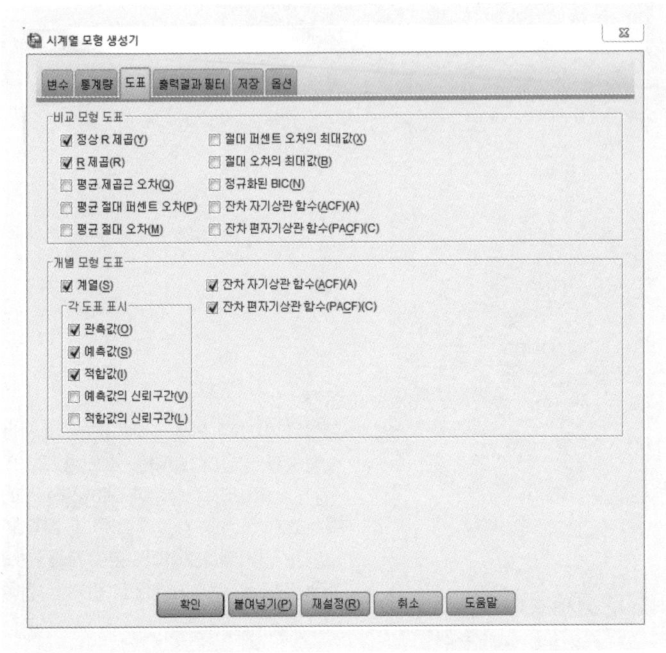

도표
- 비교 모형 도표: 정상 R 제곱, R 제곱
- 각 도표 표시: 계열, 잔차 자기상관 함수(ACF), 잔차 편자기상관 함수(PACF)
- 관측값, 예측값, 적합값

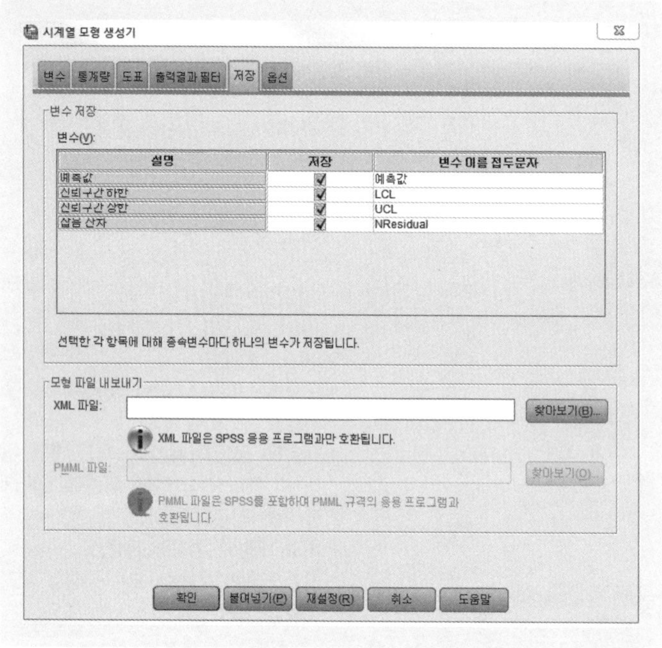

저장
- 예측값 체크
- 신뢰구간 상한 체크: 신뢰구간 상한을 알고자 할 경우
- 신뢰구간 하한 체크: 신뢰구간 하한을 알고자 할 경우
- 잡음 잔차: 실제값(관측값)과 예측값의 차이를 계산

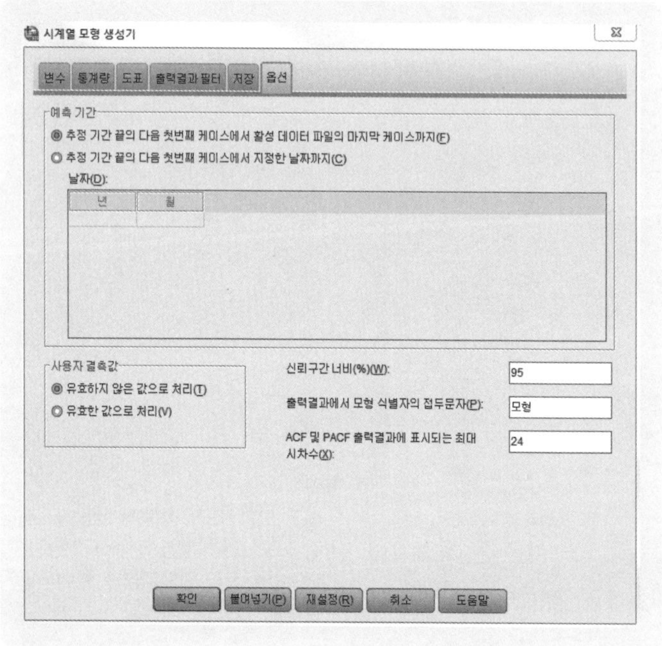

옵션
모형을 알고자 하는 단계이므로 옵션을 설정하지 않는다. 모형을 확인한 후, 추정기간 끝의 다음 첫번째 케이스에서 예측하고자 하는 기간을 입력한다. ARIMA 모형은 단기예측모형이므로 3개월 → 6개월 정도로 예측기간으로 짧게 설정한다.

확인 → 결과 → 모형: ARIMA(0,0,0) (1,0,0)12 모형

ARIMA(AutoRegressive Integrated Moving Average) 모형에서 앞의 (p,d,q)는 비계절성을 의미하고 뒤의 (P,D,Q)는 계절성을 설명한다.

ARIMA 모형 뒤의 12는 12개월을 주기로 하는 모형을 의미한다. 보고서를 작성할 때 일반적으로 주기도 함께 표기한다.

ARIMA 모형 일반적 표기 방법: ARIMA(p,d,q) × (P,D,Q)s

- p: 자기회귀 차수
- d: 차분 차수
- q: 이동평균 차수
- P: 계절 자기회귀 차수
- D: 계절차분 차수
- Q: 계절 이동평균 차수
- S: 계절주기: s의 배수 주기로 된 시계열 자료
  - 예 12: 12개월을 주기로 하는 모형

자기상관에서 12개월 단위로 계절적인 변동이 발견되었듯이 자동 모형 생성기에서도 계절성이 포함되어 있음을 보여주고 있다.

모형 R 제곱: 회귀분석에서 R 제곱은 방정식의 설명력과 신뢰도로 중요한 역할을 하지만, ARIMA에서는 모델의 적합성을 평가하기 위해서 Ljung-Box를 중요시한다.

경고

예측을 계산할 수 없기 때문에 예측표가 작성되지 않습니다.

모형 설명

			모형 유형
모형 ID	병원매출액	모형_1	ARIMA(0,0,0)(1,0,0)

경고문이 뜨지 않도록 하려면 통계량에서 예측값 표시를 체크하지 않으면 된다. 경고문이 있더라도 무시한다.

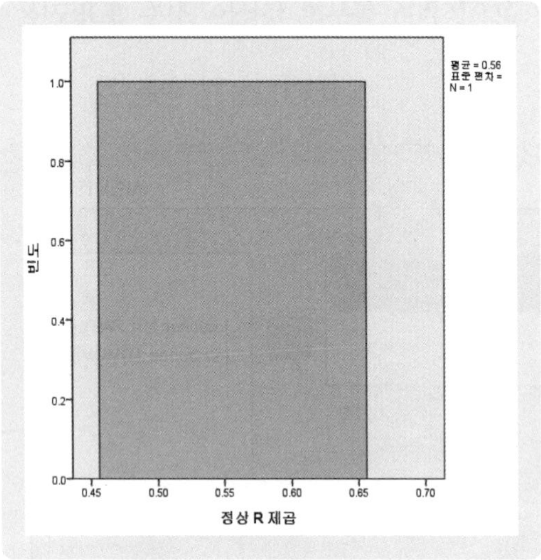

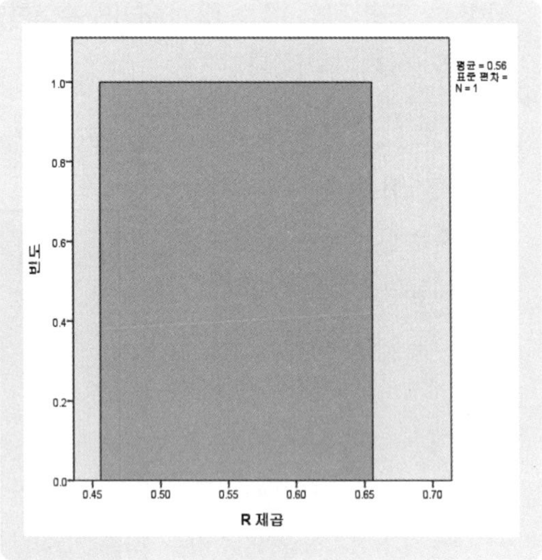

모형적합

					백분위수						
적합 통계량	평균	SE	최소값	최대값	5	10	25	50	75	90	95
정상 R 제곱	.556	.	.556	.556	.556	.556	.556	.556	.556	.556	.556
R 제곱	.556	.	.556	.556	.556	.556	.556	.556	.556	.556	.556
RMSE	1439.238	.	1439.238	1439.238	1439.238	1439.238	1439.238	1439.238	1439.238	1439.238	1439.238
MAPE	31.327	.	31.327	31.327	31.327	31.327	31.327	31.327	31.327	31.327	31.327
MaxAPE	155.480	.	155.480	155.480	155.480	155.480	155.480	155.480	155.480	155.480	155.480
MAE	1020.403	.	1020.403	1020.403	1020.403	1020.403	1020.403	1020.403	1020.403	1020.403	1020.403
MaxAE	4442.820	.	4442.820	4442.820	4442.820	4442.820	4442.820	4442.820	4442.820	4442.820	4442.820
정규화된 BIC	14.970	.	14.970	14.970	14.970	14.970	14.970	14.970	14.970	14.970	14.970

모형 통계량

		모형적합 통계량								Ljung-Box Q(18)			
모형	예측변수 수	정상 R 제곱	R 제곱	RMSE	MAPE	MAE	MaxAPE	MaxAE	정규화된 BIC	통계량	자유도	유의확률	이상값 수
병원매출액-모형_1	0	.556	.556	1439.238	31.327	1020.403	155.480	4442.820	14.970	19.009	17	.328	5

ARIMA 모형 모수

					추정값	SE	t	유의확률
병원매출액-모형_1	병원매출액	변환 안 함	상수항		3551.679	381.472	9.310	.000
			AR, 계절	시차 1	.693	.076	9.062	.000

이상값

				추정값	SE	t	유의확률
병원매출액-모형_1	10월 2011	최신		5873.273	1370.473	4.286	.000
	5월 2012	일시적	최대	4990.172	1028.431	4.852	.000
			감소 요인	.619	.109	5.658	.000
	2월 2013	가법		-3942.668	1122.971	-3.511	.001
	6월 2014	가법		4502.180	1119.694	4.021	.000
	7월 2014	가법		-4742.998	1119.433	-4.237	.000

ARIMA 모형을 탐색할 때, 정상 R 제곱과 R 제곱 중 어느 것을 기준으로 비교해야 할까? 추세, 계절성이 포함되어 있을 때 정상 R 제곱을 비교해서 정상 R 제곱이 높은 모형이 좋은 모형이다. 정상 R 제곱이 0.56이므로 정상 R 제곱은 모형식이 관측값 56%를 설명하고 있다.

Ljung-Box의 유의확률이 0.328로 유의수준 0.05보다 크므로 백색잡음으로부터 독립적이며 통계적으로 유의미하다. 백색잡음(White Noise)이란 시계열 자료 중 자기상관이 전혀 없는 특별한 경우이며 현재값이 미래 예측에 전혀 도움이 되지 못한다.

ARIMA 모형 모수 상수항과 AR, 계절 시차 1의 유의확률이 각각 0.000으로 유의수준 0.05보다 작기 때문에 통계적으로 유의미하다. 학자에 따라서 상수항은 유의수준 0.05보다 커도 된다는 견해도 있다.

모형통계량에 이상값이 5개 검색되었다. 이상값을 포함한 모형이다.

잔차 ACF와 잔차 PACF

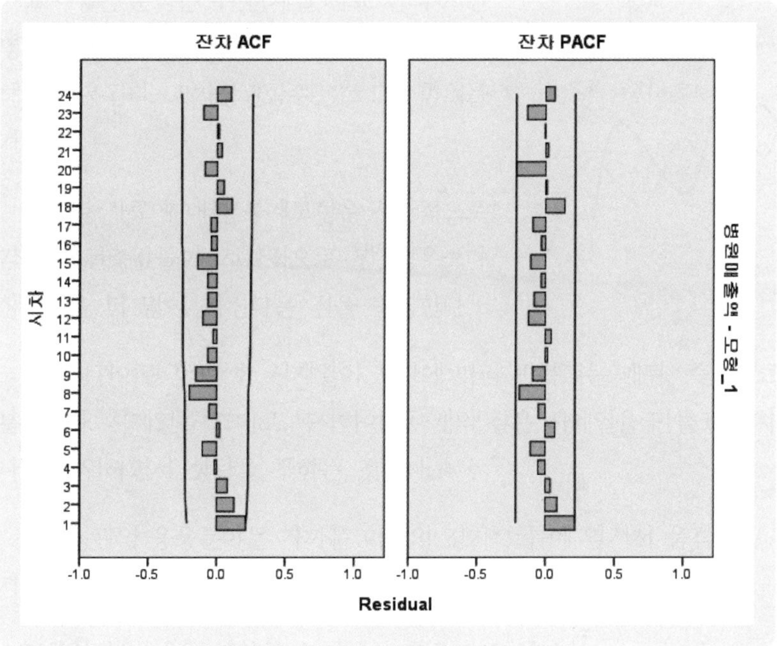

잔차 ACF와 잔차 PACF에서 경계선 밖으로 Peak(Spike)가 나오지 않아야만 모형이 통계적으로 유의미하다. 만약 Spike가 있으면 다른 모형을 찾아야만 된다.

관측치와 예측치가 함께 표시된 도표

- 관측치: 빨간색
- 예측치: 파란색

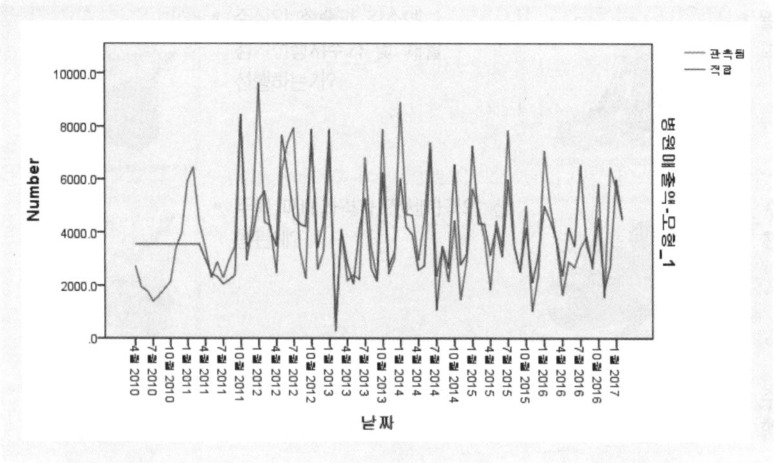

데이터 보기에 예측값이 예측값_의료관광객수_모형 1, 신뢰구간 하한(LCL), 신뢰구간 상한(UCL), 잡음 잔차(오차: NResidual)의 4가지 새로운 변수가 추가로 생성된다.

	Month	Year	병원매출액	YEAR_	MONTH_	DATE_	예측값_병원매출액_모형_1	LCL_병원매출액_모형_1	UCL_병원매출액_모형_1	NResidual_병원매출액_모형_1
1	4	2010	2740.5	2010	4	APR 2010	3551.7	-206.8	7310.1	-811.2
2	5	2010	1945.0	2010	5	MAY 2010	3551.7	-206.8	7310.1	-1606.7
3	6	2010	1780.8	2010	6	JUN 2010	3551.7	-206.8	7310.1	-1770.9
4	7	2010	1390.2	2010	7	JUL 2010	3551.7	-206.8	7310.1	-2161.5
5	8	2010	1600.5	2010	8	AUG 2010	3551.7	-206.8	7310.1	-1951.2
6	9	2010	1875.0	2010	9	SEP 2010	3551.7	-206.8	7310.1	-1676.7
7	10	2010	2145.8	2010	10	OCT 2010	3551.7	-206.8	7310.1	-1405.9
8	11	2010	3420.2	2010	11	NOV 2010	3551.7	-206.8	7310.1	-131.5
9	12	2010	3975.0	2010	12	DEC 2010	3551.7	-206.8	7310.1	423.3
10	1	2011	5913.5	2011	1	JAN 2011	3551.7	-206.8	7310.1	2361.8

14.2.3 탐색된 모형 재실시 주의사항

SPSS 초보자의 경우, 처음 실시한 자동 모형 생성기로 탐석된 결과에서 얻은 예측값과 탐색된 모형을 그대로 적용한 결과의 예측값이 동일하게 나오지 않아서 당황하는 경우가 있다.

① 모형을 탐색하고 적용할 때, 단순히 ARIMA 모형만을 그대로 표기하면 완료되는 것으로 알고 있다.

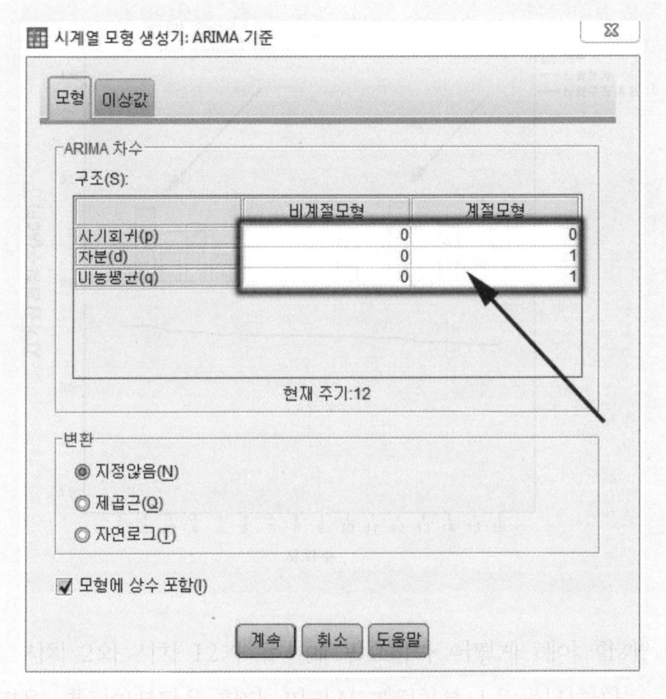
시계열 모형 생성기: ARIMA 기준
모형
이상값
ARIMA 차수
구조(S):
비계절모형
계절모형
자기회귀(p) 0 0
차분(d) 0 1
이동평균(q) 0 1
현재 주기:12
변환
지정않음(N)
제곱근(Q)
자연로그(T)
모형에 상수 포함(I)
계속
취소
도움말

여기서 흔히 놓치는 부분이 있는데, 바로 자료 로그변환 여부를 꼭 확인해야 한다.

모형 통계량

모형	예측변수 수	모형적합 통계량				Ljung-Box Q(18)			이상값 수
		정상 R 제곱	R 제곱	RMSE	MAPE	통계량	자유도	유의확률	
여행사순이익-모형_1	0	.198	.348	55.380	23.404	11.143	17	.849	0

ARIMA 모형 모수

					추정값	SE	t	유의확률
여행사순이익-모형_1	여행사순이익	자연로그	계절차분		1			
			MA, 계절	시차 1	.533	.122	4.352	.000

자연로그로 변환된 모형이므로 자연로그로 변환시킨 후에 탐색된 모형을 적용하면 동일한 결과를 확인할 수 있다. 또한 자연로그로 변환된 자료에 새로운 조건을 넣어서 미래를 예측할 때, 예측값을 해석할 때 주의가 요구된다.

② 두 번째로 놓치는 것은 모형에 상수항이 있는지 여부를 꼭 확인해야 된다. 위에서 설명한 모형에는 상수항이 없다. 만약 ARIMA 모형 모수에 항수항이 없으면, 탐색된 모형을 적용할 때, "모형에 상수 포함"의 체크를 해제해야 한다.

이와 같이 모형 모수에서 자연로그 변환 여부, 상수항 포함 여부를 꼭 확인한다.

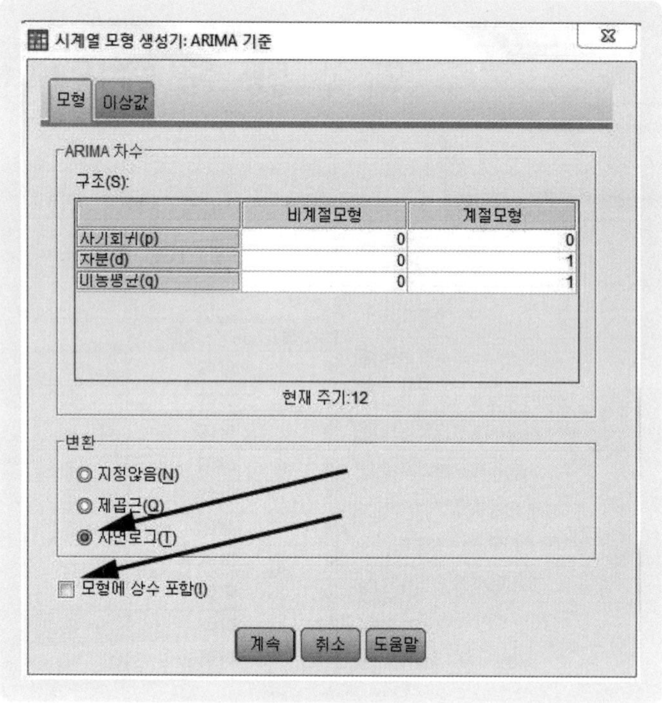
시계열 모형 생성기: ARIMA 기준
모형
이상값
ARIMA 차수
구조(S):
비계절모형
계절모형
사기회귀(p)
차분(d)
이동평균(q)
현재 주기:12
변환
지정않음(N)
제곱근(Q)
자연로그(T)
모형에 상수 포함(I)
계속
취소
도움말

14.2.4 모형 검증

잔차(오차항)의 Box-Ljung 유의확률이 유의수준 0.05보다 커서 잔차(오차항)가 백색잡음으로부터 독립적이어야 한다. 만약 자기상관함수가 신뢰한계를 벗어나 있다면 다른 모형을 탐색해야 한다. 자세한 모형 검증 방법 및 여러 모형 중에서 최적의 모형 선택 방법은 Chapter 15의 내용을 참고한다.

14.3 자동 모형 생성기로 탐색된 모형 실행 및 미래 예측

탐색된 모형을 적용하고, 옵션에서 미래 예측기간을 설정한다. ARIMA 모형은 장기 예측보다는 단기 예측에 적합하다.

분석 → 예측 → 모형 생성

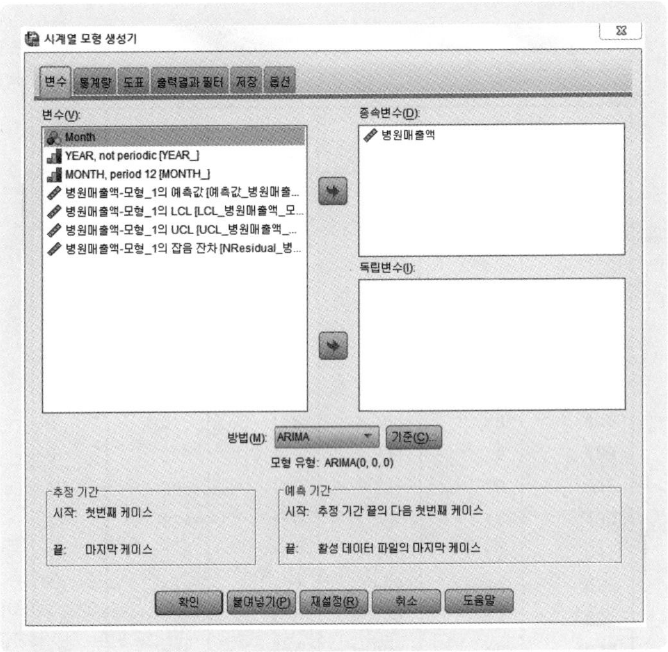

변수
- 종속변수: 병원매출액
- 방법: ARIMA

ARIMA(0,0,0) (1,0,0) 모형

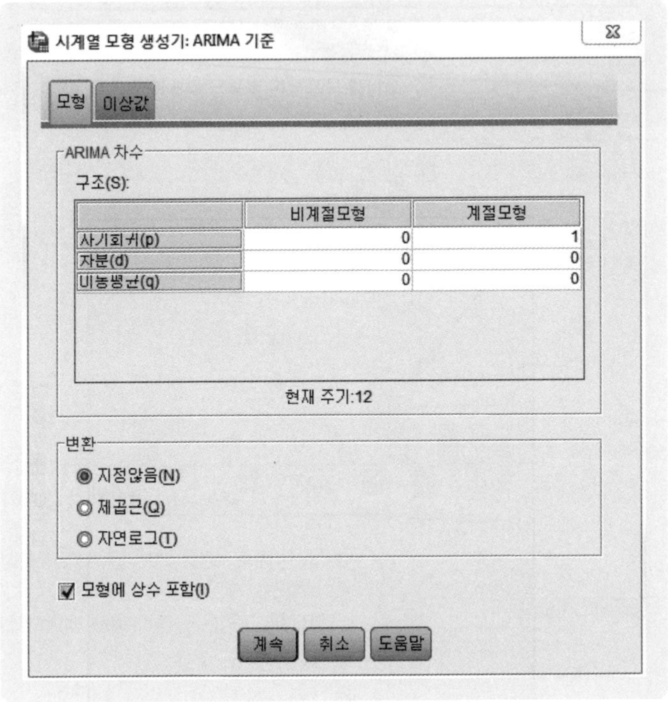

기준
- 비계절 모형
  자기회귀: 0 차분: 0 이동평균: 0
- 계절 모형
  자기회귀: 1 차분: 0 이동평균: 0
- 모형에 상수 포함

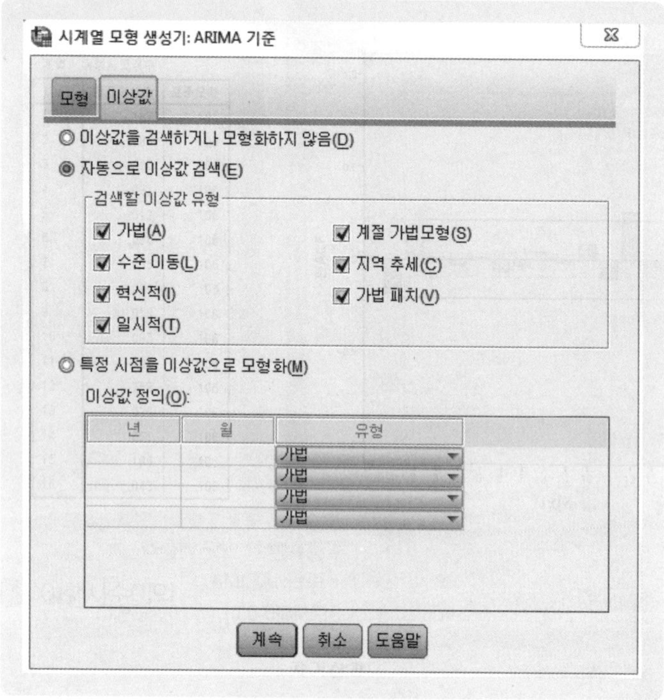

이상값

- 자동으로 이상값 검색
- 검색할 이상값 검색: 가법, 계절 가법모형, 수준 이동, 지역 추세, 혁신적, 가법 패치, 일시적(모형을 찾을 때, 이상값을 모두 체크했으므로 동일하게 모두 체크한다.)

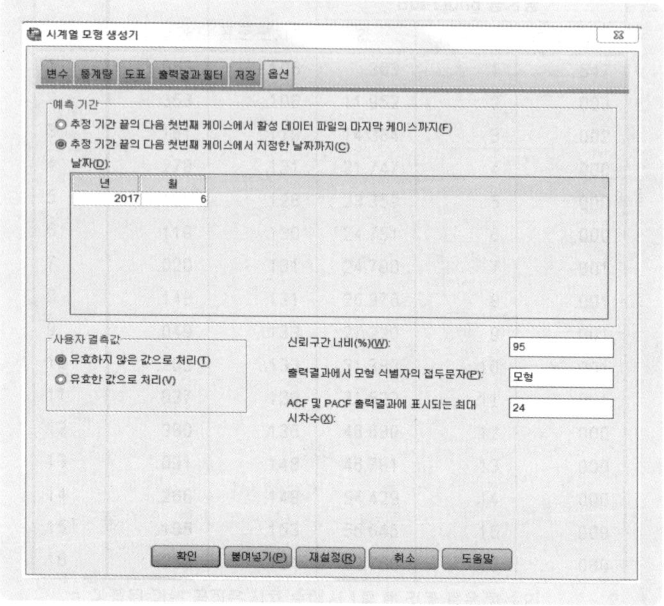

계속 → 통계량, 도표, 저장의 조건을 그대로 적용

- 옵션: 예측기간을 2017년 6월로 설정(예측하고자 하는 기간을 설정한다. ARIMA 모형은 단기 예측에 적합하다.)

확인 → 결과

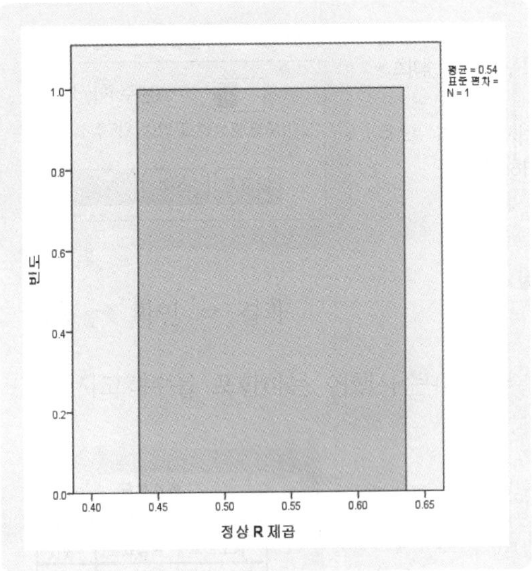

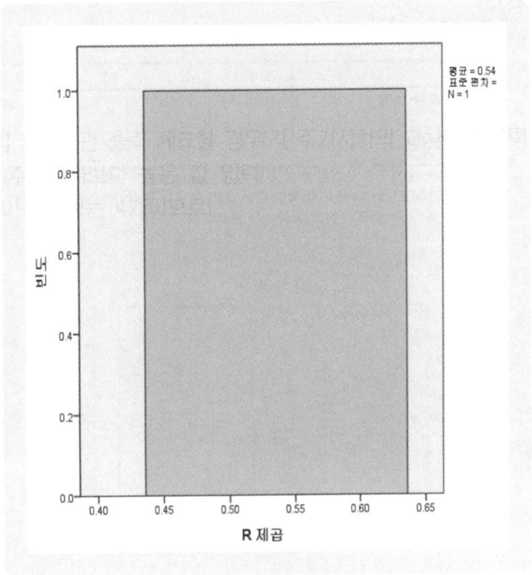

모형적합

적합 통계량	평균	SE	최소값	최대값	백분위수 5	10	25	50	75	90	95
정상 R 제곱	.536	.	.536	.536	.536	.536	.536	.536	.536	.536	.536
R 제곱	.536	.	.536	.536	.536	.536	.536	.536	.536	.536	.536
RMSE	1461.689	.	1461.689	1461.689	1461.689	1461.689	1461.689	1461.689	1461.689	1461.689	1461.689
MAPE	37.991	.	37.991	37.991	37.991	37.991	37.991	37.991	37.991	37.991	37.991
MaxAPE	502.372	.	502.372	502.372	502.372	502.372	502.372	502.372	502.372	502.372	502.372
MAE	1090.551	.	1090.551	1090.551	1090.551	1090.551	1090.551	1090.551	1090.551	1090.551	1090.551
MaxAE	4426.185	.	4426.185	4426.185	4426.185	4426.185	4426.185	4426.185	4426.185	4426.185	4426.185
정규화된 BIC	14.947	.	14.947	14.947	14.947	14.947	14.947	14.947	14.947	14.947	14.947

모형 통계량

모형	예측변수 수	모형적합 통계량 정상 R 제곱	R 제곱	RMSE	MAPE	MAE	MaxAPE	MaxAE	정규화된 BIC	Ljung-Box Q(18) 통계량	자유도	유의확률	이상값 수
병원매출액-모형_1	0	.536	.536	1461.689	37.991	1090.551	502.372	4426.185	14.947	19.594	17	.296	4

ARIMA 모형 모수

					추정값	SE	t	유의확률
병원매출액-모형_1	병원매출액	변환 안 함	상수항		3210.190	225.293	14.249	.000
			AR, 계절	시차 1	.258	.121	2.131	.036

이상값

				추정값	SE	t	유의확률
병원매출액-모형_1	10월 2011	계절가법		3469.801	779.318	4.452	.000
	1월 2012	계절가법		4004.352	790.591	5.065	.000
	5월 2012	일시적	최대	4770.834	1299.654	3.671	.000
			감소 요인	.625	.143	4.375	.000
	7월 2015	가법		4799.862	1413.700	3.395	.001

이상값이 자동 모형 생성기로 모형을 찾을 때에 비해서 1개 줄어들었다.

예측값

- 2017년 3월: 10796.8
- 2017년 4월: 2802.4
- 2017년 5월: 3127.5
- 2017년 6월: 3073.6

예측

모형		3월 2017	4월 2017	5월 2017	6월 2017
병원매출액-모형_1	예측	10796.8	2802.4	3127.5	3073.6
	UCL	13688.6	5694.2	6019.4	5965.4
	LCL	7905.0	-89.4	235.7	181.7

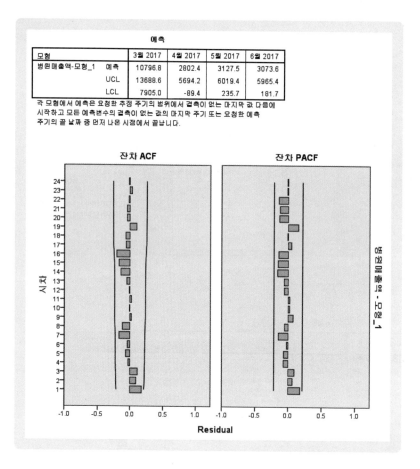

각 모형에서 예측은 요청한 추정 주기의 범위에서 결측이 없는 마지막 값 다음에 시작하고 모든 예측변수의 결측이 없는 값의 마지막 주기 또는 요청한 예측 주기의 끝 날짜 중 먼저 나온 시점에서 끝납니다.

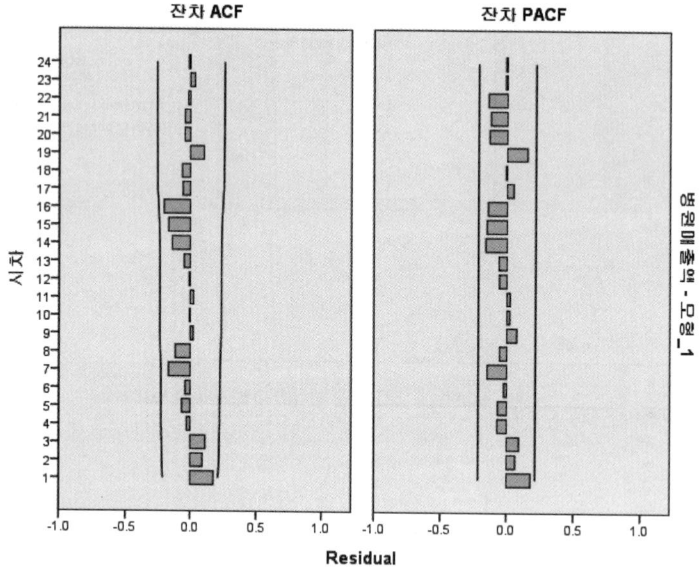

잔차 ACF, 잔차 PACF에서 Peak(Spike)가 발견되지 않는다.
예측값, 95% 신뢰 하한과 신뢰 상한이 출력된다.

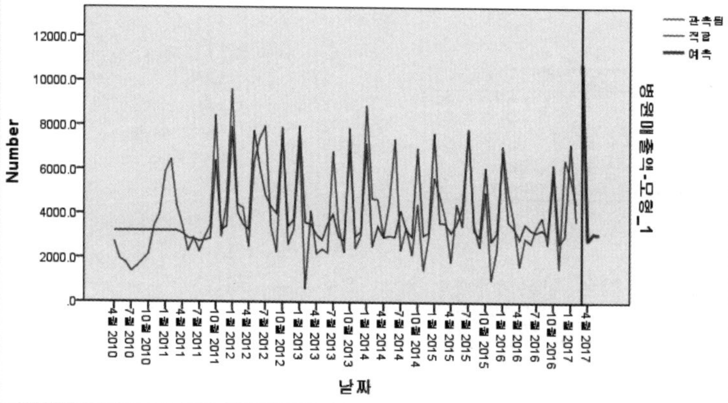

자동 모형 생성기로 찾는 모형을 적용한 결과가 새로운 변수로 출력된다.

	Month	Year	병원매출액	YEAR_	MONTH_	DATE_	예측값_병원매출액_모형_1	LCL_병원매출액_모형_1	UCL_병원매출액_모형_1	NResidual_병원매출액_모형_1	예측값_병원매출액_모형_1_A	LCL_병원매출액_모형_1_A	UCL_병원매출액_모형_1_A	NResidual_병원매출액_모형_1_A
67	10	2015	4989.0	2015	10	OCT 2015	4171.0	1460.6	6881.5	818.0	6103.3	3211.5	8995.1	-1114.3
68	11	2015	1020.5	2015	11	NOV 2015	2092.2	-618.2	4802.7	-1071.7	2754.6	-137.2	5646.4	-1734.1
69	12	2015	2375.0	2015	12	DEC 2015	3131.4	421.0	5841.8	-756.4	3141.7	249.9	6033.6	-766.7
70	1	2016	7075.2	2016	1	JAN 2016	4988.2	2277.7	7698.6	2087.0	6804.3	3912.5	9696.1	270.9
71	2	2016	4955.6	2016	2	FEB 2016	4426.9	1716.4	7137.3	528.7	3624.4	732.6	6516.2	1331.2
72	3	2016	3645.9	2016	3	MAR 2016	3723.7	1013.3	6434.1	-77.8	3362.4	470.6	6254.2	283.5
73	4	2016	1630.3	2016	4	APR 2016	2348.6	-361.9	5059.0	-718.3	2850.1	-41.7	5741.9	-1219.8
74	5	2016	2890.0	2016	5	MAY 2016	4171.4	1460.9	6881.8	-1281.4	3529.2	637.4	6421.0	-639.2
75	6	2016	2680.8	2016	6	JUN 2016	3477.8	767.3	6188.2	-797.0	3270.8	379.0	6162.6	-590.0
76	7	2016	3394.5	2016	7	JUL 2016	6525.6	3815.2	9236.1	-3131.1	3167.5	275.6	6059.3	227.0
77	8	2016	3850.0	2016	8	AUG 2016	3498.8	788.3	6209.2	351.2	3278.6	386.8	6170.4	571.4
78	9	2016	2625.4	2016	9	SEP 2016	2823.1	112.7	5533.5	-197.7	3026.9	135.1	5918.7	-401.5
79	10	2016	5835.0	2016	10	OCT 2016	4547.4	1837.0	7257.8	1287.6	6243.5	3351.7	9135.4	-408.5
80	11	2016	1540.0	2016	11	NOV 2016	1798.2	-912.3	4508.6	-258.2	2645.0	-246.8	5536.8	-1105.0
81	12	2016	6445.0	2016	12	DEC 2016	2736.5	26.1	5446.9	3708.5	2994.6	102.8	5886.4	3450.4
82	1	2017	5633.5	2017	1	JAN 2017	5992.7	3282.2	8703.1	-359.2	7178.6	4286.8	10070.4	-1545.1
83	2	2017	4463.0	2017	2	FEB 2017	4524.3	1813.8	7234.7	-61.3	3660.7	768.9	6552.5	802.3
84	.	.	.	2017	3	MAR 2017	.	.	.	.	10796.8	7905.0	13688.6	.
85	.	.	.	2017	4	APR 2017	.	.	.	.	2802.4	-89.4	5694.2	.
86	.	.	.	2017	5	MAY 2017	.	.	.	.	3127.5	235.7	6019.4	.
87	.	.	.	2017	6	JUN 2017	.	.	.	.	3073.6	181.7	5965.4	.

CHAPTER 15

모형 검증과 모형 선택

15 모형 검증과 모형 선택

시계열 분석의 모형 검증은 잔차에서부터 시작한다. 잔차란 관측값과 예측값의 차이를 의미한다.

① 잔차의 선형성, 등분산성, 정규성 검증뿐만 아니라 잔차의 자기상관함수(ACF), 편자기상관함수(PACF), 더빈왓슨(회귀분석의 자기상관 검증)으로 모형을 검증한다.

② 모형의 정확성과 예측력을 판단할 때는 잔차에 의한 MAE(MAD), MSE, RMSE, MAPE를 기준으로 적은 값을 최적의 모형으로 선택한다.

15.1 모형 검증

15.1.1 잔차의 선형성

그래프 → 레거시 대화상자 → 산점도/점도표 → 단순 산점도 → 정의

• Y축: 표준화 잔차

• X축: 예측값

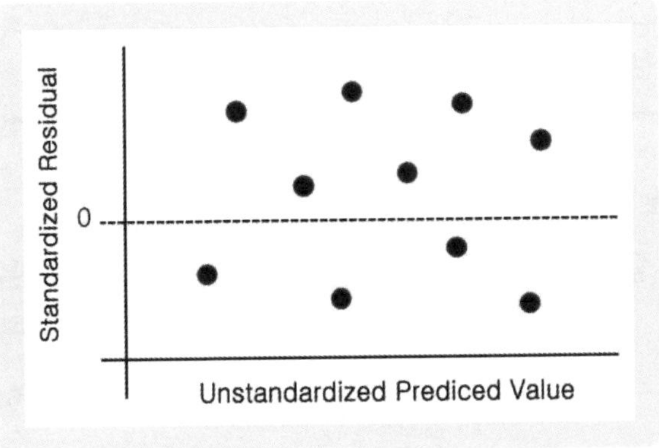

0을 중심으로 랜덤하게 분포할 때 선형성 만족

15.1.2 잔차의 등분산성

그래프 → 레거시 대화상자 → 산점도/점도표 → 단순 산점도 → 정의:

• Y축: 표준화 잔차

• X축: 표준화 예측값

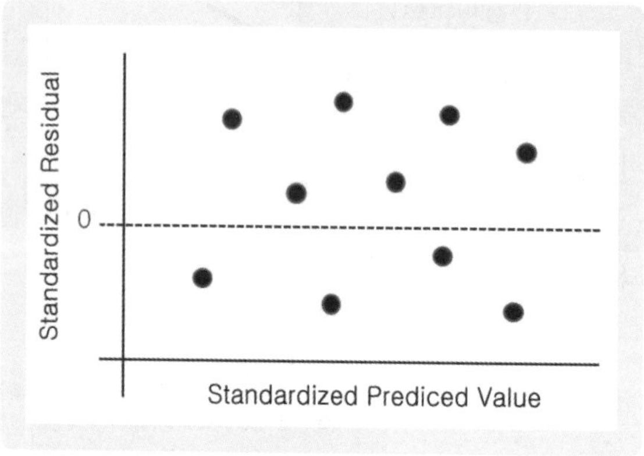

0을 중심으로 랜덤하게 분포할 때 등분산성 만족

15.1.3 잔차의 정규성

표준화 잔차의 정규성

분석 → 기술통계량 → 데이터 탐색

• 종속변수: 표준화 잔차

도표

• 상자도표: 지정 않음

• 기술통계: 히스토그램

• 도표: 검정과 함께 정규성 도표 → 계속 → 확인 → 결과

Kolmogorov–Smirnov, Shapiro–Wilk 유의확률 중 한 개라도 유의수준 0.05보다 크면 정규성을 만족한다.

선형 회귀분석의 선형성 · 등분산성 · 정규성 검증 사례는 Chapter 16의 단순회귀분석에 의한 추세분석의 내용을 참고한다.

15.1.4 잔차의 자기상관함수(ACF) 및 편자기상관함수(PACF)

잔차의 자기상관을 통해서 백색잡음항 간의 독립성 만족을 확인할 수 있다.

2가지 모형의 예측값과 잔차 결과가 있다고 가정한다. 어떤 모형이 적용된 결과인지에 대한 설명은 생략한다.

파일 이름: 모형잔차의 비교(단위: 천만 원)

	Month	Year	병원매출액	YEAR_	MONTH_	DATE_	예측값_병원매출액_모형_1	NResidual_병원매출액_모형_1	예측값_병원매출액_모형_1_A	NResidual_병원매출액_모형_1_A
1	4	Year2008	2740.5	2008	4	APR 2008	3551.7	-811.2	3210.2	-469.7
2	5	Year2008	1945.0	2008	5	MAY 2008	3551.7	-1606.7	3210.2	-1265.2
3	6	Year2008	1780.8	2008	6	JUN 2008	3551.7	-1770.9	3210.2	-1429.4
4	7	Year2008	1390.2	2008	7	JUL 2008	3551.7	-2161.5	3210.2	-1820.0
5	8	Year2008	1600.5	2008	8	AUG 2008	3551.7	-1951.2	3210.2	-1609.7
6	9	Year2008	1875.0	2008	9	SEP 2008	3551.7	-1676.7	3210.2	-1335.2
7	10	Year2008	2145.8	2008	10	OCT 2008	3551.7	-1405.9	3210.2	-1064.4
8	11	Year2008	3420.2	2008	11	NOV 2008	3551.7	-131.5	3210.2	210.0
9	12	Year2008	3975.0	2008	12	DEC 2008	3551.7	423.3	3210.2	764.8
10	1	Year2009	5913.5	2009	1	JAN 2009	3551.7	2361.8	3210.2	2703.3
11	2	Year2009	6445.2	2009	2	FEB 2009	3551.7	2893.5	3210.2	3235.0
12	3	Year2009	4340.3	2009	3	MAR 2009	3551.7	788.6	3210.2	1130.1
13	4	Year2009	3450.0	2009	4	APR 2009	2989.7	460.3	3089.0	361.0
14	5	Year2009	2290.2	2009	5	MAY 2009	2438.6	-148.4	2883.6	-593.4
15	6	Year2009	2890.2	2009	6	JUN 2009	2324.9	565.3	2841.3	48.9

분석 → 예측 → 자기상관

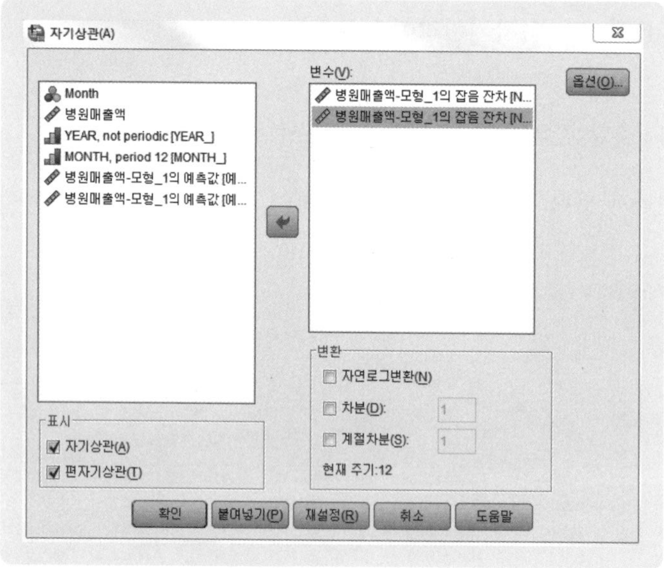

자기상관
- 변수: 두 모형의 잡음 잔차
- 표시: 자기상관, 편자기상관

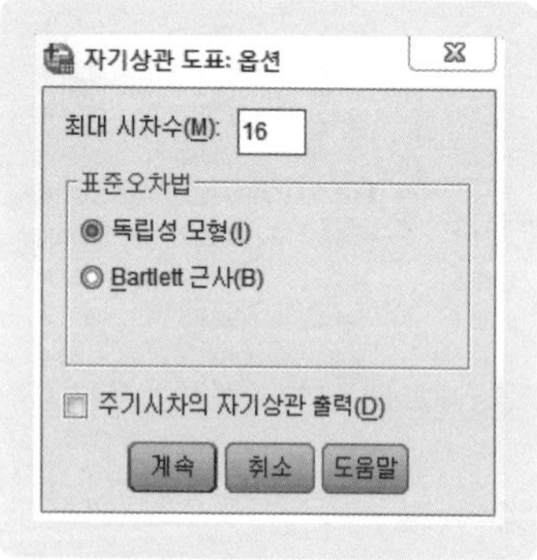

옵션
- 최대 시차수: 16(최대 시차수 16으로 선택했으므로 시차 16까지 출력)
- 표준오차법: Bartlett 근사

계속 → 확인 → 결과

잡음 잔차의 자기상관과 편자기상관에서 신뢰한계 위로 솟은 Spike가 없으면 모형이 통계적으로 유의미하다.

자기상관

계열: 병원매출액-모형_1의 잡음 잔차

시차	자기상관	표준오차[a]	Box-Ljung 통계량		
			값	자유도	유의확률[b]
1	.214	.108	3.938	1	.047
2	.126	.107	5.325	2	.070
3	.078	.106	5.855	3	.119
4	-.017	.106	5.880	4	.208
5	-.103	.105	6.844	5	.233
6	.021	.104	6.886	6	.332
7	-.054	.104	7.161	7	.412
8	-.197	.103	10.815	8	.212
9	-.151	.102	12.991	9	.163
10	-.064	.102	13.391	10	.203
11	-.026	.101	13.458	11	.264
12	-.101	.100	14.480	12	.271
13	-.064	.100	14.888	13	.314
14	-.067	.099	15.345	14	.355
15	-.139	.098	17.352	15	.298
16	-.042	.097	17.535	16	.352

a. 가정된 기본 공정은 독립적입니다(백색잡음).

b. 점근 카이제곱 근사를 기준으로 합니다.

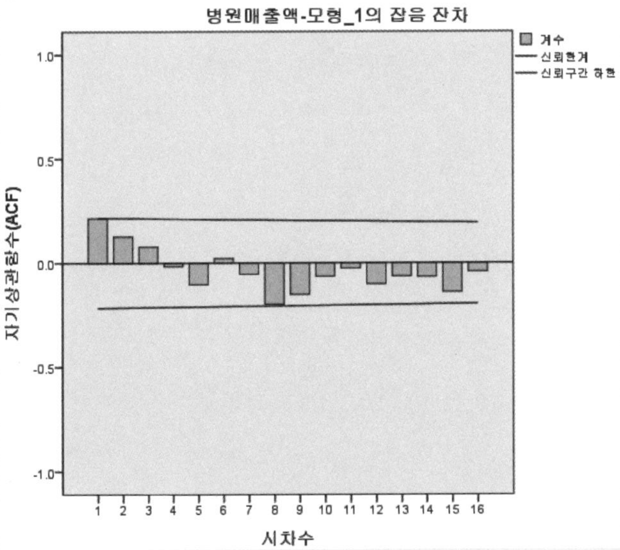

15.1.5 더빈왓슨 값 해석

더빈왓슨 값으로 회귀분석에서 자기상관을 검증한다. 자기상관이란 어떤 한 시계열이 시간에 따라 반복되는 패턴, 즉 스스로 상관이 있는지에 대한 분석이다. 시계열을 그대로 복사하여 두 개의 같은 시계열을 만들고 시차 0에서부터 차례로 어긋나게 배열하면서 상관을 구한다.

더빗완슨 값이 dL보다 작거나 4−dL보다 크면 잔차(오차항)에 자기상관이 없다는 귀무가설을 기각한다. 즉, 오차항에 자기상관이 있으므로 모형을 다시 탐색해야 된다.

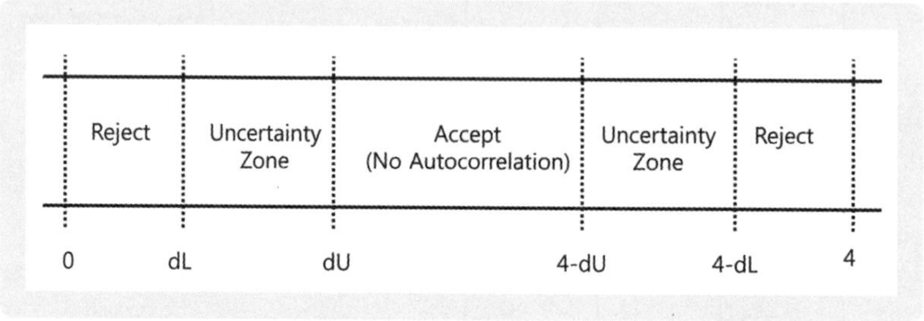

샘플크기별 더빈왓슨 표

Critical Values of the Durbin-Watson Statistic

Sample Size	Probability in Lower Tail (Significance Level= α)	k = Number of Regressors (Excluding the Intercept)									
		1		2		3		4		5	
		d_L	d_U	d_L	d_U	d_L	d_U	d_L	d_U	d_L	d_U
15	.01	.81	1.07	.70	1.25	.59	1.46	.49	1.70	.39	1.96
	.025	.95	1.23	.83	1.40	.71	1.61	.59	1.84	.48	2.09
	.05	1.08	1.36	.95	1.54	.82	1.75	.69	1.97	.56	2.21
20	.01	.95	1.15	.86	1.27	.77	1.41	.63	1.57	.60	1.74
	.025	1.08	1.28	.99	1.41	.89	1.55	.79	1.70	.70	1.87
	.05	1.20	1.41	1.10	1.54	1.00	1.68	.90	1.83	.79	1.99
25	.01	1.05	1.21	.98	1.30	.90	1.41	.83	1.52	.75	1.65
	.025	1.13	1.34	1.10	1.43	1.02	1.54	.94	1.65	.86	1.77
	.05	1.29	1.45	1.21	1.55	1.12	1.66	1.04	1.77	.95	1.89
30	.01	1.13	1.26	1.07	1.34	1.01	1.42	.94	1.51	.88	1.61
	.025	1.25	1.38	1.18	1.46	1.12	1.54	1.05	1.63	.98	1.73
	.05	1.35	1.49	1.28	1.57	1.21	1.65	1.14	1.74	1.07	1.83
40	.01	1.25	1.34	1.20	1.40	1.15	1.46	1.10	1.52	1.05	1.58
	.025	1.35	1.45	1.30	1.51	1.25	1.57	1.20	1.63	1.15	1.69
	.05	1.44	1.54	1.39	1.60	1.34	1.66	1.29	1.72	1.23	1.79
50	.01	1.32	1.40	1.28	1.45	1.24	1.49	1.20	1.54	1.16	1.59
	.025	1.42	1.50	1.38	1.54	1.34	1.59	1.30	1.64	1.26	1.69
	.05	1.50	1.59	1.46	1.63	1.42	1.67	1.38	1.72	1.34	1.77
60	.01	1.38	1.45	1.35	1.48	1.32	1.52	1.28	1.56	1.25	1.60
	.025	1.47	1.54	1.44	1.57	1.40	1.61	1.37	1.65	1.33	1.69
	.05	1.55	1.62	1.51	1.65	1.48	1.69	1.44	1.73	1.41	1.77
80	.01	1.47	1.52	1.44	1.54	1.42	1.57	1.39	1.60	1.36	1.62
	.025	1.54	1.59	1.52	1.62	1.49	1.65	1.47	1.67	1.44	1.70
	.05	1.61	1.66	1.59	1.69	1.56	1.72	1.53	1.74	1.51	1.77
100	.01	1.52	1.56	1.50	1.58	1.48	1.60	1.45	1.63	1.44	1.65
	.025	1.59	1.63	1.57	1.65	1.55	1.67	1.53	1.70	1.51	1.72
	.05	1.65	1.69	1.63	1.72	1.61	1.74	1.59	1.76	1.57	1.78

15.2 여러 모형 중 최적 모형 선택

MAE(MAD), MSE, RMSE, MAPE(평균 절대 퍼센트 오차)가 상대적으로 적은 모형은 더 적합한 모형이다.

여러 모형 중에서 보다 예측력이 높은 모형을 찾고자 할 때, 모형별 MAE(MAD), MSE, RMSE, MAPE 값을 비교해서 보다 작은 모형이 예측력이 높다.

구분	계산 방법
ME (Mean Error)	잔차(관측값 - 예측값) → 평균
MAE(MAD) Mean Absolute Error	잔차(관측값 - 예측값) → 절대값(ABS) → 평균
MSE (Mean Squared Error)	잔차(관측값 - 예측값) → 잔차 제곱(잔차**2) → 평균(AVERAGE)
RMSE (Root Mean Squared Error)	SQRT(MSE) RMSE는 MAE(MAD)와 같거나 MAE(MAD)보다 크다.
MAPE (Mean Absolute Percentage Error)	잔차(관측값 - 예측값) → (잔차/관측값) × 100 → 평균(AVERAGE)

자동 모형 생성기에서 통계량에서 평균 절대 퍼센트 오차, 평균 절대 오차, 절대 퍼센트 오차의 최대값, 정규화된 BIC를 선택하면 자동으로 평균 절대 퍼센트 오차를 확인할 수 있다.

통계량

- 모형별 적합도, Ljung-Box 통계량 및 이상값 수 표시
- 적합도: 정상 R 제곱, 평균 절대 퍼센트 오차, 평균 절대 오차, 절대 퍼센트 오차의 최대값, 정규화된 BIC

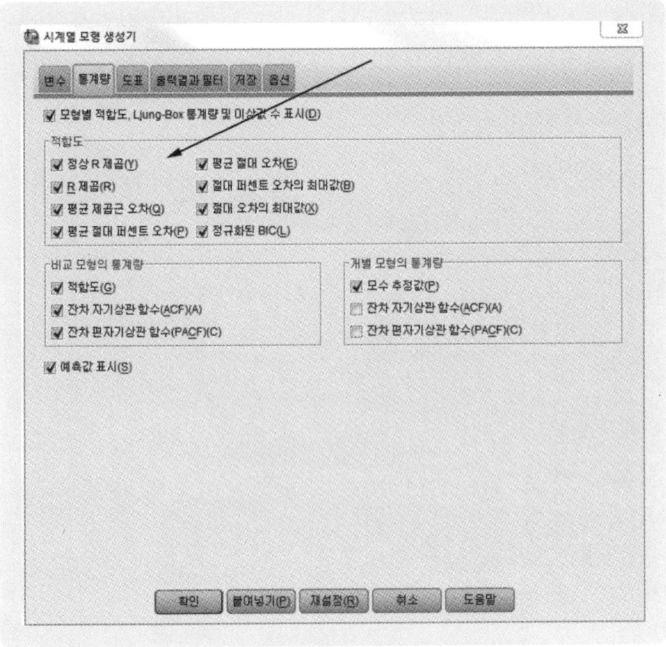

SPSS는 어떤 계산 과정에 의해서 MAE(MAD), MSE, RMSE, MAPE를 얻는지 설명은 없고 단지 결과만을 제시한다. MAE(MAD), MSE, RMSE, MAPE는 어떤 개념들일까? MAE(MAD), MSE, RMSE, MAPE를 얻는 과정에 대한 이해는 엑셀을 이용해서 설명하고 이해하는 것이 보다 효과적이다.

15.2.1 MAE(MAD)

파일 이름: 예측 정확도(엑셀 파일)

D2 | f_x =B2-C2

	A	B	C	D
1	연간	관측값	예측값	오차
2	2007	17	15	2.0
3	2008	20	17	
4	2009	19	20	
5	2010	23	19	
6	2011	18	23	

오차 = 관측값 - 예측값

D2 = B2 − C2

| 참고 | 예측값이 없는 경우 오차를 계산하지 않으며, 평균을 계산할 때도 결측값은 범위에 포함하지 않는다.

아래로 드래그해서 자동으로 계산 → 오차의 절대값

E2 = ABS(관측값 − 예측값) = ABS(D2)

E2 | =ABS(D2)

	A	B	C	D	E
1	연간	관측값	예측값	오차	오차 절대값
2	2007	17	15	2.0	2.0
3	2008	20	17	3.0	
4	2009	19	20	-1.0	
5	2010	23	19	4.0	
6	2011	18	23	-5.0	
7	2012	16	18	-2.0	

MAE = AVERAGE(오차 전체)

E15 = AVERAGE(E2:E13)

E15 | =AVERAGE(E2:E13)

	A	B	C	D	E
1	연간	관측값	예측값	오차	오차 절대값
2	2007	17	15	2.0	2.0
3	2008	20	17	3.0	3.0
4	2009	19	20	-1.0	1.0
5	2010	23	19	4.0	4.0
6	2011	18	23	-5.0	5.0
7	2012	16	18	-2.0	2.0
8	2013	20	16	4.0	4.0
9	2014	18	20	-2.0	2.0
10	2015	22	18	4.0	4.0
11	2016	21	22	-1.0	1.0
12	2017	15	21	-6.0	6.0
13	2018	23	15	8.0	8.0
14					MAE(MAD)
15					3.50

일부 케이스 중 예측값이 없는 경우 MAE

E15 | =AVERAGE(E3:E13)

	A	B	C	D	E
1	연간	관측값	예측값	오차	오차 절대값
2	2007	17			
3	2008	20	17	3.0	3.0
4	2009	19	20	-1.0	1.0
5	2010	23	19	4.0	4.0
6	2011	18	23	-5.0	5.0
7	2012	16	18	-2.0	2.0
8	2013	20	16	4.0	4.0
9	2014	18	20	-2.0	2.0
10	2015	22	18	4.0	4.0
11	2016	21	22	-1.0	1.0
12	2017	15	21	-6.0	6.0
13	2018	23	15	8.0	8.0
14					MAE(MAD)
15					3.64

15.2.2 MSE

오차 절대값의 제곱

F2 = E2*E2 또는 E2^2

F2 | =E2^2

	A	B	C	D	E	F
1	연간	관측값	예측값	오차	오차 절대값	오차 절대값 제곱
2	2007	17	15	2.0	2.0	4.0
3	2008	20	17	3.0	3.0	
4	2009	19	20	-1.0	1.0	
5	2010	23	19	4.0	4.0	
6	2011	18	23	-5.0	5.0	
7	2012	16	18	-2.0	2.0	
8	2013	20	16	4.0	4.0	

아래로 드래그해서 자동으로 계산 → MSE = AVERAGE(오차 절대값 전체)

F15 = AVERAGE(F2:F12)

F15 | =AVERAGE(F2:F12)

	A	B	C	D	E	F
1	연간	관측값	예측값	오차	오차 절대값	오차 절대값 제곱
2	2007	17	15	2.0	2.0	4.0
3	2008	20	17	3.0	3.0	9.0
4	2009	19	20	-1.0	1.0	1.0
5	2010	23	19	4.0	4.0	16.0
6	2011	18	23	-5.0	5.0	25.0
7	2012	16	18	-2.0	2.0	4.0
8	2013	20	16	4.0	4.0	16.0
9	2014	18	20	-2.0	2.0	4.0
10	2015	22	18	4.0	4.0	16.0
11	2016	21	22	-1.0	1.0	1.0
12	2017	15	21	-6.0	6.0	36.0
13	2018	23	15	8.0	8.0	64.0
14					MAE(MAD)	MSE
15					3.50	12.00

15.2.3 RMSE

MSE 값에 루트를 씌운다. → SQRT(오차 절대값 제곱)

G2 = SQRT(F2)

G2 =SQRT(F2)

	A	B	C	D	E	F	G
1	연간	관측값	예측값	오차	오차 절대값	오차 절대값 제곱	루트 오차 절대값 제곱
2	2007	17	15	2.0	2.0	4.0	2.0
3	2008	20	17	3.0	3.0	9.0	
4	2009	19	20	-1.0	1.0	1.0	
5	2010	23	19	4.0	4.0	16.0	
6	2011	18	23	-5.0	5.0	25.0	
7	2012	16	18	-2.0	2.0	4.0	
8	2013	20	16	4.0	4.0	16.0	
9	2014	18	20	-2.0	2.0	4.0	
10	2015	22	18	4.0	4.0	16.0	

아래로 드래그해서 자동으로 계산 → RMSE = AVERAGE(오차 절대값 제곱의 루트)
G15 = AVERAGE(G2:G13)

G15 =AVERAGE(G2:G13)

	A	B	C	D	E	F	G
1	연간	관측값	예측값	오차	오차 절대값	오차 절대값 제곱	루트 오차 절대값 제곱
2	2007	17	15	2.0	2.0	4.0	2.0
3	2008	20	17	3.0	3.0	9.0	3.0
4	2009	19	20	-1.0	1.0	1.0	1.0
5	2010	23	19	4.0	4.0	16.0	4.0
6	2011	18	23	-5.0	5.0	25.0	5.0
7	2012	16	18	-2.0	2.0	4.0	2.0
8	2013	20	16	4.0	4.0	16.0	4.0
9	2014	18	20	-2.0	2.0	4.0	2.0
10	2015	22	18	4.0	4.0	16.0	4.0
11	2016	21	22	-1.0	1.0	1.0	1.0
12	2017	15	21	-6.0	6.0	36.0	6.0
13	2018	23	15	8.0	8.0	64.0	8.0
14					MAE(MAD)	MSE	RMSE
15					3.50	12.00	3.50

15.2.4 MAPE

오차 퍼센트 계산 = (오차/관측값) × 100
H2 = (D2/B2)*100

H2 | =(D2/B2)*100

	A	B	C	D	E	F	G	H
1	연간	관측값	예측값	오차	오차 절대값	오차 절대값 제곱	루트 오차 절대값 제곱	퍼센트
2	2007	17	15	2.0	2.0	4.0	2.0	11.76
3	2008	20	17	3.0	3.0	9.0	3.0	
4	2009	19	20	-1.0	1.0	1.0	1.0	
5	2010	23	19	4.0	4.0	16.0	4.0	
6	2011	18	23	-5.0	5.0	25.0	5.0	
7	2012	16	18	-2.0	2.0	4.0	2.0	
8	2013	20	16	4.0	4.0	16.0	4.0	
9	2014	18	20	-2.0	2.0	4.0	2.0	
10	2015	22	18	4.0	4.0	16.0	4.0	

아래로 드래그해서 자동으로 계산 → 오차 퍼센터 절대값

I2 = ABS(H2)

I2 | =ABS(H2)

	A	B	C	D	E	F	G	H	I
1	연간	관측값	예측값	오차	오차 절대값	오차 절대값 제곱	루트 오차 절대값 제곱	퍼센트	퍼센트 절대값
2	2007	17	15	2.0	2.0	4.0	2.0	11.76	11.76
3	2008	20	17	3.0	3.0	9.0	3.0	15.00	
4	2009	19	20	-1.0	1.0	1.0	1.0	-5.26	
5	2010	23	19	4.0	4.0	16.0	4.0	17.39	
6	2011	18	23	-5.0	5.0	25.0	5.0	-27.78	
7	2012	16	18	-2.0	2.0	4.0	2.0	-12.50	
8	2013	20	16	4.0	4.0	16.0	4.0	20.00	
9	2014	18	20	-2.0	2.0	4.0	2.0	-11.11	
10	2015	22	18	4.0	4.0	16.0	4.0	18.18	

아래로 드래그해서 자동으로 계산 → MAPE = AVERAGE(오차 퍼센트 절대값 전체)

I15 = AVERAGE(I2:I12)

I15 | =AVERAGE(I2:I12)

	A	B	C	D	E	F	G	H	I
1	연간	관측값	예측값	오차	오차 절대값	오차 절대값 제곱	루트 오차 절대값 제곱	퍼센트	퍼센트 절대값
2	2007	17	15	2.0	2.0	4.0	2.0	11.76	11.76
3	2008	20	17	3.0	3.0	9.0	3.0	15.00	15.00
4	2009	19	20	-1.0	1.0	1.0	1.0	-5.26	5.26
5	2010	23	19	4.0	4.0	16.0	4.0	17.39	17.39
6	2011	18	23	-5.0	5.0	25.0	5.0	-27.78	27.78
7	2012	16	18	-2.0	2.0	4.0	2.0	-12.50	12.50
8	2013	20	16	4.0	4.0	16.0	4.0	20.00	20.00
9	2014	18	20	-2.0	2.0	4.0	2.0	-11.11	11.11
10	2015	22	18	4.0	4.0	16.0	4.0	18.18	18.18
11	2016	21	22	-1.0	1.0	1.0	1.0	-4.76	4.76
12	2017	15	21	-6.0	6.0	36.0	6.0	-40.00	40.00
13	2018	23	15	8.0	8.0	64.0	8.0	34.78	34.78
14					MAE(MAD)	MSE	RMSE		MAPE
15					3.50	12.00	3.50		16.70

15.2.5 R SQUARE

시계열 분석에서 R SQUARE는 선형 및 비선형 회귀분석의 R SQUARE만큼 중요하게 취급되지는 않는다.

시계열 분석, 선형 회귀분석, 비선형 회귀분석에서는 R SQUARE(R 제곱)을 자동으로 구할 수 있다. 그러나 인공신경망 등은 R SQUARE를 자동으로 제시해주지 않는다.

시계열 분석에서 R SQUARE를 어떻게 직접 계산할 수 있을까?
R SQUARE는 상관계수의 제곱과 같다. 따라서 관측값과 예측값 간의 상관계수를 구해서 제곱을 하면 R SQUARE를 구할 수 있다.

분석 - 상관분석 - 이변량 상관계수
• 변수: 관측값(병원매출액), 병원매출액_모형_1의 예측값(자동 모형 생성기로 찾은 모형을 적용해서 예측한 값)
• 상관계수: Pearson
• 유의성 검정: 양쪽
• 유의한 상관계수별 표시

확인 → 결과

상관계수

		병원매출액	병원매출액-모형_1의 예측값
병원매출액	Pearson 상관계수	1	.732**
	유의확률 (양쪽)		.000
	N	83	83
병원매출액-모형_1의 예측값	Pearson 상관계수	.732**	1
	유의확률 (양쪽)	.000	
	N	83	83

**. 상관계수는 0.01 수준(양쪽)에서 유의합니다.

상관계수: 0.732
R SQUARE: 0.732^2(엑셀에서 계산) = 0.535824

B2 fx =B1^2

	A	B	C	D
1	상관계수	0.732		
2	R SQUARE	0.535824		
3				

15.2.6 잔차의 상자 도표

그래프 → 레거시 대화상자 → 상자 도표

- 단순
- 도표에 표시할 데이터: 개별 변수의 요약값

정의

상자표시: 모형들의 잔차 변수들 → 확인 → 결과

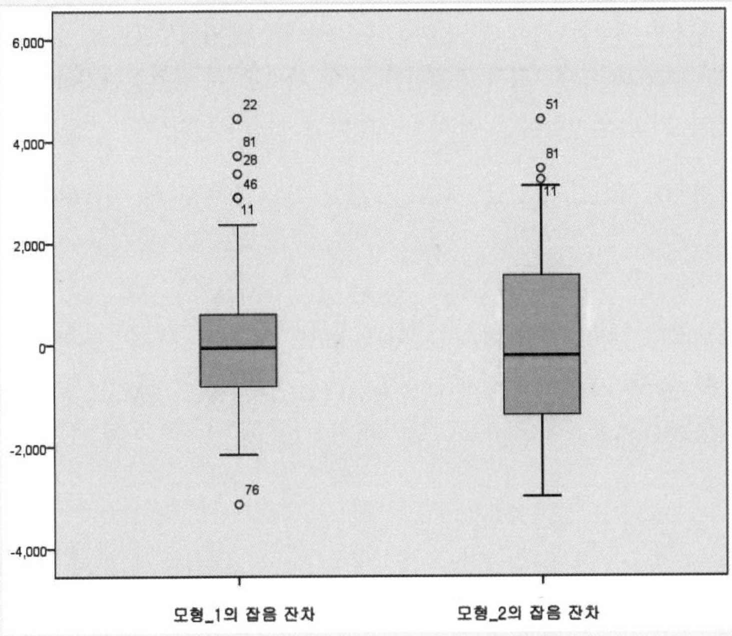

상자 도표의 폭이 좁을수록 좋은 모형이다. 모형_1이 모형_2에 비해서 좋은 모형이다.

15.2.7 예측력 평가

좋은 모형은 과거 자료를 잘 적합시키지만 더 중요한 것은 미래의 값을 잘 예측해야만 한다. 그러나 예측력(Ability to forecast)은 현실적으로 점검하는 것이 불가능하다. 시간이 경과하여 미래 시점에서 해당 관측값을 얻어야만 비로소 정확한 예측력을 확인할 수 있기 때문이다.

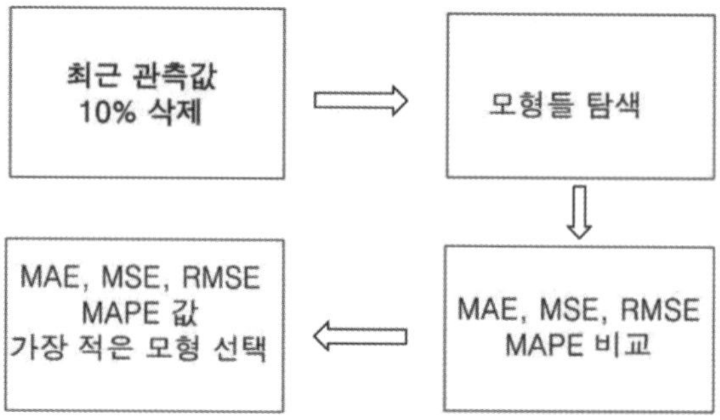

예측력 평가를 위해서 최근에 가까운 관측값의 일부를 제거하고 동일한 모형으로 재추정한다. 일반적으로 10% 자료를 제거하고 예측한다. 최근 10%의 예측 자료를 제외해서 관측값을 선택한 후, 모형에 근거해서 관측값과 비교해서 예측력을 검토한다. 만약 축소된 관측값에 근거하여 계산된 계수의 추정값이 관측값과 거의 일치한다면 예측력이 있다고 볼 수 있다.

여러 모형 중에서 MAE(MAD), MSE, RMSE, MAPE 값이 적은 모형이 더 예측력이 높은 것이다.

주의 전체 관측값과 예측값의 오차에 대한 MAE(MAD), MSE, RMSE, MAPE를 비교하는 것도 의미가 있지만, 전체 관측값 중 삭제된 10%에 대한 MAE(MAD), MSE, RMSE, MAPE를 비교하는 것도 최근 자료에 대한 예측력을 평가하는 데 의미가 있다.

03

PART

미래 예측과 시계열 분석 중급

16 CHAPTER 단순회귀분석에 의한 추세분석

16 단순회귀분석에 의한 추세분석

16.1 산점도 활용 선형 회귀분석

파일 이름: 독립변수연도_단순회귀분석(단위: 백만 원)

	연도	병원매출액	의료관광객수
1	1993	4384	224
2	1994	4518	260
3	1995	4652	396
4	1996	2786	132
5	1997	5920	368
6	1998	5054	404
7	1999	5188	440
8	2000	5322	476
9	2001	5456	512
10	2002	5682	534

그래프 → 레거시 대화상자 → 산점도

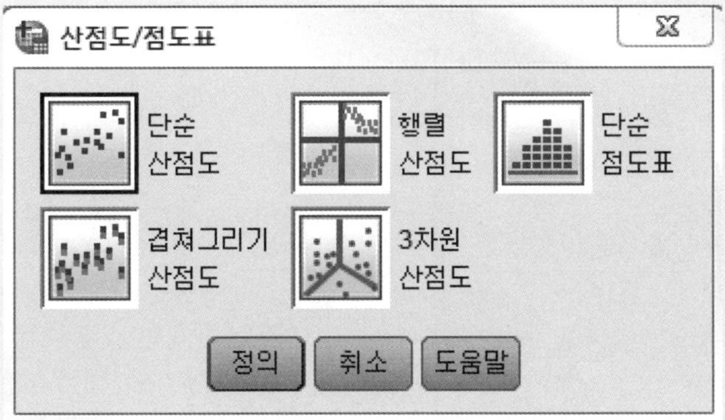

단순 산점도

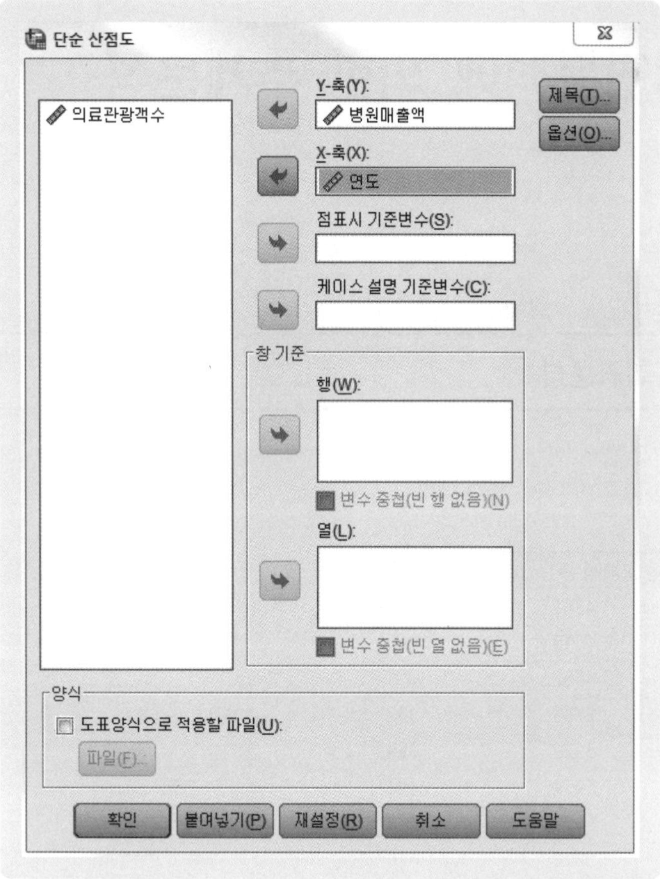

정의
- Y축: 병원매출액
- X축: 연도

확인 → 결과

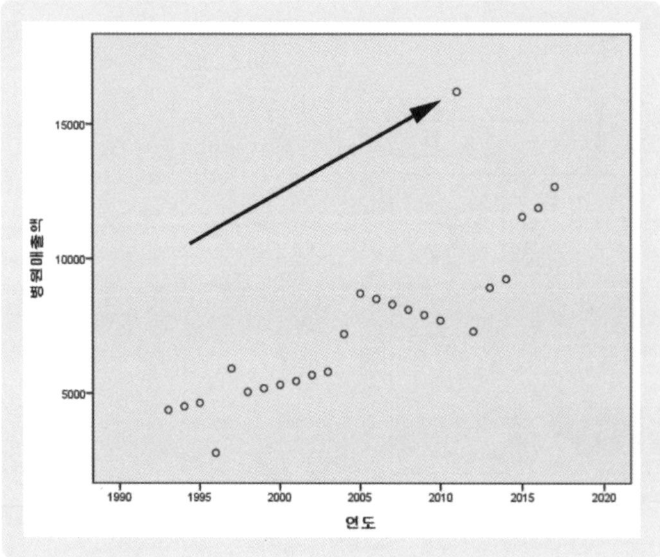

이상값(이상치)으로 의심된다. 어떻게 하면 좋을까?

① 선도표에서 이상값으로 의심되는 관측치가 있을 경우, 이상값을 삭제하고 회귀분석을 실시하거나

② 이상값 여부를 정확히 판단하기 위해서 회귀분석을 실시한 후 표준화 잔차가 2.5~3 이상일 때 이상값으로 판단하고 삭제한 후 회귀분석을 재실시한다.

③ 선도표 또는 회귀분석에서 표준화 잔차가 2.5~3 이상인 이상값을 가까운 값의 평균으로 대체한다.

④ 로버스트 회귀분석을 실시한다.

⑤ SPSS 자동 모형 생성기에서 이상값을 검색해서 모형을 찾는다.

⑥ 분기별 자료, 월별 자료라면 이상값을 더미변수로 만들어서 모형을 찾는다.

더블클릭 → 도표 편집기 → 임의의 관측값을 클릭 → 모든 관측값에 노란색 테두리가 생성 요소 → 전체 적합선

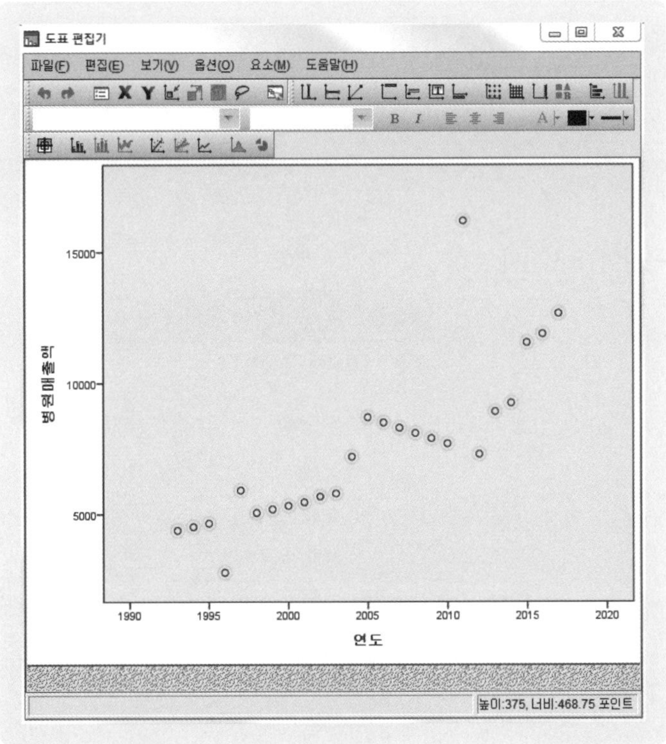

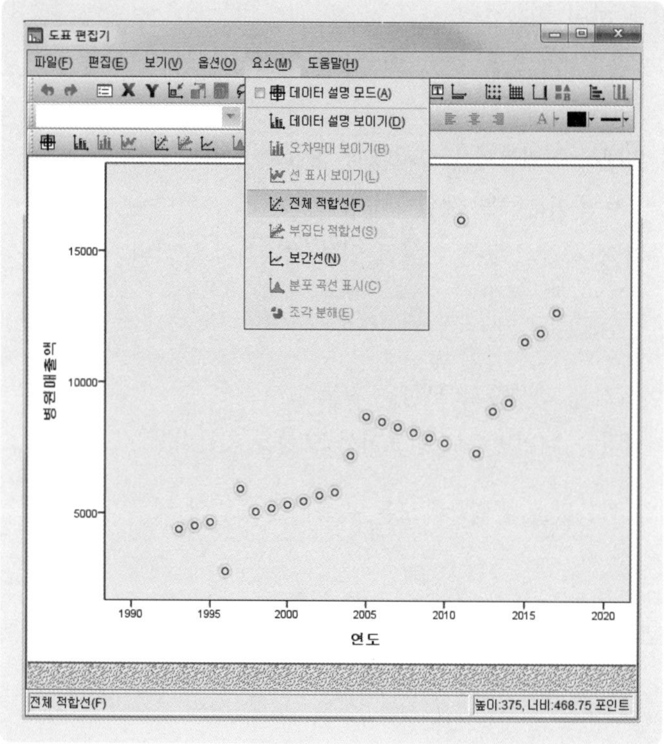

선형

신뢰구간

개별 95%를 선택하면 95% 신뢰구간이 표시된다.

선에 설명 추가

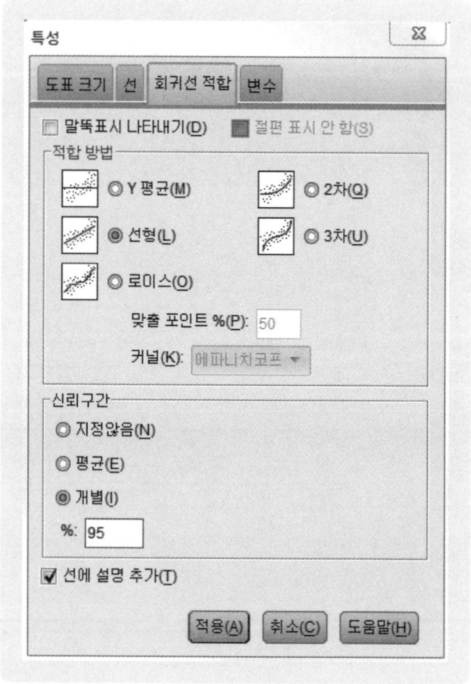

적용 → 닫기 → 도표 편집기 닫기(도표 편집기 상단 오른쪽의 X 클릭)

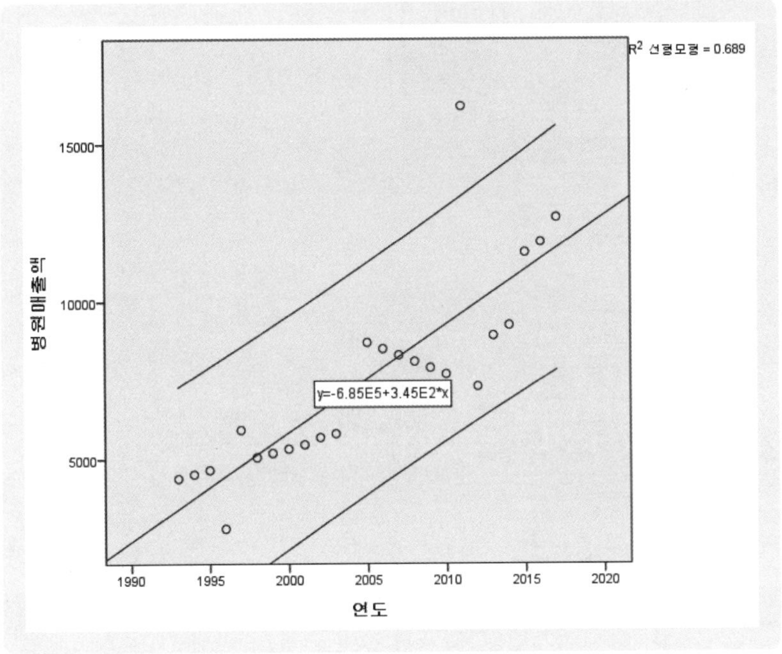

병원매출액 = 3.45E2 × 연도 + (−6.84E5) = 345 × 연도 + (−684000)

예 2020년 병원매출액 = 345 × 2020 + (−684000) = 12900

16.2 선형 회귀분석

16.2.1 회귀분석

분석 → 회귀분석 → 선형

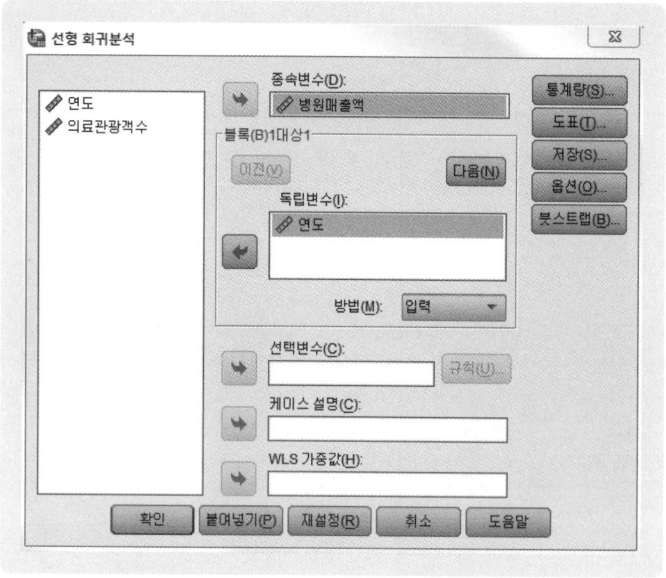

- 종속변수: 병원매출액
- 독립변수: 연도

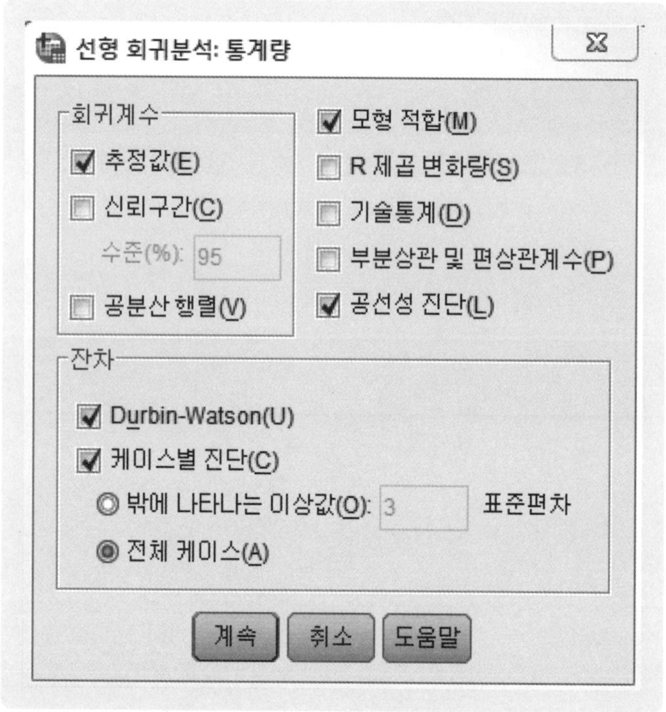

통계량

- 회귀계수: 추정값, 모형 적합, 공선성 진단
- 잔차: 더빈왓슨, 케이스별 진단(전체 케이스) → 계속

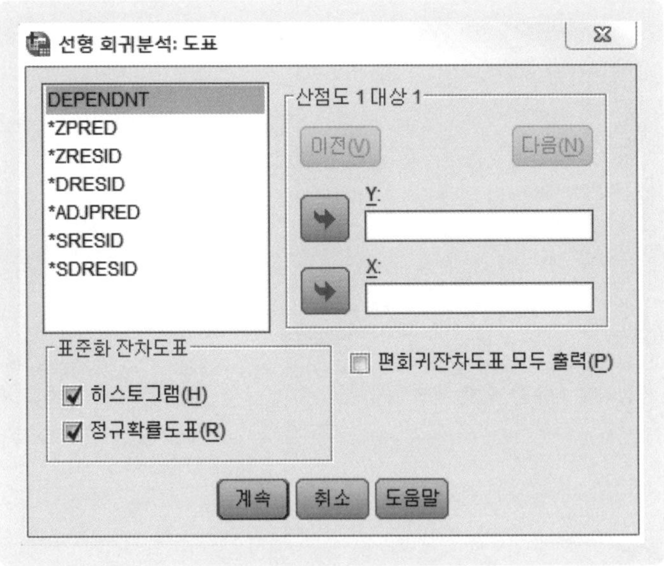

도표
- 히스토그램, 정규확률도표 → 계속

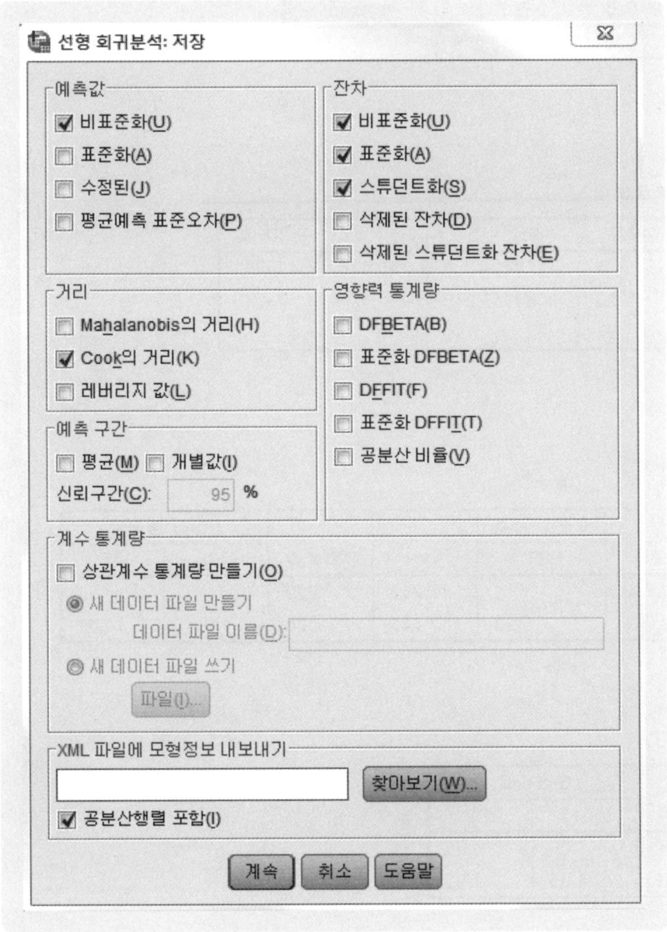

저장
- 예측값: 비표준화
  회귀방정식에 의한 예측값이 새로운 변수로 출력된다. 회귀방정식으로 계산하지 않아도 결과를 얻을 수 있으며, 관측치와 예측치를 도표로 비교할 수 있어서 편리하다.
- 잔차: 비표준화, 표준화, 스튜던트화
- 거리: Cook의 거리
- 공분산행렬 포함 체크

계속 →

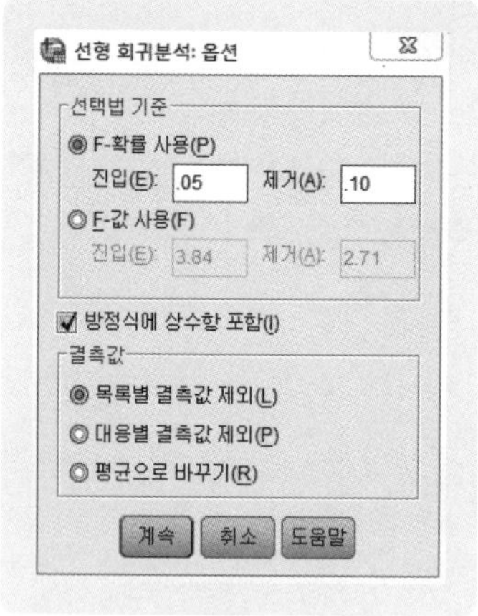

옵션
- F-확률 사용
- 방정식에 상수항 포함 체크

계속 → 확인 → 결과

모형 요약[b]

모형	R	R 제곱	수정된 R 제곱	추정값의 표준오차	Durbin-Watson
1	.830[a]	.689	.676	1743.059	2.519

a. 예측값: (상수), 연도

b. 종속변수: 병원매출액

분산분석[a]

모형		제곱합	자유도	평균 제곱	F	유의확률
1	회귀 모형	154935426.5	1	154935426.5	50.995	.000[b]
	잔차	69879825.35	23	3038253.276		
	합계	224815251.8	24			

a. 종속변수: 병원매출액

b. 예측값: (상수), 연도

계수[a]

모형		비표준화 계수		표준화 계수	t	유의확률	공선성 통계량	
		B	표준오차	베타			공차	VIF
1	(상수)	-684620.358	96929.840		-7.063	.000		
	연도	345.226	48.344	.830	7.141	.000	1.000	1.000

a. 종속변수: 병원매출액

공선성 진단[a]

모형	차원	고유값	상태지수	분산비율	
				(상수)	연도
1	1	2.000	1.000	.00	.00
	2	6.468E-006	556.089	1.00	1.00

a. 종속변수: 병원매출액

R 제곱: 방정식의 설명력
회귀 방정식의 R 제곱이 0.689이므로, 자료의 68.9% 설명하고 있다.

독립변수가 1개이고 케이스 수가 25개이므로, 유의확률 0.05 기준으로 1.29보다 작거나 2.55(4 − dL = 4 − 1.45)보다 크면 자기상관이 없다는 귀무가설을 기각한다. 즉, 자기상관이 있다. 더빈왓슨이 2.519로 1.45(dU)와 2.55(4 − dU = 4 − 1.45) 사이의 값이기 때문에 자기상관이 없다는 귀무가설을 채택한다. 즉, 자기상관이 없다. 자기상관이 없으므로 선형 회귀분석이 가능하다.

Critical Values of the Durbin-Watson Statistic

Sample Size	Probability in Lower Tail (Significance Level= α)	k = Number of Regressors (Excluding the Intercept) 1		2		3		4		5	
		d_L	d_U	d_L	d_U	d_L	d_U	d_L	d_U	d_L	d_U
	.01	.81	1.07	.70	1.25	.59	1.46	.49	1.70	.39	1.96
15	.025	.95	1.23	.83	1.40	.71	1.61	.59	1.84	.48	2.09
	.05	1.08	1.36	.95	1.54	.82	1.75	.69	1.97	.56	2.21
	.01	.95	1.15	.86	1.27	.77	1.41	.63	1.57	.60	1.74
20	.025	1.08	1.28	.99	1.41	.89	1.55	.79	1.70	.70	1.87
	.05	1.20	1.41	1.10	1.54	1.00	1.68	.90	1.83	.79	1.99
	.01	1.05	1.21	.98	1.30	.90	1.41	.83	1.52	.75	1.65
25	.025	1.13	1.34	1.10	1.43	1.02	1.54	.94	1.65	.86	1.77
	.05	1.29	1.45	1.21	1.55	1.12	1.66	1.04	1.77	.95	1.89

회귀식이 통계적으로 유의한지를 검정하는 분산분석 결과이다. 분산의 유의확률이 0.000으로 유의수준 0.05보다 작으므로, 회귀식이 곡선이라는 귀무가설을 기각한다. 즉, 방정식은 직선이며 통계적으로 유의미하다.

회귀식 상수 및 연도 계수의 유의확률이 0.05보다 작기 때문에 계수는 통계적으로 유의미하다.

회귀식 = 345.226 × 연도 + (−683929.906)
2020년 병원매출액 = 345.226 × 연도 + (−683929.906) = 13426.61

케이스별 진단a

케이스 번호	표준화 잔차	병원매출액	예측값	잔차
1	.556	4384	3415.37	968.634
2	.435	4518	3760.59	757.408
3	.313	4652	4105.82	546.182
(생략)				
14	.342	8500	7903.31	596.694
15	.030	8300	8248.53	51.468
16	-.283	8100	8593.76	-493.758
17	-.596	7900	8938.98	-1038.985
18	-.909	7700	9284.21	-1584.211
19	3.770	16200	9629.44	6570.563
20	-1.534	7300	9974.66	-2674.663
21	-.803	8920	10319.89	-1399.889
22	-.812	9250	10665.12	-1415.115
23	.315	11560	11010.34	549.658
24	.307	11890	11355.57	534.432
25	.556	12670	11700.79	969.206

a. 종속변수: 병원매출액

19번 케이스(2011년)의 표준화 잔차가 3.77로 2.5~3보다 크기 때문에 이상값으로 볼 수 있다. 이상값은 삭제하고 회귀분석을 다시 실시해야 한다.

잔차 통계량a

	최소값	최대값	평균	표준편차	N
예측값	3415.37	11700.79	7558.08	2540.796	25
표준 오차 예측값	-1.630	1.630	.000	1.000	25
예측값의 표준오차	348.612	676.812	481.178	109.583	25
수정된 예측값	3243.40	11528.72	7547.52	2549.581	25
잔차	-2674.663	6570.563	.000	1706.359	25
표준화 잔차	-1.534	3.770	.000	.979	25
스튜던트 잔차	-1.598	3.904	.003	1.017	25
스튜던트 잔차	-2899.968	7047.634	10.560	1843.015	25
스튜던트 스튜던트 잔차	-1.657	6.574	.107	1.480	25
Mahal. 거리	.000	2.658	.960	.874	25
Cook의 거리	.000	.553	.040	.110	25
중심화된 레버리지 값	.000	.111	.040	.036	25

a. 종속변수: 병원매출액

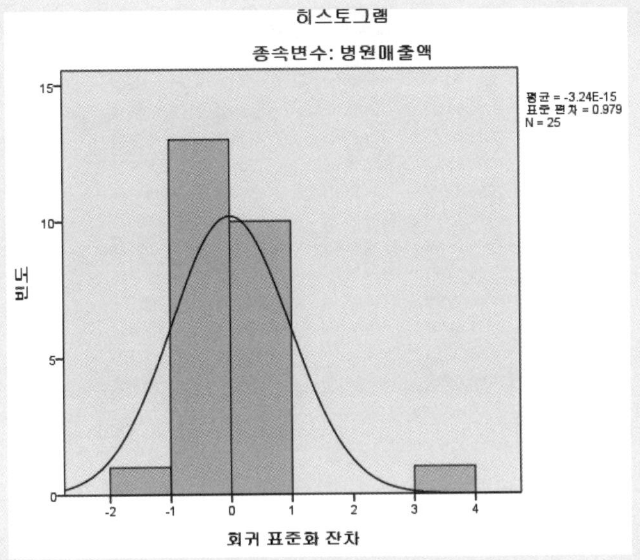

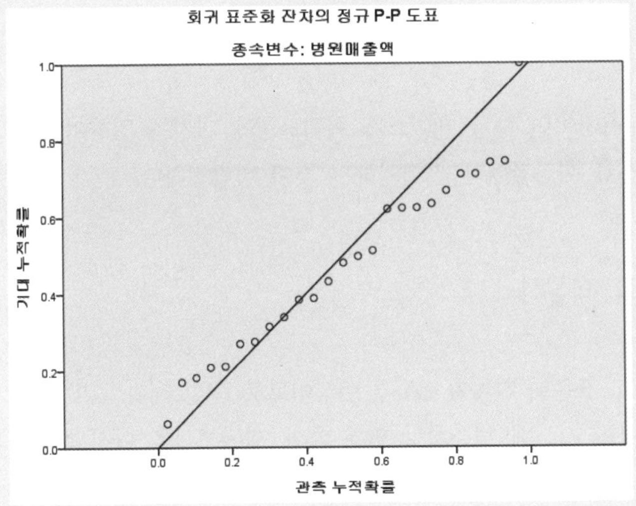

데이터 보기에 예측값, 잔차 등의 새로운 변수들이 추가로 생성된다.

	연도	병원매출액	의료관광객수	PRE_1	RES_1	ZRE_1	SRE_1	COO_1
13	2005	8700	355	7558.08000	1141.92000	.65512	.66863	.00931
14	2006	8500	250	7903.30615	596.69385	.34233	.34952	.00260
15	2007	8300	145	8248.53231	51.46769	.02953	.03018	.00002
16	2008	8100	460	8593.75846	-493.75846	-.28327	-.29016	.00207
17	2009	7900	355	8938.98462	-1038.98462	-.59607	-.61230	.01035
18	2010	7700	250	9284.21077	-1584.21077	-.90887	-.93704	.02764
19	2011	16200	1375	9629.43692	6570.56308	3.76956	3.90401	.55331
20	2012	7300	346	9974.66308	-2674.66308	-1.53447	-1.59779	.10753
21	2013	8920	567	10319.88923	-1399.88923	-.80312	-.84155	.03469
22	2014	9250	788	10665.11538	-1415.11538	-.81186	-.85687	.04184
23	2015	11560	1009	11010.34154	549.65846	.31534	.33557	.00745
24	2016	11890	1130	11355.56769	534.43231	.30661	.32930	.00832
25	2017	12670	1281	11700.79385	969.20615	.55604	.60338	.03232

- PRE_1: 예측값
- RES_1(잔차) = 예측값 - 관측값 = PRE_1 - 병원매출액
- ZRE_1: 표준화 잔차

  표준화 잔차의 절대값이 2.5~3 이상이면, 이상값(이상치)이라고 볼 수 있다.
- SRE_1: 스튜던트화 잔차
- COO_1: COOK의 거리

  COOK의 거리값이 1 이상이면 해당 케이스가 회귀모형에 미치는 영향이 크다고 할 수 있다. 그 케이스가 이상값이라면 제외하는 것이 바람직하다.

16.2.2 이상치 삭제 후 회귀분석 재실시

선도표로 보아도 이상치가 의심되고, 표준화 잔차가 2.5~3 이상이므로 19번 케이스(2011년)가 이상치라는 것을 알 수 있다. 이상치를 시스템 결측치로 만든 후에 회귀분석을 다시 한다.

케이스 19 선택(2011년) → 마우스 오른쪽 → 지우기를 이용해서 이상치를 삭제한다.

파일(F) 편집(E) 보기(V) 데이터(D) 변환(T) 분석(A) 다이렉트 마
19 : 연도
2011
연도
병원매출액
의료관광객수
16 2008 8100 460
17 2009 7900 355
18 2010 7700 250
19 2011 16200 1375
20 7300 346
21 8920 567
22 9250 788
23 11560 1009
24 11890 1130
25 12670 1281
잘라내기(T)
복사(C)
붙여넣기(P)
지우기(E)
케이스 삽입(I)

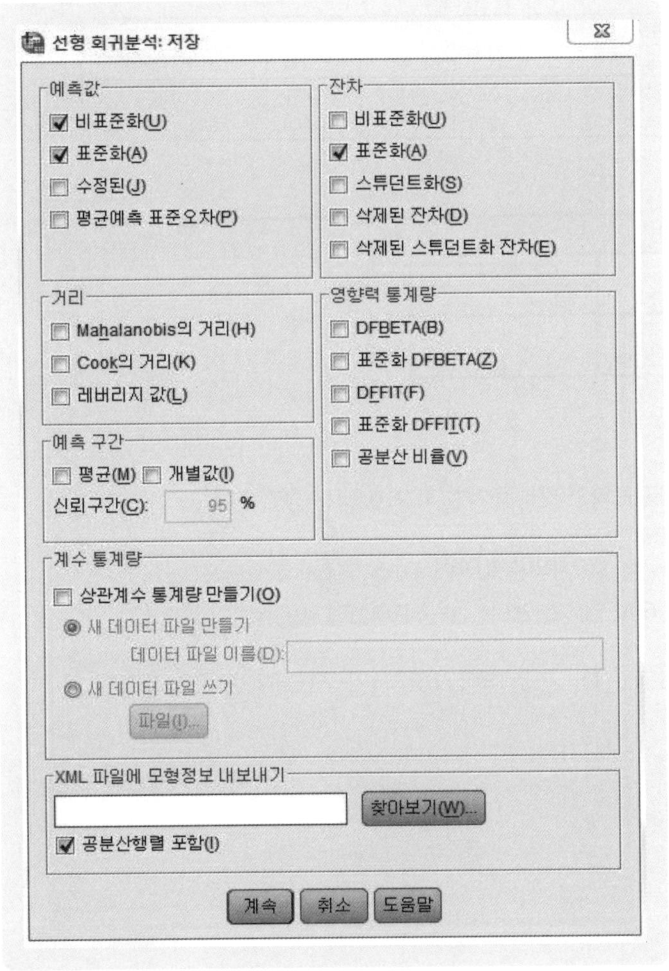
선형 회귀분석: 저장
예측값
비표준화(U)
표준화(A)
수정된(J)
평균예측 표준오차(P)
잔차
비표준화(U)
표준화(A)
스튜던트화(S)
삭제된 잔차(D)
삭제된 스튜던트화 잔차(E)
거리
Mahalanobis의 거리(H)
Cook의 거리(K)
레버리지 값(L)
영향력 통계량
DFBETA(B)
표준화 DFBETA(Z)
DFFIT(F)
표준화 DFFIT(T)
공분산 비율(V)
예측 구간
평균(M) 개별값(I)
신뢰구간(C): 95 %
계수 통계량
상관계수 통계량 만들기(O)
새 데이터 파일 만들기
데이터 파일 이름(D):
새 데이터 파일 쓰기
파일(I)...
XML 파일에 모형정보 내보내기
찾아보기(W)...
공분산행렬 포함(I)
계속 취소 도움말

- 종속변수: 병원매출액
- 독립변수: 의료관광객수
- 예측값: 비표준화, 표준화
- 잔차: 표준화

계속 → 결과

모형 요약[b]

모형	R	R 제곱	수정된 R 제곱	추정값의 표준오차	Durbin-Watson
1	.916[a]	.840	.832	1035.131	1.068

a. 예측값: (상수), 연도

b. 종속변수: 병원매출액

분산분석[a]

모형		제곱합	자유도	평균 제곱	F	유의확률
1	회귀 모형	123447784.2	1	123447784.2	115.211	.000[b]
	잔차	23572903.82	22	1071495.628		
	합계	147020688.0	23			

a. 종속변수: 병원매출액

b. 예측값: (상수), 연도

계수[a]

모형		비표준화 계수		표준화 계수	t	유의확률	공선성 통계량	
		B	표준오차	베타			공차	VIF
1	(상수)	-619059.149	58345.733		-10.610	.000		
	연도	312.699	29.133	.916	10.734	.000	1.000	1.000

a. 종속변수: 병원매출액

공선성 진단[a]

모형	차원	고유값	상태지수	분산비율	
				(상수)	연도
1	1	2.000	1.000	.00	.00
	2	6.557E-006	552.266	1.00	1.00

a. 종속변수: 병원매출액

회귀식의 R 제곱은 처음의 0.689보다 약간 증가한 0.916으로 증가했다.

병원매출액 = 312.699 × 연도 + (−619059.149)

예 2020년 병원매출액 = 312.699 × 2020 + (−619059.149) = 12592.83

예측값(PRE_1), 표준 예측값(ZPRE_1), 표준잔차(ZRE_1)가 새로운 변수로 생성된다.

	연도	병원매출액	의료관광객수	PRE_1	ZPR_1	ZRE_1
1	1993	4384	224	5519.36952	-.89660	-.65353
2	1994	4518	260	5748.85318	-.77402	-.70849
3	1995	4652	396	6615.79145	-.31097	-1.13037
4	1996	2786	132	4932.91128	-1.20984	-1.23578
5	1997	5920	368	6437.30416	-.40631	-.29776
6	1998	5054	404	6666.78782	-.28373	-.92833
7	1999	5188	440	6896.27148	-.16116	-.98329
8	2000	5322	476	7125.75514	-.03859	-1.03825
9	2001	5456	512	7355.23880	.08398	-1.09321
10	2002	5682	534	7495.47882	.15889	-1.04385
11	2003	5800	551	7603.84610	.21677	-1.03831
12	2004	7200	463	7042.88604	-.08285	.09044
13	2005	8700	355	6354.43506	-.45057	1.35012
14	2006	8500	250	5685.10772	-.80807	1.62027
15	2007	8300	145	5015.78038	-1.16558	1.89042

16.3 모형 검증

16.3.1 선형성

그래프 → 레거시 대화상자 → 산점도/점도표 → 단순 산점도

정의:

- Y축: 표준화 잔차
- X축: 예측값

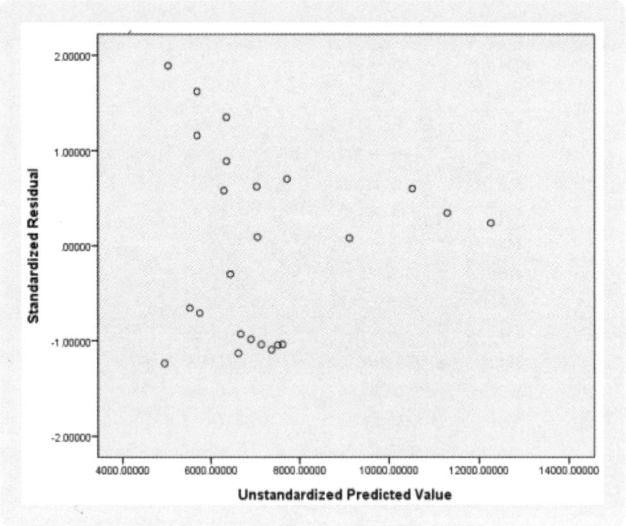

0을 중심으로 랜덤하게 분포할 때 선형성 만족

16.3.2 등분산성

그래프 → 레거시 대화상자 → 산점도/점도표 → 단순 산점도

정의:

- Y축: 표준화 잔차
- X축: 표준화 예측값

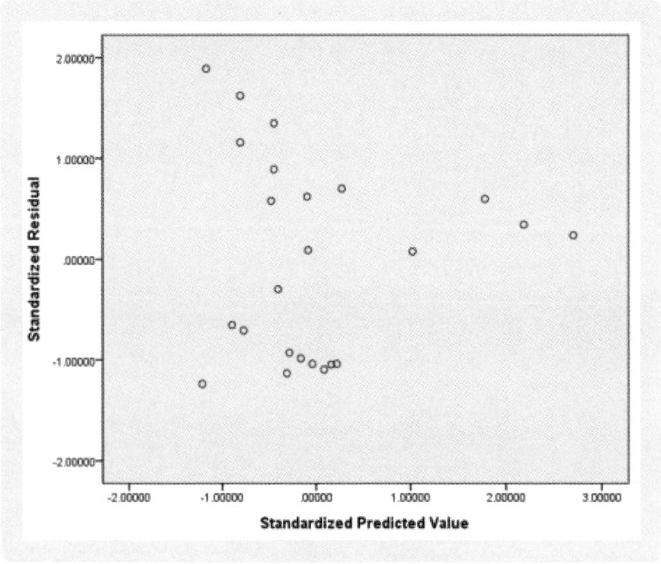

0을 중심으로 랜덤하게 분포할 때 등분산성 만족

16.3.3 정규성 검토

표준화 잔차의 정규성

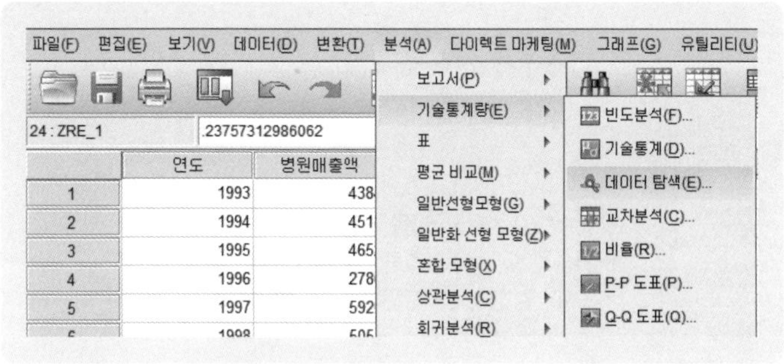

분석 → 기술통계량 → 데이터 탐색

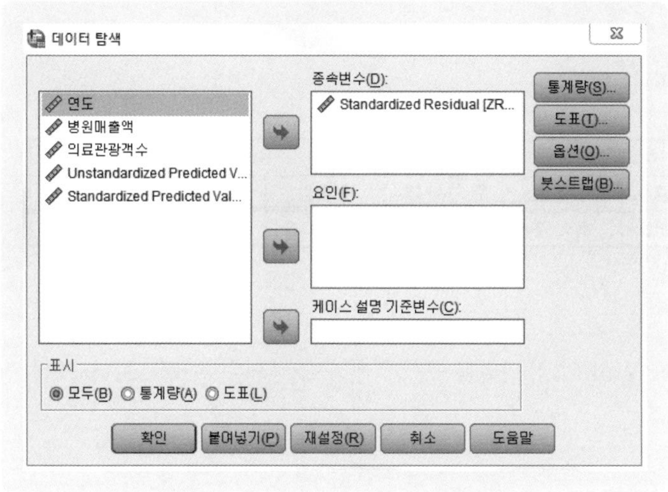

- 종속변수: 표준화 잔차 → 도표

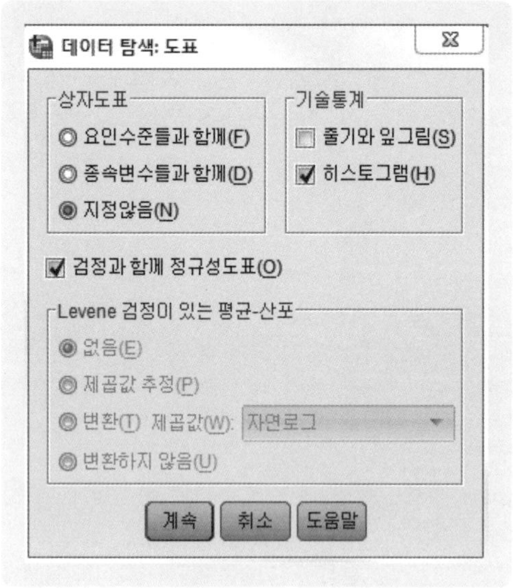

- 상자도표: 지정 않음
- 기술통계: 히스토그램
- 도표: 검정과 함께 정규성 도표 → 계속

확인 → 결과

정규성 검정

	Kolmogorov-Smirnov[a]			Shapiro-Wilk		
	통계량	자유도	유의확률	통계량	자유도	유의확률
Standardized Residual	.165	24	.091	.915	24	.046

a. Lilliefors 유의확률 수정

Kolmogorov−Smirnov, Shapiro−Wilk의 유의확률 중 한 개라도 유의수준 0.05보다 크면 정규성을 만족한다.

17
CHAPTER

곡선추정 회귀분석

17 곡선추정 회귀분석(비선형 회귀분석)

선형추세가 아닌 경우 어떻게 예측할 수 있을까?

선형성을 만족하지 않을 경우, 자연로그 변환 등의 변수변환을 통해서 선형성이 만족하도록 데이터를 수정하여 선형 회귀분석 모형에 적용하는 방법이 있다.

또 다른 방법은 선형성 가정이 충족되지 않아도 되는 비선형 회귀모형에 적용하는 방법이다. 곡선추정 회귀분석은 독립변수가 1개일 경우에만 적용할 수 있다.

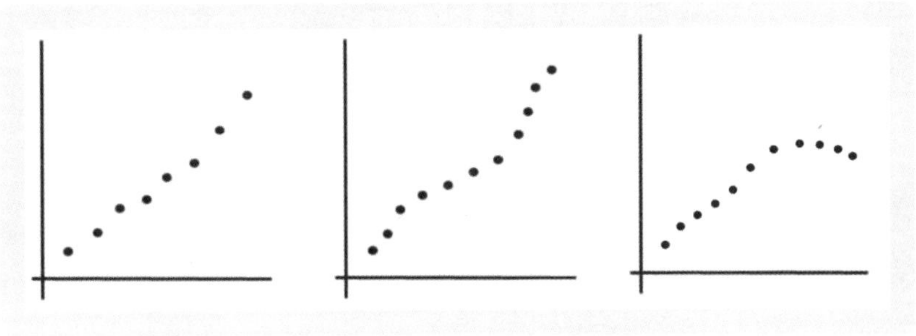

(선형) (비선형)

비선형 회귀분석의 사례는 어떤 것이 있을까?

- 초기에 완만한 수요를 보이다가 급격히 판매가 증가하는 제품의 예측

- 갑자기 인기가 급증하는 신상품의 판매 예측

- 침체기를 거치고 위기를 잘 극복해서 꾸준한 성장을 지속하는 상품

- 상승세가 꺾인 상품

17.1 TIME 변수 생성 및 산점도

1994년부터 2017년까지의 병원매출액과 외래환자수를 조사했다.

파일 이름: 곡선추정 회귀분석(단위: 억 원)

	연도	병원매출액	외래환자수
1	1994	552	7580
2	1995	752	8670
3	1996	852	9125
4	1997	952	10022
5	1998	1152	25670
6	1999	1352	27820
7	2000	1252	36720
8	2001	1352	45620
9	2002	1452	51400
10	2003	1551	58000

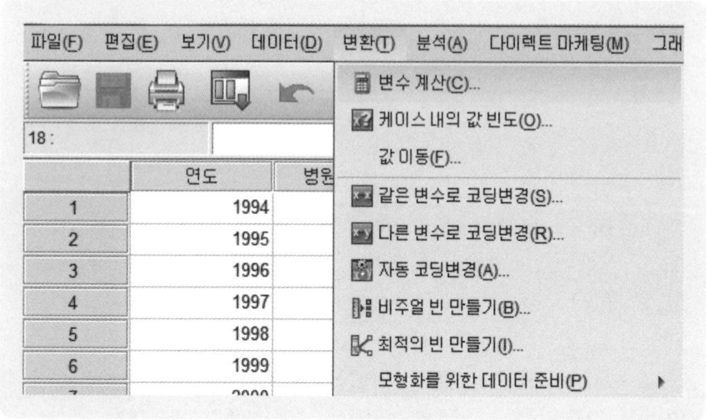
파일(F) 편집(E) 보기(V) 데이터(D) 변환(T) 분석(A) 다이렉트 마케팅(M) 그래
변수 계산(C)...
케이스 내의 값 빈도(O)...
값 이동(F)...
같은 변수로 코딩변경(S)...
다른 변수로 코딩변경(R)...
자동 코딩변경(A)...
비주얼 빈 만들기(B)...
최적의 빈 만들기(I)...
모형화를 위한 데이터 준비(P)
18 :
연도
1994
1995
1996
1997
1998
1999

변환 → 변수 계산

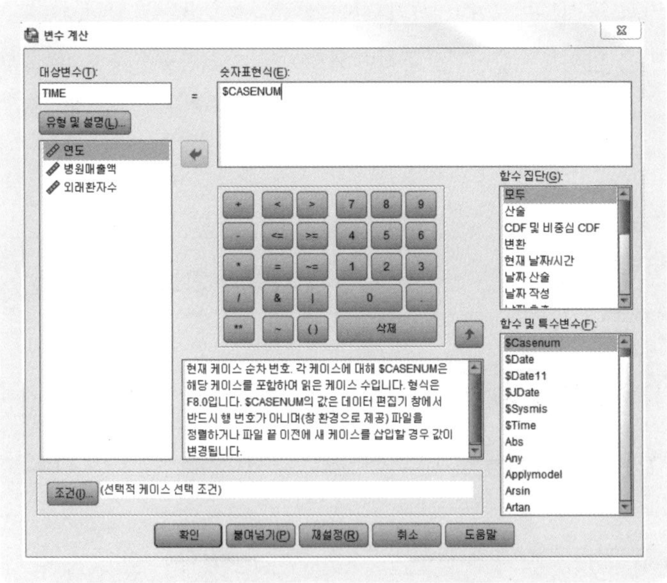

- 대상변수: TIME
- 함수 집단: 모두 또는 기타 → 함수 및 특수변수: $Casenum → $Casenum을 더블클릭 → 숫자표현식으로 들어간다. → 확인

	연도	병원매출액	외래환자수	TIME
1	1994	552	7580	1.00
2	1995	752	8670	2.00
3	1996	852	9125	3.00
4	1997	952	10022	4.00
5	1998	1152	25670	5.00
6	1999	1352	27820	6.00
7	2000	1252	36720	7.00
8	2001	1352	45620	8.00
9	2002	1452	51400	9.00
10	2003	1551	58000	10.00

확인 → 결과

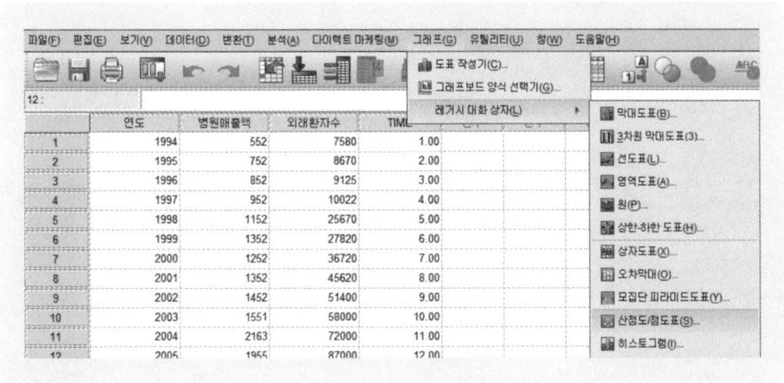

그래프 → 레거시 대화상자 → 산점도/점도표

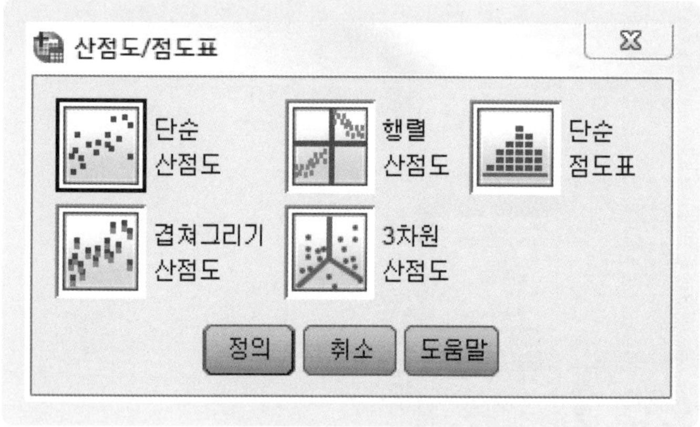

단순 산점도
정의

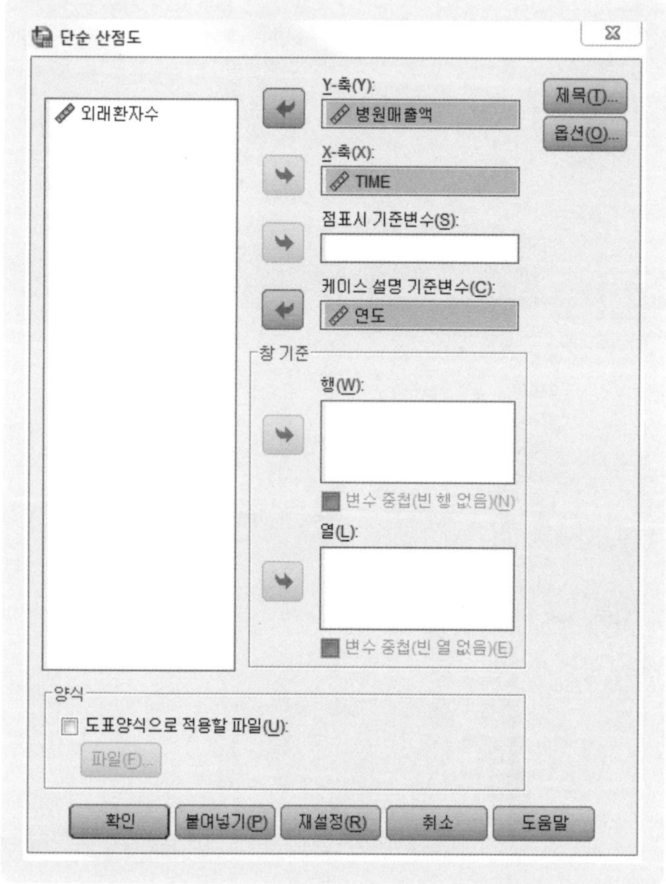

- Y축: 병원매출액
- X축: TIME 변수
- 케이스 설명 기준변수: 연도

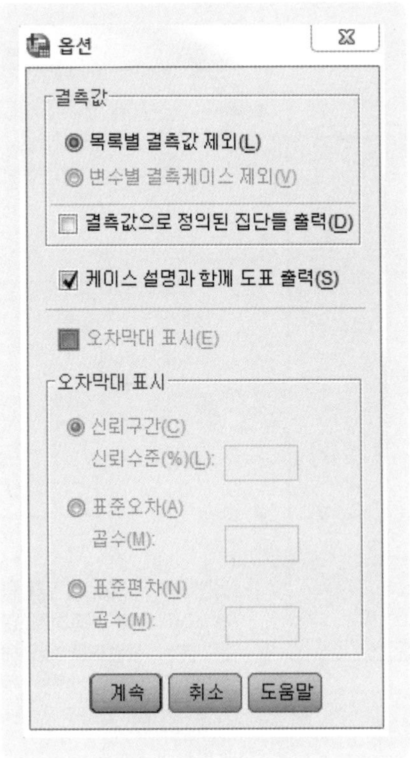

옵션
- 목록별 결측값 제외 체크
- 케이스 설명과 함께 도표 출력 체크

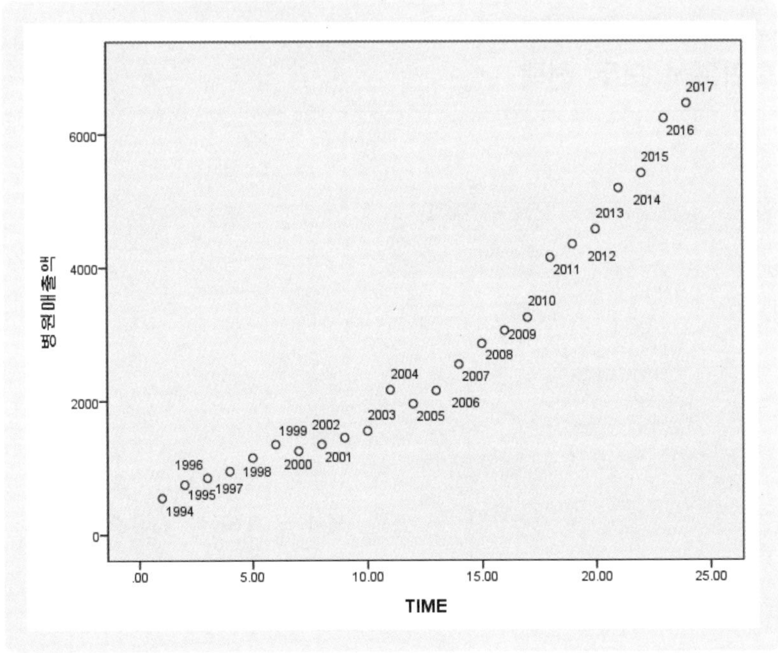

계속 → 확인 → 결과

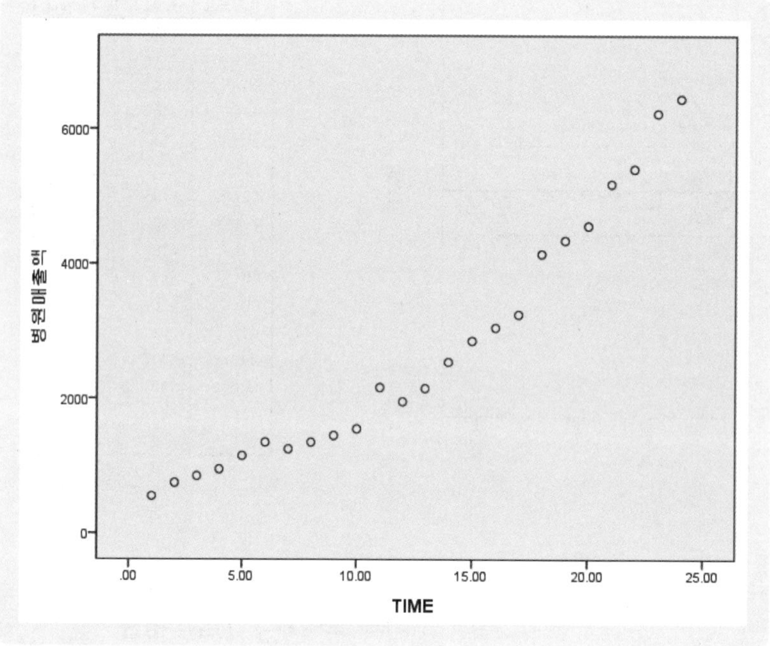

옵션에서 케이스 설명과 함께 도표 출력 체크하지 않은 경우: 산점도로 확인해 보면, 급격히 증가하는 추세를 보이고 있다.

17.2 곡선추정 회귀분석 모두 선택

분석 → 회귀분석 → 곡선추정

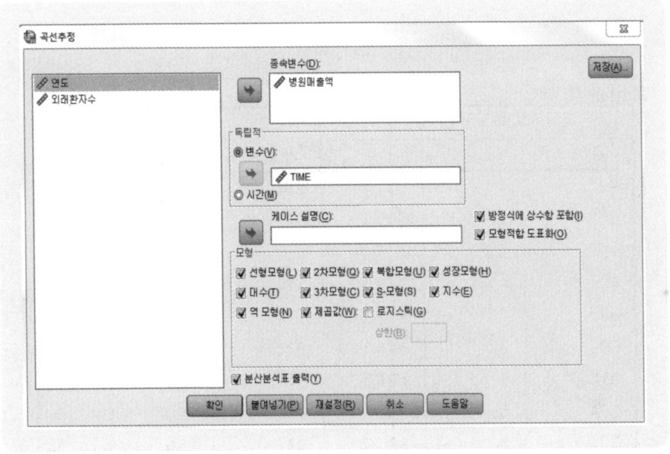

곡선추정

- 종속변수: 병원매출액
- 독립적: 시간 선택
- 케이스 설명: TIME 변수
- 방정식에 상수항 포함
- 모형적합 도표화
- 모형 선택: 선형 모형, 대수, 역모형, 2차 모형, 3차 모형, 제곱값, 복합모형, S모형, 성장 모형, 지수 모형을 선택한다. 로지스틱 곡선은 별도로 다루고자 한다.)
- 분산분석표 출력: 각 모형별 방정식을 얻을 수 있다.

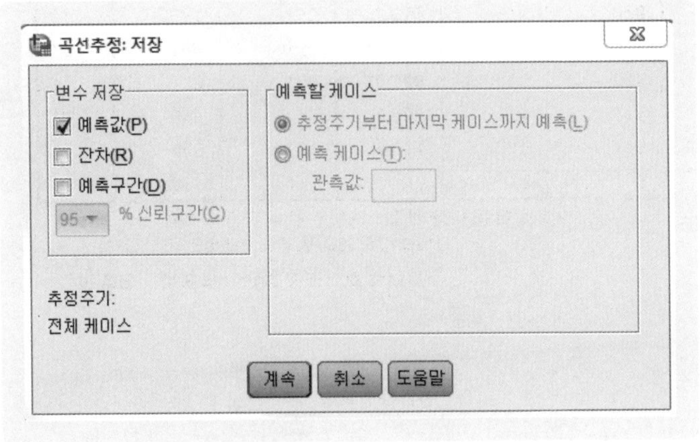

저장

- 변수 저장: 예측값, 잔차(관측값 - 예측값), 예측구간: 95% 신뢰구간을 출력
- 예측 케이스: 미래를 예측할 때 예측기간을 설정한다.

계속 → 확인

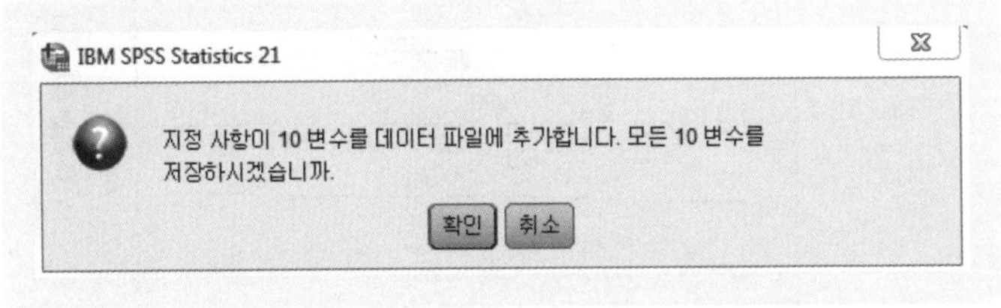

지정 사항이 10변수를 데이터 파일에 추가합니다. 모든 10변수를 저장하시겠습니까? → 확인

결과

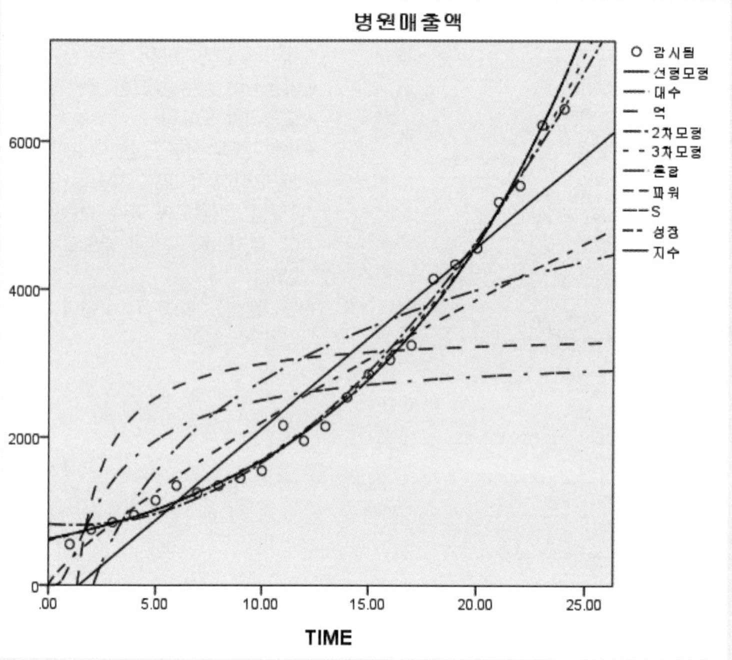

- FIT_1: 예측치
- 잔차: ERR_1(잔차를 선택한 경우)
- 신뢰구간 하한: LCL_1(저장에서 95% 신뢰구간 예측구간을 선택한 경우 출력)
- 신뢰구간 상한: UCL_1(저장에서 95% 신뢰구간 예측구간을 선택한 경우 출력)

	연도	병원매출액	외래환자수	TIME	FIT_1	FIT_2	FIT_3	FIT_4	FIT_5
1	1994	552	7580	1.00	-106.80333	-1324.43005	-1224.76930	811.93192	674.34074
2	1995	752	8670	2.00	139.92232	-93.12684	1122.12713	818.98751	753.18303
3	1996	852	9125	3.00	386.64797	627.13936	1904.42594	847.83128	837.49835
4	1997	952	10022	4.00	633.37362	1138.17637	2295.57535	898.46324	928.84052
5	1998	1152	25670	5.00	880.09928	1534.56746	2530.26499	970.88339	1028.76336
6	1999	1352	27820	6.00	1126.82493	1858.44257	2686.72475	1065.09173	1138.82071
7	2000	1252	36720	7.00	1373.55058	2132.27507	2798.48173	1181.08825	1260.56639
8	2001	1352	45620	8.00	1620.27623	2369.47958	2882.29946	1318.87297	1395.55422
9	2002	1452	51400	9.00	1867.00188	2578.70878	2947.49102	1478.44587	1545.33802
10	2003	1551	58000	10.00	2113.72754	2765.87067	2999.64428	1659.80696	1711.47163

관측값에 가장 가까운 모형을 시각적으로 확인할 수 있다

선형과 지수 모형을 제외하고 비선형 회귀분석 모형을 하나씩 선택해서 살펴보고자 한다. 선형모형은 산점도 활용 선형 회귀분석의 자료를, 그리고 지수 모형은 로그선형모형의 곡선추정 회귀분석에서 설명한 자료를 참고한다.

17.3 대수

모형 요약

R	R 제곱	수정된 R 제곱	추정값의 표준오차
.812	.660	.645	1082.340

독립변수는 TIME입니다.

분산분석

	제곱합	자유도	평균 제곱	F	유의확률
회귀 모형	50056414.54	1	50056414.54	42.730	.000
잔차	25772135.42	22	1171460.701		
합계	75828549.96	23			

독립변수는 TIME입니다.

계수

	비표준화 계수		표준화 계수		
	B	표준오차	베타	t	유의확률
ln(TIME)	1776.395	271.752	.812	6.537	.000
(상수)	-1324.430	658.497		-2.011	.057

대수 모형 = (−1324.430049933439) + 1776.395033207115 * LN(TIME)

로그변환 방법

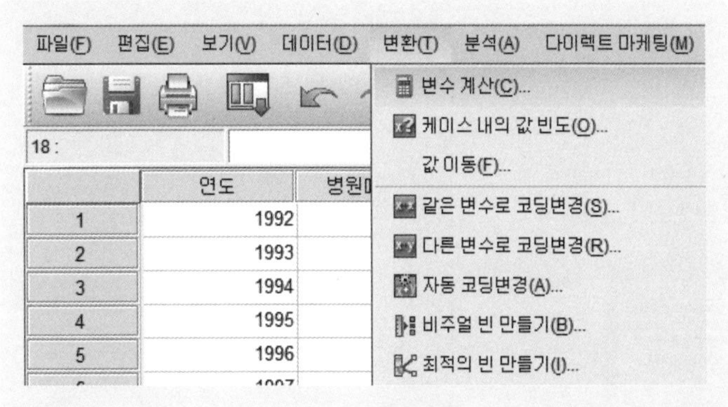
파일(F) 편집(E) 보기(V) 데이터(D) 변환(T) 분석(A) 다이렉트 마케팅(M)
18 :
연도
1
2
3
4
5
1992
1993
1994
1995
1996
변수 계산(C)...
케이스 내의 값 빈도(O)...
값 이동(F)...
같은 변수로 코딩변경(S)...
다른 변수로 코딩변경(R)...
자동 코딩변경(A)...
비주얼 빈 만들기(B)...
최적의 빈 만들기(I)...

변환 → 변수 계산

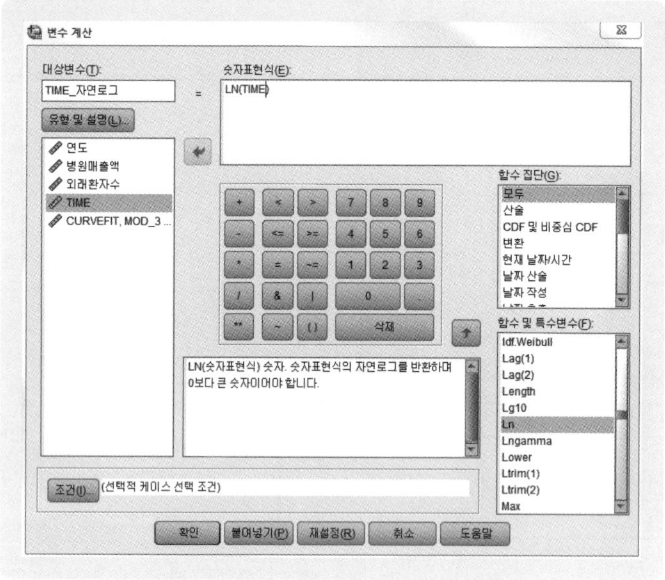

대상 변수: TIME_자연로그
숫자표현식:
함수 및 특수변수: LN 선택 → LN(TIME)

확인 → 변환 → 변수 계산 → 확인

대수_직접계산

= 1776.3950332071154*LN(TIME) + (−1324.430049933441): 자연로그로 변수를 만들 필요없이 바로 계산 가능

= 1776.3950332071154*TIME_자연로그 + (−1324.430049933441): 자연로그 변수를 새롭게 만든 경우

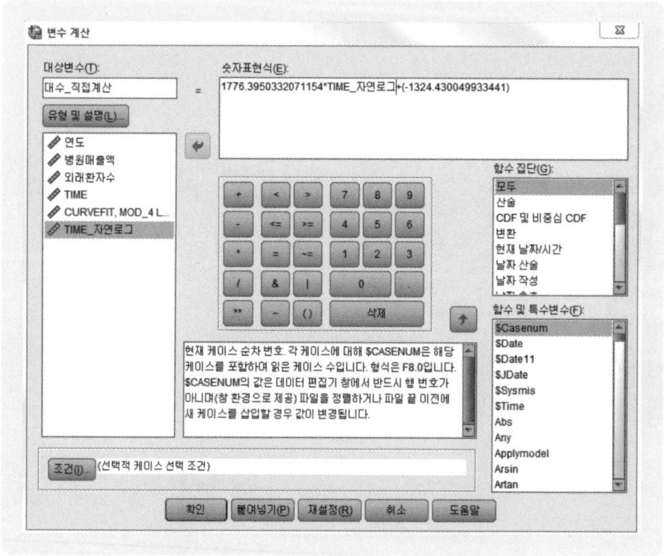

결과가 동일한 것을 확인할 수 있다.

	연도	병원매출액	외래환자수	TIME	FIT_1	TIME_자연로그	대수_직접계산
1	1994	552	7580	1.00	-1324.43005	.00	-1324.43
2	1995	752	8670	2.00	-93.12684	.69	-93.13
3	1996	852	9125	3.00	627.13936	1.10	627.14
4	1997	952	10022	4.00	1138.17637	1.39	1138.18
5	1998	1152	25670	5.00	1534.56746	1.61	1534.57
6	1999	1352	27820	6.00	1858.44257	1.79	1858.44
7	2000	1252	36720	7.00	2132.27507	1.95	2132.28
8	2001	1352	45620	8.00	2369.47958	2.08	2369.48
9	2002	1452	51400	9.00	2578.70878	2.20	2578.71
10	2003	1551	58000	10.00	2765.87067	2.30	2765.87

17.4 역모형

모형 요약

R	R 제곱	수정된 R 제곱	추정값의 표준오차
.542	.293	.261	1560.529

독립변수는 TIME입니다.

분산분석

	제곱합	자유도	평균 제곱	F	유의확률
회귀 모형	22253019.54	1	22253019.54	9.138	.006
잔차	53575530.42	22	2435251.383		
합계	75828549.96	23			

독립변수는 TIME입니다.

계수

	비표준화 계수		표준화 계수	t	유의확률
	B	표준오차	베타		
1 / TIME	-4693.793	1552.749	-.542	-3.023	.006
(상수)	3469.024	401.434		8.642	.000

소수점 이하의 숫자를 어떻게 알 수 있을까? 앞에서 설명했듯이 결과를 더블클릭한다.

모형 요약

R	R 제곱	수정된 R 제곱	추정값의 표준오차
.542	.293	.261	1560.529

독립변수는 TIME입니다.

분산분석

	제곱합	자유도	평균 제곱	F	유의확률
회귀 모형	22253019.54	1	22253019.54	9.138	.006
잔차	53575530.42	22	2435251.383		
합계	75828549.96	23			

독립변수는 TIME입니다.

계수

	비표준화 계수		표준화 계수		
	B	표준오차	베타	t	유의확률
1 / TIME	-4693.793	1552.749	-.542	-3.023	.006
(상수)	3469.023564	401.434		8.642	.000

= 3469.023564367624 + (−4693.792862760876) × 1/TIME

각 모형마다 정확한 수식을 알기가 쉽지 않다. 어떻게 하면 쉽게 정확한 수식을 확인할 수 있을까?

비선형 회귀분석 → 역모형 선택 → 결과 → 도표 더블클릭 → 도표 편집기 → 추세선 더블클릭

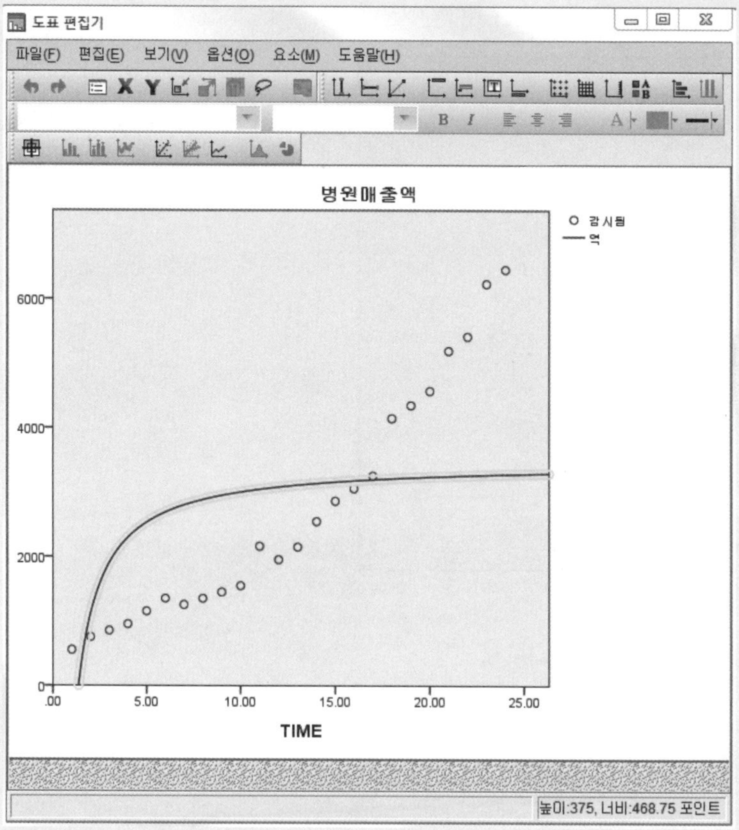

선에 설명 추가를 선택 → 적용 → 닫기를 클릭하면 선에 방정식이 표기된다.

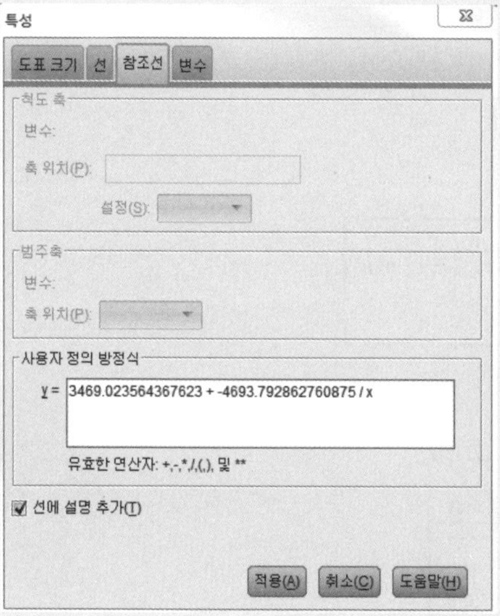

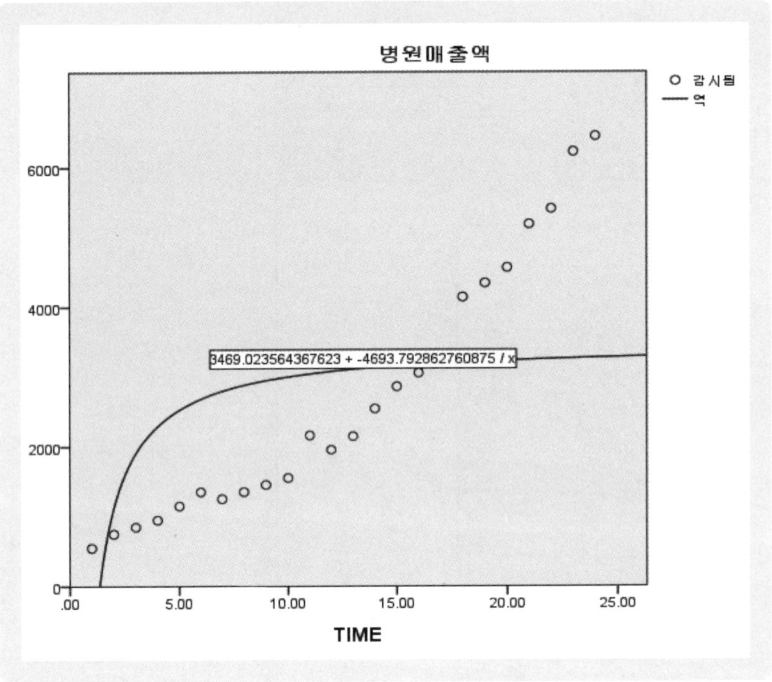

역모형 = 3469.023564367623 + (−4693.792862760875) / TIME

17.5 2차 모형

모형 요약

R	R 제곱	수정된 R 제곱	추정값의 표준오차
.996	.992	.991	171.742

독립변수는 TIME입니다.

분산분석

	제곱합	자유도	평균 제곱	F	유의확률
회귀 모형	75209149.42	2	37604574.71	1274.936	.000
잔차	619400.539	21	29495.264		
합계	75828549.96	23			

독립변수는 TIME입니다.

계수

	비표준화 계수		표준화 계수		
	B	표준오차	베타	t	유의확률
TIME	-25.627	21.119	-.100	-1.213	.238
TIME ** 2	10.894	.820	1.093	13.284	.000
(상수)	826.665	114.586		7.214	.000

2차 모형식의 정확한 계수를 확인하기 위해서 비선형 회귀분석에서 2차 모형식만 선택 → 결과 → 도표 더블클릭 → 도표 편집기 → 추세선 더블클릭

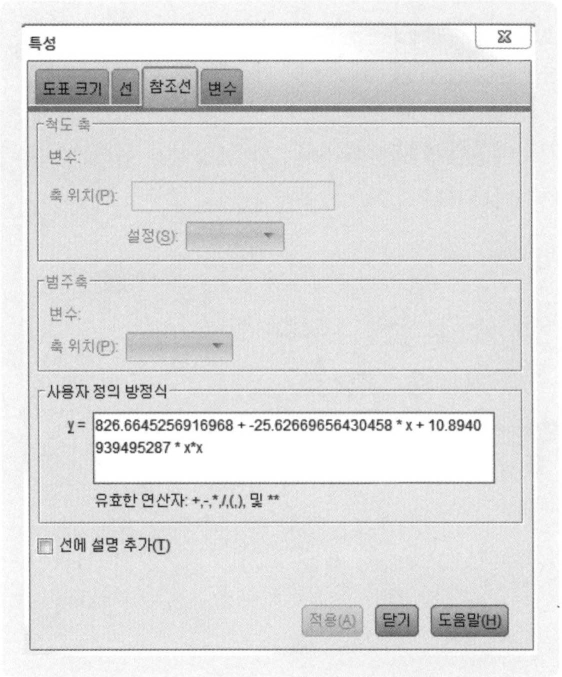

2차 모형식 = 826.6645256916968 + (−25.62669656430458) * TIME + 10.8940939495287 * TIME*TIME

17.6 3차 모형

모형 요약

R	R 제곱	수정된 R 제곱	추정값의 표준오차
.997	.993	.992	160.031

독립변수는 TIME입니다.

분산분석

	제곱합	자유도	평균 제곱	F	유의확률
회귀 모형	75316351.13	3	25105450.38	980.301	.000
잔차	512198.828	20	25609.941		
합계	75828549.96	23			

독립변수는 TIME입니다.

계수

	비표준화 계수		표준화 계수		
	B	표준오차	베타	t	유의확률
TIME	73.481	52.286	.286	1.405	.175
TIME ** 2	1.183	4.808	.119	.246	.808
TIME ** 3	.259	.127	.607	2.046	.054
(상수)	599.418	154.069		3.891	.001

3차 모형식의 정확한 계수를 확인하기 위해서 비선형 회귀분석에서 3차 모형식만 선택 → 결과 → 도표 더블클릭 → 도표 편집기 → 추세선 더블클릭

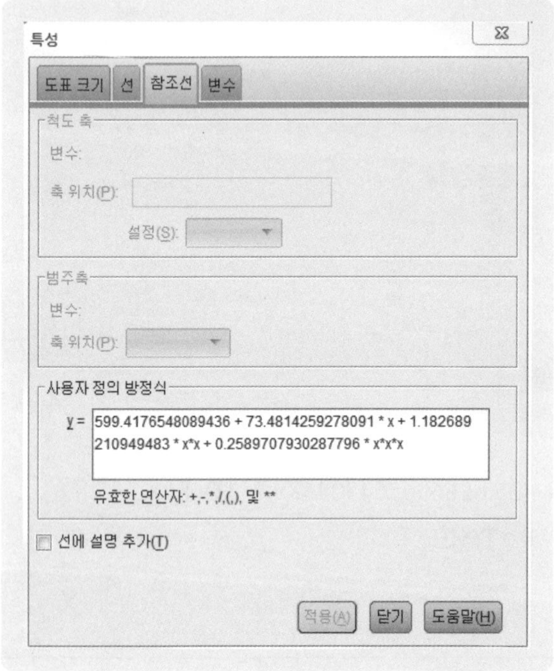

3차 모형 = 599.4176548089436 + 73.4814259278091 * TIME + 1.182689210949483 * TIME*TIME + 0.2589707930287796 * TIME*TIME*TIME

17.7 복합모형(혼합모형)

모형 요약

R	R 제곱	수정된 R 제곱	추정값의 표준오차
.993	.987	.986	.083

독립변수는 TIME입니다.

분산분석

	제곱합	자유도	평균 제곱	F	유의확률
회귀 모형	11.564	1	11.564	1671.180	.000
잔차	.152	22	.007		
합계	11.716	23			

독립변수는 TIME입니다.

계수

	비표준화 계수		표준화 계수		
	B	표준오차	베타	t	유의확률
TIME	1.105	.003	2.701	407.668	.000
(상수)	620.206	21.738		28.531	.000

종속변수는 ln(병원매출액)입니다.

복합모형(혼합모형)의 정확한 계수를 확인하기 위해서 비선형 회귀분석에서 복합모형(혼합모형)만 선택 → 결과 → 도표 더블클릭 → 도표 편집기 → 추세선 더블클릭

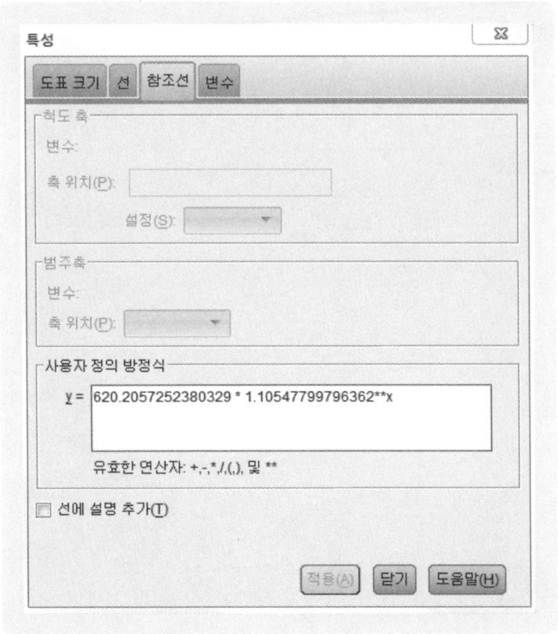

복합모형(혼합모형) = 620.2057252380329 * 1.10547799796362**TIME

17.8 제곱값(파워 모형)

모형 요약

R	R 제곱	수정된 R 제곱	추정값의 표준오차
.941	.885	.880	.248

독립변수는 TIME입니다.

분산분석

	제곱합	자유도	평균 제곱	F	유의확률
회귀 모형	10.366	1	10.366	168.945	.000
잔차	1.350	22	.061		
합계	11.716	23			

독립변수는 TIME입니다.

계수

	비표준화 계수		표준화 계수		
	B	표준오차	베타	t	유의확률
ln(TIME)	.808	.062	.941	12.998	.000
(상수)	343.165	51.717		6.635	.000

종속변수는 ln(병원매출액)입니다.

제곱값(파워 모형)의 정확한 계수를 확인하기 위해서 비선형 회귀분석에서 제곱값(파워 모형)만 선택 → 결과 → 도표 더블클릭 → 도표 편집기 → 추세선 더블클릭

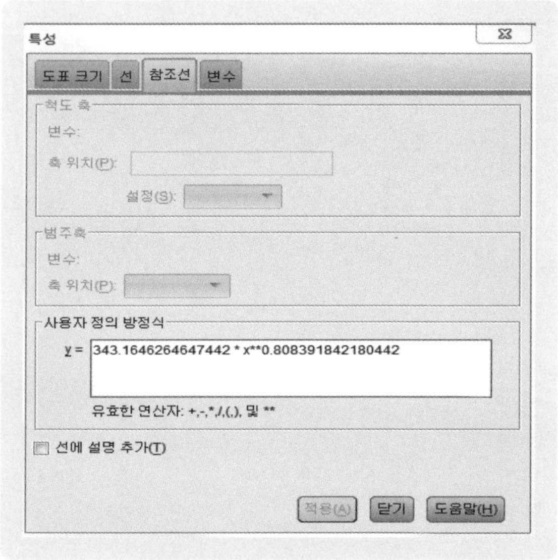

파워 모형 = 343.1646264647442 * TIME**0.808391842180442

17.9 S 모형

모형 요약

R	R 제곱	수정된 R 제곱	추정값의 표준오차
.725	.525	.503	.503

독립변수는 TIME입니다.

분산분석

	제곱합	자유도	평균 제곱	F	유의확률
회귀 모형	6.151	1	6.151	24.317	.000
잔차	5.565	22	.253		
합계	11.716	23			

독립변수는 TIME입니다.

계수

	비표준화 계수		표준화 계수	t	유의확률
	B	표준오차	베타		
1 / TIME	-2.468	.500	-.725	-4.931	.000
(상수)	8.072	.129		62.388	.000

종속변수는 ln(병원매출액)입니다.

S 모형의 정확한 계수를 확인하기 위해서 비선형 회귀분석에서 S 모형만 선택 → 결과 → 도표 더블클릭 → 도표 편집기 → 추세선 더블클릭

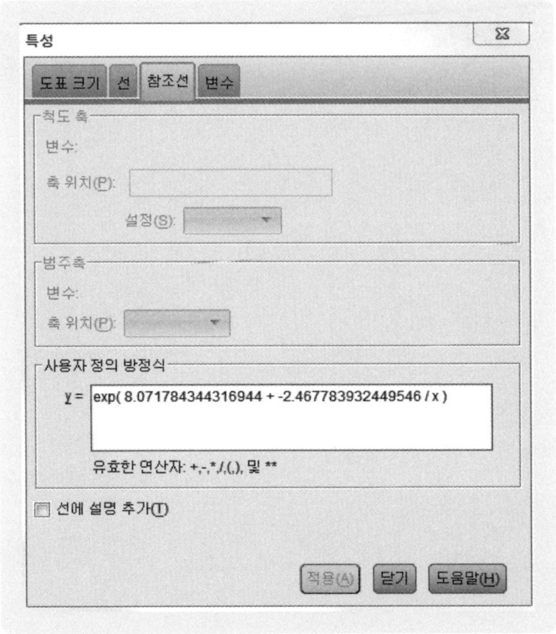

S 모형 = exp(8.071784344316944 + (−2.467783932449546) / TIME)

17.10 성장 모형

모형 요약

R	R 제곱	수정된 R 제곱	추정값의 표준오차
.993	.987	.986	.083

독립변수는 TIME입니다.

분산분석

	제곱합	자유도	평균 제곱	F	유의확률
회귀 모형	11.564	1	11.564	1671.180	.000
잔차	.152	22	.007		
합계	11.716	23			

독립변수는 TIME입니다.

계수

	비표준화 계수		표준화 계수	t	유의확률
	B	표준오차	베타		
TIME	.100	.002	.993	40.880	.000
(상수)	6.430	.035		183.455	.000

종속변수는 ln(병원매출액)입니다.

성장 모형의 정확한 계수를 확인하기 위해서 비선형 회귀분석에서 성장 모형만 선택 → 결과 → 도표 더블클릭 → 도표 편집기 → 추세선 더블클릭

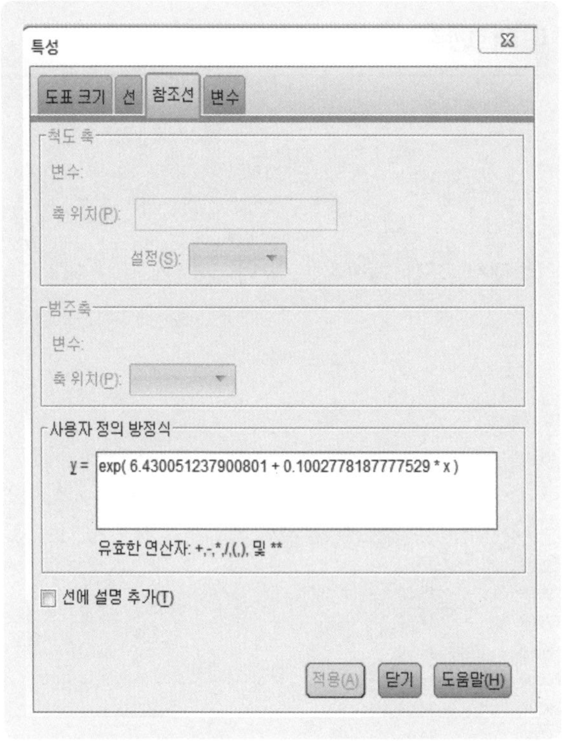

성장 모형 = exp(6.430051237900801 + 0.1002778187777529 * TIME)

관측값, 선형 모형, 2차 모형, 3차 모형, 지수 모형의 R 제곱을 비교한다. R 제곱이 관측값에 대한 설명력이 높다는 점에서 가장 높은 모형이 예측력이 높다고 볼 수 있다.

잔차(관측값 – 예측값)에 의한 MAE(MAD), MSE, RMSE, MAPE 계산 방법은 Chapter 15를 참고한다. MAE(MAD), MSE, MAPE, RMSE를 비교해서 값이 적을수록 더 정확한 모형이다.

구분	R 제곱	구분	R 제곱
선형 모형	0.923	대수	0.66
2차 모형	0.992	역모형	0.293
3차 모형	0.993	파워 모형	0.885
지수 모형	0.987	S 모형	0.525

17.11 곡선추정 회귀분석에 의한 미래 예측

17.11.1 직접 계산

각 모형의 방정식에 미래의 TIME 값을 입력해서 직접 계산하는 방법

연도와 TIME 변수에 값을 입력한다.

- 연도: 2018, 2019, 2020
- TIME 변수: 25, 26, 27

	연도	병원매출액	외래환자수	TIME
16	2009	3055	79000	16.00
17	2010	3250	77000	17.00
18	2011	4145	45000	18.00
19	2012	4346	73000	19.00
20	2013	4567	89200	20.00
21	2014	5188	92500	21.00
22	2015	5409	115600	22.00
23	2016	6230	115600	23.00
24	2017	6451	126700	24.00
25	2018	.	.	25.00
26	2019	.	.	26.00
27	2020	.	.	27.00

예측 = 599.4176548089588 + 73.48142592780314*TIME + 1.182689210950021*TIME*TIME + 0.258970793028766*TIME*TIME*TIME

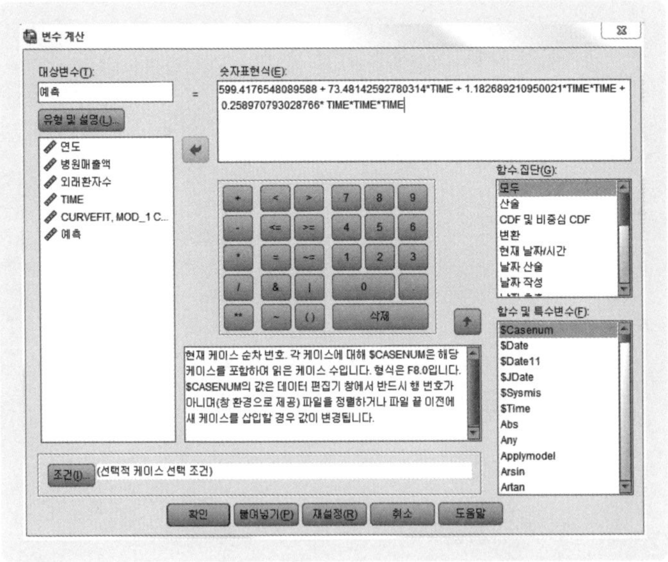

확인

	연도	병원매출액	외래환자수	TIME	FIT_1	예측
16	2009	3055	79000	16.00	3043.59504	3138.63
17	2010	3250	77000	17.00	2952.78576	3462.72
18	2011	4145	45000	18.00	1869.00389	3815.59
19	2012	4346	73000	19.00	2782.06083	4198.80
20	2013	4567	89200	20.00	3571.45625	4613.89
21	2014	5188	92500	21.00	3768.23591	5062.42
22	2015	5409	115600	22.00	5592.96687	5545.95
23	2016	6230	115600	23.00	5592.96687	6066.03
24	2017	6451	126700	24.00	6806.47089	6624.21
25	2018	.	.	25.00	.	7222.05
26	2019	.	.	26.00	.	7861.10
27	2020	.	.	27.00	.	8542.92

17.11.2 메뉴에서 TIME 변수 미래값 입력

SPSS 곡선추정 회귀분석 메뉴에서 미래의 TIME 값을 입력해서 예측하는 방법

분석 → 회귀분석 → 곡선추정

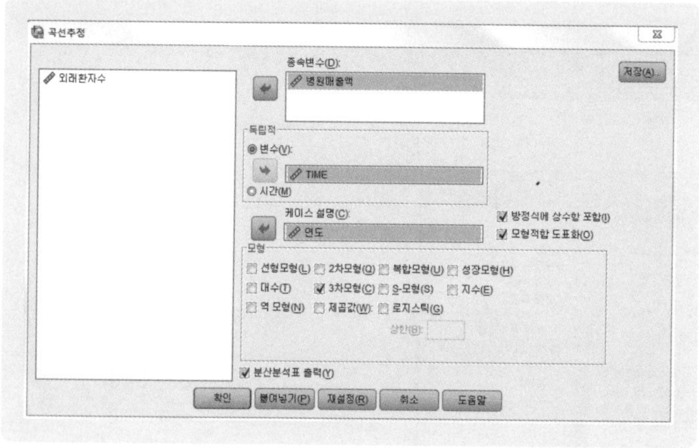

- 종속변수: 병원매출액
- 독립적: 시간 선택 → 케이스 설명: TIME
- 방정식에 상수항 포함
- 모형적합 도표화
- 모형 선택: 3차 모형만을 선택

저장

2022년까지 예측하기 위해서 29케이스를 입력한다.

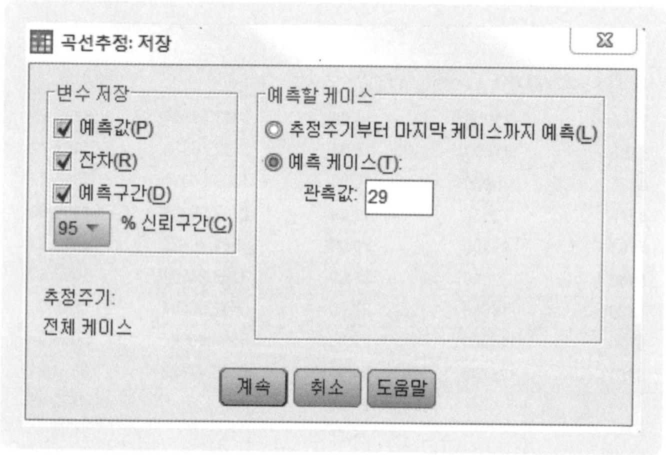

- 변수 저장: 예측값, 잔차
- 예측 케이스: 29(Time 변수의 29번째를 의미)

계속 → 확인

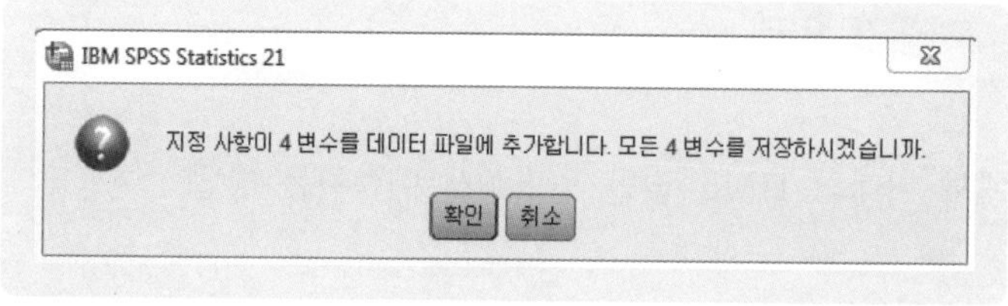

지정 사항이 4변수를 데이터 파일에 추가합니다. 모든 4변수를 저장하시겠습니까? → 확인

결과: 2018년부터 2022년까지의 예측결과를 확인할 수 있다.

04

PART

미래 예측과 시계열 분석 고급

18

CHAPTER

로지스틱 곡선

18 로지스틱 곡선

상품에는 성장기와 쇠퇴기가 존재한다. 성장을 지속하다가 어느 시점부터 침체기에 들어가면서 수요의 증가가 둔화되는 상품이 있다. 또한 시설의 한계 때문에 상품 판매의 한계치가 있는 상품도 있다.

예 호텔, 항공사, 병원, 버스회사, 택시회사 등

로지스틱 곡선은 이와 같이 판매량의 최대값이 존재하거나 성장기와 침체기의 상품 예측에 유용하다.

1992년부터 2015년까지 병원 입원환자수와 외래환자수를 조사했다. 병원 병실은 250Bed를 갖추고 있으며 매일 100% 환자를 받으면 91250명이 최대치이다.

250Bed × 365일 = 91250명

파일 이름: 로지스틱곡선(단위: 억 원)

	연도	입원환자수	외래환자수	TIME
1	1994	552	7580	1.00
2	1995	752	8670	2.00
3	1996	852	9125	3.00
4	1997	952	10022	4.00
5	1998	1152	25670	5.00
6	1999	1352	27820	6.00
7	2000	1252	36720	7.00
8	2001	1352	45620	8.00
9	2002	1452	51400	9.00
10	2003	1551	58000	10.00

로지스틱 곡선을 하기 위해서 TIME 변수를 추가한다.

주의 TIME 변수를 만들지 않고 연도를 그대로 변수로 선택할 경우 잘못된 방정식을 얻게 된다.

변환 → 변수 계산
대상변수: TIME

함수 집단: 기타 → 함수 및 특수변수: $Casenum

$Casenum을 더블클릭 → 숫자표현식으로 들어간다. → 확인 → 결과

그래프 → 레거시 대화상자 → 산점도/점도표 → 단순 산점도 → 정의

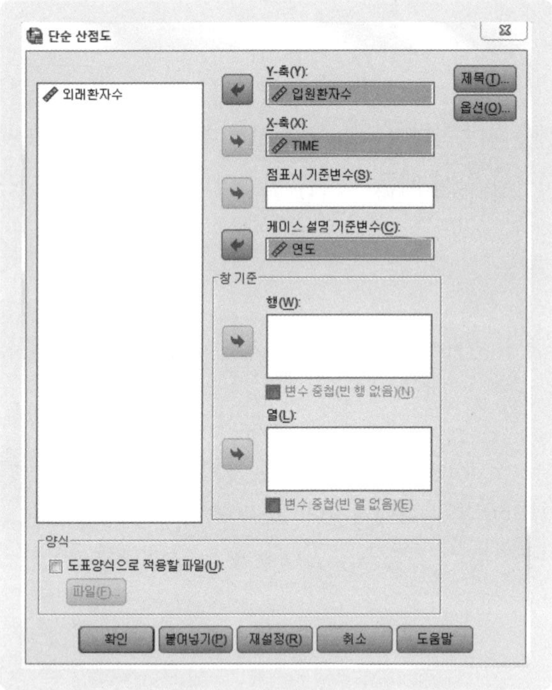

- Y축: 입원환자수
- X축: TIME
- 케이스 설명 기준변수: 연도

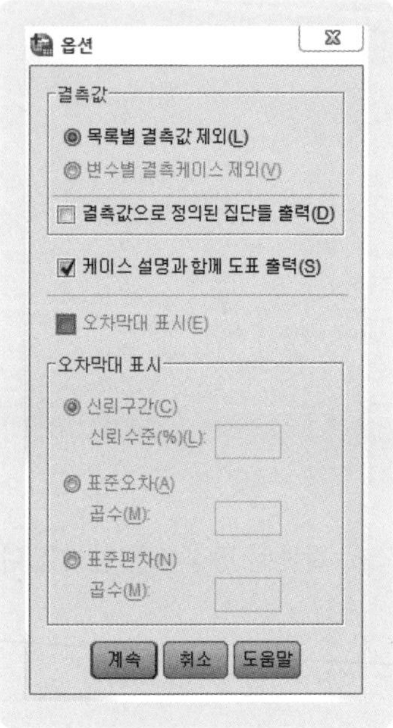

옵션
- 목록별 결측값 제외 체크
- 케이스 설명과 함께 도표 출력 체크

계속 → 확인

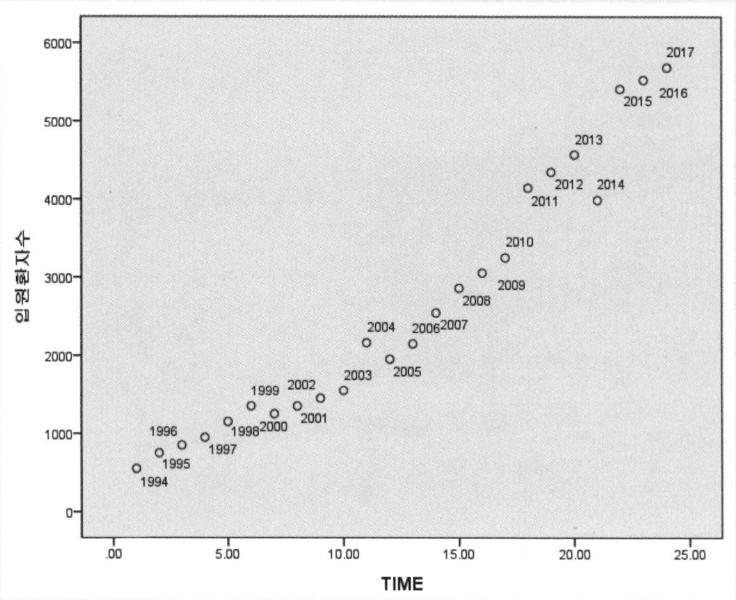

선형에 가깝지만 여기서는 로지스틱 곡선을 설명하고자 한다.

TIME 변수에 32까지 입력한다.

	연도	입원환자수	외래환자수	TIME
19	2012	4346	73000	19.00
(생략)				
24	2017	5682	126700	24.00
25	2018	.	.	25.00
26	2019	.	.	26.00
27	2020	.	.	27.00
28	2021	.	.	28.00
29	2022	.	.	29.00
30	2023	.	.	30.00
31	2024	.	.	31.00
32	2025	.	.	32.00

분석 → 회귀분석 → 곡선추정

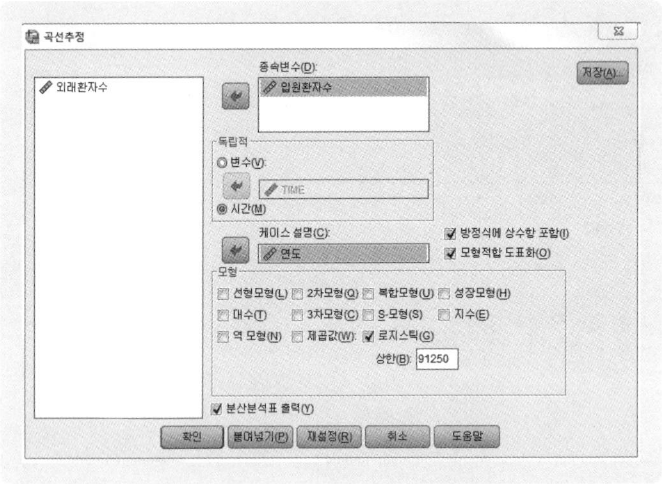

- 종속변수: 입원환자수
- 변수: TIME
- 케이스 설명: 연도
- 모형: 로지스틱
- 상한: 91250
- 방정식에 상수항 포함
- 모형적합 도표화
- 분산분석표 출력

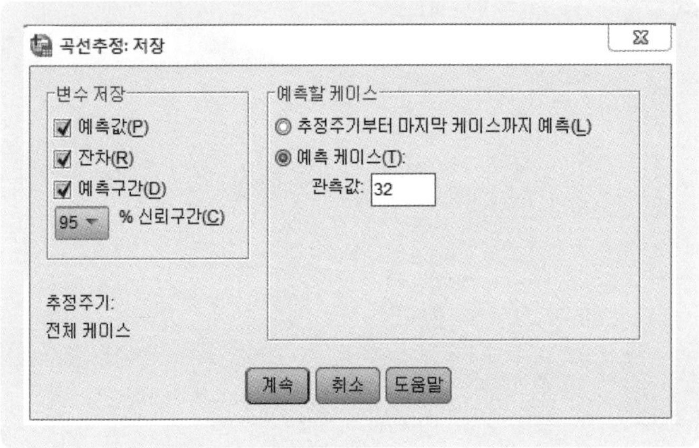

저장

- 변수 저장: 예측값, 잔차, 예측구간 (95% 신뢰구간)
- 예측 케이스: 32

계속 → 확인

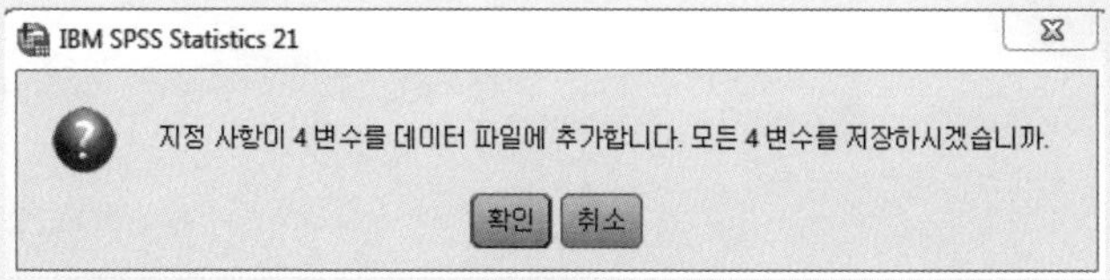

지정 사항이 4 변수를 데이터 파일에 추가합니다. 모든 4 변수를 저장하시겠습니까? → 확인

결과

TIME 32까지의 예측값, 잡음 잔차, 95% 신뢰구간의 새로운 변수가 추가로 생성된다.

- FIT_1: 예측값
- ERR_1: 잔차
- LCL: 95% 신뢰구간 하한
- UCL: 95% 신뢰구간 상한

	연도	입원환자수	외래환자수	TIME	FIT_1	ERR_1	LCL_1	UCL_1
19	2012	4346	73000	19.00	3973.01250	372.98750	3218.05677	4895.23199
20	2013	4567	89200	20.00	4364.60306	202.39694	3534.05671	5378.36979
21	2014	3988	92500	21.00	4792.67038	-804.67038	3879.09508	5906.85791
22	2015	5409	115600	22.00	5260.17951	148.82049	4255.51708	6484.34815
23	2016	5524	115600	23.00	5770.24895	-246.24895	4665.80113	7114.64984
24	2017	5682	126700	24.00	6326.14012	-644.14012	5112.55548	7801.70592
25	2018	.	.	25.00	6931.24200	.	5598.51232	8549.56090
26	2019	.	.	26.00	7589.05030	.	6126.51860	9362.31977
27	2020	.	.	27.00	8303.14017	.	6699.52318	10244.09686
28	2021	.	.	28.00	9077.13189	.	7320.55975	11198.95371
29	2022	.	.	29.00	9914.64861	.	7992.72498	12230.82550
30	2023	.	.	30.00	10819.26584	.	8719.15132	13343.43568
31	2024	.	.	31.00	11794.45196	.	9502.97402	14540.19907
32	2025	.	.	32.00	12843.49989	.	10347.29191	15824.11434

2021년에 9077.13189명(9078명)으로 한계치에 가까워진다.

19

CHAPTER

더미변수 회귀분석

19 더미변수 회귀분석

19.1 추세 없지만 계절성 있는 경우

더미변수로 회귀분석은 계절성만 있는 경우와 계절성과 추세를 모두 가지는 경우 분석이 가능하다.

구분	방법	그래프
추세가 없는 계절성 시계열 자료	• 더미변수 회귀분석 • 윈터스 가법	
추세도 있고 계절성도 있는 시계열 자료	• TIME 변수 추가해서 더미변수 회귀분석 • 윈터스 승법	
이상값을 더미변수로 생성	펄스	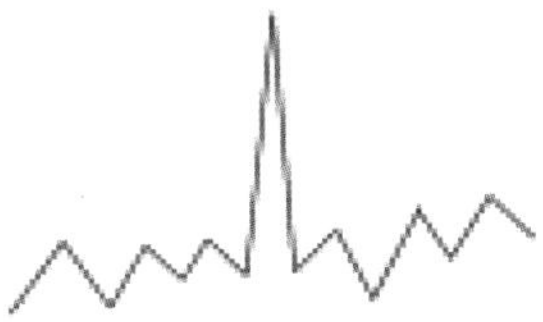
	계단	
	계절	

2011년 1분기부터 2015년 4분기까지 자동차 매출액을 조사했다.

파일 이름: 추세 없는 더미변수 회귀분석(단위: 100억 원)

	연도	분기	매출액
1	2013	1	125
2	2013	2	153
3	2013	3	106
4	2013	4	88
5	2014	1	118
6	2014	2	161
7	2014	3	133
8	2014	4	102
9	2015	1	138
10	2015	2	144

날짜 정의: 데이터 → 날짜 정의

순차도표: 그래프 → 레거시 대화상자 → 선도표 또는 분석 → 예측 → 순차도표

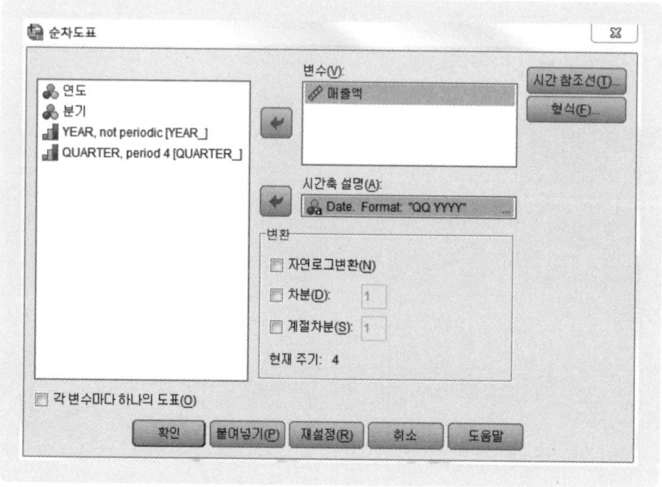

- 변수: 매출액
- 시간축 설명: Date

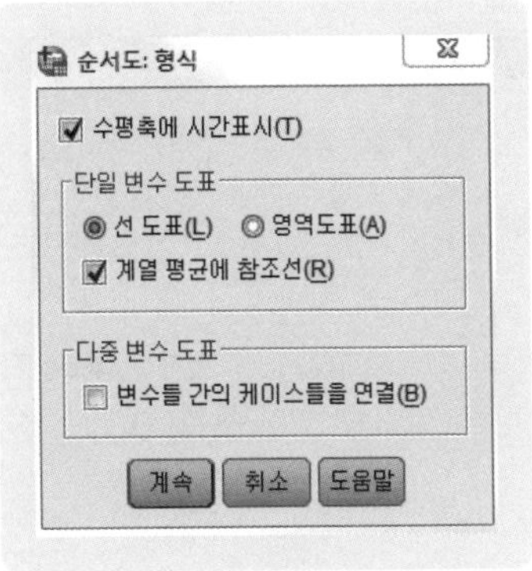

형식
- 수평축에 시간표시
- 계열 평균에 참조선

계속 → 확인

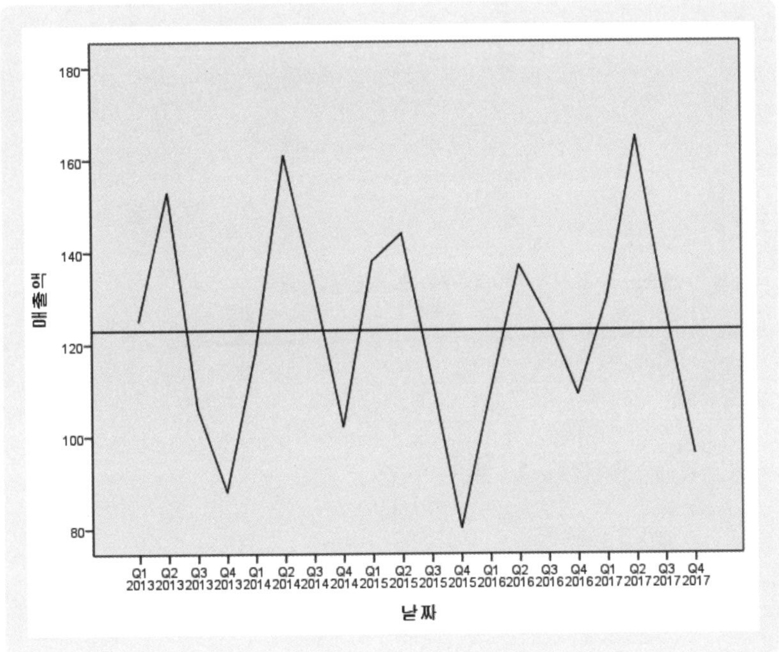

계절성은 있지만 추세는 없다.

예측의 순차도표, 레거시 대화상자의 상자도표, 레거시 대화상자의 선도표에서 계절성, 추세를 시각적으로 확인할 수 있다. 여기서는 상자도표를 이용해서 설명한다. 레거시 대화상자에 대해서는 뒷부분(추세와 계절성이 있는 경우)에서 다룬다.

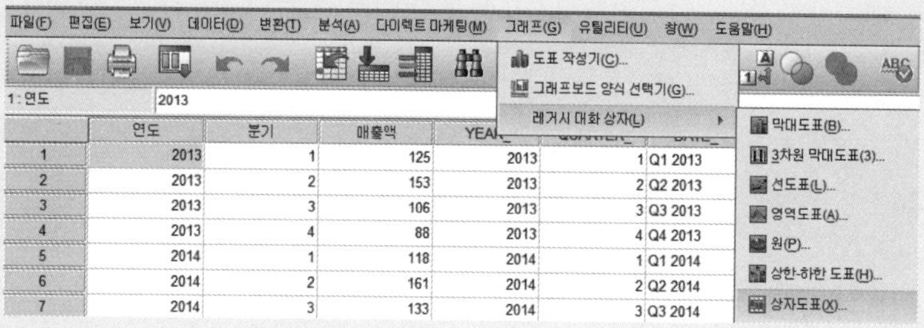

그래프 → 레거시 대화상자
→ 상자 도표

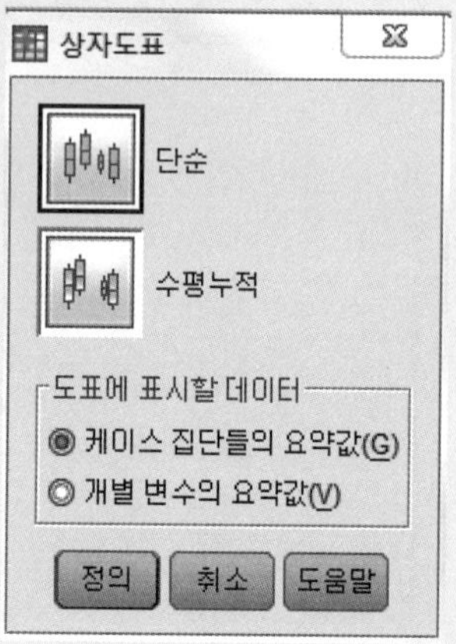

- 단순
- 도표에 표시할 데이터: 케이스 집단들의 요약

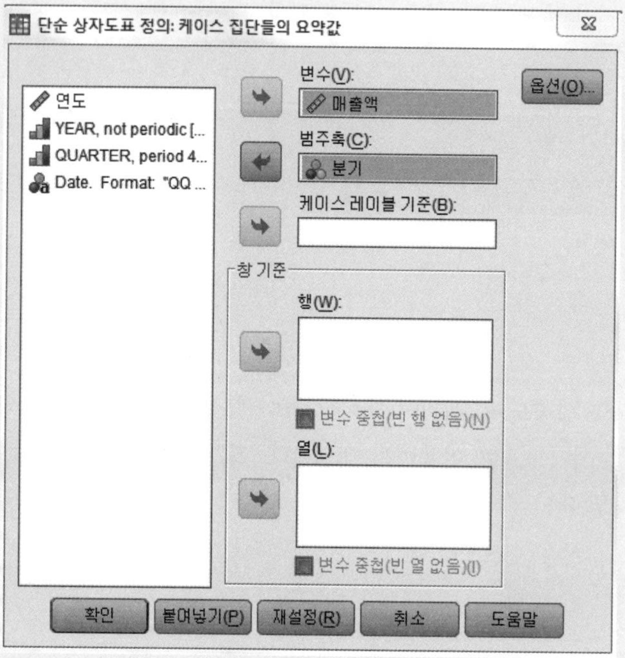

정의
- 변수: 매출액
- 범주축: 분기

확인 → 결과

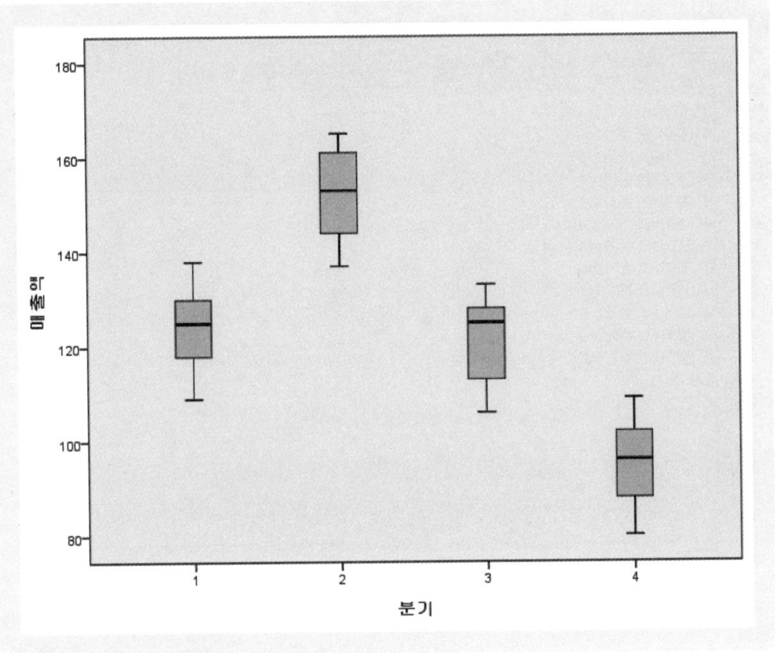

분기별로 계절성이 있음을 확인할 수 있다.
분기별 더미변수를 만든다.

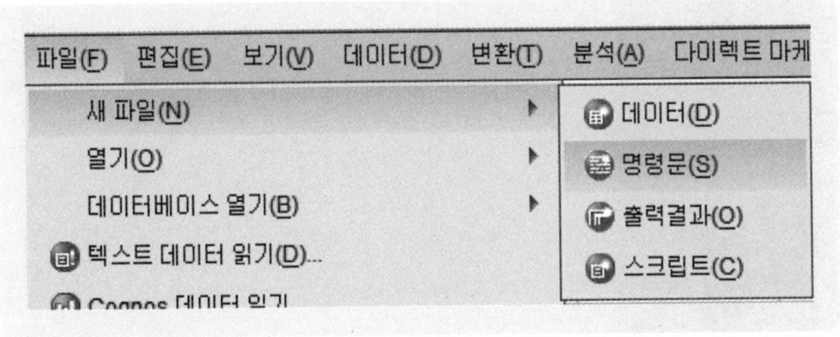

파일 → 새 파일 → 명령문

더미변수 SYNTEX 입력: 백산출판사 홈페이지(www.ibaeksan.kr)의 자료실에 있는 Text 파일 형태로 있음 → 실행 → 모두 또는 명령문을 드래그해서 파란색으로 변할 때 녹색 삼각형 ▶을 클릭해서 실행해도 된다.

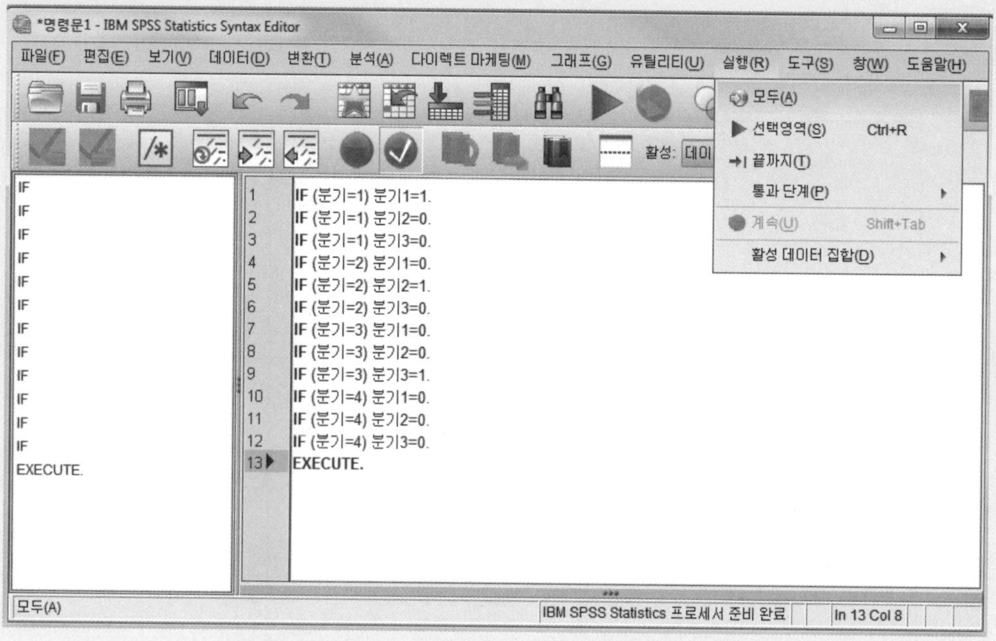
*명령문1 - IBM SPSS Statistics Syntax Editor
파일(F) 편집(E) 보기(V) 데이터(D) 변환(T) 분석(A) 다이렉트 마케팅(M) 그래프(G) 유틸리티(U) 실행(R) 도구(S) 창(W) 도움말(H)
모두(A)
선택영역(S) Ctrl+R
끝까지(T)
통과 단계(P)
계속(U) Shift+Tab
활성 데이터 집합(D)
IF (분기=1) 분기1=1.
IF (분기=1) 분기2=0.
IF (분기=1) 분기3=0.
IF (분기=2) 분기1=0.
IF (분기=2) 분기2=1.
IF (분기=2) 분기3=0.
IF (분기=3) 분기1=0.
IF (분기=3) 분기2=0.
IF (분기=3) 분기3=1.
IF (분기=4) 분기1=0.
IF (분기=4) 분기2=0.
IF (분기=4) 분기3=0.
EXECUTE.
IBM SPSS Statistics 프로세서 준비 완료
In 13 Col 8

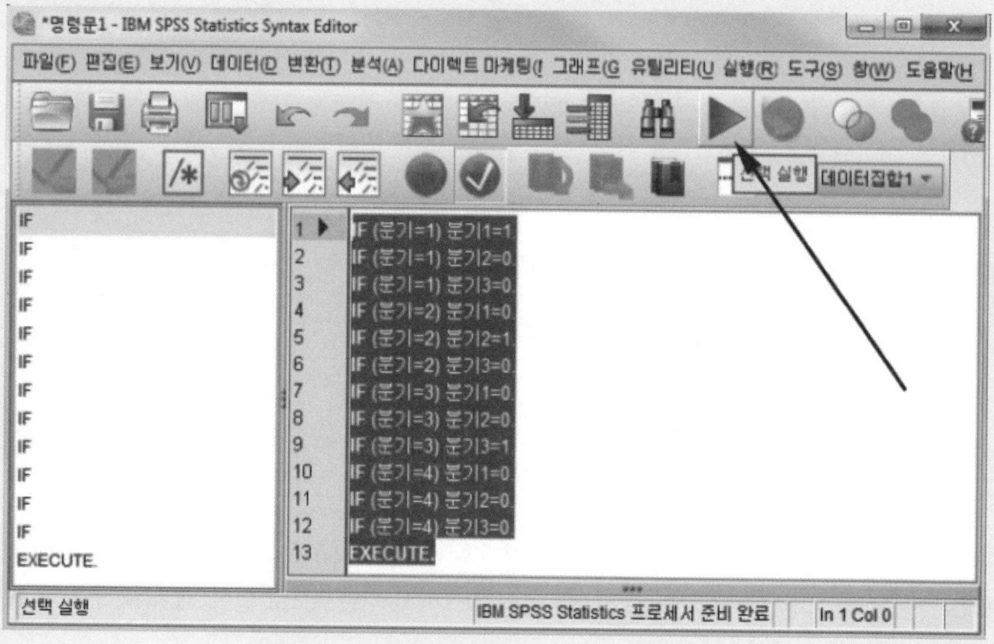
*명령문1 - IBM SPSS Statistics Syntax Editor
파일(F) 편집(E) 보기(V) 데이터(D) 변환(T) 분석(A) 다이렉트 마케팅 그래프 유틸리티 실행(R) 도구(S) 창(W) 도움말
선택 실행
데이터집합1
IF (분기=1) 분기1=1.
IF (분기=1) 분기2=0.
IF (분기=1) 분기3=0.
IF (분기=2) 분기1=0.
IF (분기=2) 분기2=1.
IF (분기=2) 분기3=0.
IF (분기=3) 분기1=0.
IF (분기=3) 분기2=0.
IF (분기=3) 분기3=1.
IF (분기=4) 분기1=0.
IF (분기=4) 분기2=0.
IF (분기=4) 분기3=0.
EXECUTE.
IBM SPSS Statistics 프로세서 준비 완료
In 1 Col 0

더미변수가 추가로 생성된다.

	연도	분기	매출액	YEAR_	QUARTER_	DATE_	분기1	분기2	분기3
1	2013	1	125	2013	1	Q1 2013	1.00	.00	.00
2	2013	2	153	2013	2	Q2 2013	.00	1.00	.00
3	2013	3	106	2013	3	Q3 2013	.00	.00	1.00
4	2013	4	88	2013	4	Q4 2013	.00	.00	.00
5	2014	1	118	2014	1	Q1 2014	1.00	.00	.00
6	2014	2	161	2014	2	Q2 2014	.00	1.00	.00
7	2014	3	133	2014	3	Q3 2014	.00	.00	1.00
(생략)									
17	2017	1	130	2017	1	Q1 2017	1.00	.00	.00
18	2017	2	165	2017	2	Q2 2017	.00	1.00	.00
19	2017	3	128	2017	3	Q3 2017	.00	.00	1.00
20	2017	4	96	2017	4	Q4 2017	.00	.00	.00

회귀분석 실시

분석 → 회귀분석 → 선형

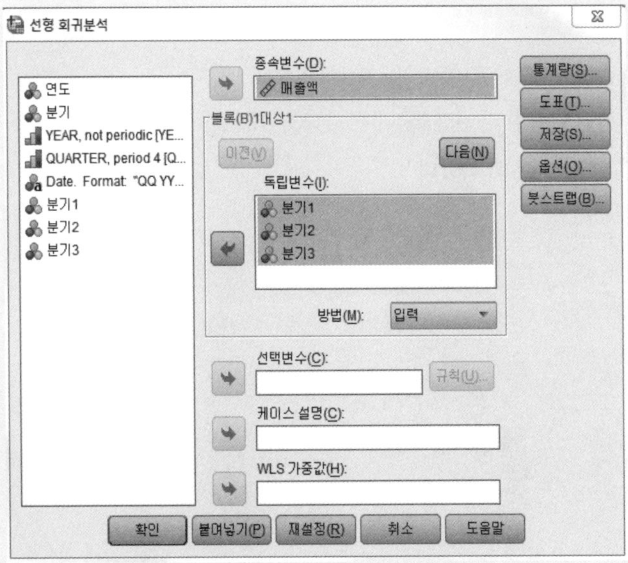

- 종속변수: 매출액
- 독립변수: 분기1, 분기2, 분기3

확인 → 결과

모형 요약

모형	R	R 제곱	수정된 R 제곱	추정값의 표준오차
1	.894[a]	.799	.761	11.325

a. 예측값: (상수), 분기3, 분기2, 분기1

분산분석[a]

모형		제곱합	자유도	평균 제곱	F	유의확률
1	회귀 모형	8150.000	3	2716.667	21.183	.000[b]
	잔차	2052.000	16	128.250		
	합계	10202.000	19			

a. 종속변수: 매출액

b. 예측값: (상수), 분기3, 분기2, 분기1

계수[a]

모형		비표준화 계수		표준화 계수	t	유의확률
		B	표준오차	베타		
1	(상수)	95.000	5.065		18.758	.000
	분기1	29.000	7.162	.556	4.049	.001
	분기2	57.000	7.162	1.093	7.958	.000
	분기3	26.000	7.162	.498	3.630	.002

a. 종속변수: 매출액

R 제곱이 0.799이므로 회귀식은 전체 관측치의 79.9%를 설명하고 있다.

분산분석이 0.000이므로 유의수준 0.05보다 작기 때문에 회귀식은 곡선이라는 귀무가설을 기각한다. 즉, 회귀식은 직선이며 통계적으로 유의미하다.

계수의 유의확률이 유의수준 0.05보다 작으면 통계적으로 유의미하다.

회귀식 = 95 + 29 × 분기1 + 57 × 분기2 + 26 × 분기3

2016년을 예측할 수 있다.

- 분기1: 95 + 29
- 분기2: 95 + 57
- 분기3: 95 + 26
- 분기4: 95

19.2 추세와 계절성이 있는 경우

2011년부터 2015년까지 핸드폰 매출액을 조사했다.

파일 이름: 추세와 계절성이 있는 더미변수 회귀분석(단위: 백만 원)

	Year	분기	매출액
1	2011	1	92022
2	2011	2	103958
3	2011	3	112563
4	2011	4	124832
5	2012	1	102022
6	2012	2	113958
7	2012	3	122563
8	2012	4	134832
9	2013	1	112022
10	2013	2	123958

날짜 정의: 데이터 → 날짜 정의

- 년: 2013
- 분기: 1 → 확인 → 결과

예측, 순차도표, 상자도표, 선도표에서 계절성, 추세를 시작적으로 확인할 수 있다. 여기서는 레거시 대화상자의 선도표를 이용해서 설명한다.

순차도표: 분석 → 예측 → 순차도표 또는 그래프 → 레거시 대화상자 → 선도표

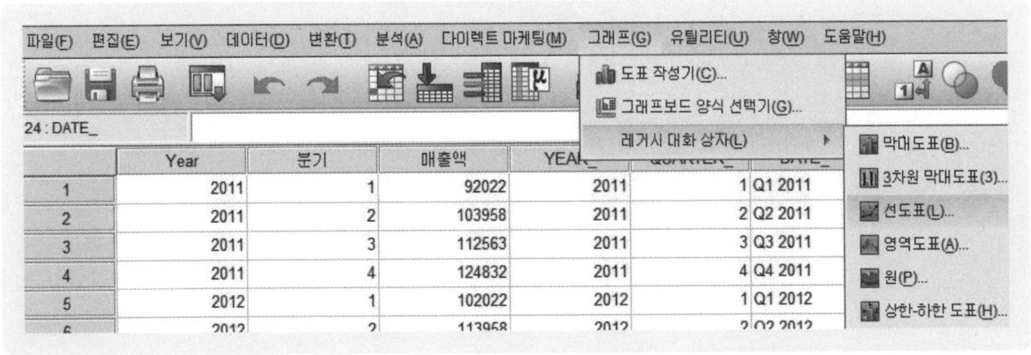
파일(F) 편집(E) 보기(V) 데이터(D) 변환(T) 분석(A) 다이렉트 마케팅(M) 그래프(G) 유틸리티(U) 창(W) 도움말(H)
도표 작성기(C)...
그래프보드 양식 선택기(G)...
레거시 대화 상자(L)
막대도표(B)...
3차원 막대도표(3)...
선도표(L)...
영역도표(A)...
원(P)...
상한-하한 도표(H)...
24 : DATE_
Year
분기
매출액
YEAR_

단순
- 도표에 표시할 데이터: 각 케이스의 값

정의
- 선 표시: 매출액
- 범주 설명
- 변수: Date

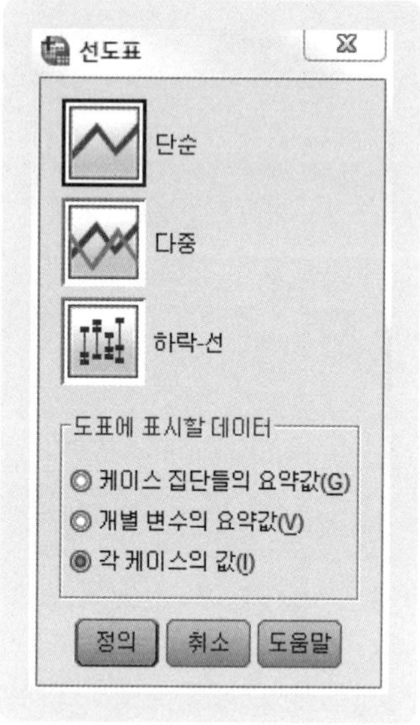

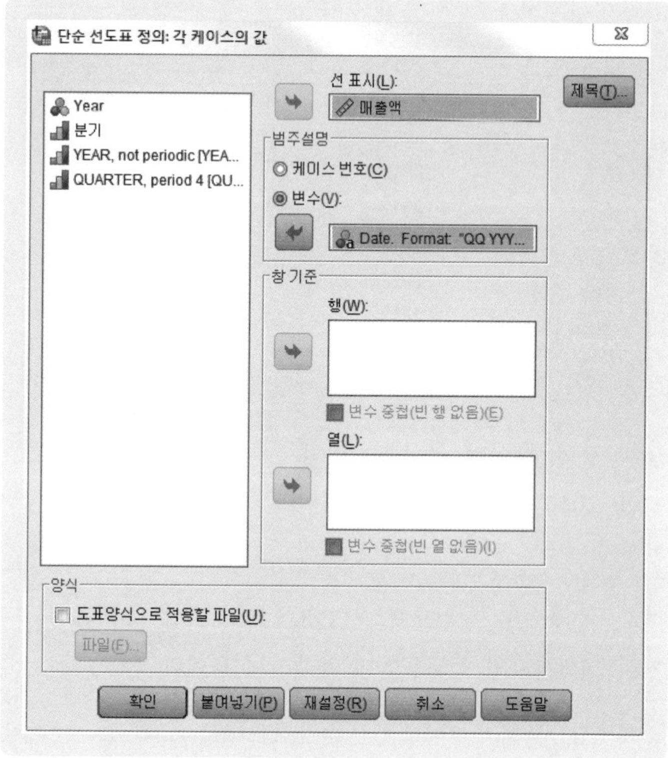

확인 → 결과

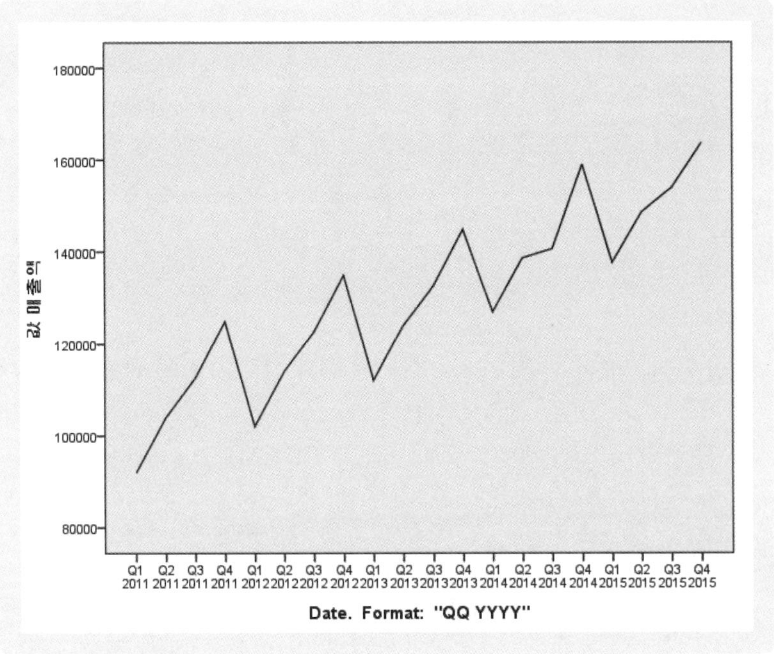

계절성과 추세가 동시에 존재한다.

더미변수 생성

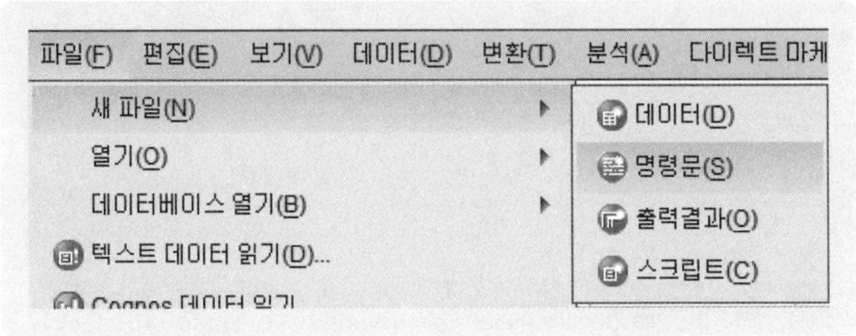

파일 → 새 파일 → 명령문

더미변수 SYNTEX 입력: 백산출판사 홈페이지(www.ibaeksan.kr)의 자료실에 Text File 형태로 들어 있다.

IF (분기=1) 분기1=1.
IF (분기=1) 분기2=0.
IF (분기=1) 분기3=0.
IF (분기=2) 분기1=0.
IF (분기=2) 분기2=1.
IF (분기=2) 분기3=0.

IF (분기=3) 분기1=0.
IF (분기=3) 분기2=0.
IF (분기=3) 분기3=1.
IF (분기=4) 분기1=0.
IF (분기=4) 분기2=0.
IF (분기=4) 분기3=0.
EXECUTE.

실행 → 모두 또는 명령문을 드래그해서 파란색으로 변할 때 녹색 삼각형 ▶을 클릭해서 실행해도 된다.

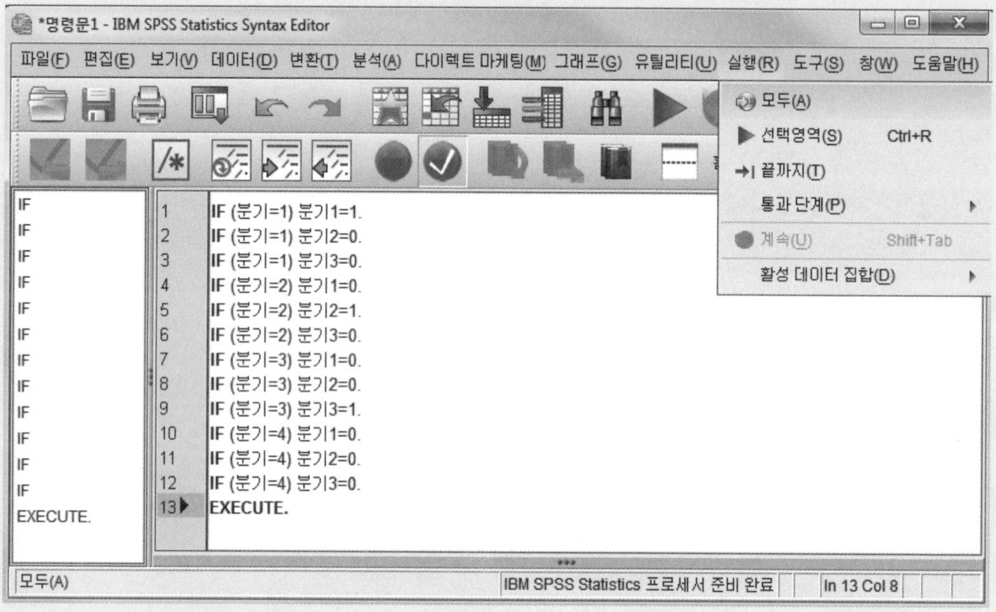
*명령문1 - IBM SPSS Statistics Syntax Editor
파일(F) 편집(E) 보기(V) 데이터(D) 변환(T) 분석(A) 다이렉트 마케팅(M) 그래프(G) 유틸리티(U) 실행(R) 도구(S) 창(W) 도움말(H)
모두(A)
선택영역(S) Ctrl+R
끝까지(T)
통과 단계(P)
계속(U) Shift+Tab
활성 데이터 집합(D)
IF (분기=1) 분기1=1.
IF (분기=1) 분기2=0.
IF (분기=1) 분기3=0.
IF (분기=2) 분기1=0.
IF (분기=2) 분기2=1.
IF (분기=2) 분기3=0.
IF (분기=3) 분기1=0.
IF (분기=3) 분기2=0.
IF (분기=3) 분기3=1.
IF (분기=4) 분기1=0.
IF (분기=4) 분기2=0.
IF (분기=4) 분기3=0.
EXECUTE.
모두(A)
IBM SPSS Statistics 프로세서 준비 완료
In 13 Col 8

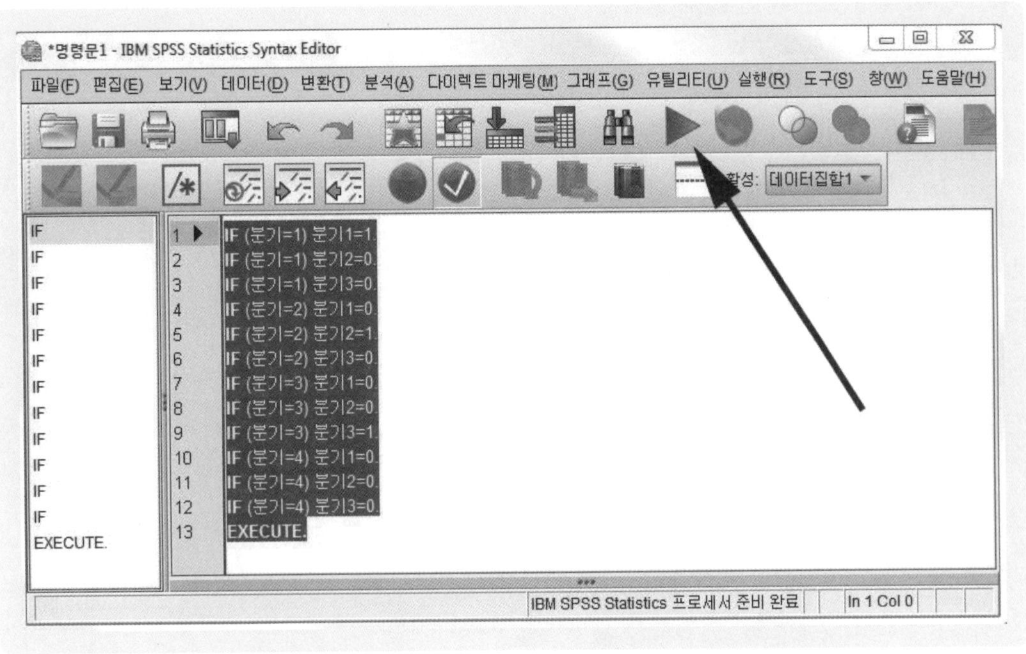
*명령문1 - IBM SPSS Statistics Syntax Editor
파일(F) 편집(E) 보기(V) 데이터(D) 변환(T) 분석(A) 다이렉트 마케팅(M) 그래프(G) 유틸리티(U) 실행(R) 도구(S) 창(W) 도움말(H)
활성: 데이터집합1
IF (분기=1) 분기1=1.
IF (분기=1) 분기2=0.
IF (분기=1) 분기3=0.
IF (분기=2) 분기1=0.
IF (분기=2) 분기2=1.
IF (분기=2) 분기3=0.
IF (분기=3) 분기1=0.
IF (분기=3) 분기2=0.
IF (분기=3) 분기3=1.
IF (분기=4) 분기1=0.
IF (분기=4) 분기2=0.
IF (분기=4) 분기3=0.
EXECUTE.
IBM SPSS Statistics 프로세서 준비 완료
In 1 Col 0

더미변수가 추가로 생성된다.

	Year	분기	매출액	분기1	분기2	분기3
1	2013	1	92022	1.00	.00	.00
2	2013	2	103958	.00	1.00	.00
3	2013	3	112563	.00	.00	1.00
4	2013	4	124832	.00	.00	.00
5	2014	1	102022	1.00	.00	.00
(생략)						
17	2017	1	137597	1.00	.00	.00
18	2017	2	148532	.00	1.00	.00
19	2017	3	153857	.00	.00	1.00
20	2017	4	163697	.00	.00	.00

TIME 변수를 만든다.

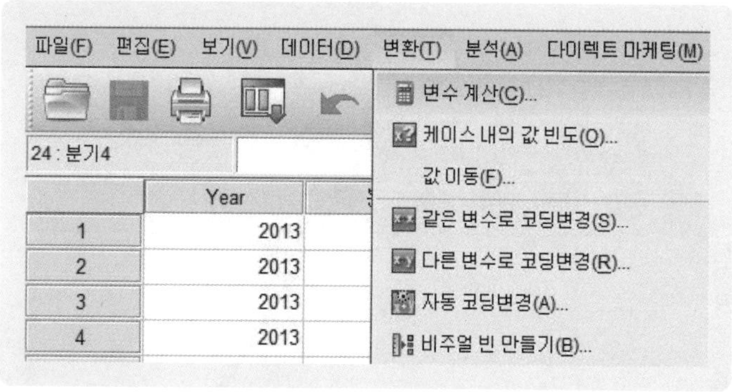

변환 → 변수 계산

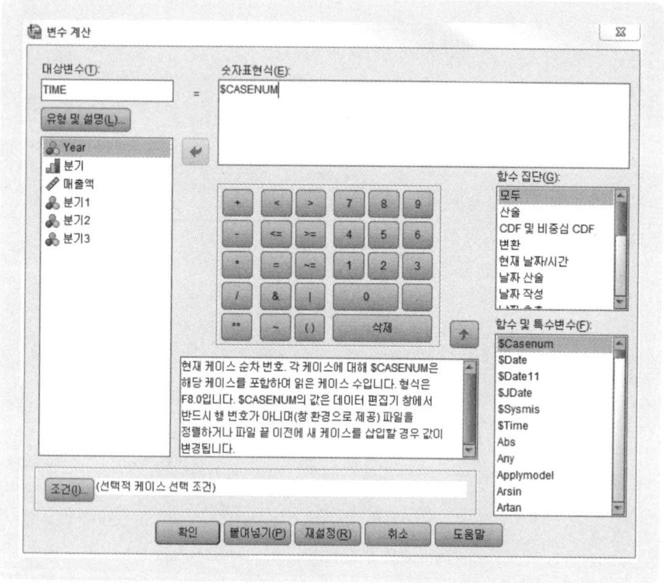

- 대상변수: TIME
- 함수 집단: @Casenum

확인 → 결과

	Year	분기	매출액	분기1	분기2	분기3	TIME
1	2013	1	92022	1.00	.00	.00	1.00
2	2013	2	103958	.00	1.00	.00	2.00
3	2013	3	112563	.00	.00	1.00	3.00
4	2013	4	124832	.00	.00	.00	4.00
5	2014	1	102022	1.00	.00	.00	5.00
6	2014	2	113958	.00	1.00	.00	6.00
7	2014	3	122563	.00	.00	1.00	7.00
8	2014	4	134832	.00	.00	.00	8.00
9	2015	1	112022	1.00	.00	.00	9.00
10	2015	2	123958	.00	1.00	.00	10.00

분석 → 회귀분석 → 선형

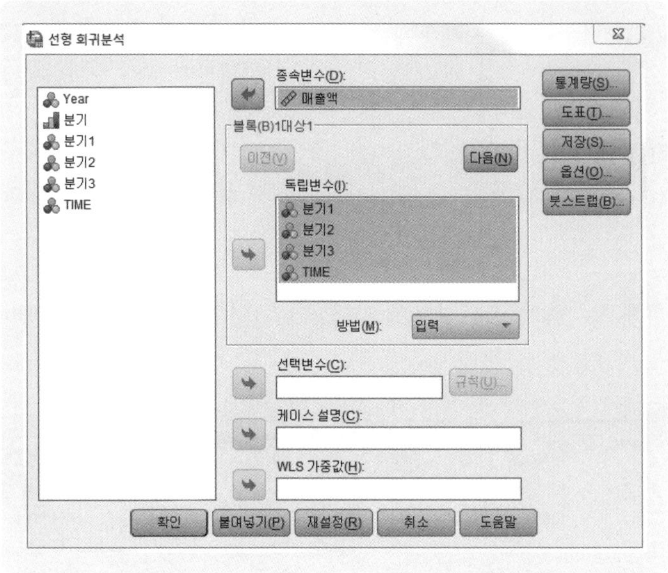

- 종속변수: 매출액
- 독립변수: 분기1, 분기2, 분기3, TIME 변수

확인 → 결과

모형 요약

모형	R	R 제곱	수정된 R 제곱	추정값의 표준오차
1	.996[a]	.993	.991	1904.791

a. 예측값: (상수), TIME, 분기3, 분기2, 분기1

분산분석[a]

모형		제곱합	자유도	평균 제곱	F	유의확률
1	회귀 모형	7236632870	4	1809158218	498.634	.000[b]
	잔차	54423412.78	15	3628227.518		
	합계	7291056283	19			

a. 종속변수: 매출액

계수[a]

모형		비표준화 계수		표준화 계수		
		B	표준오차	베타	t	유의확률
1	(상수)	113010.325	1241.772		91.007	.000
	분기1	-23216.231	1225.689	-.527	-18.941	.000
	분기2	-14228.087	1214.071	-.323	-11.719	.000
	분기3	-10302.144	1207.046	-.234	-8.535	.000
	TIME	2701.856	75.293	.816	35.884	.000

a. 종속변수: 매출액

R 제곱이 0.993이므로 회귀식은 전체 관측치의 99.3%를 설명하고 있다.

분산분석이 0.000이므로 유의수준 0.05보다 작기 때문에 회귀식은 통계적으로 유의미하고 직선이다.

회귀식 = (−23216.231 × 분기1) + (−14228.097) × 분기2 + (−10302.144) × 분기3 + 2701.856 × TIME + 113010.325

2018년 예측

예측하고자 하는 기간의 더미변수를 복사해서 붙여넣기를 한다. → TIME도 추가로 입력한다.

	Year	분기	매출액	분기1	분기2	분기3	TIME
12	2015	4	144832	.00	.00	.00	12.00
13	2016	1	126891	1.00	.00	.00	13.00
14	2016	2	138598	.00	1.00	.00	14.00
15	2016	3	140597	.00	.00	1.00	15.00
16	2016	4	158970	.00	.00	.00	16.00
17	2017	1	137597	1.00	.00	.00	17.00
18	2017	2	148532	.00	1.00	.00	18.00
19	2017	3	153857	.00	.00	1.00	19.00
20	2017	4	163697	.00	.00	.00	20.00
21	2018	1	.	1.00	.00	.00	21.00
22	2018	2	.	.00	1.00	.00	22.00
23	2018	3	.	.00	.00	1.00	23.00
24	2018	4	.	.00	.00	.00	24.00

변환 → 변수 계산

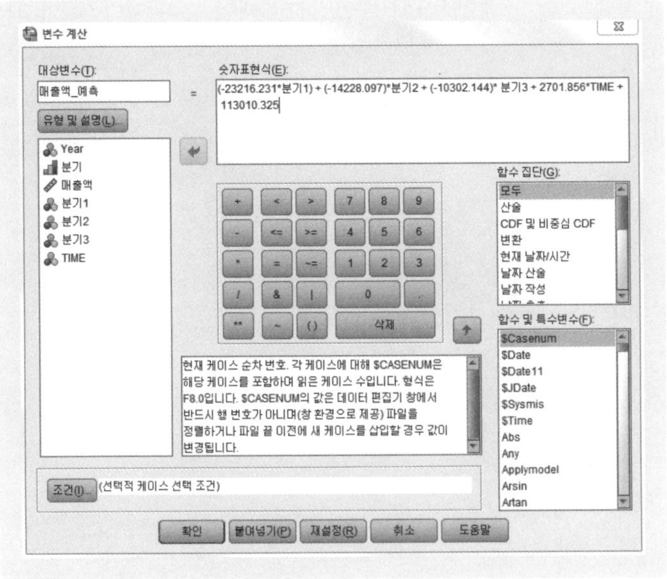

- 대상변수: 매출액 예측
- 숫자표현식: (-23216.231*분기1) + (-14228.097)*분기2 + (-10302.144)* 분기3 + 2701.856*TIME + 113010.325

확인 → 결과

	Year	분기	매출액	분기1	분기2	분기3	TIME	매출액_예측
12	2015	4	144832	.00	.00	.00	12.00	145432.60
13	2016	1	126891	1.00	.00	.00	13.00	124918.22
14	2016	2	138598	.00	1.00	.00	14.00	136608.21
15	2016	3	140597	.00	.00	1.00	15.00	143236.02
16	2016	4	158970	.00	.00	.00	16.00	156240.02
17	2017	1	137597	1.00	.00	.00	17.00	135725.65
18	2017	2	148532	.00	1.00	.00	18.00	147415.64
19	2017	3	153857	.00	.00	1.00	19.00	154043.45
20	2017	4	163697	.00	.00	.00	20.00	167047.45
21	2018	1	.	1.00	.00	.00	21.00	146533.07
22	2018	2	.	.00	1.00	.00	22.00	158223.06
23	2018	3	.	.00	.00	1.00	23.00	164850.87
24	2018	4	.	.00	.00	.00	24.00	177854.87

- 2018년 1/4분기: 146533.07
- 2018년 2/4분기: 158223.06
- 2018년 3/4분기: 164850.87
- 2018년 4/4분기: 177854.87

19.3 더미변수 개입모형

이상값을 더미변수로 처리할 수 있는 이상값의 종류에 대해서는 Chapter 4의 4.5 이상값을 더미변수로 처리 내용을 참고한다.

더미변수로 처리할 수 있는 개입모형에는 펄스 개입, 단계 개입, 계절 개입 등이 있다. 여기서는 단계 개입을 사례로 설명하고자 한다.

2008년부터 2015년까지 백화점 매출액을 조사했다.

(단위: 천만원)

	Year	Month	매출액	개입모형
1	2008	1	1250.0	.0
2	2008	2	245.0	.0
3	2008	3	1150.0	.0
4	2008	4	380.0	.0
5	2008	5	280.0	.0
6	2008	6	859.0	.0
7	2008	7	678.0	.0
8	2008	8	795.0	.0
9	2008	9	946.0	.0
10	2008	10	585.0	.0

더미변수

0: 개입 없음 1: 개입 있음

2014년 5월부터 면세점 판매를 새롭게 시작했다. 단계 개입모형으로 더미변수 회귀분석을 실시한다.

월별 더미변수 생성: 파일 → 새 파일 → 명령문 → 월별 더미변수 명령어 입력: 백산출판사 홈페이지(www.ibaeksan.kr)의 자료실에 있는 Text 형태 "월별 더미변수 명령문"을 복사해서 붙여넣기한다.

실행 모두 또는 명령문을 모두 드래그한 후 녹색 삼각형 아이콘 ▶을 클릭한다.

```
IF (Month=1) 월1=1.
IF (Month=1) 월2=0.
IF (Month=1) 월3=0.
IF (Month=1) 월4=0.
IF (Month=1) 월5=0.
IF (Month=1) 월6=0.
IF (Month=1) 월7=0.
IF (Month=1) 월8=0.
IF (Month=1) 월9=0.
IF (Month=1) 월10=0.
IF (Month=1) 월11=0.
IF (Month=2) 월1=0.
IF (Month=2) 월2=1.
IF (Month=2) 월3=0.
IF (Month=2) 월4=0.
IF (Month=2) 월5=0.
IF (Month=2) 월6=0.
IF (Month=2) 월7=0.
IF (Month=2) 월8=0.
IF (Month=2) 월9=0.
IF (Month=2) 월10=0.
IF (Month=2) 월11=0.
IF (Month=3) 월1=0.
IF (Month=3) 월2=0.
IF (Month=3) 월3=1.
IF (Month=3) 월4=0.
IF (Month=3) 월5=0.
IF (Month=3) 월6=0.
IF (Month=3) 월7=0.
IF (Month=3) 월8=0.
IF (Month=3) 월9=0.
IF (Month=3) 월10=0.
IF (Month=3) 월11=0.
IF (Month=4) 월1=0.
IF (Month=4) 월2=0.
IF (Month=4) 월3=0.
IF (Month=4) 월4=1.
IF (Month=4) 월5=0.
IF (Month=4) 월6=0.
IF (Month=4) 월7=0.
IF (Month=4) 월8=0.
IF (Month=4) 월9=0.
IF (Month=4) 월10=0.
IF (Month=4) 월11=0.
IF (Month=5) 월1=0.
IF (Month=5) 월2=0.
IF (Month=5) 월3=0.
IF (Month=5) 월4=0.
IF (Month=5) 월5=1.
IF (Month=5) 월6=0.
IF (Month=5) 월7=0.
IF (Month=5) 월8=0.
IF (Month=5) 월9=0.
IF (Month=5) 월10=0.
IF (Month=5) 월11=0.
IF (Month=6) 월1=0.
IF (Month=6) 월2=0.
IF (Month=6) 월3=0.
IF (Month=6) 월4=0.
IF (Month=6) 월5=0.
IF (Month=6) 월6=1.
IF (Month=6) 월7=0.
IF (Month=6) 월8=0.
IF (Month=6) 월9=0.
IF (Month=6) 월10=0.
IF (Month=6) 월11=0.
IF (Month=7) 월1=0.
IF (Month=7) 월2=0.
IF (Month=7) 월3=0.
IF (Month=7) 월4=0.
IF (Month=7) 월5=0.
IF (Month=7) 월6=0.
IF (Month=7) 월7=1.
IF (Month=7) 월8=0.
IF (Month=7) 월9=0.
IF (Month=7) 월10=0.
IF (Month=7) 월11=0.
IF (Month=8) 월1=0.
IF (Month=8) 월2=0.
IF (Month=8) 월3=0.
IF (Month=8) 월4=0.
IF (Month=8) 월5=0.
IF (Month=8) 월6=0.
IF (Month=8) 월7=0.
IF (Month=8) 월8=1.
IF (Month=8) 월9=0.
IF (Month=8) 월10=0.
IF (Month=8) 월11=0.
IF (Month=9) 월1=0.
IF (Month=9) 월2=0.
IF (Month=9) 월3=0.
IF (Month=9) 월4=0.
IF (Month=9) 월5=0.
IF (Month=9) 월6=0.
IF (Month=9) 월7=0.
IF (Month=9) 월8=0.
IF (Month=9) 월9=1.
IF (Month=9) 월10=0.
IF (Month=9) 월11=0.
IF (Month=10) 월1=0.
IF (Month=10) 월2=0.
IF (Month=10) 월3=0.
IF (Month=10) 월4=0.
IF (Month=10) 월5=0.
IF (Month=10) 월6=0.
IF (Month=10) 월7=0.
IF (Month=10) 월8=0.
IF (Month=10) 월9=0.
IF (Month=10) 월10=1.
IF (Month=10) 월11=0.
IF (Month=11) 월1=0.
IF (Month=11) 월2=0.
IF (Month=11) 월3=0.
IF (Month=11) 월4=0.
IF (Month=11) 월5=0.
IF (Month=11) 월6=0.
IF (Month=11) 월7=0.
IF (Month=11) 월8=0.
IF (Month=11) 월9=0.
IF (Month=11) 월10=0.
IF (Month=11) 월11=1.
IF (Month=12) 월1=0.
IF (Month=12) 월2=0.
IF (Month=12) 월3=0.
IF (Month=12) 월4=0.
IF (Month=12) 월5=0.
IF (Month=12) 월6=0.
IF (Month=12) 월7=0.
IF (Month=12) 월8=0.
IF (Month=12) 월9=0.
IF (Month=12) 월10=0.
IF (Month=12) 월11=0.
EXECUTE.
```

실행 → 모두

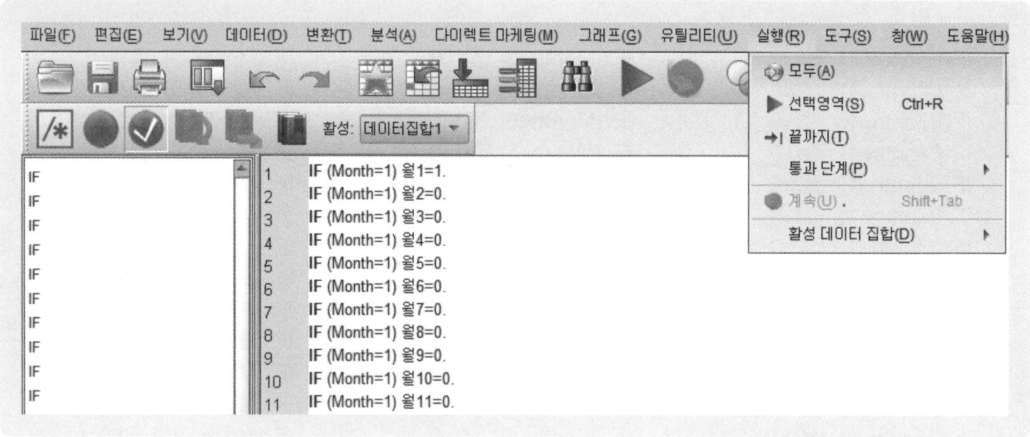
파일(F) 편집(E) 보기(V) 데이터(D) 변환(T) 분석(A) 다이렉트 마케팅(M) 그래프(G) 유틸리티(U) 실행(R) 도구(S) 창(W) 도움말(H)
모두(A)
선택영역(S) Ctrl+R
끝까지(T)
통과 단계(P)
계속(U). Shift+Tab
활성 데이터 집합(D)
활성: 데이터집합1
IF (Month=1) 월1=1.
IF (Month=1) 월2=0.
IF (Month=1) 월3=0.
IF (Month=1) 월4=0.
IF (Month=1) 월5=0.
IF (Month=1) 월6=0.
IF (Month=1) 월7=0.
IF (Month=1) 월8=0.
IF (Month=1) 월9=0.
IF (Month=1) 월10=0.
IF (Month=1) 월11=0.

또는 명령문 전체를 드래그해서 선택한 후 녹색 삼각형 아이콘 ▶을 클릭한다.

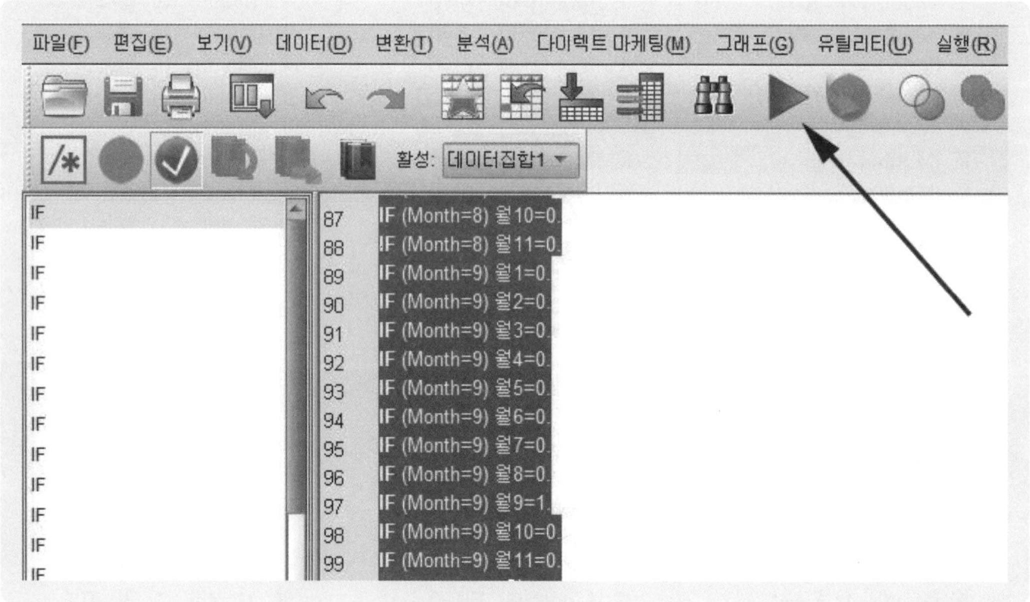
파일(F) 편집(E) 보기(V) 데이터(D) 변환(T) 분석(A) 다이렉트 마케팅(M) 그래프(G) 유틸리티(U) 실행(R)
활성: 데이터집합1
IF (Month=8) 월10=0.
IF (Month=8) 월11=0.
IF (Month=9) 월1=0.
IF (Month=9) 월2=0.
IF (Month=9) 월3=0.
IF (Month=9) 월4=0.
IF (Month=9) 월5=0.
IF (Month=9) 월6=0.
IF (Month=9) 월7=0.
IF (Month=9) 월8=0.
IF (Month=9) 월9=1.
IF (Month=9) 월10=0.
IF (Month=9) 월11=0.

결과

	Year	Month	매출액	개입모형	월1	월2	월3	월4	월5	월6	월7	월8	월9	월10	월11
1	2008	1	1250.0	.0	1.00	.0	.0	.0	.0	.0	.0	.0	.0	.0	.0
2	2008	2	245.0	.0	.0	1.00	.0	.0	.0	.0	.0	.0	.0	.0	.0
3	2008	3	1150.0	.0	.0	.0	1.00	.0	.0	.0	.0	.0	.0	.0	.0
4	2008	4	380.0	.0	.0	.0	.0	1.00	.0	.0	.0	.0	.0	.0	.0
5	2008	5	280.0	.0	.0	.0	.0	.0	1.00	.0	.0	.0	.0	.0	.0
6	2008	6	859.0	.0	.0	.0	.0	.0	.0	1.00	.0	.0	.0	.0	.0
7	2008	7	678.0	.0	.0	.0	.0	.0	.0	.0	1.00	.0	.0	.0	.0
8	2008	8	795.0	.0	.0	.0	.0	.0	.0	.0	.0	1.00	.0	.0	.0
9	2008	9	946.0	.0	.0	.0	.0	.0	.0	.0	.0	.0	1.00	.0	.0
10	2008	10	585.0	.0	.0	.0	.0	.0	.0	.0	.0	.0	.0	1.00	.0
11	2008	11	1468.0	.0	.0	.0	.0	.0	.0	.0	.0	.0	.0	.0	1.00
12	2008	12	326.0	.0	.0	.0	.0	.0	.0	.0	.0	.0	.0	.0	.0
13	2009	1	1278.0	.0	1.00	.0	.0	.0	.0	.0	.0	.0	.0	.0	.0
14	2009	2	320.0	.0	.0	1.00	.0	.0	.0	.0	.0	.0	.0	.0	.0
15	2009	3	1275.0	.0	.0	.0	1.00	.0	.0	.0	.0	.0	.0	.0	.0

분석 → 회귀분석 → 선형

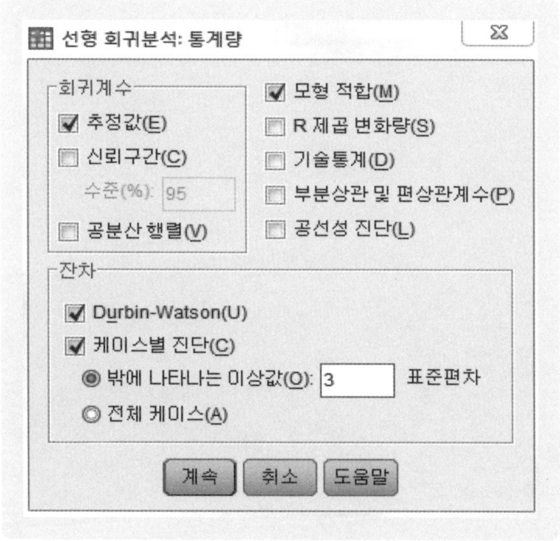

통계량:
회귀계수: 추정값, 모형 적합
잔차: 더빈왓슨 → 계속

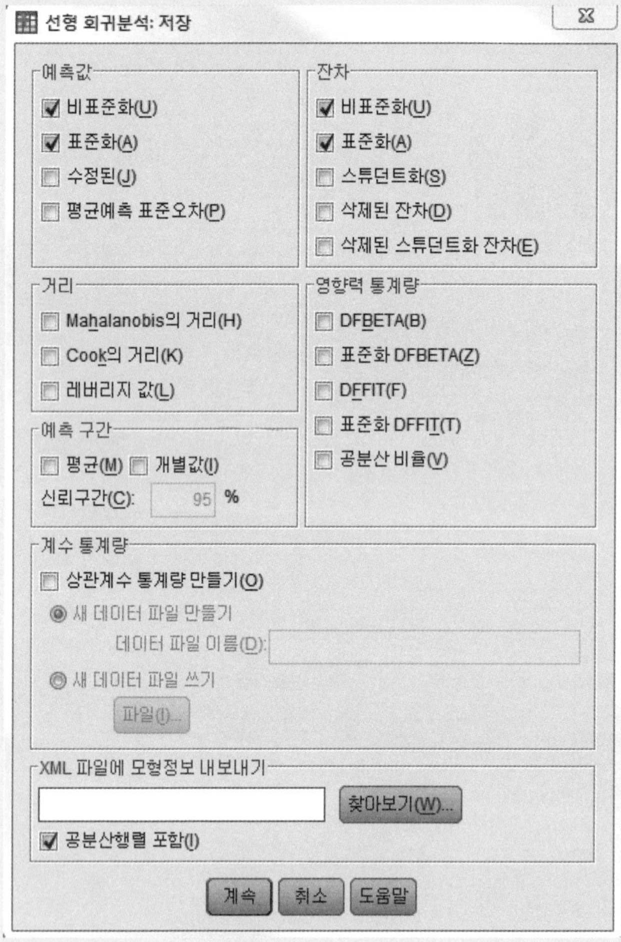
선형 회귀분석: 저장
예측값
비표준화(U)
표준화(A)
수정된(J)
평균예측 표준오차(P)
잔차
비표준화(U)
표준화(A)
스튜던트화(S)
삭제된 잔차(D)
삭제된 스튜던트화 잔차(E)
거리
Mahalanobis의 거리(H)
Cook의 거리(K)
레버리지 값(L)
영향력 통계량
DFBETA(B)
표준화 DFBETA(Z)
DFFIT(F)
표준화 DFFIT(T)
공분산 비율(V)
예측 구간
평균(M)
개별값(I)
신뢰구간(C):
95
%
계수 통계량
상관계수 통계량 만들기(O)
새 데이터 파일 만들기
데이터 파일 이름(D):
새 데이터 파일 쓰기
파일(I)...
XML 파일에 모형정보 내보내기
찾아보기(W)...
공분산행렬 포함(I)
계속
취소
도움말

저장
예측값: 비표준화, 표준화
잔차: 비표준화, 표준화 → 계속

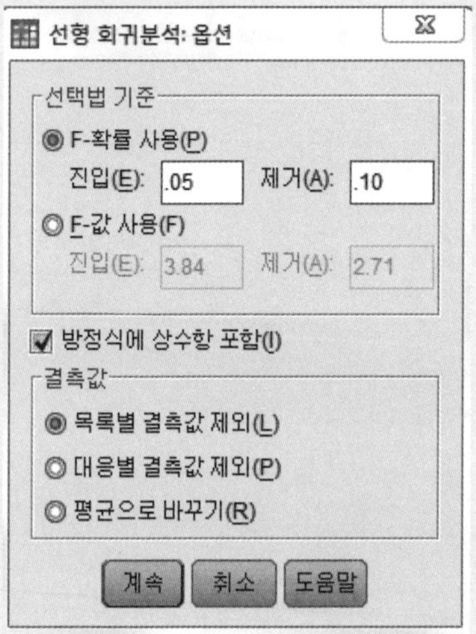
선형 회귀분석: 옵션
선택법 기준
F-확률 사용(P)
진입(E):
.05
제거(A):
.10
F-값 사용(F)
진입(E):
3.84
제거(A):
2.71
방정식에 상수항 포함(I)
결측값
목록별 결측값 제외(L)
대응별 결측값 제외(P)
평균으로 바꾸기(R)
계속
취소
도움말

옵션
F-확률 사용
방정식에 상수항 포함 → 계속

확인 → 결과

모형 요약b

모형	R	R 제곱	수정된 R 제곱	추정값의 표준오차	Durbin-Watson
1	.919a	.844	.822	263.9085	2.058

a. 예측값: (상수), 월11, 개입모형, 월10, 월9, 월8, 월7, 월4, 월6, 월3, 월5, 월1, 월2

b. 종속변수: 매출액

분산분석b

모형		제곱합	자유도	평균 제곱	F	유의확률
1	회귀 모형	3.131E7	12	2609284.930	37.464	.000a
	잔차	5780758.342	83	69647.691		
	합계	3.709E7	95			

a. 예측값: (상수), 월11, 개입모형, 월10, 월9, 월8, 월7, 월4, 월6, 월3, 월5, 월1, 월2

b. 종속변수: 매출액

분산분석의 유의확률이 0.000으로 유의수준 0.05보다 작기 때문에 회귀 방정식이 곡선이라는 귀무가설을 기각한다. 즉, 회귀 방정식은 직선이며 통계적으로 유의미하다.

독립변수가 복수인 경우, 수정된 R 제곱을 해석한다. 수정된 R 제곱이 0.822이므로 회귀 방정식이 관측값의 82.2%를 설명하고 있다.

계수a

모형		비표준화 계수		표준화 계수	t	유의확률
		B	표준오차	베타		
1	(상수)	387.516	94.799		4.088	.000
	개입모형	635.435	67.033	.415	9.479	.000
	월1	982.429	132.220	.437	7.430	.000
	월2	147.304	132.220	.065	1.114	.268
	월3	1020.117	132.220	.454	7.715	.000
	월4	133.992	132.220	.060	1.013	.314
	월5	-4.625	131.954	-.002	-.035	.972
	월6	248.187	131.954	.110	1.881	.063
	월7	434.937	131.954	.193	3.296	.001
	월8	477.125	131.954	.212	3.616	.001
	월9	398.562	131.954	.177	3.020	.003
	월10	106.187	131.954	.047	.805	.423
	월11	1795.937	131.954	.799	13.610	.000

a. 종속변수: 매출액

계수의 유의확률이 0.05보다 작으면 통계적으로 유의미하다.

회귀 방정식 = 982.428 × 1월 + 147.304 × 2월 + 1020.117 × 3월 + 133.992 × 4월 + (−4.625) × 5월 + 248.187 × 6월 + 434.937 × 7월 + 477.125 × 8월 + 398.562 × 9월 + 106.187 × 10월 + 1795.937 × 11월 + 635.435 × 개입모형 + 387.516

개입모형(면세점 판매)이 새롭게 추가되면서 그 이전에 비해서 635.435가 증가했다는 것을 알 수 있다.

20

CHAPTER

로그선형모형

20 로그선형모형

20.1 자연로그 변환 후 회귀분석

로그선형모형으로 연평균 증가율을 계산할 수 있다. 연평균 성장률(Compounded Annual Growth Rate: 연평균복합성장률)은 전년 대비 성장률을 단순 평균한 것이 아니고 첫 해부터 매년 일정한 성장률을 유지한다고 했을 때의 성장률을 의미한다.

• 커피숍 매출액의 연평균 증가율은 몇 %일까?

• 호텔 순이익의 연평균 증가율은 몇 %일까?

• 항공사 순이익의 연평균 증가율은 몇 %일까?

• 여행사의 매출액 연평균 증가율은 몇 %일까?

• 프린터 판매량의 연평균 증가율은 몇 %일까?

• 출판사 매출액의 연평균 증가율은 몇 %일까?

• 노트북 판매량의 연평균 증가율은 몇 %일까?

• 핸드폰 판매량의 연평균 증가율은 몇 %일까?

파일 이름: 연평균 성장률_샘플

연도	매출액	전년 대비 성장률
2010	100억	
2011	150억	50%
2012	250억	66.7%
2013	400억	60%
2014	450억	12.5%
2015	500억	11.1%

단순 평균 = (50 + 66.7 + 60 + 12.5 + 11.1)/5 = 40.1%

단순 평균하면 40.1%이다. 그러나 연평균 성장률은 33.74%이다. 즉, 2010년부터 매년 33.75%씩 성장하면 2015년에 500억이 된다.

어떻게 연평균 성장률을 계산할 수 있을까?

1991부터 2017년까지 호텔매출액과 순이익을 조사했다.

(단위: 억 원)

	연도	호텔매출액	순이익
1	1991	689	126
2	1992	703	136
3	1993	717	146
4	1994	731	156
5	1995	1145	326
6	1996	759	176
7	1997	773	186
8	1998	787	196
9	1999	801	206
10	2000	815	216

관측값을 자연로그로 변환한 후에 로그선형모형으로 연평균 성장률을 직접 계산할 수 있다.

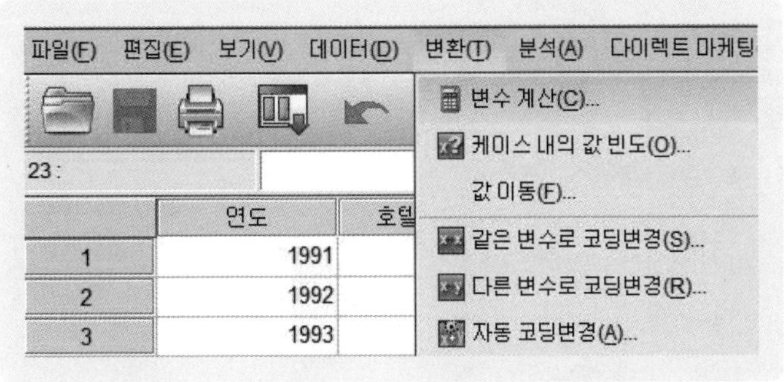

변환 → 변수 계산

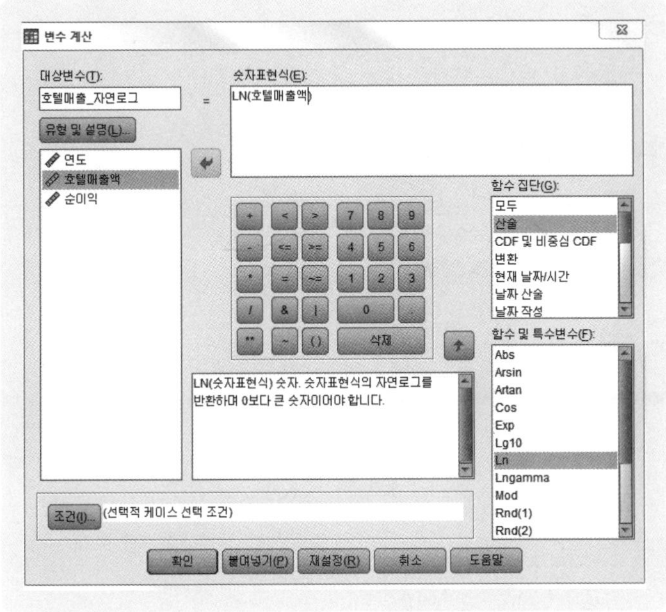

변수 계산

- 대상변수: 호텔매출_자연로그
- 함수 집단: 산술
- 함수 및 특수변수: Ln → 클릭 → 숫자표현식에 LN(?)이 나타난다. → 커서가 물음표에 있는 상태에서 유형 및 설명의 호텔매출액을 클릭

…참고
숫자표현식에 LN(호텔매출액)이라고 직접 입력해도 된다.

확인 → 결과

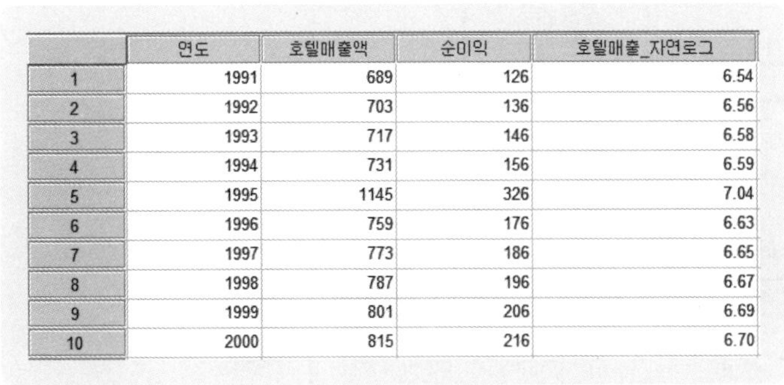

	연도	호텔매출액	순이익	호텔매출_자연로그
1	1991	689	126	6.54
2	1992	703	136	6.56
3	1993	717	146	6.58
4	1994	731	156	6.59
5	1995	1145	326	7.04
6	1996	759	176	6.63
7	1997	773	186	6.65
8	1998	787	196	6.67
9	1999	801	206	6.69
10	2000	815	216	6.70

분석 → 회귀분석 → 선형

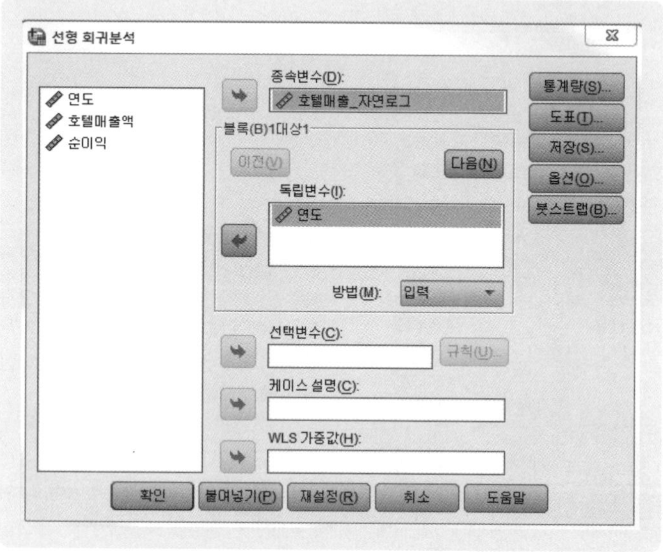

- 종속변수: 호텔매출_자연로그
- 독립변수: 연도

확인 → 결과

모형 요약[b]

모형	R	R 제곱	수정된 R 제곱	추정값의 표준오차
1	.775[a]	.601	.585	.33012

a. 예측값: (상수), 연도

b. 종속변수: 호텔매출_자연로그

분산분석[a]

모형		제곱합	자유도	평균 제곱	F	유의확률
1	회귀 모형	4.101	1	4.101	37.628	.000[b]
	잔차	2.725	25	.109		
	합계	6.825	26			

a. 종속변수: 호텔매출_자연로그

b. 예측값: (상수), 연도

계수[a]

모형		비표준화 계수		표준화 계수	t	유의확률
		B	표준오차	베타		
1	(상수)	-93.170	16.330		-5.705	.000
	연도	.050	.008	.775	6.134	.000

a. 종속변수: 호텔매출_자연로그

연평균 성장률은 연도 변수의 비표준화 계수를 읽으면 된다. 즉, 연평균 성장률은 0.05(5%)이다.

20.2 곡선추정 회귀분석의 지수 모형

TIME 변수 새로 추가: 곡선추정 회귀분석에서 지수 모형의 설명 참고
변환 → 변수 계산 → 대상변수: TIME → 숫자표현식: @casenum → 확인

분석 → 회귀분석 → 곡선추정

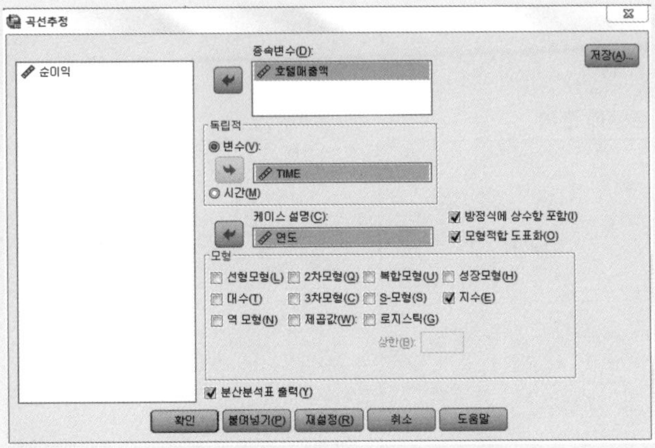

- 종속변수: 호텔매출액
- 독립변수: TIME
- 시간: 연도
- 방정식에 상수항 포함
- 모형적합 도표화
- 모형: 지수
- 분산분석표 출력 체크

확인 → 결과

모형 요약

R	R 제곱	수정된 R 제곱	추정값의 표준오차
.775	.601	.585	.330

독립변수는 TIME입니다.

분산분석

	제곱합	자유도	평균 제곱	F	유의확률
회귀 모형	4.101	1	4.101	37.628	.000
잔차	2.725	25	.109		
합계	6.825	26			

독립변수는 TIME입니다.

계수

	비표준화 계수		표준화 계수	t	유의확률
	B	표준오차	베타		
TIME	.050	.008	.775	6.134	.000
(상수)	543.902	71.076		7.652	.000

종속변수는 ln(호텔매출액)입니다.

연평균 성장률은 0.05%이다.

결과 도표를 더블클릭 → 선을 클릭 → 참조선 확인

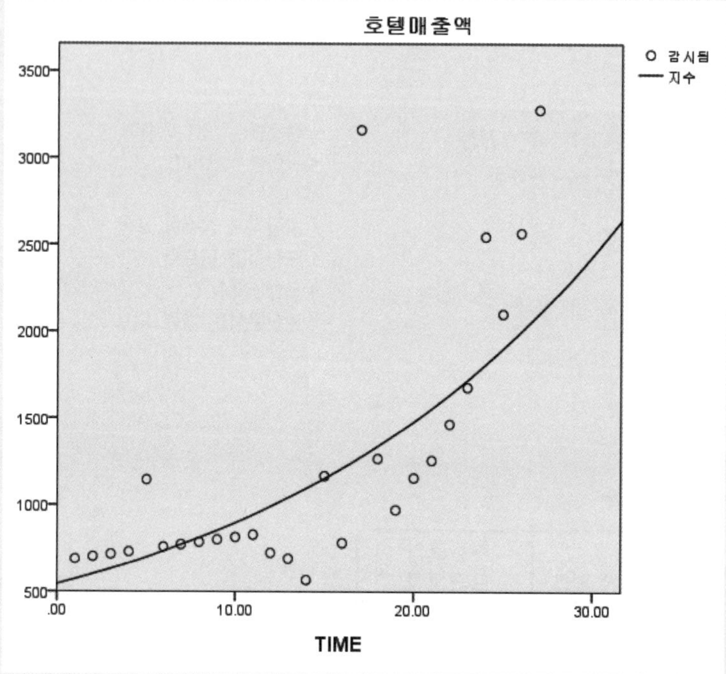

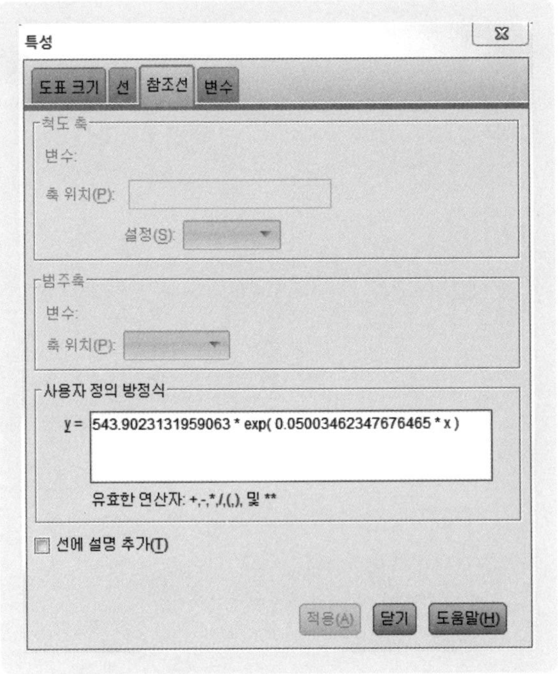

지수 모형 = 543.9023131959063 * exp(0.05003462347676465 × 연도)

21

CHAPTER

스펙트럼 분석

21 스펙트럼 분석

21.1 스펙트럼 분석

시계열 자료의 시간 영역을 주파수 영역으로 변환시켜 신호에 따른 주파수 성분의 상대적인 크기를 나타내는 분석방법을 스펙트럼 분석이라고 한다.

스펙트럼 분석 조건

- 연속형 변수이어야 한다.
- 결측값이 없어야 한다.
- 비안정적 시계열 자료는 차분을 해서 스펙트럼 분석을 한다.

스펙트럼 분석을 통해서 숨어있는 주기를 발견할 수 있다.

스펙트럼 분석을 매우 다양한 분야에서 사용되고 있다.

- 경기 순환을 파악한다.

- 매출의 숨겨진 주기를 파악한다.

- 판매량의 숨겨진 주기를 파악한다.

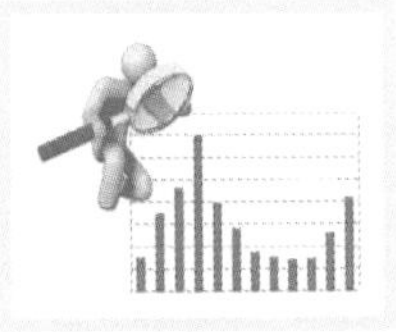

- 순이익의 숨겨진 주기를 발견한다.

2008년 3월부터 2015년 2월까지 호텔매출액을 조사했다.

파일 이름: 스펙트럼 분석(단위: 백만 원)

	Year	Month	호텔매출액
1	2010	3	9150
2	2010	4	2480
3	2010	5	3890
4	2010	6	3560
5	2010	7	12780
6	2010	8	3200
7	2010	9	3750
8	2010	10	11290
9	2010	11	6840
10	2010	12	7950

데이터 → 날짜 정의

주의 빈 값이 있는 케이스를 지우지 않고 스펙트럼 분석을 하면, 결측값이 있다는 경고메시지가 뜬다.

분석 → 예측 → 순차도표
- 변수: 호텔매출액
- 시간축 설명: Date
- 각 변수마다 하나의 도표: 여러 변수를 선택한 후 각각 분리해서 분석할 때

형식
- 수평축에 시간표시
- 단일 변수 도표: 선도표
- 계열 평균에 참조선

계속 → 확인

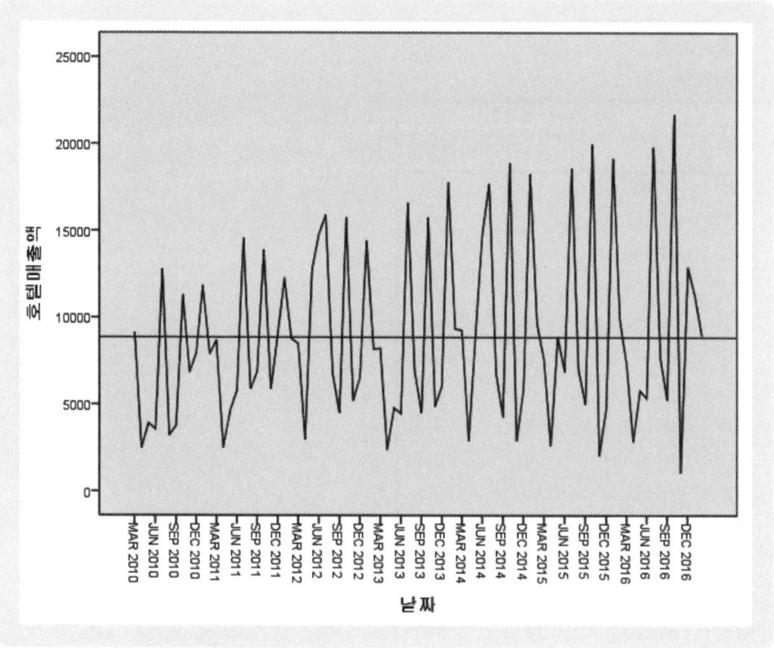

순차도표를 볼 때, 어느 정도 주기가 있어 보이며, 시간의 흐름에 따라 조금씩 증가하고 있다.

분석 → 예측 → 자기상관

- 변수: 호텔매출액
- 표시: 자기상관, 편자기상관

옵션

- 최대 시차수: 16
- 옵션: Bartlett 근사

계속 → 확인 → 결과

자기상관

계열:호텔매출액

시차	자기상관	표준오차[a]	Box-Ljung 통계량 값	자유도	유의확률[b]
1	-.210	.109	3.856	1	.050
2	-.231	.114	8.566	2	.014
3	.203	.119	12.258	3	.007
4	-.123	.123	13.625	4	.009
5	.048	.125	13.832	5	.017
6	.101	.125	14.777	6	.022
7	.041	.126	14.933	7	.037
8	-.103	.126	15.948	8	.043
9	.173	.127	18.824	9	.027
10	-.276	.130	26.236	10	.003
11	-.181	.137	29.481	11	.002
12	.690	.140	77.268	12	.000
13	-.243	.176	83.298	13	.000
14	-.212	.179	87.923	14	.000
15	.151	.182	90.315	15	.000
16	-.122	.184	91.885	16	.000

a. 가정된 기본 공정은 시차 수에서 1을 뺀 것과 같은 차수인 MA입니다. Bartlett 근사가 사용되었습니다.

b. 점근 카이제곱 근사를 기준으로 합니다.

Box-Ljung 통계량 유의확률이 0.000으로 유의수준 0.05보다 작기 때문에 백색잡음이 존재하여 자기상관이 전혀 없는 경우이다. 즉, 현재값의 크기가 미래 예측에 전혀 도움이 되지 못한다.

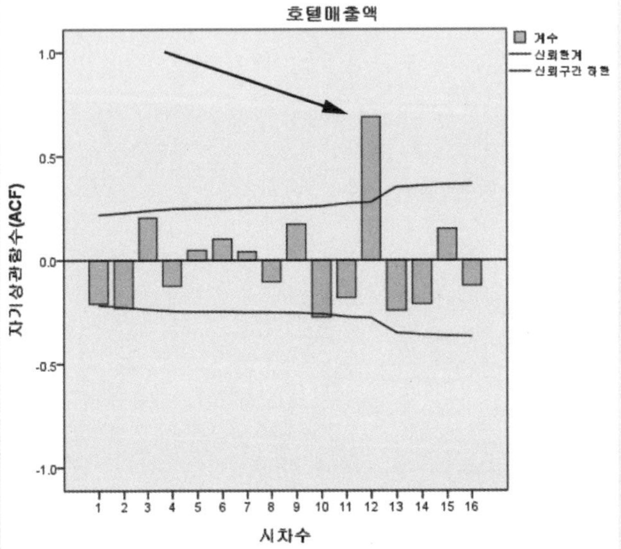

자기상관함수(ACF) 시차 12(주기 12)에서 신뢰한계를 벗어난 Spike가 있으므로 계절차분을 해야 한다.

편자기상관

계열:호텔매출액

시차	편자기상관	표준오차
1	-.210	.109
2	-.288	.109
3	.091	.109
4	-.132	.109
5	.077	.109
6	.056	.109
7	.165	.109
8	-.063	.109
9	.221	.109
10	-.340	.109
11	-.205	.109
12	.537	.109
13	-.067	.109
14	-.099	.109
15	-.095	.109
16	.006	.109

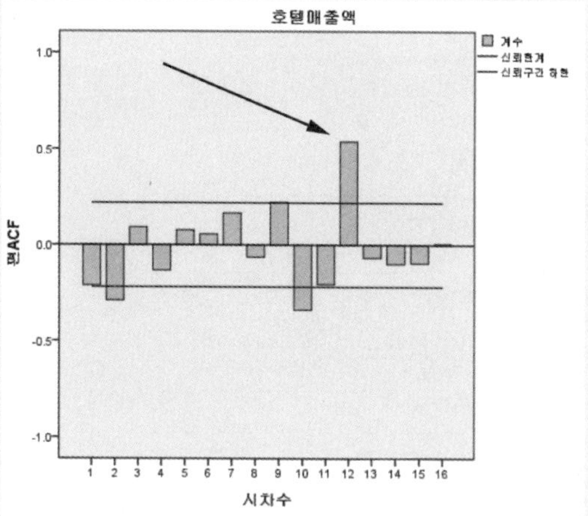
호텔매출액
계수
신뢰한계
신뢰구간 하한
1.0
0.5
0.0
-0.5
-1.0
편ACF
1 2 3 4 5 6 7 8 9 10 11 12 13 14 15 16
시차수

편자기상관함수 시차 12(주기 12)에서도 신뢰한계를 벗어난 Spike가 있다.

파일(F) 편집(E) 보기(V) 데이터(D) 변환(T) 분석(A) 다이렉트 마케팅(M)
13 :
Year
Month
변수 계산(C)...
케이스 내의 값 빈도(O)...
값 이동(F)...
같은 변수로 코딩변경(S)...
다른 변수로 코딩변경(R)...
자동 코딩변경(A)...
비주얼 빈 만들기(B)...
최적의 빈 만들기(I)...
모형화를 위한 데이터 준비(P)
순위변수 생성(K)...
날짜 및 시간 마법사(D)...
시계열변수 생성(M)...

변환 → 시계열 변수 생성

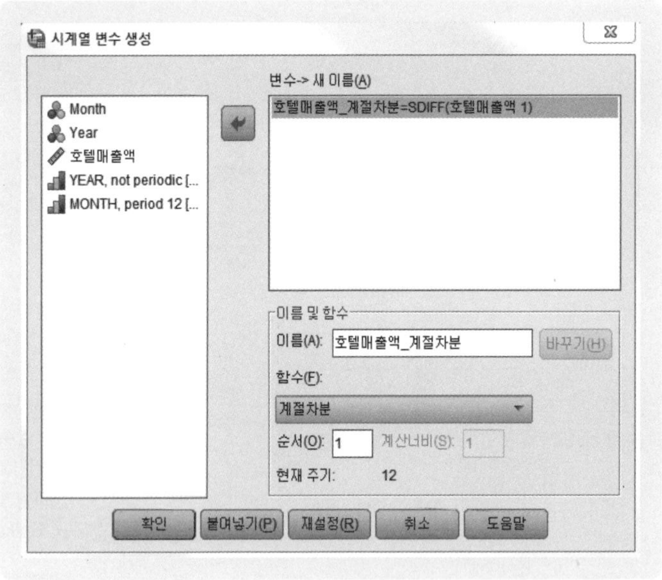

변수 → 새 이름: 호텔매출액 드래그
- 이름 및 함수: 호텔매출액_계절차분 → 바꾸기
- 함수: 계절차분
- 순서: 1

확인 → 결과

	Year	Month	호텔매출액	YEAR_	MONTH_	DATE_	호텔매출액_1
1	2010	3	9150	2010	3	MAR 2010	.
2	2010	4	2480	2010	4	APR 2010	.
3	2010	5	3890	2010	5	MAY 2010	.
4	2010	6	3560	2010	6	JUN 2010	.
5	2010	7	12780	2010	7	JUL 2010	.
6	2010	8	3200	2010	8	AUG 2010	.
7	2010	9	3750	2010	9	SEP 2010	.
8	2010	10	11290	2010	10	OCT 2010	.
9	2010	11	6840	2010	11	NOV 2010	.
10	2010	12	7950	2010	12	DEC 2010	.
11	2011	1	11826	2011	1	JAN 2011	.
12	2011	2	7890	2011	2	FEB 2011	.
13	2011	3	8680	2011	3	MAR 2011	-470
14	2011	4	2500	2011	4	APR 2011	20
15	2011	5	4580	2011	5	MAY 2011	690

$(8680 - 9150) = -470$

$(2500 - 2480) = 20$

주의 차분을 하였기 때문에 앞 케이스들에서 결측값이 생겼다. 결측값이 있는 케이스를 모두 삭제한다. 만약 결측값을 삭제하지 않으면 스펙트럼 분석을 할 때 “지정한 변수 중 적어도 하나에 결측값이 있다. 스펙트럼 분석에서 결측값은 허용되지 않는다”라는 경고문이 뜬다.

결측값이 있는 케이스 선택 → 마우스 오른쪽 → 지우기 → 원래 84케이스에서 72케이스로 줄어들게 된다.

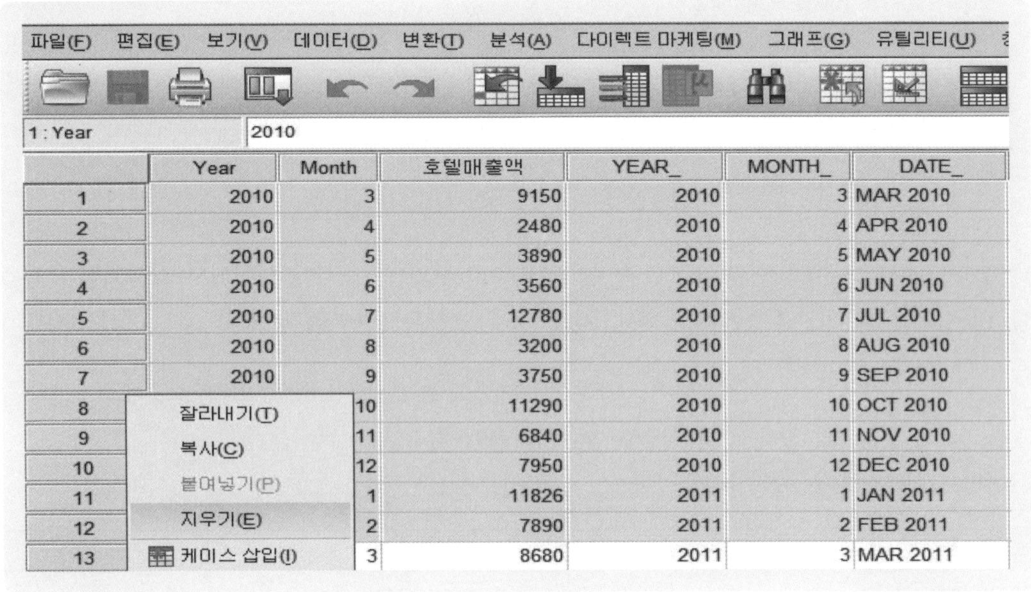

	Year	Month	호텔매출액	YEAR_	MONTH_	DATE_
1	2010	3	9150	2010	3	MAR 2010
2	2010	4	2480	2010	4	APR 2010
3	2010	5	3890	2010	5	MAY 2010
4	2010	6	3560	2010	6	JUN 2010
5	2010	7	12780	2010	7	JUL 2010
6	2010	8	3200	2010	8	AUG 2010
7	2010	9	3750	2010	9	SEP 2010
8		10	11290	2010	10	OCT 2010
9		11	6840	2010	11	NOV 2010
10		12	7950	2010	12	DEC 2010
11		1	11826	2011	1	JAN 2011
12		2	7890	2011	2	FEB 2011
13		3	8680	2011	3	MAR 2011

분석 → 예측 → 스펙트럼 분석

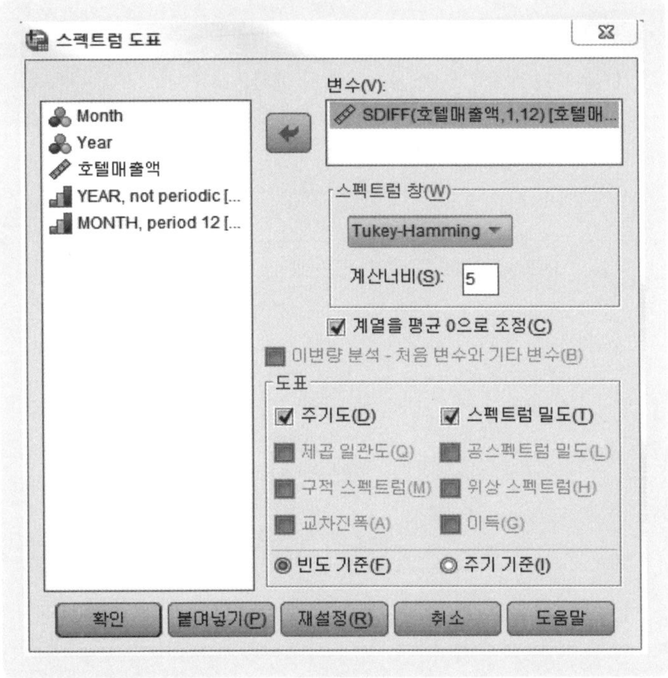

- 변수: 계절차분한 변수(SDIFF(호텔매출액))
- 스텍트럼 창: Tukey-Hamming
- 계산너비: 5(홀수로 임의의 값을 입력한다. 높은 값을 입력하면 스펙트럼 도표는 더욱 평평해진다.)
- 계열을 평균 0으로 조정(계열 평균이 0이 되고 계열 평균과 연관되는 큰 항이 제거된다.)

주기도

- 스펙트럼 밀도: 시계열이 어떤 주기를 가지고 움직이는가를 밝혀준다. 시계열의 특성을 이해하는 데 도움이 된다.
- 빈도 기준

| 참고 | 스펙트럼 창 종류

종류	특징
Tukey-Hamming	가중치 0.54 + 0.23 + 0.23
Tukey	0.5 + 0.25 + 0.25
Daniell(Unit)	동일한 가중치
None	평활 없음

이변량 분석 → 처음 변수와 기타 변수: 만약 여러 변수를 동시에 선택해서 스펙트럼 분석을 할 경우 처음 변수가 종속변수가 되고, 나중 변수들이 독립변수로 취급된다.

만약 여기서 확인 → 결과를 하면 그래프로 출력결과를 얻을 수 있다. 그러나 그래프로 출력결과를 얻으면 Peak의 값을 정확히 찾는 데 어려움이 있다.

따라서 붙여넣기를 클릭한다.

구분	비교
주기도	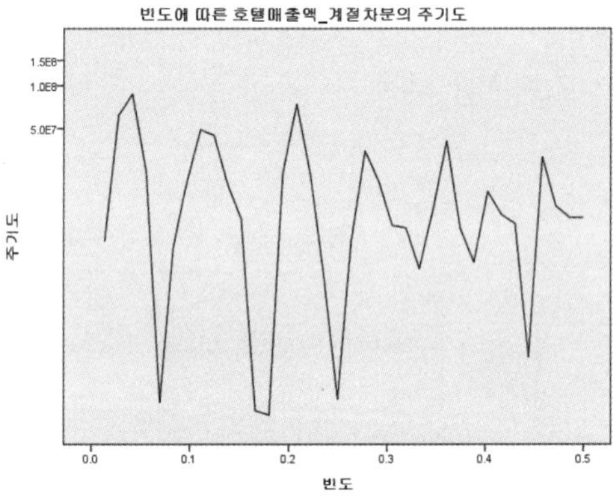
밀도함수	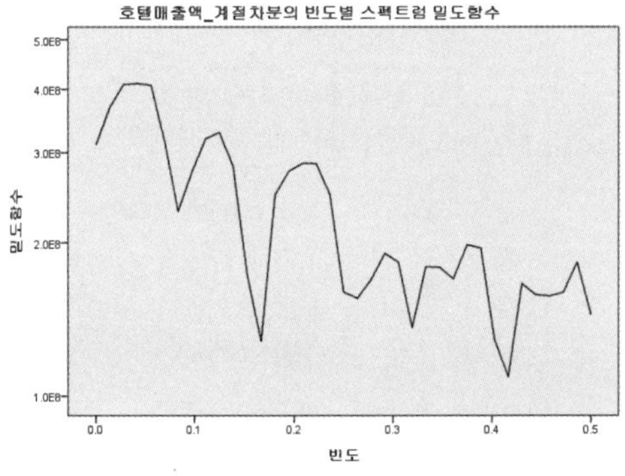 창: Tukey-Hamming (5)

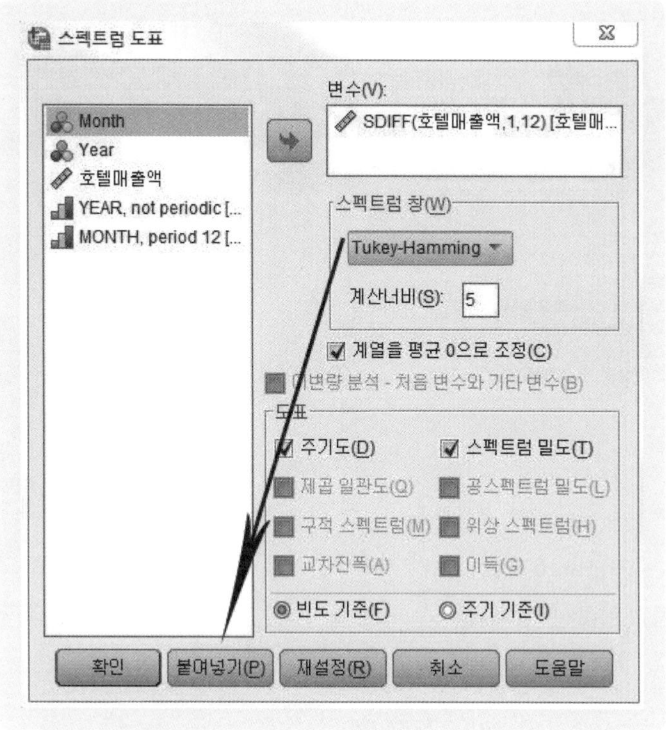

주의: 가장 밀도함수가 큰 주기를 쉽게 파악하기 어렵다. 어떻게 하면 좋을까?
확인을 선택하지 않고 붙여넣기를 클릭한다.

붙여넣기를 선택 → 명령문이 팝업창으로 뜬다.
PRINT=DEFAULT를 PRINT=DETAILED로 변경한다. → 실행 → 모두
또는 명령문 전체를 드래그해서 선택한 후 녹색 삼각형 ▶을 클릭한다.

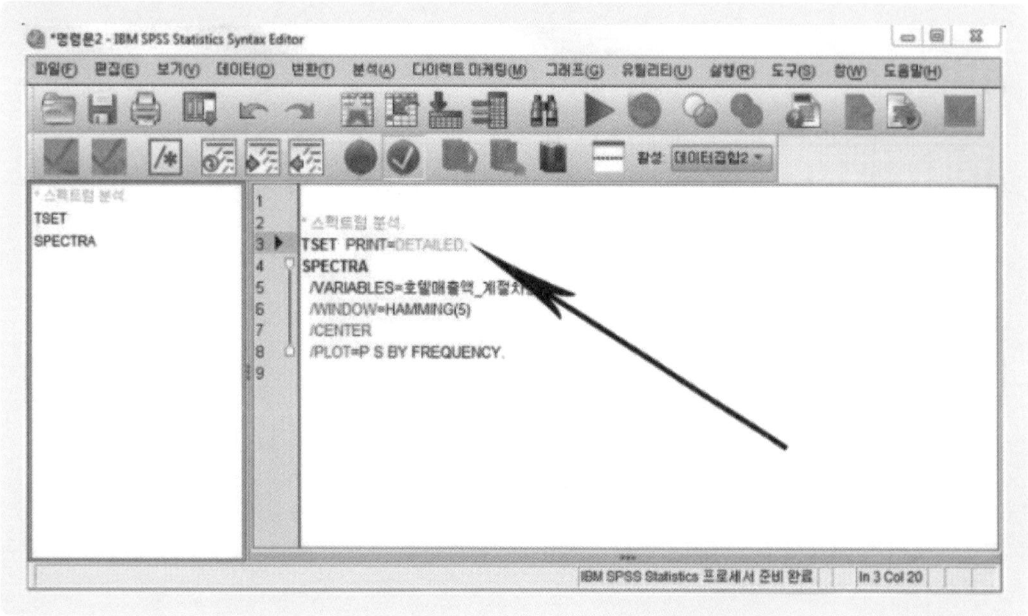

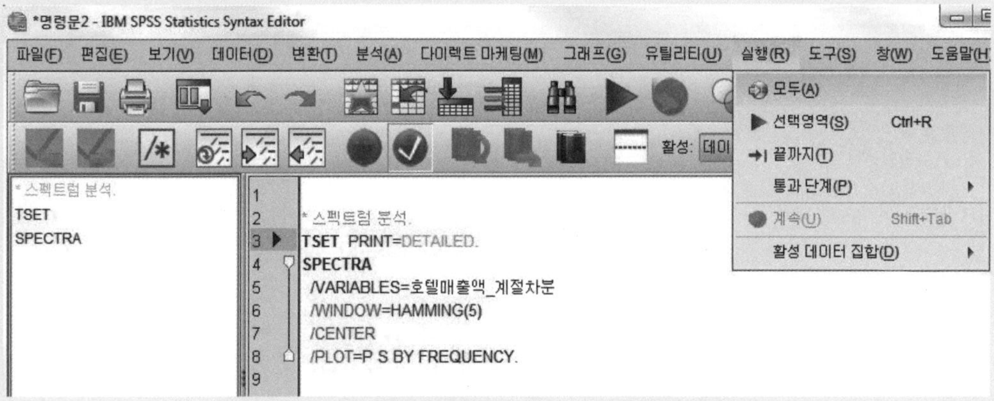

결과

주기도를 볼 때, 주기 4(4개월), 주기 16(16개월), 주기 3(3개월), 주기 9(9개월)의 순서로 크다. 주기 4와 주기 16은 반복되는 것이라서 결과적으로 주기 4, 주기 3, 주기 9가 가장 크다.

- 주기 4: 87679101.01
- 주기 16: 74604800.93
- 주기 3: 61895016.09
- 주기 9: 49022756.96

소수점 이하 자릿수가 2개, 3개로 들쑥날쑥하고 숫자도 길어서 주기도를 정확히 읽기가 어렵다. 어떻게 하면 좋을까?

엑셀로 내보내기를 한 후에 내림차순으로 정렬하면 된다.

일변량 통계량

계열 이름: SDIFF(호텔매출액,1,12)

	빈도	주기	사인 변환	코사인 변환	주기도	스펙트럼 밀도 추정값
1	.00000		.000	350.778	.000	310782024.5
2	.01389		391.494	273.979	8219966.648	368967825.9
3	.02778		1188.478	553.919	61895016.09	408742916.6
4	.04167		-699.246	-1395.201	87679101.01	410613971.3
5	.05556		109.811	830.330	25254214.16	407429619.8
(생략)						
33	.44444		89.472	-165.476	1273953.009	158194938.6
34	.45833		-937.073	-79.405	31838824.65	157224785.0
35	.47222		162.427	-612.473	14454187.70	159824732.2
36	.48611		-30.681	-577.257	12030009.88	183235702.9
37	.50000		.000	-578.222	12036273.75	144699834.2

| 참고 | 빈도를 선택했기 때문에 주기 결과는 빈 칸으로 출력된다.

주기도의 결과에서 소수점 이하 숫자까지 확인해야 하므로 크기를 쉽게 파악하기 어려울 수 있다. 어떻게 하면 좋을까?

결과 클릭 → 마우스 오른쪽 → 내보내기

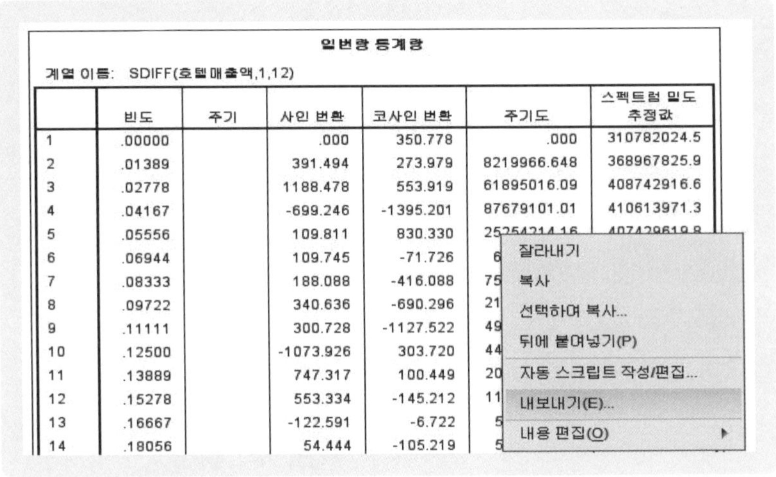

• 유형: Excel

• 찾아보기: 저장할 위치 결정(기본은 My Documents)

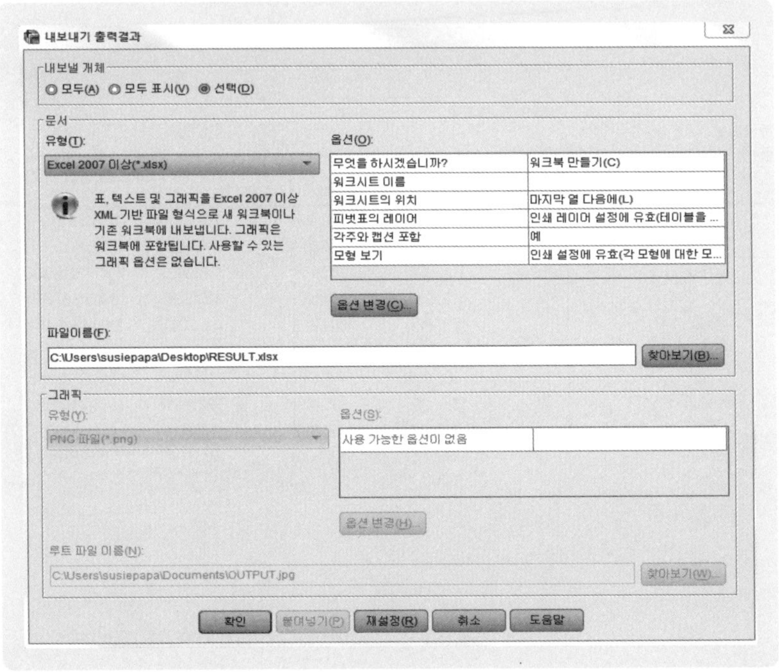

파일 이름 입력 → 저장 → 확인

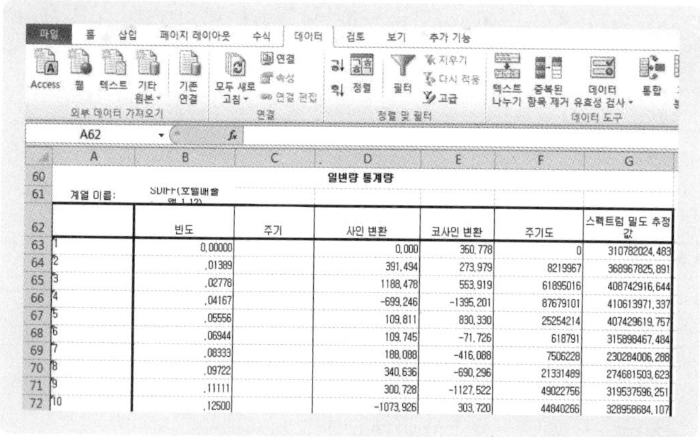

60	일변량 통계량						
61	계열 이름:	SDIFF(호텔매출액,1,12)					
62		빈도	주기	사인 변환	코사인 변환	주기도	스펙트럼 밀도 추정값
63	1	0.00000		0.000	350.778	0	310782024.483
64	2	.01389		391.494	273.979	8219967	368967825.891
65	3	.02778		1188.478	553.919	61895016	408742916.644
66	4	.04167		-699.246	-1395.201	87679101	410613971.337
67	5	.05556		109.811	830.330	25254214	407429619.757
68	6	.06944		109.745	-71.726	618791	315898467.484
69	7	.08333		188.088	-416.088	7506228	230284006.288
70	8	.09722		340.636	-690.296	21331489	274681503.623
71	9	.11111		300.728	-1127.522	49022756	319537596.251
72	10	.12500		-1073.926	303.720	44840266	328958684.107

Excel 파일 열기 → 소수점 이하를 줄이거나 정렬을 한다.

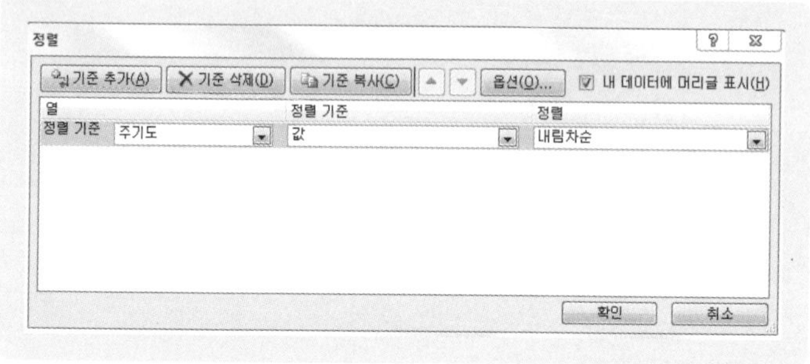

데이터 전체 선택 → 데이터 → 정렬
- 정렬 기준: 주기도
- 정렬: 내림차순

확인 → 결과

60	일변량 통계량						
61	계열 이름:	SDIFF(호텔매출액,1,12)					
62		빈도	주기	사인 변환	코사인 변환	주기도	스펙트럼 밀도 추정값
63	4	.04167		-699.246	-1395.201	87679101	410613971.337
64	16	.20833		872.993	1144.657	74604801	285991531.597
65	3	.02778		1188.478	553.919	61895016	408742916.644
66	9	.11111		300.728	-1127.522	49022756	319537596.251
67	10	.12500		-1073.926	303.720	44840266	328958684.107
68	27	.36111		21.869	1067.448	41037223	169854662.336
69	21	.27778		-591.048	787.663	34911047	169478926.800
70	34	.45833		-937.073	-79.405	31838825	157224784.982
71	5	.05556		109.811	830.330	25254214	407429619.757
72	15	.19444		-446.705	-692.470	24446170	276132296.445

21.2 교차 스펙트럼 분석

교차 스펙트럼 분석에 의해 양 시계열에서 공통된 주기를 찾아내고, 양 시계열 간의 선·후행 관계를 시각적으로 확인할 수 있다.

교차 스펙트럼은 매우 다양한 분야에 적용 가능하다.

- 두 대선 후보의 TV토론에 대한 실시간 선호도(반응) 조사(선호도의 변화 주기를 비교해서, 주기가 빠르면 빠를수록 유권자로부터 관심을 더 받고 있다고 해석)

- 매출액과 주가의 교차 스펙트럼 분석

- 기온과 아이스크림 매출액의 교차 스펙트럼 분석

- 판매량과 순이익의 교차 스펙트럼 분석

- 환율 변화와 항공사 매출액의 교차 스펙트럼 분석

- 환율 변화와 의료관광 순이익의 교차 스펙트럼 분석

- 유가 변화와 항공사 순이익의 교차 스펙트럼 분석

- 철강 가격과 건설회사 순이익의 교차 스펙트럼 분석

계절차분으로 안정화된 자료로 교차 스펙트럼분석을 실시한다.

파일 이름: 교차 스펙트럼(단위: 억 원)

	YEAR	월	광고.홍보비	순이익
1	2013	4	54	1050
2	2013	5	59	1150
3	2013	6	74	1278
4	2013	7	82	1278
5	2013	8	94	1468
6	2013	9	105	1582
7	2013	10	108	1682
8	2013	11	125	1735
9	2013	12	135	1845
10	2014	1	35	825

날짜 정의 → 순차도표 → 자기상관 → 계절차분 → 케이스 삭제: 교차상관과 동일

분석 → 예측 → 스펙트럼

- 변수: 광고 · 홍보비_계절차분, 순이익_계절차분
- 광고 · 홍보비_계절차분: 독립변수
- 순이익_계절차분: 종속변수
- 스펙트럼 창: Tukey-Hamming

종류	특징
Tukey-Hamming	가중치 0.54 + 0.23 + 0.23
Tukey	0.5 + 0.25 + 0.25
Daniell(Unit)	동일한 가중치
None	평활 없음

- 계산너비: 5(홀수로 임의의 값을 입력한다. 높은 값을 입력하면 스펙트럼 도표는 더욱 평평해진다.)
- 계열을 평균 0으로 조정(계열 평균이 0이 되고 계열 평균과 연관되는 큰 항이 제거된다.)
  이변량 분석 → 처음 변수와 기타 변수(첫번째 변수가 독립변수로 취급되고 나머지 변수들은 종속변수로 취급된다.)

도표:

- 이변량 분석을 체크해야만 활성화된다.
  주기도, 스텍트럼 밀도, 제곱 일관도, 공스펙트럼 밀도, 구적 스펙트럼, 위상 스펙트럼, 교차진폭, 이득
- 빈도 기준: 빈도의 범위가 0에서 0.5까지
  주기 기준: 주기의 범위는 2에서 관측값 수와 동일한 주기까지

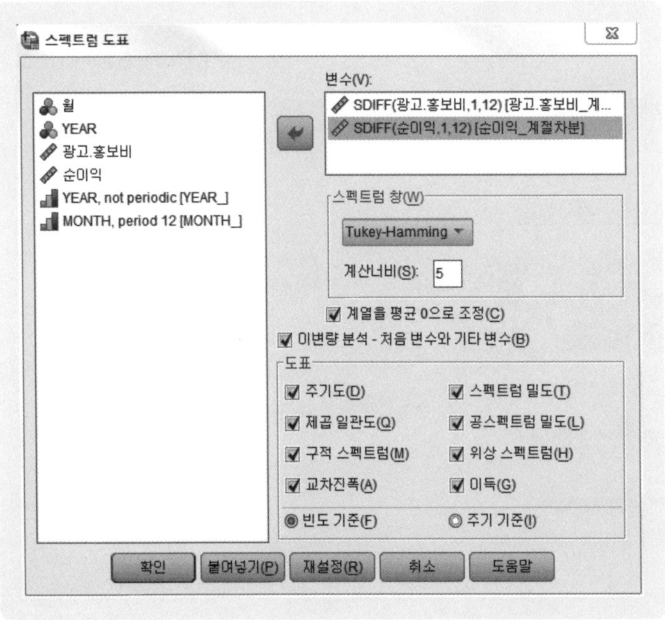

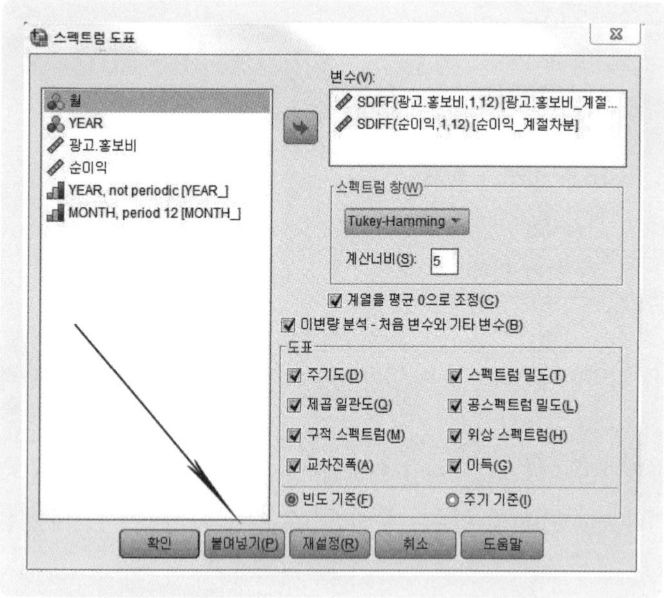

주의: 확인을 선택하지 않고 붙여넣기를 클릭한다.

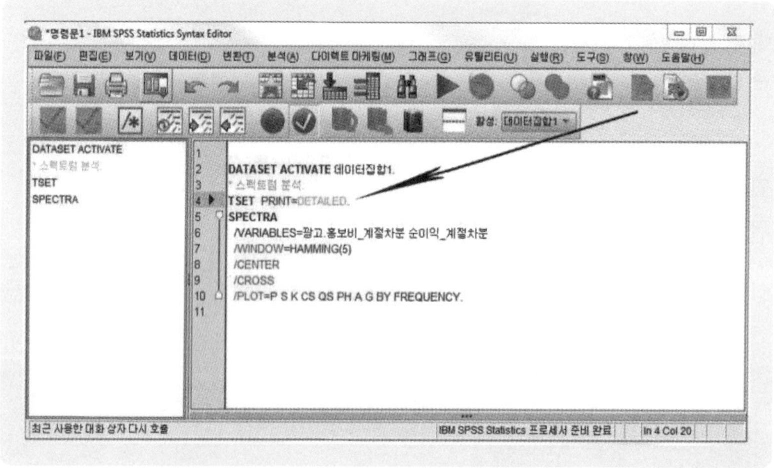

PRINT=DEFAULT를 PRINT=DETAILED로 변경한다.

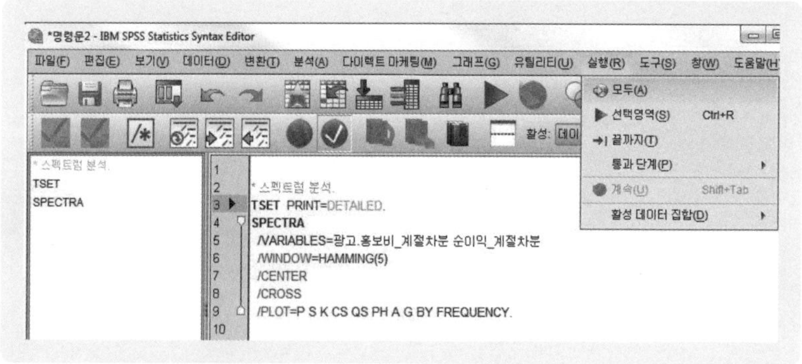

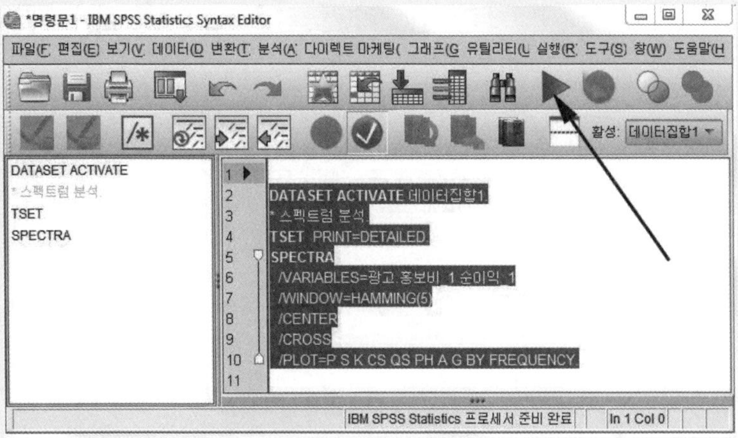
*명령문1 - IBM SPSS Statistics Syntax Editor
파일(F) 편집(E) 보기(V) 데이터(D) 변환(T) 분석(A) 다이렉트 마케팅(그래프(G 유틸리티(L 실행(R) 도구(S) 창(W) 도움말(H
활성: 데이터집합1
DATASET ACTIVATE
* 스펙트럼 분석.
TSET
SPECTRA
DATASET ACTIVATE 데이터집합1.
* 스펙트럼 분석.
TSET PRINT=DETAILED.
SPECTRA
/VARIABLES=광고.홍보비_1 순이익_1
/WINDOW=HAMMING(5)
/CENTER
/CROSS
/PLOT=P S K CS QS PH A G BY FREQUENCY.
IBM SPSS Statistics 프로세서 준비 완료
In 1 Col 0

실행 → 모두 또는 명령문 전체를 드래그한 후 녹색 삼각형 ▶을 클릭한다.

일변량 통계량

계열 이름:SDIFF(광고.홍보비,1,12)

	빈도	주기	사인 변환	코사인 변환	주기도	스펙트럼 밀도 추정값
1	.00000		.000	10.222	.000	3740.835
2	.02778		-5.299	4.312	840.067	3986.738
3	.05556		-.355	.386	4.939	2633.175
4	.08333		-2.760	.371	139.637	2706.140
5	.11111		2.466	2.386	211.985	1164.682
6	.13889		-1.255	-1.216	54.976	1834.815
7	.16667		-.866	2.389	116.222	2493.767
8	.19444		-4.090	1.059	321.214	2324.843
9	.22222		-.146	-4.960	443.271	2764.486
10	.25000		1.500	-2.056	116.556	2809.082
11	.27778		3.280	1.909	259.164	2105.174
12	.30556		-2.781	-.476	143.290	1264.334
13	.33333		.000	-.222	.889	1052.329
14	.36111		1.507	-.899	55.437	616.559
15	.38889		.026	-1.211	26.397	708.483
16	.41667		-.740	-1.649	58.808	879.788
17	.44444		2.729	-1.676	184.578	780.244
18	.47222		-1.824	-.947	76.016	879.399
19	.50000		.000	.556	5.556	1138.082

독립변수에 대한 일변량 통계량이 출력된다.
주기도를 보면 주기 2가 840.067로 가장 크다.

이변량 통계량

이변량 통계량

변수 대응:SDIFF(광고.홍보비,1,12)과(와) 함께 SDIFF(순이익,1,12)

	빈도	주기	교차-주기도		공스펙트럼 밀도 추정값	구적 스펙트럼 추정값	이익		제곱 일관도	위상 스펙트럼 추정값
			실제 부분	가상 부분			종속 계열에 대한 독립 계열	독립 계열에 대한 종속 계열		
1	.00000		.000	.000	9801.468	.000	2.620	.052	.136	.000
2	.02778		1908.566	3952.140	12777.351	2467.720	3.264	.063	.206	.191
3	.05556		315.929	-20.490	4891.114	6488.690	3.086	.034	.106	.925
4	.08333		1741.938	986.104	1300.568	10202.932	3.801	.021	.082	1.444
5	.11111		-1823.950	-2057.796	-3258.182	-2309.293	3.429	.008	.027	-2.525
6	.13889		-1563.619	1940.560	-6771.236	-14920.880	8.930	.023	.208	-1.997
7	.16667		-113.500	-1934.797	-20357.715	-17101.667	10.662	.035	.377	-2.443
8	.19444		-1264.414	-5865.018	-19164.126	-12830.262	9.920	.033	.329	-2.552
9	.22222		-4652.209	149.341	-22194.767	-21320.168	11.133	.055	.612	-2.376
10	.25000		-1140.944	52.611	-22191.015	-20175.674	10.677	.058	.615	-2.404
11	.27778		-2903.430	-2175.903	-19182.653	-7786.246	9.834	.074	.727	-2.756
12	.30556		-95.882	-1530.215	-17538.280	-11372.752	16.533	.024	.398	-2.566
13	.33333		1.444	18.668	-11593.430	-11916.027	15.799	.015	.239	-2.342
14	.36111		-3958.005	-1535.263	-4673.929	-7654.988	14.547	.009	.129	-2.119
15	.38889		1676.918	-243.374	617.659	-7867.039	11.138	.007	.083	-1.492
16	.41667		318.673	-209.493	7721.803	-9694.688	14.088	.009	.131	-.898
17	.44444		2299.742	-1637.005	14979.236	-6495.484	20.925	.021	.430	-.409
18	.47222		3117.688	-833.170	18006.883	-4157.468	21.015	.021	.450	-.227
19	.50000		-638.333	.000	22205.999	.000	19.512	.023	.453	.000

이변량 통계량에서 주기와 빈도는 무엇을 의미할까?

처음 46케이스에서 계절차분을 해서 전체 케이스는 36개로 줄어들었다. 따라서 케이스 한 개의 빈도는 1/36 = 0.02778이 된다.

두 번째 주기는 0.02778 × 2 = 0.5556이 된다.

광고 · 홍보비 주기도와 밀도함수

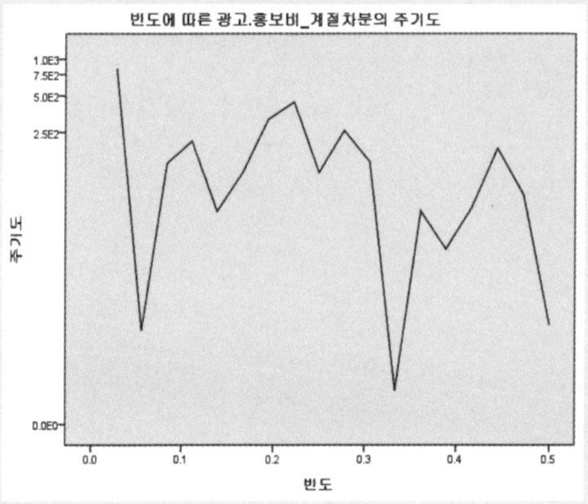

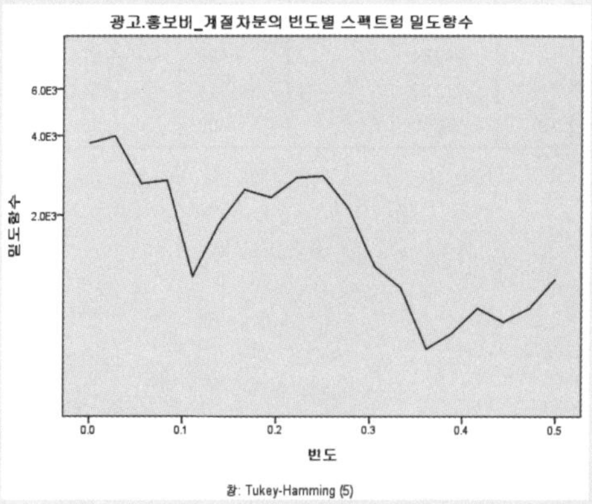

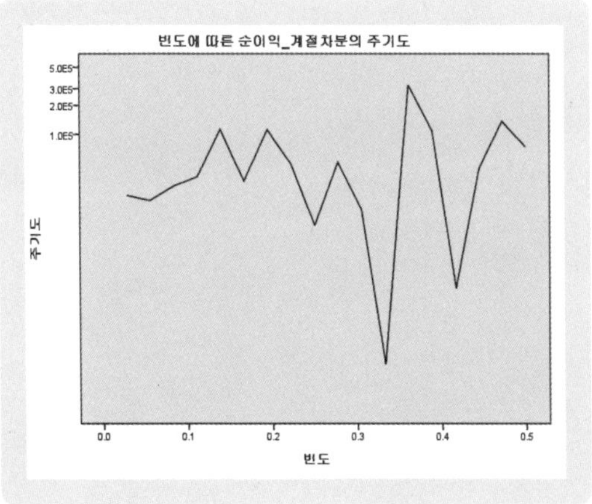

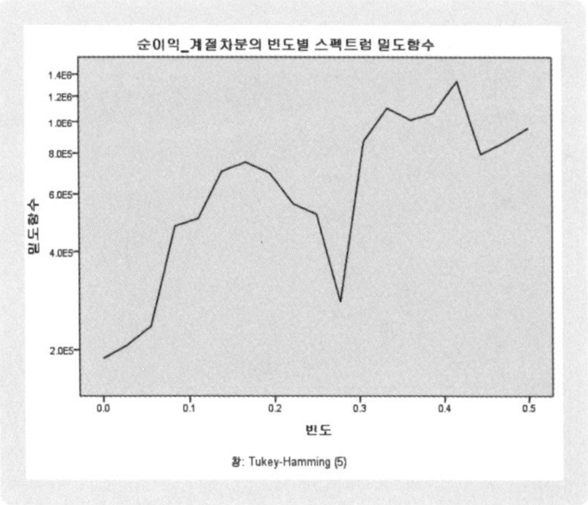

제곱일관도에서 0에서 1 사이에서 변화하며 두 시계열의 상관관계를 나타낸다. 1에 접근할수록 두 시계열 간의 관계가 밀접한 선형을 이룬다고 할 수 있다. 제곱일관도를 통해서 두 시계열이 어떤 주기에서 일치하고 어떤 주기에서 일치하지 않는지 알 수 있다.

제곱일관도는 주기 11에서 0.727로 상관관계가 가장 크다. 제곱일관도에서 주기 11 > 주기 10 > 주기 9의 순서로 두 시계열의 주기 관련성이 높다.

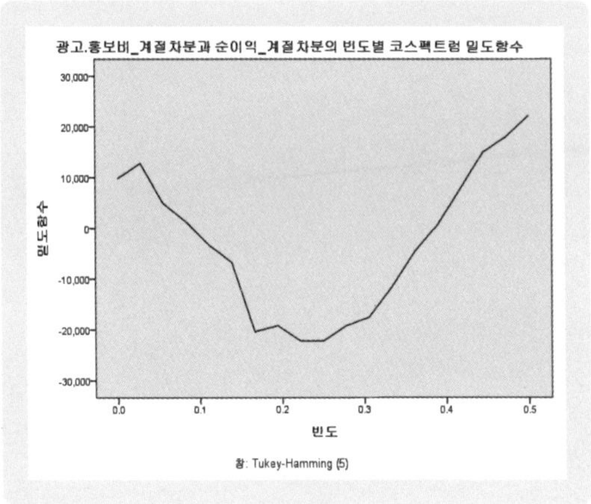

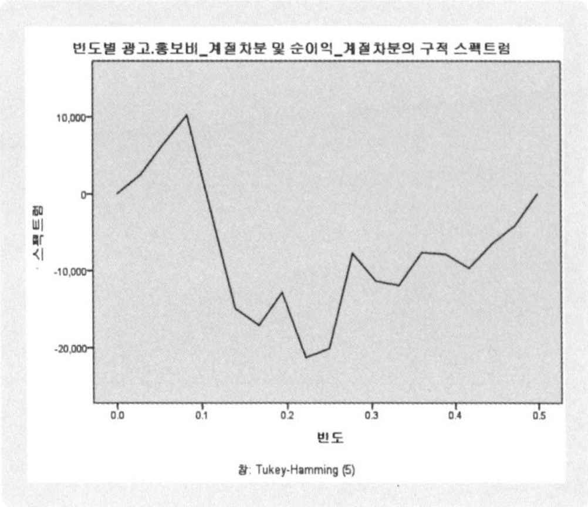

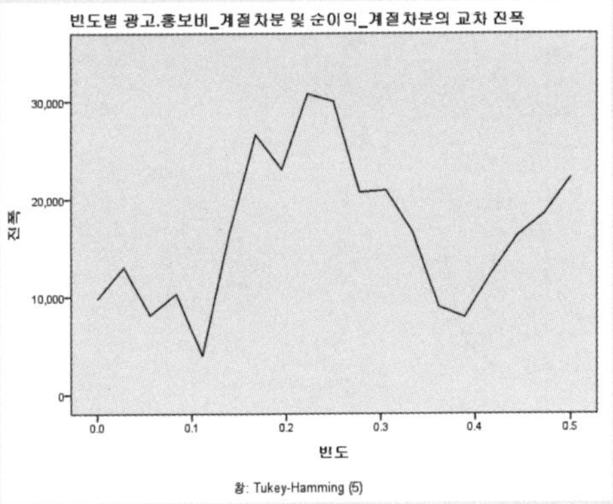

위상 스펙트럼에서 플러스 값은 종속변수(교차 스펙트럼에서 아래 변수)가 선행하는 것을 의미하고, 마이너스는 후행하는 것을 의미한다.

이변량 통계량의 맨 왼쪽 주기 번호와 빈도가 일치하는 숫자를 본다.

주기 4(빈도: 0.08333 / 위상 스펙트럼 추정값: 1.444)를 선행하지만 나머지 주기들 대부분 후행하는 것으로 나타났다.

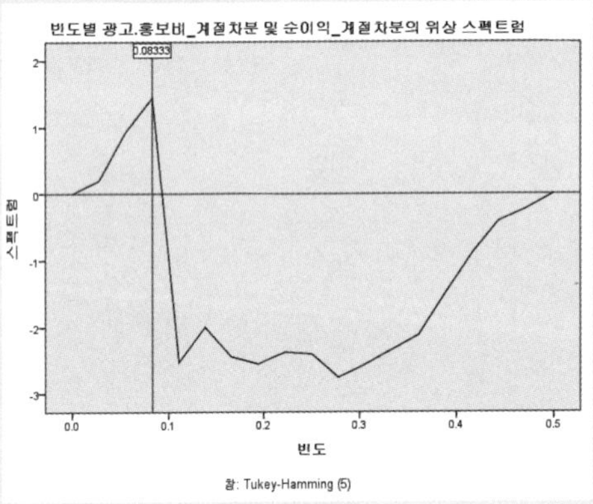

이익은 두 시계열 자료에서 진폭의 상관관계를 설명한다.

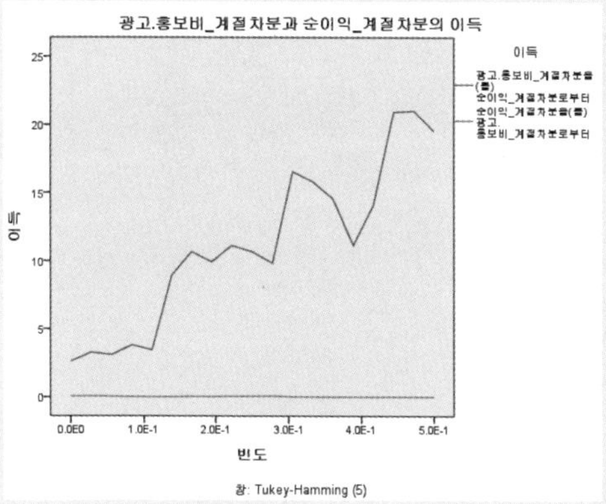

제곱일관도에서 주기 11(빈도: 0.27778)이 0.0727로 가장 크다. 따라서 빈도별 결합에서 가장 높게 솟아 있다.

주기 11에서 순이익과 광고・홍보비가 상관관계가 가장 높다.

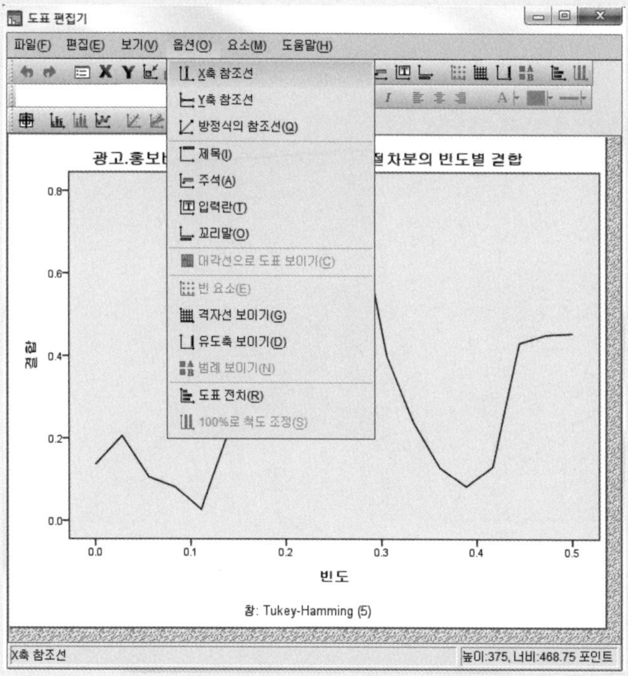

… 참고

빈도별 결합에서 빈도가 가장 높은 주기 빈도값을 X축에 표시하기

빈도별 결합 더블클릭 → 도표 편집기 → 옵션 → X축 참조선

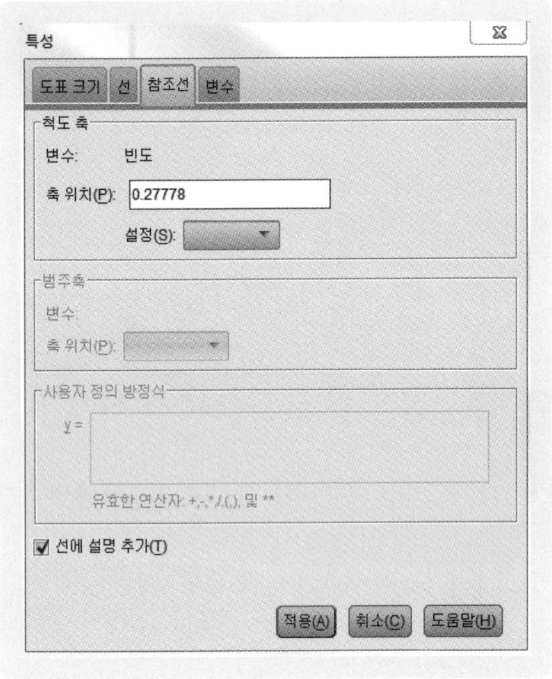

특성
- 축 위치: 0.27778
- 선에 설명 추가

적용 → 닫기 → 도표 편집기 닫기(도표 편집기 상단 오른쪽의 X 클릭)

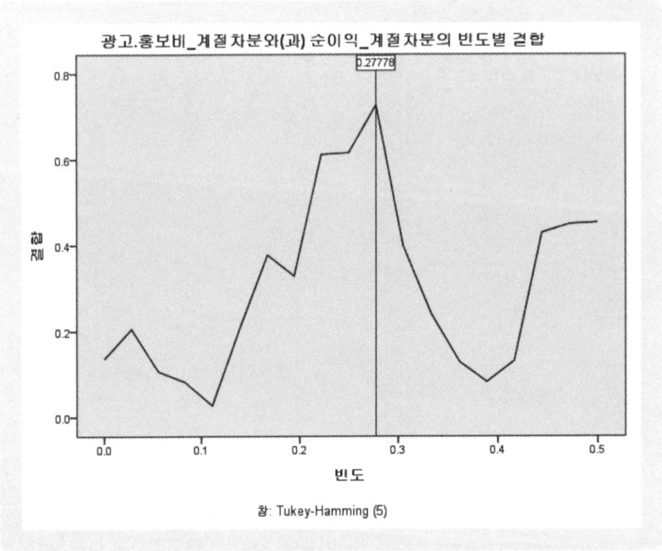

22
CHAPTER

다변량 시계열 분석

22 다변량 시계열 분석

22.1 모형 탐색

다변량 시계열 분석은 매우 다양한 분야에 응용할 수 있다.

- 자산과 소득에 따른 저축액 예측

- 신장, 체중에 따른 원반던지기 거리

- 광고비, 판매촉진비에 따른 매출액

- 소득, 가족 수에 따른 카드 사용금액

- 판매망, 생산량, 판매량에 따른 순이익

ARIMA 모형으로 시계열 분석을 하고자 할 경우 최소 50~60개 이상의 관측값이 필요하다. 계절적인 변동이 있는 자료는 더 많은 표본이 필요하다.

2009년 3월부터 2017년 6월까지 호텔고객수, 순이익, 광고・홍보비를 조사했다.

파일 이름: 다변량 시계열 분석(단위: 억 원)

	연도	월	호텔고객수	순이익	광고홍보비
1	2009	3	3750	587.50	108.00
2	2009	4	4290	700.90	200.00
3	2009	5	4840	816.40	126.00
4	2009	6	2250	272.50	132.00
5	2009	7	8690	1224.90	276.00
6	2009	8	8230	1128.30	168.00
7	2009	9	2150	251.50	384.00
8	2009	10	5480	850.80	304.00
9	2009	11	3890	616.90	756.00
10	2009	12	3560	547.60	160.00

날짜 정의 → 모형 생성

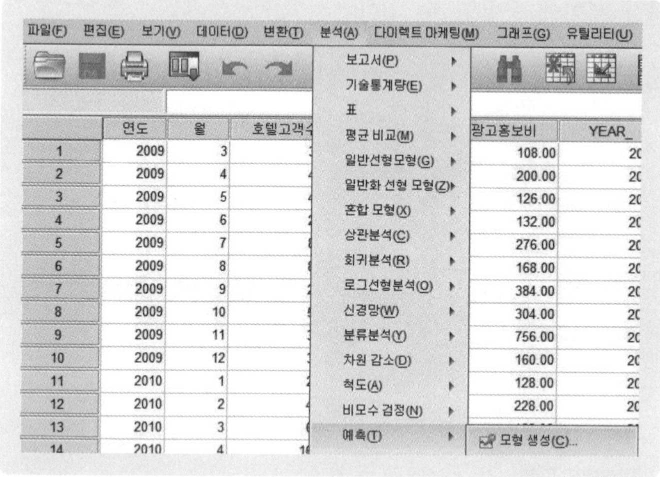

분석 → 예측 → 모형 생성

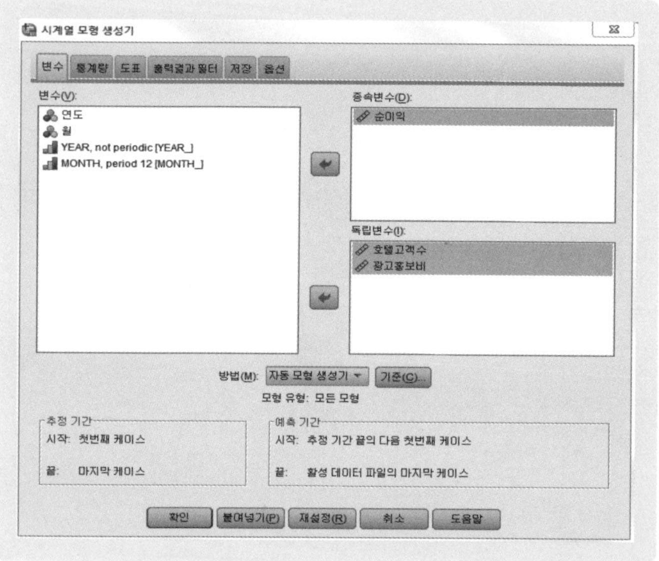

- 종속변수: 순이익
- 독립변수: 호텔고객수, 광고·홍보비
- 방법: 자동 모형 생성기

기준 → 모형

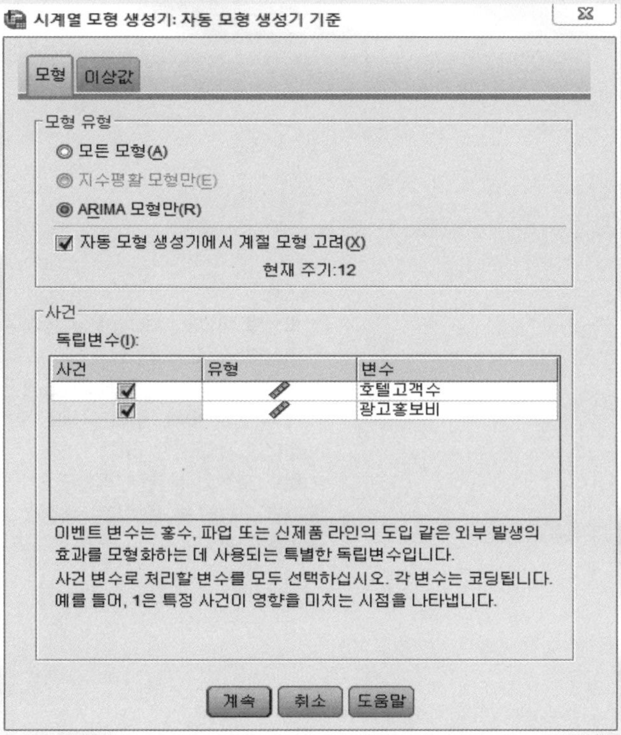

- ARIMA 모형만 체크
- 독립변수에서 체크

주의: 독립변수를 포함한 경우 ARIMA 모형만을 선택한다.

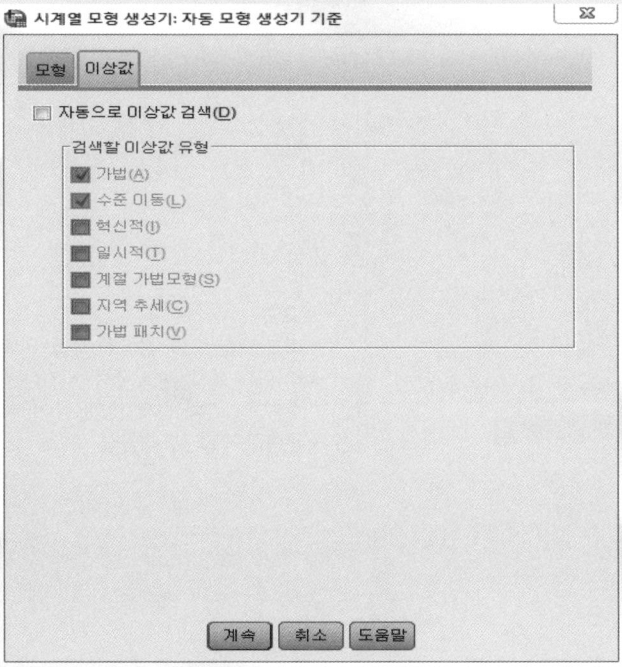

이상값: 자동으로 이상값 검색하지 않음 → 계속

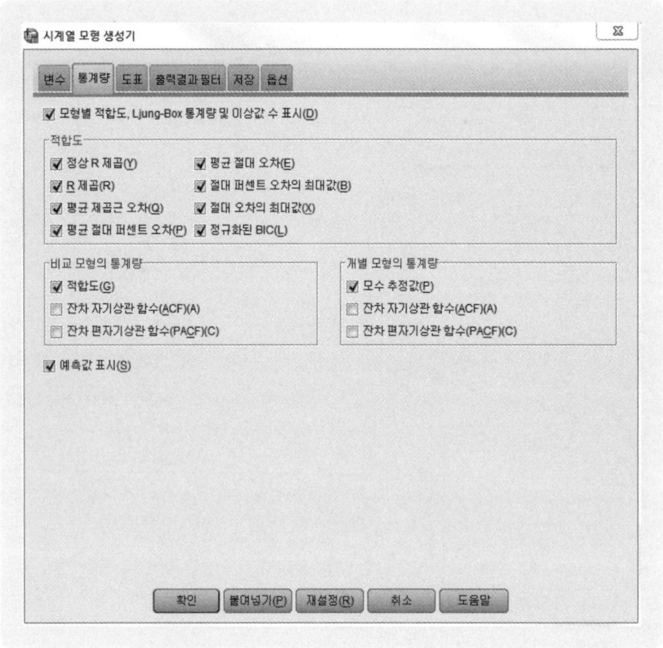

통계량

- 모형별 적합도 · Ljung-Box 통계량 및 이상값 수 표시 체크
- 적합도: 정상 R 제곱, R 제곱, 평균 절대 퍼센트 오차, 절대 퍼센트 오차의 절대값, 정규화된 BIC
- 비교 모형의 통계량: 적합도
- 개별 모형의 통계량: 모수 추정값 체크
- 예측값 표시

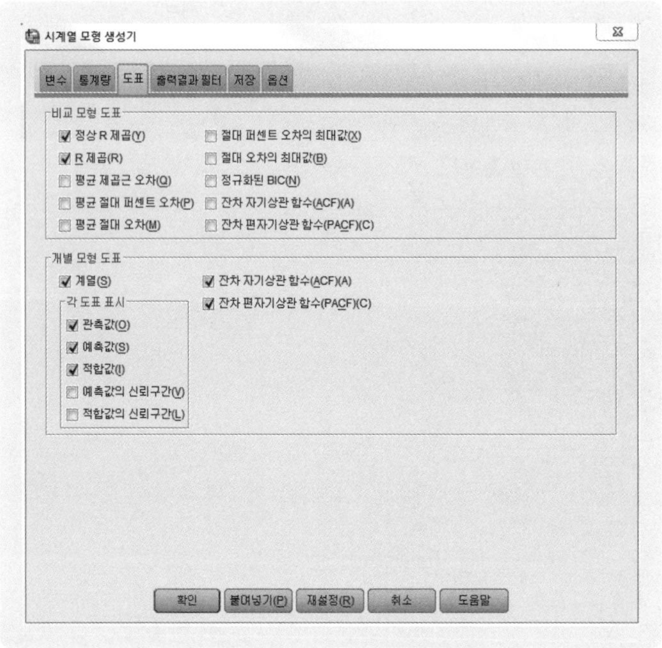

도표

- 비교 모형 도표: 정상 R 제곱, R 제곱
- 각 도표 표시: 계열, 잔차 자기상관 함수(ACF), 잔차 편자기상관 함수(PACF)
- 관측값, 예측값, 적합값

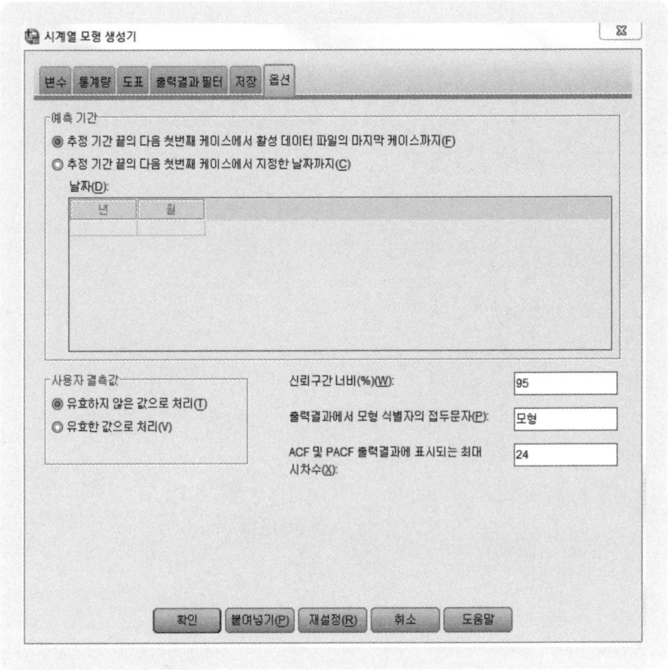

옵션
모형을 알고자 하는 단계이므로 옵션을 설정하지 않는다. 모형을 확인한 후, 추정기간 끝의 다음 첫번째 케이스에서 예측하고자 하는 기간을 입력한다. ARIMA 모형은 단기예측모형이므로 3~6개월 정도의 예측기간으로 짧게 설정한다.

확인 → 결과

ARIMA 모형이 ARIMA(0,1,1) (1,1,0) 유형이라는 것을 알 수 있다. ARIMA(0,1,1) (1,1,0)을 적용해서 분석을 재실시한다.

분석 → 예측 → 모형 생성

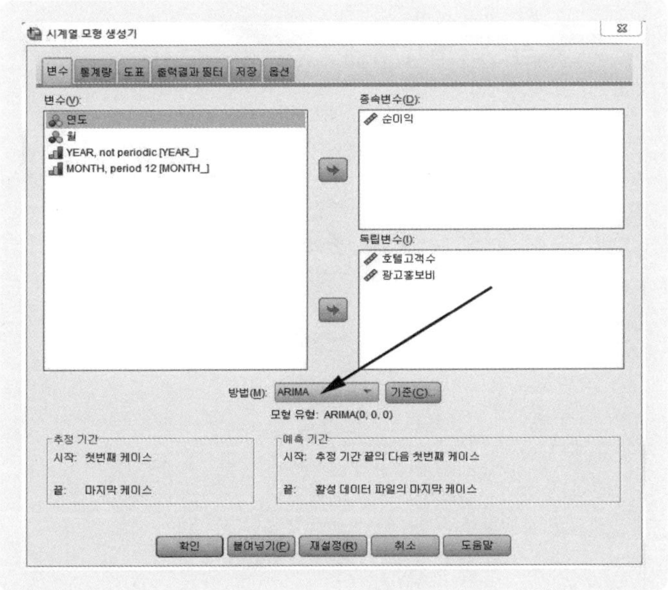

방법: ARIMA

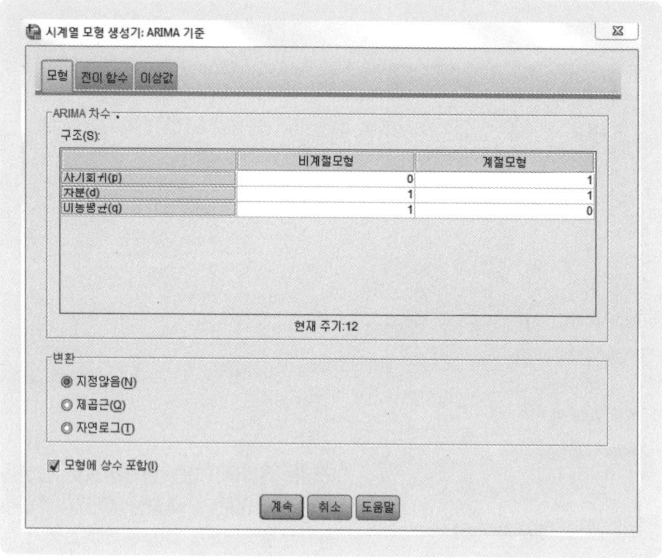

기준:
- 비계절 모형: 0,1,1
- 계절 모형: 1,1,0

통계량, 도표를 그대로 적용

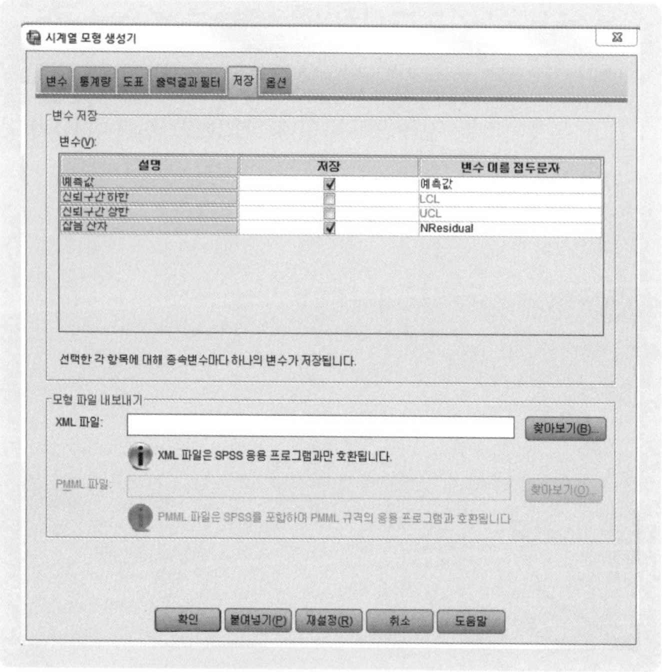

저장
- 예측값 체크
- 신뢰구간 상한 체크: 신뢰구간 상한을 알고자 할 경우
- 신뢰구간 하한 체크: 신뢰구간 하한을 알고자 할 경우
- 잡음 잔차: 실제값(관측값)과 예측값의 차이를 계산

확인 → 결과

경고

예측을 계산할 수 없기 때문에 예측표가 작성되지 않습니다.

모형 설명

			모형 유형
모형 ID	순이익	모형_1	ARIMA(0,1,1)(1,1,0)

정상 R 제곱은 회귀분석의 R 제곱과 같다.

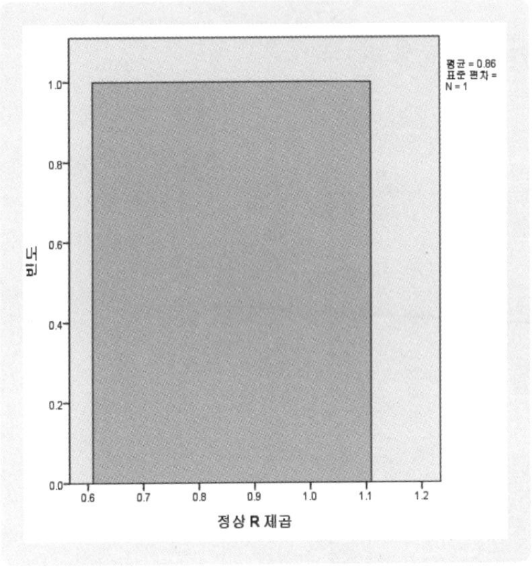

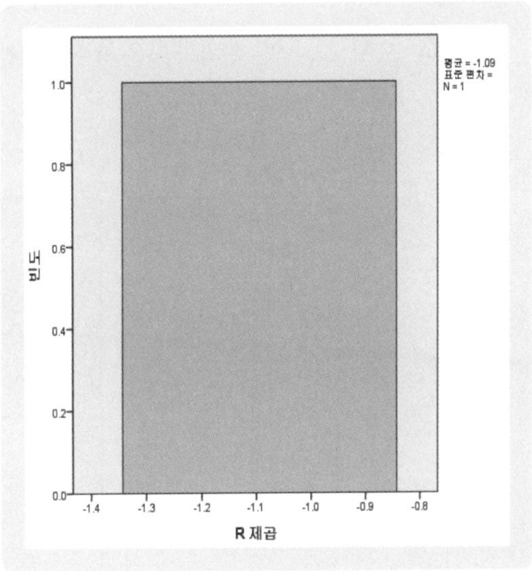

모형적합

적합 통계량	평균	SE	최소값	최대값	백분위수						
					5	10	25	50	75	90	95
정상 R 제곱	.859	.	.859	.859	.859	.859	.859	.859	.859	.859	.859
R 제곱	-1.093	.	-1.093	-1.093	-1.093	-1.093	-1.093	-1.093	-1.093	-1.093	-1.093
RMSE	1267.744	.	1267.744	1267.744	1267.744	1267.744	1267.744	1267.744	1267.744	1267.744	1267.744
MAPE	34.818	.	34.818	34.818	34.818	34.818	34.818	34.818	34.818	34.818	34.818
MaxAPE	222.491	.	222.491	222.491	222.491	222.491	222.491	222.491	222.491	222.491	222.491
MAE	531.598	.	531.598	531.598	531.598	531.598	531.598	531.598	531.598	531.598	531.598
MaxAE	9556.822	.	9556.822	9556.822	9556.822	9556.822	9556.822	9556.822	9556.822	9556.822	9556.822
정규화된 BIC	14.444	.	14.444	14.444	14.444	14.444	14.444	14.444	14.444	14.444	14.444

모형 통계량

모형	예측변수 수	모형적합 통계량								Ljung-Box Q(18)			이상값 수
		정상 R 제곱	R 제곱	RMSE	MAPE	MAE	MaxAPE	MaxAE	정규화된 BIC	통계량	자유도	유의확률	
순이익-모형_1	1	.859	-1.093	1267.744	34.818	531.598	222.491	9556.822	14.444	16.098	16	.446	0

ARIMA 모형 모수

					추정값	SE	t	유의확률
순이익-모형_1	순이익	자연 로그	차분		1			
			MA	시차 1	.860	.067	12.802	.000
			AR, 계절	시차 1	-.519	.099	-5.217	.000
			계절차분		1			
	호텔고객수	변환 안 함	분자	시차 0	.000	9.361E-006	11.373	.000
			차분		1			
			계절차분		1			

Ljung-Box의 유의확률이 0.446으로 0.05보다 크므로 백색잡음으로부터 독립적이다. 백색잡음으로부터 독립적이기 때문에 과거값으로 미래값을 설명할 수 있다.

ARIMA 모형 모수의 유의확률은 0.05보다 적을 때 통계적으로 유의미하다.

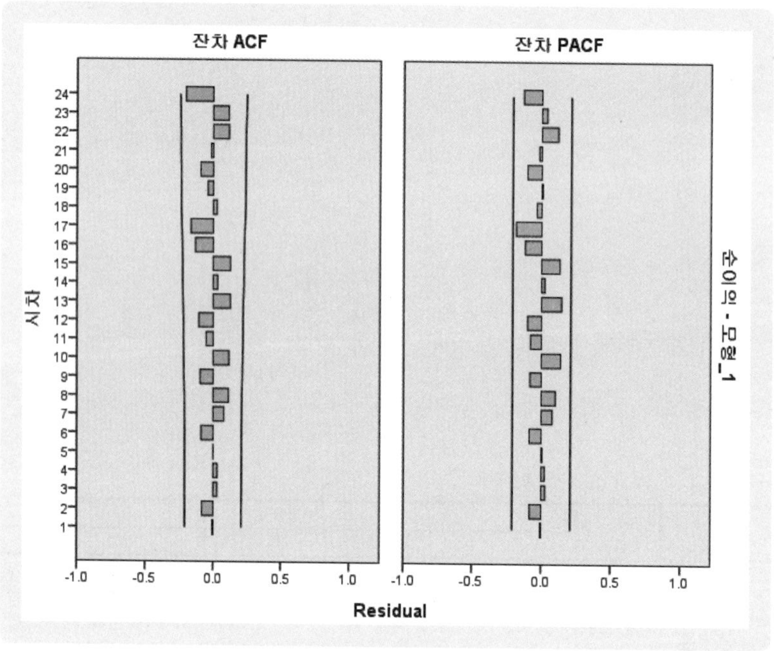

잔차 ACF, 잔차 PACF에서 Spike가 보이지 않아야 된다. 만약 잔차 ACF, 잔차 PACF에서 Spike가 있다면 모형을 재검토해야만 한다.

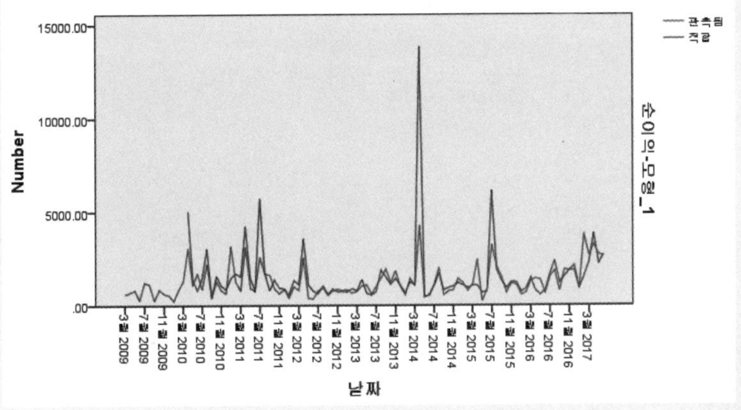

관측값과 예측값을 도표로 확인할 수 있다.

예측값, 신뢰구간 하한, 신뢰구간 상한, 잡음 잔차가 새로운 변수로 추가로 생성된다.

22.2 조건 입력

22.2.1 엑셀에서 조건 계산

7월부터 12월까지 전년 대비 호텔고객수는 15%, 광고・홍보비는 20% 증가시킨다면 순이익은 어떻게 예측될까?

E2 | fx =C2*1.15

	A	B	C	D	E	F
1	연도	월	호텔고객수	광고.홍보비	15%	20%
2	2016	7	9267	288	10657.05	
3	2016	8	8926	408		
4	2016	9	5782	228		
5	2016	10	9167	132		
6	2016	11	8926	192		
7	2016	12	8967	408		

E2 = 호텔고객수 × 1.15 = C2*1.15

F2 =D2*1.2

	A	B	C	D	E	F
1	연도	월	호텔고객수	광고.홍보비	15%	20%
2	2016	7	9267	288	10657.05	345.6
3	2016	8	8926	408		
4	2016	9	5782	228		
5	2016	10	9167	132		
6	2016	11	8926	192		
7	2016	12	8967	408		

F2 = 광고·홍보비 × 1.2 = D2*1.2

F7 =D7*1.2

	A	B	C	D	E	F
1	연도	월	호텔고객수	광고.홍보비	15%	20%
2	2016	7	9267	288	10657.05	345.6
3	2016	8	8926	408	10264.9	489.6
4	2016	9	5782	228	6649.3	273.6
5	2016	10	9167	132	10542.05	158.4
6	2016	11	8926	192	10264.9	230.4
7	2016	12	8967	408	10312.05	489.6

E2, F2를 동시에 선택하고 아래로 드래그해서 자동으로 계산

	연도	월	호텔고객수	순이익	광고홍보비
82	2015	12	5360	1125.60	388.00
83	2016	1	2678	562.38	352.00
(생략)					
98	2017	4	12670	3260.70	323.00
99	2017	5	13080	2746.80	345.00
100	2017	6	11890	2626.90	432.00
101	.	.	10657	.	345.60
102	.	.	10265	.	489.60
103	.	.	6649	.	273.60
104	.	.	10542	.	158.40
105	.	.	10265	.	230.40
106	.	.	10312	.	489.60

복사해서 SPSS의 호텔고객수, 광고·홍보비 관측값 뒤에 붙여넣기를 한다.

22.2.2 SPSS에서 조건 계산

SPSS에서 변수 계산으로 할 경우, 변수가 새로 추가된다. 그 추가된 변수에서 값을 복사해서 붙여넣기해도 된다.

변환 → 변수 계산

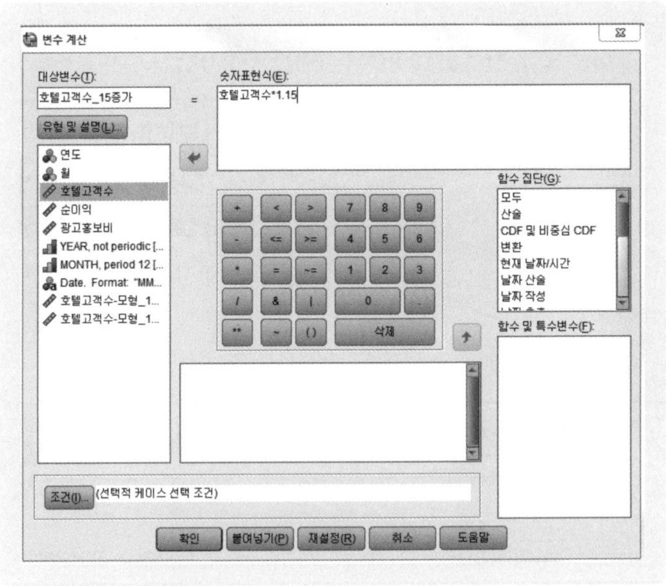

- 대상변수: 호텔고객수_15증가
- 숫자표현식: 호텔고객수 × 1.15 = 호텔고객수*1.15

확인 → 재설정
변환 → 변수 계산

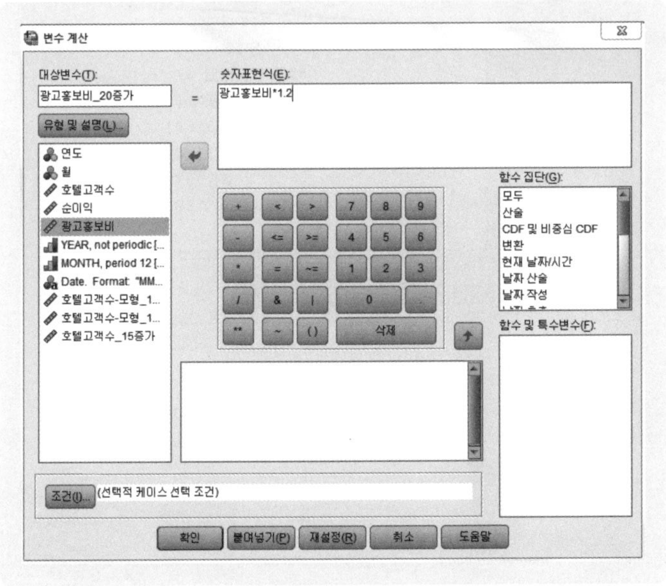

- 대상변수: 광고홍보비_20증가
- 숫자표현식: 호텔고객수 × 1.2 = 호텔고객수*1.2

확인 → 복사 → 관측값 뒤에 붙여넣기

	연도	월	호텔고객수	순이익	광고홍보비	YEAR_	MONTH_	DATE_	예측값_순이익_모형_1	NResidual_순이익_모형_1	호텔고객수_15증가	광고홍보비_20증가
87	2016	5	5628	1381.88	276.00	2016	5	MAY 2016	-20.03	1401.91	6472.20	331.20
88	2016	6	2567	639.07	404.00	2016	6	JUN 2016	539.53	99.54	2952.05	484.80
89	2016	7	9267	1546.07	288.00	2016	7	JUL 2016	2128.75	-582.68	10657.05	345.60
90	2016	8	8926	1874.46	408.00	2016	8	AUG 2016	2351.41	-476.95	10264.90	489.60
91	2016	9	5782	784.22	228.00	2016	9	SEP 2016	1154.39	-370.17	6649.30	273.60
92	2016	10	9167	1925.07	132.00	2016	10	OCT 2016	828.67	1096.40	10542.05	158.40
93	2016	11	8926	1874.46	192.00	2016	11	NOV 2016	1371.22	503.24	10264.90	230.40
94	2016	12	8967	1883.07	408.00	2016	12	DEC 2016	2016.24	-133.17	10312.05	489.60
95	2017	1	3789	895.69	192.00	2017	1	JAN 2017	1507.84	-612.15	4357.35	230.40
96	2017	2	8700	3827.00	204.00	2017	2	FEB 2017	1170.82	2656.18	10005.00	244.80
97	2017	3	9250	2682.50	200.00	2017	3	MAR 2017	2111.89	570.51	10637.50	240.00
98	2017	4	12670	3260.70	323.00	2017	4	APR 2017	3285.73	-25.03	14570.50	387.60
99	2017	5	13080	2746.80	345.00	2017	5	MAY 2017	2119.24	627.56	15042.00	414.00
100	2017	6	11890	2626.90	432.00	2017	6	JUN 2017	2551.90	75.00	13673.50	518.40
101	.	.	10657	.	345.60	.	.		.	.	.	.
102	.	.	10265	.	489.60	.	.		.	.	.	.
103	.	.	6649	.	273.60	.	.		.	.	.	.
104	.	.	10542	.	158.40	.	.		.	.	.	.
105	.	.	10265	.	230.40	.	.		.	.	.	.
106	.	.	10312	.	489.60	.	.		.	.	.	.

22.3 미래 예측

새로운 자료가 추가되었으므로 날짜 정의를 다시 한다. → 기존의 날짜 정의가 사라지고 새로운 날짜 정의가 추가된다.

데이터 → 날짜 정의

- 케이스의 날짜: 년, 월
- 첫번째 케이스
- 년: 2009
- 월: 3 → 확인 → 날짜 정의가 맨 오른쪽 끝으로 이동한다.

	연도	월	호텔고객수	순이익	광고홍보비	예측값_순이익_모형_1	NResidual_순이익_모형_1	YEAR_	MONTH_	DATE_
1	2009	3	3750	587.50	108.00	.	.	2009	3	MAR 2009
2	2009	4	4290	700.90	200.00	.	.	2009	4	APR 2009
3	2009	5	4840	816.40	126.00	.	.	2009	5	MAY 2009
4	2009	6	2250	272.50	132.00	.	.	2009	6	JUN 2009
5	2009	7	8690	1224.90	276.00	.	.	2009	7	JUL 2009
6	2009	8	8230	1128.30	168.00	.	.	2009	8	AUG 2009
7	2009	9	2150	251.50	384.00			2009	9	SEP 2009
(생략)										
17	2010	7	4826	853.46	230.00	1481.68	-.44	2010	7	JUL 2010
18	2010	8	12890	2246.90	338.00	3052.98	-.19	2010	8	AUG 2010
19	2010	9	2680	402.80	202.00	420.75	.07	2010	9	SEP 2010
20	2010	10	6900	1289.00	306.00	1581.19	-.10	2010	10	OCT 2010

분석 → 예측 → 모형 생성

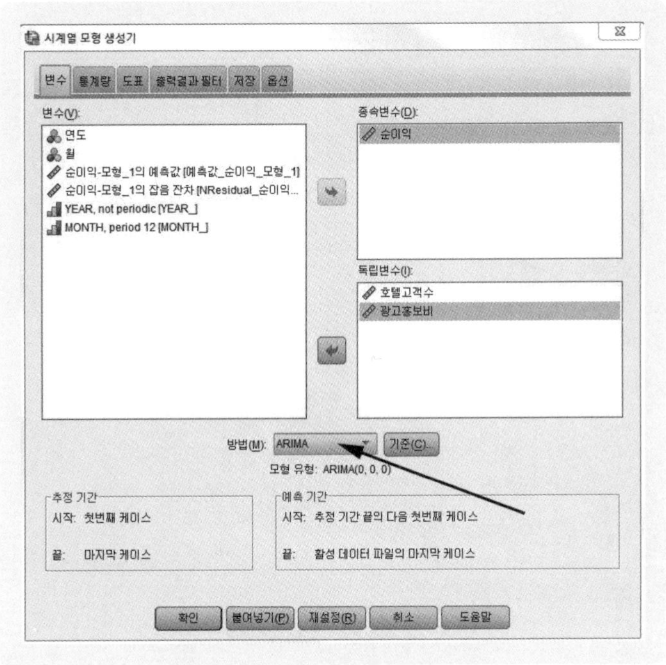

- 종속변수: 순이익
- 독립변수: 호텔고객수, 광고·홍보비
- 방법: ARIMA

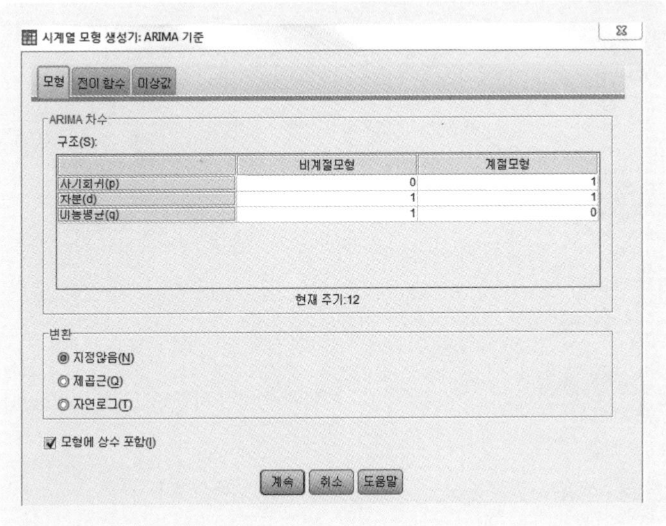

기준

- 비계절 모형
  자기회귀: 0 차분: 1 이동평균: 1
- 계절 모형
  자기회귀: 1 차분: 1 이동평균: 0

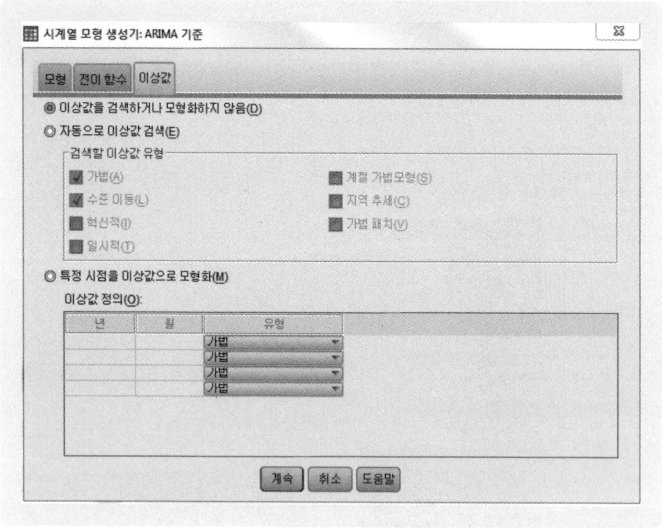

• 이상값: 모형화하지 않음

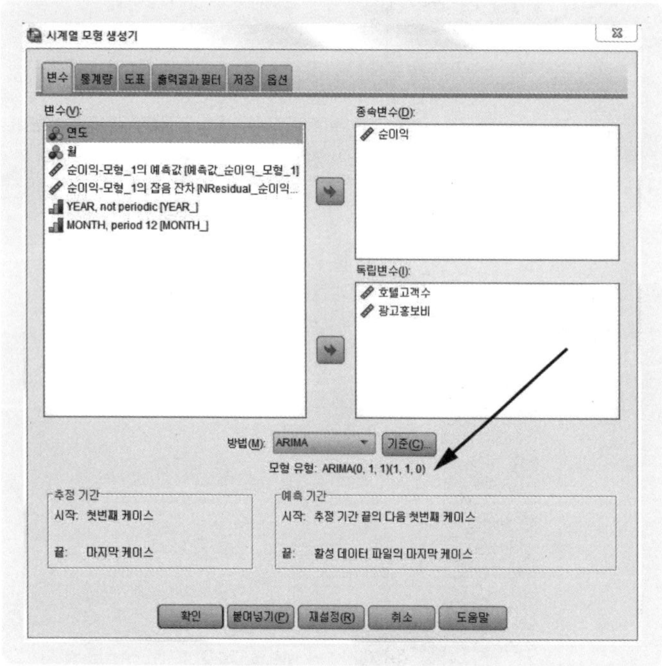

방법에 적용된 ARIMA 모형이 나타난다.

계속 → 통계량, 도표, 저장 그대로 적용

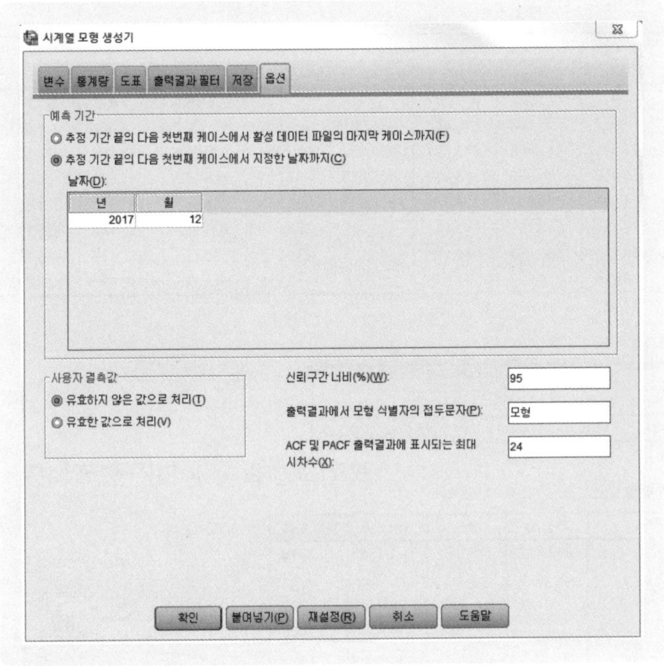

옵션
- 예측 기간: 2017년 12월로 설정(독립변수의 날짜 설정 기간만큼 예측된다.)

확인 → 결과

호텔고객수가 전년 동월 대비 15% 증가하고 광고·홍보비를 20% 증가했을 때를 가정한 결과, ARIMA 모형 (0,1,1)(1,1,0)에 의한 예측값, 상한, 잡음 잔차가 새로운 변수로 추가로 생성된다.

	연도	월	호텔고객수	순이익	광고홍보비	예측값_순이익_모형_1	NResidual_순이익_모형_1	YEAR_	MONTH_	DATE_	예측값_순이익_모형_1_A	NResidual_순이익_모형_1_A
88	2016	6	2567	639.07	404.00	825.37	-.18	2016	6	JUN 2016	539.53	99.54
89	2016	7	9267	1546.07	288.00	1686.31	-.01	2016	7	JUL 2016	2128.75	-582.68
(생략)												
98	2017	4	12670	3260.70	323.00	3854.73	-.09	2017	4	APR 2017	3285.73	-25.03
99	2017	5	13080	2746.80	345.00	2218.75	.29	2017	5	MAY 2017	2119.24	627.56
100	2017	6	11890	2626.90	432.00	2735.70	.04	2017	6	JUN 2017	2551.90	75.00
101	.	.	10657	.	345.60	.	.	2017	7	JUL 2017	4556.41	.
102	.	.	10265	.	489.60	.	.	2017	8	AUG 2017	4366.46	.
103	.	.	6649	.	273.60	.	.	2017	9	SEP 2017	3572.90	.
104	.	.	10542	.	158.40	.	.	2017	10	OCT 2017	3477.30	.
105	.	.	10265	.	230.40	.	.	2017	11	NOV 2017	3799.62	.
106	.	.	10312	.	489.60	.	.	2017	12	DEC 2017	4112.54	.

Lung Box의 유의확률이 0.764로 0.05보다 크므로 백색잡음으로부터 독립적이다. 즉, 관측값으로 미래를 예측할 수 있다.

ARIMA 모형 모수의 유의확률이 0.05보다 크면 통계적으로 유의미하다.

모형적합

적합 통계량	평균	SE	최소값	최대값	백분위수 5	10	25	50	75	90	95
정상 R 제곱	.611	.	.611	.611	.611	.611	.611	.611	.611	.611	.611
R 제곱	.007	.	.007	.007	.007	.007	.007	.007	.007	.007	.007
RMSE	883.696	.	883.696	883.696	883.696	883.696	883.696	883.696	883.696	883.696	883.696
MAPE	65.962	.	65.962	65.962	65.962	65.962	65.962	65.962	65.962	65.962	65.962
MaxAPE	304.853	.	304.853	304.853	304.853	304.853	304.853	304.853	304.853	304.853	304.853
MAE	673.167	.	673.167	673.167	673.167	673.167	673.167	673.167	673.167	673.167	673.167
MaxAE	2656.175	.	2656.175	2656.175	2656.175	2656.175	2656.175	2656.175	2656.175	2656.175	2656.175
정규화된 BIC	13.825	.	13.825	13.825	13.825	13.825	13.825	13.825	13.825	13.825	13.825

모형 통계량

모형	예측변수 수	모형적합 통계량 정상 R 제곱	모형적합 통계량 R 제곱	Ljung-Box Q(18) 통계량	Ljung-Box Q(18) 자유도	Ljung-Box Q(18) 유의확률	이상값 수
순이익-모형_1	2	.611	.007	11.699	16	.764	0

ARIMA 모형 모수

					추정값	SE	t	유의확률
순이익-모형_1	순이익	변환 안 함	상수항		-359.603	148.957	-2.414	.018
			차분		1			
			MA	시차 1	.814	.072	11.276	.000
			AR, 계절	시차 1	-.594	.096	-6.185	.000
			계절차분		1			
	호텔고객수	변환 안 함	분자	시차 0	.020	.013	1.536	.128
	광고홍보비	변환 안 함	분자	시차 0	.857	.372	2.302	.024

예측

모형		7월 2017	8월 2017	9월 2017	10월 2017	11월 2017	12월 2017
순이익-모형_1	예측	4556.41	4366.46	3572.90	3477.30	3799.62	4112.54
	UCL	6229.10	6067.85	5302.50	5234.67	5584.33	5924.17
	LCL	2883.73	2665.08	1843.30	1719.93	2014.91	2300.91

각 모형에서 예측은 요청한 추정 주기의 범위에서 결측이 없는 마지막 값 다음에 시작하고 모든 예측변수의 결측이 없는 값의 마지막 주기 또는 요청한 예측 주기의 끝 날짜 중 먼저 나온 시점에서 끝납니다.

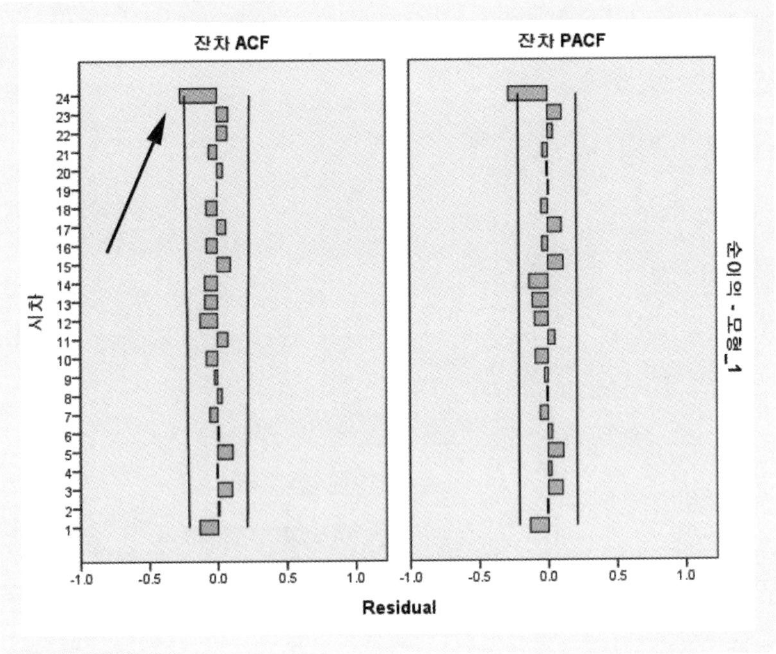

잔차 ACF, 잔차 PACF에서 Spike가 보이지 않아야 된다. 만약 잔차 ACF, 잔차 PACF에서 Spike가 있다면 모형을 재검토해야만 한다. 시차 24에서 신뢰한계를 벗어난 Peak(Spike)가 보인다. 모형을 재검토해야만 한다.

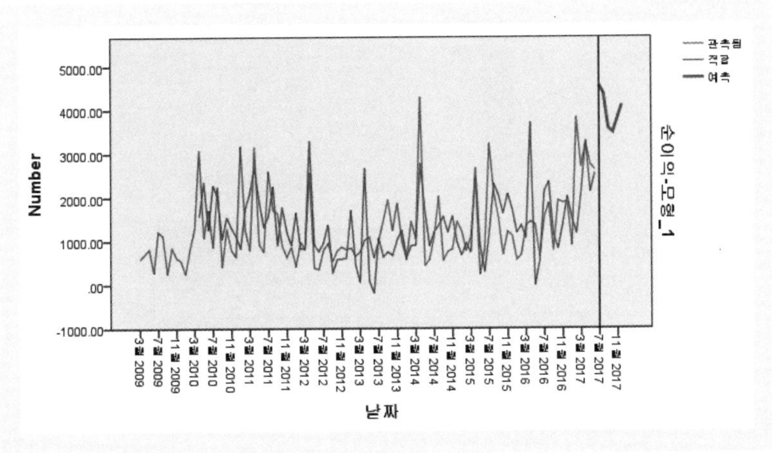

23

CHAPTER

개입모형

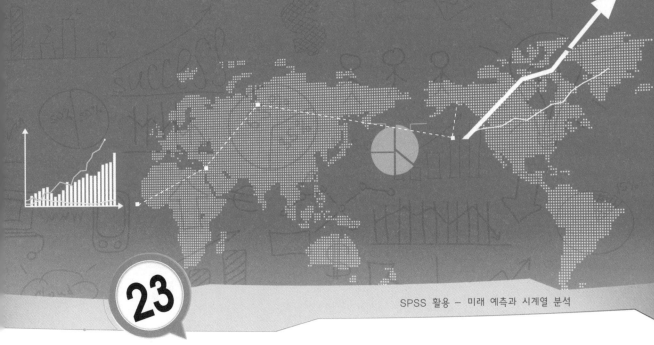

23 개입모형

23.1 모형 탐색

미래를 예측할 수 있다면 미래를 위한 준비를 좀 더 잘 할 수 있다. 일기예보에서 비가 내린다고 하면 우산을 준비해서 외출하고, 일기예보대로 비가 내린다면 빗물에 옷을 젖지 않아도 된다. 즉, 미래를 예측한다면 위기관리가 가능하다.

위기관리는 사건사고가 발생된 후에 신속하고 정확한 판단에 의한 어떤 조치를 취하는 것도 매우 중요하지만, 미리 사건사고를 예측할 수 있다면 위기관리가 좀 더 수월할 수 있지 않을까?

홍수, 파업, 대형사고, 환율폭등, 유가상승 등 시계열 데이터에 영향을 미친다고 생각되는 사건을 변수로 모형화해서 미래를 예측할 수 있다.

사건변수에는 어떤 것을 고려해 볼 수 있을까?

사건변수는 홍수, 파업, 전쟁, 정책변경, 자연재해, 바겐세일, 대형사고, 환율폭등, 유가상승 등 외적인 사건으로 인해서 주어진 시계열 데이터가 영향을 받을 수 있다.

개입이 발생하면, 개입이 해당되는 시점의 관측값이 개입 발전 전의 관측값에 비해서 월등하게 큰 값 또는 작은 값을 갖는 경향이 있다.

혁신	장애요인 발생
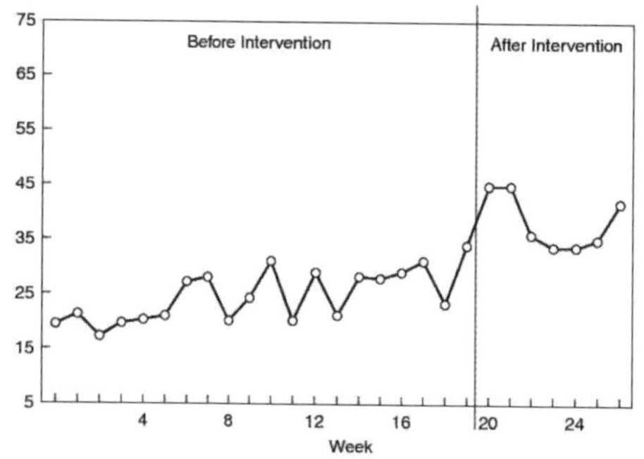 예 신기술 개발, 경영 혁신, 해외 공장 설립에 따른 생산량 증가	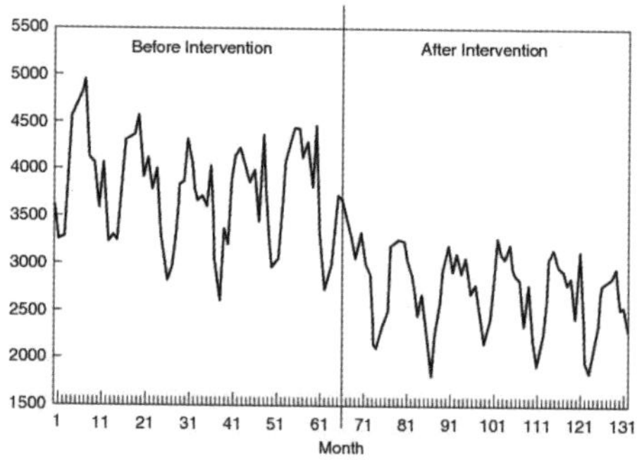 예 수출업체 입장에서 장기 환율 하락

개입이 발생한 경우에 효과가 지속적으로 영향을 미치는 계단식 개입이 있고 일시적인 펄스 개입이 있다.

예 펄스 개입: 일시적 반응

펄스 개입이 있는 경우를 1, 펄스 개입이 없는 경우를 0으로 표기한다. 펄스 개입(일시적 반응)에는 어떤 사례들이 있을까?

- 대규모 국제회의 개최로 호텔 투숙객의 증가

- 대규모 대손 충당금이 수입으로 처리되어 순이익이 급격히 증가

- 유명 저자의 출판물에 의한 도서 판매량 급증

- 의료사고 발생으로 인한 의사의 파산 발생

- 은행으로부터 대출받은 기업체 부도·도산으로 인한 은행의 손실 발생

- 증권거래 실수로 인한 투자증권의 손실 발생

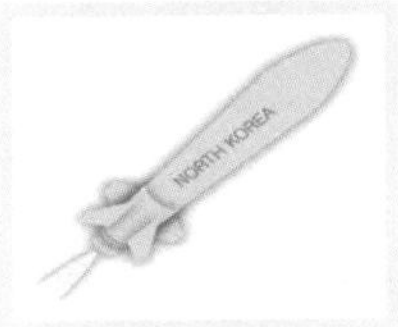

- 북한 핵실험, 장거리 미사일 등 한반도 정치적 불안으로 인한 외국인 관광객의 감소, 의료관광객의 감소

- 종군위안부, 독도 등에 대한 일본 정치인의 부적절한 발언으로 일본 화장품, 자동차 등 일본상품 수입·판매업체의 손실

- 광우병 등으로 소고기 수입업체에 타격

- 관광객에 대한 테러사건으로 해당 지역으로의 관광객 감소, 그 결과 여행사와 항공사에 큰 타격

- 태풍, 폭설, 폭우, 장마 등으로 인한 피해(농작물 손해, 관광객 감소, 호텔 투숙객 감소, 항공기 결항, 화물 운송지연, 운송업체의 경제적 손실 등)

- 조류독감으로 인한 피해(여행객 감소, 치킨 소비 감소 등)

- 유가폭등(여행객 감소, 수송비용 증가, 수출기업의 수출 감소로 인한 타격 등)

- 화재, 추락사고, 안전사고 등 재해 및 인재로 인한 손해 발생(차량 피해, 전기 및 전화선 파손, 도로 파손, 가구 손실 등)

- 정전, 단수 등 공장 가동에 손해 발생

- 선박 충돌로 인한 손해

- 차량충돌, 대중교통 사고로 인한 손해

- 비행기 추락사고로 인한 항공사의 경제적 손실

- 환율 급등으로 인한 수출업체의 경제적 손실

- 연예기획사 소속 연예인의 사회적 문제로 인한 연예기획사의 경제적 손실

예 펄스 개입: 여러 시점에서의 일시적 반응

펄스 개입을 1로, 펄스 개입이 없는 경우를 0으로 표기한다. 펄스 개입(여러 시점에서의 일시적 반응) 사례로는 어떤 것이 있을까?

- 2주간의 지역 축제로 지역 토산품점 매출의 급격한 증가

- 올림픽 경기로 공항 이용객 급증

예 계단 개입: 여러 시점의 지속적 반응

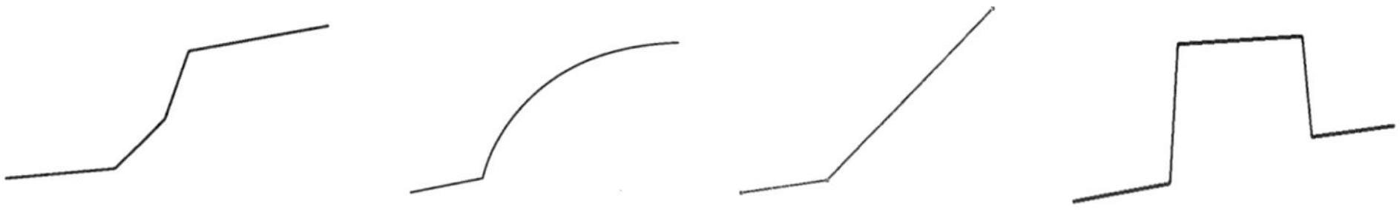

여러 시기에 걸쳐서 큰 변화가 일어난 경우는 어떻게 표기할까? 계단 개입 이전은 0으로, 이후를 1로 지정한다. 계단 개입에는 어떤 사례들이 있을까?

- 통신기술의 발달로 인한 핸드폰 통신수단 변화

- 스마트폰의 판매로 인한 노트북 판매량 변화

- Ipad의 판매로 인한 넷북 판매량 변화

- 고속철도 개통으로 인한 항공사 매출액 변화

- 고속도로 개통으로 인한 물동량 변화

- 지하철 개통으로 인한 백화점 매출 변화

서울 소재 호텔에서 대규모 국제행사가 개최된 경우를 사건변수로 고려해서 2006년 5월부터 2015년 6월까지 호텔순이익을 조사했다.

1: 개입이 있었던 시점(국제행사 개최)　　　0: 개입이 없었던 시점

2008년 5월부터 2017년 6월까지 사건과 호텔순이익을 조사했다.

	연도	월	호텔순이익	사건
1	2008	5	78	0
2	2008	6	85	0
3	2008	7	67	0
4	2008	8	216	1
5	2008	9	94	0
6	2008	10	90	0
7	2008	11	146	0
8	2008	12	132	0
9	2009	1	27	0
10	2009	2	32	0
11	2009	3	126	0
12	2009	4	42	0
13	2009	5	218	1
14	2009	6	79	0
15	2009	7	86	0

날짜 정의 → 분석 → 예측 → 모형 생성

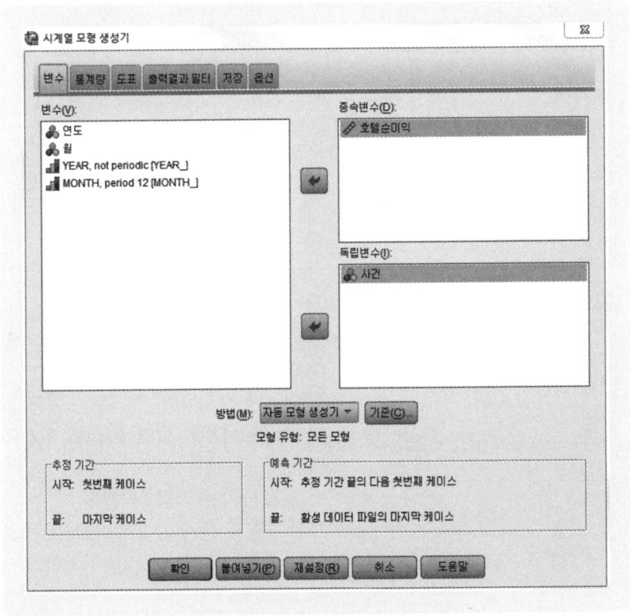

변수

- 종속변수: 호텔순이익
- 독립변수: 사건
- 방법: 자동 모형 생성기

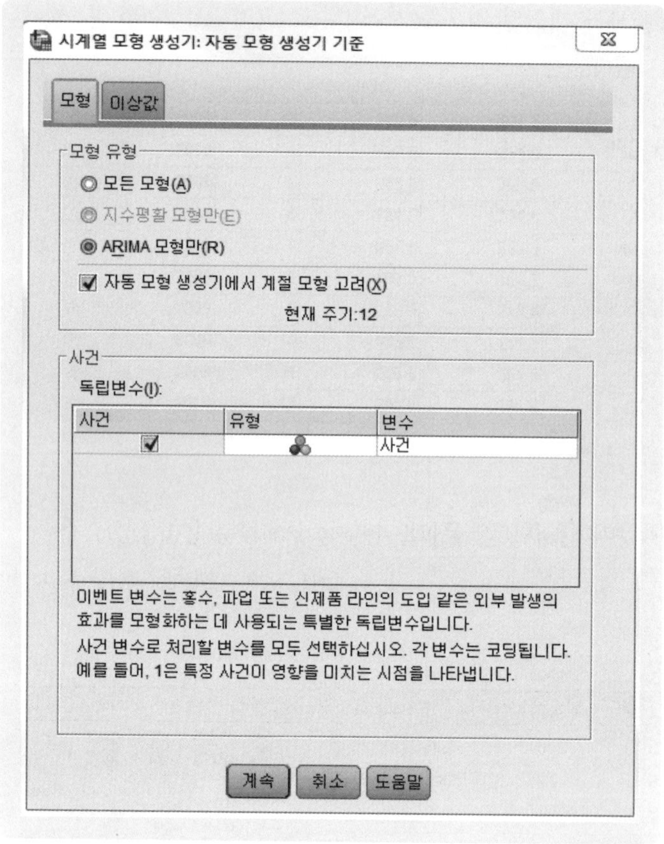

기준 → 모형
- 모형 유형: ARIMA 모형만
- 자동 모형 생성기에서 계절 모형 고려
- 사건: 독립변수의 사건변수 체크

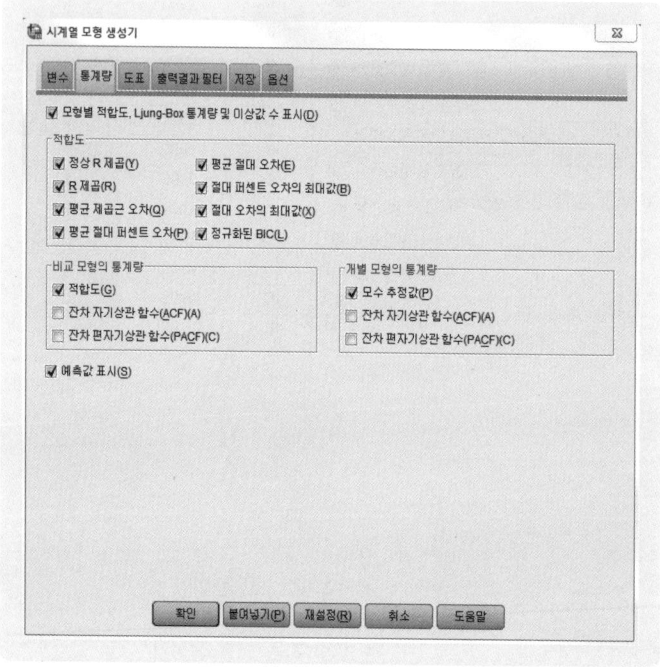

통계량
- 모형별 적합도 · Ljung-Box 통계량 및 이상값 수 표시 체크
- 적합도: 정상 R 제곱, R 제곱, 평균 절대 퍼센트 오차, 절대 퍼센트 오차의 절대값, 정규화된 BIC
- 비교 모형의 통계량: 적합도
- 개별 모형의 통계량: 모수 추정값 체크
- 예측값 표시

• 각 도표 표시: 계열, 잔차 자기상관 함수(ACF), 잔차 편자기상관 함수(PACF)

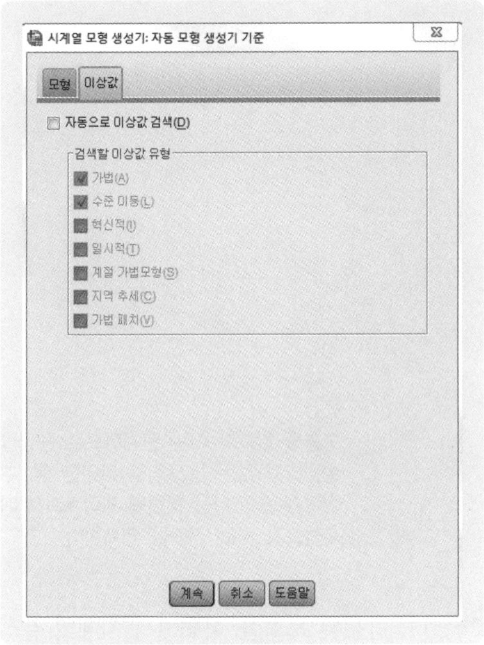

• 이상값: 자동으로 이상값 검색 체크 해제 → 계속

• 관측값, 예측값, 적합값

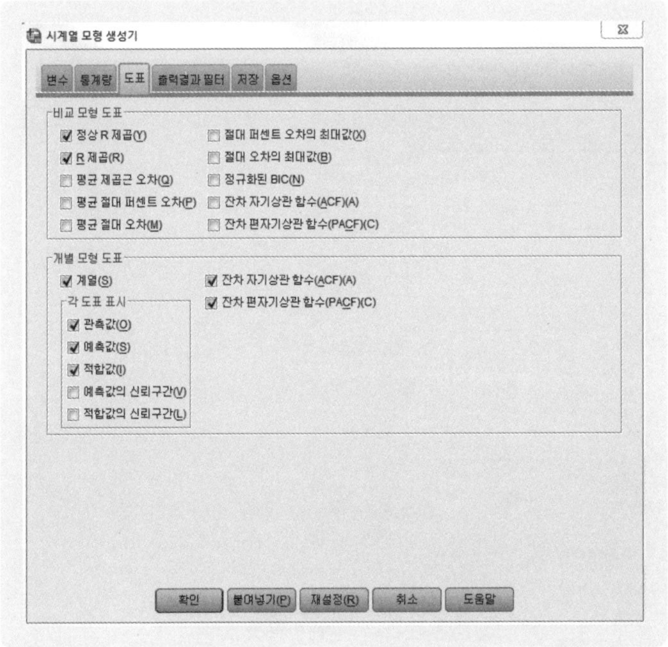

도표

• 비교 모형 도표: 정상 R 제곱, R 제곱

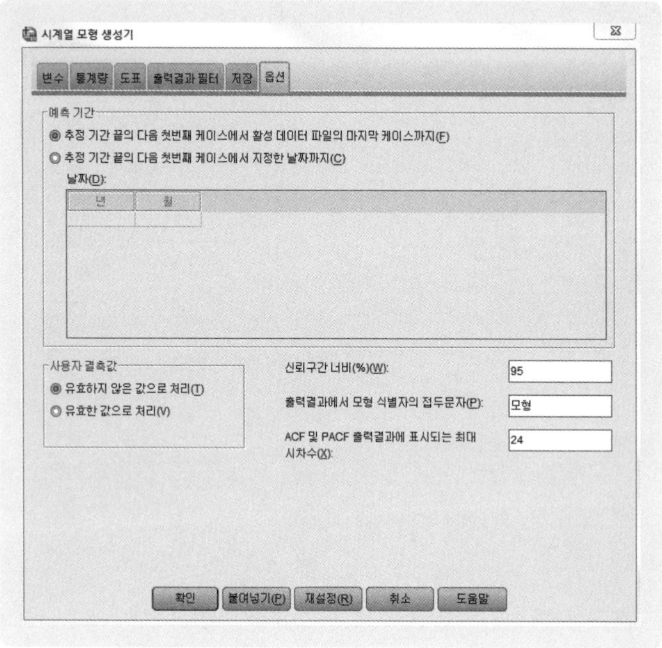

옵션
모형을 알고자 하는 단계이므로 옵션을 설정하지 않는다. 모형을 확인한 후, 추정기간 끝의 다음 첫번째 케이스에서 예측하고자 하는 기간을 입력한다.

확인 → 결과: ARIMA(3,0,3)(1,0,0) 모형으로 나타났다. 탐색된 모형을 적용해서 시계열 분석을 다시 실시한다.

분석 → 예측 → 모형 생성

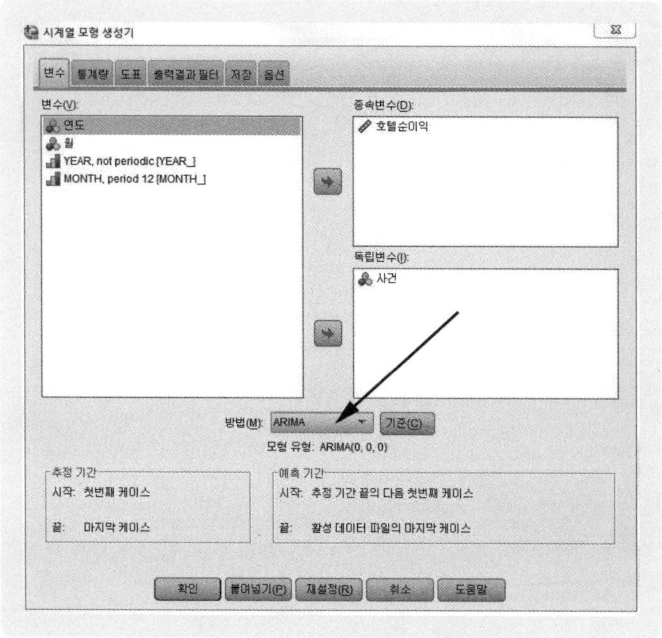

- 종속변수: 호텔순이익
- 독립변수: 사건
- 방법: ARIMA 선택

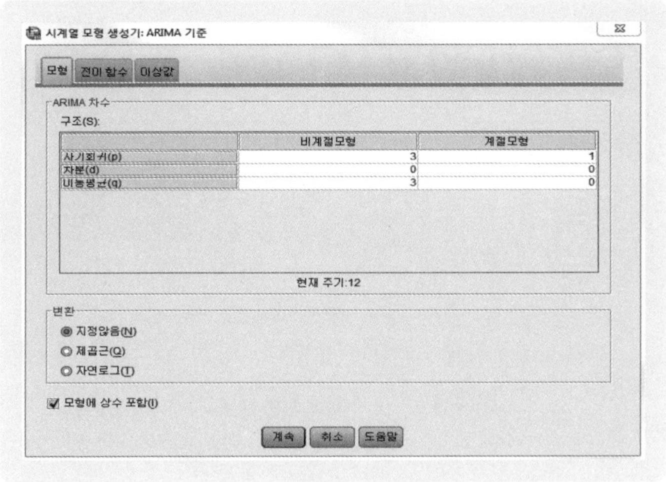

기준:
- 비계절 모형
  자기회귀: 3 차분: 0 이동평균: 3
- 계절 모형
  자기회귀: 1 차분: 0 이동평균: 0

계속 → 방법에 ARIMA 모형이 나타난다.

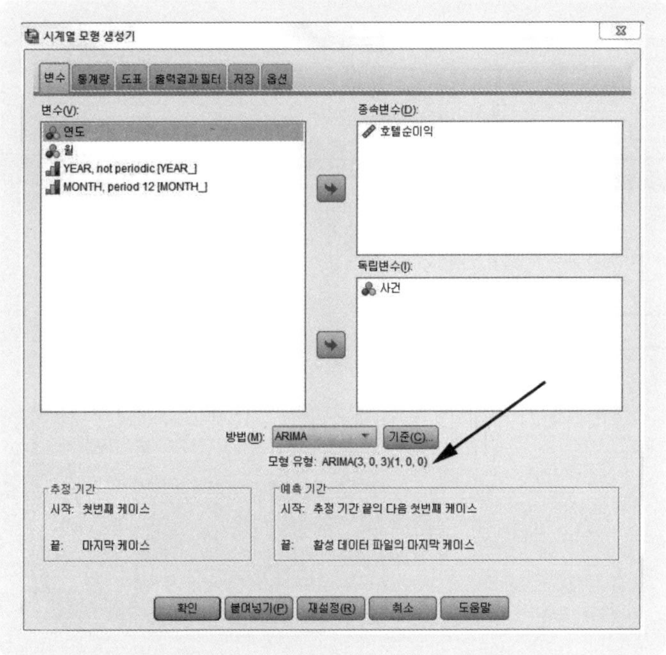

통계량, 도표, 저장 그대로 선택

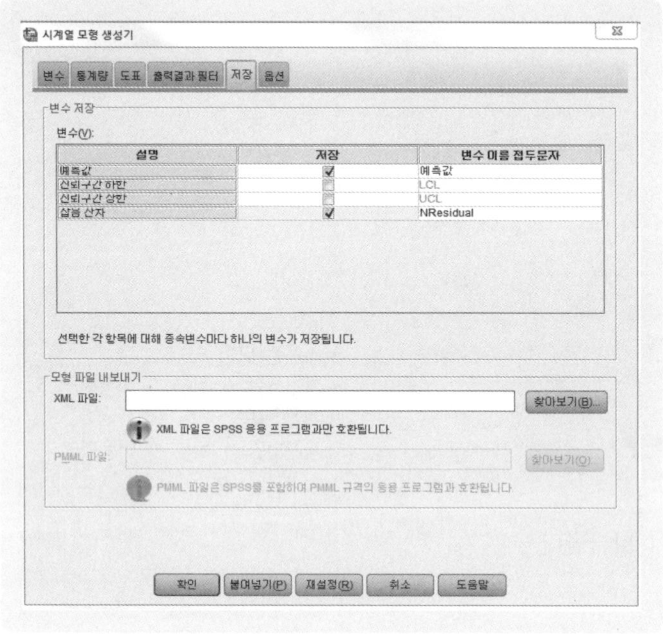

저장: 예측값, 잡음 잔차

저장
- 예측값 체크
- 신뢰구간 상한 체크: 신뢰구간 상한을 알고자 할 경우
- 신뢰구간 하한 체크: 신뢰구간 하한을 알고자 할 경우
- 잡음 잔차: 실제값(관측값)과 예측값의 차이를 계산

확인 → 결과

경고

예측을 계산할 수 없기 때문에 예측표가 작성되지 않습니다.

모형 설명

			모형 유형
모형 ID	호텔순이익	모형_1	ARIMA(3,0,3)(1,0,0)

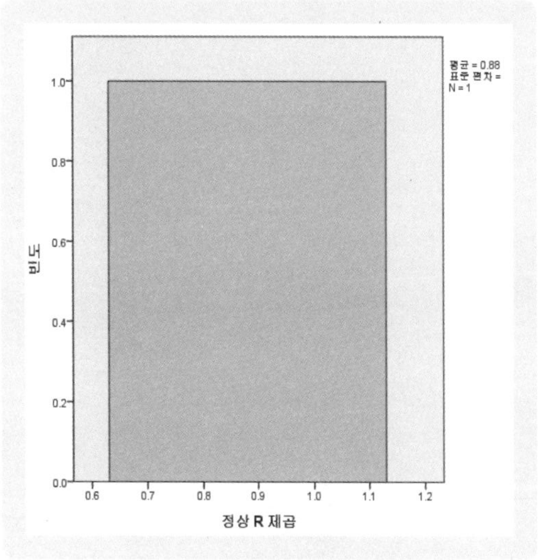

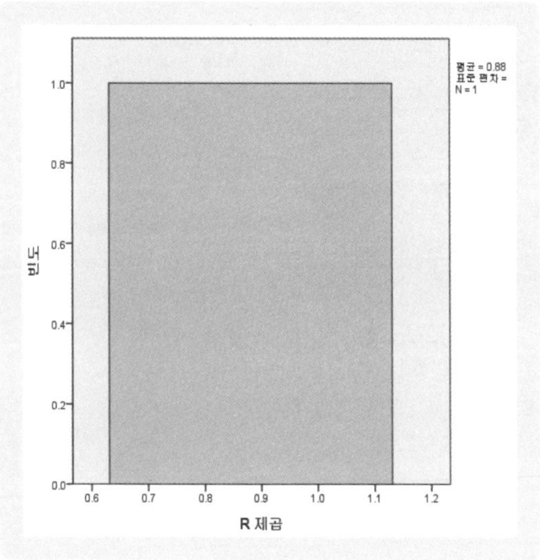

모형적합

적합 통계량	평균	SE	최소값	최대값	백분위수 5	10	25	50	75	90	95
정상 R 제곱	.880	.	.880	.880	.880	.880	.880	.880	.880	.880	.880
R 제곱	.880	.	.880	.880	.880	.880	.880	.880	.880	.880	.880
RMSE	37.015	.	37.015	37.015	37.015	37.015	37.015	37.015	37.015	37.015	37.015
MAPE	29.546	.	29.546	29.546	29.546	29.546	29.546	29.546	29.546	29.546	29.546
MaxAPE	486.693	.	486.693	486.693	486.693	486.693	486.693	486.693	486.693	486.693	486.693
MAE	27.776	.	27.776	27.776	27.776	27.776	27.776	27.776	27.776	27.776	27.776
MaxAE	99.707	.	99.707	99.707	99.707	99.707	99.707	99.707	99.707	99.707	99.707
정규화된 BIC	7.607	.	7.607	7.607	7.607	7.607	7.607	7.607	7.607	7.607	7.607

모형 통계량

모형	예측변수 수	모형적합 통계량 정상 R 제곱	R 제곱	Ljung-Box Q(18) 통계량	자유도	유의확률	이상값 수
호텔순이익-모형_1	1	.880	.880	9.286	11	.596	0

ARIMA 모형 모수

					추정값	SE	t	유의확률
호텔순이익-모형_1	호텔순이익	변환 안 함	상수항		109.509	47.244	2.318	.022
			AR	시차 1	-.138	.090	-1.538	.127
				시차 2	.207	.087	2.387	.019
				시차 3	.896	.078	11.437	.000
			MA	시차 1	-.322	.107	-3.001	.003
				시차 2	.221	.115	1.914	.058
				시차 3	.843	.099	8.489	.000
			AR, 계절	시차 1	.463	.094	4.914	.000
	사건	변환 안 함	분자	시차 0	219.946	9.155	24.025	.000

Ljung-Box 유의확률이 0.596으로 유의수준 0.05보다 크므로 백색잡음으로부터 독립적이다. 백색잡음은 과거의 값이 현재 또는 미래의 값을 전혀 설명하지 못한다는 것을 의미한다.

ARIMA 모형 모수의 유의확률이 모두 유의수준 0.05보다 작기 때문에 통계적으로 유의미하다.

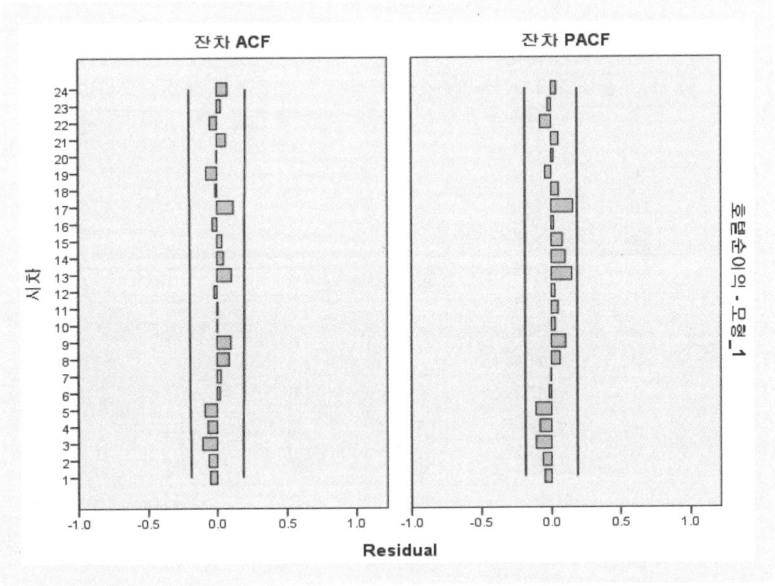

잔차가 백색잡음으로부터 독립적이어야 한다.

잔차 ACF, 잔차 PACF에서 Spike가 보이지 않아야 된다. 만약 잔차 ACF, 잔차 PACF에서 Spike가 있다면 모형을 재검토해야만 한다.

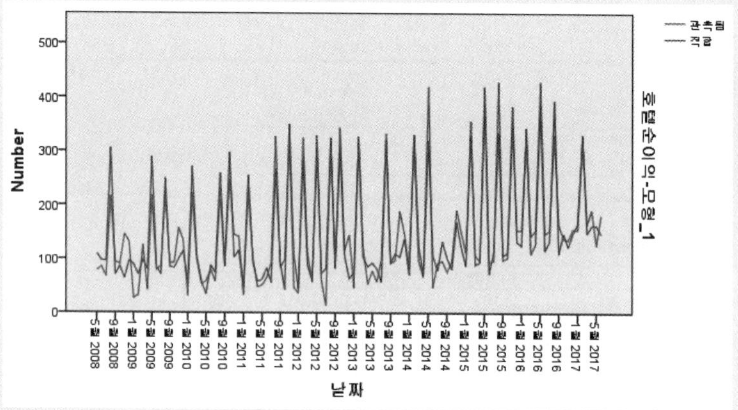

23.2 조건 입력

2015년 7월부터 9월까지 연속해서 사건(국제행사 개최)이 일어난다면 호텔순이익은 어떻게 될까?

사건변수값을 입력한다.

	연도	월	호텔순이익	사건
99	2016	7	154	0
100	2016	8	331	1
101	2016	9	165	0
102	2016	10	138	0
103	2016	11	135	0
104	2016	12	156	0
105	2017	1	154	0
106	2017	2	326	1
107	2017	3	165	0
108	2017	4	192	0
109	2017	5	125	0
110	2017	6	182	0
111	.	.	.	1
112	.	.	.	1
113	.	.	.	1

23.3 미래 예측

새로운 변수값이 추가되었으므로 날짜 정의를 다시 한다.

데이터 → 날짜 정의

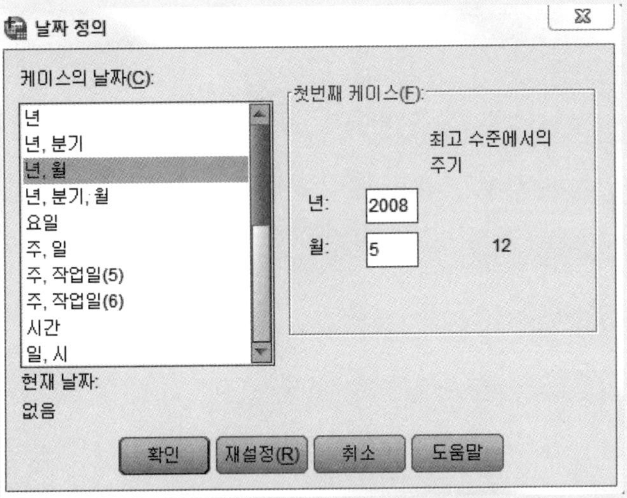

- 년: 2008
- 월: 5 → 확인 → 날짜 정의가 오른쪽 끝으로 이동한다.

	연도	월	호텔순이익	사건	예측값_호텔순이익_모형_1	NResidual_호텔순이익_모형_1	YEAR_	MONTH_	DATE_
1	2008	5	78	0	110	-32	2008	5	MAY 2008
2	2008	6	85	0	97	-12	2008	6	JUN 2008
3	2008	7	67	0	96	-29	2008	7	JUL 2008
4	2008	8	216	1	305	-89	2008	8	AUG 2008
5	2008	9	94	0	70	24	2008	9	SEP 2008
6	2008	10	90	0	86	4	2008	10	OCT 2008
7	2008	11	146	0	64	82	2008	11	NOV 2008
8	2008	12	132	0	96	36	2008	12	DEC 2008
9	2009	1	27	0	89	-62	2009	1	JAN 2009
10	2009	2	32	0	70	-3[illegible]	2009	2	FEB 2009
11	2009	3	126	0	97	29	2009	3	MAR 2009
12	2009	4	42	0	80	-38	2009	4	APR 2009
13	2009	5	218	1	289	-71	2009	5	MAY 2009
14	2009	6	79	0	85	-6	2009	6	JUN 2009
15	2009	7	86	0	71	15	2009	7	JUL 2009

분석 → 예측 → 모형 생성

- 종속변수: 호텔순이익
- 독립변수: 사건변수
- 방법: ARIMA

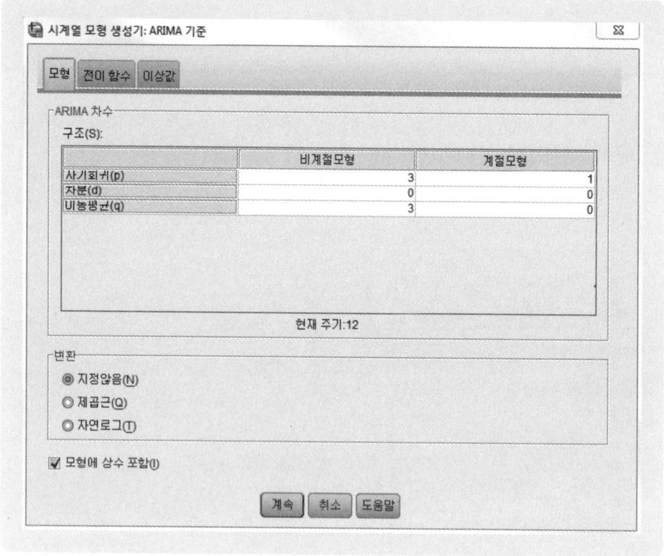

기준:
- 비계절 모형
  자기회귀: 3 차분: 0 이동평균: 3
- 계절 모형
  자기회귀: 1 차분: 0 이동평균: 0
- 모형에 상수 포함

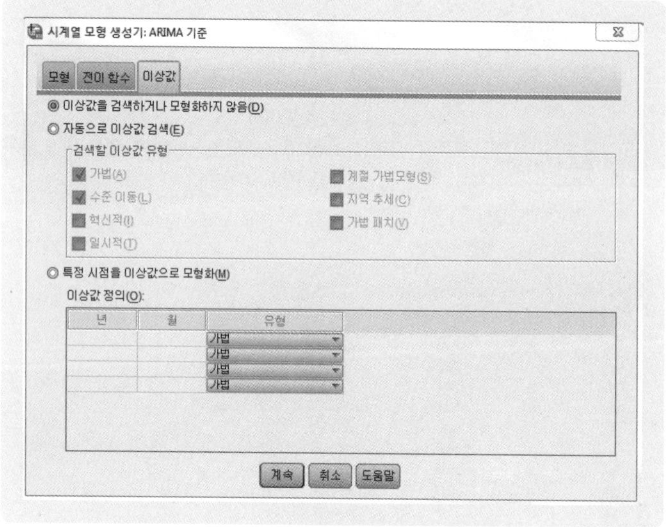

이상값: 이상값을 검색하거나 모형화하지 않음 체크 → 계속

계속 → 통계량, 도표, 저장은 그대로 설정

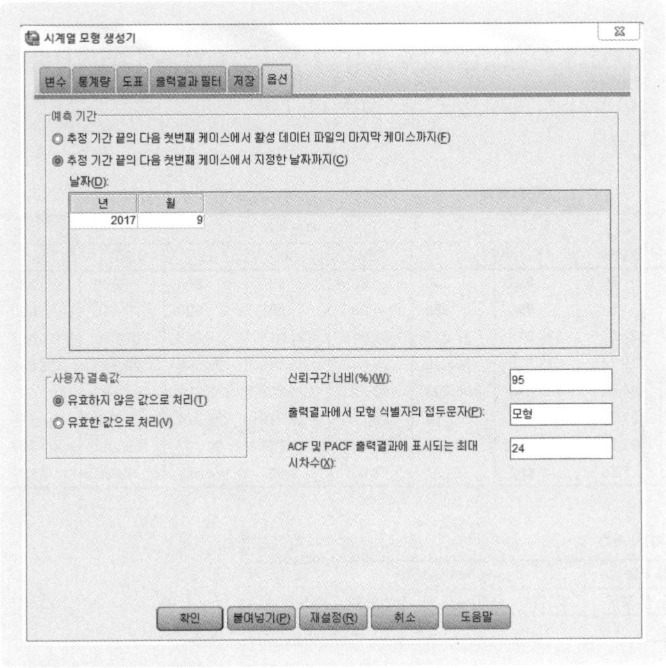

- 옵션: 추정 기간 끝의 다음 첫번째 케이스에서 지정한 날짜까지
- 날짜: 2017년 9월

확인 → 결과

모형 설명

			모형 유형
모형 ID	호텔순이익	모형_1	ARIMA(3,0,3)(1,0,0)

모형 요약 도표

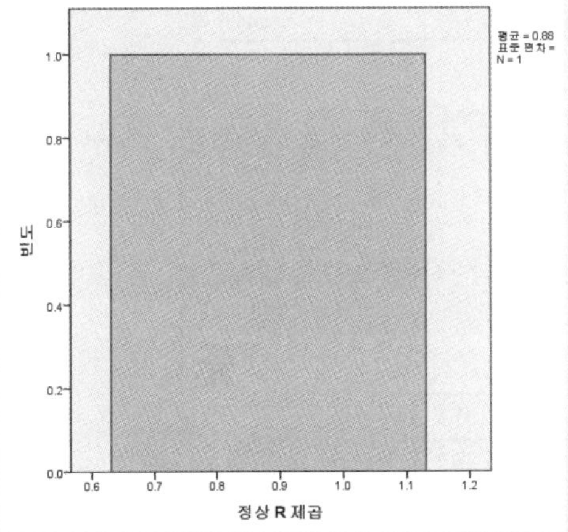

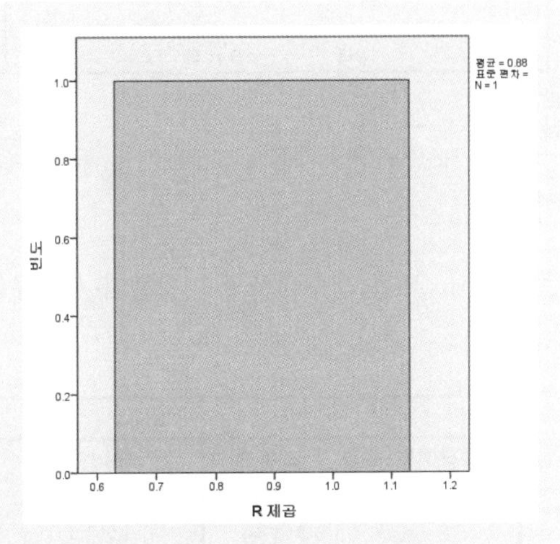

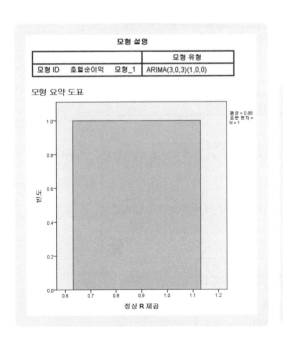

Ljung-Box 유의확률이 유의수준 0.05보다 커야만 백색잡음의 독립성을 확인할 수 있고, ARIMA 모형 모수의 유의확률은 유의수준 0.05보다 작아야만 백색잡음으로부터 독립성을 만족

할 수 있다.

Ljung-Box 유의확률이 0.292로 0.05보다 크고, ARIMA 모형 모수의 유의확률이 0.05보다 작기 때문에 백색잡음으로부터 독립적이라서 통계적으로 유의미하다.

모형적합

적합 통계량	평균	SE	최소값	최대값	백분위수 5	10	25	50	75	90	95
정상 R 제곱	.880	.	.880	.880	.880	.880	.880	.880	.880	.880	.880
R 제곱	.880	.	.880	.880	.880	.880	.880	.880	.880	.880	.880
RMSE	37.015	.	37.015	37.015	37.015	37.015	37.015	37.015	37.015	37.015	37.015
MAPE	29.546	.	29.546	29.546	29.546	29.546	29.546	29.546	29.546	29.546	29.546
MaxAPE	486.693	.	486.693	486.693	486.693	486.693	486.693	486.693	486.693	486.693	486.693
MAE	27.776	.	27.776	27.776	27.776	27.776	27.776	27.776	27.776	27.776	27.776
MaxAE	99.707	.	99.707	99.707	99.707	99.707	99.707	99.707	99.707	99.707	99.707
정규화된 BIC	7.607	.	7.607	7.607	7.607	7.607	7.607	7.607	7.607	7.607	7.607

모형 통계량

모형	예측변수 수	모형적합 통계량 정상 R 제곱	모형적합 통계량 R 제곱	Ljung-Box Q(18) 통계량	Ljung-Box Q(18) 자유도	Ljung-Box Q(18) 유의확률	이상값 수
호텔순이익-모형_1	1	.880	.880	9.286	11	.596	0

ARIMA 모형 모수

					추정값	SE	t	유의확률
호텔순이익-모형_1	호텔순이익	변환 안 함	상수항		109.509	47.244	2.318	.022
			AR	시차 1	-.138	.090	-1.538	.127
				시차 2	.207	.087	2.387	.019
				시차 3	.896	.078	11.437	.000
			MA	시차 1	-.322	.107	-3.001	.003
				시차 2	.221	.115	1.914	.058
				시차 3	.843	.099	8.489	.000
			AR, 계절	시차 1	.463	.094	4.914	.000
	사건	변환 안 함	분자	시차 0	219.946	9.155	24.025	.000

Ljung-Box의 유의확률이 0.596으로 유의수준 0.05보다 크기 때문에 백색잡음으로부터 독립적이다.

ARIMA 모형 모수에서 유의확률이 유의수준 0.05보다 작아야만 통계적으로 유의미하다.

예측

모형		7월 2017	8월 2017	9월 2017
호텔순이익-모형_1	예측	386	333	382
	UCL	457	405	454
	LCL	315	261	310

각 모형에서 예측은 요청한 추정 주기의 범위에서 결측이 없는 마지막 값 다음에 시작하고 모든 예측변수의 결측이 없는 값의 마지막 주기 또는 요청한 예측 주기의 끝 날짜 중 먼저 나온 시점에서 끝납니다.

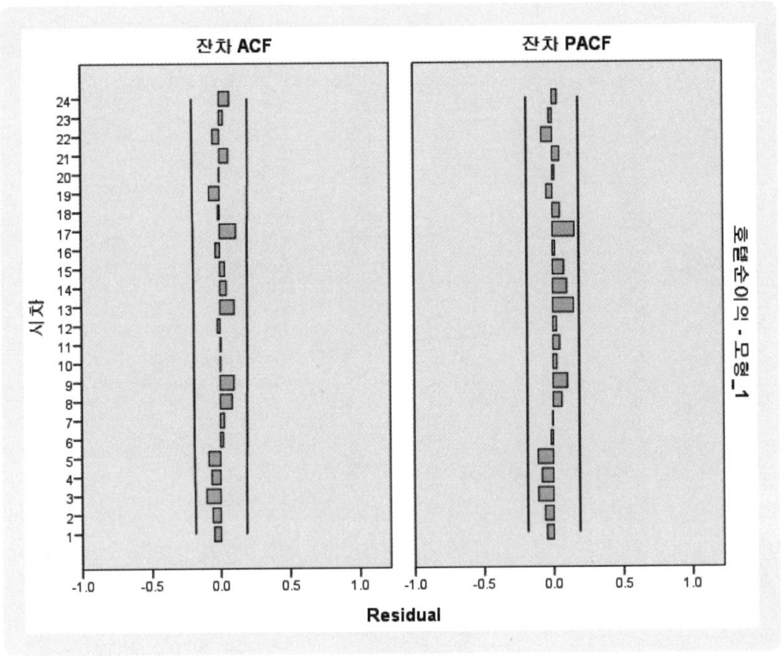

잔차 ACF, 잔차 PACF에서 Spike가 보이지 않아야 된다. 만약 잔차 ACF, 잔차 PACF에서 Spike가 있다면 모형을 재검토해야만 한다.

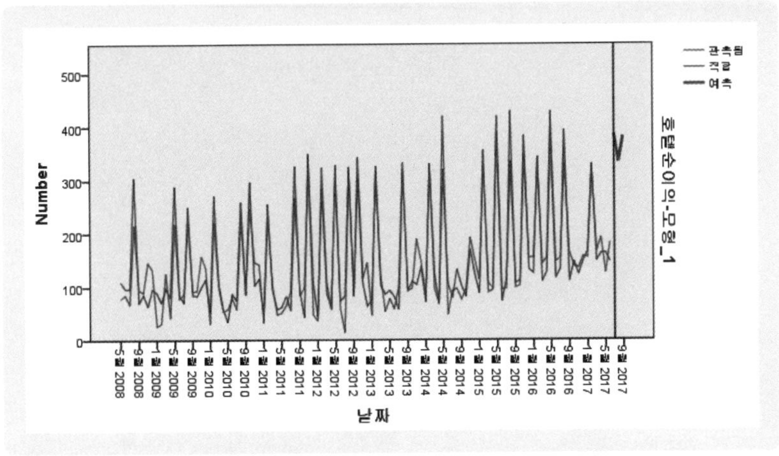

사건개입을 포함한 예측값이 새로운 변수가 추가로 생성된다.

	연도	월	호텔순이익	사건	예측값_호텔순이익_모형_1	NResidual_호텔순이익_모형_1	YEAR_	MONTH_	DATE_	예측값_호텔순이익_모형_1_A	NResidual_호텔순이익_모형_1_A
97	2016	5	429	1	386	43	2016	5	MAY 2016	386	43
98	2016	6	146	0	116	30	2016	6	JUN 2016	116	30
(생략)											
104	2016	12	156	0	148	8	2016	12	DEC 2016	148	8
105	2017	1	154	0	166	-12	2017	1	JAN 2017	166	-12
106	2017	2	326	1	330	-4	2017	2	FEB 2017	330	-4
107	2017	3	165	0	148	17	2017	3	MAR 2017	148	17
108	2017	4	192	0	162	30	2017	4	APR 2017	162	30
109	2017	5	125	0	163	-38	2017	5	MAY 2017	163	-38
110	2017	6	182	0	146	36	2017	6	JUN 2017	146	36
111	.	.	.	1	.	.	2017	7	JUL 2017	386	.
112	.	.	.	1	.	.	2017	8	AUG 2017	333	.
113	.	.	.	1	.	.	2017	9	SEP 2017	382	.

만약 개입이 여러 개라면 변수를 어떻게 설정해야 할까?

예 자동차제조회사 판매액
변수 A: 원자재 인상 1,
원자재 하락 0
변수 B: 환율 상승 1,
환율 하락 0

예 항공사 순이익
변수 A: 환율 상승 1,
환율 하락 0
변수 B: 유가 상승 1,
유가 하락 0

예 호텔 순이익
변수 A: 국제규모행사 개최 1,
국제규모행사 없음 0
변수 B: 환율 상승 1,
환율 하락 0

24

CHAPTER

시나리오 비교

24 시나리오 비교

24.1 모형 탐색

시나리오 비교는 매우 다양한 분야에 적용할 수 있다.

- 지점 수 확대에 따른 매출액 증가 비교

- 경찰력 증강에 따른 범죄 하락 비교

- 인테리어 비용 증감에 따른 아파트 가격 비교

- 신문 광고액 증가 또는 잡지 광고액 증가: 2가지 안 중에서 선택할 경우

- 신문광고, 잡지광고, 라디오광고, TV광고: 4가지 안 중에서 선택할 경우

- 신문광고 10% 증가 및 잡지광고 25% 증가, 신문광고 20% 증가 및 잡지광고 15% 증가, 신문광고 25% 증가 및 잡지광고 15% 증가, 신문광고 25% 증가 및 잡지광고 10% 증가: 4가지 안 중에서 선택할 경우

- 광고비 증가, 판매시간 연장(인건비 · 관리비 증가), 종업원 추가(인건비 증가): 3가지 안 중에서 선택할 경우

2009년 3월부터 2017년 8월까지 신문광고 비용과 잡지광고 비용 그리고 의료관광객수를 조사했다.

앞으로 3개월간 투자할 매체별 광고예산을 10% 또는 25% 증가시켰을 때 의료관광객수에 어떤 변화가 있을까?

어떤 시나리오가 가장 경영 효율적일까?

날짜 정의 → 분석 → 예측 → 모형 생성

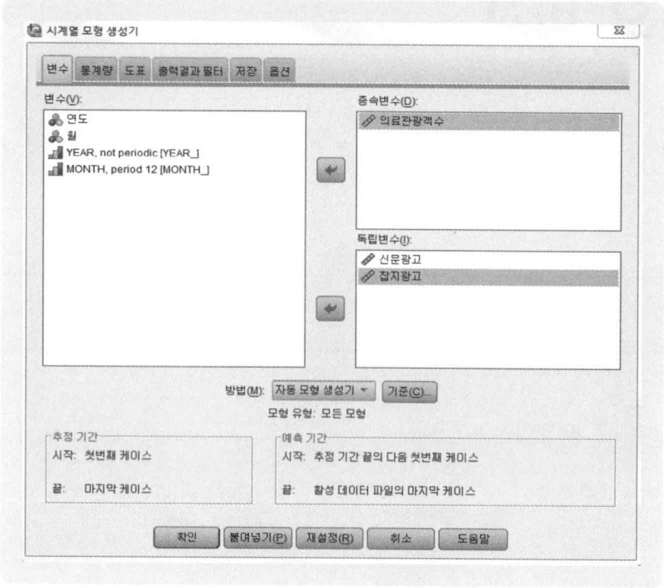

변수
- 종속변수: 의료관광객수
- 독립변수: 신문광고, 잡지광고
- 방법: 자동 모형 생성기

기준

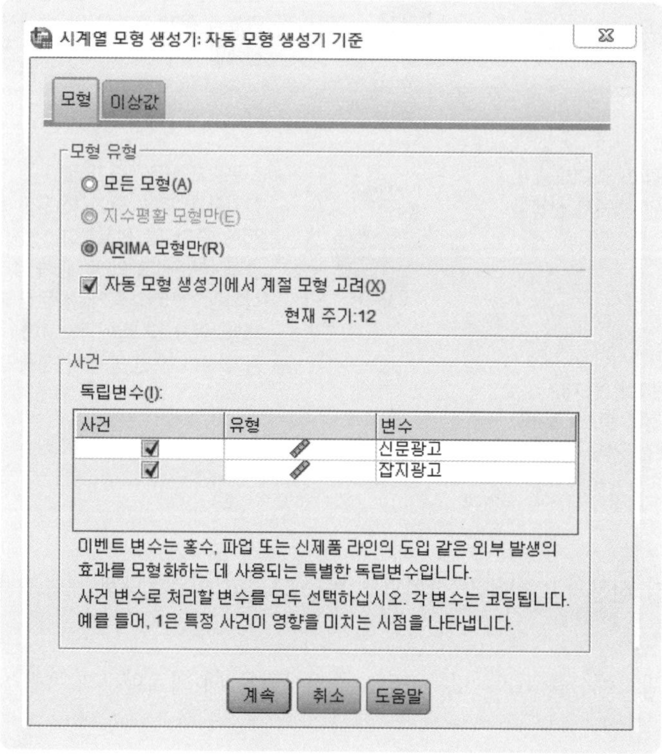

모형: ARIMA 모형만
- 자동 모형 생성기에서 계절 모형 고려
- 독립변수: 신문광고, 잡지광고

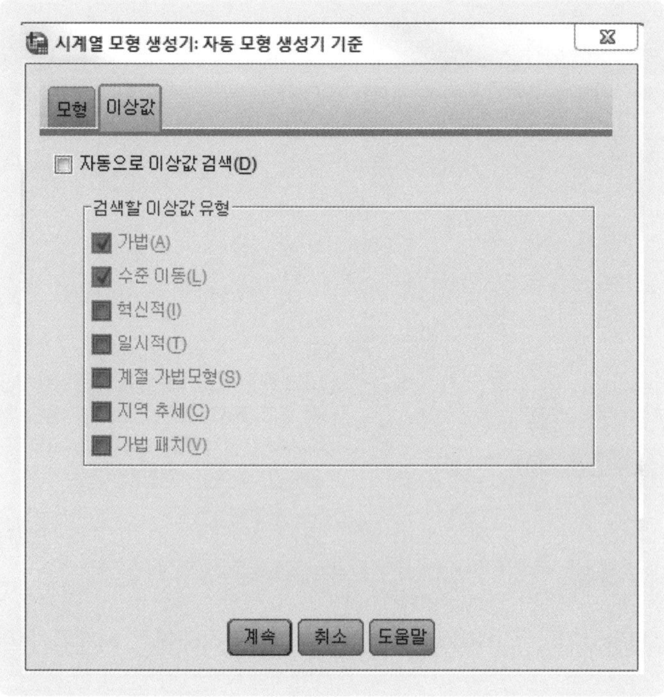

이상값: 자동으로 이상값 검색 체크 해제

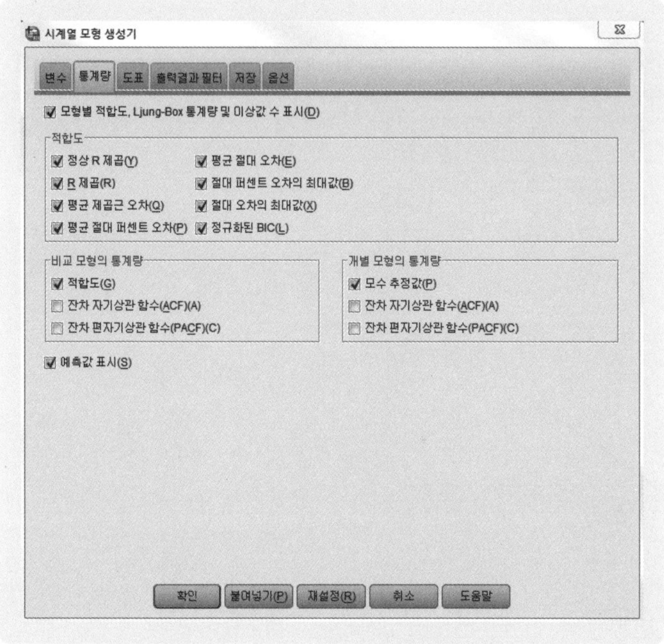

계속 → 통계량

- 모형별 적합도 · Ljung-Box 통계량 및 이상값 수 표시 체크
- 적합도: 정상 R 제곱, R 제곱, 평균 절대 퍼센트 오차, 절대 퍼센트 오차의 절대값, 정규화된 BIC
- 비교 모형의 통계량: 적합도
- 개별 모형의 통계량: 모수 추정값 체크
- 예측값 표시

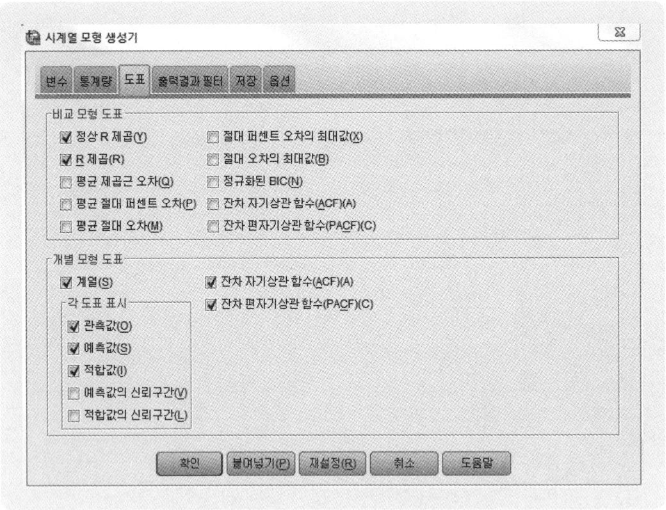

도표
- 비교 모형 도표: 정상 R 제곱, R 제곱
- 각 도표 표시: 계열, 잔차 자기상관 함수(ACF), 잔차 편자기상관 함수(PACF)
- 관측값, 예측값, 적합값

확인 → 결과

ARIMA(0,1,1) (1,0,1) 모형으로 나타났다. → ARIMA(0,1,1) (1,0,1)을 적용해서 시계열 분석을 다시 실시한다.

분석 → 예측 → 모형 생성

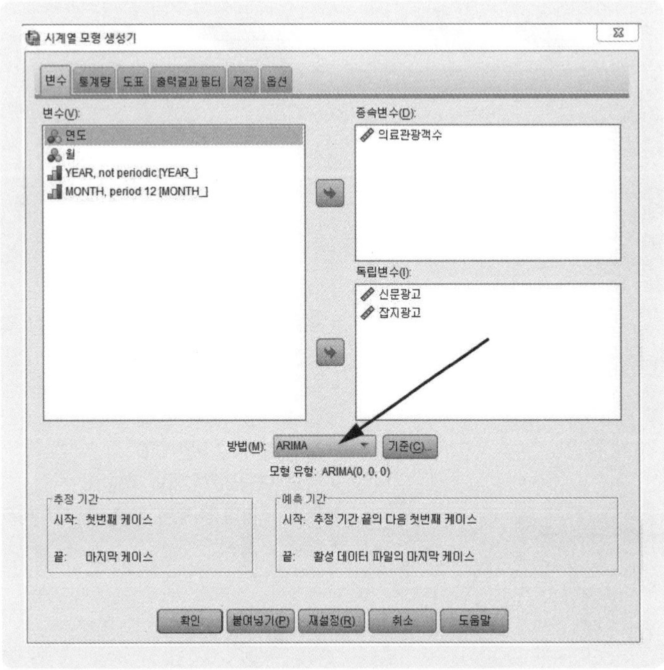

방법: ARIMA로 변경

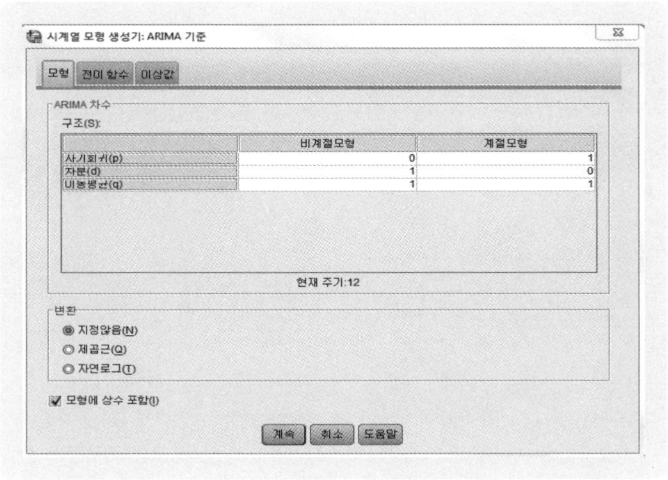

기준:
- 비계절 모형
  자기회귀: 0 차분: 1 이동평균: 1
- 계절 모형
  자기회귀: 1 차분: 0 이동평균: 1
- 모형에 상수 포함

계속 - 모형 유형을 확인할 수 있다.

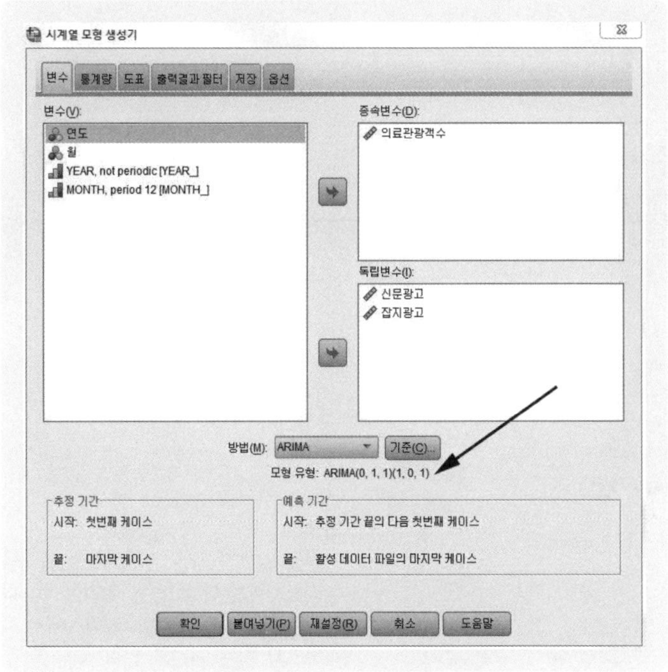

통계량, 도표는 그대로 적용한다.

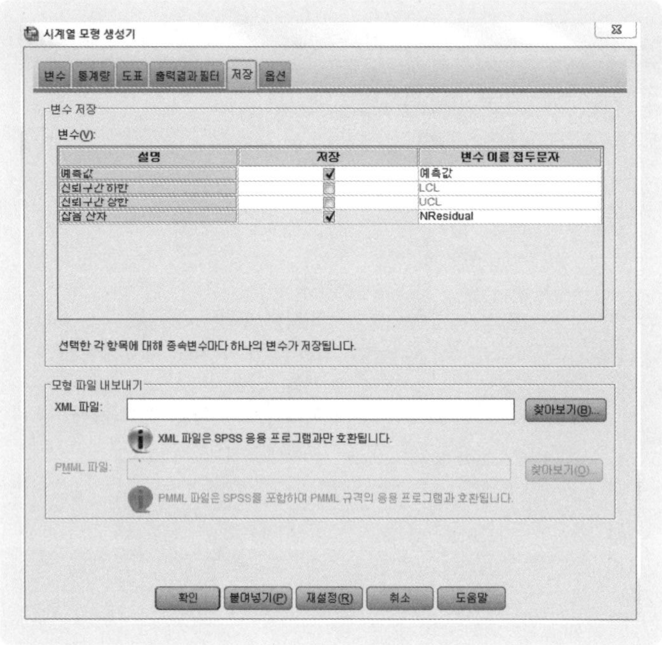

저장

- 예측값 체크
- 신뢰구간 상한 체크: 신뢰구간 상한을 알고자 할 경우
- 신뢰구간 하한 체크: 신뢰구간 하한을 알고자 할 경우
- 잡음 잔차: 실제값(관측값)과 예측값의 차이를 계산

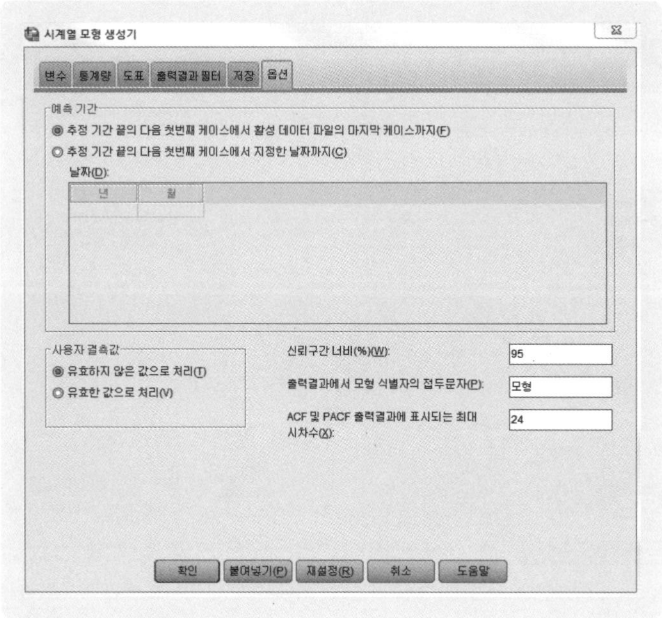

옵션

모형을 알고자 하는 단계이므로 옵션을 설정하지 않는다. 모형을 확인한 후, 추정기간 끝의 다음 첫번째 케이스에서 예측하고자 하는 기간을 입력한다.

확인 → 결과

모형 설명

			모형 유형
모형 ID	의료관광객수	모형_1	ARIMA(0,1,1)(1,0,1)

모형 요약 도표

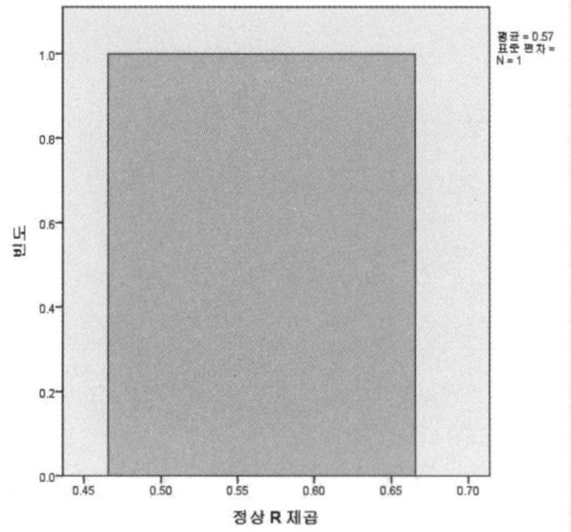

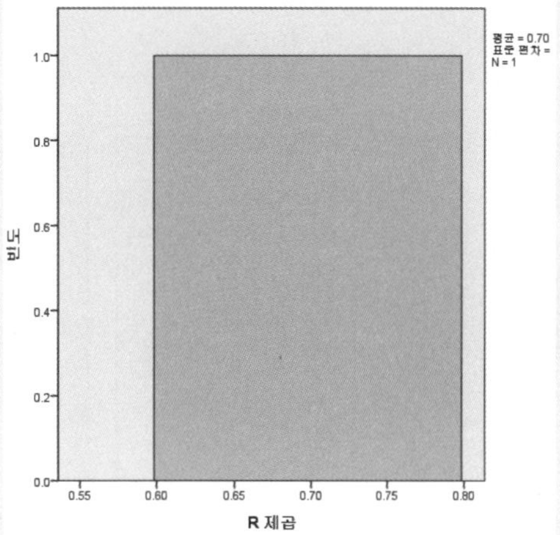

모형적합

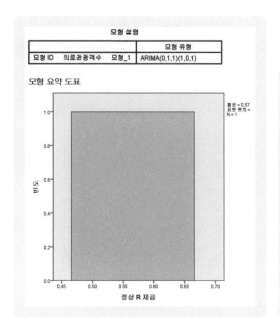

적합 통계량	평균	SE	최소값	최대값	백분위수 5	10	25	50	75	90	95
정상 R 제곱	.566	.	.566	.566	.566	.566	.566	.566	.566	.566	.566
R 제곱	.698	.	.698	.698	.698	.698	.698	.698	.698	.698	.698
RMSE	3288.382	.	3288.382	3288.382	3288.382	3288.382	3288.382	3288.382	3288.382	3288.382	3288.382
MAPE	29.435	.	29.435	29.435	29.435	29.435	29.435	29.435	29.435	29.435	29.435
MaxAPE	135.864	.	135.864	135.864	135.864	135.864	135.864	135.864	135.864	135.864	135.864
MAE	2348.903	.	2348.903	2348.903	2348.903	2348.903	2348.903	2348.903	2348.903	2348.903	2348.903
MaxAE	9657.057	.	9657.057	9657.057	9657.057	9657.057	9657.057	9657.057	9657.057	9657.057	9657.057
정규화된 BIC	16.470	.	16.470	16.470	16.470	16.470	16.470	16.470	16.470	16.470	16.470

모형 통계량

모형	예측변수 수	모형적합 통계량 정상 R 제곱	모형적합 통계량 R 제곱	Ljung-Box Q(18) 통계량	Ljung-Box Q(18) 자유도	Ljung-Box Q(18) 유의확률	이상값 수
의료관광객수-모형_1	2	.566	.698	14.197	15	.511	0

ARIMA 모형 모수

					추정값	SE	t	유의확률
의료관광객수-모형_1	의료관광객수	변환 안 함	상수항		127.975	197.128	.649	.518
			차분		1			
			MA	시차 1	.999	.342	2.918	.004
			AR, 계절	시차 1	.903	.179	5.036	.000
			MA, 계절	시차 1	.720	.305	2.358	.020
	신문광고	변환 안 함	분자	시차 0	.030	.051	.598	.551
	잡지광고	변환 안 함	분자	시차 0	-.077	.406	-.189	.851

Ljung-Box의 유의확률이 0.511로 유의수준 0.05보다 크기 때문에 백색잡음으로부터 독립적이므로 통계적으로 유의미하다.

ARIMA 모형 모수는 상수항을 제외하고 유의확률이 유의수준 0.05보다 작으면 통계적으로 유의미하다. 학자들에 따라서 상수항도 유의확률이 유의수준 0.05보다 작아야만 통계적으로 유의미하다고 보는 견해도 있다.

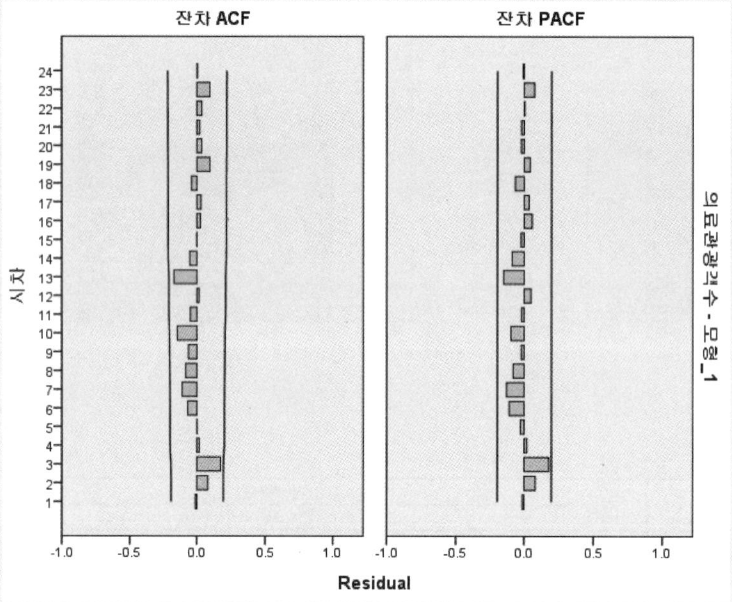

잔차 ACF, 잔차 PACF에서 Spike가 보이지 않아야 된다. 만약 잔차 ACF, 잔차 PACF에서 Spike가 있다면 모형을 재검토해야만 한다.

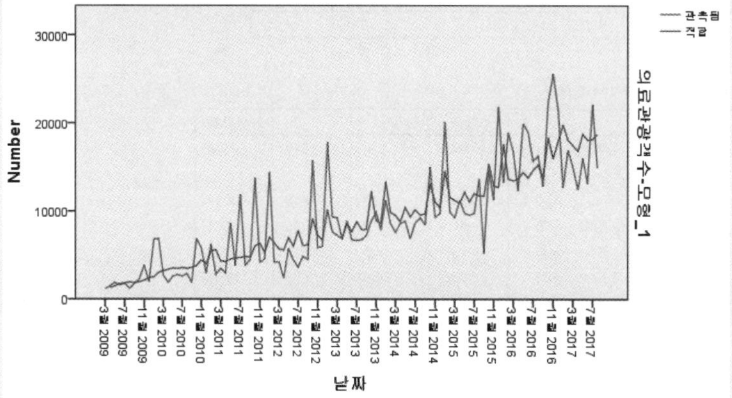

24.2 조건 입력

24.2.1 엑셀에서 조건 계산

전년 대비 일정 비율 신문광고비와 잡지광고비 변경에 따른 의료관광객수의 시나리오를 설정한다.

시나리오 종류	특징	수식
시나리오 1	신문광고 10% 증가	신문광고 × 1.1
	잡지광고 25% 증가	잡지광고 × 1.25
시나리오 2	신문광고 25% 증가	신문광고 × 1.25
	잡지광고 10% 증가	잡지광고 × 1.1

신문광고 10% 증가 = 신문광고 × 1.1

D15 = D3*1.1

D15 =D3*1.1

	A	B	C	D	E	F	G
1				시나리오 1		시나리오 2	
2	연도	월	의료관광객수	신문광고	잡지광고	신문광고	잡지광고
3	2016	9	12826	5899	1945.5	5899	1945.5
4	2016	10	22367	11668.5	1047	11668.5	1047
(생략)							
14	2017	8	14910	7156.5	986.5	7156.5	986.5
15	2017	9		6488.9			
16	2017	10					
17	2017	11					

잡지광고 25% 증가 = 잡지광고 × 1.25

E15 = E3*1.25

E15 =E3*1.25

	A	B	C	D	E	F	G
1				시나리오 1		시나리오 2	
2	연도	월	의료관광객수	신문광고	잡지광고	신문광고	잡지광고
3	2016	9	12826	5899	1945.5	5899	1945.5
4	2016	10	22367	11668.5	1047	11668.5	1047
(생략)							
13	2017	7	22150	11072	1068	11072	1068
14	2017	8	14910	7156.5	986.5	7156.5	986.5
15	2017	9		6488.9	2431.875		
16	2017	10					
17	2017	11					

신문광고 25% 증가 = 신문광고 × 1.25

F15 = F3*1.25

F15 =F3*1.25

	A	B	C	D	E	F	G
1				시나리오 1		시나리오 2	
2	연도	월	의료관광객수	신문광고	잡지광고	신문광고	잡지광고
3	2016	9	12826	5899	1945.5	5899	1945.5
4	2016	10	22367	11668.5	1047	11668.5	1047
(생략)							
13	2017	7	22150	11072	1068	11072	1068
14	2017	8	14910	7156.5	986.5	7156.5	986.5
15	2017	9		6488.9	2431.875	7373.75	
16	2017	10					

잡지광고 10% 증가 = 잡지광고 × 1.1

G15 = G3*1.1

G15 =G3*1.1

	A	B	C	D	E	F	G
1				시나리오 1		시나리오 2	
2	연도	월	의료관광객수	신문광고	잡지광고	신문광고	잡지광고
3	2016	9	12826	5899	1945.5	5899	1945.5
4	2016	10	22367	11668.5	1047	11668.5	1047
(생략)							
13	2017	7	22150	11072	1068	11072	1068
14	2017	8	14910	7156.5	986.5	7156.5	986.5
15	2017	9		6488.9	2431.875	7373.75	2140.05
16	2017	10					

D15, E15, F15, G15를 동시에 선택하고 아래로 드래그해서 자동으로 계산한다.

G17 =G5*1.1

	A	B	C	D	E	F	G
1				시나리오 1		시나리오 2	
2	연도	월	의료관광객수	신문광고	잡지광고	신문광고	잡지광고
3	2016	9	12826	5899	1945.5	5899	1945.5
4	2016	10	22367	11668.5	1047	11668.5	1047
(생략)							
13	2017	7	22150	11072	1068	11072	1068
14	2017	8	14910	7156.5	986.5	7156.5	986.5
15	2017	9		6488.9	2431.875	7373.75	2140.05
16	2017	10		12835.35	1308.75	14585.625	1151.7
17	2017	11		7907.35	2531.875	8985.625	2228.05

시나리오 1을 Excel에서 복사해서 SPSS로 붙여넣기를 한다.

	연도	월	의료관광객수	신문광고	잡지광고
89	2016	7	15678	7211.0	908.5
90	2016	8	16278	7487.5	991.0
(생략)					
99	2017	5	16040	7699.0	1112.5
100	2017	6	13150	6312.5	807.0
101	2017	7	22150	11072.0	1068.0
102	2017	8	14910	7156.5	986.5
103	.	.	.	6488.9	2431.9
104	.	.	.	12835.4	1308.8
105	.	.	.	7907.4	2531.9

24.2.2 SPSS에서 시나리오 조건 만들기

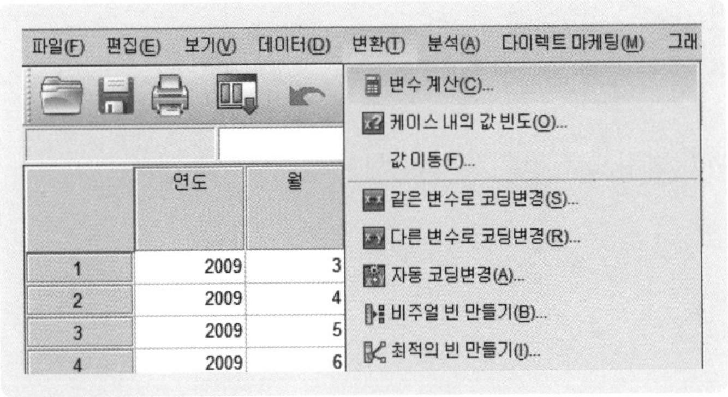
파일(F) 편집(E) 보기(V) 데이터(D) 변환(T) 분석(A) 다이렉트 마케팅(M) 그래
변수 계산(C)...
케이스 내의 값 빈도(O)...
값 이동(F)...
같은 변수로 코딩변경(S)...
다른 변수로 코딩변경(R)...
자동 코딩변경(A)...
비주얼 빈 만들기(B)...
최적의 빈 만들기(I)...
연도
월
1 2009 3
2 2009 4
3 2009 5
4 2009 6

변환 → 변수 계산

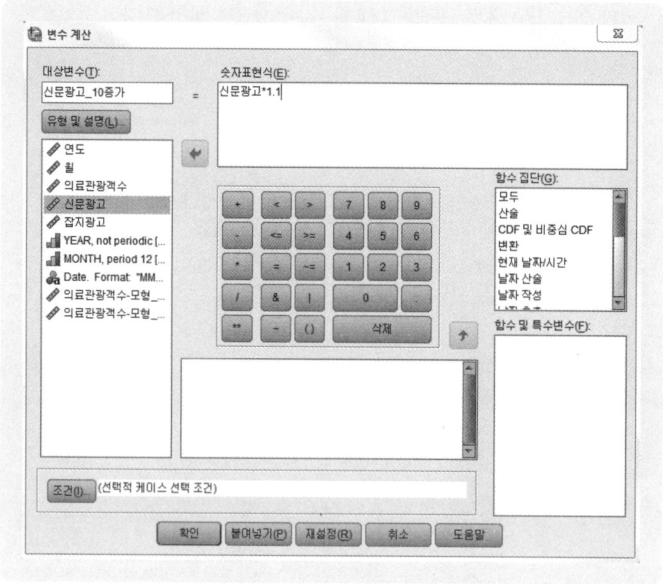

- 대상변수: 신문광고_10증가
- 숫자표현식: 신문광고*1.1

확인 → 결과 → 2016년 9월부터 11월까지 신문광고 10% 증가값 복사 → 신문광고 관측값 뒤에 붙여넣기

	연도	월	의료관광객수	신문광고	잡지광고	YEAR_	MONTH_	DATE_	예측값_의료관광객수_모형_1	NResidual_의료관광객수_모형_1	신문광고_10증가
88	2016	6	18967	8724.5	1074.0	2016	6	JUN 2016	13793	5174	9596.95
89	2016	7	15678	7211.0	908.5	2016	7	JUL 2016	14653	1025	7932.10
90	2016	8	16278	7487.5	991.0	2016	8	AUG 2016	15280	998	8236.25
91	2016	9	12826	5899.0	1945.5	2016	9	SEP 2016	13765	-939	6488.90
92	2016	10	22367	11668.5	1047.0	2016	10	OCT 2016	18367	4000	12835.35
93	2016	11	25628	7188.5	2025.5	2016	11	NOV 2016	15971	9657	7907.35
94	2016	12	21567	10352.0	1272.0	2016	12	DEC 2016	17903	3664	11387.20
95	2017	1	12689	6090.5	1418.5	2017	1	JAN 2017	19809	-7120	6699.55
96	2017	2	16950	8136.0	1126.5	2017	2	FEB 2017	18062	-1112	8949.60
97	2017	3	15000	7200.0	1350.5	2017	3	MAR 2017	17466	-2466	7920.00
98	2017	4	12478	5989.5	1023.0	2017	4	APR 2017	16832	-4354	6588.45
99	2017	5	16040	7699.0	1112.5	2017	5	MAY 2017	18750	-2710	8468.90
100	2017	6	13150	6312.5	807.0	2017	6	JUN 2017	18060	-4910	6943.75
101	2017	7	22150	11072.0	1068.0	2017	7	JUL 2017	18163	3987	12179.20
102	2017	8	14910	7156.5	986.5	2017	8	AUG 2017	18755	-3845	7872.15
103	.	.		6488.9	.	.	.		.	.	.
104	.	.		12835.4	.	.	.		.	.	.
105	.	.		7907.4	.	.	.		.	.	.

다른 조건들도 같은 방법으로 변수 계산으로 얻은 후 복사해서 붙여넣기를 한다.

24.3 시나리오 예측

주의 새로운 케이스를 추가했으므로 날짜 정의를 다시 새롭게 해야만 된다.

데이터 → 날짜 정의

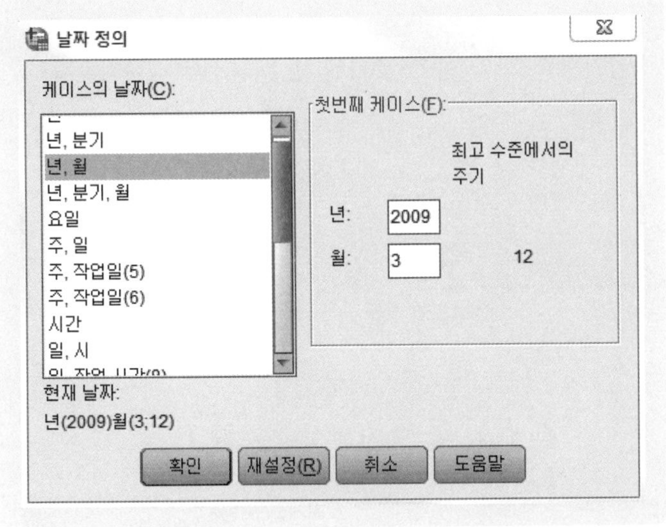

- 케이스의 날짜: 년, 월
- 첫번째 케이스
- 년: 2009
- 월: 3

확인 → 기존의 날짜 정의가 사라지고 새로운 날짜 정의가 맨 오른쪽 열에 추가로 생성된다.

	연도	월	의료관광객수	신문광고	잡지광고	예측값_의료관광객수_모형_1	NResidual_의료관광객수_모형_1	YEAR_	MONTH_	DATE_
1	2009	3	1150	172.5	207.5	.	.	2009	3	MAR 2009
2	2009	4	1480	222.5	251.0	1265	215	2009	4	APR 2009
3	2009	5	1890	283.5	302.5	1486	404	2009	5	MAY 2009
4	2009	6	1560	234.5	234.5	1738	-178	2009	6	JUN 2009
5	2009	7	1780	267.5	249.0	1810	-30	2009	7	JUL 2009
6	2009	8	1200	180.5	156.5	1926	-726	2009	8	AUG 2009
7	2009	9	1750	262.5	1210.0	1848	-98	2009	9	SEP 2009
8	2009	10	2290	193.0	141.5	1957	333	2009	10	OCT 2009
9	2009	11	3840	276.5	184.5	2121	1719	2009	11	NOV 2009
10	2009	12	1950	292.0	175.5	2435	-485	2009	12	DEC 2009
11	2010	1	6826	1206.5	546.0	2509	4317	2010	1	JAN 2010
12	2010	2	6890	1122.0	482.5	3027	3863	2010	2	FEB 2010
13	2010	3	2680	670.0	161.0	3205	-525	2010	3	MAR 2010
14	2010	4	1900	475.5	195.5	3372	-1472	2010	4	APR 2010
15	2010	5	2580	645.0	464.5	3509	-929	2010	5	MAY 2010
16	2010	6	2780	695.0	472.0	3454	-674	2010	6	JUN 2010
17	2010	7	2579	644.5	412.5	3574	-995	2010	7	JUL 2010
18	2010	8	2890	722.0	433.5	3448	-558	2010	8	AUG 2010
19	2010	9	1890	472.5	1264.5	3622	-1732	2010	9	SEP 2010
20	2010	10	6902	1125.0	896.0	3778	3124	2010	10	OCT 2010

예측값 변수와 잔차 변수를 삭제한다. (그대로 두어도 된다. 여기서는 불필요한 변수 수를 줄이기 위해서 삭제한다.) → 변수(열) 선택 → 마우스 오른쪽 → 삭제

2가지 경우를 각각 예측·비교한다. 즉, 독립변수만을 바꾸면서 시계열 분석을 2회 실시해야 된다.

분석 → 예측 → 모형 생성

재설정 → 변수
- 종속변수: 의료관광객수
- 독립변수: 신문광고 10% 증가, 잡지광고 25% 증가 추가된 변수들 선택(시나리오 1)
- 방법: ARIMA

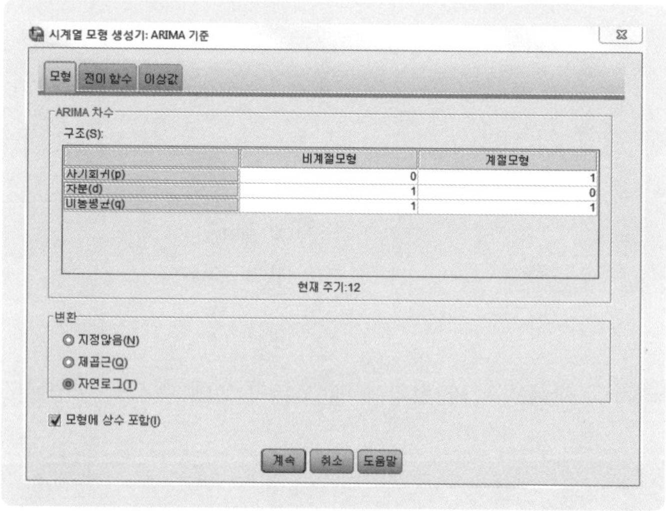

기준
- 비계절 모형
  자기회귀: 0 차분: 1 이동평균: 1
- 계절 모형
  자기회귀: 1 차분: 0 이동평균: 1
- 자연로그
- 모형에 상수 포함

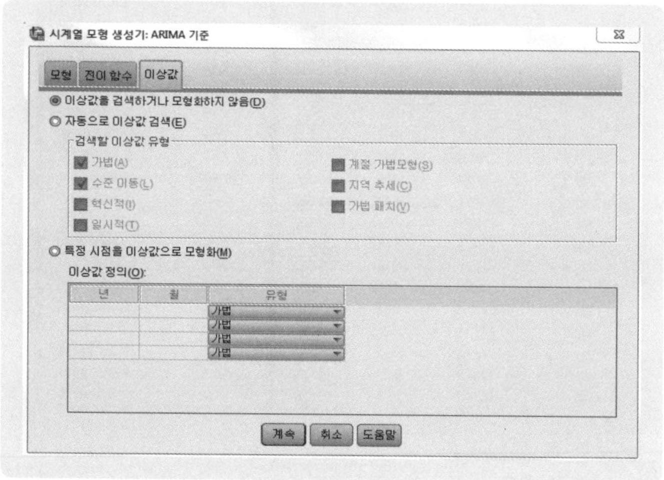

이상값: 이상값을 검색하거나 모형화하지 않음

계속 → 통계량, 도표 그대로 설정

저장: 예측값, 잡음 잔차

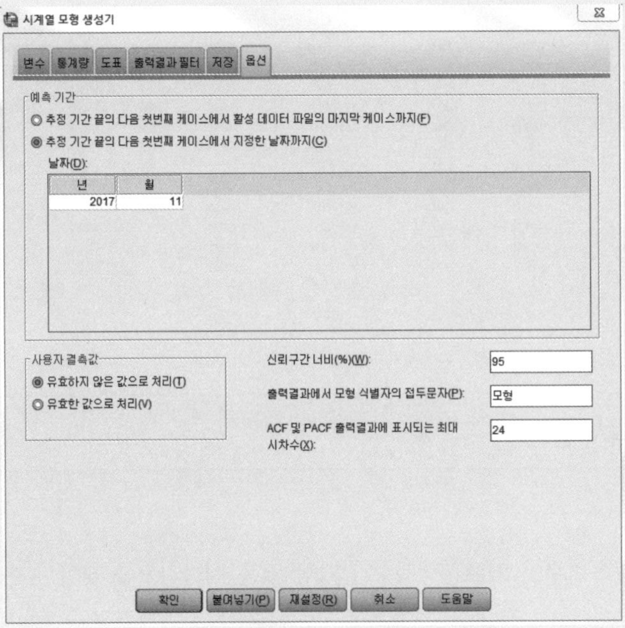

옵션

- 예측기간: 추정 기간 끝의 다음 첫번째 케이스에서 지정한 날짜까지
- 날짜: 2017년 11월

확인 → 결과

	연도	월	의료관광객수	신문광고	잡지광고	YEAR_	MONTH_	DATE_	예측값_의료관광객수_모형_1	NResidual_의료관광객수_모형_1
88	2016	6	18967	8724.5	1074.0	2016	6	JUN 2016	13793	5174
89	2016	7	15678	7211.0	908.5	2016	7	JUL 2016	14653	1025
90	2016	8	16278	7487.5	991.0	2016	8	AUG 2016	15280	998
91	2016	9	12826	5899.0	1945.5	2016	9	SEP 2016	13765	-939
92	2016	10	22367	11668.5	1047.0	2016	10	OCT 2016	18367	4000
93	2016	11	25628	7188.5	2025.5	2016	11	NOV 2016	15971	9657
94	2016	12	21567	10352.0	1272.0	2016	12	DEC 2016	17903	3664
95	2017	1	12689	6090.5	1418.5	2017	1	JAN 2017	19809	-7120
96	2017	2	16950	8136.0	1126.5	2017	2	FEB 2017	18062	-1112
97	2017	3	15000	7200.0	1350.5	2017	3	MAR 2017	17466	-2466
98	2017	4	12478	5989.5	1023.0	2017	4	APR 2017	16832	-4354
99	2017	5	16040	7699.0	1112.5	2017	5	MAY 2017	18750	-2710
100	2017	6	13150	6312.5	807.0	2017	6	JUN 2017	18060	-4910
101	2017	7	22150	11072.0	1068.0	2017	7	JUL 2017	18163	3987
102	2017	8	14910	7156.5	986.5	2017	8	AUG 2017	18755	-3845
103	.	.	.	6488.9	2431.9	2017	9	SEP 2017	17007	.
104	.	.	.	12835.4	1308.8	2017	10	OCT 2017	22127	.
105	.	.	.	7907.4	2531.9	2017	11	NOV 2017	20992	.

같은 방법으로 나머지 시나리오 2를 복사해서 붙여넣기한 후 모든 조건을 그대로 해서 예측한다.

	연도	월	의료관광객수	신문광고	잡지광고	YEAR_	MONTH_	DATE_	예측값_의료관광객수_모형_1	NResidual_의료관광객수_모형_1	예측값_의료관광객수_모형_1_A	NResidual_의료관광객수_모형_1_A
88	2016	6	18967	8724.5	1074.0	2016	6	JUN 2016	13793	5174	13793	5174
89	2016	7	15678	7211.0	908.5	2016	7	JUL 2016	14653	1025	14653	1025
90	2016	8	16278	7487.5	991.0	2016	8	AUG 2016	15280	998	15280	998
91	2016	9	12826	5899.0	1945.5	2016	9	SEP 2016	13765	-939	13765	-939
92	2016	10	22367	11668.5	1047.0	2016	10	OCT 2016	18367	4000	18367	4000
93	2016	11	25628	7188.5	2025.5	2016	11	NOV 2016	15971	9657	15971	9657
94	2016	12	21567	10352.0	1272.0	2016	12	DEC 2016	17903	3664	17903	3664
95	2017	1	12689	6090.5	1418.5	2017	1	JAN 2017	19809	-7120	19809	-7120
96	2017	2	16950	8136.0	1126.5	2017	2	FEB 2017	18062	-1112	18062	-1112
97	2017	3	15000	7200.0	1350.5	2017	3	MAR 2017	17466	-2466	17466	-2466
98	2017	4	12478	5989.5	1023.0	2017	4	APR 2017	16832	-4354	16832	-4354
99	2017	5	16040	7699.0	1112.5	2017	5	MAY 2017	18750	-2710	18750	-2710
100	2017	6	13150	6312.5	807.0	2017	6	JUN 2017	18060	-4910	18060	-4910
101	2017	7	22150	11072.0	1068.0	2017	7	JUL 2017	18163	3987	18163	3987
102	2017	8	14910	7156.5	986.5	2017	8	AUG 2017	18755	-3845	18755	-3845
103	.	.	.	7373.8	2140.1	2017	9	SEP 2017	17007	.	17056	.
104	.	.	.	14585.6	1151.7	2017	10	OCT 2017	22127	.	22241	.
105	.	.	.	8985.6	2228.1	2017	11	NOV 2017	20992	.	21162	.

24.4 시나리오 비교 및 의사결정

어떤 시나리오를 선택해야 될까? 종속변수인 의료관광객수가 가장 많은 시나리오를 찾아야 한다.

결과값을 Excel로 복사해서 붙여넣기를 한다.

D23 = SUM(D20:D22)
F23 = SUM(F20:F22)

D23 =SUM(D20:D22)

	A	B	C	D	E	F	G
1				시나리오 1		시나리오 2	
2	연도	월	의료관광객수	신문광고	잡지광고	신문광고	잡지광고
18							
19			예측값				
20				17007		17056	
21				22127		22241	
22				20992		21162	
23			합계	60126		60459	

F23 | =SUM(F20:F22)

	A	B	C	D	E	F	G
1				시나리오 1		시나리오 2	
2	연도	월	의료관광객수	신문광고	잡지광고	신문광고	잡지광고
18							
19			예측값				
20				17007		17056	
21				22127		22241	
22				20992		21162	
23			합계	60126		60459	

시나리오 결론

시나리오 종류	의료관광객수 합계	의사결정
신문광고 10% 잡지광고 25%	60126	
신문광고 25% 잡지광고 10%	60459	2안이 1안에 비해서 광고 효과가 높음.

CHAPTER 25

상표 전환행렬

25 상표 전환행렬

상표 전환행렬에 들어가기 전에 먼저 백산출판사에서 발간한 『SPSS 활용 마케팅통계조사분석』 제3장 교차분석(카이제곱 검정)을 이해할 필요가 있다. 교차분석의 토대 위에서 상표 전환행렬을 보다 쉽게 접근할 수 있다.

25.1 교차분석 활용 상표 전환행렬

상표 전환행렬은 다양한 분야에 적용이 가능하다.

현재의 고객 중 미래에 충성고객은 어느 정도일까? 현재의 고객 중 변심고객은 어느 정도가 될까? 신규고객은 어느 정도가 될까?

- 자동차 단기 및 시장 점유율은 어떻게 될까?

- 노트북 단기 및 시장 점유율은 어떻게 될까?

- TV 단기 및 시장 점유율은 어떻게 될까?

- 핸드폰 단기 및 시장 점유율은 어떻게 될까?

- 미주노선 항공사 시장 점유율은 어떻게 될까?

- 동남아 관광시장 점유율은 어떻게 될까?

- 영화관 체인업체 시장 점유율은 어떻게 될까?

- 커피전문점 시장 점유율은 어떻게 될까?

무작위로 선별된 160명의 의료관광객을 대상으로 현재 선택한 의료관광 국가와 미래에 선택하기를 희망하는 국가, 그리고 의료관광 국가 선택의 가장 결정적인 이유를 조사했다. 미래 한국 의료시장은 어떻게 될까?

	ID	현재의료관광선택국가	미래선택희망국가	의료관광국가선택가장결정적인이유
1	1	3	1	5
2	2	3	1	6
3	3	3	1	7
4	4	3	1	8
5	5	4	1	5
6	6	4	2	6
7	7	4	2	6
8	8	4	2	7
9	9	4	1	8
10	10	4	1	5

변수값 입력

변수 보기 → 값 클릭

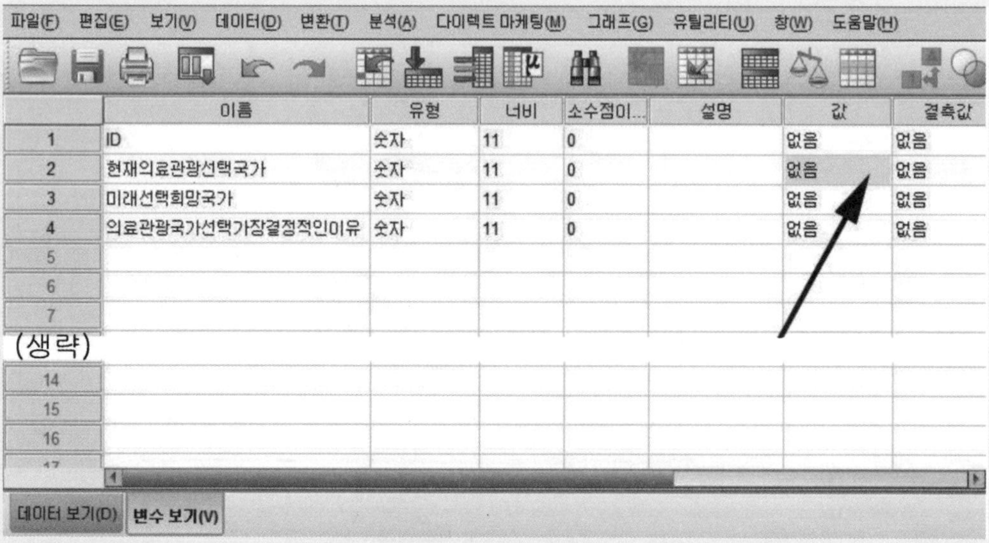
파일(F) 편집(E) 보기(V) 데이터(D) 변환(T) 분석(A) 다이렉트 마케팅(M) 그래프(G) 유틸리티(U) 창(W) 도움말(H)
(생략)
데이터 보기(D)
변수 보기(V)

	이름	유형	너비	소수점이...	설명	값	결측값
1	ID	숫자	11	0		없음	없음
2	현재의료관광선택국가	숫자	11	0		없음	없음
3	미래선택희망국가	숫자	11	0		없음	없음
4	의료관광국가선택가장결정적인이유	숫자	11	0		없음	없음

- 기준값: 1
- 설명: 현재 한국 → 추가

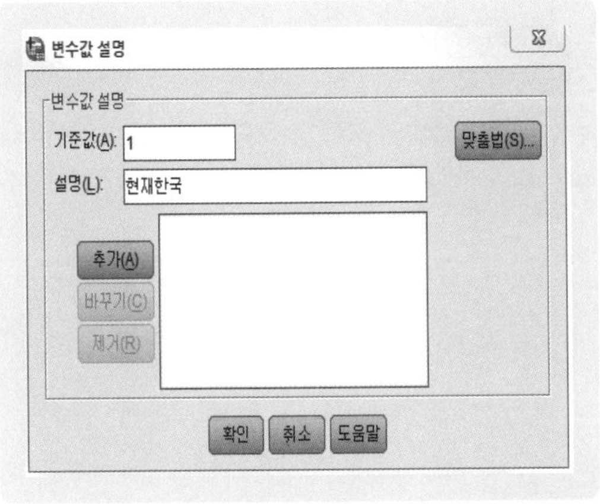

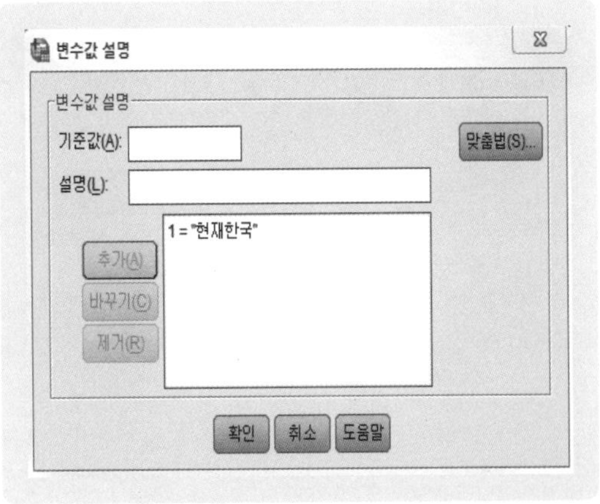

같은 방법으로 다른 변수값도 입력한다.

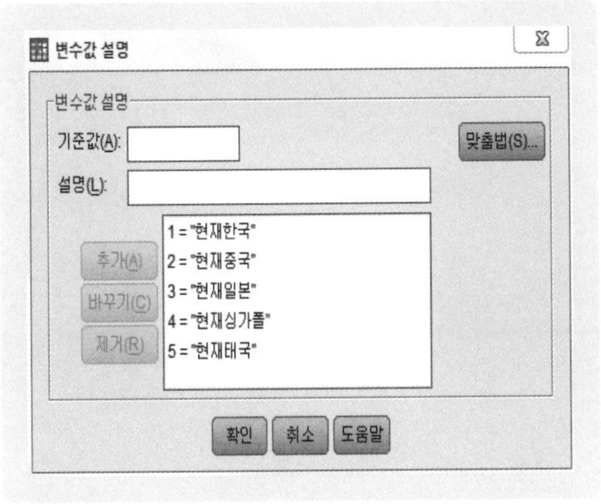

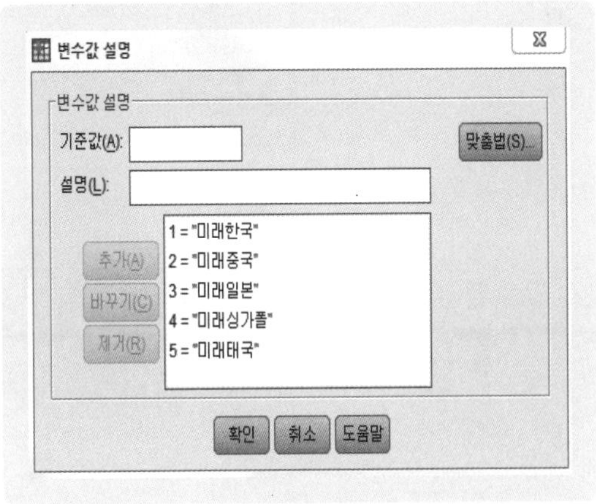

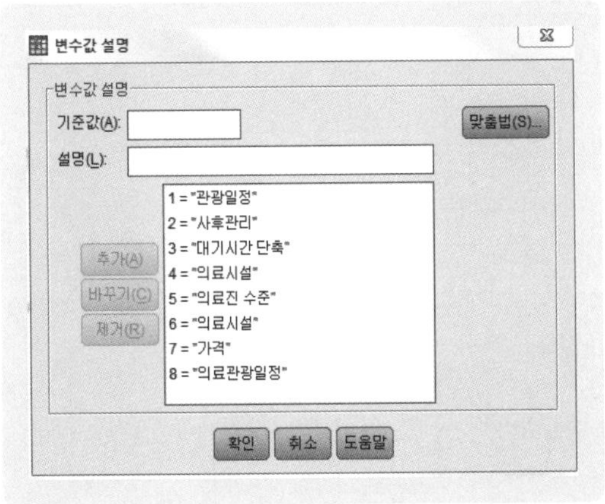

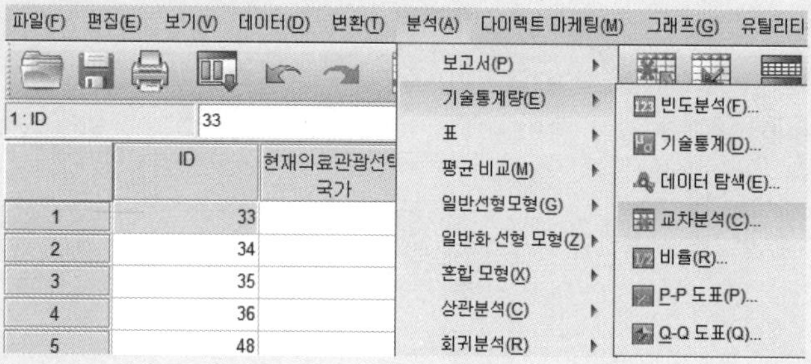

분석 - 기술통계량 - 교차분석

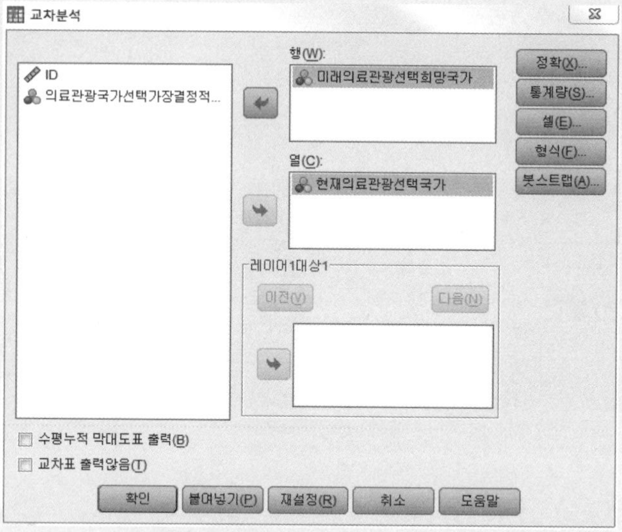

- 행: 미래 의료관광선택희망국가
- 열: 현재 의료관광선택국가

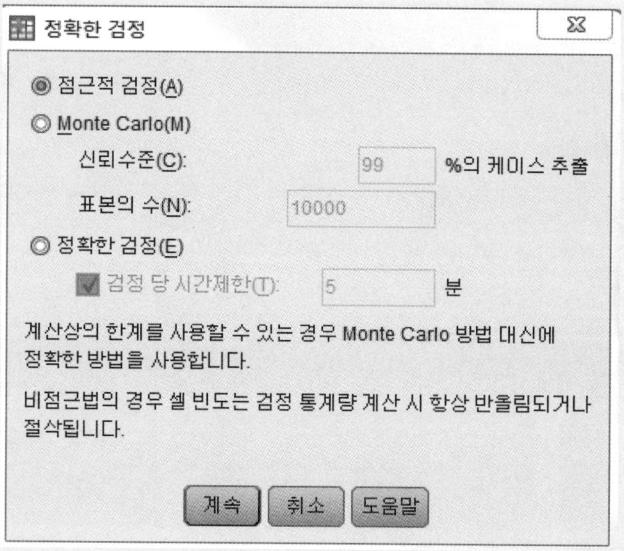

정확한 검정: 점근적 검정

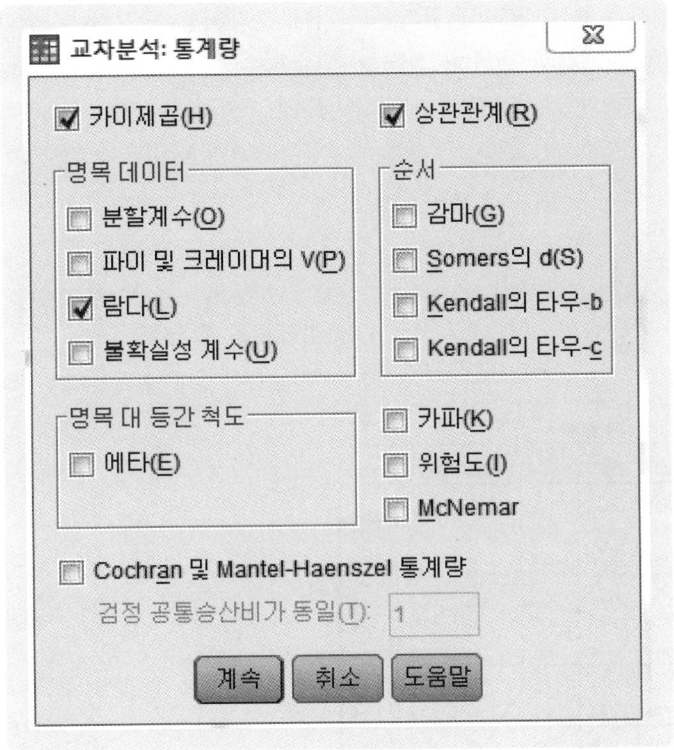
교차분석: 통계량
카이제곱(H)
상관관계(R)
명목 데이터
분할계수(O)
파이 및 크레이머의 V(P)
람다(L)
불확실성 계수(U)
순서
감마(G)
Somers의 d(S)
Kendall의 타우-b
Kendall의 타우-c
명목 대 등간 척도
에타(E)
카파(K)
위험도(I)
McNemar
Cochran 및 Mantel-Haenszel 통계량
검정 공통승산비가 동일(T): 1
계속
취소
도움말

통계량
- 카이제곱 체크
- 상관관계 체크
- 명목 데이터: 람다

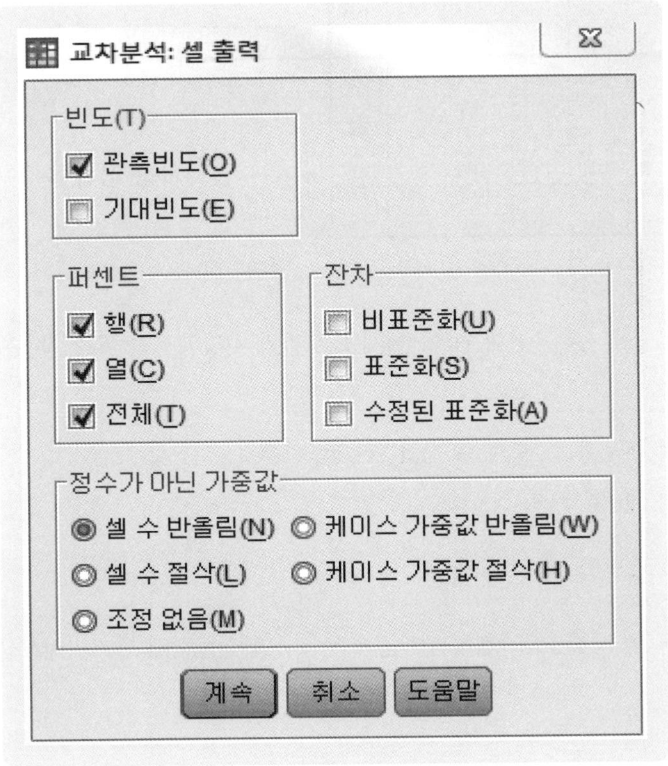
교차분석: 셀 출력
빈도(T)
관측빈도(O)
기대빈도(E)
퍼센트
행(R)
열(C)
전체(T)
잔차
비표준화(U)
표준화(S)
수정된 표준화(A)
정수가 아닌 가중값
셀 수 반올림(N)
케이스 가중값 반올림(W)
셀 수 절삭(L)
케이스 가중값 절삭(H)
조정 없음(M)
계속
취소
도움말

계속 – 셀
- 빈도: 관측빈도
- 퍼센트: 행, 열

퍼센트 행과 열도 체크하면, 자세하게 볼 수 있지만 표가 복잡하다. 현재시장, 단기미래시장과 충성고객률을 알기 위해서 퍼센트의 전체를 선택한다.

수평누적 막대도표 출력
계속 → 확인 → 결과

충성고객률

단기미래시장 점유율

현재시장 점유율

미래선택희망국가 * 현재의료관광선택국가 교차표

			현재의료관광선택국가					
			현재한국	현재중국	현재일본	현재싱가폴	현재태국	전체
미래선택희망국가	미래한국	빈도	112	18	41	30	25	226
		미래선택희망국가 중 %	49.6%	8.0%	18.1%	13.3%	11.1%	100.0%
		현재의료관광선택국가 중 %	45.3%	33.3%	37.6%	29.1%	13.9%	32.6%
		전체 %	16.2%	2.6%	5.9%	4.3%	3.6%	32.6%
	미래중국	빈도	92	27	25	22	77	243
		미래선택희망국가 중 %	37.9%	11.1%	10.3%	9.1%	31.7%	100.0%
		현재의료관광선택국가 중 %	37.2%	50.0%	22.9%	21.4%	42.8%	35.1%
		전체 %	13.3%	3.9%	3.6%	3.2%	11.1%	35.1%
	미래일본	빈도	20	4	20	13	29	86
		미래선택희망국가 중 %	23.3%	4.7%	23.3%	15.1%	33.7%	100.0%
		현재의료관광선택국가 중 %	8.1%	7.4%	18.3%	12.6%	16.1%	12.4%
		전체 %	2.9%	.6%	2.9%	1.9%	4.2%	12.4%
	미래싱가폴	빈도	22	3	15	32	7	79
		미래선택희망국가 중 %	27.8%	3.8%	19.0%	40.5%	8.9%	100.0%
		현재의료관광선택국가 중 %	8.9%	5.6%	13.8%	31.1%	3.9%	11.4%
		전체 %	3.2%	.4%	2.2%	4.6%	1.0%	11.4%
	미래태국	빈도	1	2	8	6	42	59
		미래선택희망국가 중 %	1.7%	3.4%	13.6%	10.2%	71.2%	100.0%
		현재의료관광선택국가 중 %	.4%	3.7%	7.3%	5.8%	23.3%	8.5%
		전체 %	.1%	.3%	1.2%	.9%	6.1%	8.5%
전체		빈도	247	54	109	103	180	693
		미래선택희망국가 중 %	35.6%	7.8%	15.7%	14.9%	26.0%	100.0%
		현재의료관광선택국가 중 %	100.0%	100.0%	100.0%	100.0%	100.0%	100.0%
		전체 %	35.6%	7.8%	15.7%	14.9%	26.0%	100.0%

현재 의료관광시장 점유율: 표 하단에 있는 "전체 %"가 현재 의료관광 시장에서의 현재 점유율을 뜻한다.

- 한국: 35.6%
- 중국: 7.8%
- 일본: 15.7%
- 싱가폴: 14.9%
- 태국: 26%

샘플 중에서 현재시장 점유율은 한국이 가장 높다.

단기미래의료관광시장 점유율: 표 맨 오른쪽의 "전체"와 "전체 %"가 만나는 값이 단기미래시장 점유율

- 한국: 32.6%
- 중국: 35.1%
- 일본: 12.4%
- 싱가폴: 11.4%
- 태국: 8.5%

충성고객

충성고객률(상표애호도): 대각선 방향으로 "현재의료관광선택희망국가 중 %"가 충성고객을 의미한다.

예 현재 180명의 태국 고객 중 미래에도 태국을 선택할 충성고객은 42명이므로(42/180 × 100 = 23.3%를 의미한다.

- 한국: 45.3%
- 중국: 50%
- 일본: 18.3%
- 싱가폴: 31.1%
- 태국: 23.3%

충성고객률(상표애호도)은 중국이 가장 높다.

이탈고객률

100%에서 충성고객률을 빼면 국가별 의료관광객 이탈고객률을 알 수 있다.

예 180명의 현재 태국 의료관광객 중 (25 + 77 + 29 + 7)명은 미래에 다른 국가를 선택한다. = ((25 + 77 + 29 + 7)/59) × 100 = 76.7%

- 한국 이탈고객률 = 100% − 한국 충성고객률 = 100% − 45.3% = 54.7%
- 중국 이탈고객률 = 100% − 중국 충청고객률 = 100% − 50% = 50%
- 일본 이탈고객률 = 100% − 일본 충성고객률 = 100% − 18.3% = 81.7%
- 싱가폴 이탈고객률 = 100% − 싱가폴 충성고객률 = 100% − 31.1% = 68.9%
- 태국 이탈고객률 = 100% − 태국 충성고객률 = 100% − 23.3% = 76.7%

이탈고객률은 태국이 가장 크다.

신규고객률

100%에서 "미래선택희망국가 중 %"를 빼면 된다.

예 태국은 미래 59명의 고객 중 (1 + 2 + 8 + 6)명은 현재 다른 국가를 선택했으나 미래에 태국을 선택하겠다는 고객 수이다. = ((1 + 2 + 8 + 6)/59) × 100 = 28.8

- 한국 신규고객률 = 100% − 49.6% = 50.4%
- 중국 신규고객률 = 100% − 11.1% = 88.9%
- 일본 신규고객률 = 100% − 23.3% = 76.7%
- 싱가폴 신규고객률 = 100% − 40.5% = 59.5%
- 태국 신규고객률 = 100% − 71.2% = 28.8%

카이제곱 검정

	값	자유도	점근 유의확률 (양측검정)
Pearson 카이제곱	175.035[a]	16	.000
우도비	172.652	16	.000
선형 대 선형결합	74.308	1	.000
유효 케이스 수	693		

a. 1 셀 (4.0%)은(는) 5보다 작은 기대 빈도를 가지는 셀입니다. 최소 기대빈도는 4.60입니다.

방향성 측도

			값	점근 표준오차[a]	근사 T 값[b]	근사 유의확률
명목척도 대 명목척도	람다	대칭적	.118	.024	4.658	.000
		미래의료관광선택희망국가 종속	.102	.038	2.568	.010
		현재의료관광선택국가 종속	.135	.025	5.056	.000
	Goodman과 Kruskal 타우	미래의료관광선택희망국가 종속	.057	.009		.000[c]
		현재의료관광선택국가 종속	.081	.011		.000[c]

a. 영가설을 가정하지 않음.

b. 영가설을 가정하는 점근 표준오차 사용

c. 카이제곱 근사법을 기준으로

대칭적 측도

		값	점근 표준오차[a]	근사 T 값[b]	근사 유의확률
등간척도 대 등간척도	Pearson의 R	.328	.032	9.117	.000[c]
순서척도 대 순서척도	Spearman 상관	.317	.033	8.796	.000[c]
유효 케이스 수		693			

a. 영가설을 가정하지 않음.

b. 영가설을 가정하는 점근 표준오차 사용

c. 정규 근사법 기초

"a. 1셀(4%)은 5보다 작은 기대 빈도를 가지는 셀입니다. 최소 기대 빈도는 4.60입니다."란 메시지가 있다. 이는 기대 빈도가 5보다 작은 셀이 없으며 전세 셀의 4%란 뜻이다. 일반적으로 Pearson의 카이제곱 통계량은 기대 빈도가 5 미만인 셀이 전체 셀의 20% 이상이면 통계량의 검정력은 매우 떨어져 검정의 결과를 신뢰할 수 없다.

해결방법

이런 경우에 어떻게 하면 좋을까?

① 기대 빈도가 5 미만인 셀을 5 이상이 되도록 한다. 즉, 표본의 크기를 늘려준다.

② 또는 셀의 수를 줄이는 방법도 있다. 즉, 경쟁사 전체를 하나로 묶어서 분석한다.

25.2 변수 코딩변경

경쟁사를 하나로 묶어서 분석한다. → 코딩변경

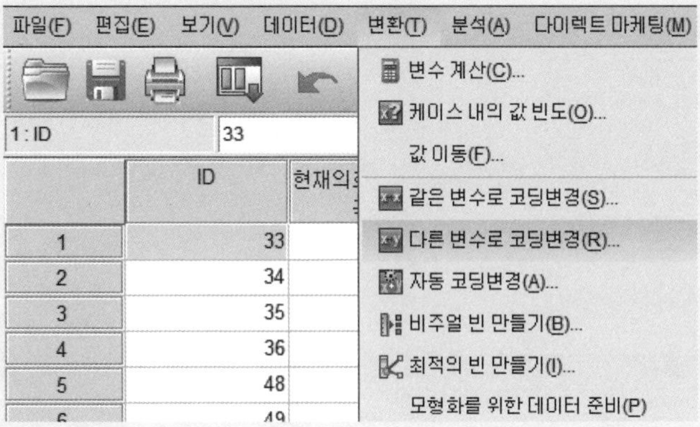

변환 → 다른 변수로 코딩변경

새로 만드는 변수 이름을 기존 변수 이름과 다르게 정한다.

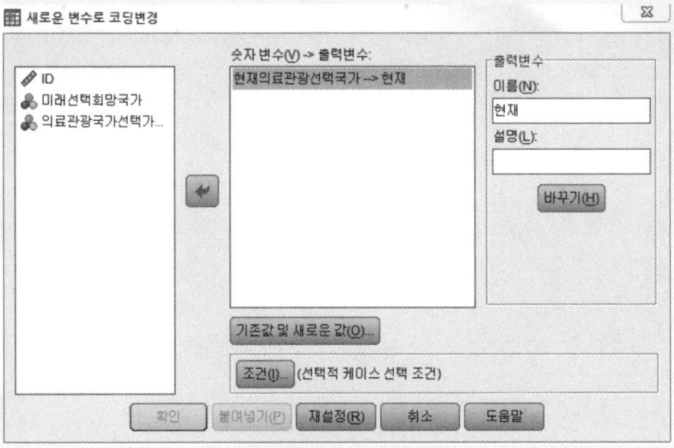

현재의료관광선택국가 → 현재

바꾸기 → 기존값 및 새로운 값

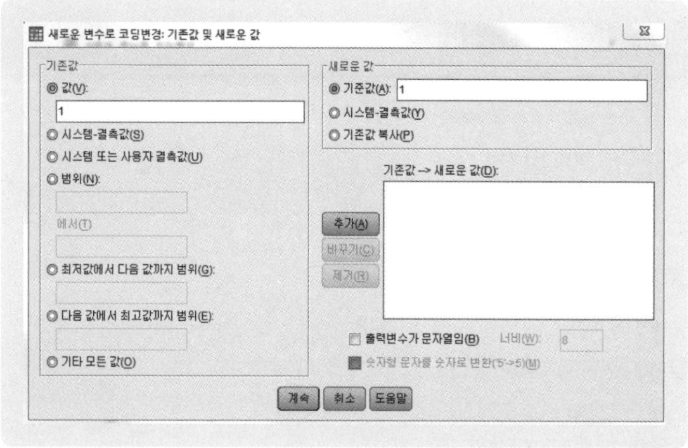

자사의 경우
- 기존값: 1
- 새로운 값: 1

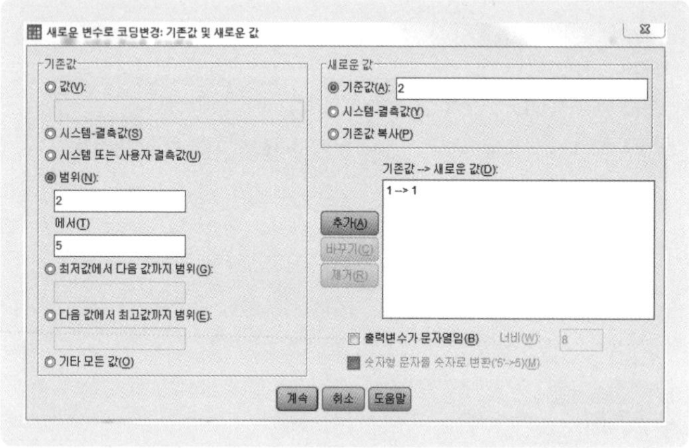

추가
기준값 → 새로운 값에 1 → 1이 나타난다.

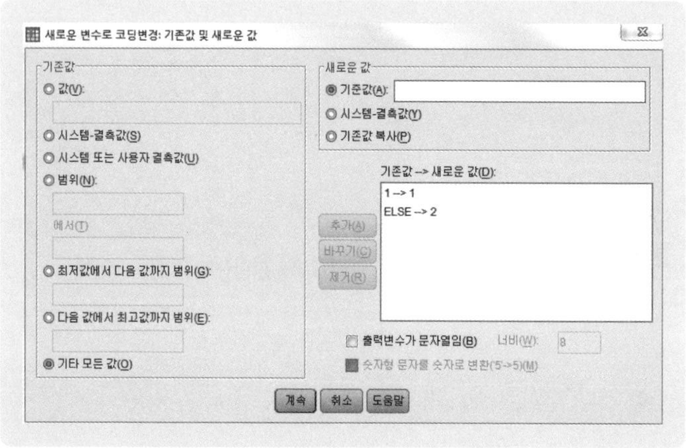

- 범위: 2에서 5(경쟁사 범위 결정) 또는 기타 모든 값
- 새로운 값: 2

계속 → 확인 → 현재 변수가 추가된다.

	ID	현재의료관광선택국가	미래선택희망국가	의료관광국가선택가장결정적인이유	현재
145	145	5	2	2	2.00
146	146	5	1	3	2.00
147	147	5	1	4	2.00
148	148	5	2	4	2.00
149	149	5	5	2	2.00
150	150	5	5	2	2.00
151	151	1	5	1	1.00
152	152	2	5	2	2.00
153	153	3	5	3	2.00
154	154	4	5	4	2.00

미래도 같은 방식으로 기존값 및 새로운 값 변경

기존값 및 새로운 값은 앞에서 입력했던 내용을 기억하고 있으므로 간단하게 할 수 있다. 데이터 편집기에서 현재와 미래로 새로 추가된 변수들을 확인한다.

	ID	현재의료관광선택국가	미래선택희망국가	의료관광국가선택가장결정적인이유	현재	미래
1	1	3	1	5	2.00	1.00
2	2	3	1	6	2.00	1.00
3	3	3	1	7	2.00	1.00
4	4	3	1	8	2.00	1.00
5	5	4	1	5	2.00	1.00
6	6	4	2	6	2.00	2.00
7	7	4	2	6	2.00	2.00
8	8	4	2	7	2.00	2.00
9	9	4	1	8	2.00	1.00
10	10	4	1	5	2.00	1.00

변수 보기 → 현재 변수와 미래 변수에서 자사와 경쟁사의 변수값을 입력한다.

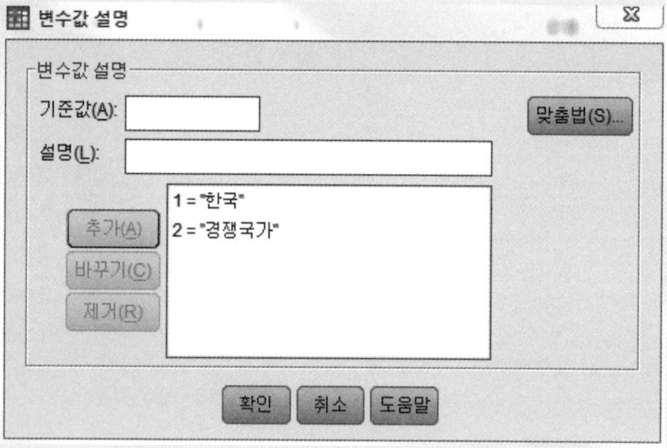

- 기준값: 1
- 설명: 한국 → 추가
- 기준값: 2
- 설명: 경쟁국가 → 추가 → 확인

확인

25.3 장기 시장점유율 예측

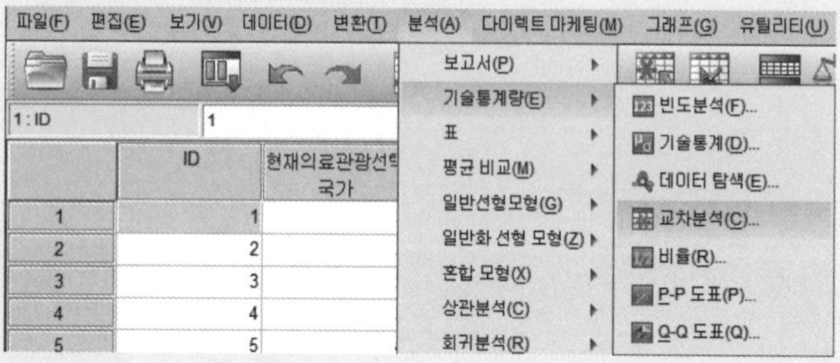

분석 → 기술통계량 → 교차분석

재설정: 기억하고 있는 변수를 재위치로 돌려놓는다.

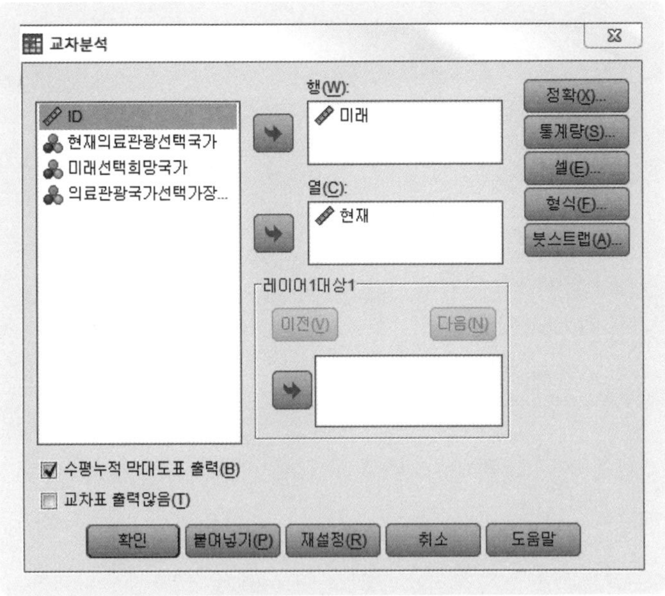

- 미래: 행
- 현재: 열
- 수평누적 막대도표 출력

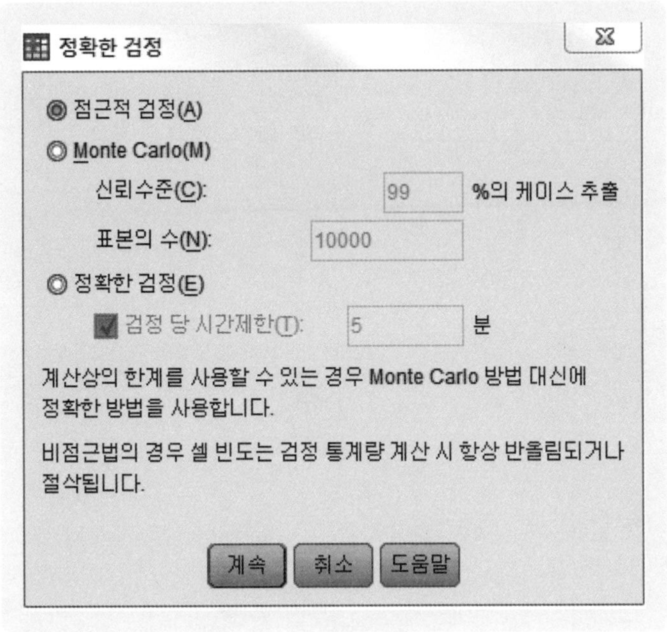

정확: 정확한 검정 → 계속

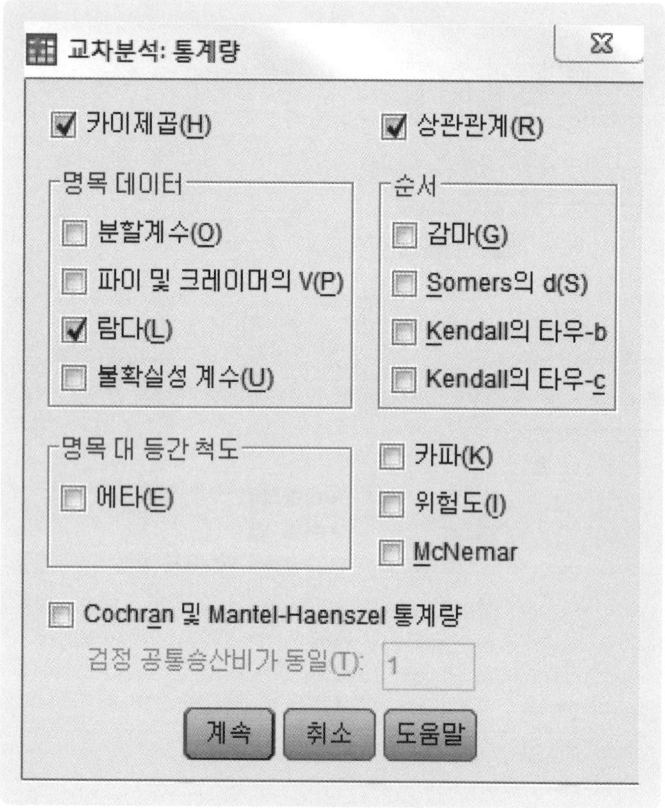
교차분석: 통계량
카이제곱(H)
상관관계(R)
명목 데이터
분할계수(O)
파이 및 크레이머의 V(P)
람다(L)
불확실성 계수(U)
순서
감마(G)
Somers의 d(S)
Kendall의 타우-b
Kendall의 타우-c
명목 대 등간 척도
에타(E)
카파(K)
위험도(I)
McNemar
Cochran 및 Mantel-Haenszel 통계량
검정 공통승산비가 동일(T):
1
계속
취소
도움말

통계량

- 카이제곱, 상관관계
- 명목 데이터: 람다

계속 → 셀

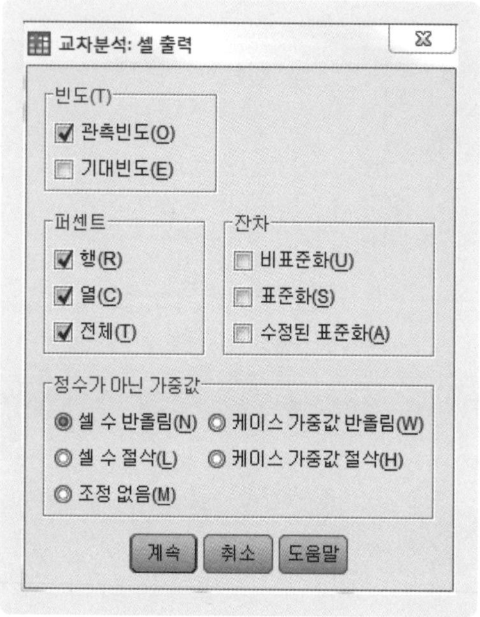
교차분석: 셀 출력
빈도(T)
관측빈도(O)
기대빈도(E)
퍼센트
행(R)
열(C)
전체(T)
잔차
비표준화(U)
표준화(S)
수정된 표준화(A)
정수가 아닌 가중값
셀 수 반올림(N)
케이스 가중값 반올림(W)
셀 수 절삭(L)
케이스 가중값 절삭(H)
조정 없음(M)
계속
취소
도움말

- 빈도: 관측빈도
- 퍼센트: 행, 열, 전체

계속 → 확인 → 결과

미래 * 현재 교차표

			현재		전체
			한국	경쟁국가	
미래	한국	빈도	112	114	226
		미래 중 %	49.6%	50.4%	100.0%
		현재 중 %	45.3%	25.6%	32.6%
		전체 %	16.2%	16.5%	32.6%
	경쟁국가	빈도	135	332	467
		미래 중 %	28.9%	71.1%	100.0%
		현재 중 %	54.7%	74.4%	67.4%
		전체 %	19.5%	47.9%	67.4%
전체		빈도	247	446	693
		미래 중 %	35.6%	64.4%	100.0%
		현재 중 %	100.0%	100.0%	100.0%
		전체 %	35.6%	64.4%	100.0%

카이제곱 검정

	값	자유도	점근 유의확률 (양측검정)	정확한 유의확률 (양측검정)	정확한 유의확률 (단측검정)
Pearson 카이제곱	28.311[a]	1	.000		
연속수정[b]	27.418	1	.000		
우도비	27.823	1	.000		
Fisher의 정확한 검정				.000	.000
선형 대 선형결합	28.270	1	.000		
유효 케이스 수	693				

a. 0 셀 (.0%)은(는) 5보다 작은 기대 빈도를 가지는 셀입니다. 최소 기대빈도는 80.55입니다.

b. 2x2 표에 대해서만 계산됨

카이제곱 검정

정확한 유의확률이 0.05보다 작기 때문에 차이가 통계적으로 유의미하다.

막대 도표

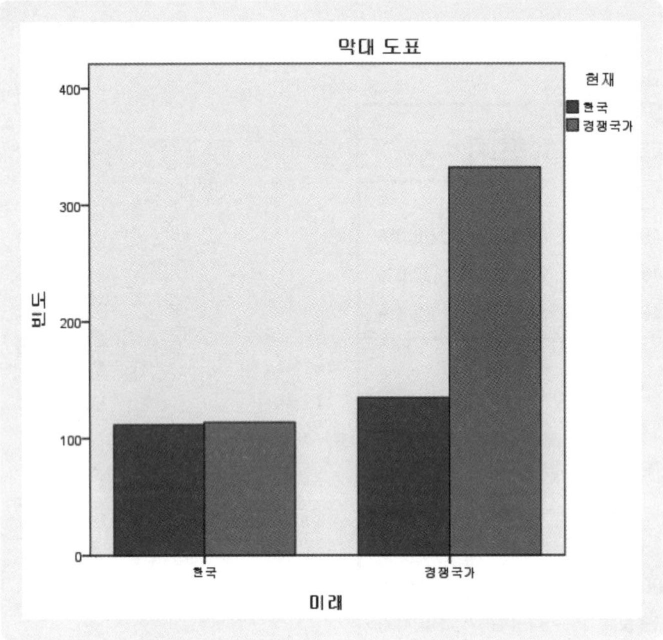

막대 도표 더블클릭 → 도표 편집기 → 요소 → 데이터 설명 보이기
- 요소 → 데이터 설명 보이기
- 특성 → 닫기

결과

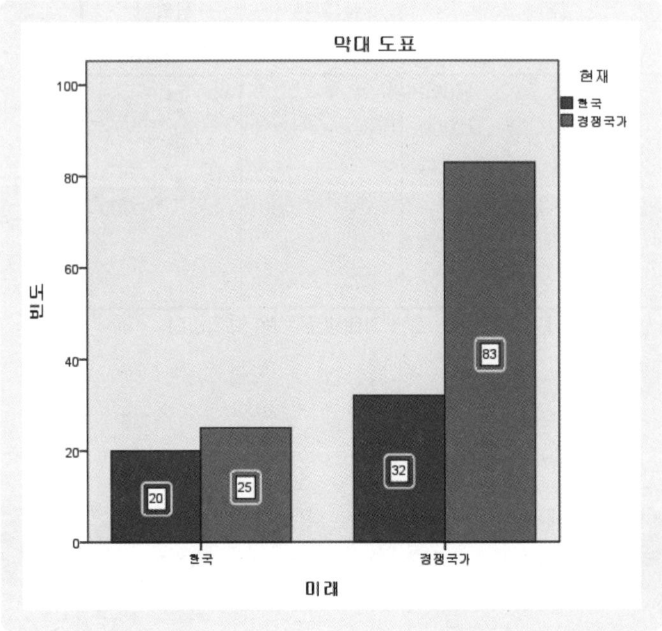

장기 미래 = (신규고객률 / (1 − 이탈고객률)) + 충성고객률
= (50.5 / (100 − 28.9) + 45.3 = 46%

따라서 정리하면, 한국의 의료관광 시장 점유율은?

- 현재: 35.6%
- 단기 미래: 32.6%
- 장기 미래: 46%

25.4 파레토 도표 활용 시장 특성 이해

변수값 입력

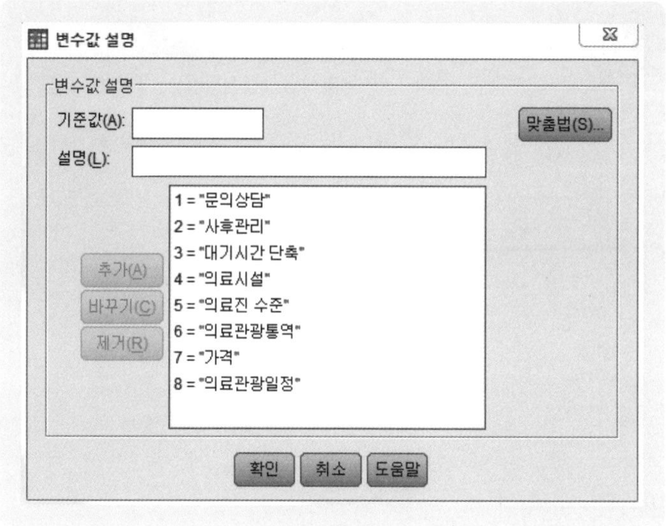

분석 → 품질관리 → 파레토 도표

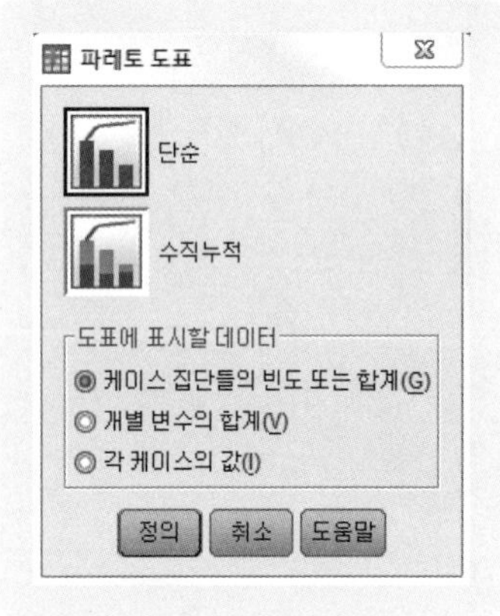

단순
- 도표에 표시할 데이터: 케이스 집단들의 빈도 또는 합계

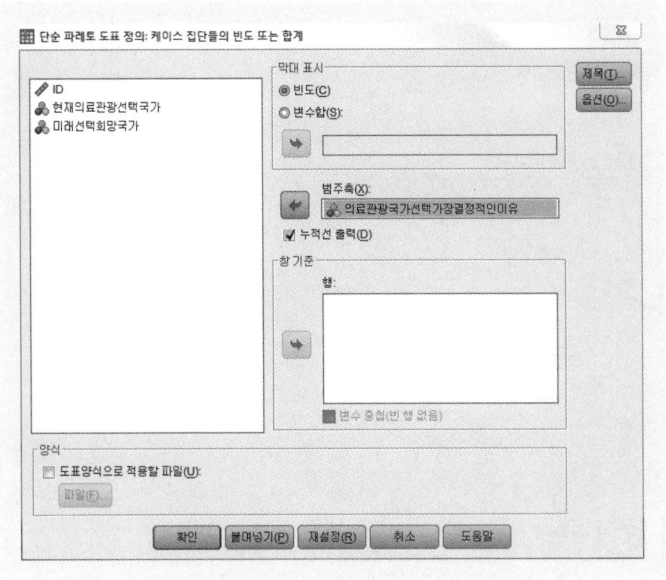

정의
- 막대표시: 빈도
- 범주축: 의료관광국가선택가장결정적인이유(국가·상품 선택 이유)
- 누적선 출력

제목: 의료관광 선택 가장 결정적인 이유

계속 → 옵션

- 결측값으로 정의된 집단들 출력 체크

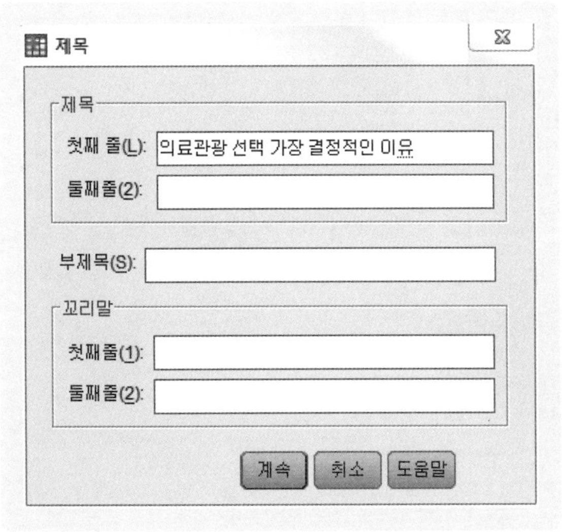

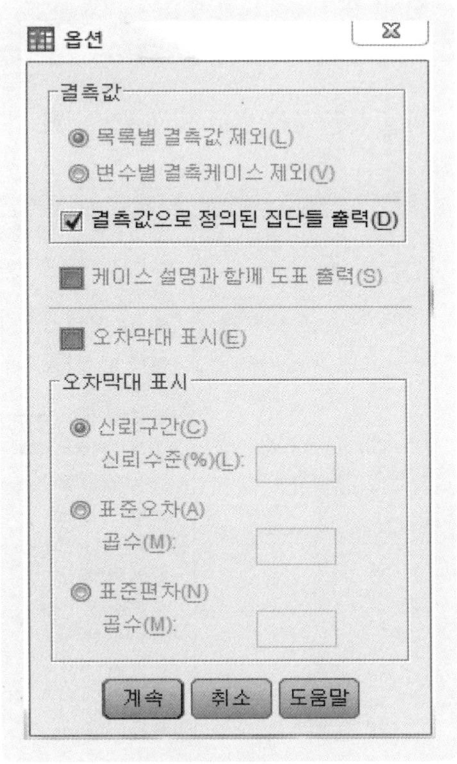

계속 → 확인 → 결과

의료관광 선택 이유가 파레토 도표로 출력된다.

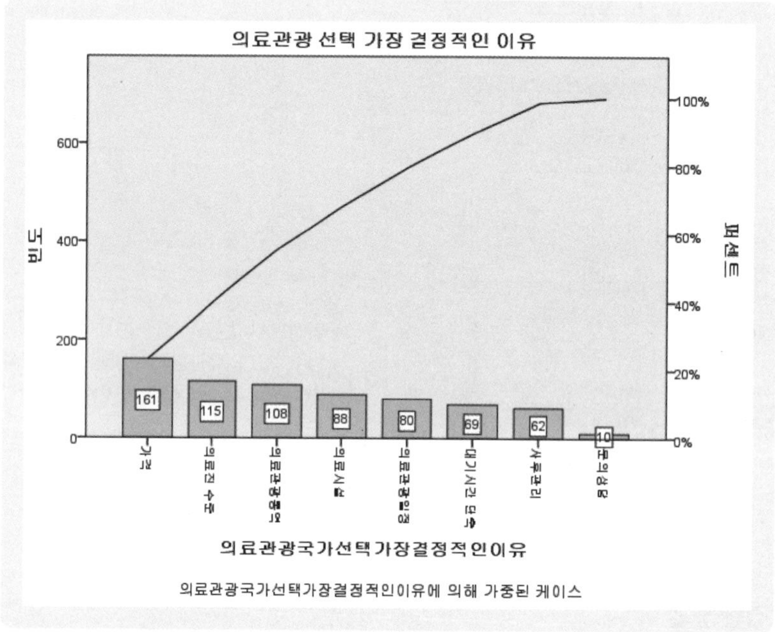

순서: 가격 > 의료진 수준 > 의료관광통역 > 의료시설 > 의료관광일정 > 대기시간 단축 > 사후관리 > 문의상담

파일 분할: 국가별로 의료관광 선택 가장 결정적인 이유를 알기 위해서 파일 분할

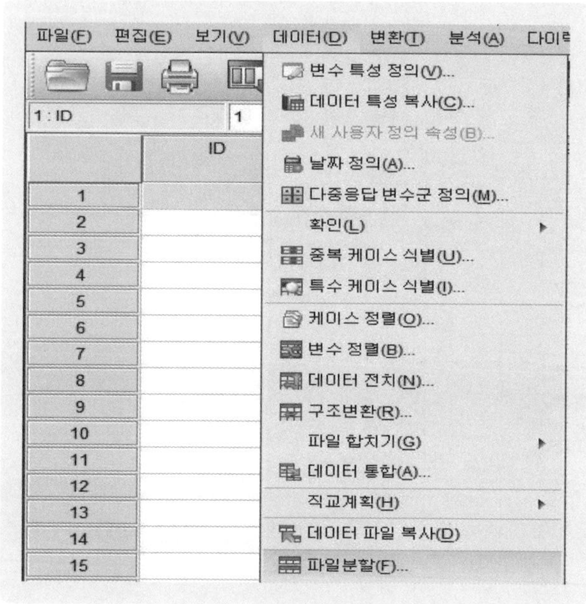

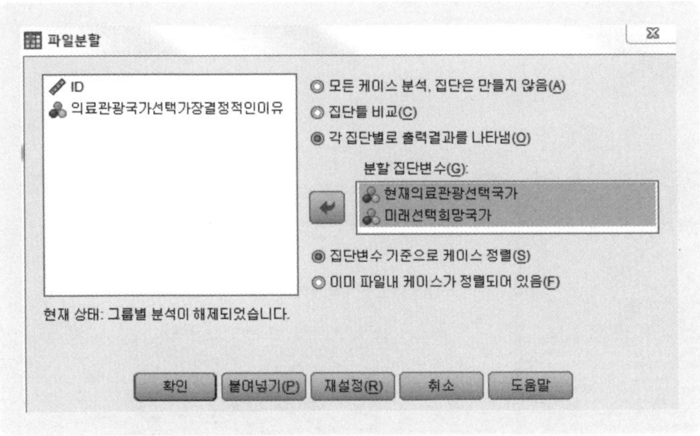

- 각 집단별로 출력결과를 나타냄
- 분할 집단변수: 현재의료관광선택국가, 미래선택희망국가 → 확인

분석 - 품질관리 - 파레토 도표

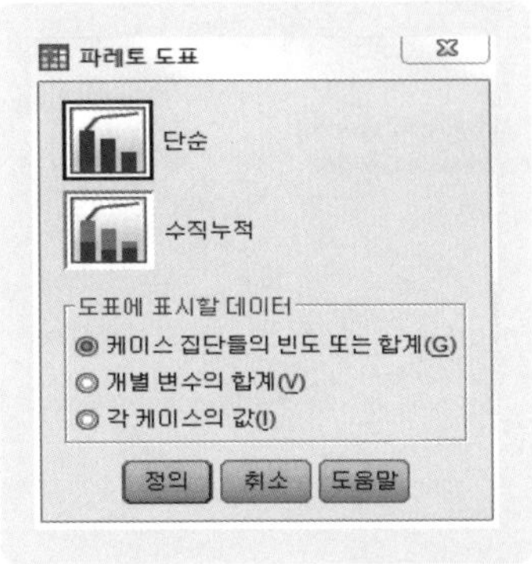

- 단순
- 케이스 집단들의 빈도 또는 합계

정의

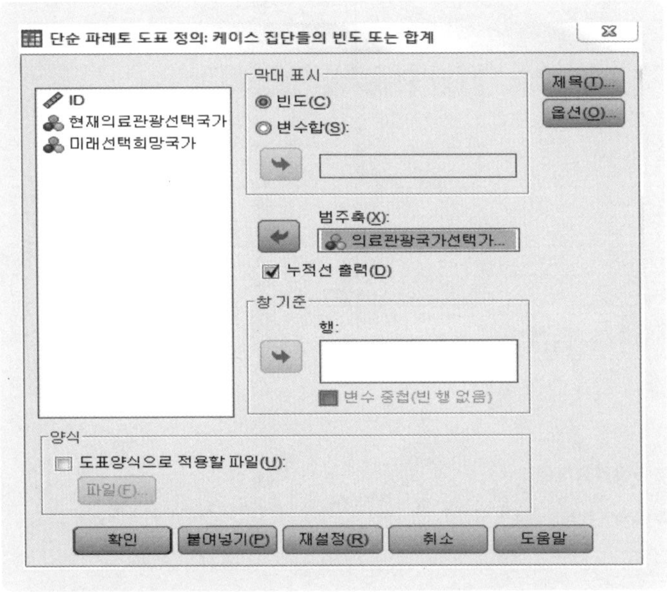

- 막대표시: 빈도
- 범주축: 의료관광국가선택가장결정적인이유
- 누적선 출력

계속 - 확인

출력결과에 25개의 경우가 출력된다.

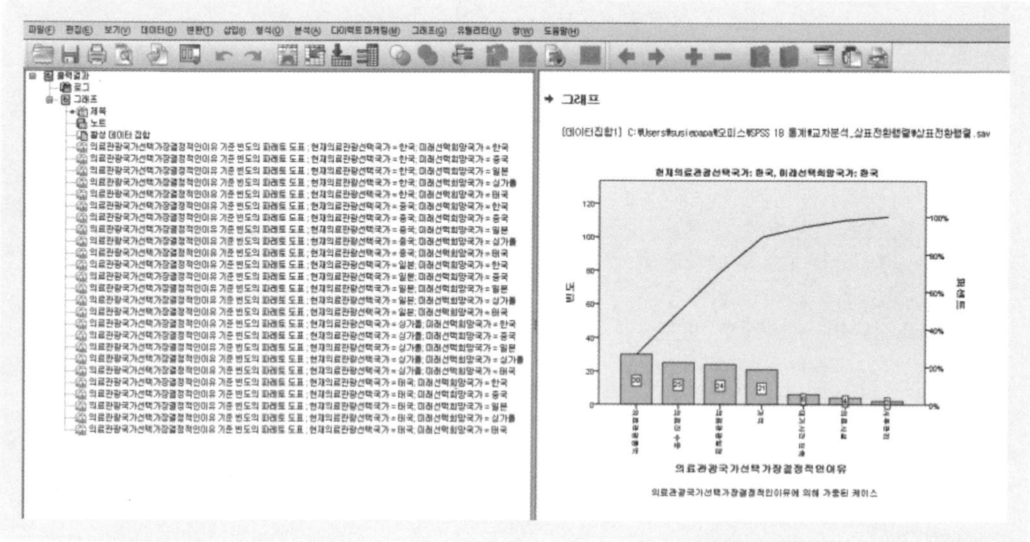

현재 및 미래에 한국을 의료관광 목적지로 선택할 이유 등 다양한 파레토 도표를 통해서 다양한 정보를 얻을 수 있다.

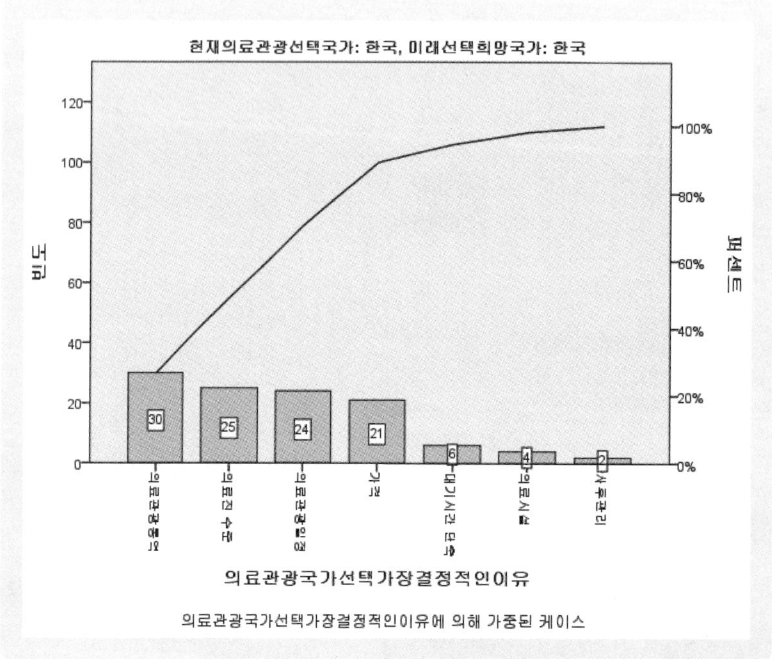

파일분할을 원상태로 돌려놓는다.

- 파일분할 - 재설정
- 재설정 → 확인
- 모든 케이스 분석, 집단을 만들지 않음

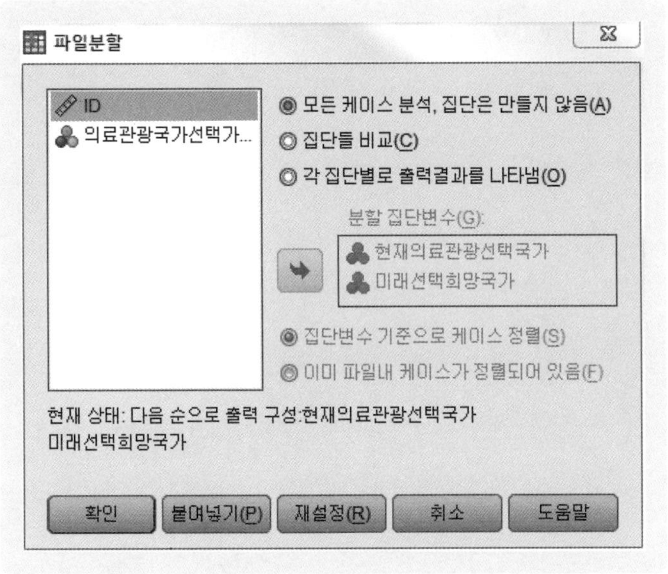

26

CHAPTER

인공신경망

26 인공신경망

26.1 인공신경망 활용 시계열 분석

인공신경망을 이용해서 미래를 예측하는 데 인공신경망 분석을 활용할 수 있다. 다변량 시계열 분석 자료는 인공신경망을 활용해서 시계열 분석이 가능하다.

- 자산과 소득에 따른 저축액 예측

- 신장, 체중에 따른 원반던지기 거리 비교

- 여행사 광고비, 판매촉진비에 따른 매출액 예측

- 소득, 가족 수에 따른 카드 사용금액 예측

- 판매망, 생산량, 판매량에 따른 순이익 예측

- 유가변화, 환율변화와 항공사 순이익 예측

- 주택가격 변화, 미국 나스닥 변화에 따른 한국 코스피 주가 예측

- 환율변화, 공항 이용객 수에 따른 호텔매출액 예측

2009년 3월부터 2017년 6월까지 객실매출, 식음료매출, 부대시설매출, 컨벤션센터매출, 광고·홍보비, 순이익을 조사했다.

파일 이름: 인공신경망(단위: 천만 원)

	연도	월	객실매출	식음료매출	부대시설매출	컨벤션센터...	광고홍보비	순이익
1	2009	3	172.5	207.5	37.0	375.0	128.0	5875.0
2	2009	4	222.5	251.0	142.0	429.0	142.0	7009.0
3	2009	5	283.5	302.5	68.0	484.0	168.0	8164.0
4	2009	6	234.5	234.5	79.0	225.0	188.0	2725.0
5	2009	7	267.5	249.0	101.0	469.0	308.0	5249.0
6	2009	8	180.5	156.5	86.0	823.0	228.0	6283.0
7	2009	9	262.5	210.0	92.0	215.0	248.0	2515.0
8	2009	10	193.0	141.5	54.0	548.0	268.0	8508.0
9	2009	11	276.5	184.5	38.0	489.0	278.0	6169.0
10	2009	12	292.0	175.5	35.0	356.0	308.0	5476.0

주의 인공신경망 분석에서 동일한 결과를 얻고자 한다면, 매회 다중레이어 인식 방법을 시행하기 전에 난수 생성을 먼저 한다.

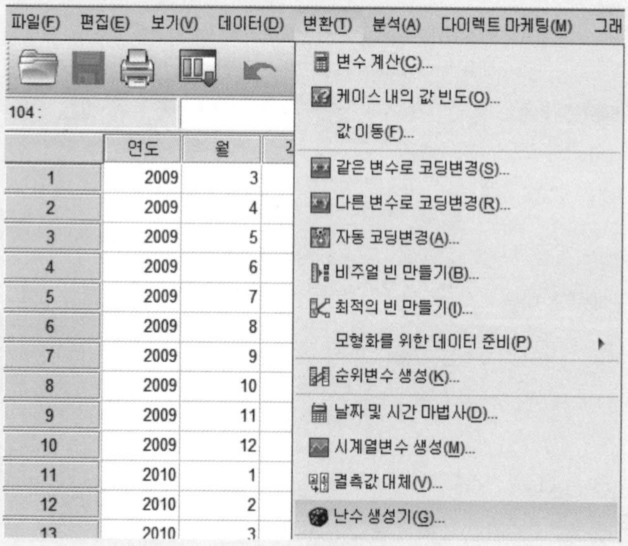

변환 → 난수 생성기

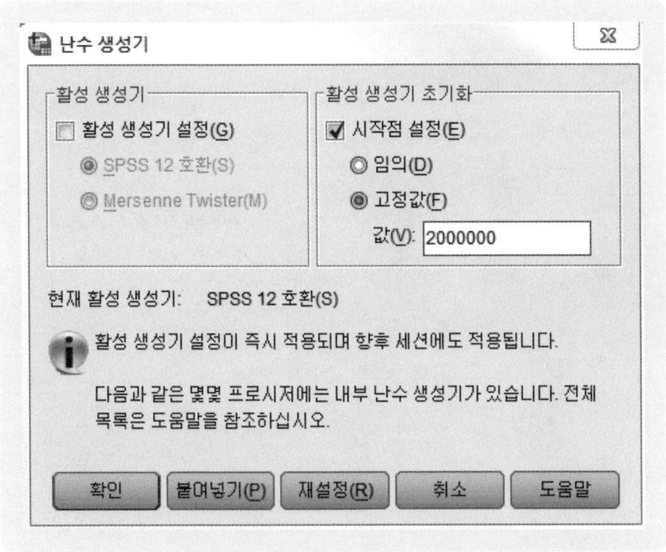

난수 생성기
- 활성 생성기 설정: 고정값(기본값으로 2000000이 설정되어 있다.)

… 참고
SPSS에서 설명한 안내서에서 제시한 값: 9191972 → 확인

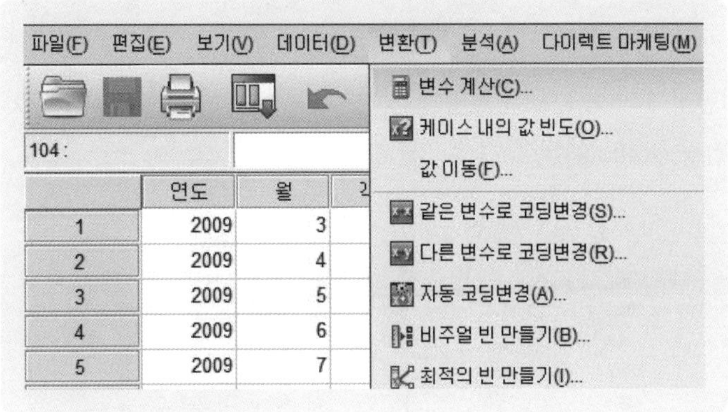

변환 → 변수 계산

- 대상변수: 분할변수
- 숫자표현식 = 2*rv.bernoulli(0.7)−1

숫자표현식에서 0.7은 분할변수를 1을 약 30% 1을 약 70%로 분류한다.

1: 훈련(Training) −1: 검정(Holdout) 0: Test

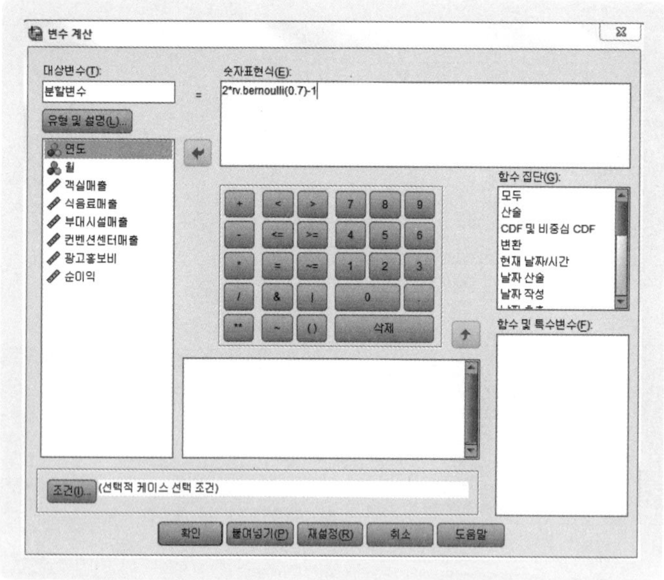

확인

분류변수란 변수 이름이 생성되면서 1과 −1로 분류된다.

1: 훈련(Training)　　　−1: 검정(Holdout)

	연도	월	객실매출	식음료매출	부대시설매출	컨벤션센터...	광고홍보비	순이익	분할변수
1	2009	3	172.5	207.5	37.0	375.0	128.0	5875.0	1.00
2	2009	4	222.5	251.0	142.0	429.0	142.0	7009.0	1.00
3	2009	5	283.5	302.5	68.0	484.0	168.0	8164.0	1.00
4	2009	6	234.5	234.5	79.0	225.0	188.0	2725.0	1.00
5	2009	7	267.5	249.0	101.0	469.0	308.0	5249.0	1.00
6	2009	8	180.5	156.5	86.0	823.0	228.0	6283.0	-1.00
7	2009	9	262.5	210.0	92.0	215.0	248.0	2515.0	1.00
8	2009	10	193.0	141.5	54.0	548.0	268.0	8508.0	1.00
9	2009	11	276.5	184.5	38.0	489.0	278.0	6169.0	-1.00
10	2009	12	292.0	175.5	35.0	356.0	308.0	5476.0	1.00
11	2010	1	1206.5	546.0	31.0	257.9	328.0	2415.9	-1.00
12	2010	2	1122.0	482.5	42.0	489.0	352.0	8269.0	1.00
13	2010	3	670.0	161.0	40.0	689.0	368.0	12869.0	1.00
14	2010	4	1475.5	995.5	254.0	1990.2	492.0	30894.2	1.00
15	2010	5	645.0	464.5	58.0	588.0	408.0	10748.0	1.00

분석 → 신경망 → 다중레이어 인식

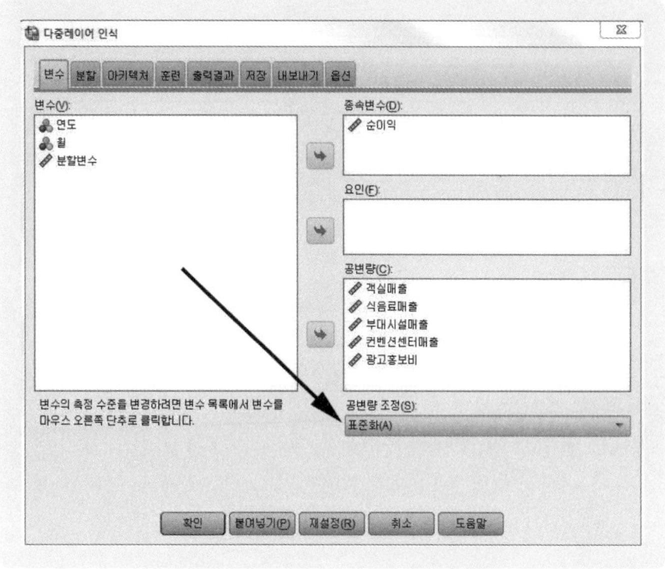

- 종속변수: 순이익
- 공변량: 객실매출, 식음료매출, 부대시설매출, 컨벤션센터매출, 광고홍보비
- 공변량 조정: 표준화(종속변수의 값 범주가 서로 다르기 때문에 표준화)

범주가 다른 경우로는 어떤 것들이 있을까?

- 신장(cm)과 몸무게(kg)

- 항공 운항 거리(km)와 항공요금

- 항공유 사용량(Gallon)과 항공사 매출액(USD)

- 직원 수(명)와 생산량(개)

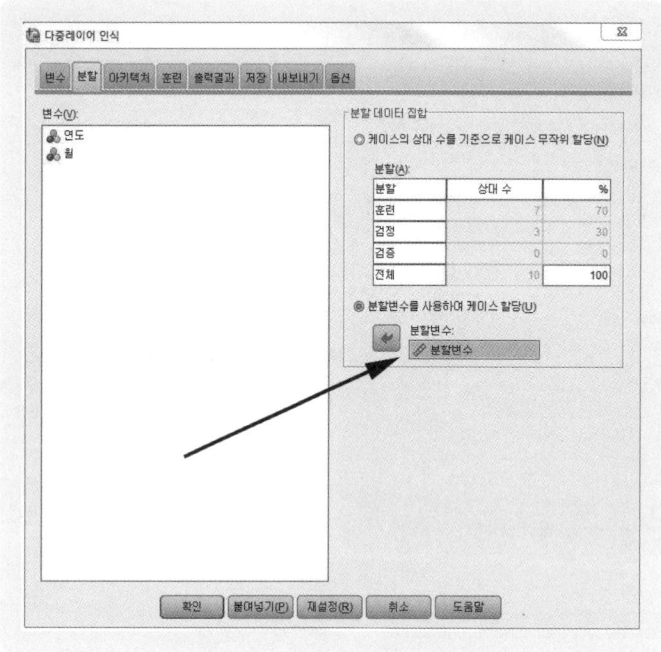

- 분할: 분할변수

주의: 케이스의 상대 수를 기준으로 케이스 무작위 할당을 선택하면 인공신경망을 실시할 때마다 결과값이 다르게 나온다.

아키텍처, 훈련, 옵션: 기본값 그대로

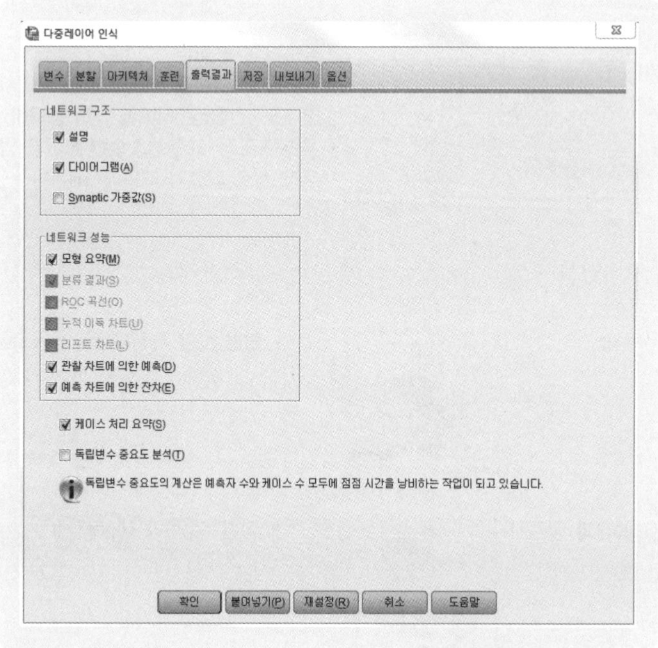

출력결과
- 네트워크 구조: 설명
- 다이어그램
- 네트워크 성능: 모형 요약
- 관찰 차트에 의한 예측
- 예측 차트에 의한 잔차

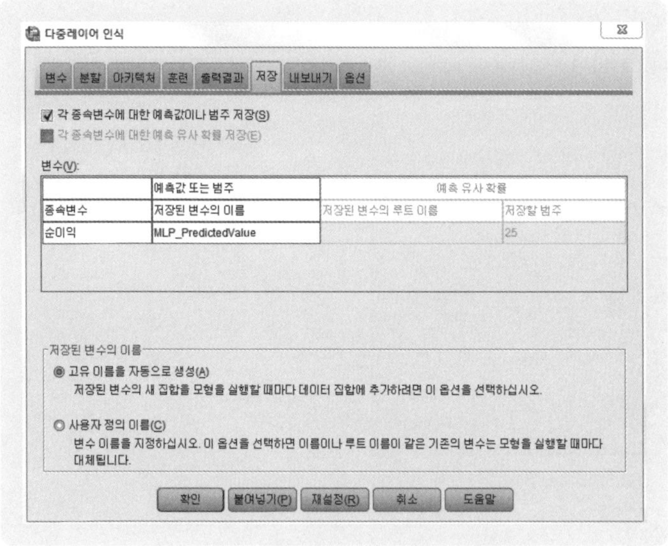

저장
- 각 종속변수에 대한 예측값이나 범주 저장

확인 → 결과

케이스 처리 요약

		N	퍼센트
표본	훈련	69	69.0%
	검증	31	31.0%
유효		100	100.0%
제외됨		0	
합계		100	

네트워크 정보

입력 레이어	공변량	1	객실매출	
		2	식음료매출	
		3	부대시설매출	
		4	컨벤션센터매출	
		5	광고홍보비	
	단위 수[a]			5
	공변량 조정 방법		표준화	
숨겨진 레이어	숨겨진 레이어 수			1
	숨겨진 레이어 1에서 단위의 수[a]			2
	활성화 함수		쌍곡 탄젠트	
출력 레이어	종속변수	1	순이익	
	단위 수			1
	척도 종속 조정 방법		표준화	
	활성화 함수		Identity	
	오차 함수		제곱합	

a. bias 단위 제외

69%를 훈련으로 사용하고 31%로 검증했다.
한 개의 숨겨진 레이어를 찾았다: H(1:1)

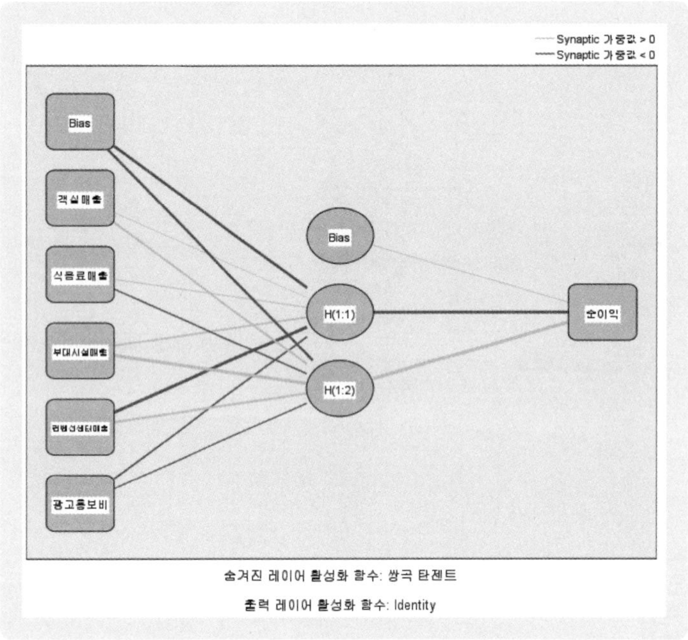

모형 요약

훈련	오차제곱합	13.026
	상대 오차	.383
	사용된 중지 규칙	훈련 오류 기준 (.0001)의 상대 변경이 수행되었습니다
	훈련 시간	0:00:00.02
검증	상대 오차	.440

종속변수: 순이익

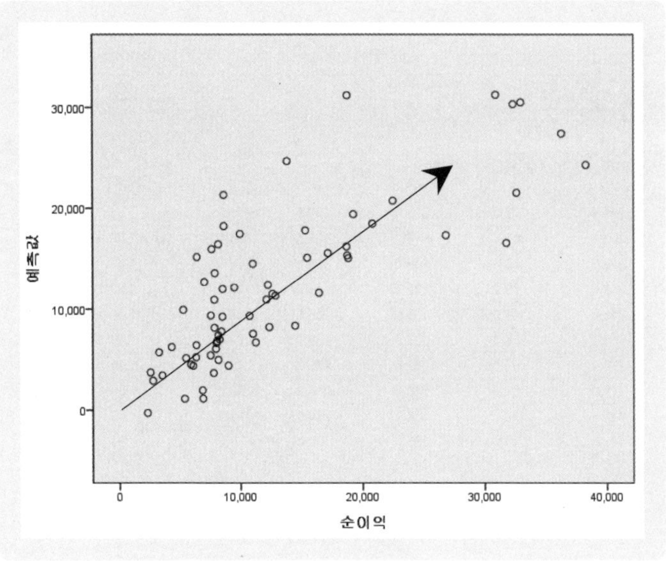

대각선 방향으로 모여 있을수록 좋다.

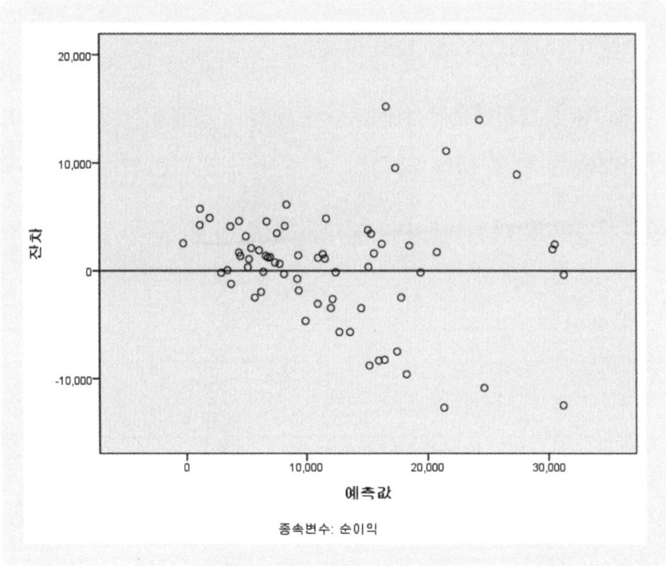

0을 중심으로 무작위로 흩어져 있을 때 좋은 모형이다.

예측값이 새로운 변수로 추가로 생성된다.

	연도	월	객실매출	식음료매출	부대시설매출	컨벤션센터...	광고홍보비	순이익	분할변수	MLP_PredictedValue
1	2009	3	172.5	207.5	37.0	375.0	128.0	5875.0	1.00	4512.6
2	2009	4	222.5	251.0	142.0	429.0	142.0	7009.0	1.00	12701.1
3	2009	5	283.5	302.5	68.0	484.0	168.0	8164.0	1.00	7397.5
4	2009	6	234.5	234.5	79.0	225.0	188.0	2725.0	1.00	2912.6
5	2009	7	267.5	249.0	101.0	469.0	308.0	5249.0	1.00	9923.9
6	2009	8	180.5	156.5	86.0	823.0	228.0	6283.0	-1.00	16761.4
7	2009	9	262.5	210.0	92.0	215.0	248.0	2515.0	1.00	3733.2
8	2009	10	193.0	141.5	54.0	548.0	268.0	8508.0	1.00	9246.2
9	2009	11	276.5	184.5	38.0	489.0	278.0	6169.0	-1.00	7572.0
10	2009	12	292.0	175.5	35.0	356.0	308.0	5476.0	1.00	5140.9

잔차 계산

- 잔차 = 관측값 - 예측값

변환 → 변수 계산 → 재설정

- 대상변수: 잔차
- 숫자표현식: 순이익 - 순이익의 예측값(MLP_PredictedValue)

2015년 7월부터 10월까지 전년 동월 대비 객실매출은 10% 증가, 광고·홍보비는 10% 감소, 식음료매출, 부대시설매출, 컨벤션센터매출은 각각 15% 증가일 때 순이익 변화는 어떻게 될까?

저장 후 난수 생성, 분할변수, 인공신경망을 다시 돌려도 결과는 동일하게 얻을 수 있다.

26.2 조건 입력

2015년 7월부터 2016년 6월까지 전년 동월 대비 객실매출 10% 증가, 광고·홍보비 10% 감소, 식음료매출, 부대시설매출, 컨벤션센터매출은 각각 전년 동월 대비 15% 증가를 가정한다면 순이익은 얼마가 될까?

종류	변수	계산 방법
10% 증가	객실매출	변수 × 1.1
15% 증가	식음료매출, 부대시설매출, 컨벤션센터매출	변수 × 1.15
10% 감소	광고·홍보비	변수 × 0.9

26.2.1 Excel에서 계산 후 복사해서 붙여넣기

C6 = C2*1.1

C6 | =C2*1.1

	A	B	C	D
1	연도	월	객실매출	식음료매출
2	2016	7	7211	908.5
3	2016	8	7487.5	991
4	2016	9	5899	1945.5
5	2016	10	11668.5	1047
6			7932.1	

D6 = D2*1.15

D6 | =D2*1.15

	A	B	C	D
1	연도	월	객실매출	식음료매출
2	2016	7	7211	908.5
3	2016	8	7487.5	991
4	2016	9	5899	1945.5
5	2016	10	11668.5	1047
6			7932.1	1044.775

D6을 선택하고 옆으로 드래그해서 자동으로 계산

F6 = F2*1.15

F6 | =F2*1.15

	A	B	C	D	E	F
1	연도	월	객실매출	식음료매출	부대시설매출	컨벤션센터매출
2	2016	7	7211	908.5	47	926.7
3	2016	8	7487.5	991	56	892.6
4	2016	9	5899	1945.5	152	578.2
5	2016	10	11668.5	1047	89	916.7
6			7932.1	1044.775	54.05	1065.705

G6 = G2*0.9

G6 | =G2*0.9

	A	B	C	D	E	F	G
1	연도	월	객실매출	식음료매출	부대시설매출	컨벤션센터매출	광고.홍보비
2	2016	7	7211	908.5	47	926.7	568
3	2016	8	7487.5	991	56	892.6	578
4	2016	9	5899	1945.5	152	578.2	698
5	2016	10	11668.5	1047	89	916.7	1604
6			7932.1	1044.775	54.05	1065.705	511.2

C6, D6, E6, F6, G6를 모두 선택한 후 아래로 드래그해서 자동으로 계산한다. → Excel에서 복사 → SPSS로 붙여넣기를 한다.

G9 | =G5*0.9

	A	B	C	D	E	F	G
1	연도	월	객실매출	식음료매출	부대시설매출	컨벤션센터매출	광고.홍보비
2	2016	7	7211	908.5	47	926.7	568
3	2016	8	7487.5	991	56	892.6	578
4	2016	9	5899	1945.5	152	578.2	698
5	2016	10	11668.5	1047	89	916.7	1604
6	2016	7	7932.1	1044.775	54.05	1065.705	511.2
7	2016	8	8236.25	1139.65	64.4	1026.49	520.2
8	2016	9	6488.9	2237.325	174.8	664.93	628.2
9	2016	10	12835.35	1204.05	102.35	1054.205	1443.6

26.2.2 SPSS에서 계산

변환 → 변수 계산 → 재설정

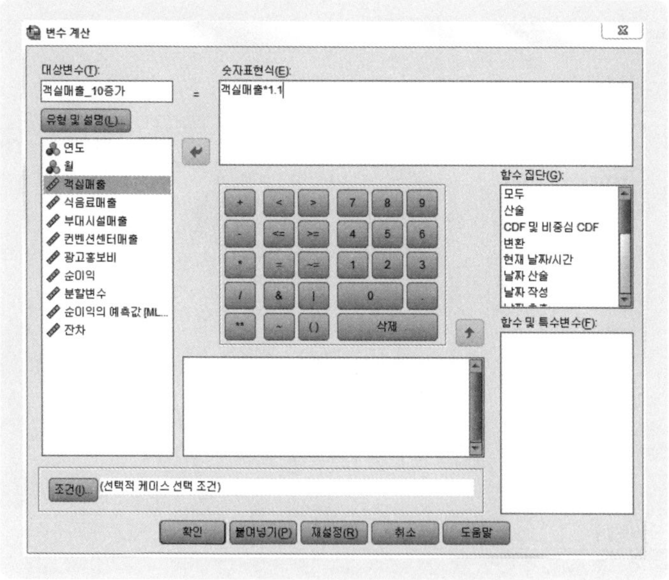

- 대상변수: 객실매출_10증가
- 숫자표현식: 객실매출*1.1

확인 → 결과

광고·홍보비 조건: 광고·홍보비를 10% 줄인다.

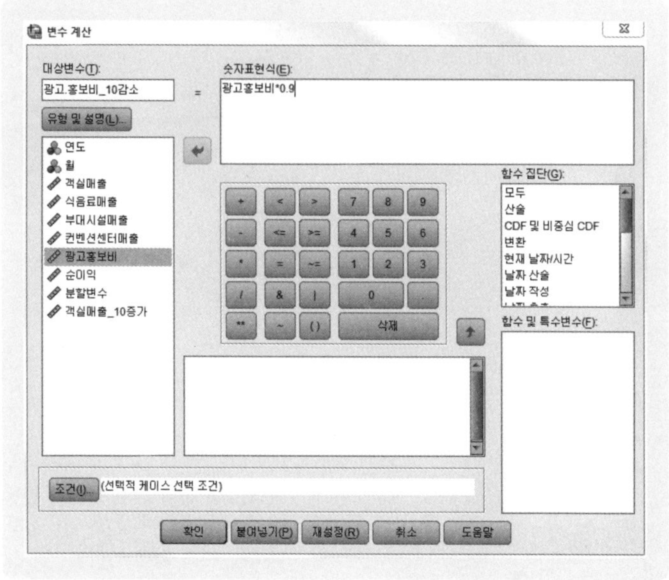

변환 → 변수 계산
- 대상변수: 광고·홍보비*0.9

확인 → 결과

같은 방법으로 나머지 조건도 계산한다. → 복사 → 붙여넣기

순이익은 2016년 7월부터 10월까지의 값을 그대로 복사해서 붙여넣기한다.

	연도	월	객실매출	식음료매출	부대시설매출	컨벤션센터...	광고홍보비	순이익	분할변수	MLP_PredictedValue
82	2015	12	11529.5	1707.5	53.0	536.0	392.0	11256.0	1.00	6708.3
(생략)										
88	2016	6	8724.5	1074.0	198.0	256.7	658.0	6390.7	1.00	15177.5
89	2016	7	7211.0	908.5	47.0	926.7	568.0	15460.7	1.00	15111.2
90	2016	8	7487.5	991.0	56.0	892.6	578.0	18744.6	1.00	15336.8
91	2016	9	5899.0	1945.5	152.0	578.2	698.0	7842.2	1.00	10931.1
92	2016	10	11668.5	1047.0	89.0	916.7	1604.0	19250.7	1.00	19411.3
93	2016	11	17188.5	2025.5	198.0	1892.6	731.0	18744.6	1.00	31207.6
94	2016	12	10352.0	1272.0	47.0	896.7	648.0	18830.7	1.00	15071.1
95	2017	1	6090.5	1418.5	56.0	378.9	448.0	8956.9	-1.00	2974.0
96	2017	2	8136.0	1126.5	152.0	870.0	678.0	38270.0	1.00	24292.4
97	2017	3	7200.0	1350.5	89.0	925.0	488.0	26825.0	1.00	17329.2
98	2017	4	5989.5	1023.0	199.0	667.0	658.0	32607.0	1.00	21536.7
99	2017	5	17699.0	1112.5	132.0	908.0	1768.0	32468.0	-1.00	27611.7
100	2017	6	16312.5	1207.0	157.0	789.0	1678.0	36269.0	1.00	27387.3
101	.	.	7932.1	1044.8	54.1	1065.7	511.2	15460.7	.	.
102	.	.	8236.3	1139.7	64.4	1026.5	520.2	18744.6	.	.
103	.	.	6488.9	2237.3	174.8	664.9	628.2	7842.2	.	.
104	.	.	12835.4	1204.1	102.4	1054.2	1443.6	19250.7	.	.

26.3 신경망에 의한 미래 예측

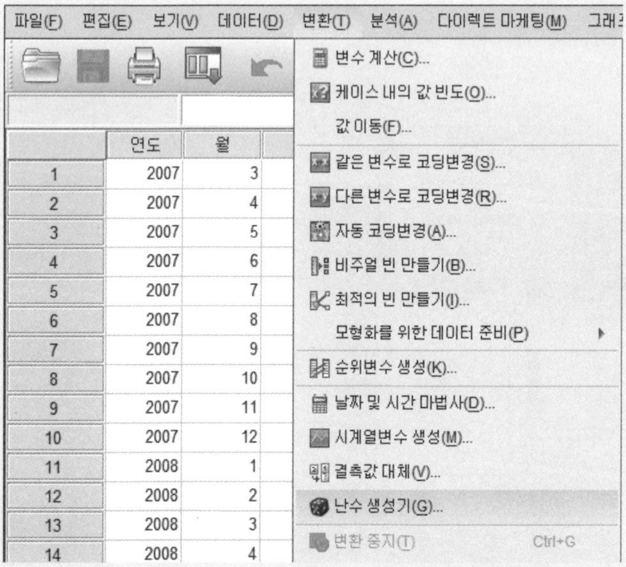

파일(F) 편집(E) 보기(V) 데이터(D) 변환(T) 분석(A) 다이렉트 마케팅(M)
변수 계산(C)...
케이스 내의 값 빈도(O)...
값 이동(F)...
같은 변수로 코딩변경(S)...
다른 변수로 코딩변경(R)...
자동 코딩변경(A)...
비주얼 빈 만들기(B)...
최적의 빈 만들기(I)...
모형화를 위한 데이터 준비(P)
순위변수 생성(K)...
날짜 및 시간 마법사(D)...
시계열변수 생성(M)...
결측값 대체(V)...
난수 생성기(G)...
변환 중지(T) Ctrl+G
연도 월

변환 → 난수 생성기

주의: 예측하기 전에 난수 생성을 다시 반복한다. 만약 난수 생성을 반복하지 않으면 예측값이 달라진다. 예측을 여러 차례 반복할 경우도 매번 난수 생성을 먼저 해야 된다.

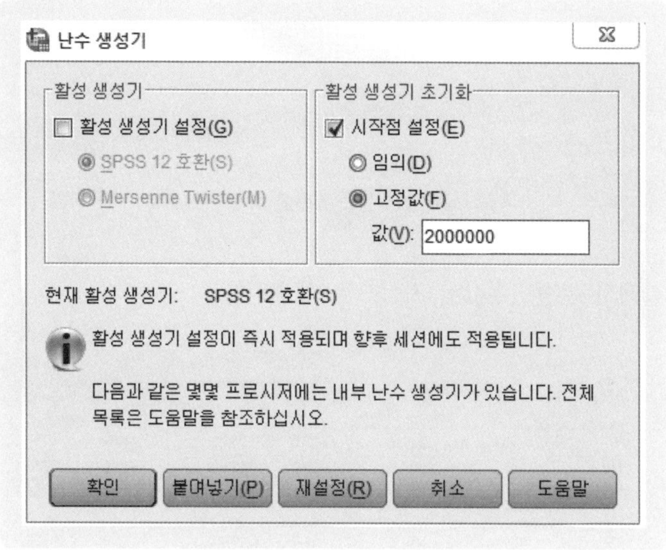

난수 생성기
- 활성 생성기 초기화
- 고정값: 2000000 → 확인

변환 → 변수 계산 → 재설정

- 대상변수: 분할변수
- 숫자표현식 = 2*rv.bernoulli(0.7)−1

  숫자표현식에서 0.7은 분할변수를 1을 약 30% 1을 약 70%로 분류한다.

  1: 훈련(Training) −1: 검정(Holdout)

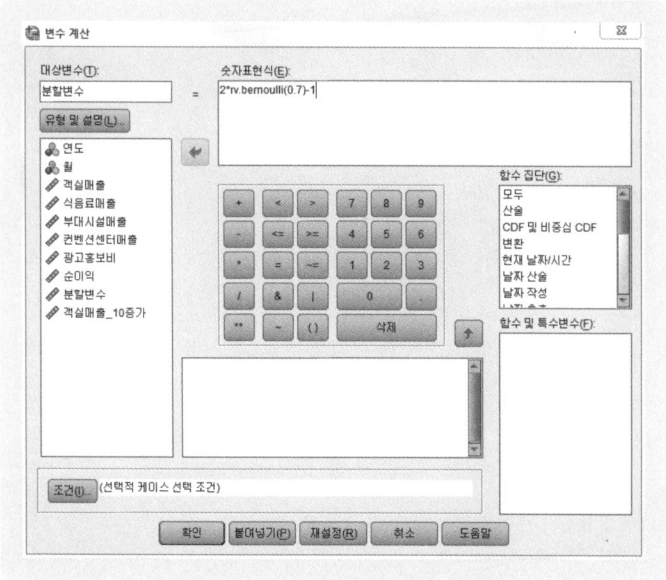

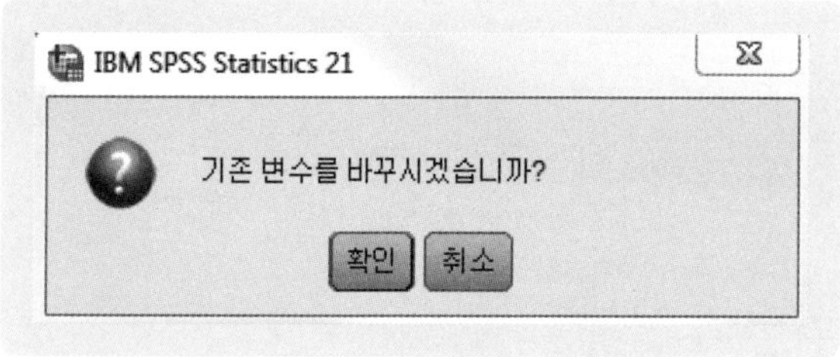

확인 → 기존 변수를 바꾸시겠습니까? → 확인

결과: 새로 추가된 케이스를 포함해서 분할변수값이 자동으로 채워진다.

	연도	월	객실매출	식음료매출	부대시설매출	컨벤션센터...	광고홍보비	순이익	분할변수	MLP_PredictedValue
82	2015	12	11529.5	1707.5	53.0	536.0	392.0	11256.0	1.00	6708.3
83	2016	1	6102.0	1140.0	48.0	1267.8	408.0	5623.8	-1.00	17273.4
84	2016	2	8705.5	1799.5	45.0	327.8	428.0	6883.8	1.00	1156.7
(생략)										
98	2017	4	5989.5	1023.0	199.0	667.0	658.0	32607.0	1.00	21536.7
99	2017	5	17699.0	1112.5	132.0	908.0	1768.0	32468.0	-1.00	27611.7
100	2017	6	16312.5	1207.0	157.0	789.0	1678.0	36269.0	1.00	27387.3
101	.	.	7932.1	1044.8	54.1	1065.7	511.2	15460.7	1.00	.
102	.	.	8236.3	1139.7	64.4	1026.5	520.2	18744.6	-1.00	.
103	.	.	6488.9	2237.3	174.8	664.9	628.2	7842.2	1.00	.
104	.	.	12835.4	1204.1	102.4	1054.2	1443.6	19250.7	-1.00	.

분석 → 신경망 → 다중레이어 인식

종속변수, 공변량, 분할, 아키텍처, 훈련, 출력결과, 저장, 옵션 등 모든 조건을 그대로 적용하므로 "확인"을 클릭한다.

확인 → 결과

	연도	월	객실매출	식음료매출	부대시설매출	컨벤션센터...	광고홍보비	순이익	분할변수	MLP_PredictedValue	MLP_PredictedValue_A
82	2015	12	11529.5	1707.5	53.0	536.0	392.0	11256.0	1.00	6708.3	8851.6
83	2016	1	6102.0	1140.0	48.0	1267.8	408.0	5623.8	-1.00	17273.4	21660.6
84	2016	2	8705.5	1799.5	45.0	327.8	428.0	6883.8	1.00	1156.7	5425.8
(생략)											
96	2017	2	8136.0	1126.5	152.0	870.0	678.0	38270.0	1.00	24292.4	20896.4
97	2017	3	7200.0	1350.5	89.0	925.0	488.0	26825.0	1.00	17329.2	20656.4
98	2017	4	5989.5	1023.0	199.0	667.0	658.0	32607.0	1.00	21536.7	18455.7
99	2017	5	17699.0	1112.5	132.0	908.0	1768.0	32468.0	-1.00	27611.7	21565.2
100	2017	6	16312.5	1207.0	157.0	789.0	1678.0	36269.0	1.00	27387.3	21263.3
101	.	.	7932.1	1044.8	54.1	1065.7	511.2	15460.7	1.00	.	21355.5
102	.	.	8236.3	1139.7	64.4	1026.5	520.2	18744.6	-1.00	.	21241.5
103	.	.	6488.9	2237.3	174.8	664.9	628.2	7842.2	1.00	.	17258.7
104	.	.	12835.4	1204.1	102.4	1054.2	1443.6	19250.7	-1.00	.	21642.3

조건에 대한 예측값이 추가로 생성된다.

잔차(관측값 – 예측값)에 의한 MAE(MAD), MSE, RMSE, MAPE 계산은 Chapter 15를 참고한다.

27

CHAPTER

횡단시계열 자료 분석

27 횡단시계열 자료 분석

횡단시계열 자료에서 변수에 의한 통계적 정보는 횡단 자료(cross sectional data)와 시계열 자료(time series data)의 두 가지로 분류된다.

시계열 자료는 변수가 일정 시간 동안 변화할 때 변화 기간의 각 시점에서 관측된 값들의 계열인 시계열의 집합을 의미한다. 횡단 자료는 고정된 시간(fixed time)에서 관측된 변수들의 값(각 개체들의 특성)들을 의미한다. 따라서 시간의 변화에 따른 차이를 고려하면서 동시에 동일 시점에서 각 횡단적 관측치들에 대한 영향도 고려한다.

횡단 시계열 분석은 매우 다양한 목적으로 사용된다.

- 소비자들의 소비가 국민소득에 미치는 영향을 분석할 때 각 소비지출 내역과 국민소득을 분석할 수 있다.

- 노인 특성별 빈곤에 미치는 영향

- 판매 품목별 매출액 비교

- 지자체별 전기 수요 비교

- 녹지공간 규모가 지역별 주택가격에 미치는 영향

횡단시계열 분석에서는 시간의 개념이 포함되어 있지 않아서 직접 예측할 수는 없지만, 분석 결과를 통해서 미래의 사건에 영향을 미치는 요소를 찾아내 의사결정을 하는데 유익하게 적용할 수 있다. 횡단시계열 자료는 자기상관성과 이분산성을 가지고 있어서 다중 회귀분석으로 모형 설정이 불가능하다. 따라서 SPSS 선형혼합모형으로 모형 설정을 해야 된다.

횡단시계열 자료 (Cross Sectional Time Series)	횡단 자료의 수에 비해서 시계열 길이가 긴 경우 예 OECD 국가의 1995년부터 2017년까지의 의료 서비스 자료	
Panel Data	횡단 자료의 시계열 길이는 짧고, 횡단 자료의 수는 많은 경우 예 500개 외국인환자유치의료기관의 2011년부터 2018년까지의 외국인환자유치 실적	

횡단시계열 모형은 SPSS에서 혼합모형으로 분석 가능하다.

5개 외국인환자유치의료기관에서 8년 동안의 광고・홍보비, 순이익, 매출액을 조사했다. 광고・홍보비와 매출액이 순이익에 어떤 영향을 미치는지 분석하고자 한다.

파일 이름: 횡단시계열 분석(단위: 백만 원)

	외국인환자유치의료기관	연간	광고.홍보비	순이익	매출액
1	1	2008	11.50	21.70	202.70
2	1	2009	15.50	23.80	215.40
3	1	2010	19.06	25.50	222.40
4	1	2011	21.50	31.00	227.80
5	1	2012	27.20	32.30	240.80
6	1	2013	28.95	42.00	246.15
7	1	2014	25.00	46.00	353.50
8	1	2015	28.00	48.00	382.30
9	2	2008	14.62	52.00	383.82
10	2	2009	21.30	53.45	414.25

혼합모형 분석 전에 원자료를 로그변환한다.

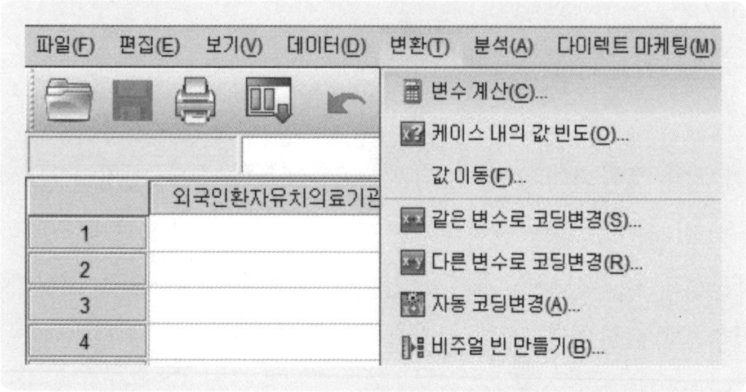
파일(F) 편집(E) 보기(V) 데이터(D) 변환(T) 분석(A) 다이렉트 마케팅(M)
변수 계산(C)...
케이스 내의 값 빈도(O)...
값 이동(F)...
같은 변수로 코딩변경(S)...
다른 변수로 코딩변경(R)...
자동 코딩변경(A)...
비주얼 빈 만들기(B)...
외국인환자유치의료기관
1
2
3
4

변환 → 변수 계산

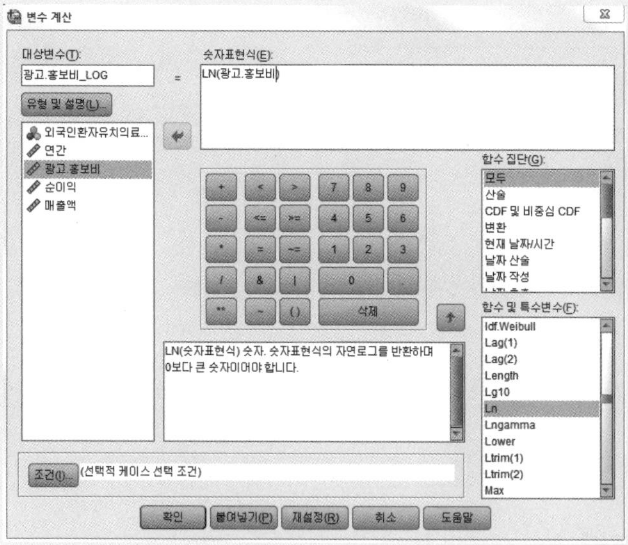

- 광고 · 홍보비_LOG = LN(광고 · 홍보비)
- 대상변수: 광고 · 홍보비_LOG
- 함수 집단에서 Ln 클릭 → 숫자표현식에 LN(?)이 나타난다. → 광고 · 홍보비 선택 → LN(광고 · 홍보비)

확인 → 결과: 광고 · 홍보비_LOG 변수가 새롭게 형성된다.

같은 방법으로 순이익, 매출액도 모두 자연로그로 변환한다.

- 순이익_LOG=LN(순이익)
- 매출액_LOG=LN(매출액)

	외국인환자유치의료기관	연간	광고.홍보비	순이익	매출액	광고.홍보비_LOG	순이익_LOG	매출액_LOG
1	1	2008	11.50	21.70	202.70	2.44	3.08	5.31
2	1	2009	15.50	23.80	215.40	2.74	3.17	5.37
3	1	2010	19.06	25.50	222.40	2.95	3.24	5.40
4	1	2011	21.50	31.00	227.80	3.07	3.43	5.43
5	1	2012	27.20	32.30	240.80	3.30	3.48	5.48
6	1	2013	28.95	42.00	246.15	3.37	3.74	5.51
7	1	2014	25.00	46.00	353.50	3.22	3.83	5.87
8	1	2015	28.00	48.00	382.30	3.33	3.87	5.95
9	2	2008	14.62	52.00	383.82	2.68	3.95	5.95
10	2	2009	21.30	53.45	414.25	3.06	3.98	6.03

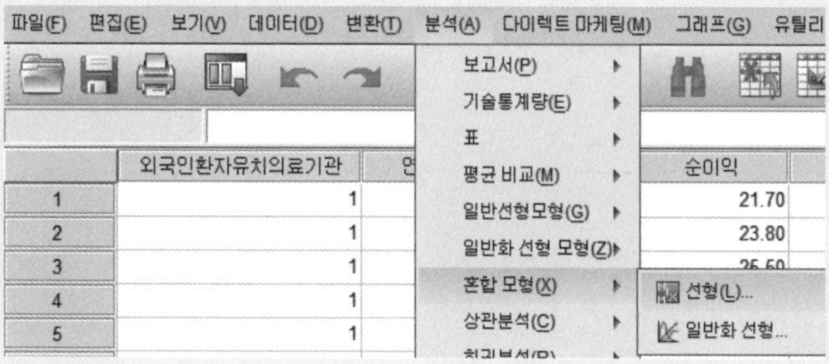

분석 → 혼합모형 → 선형

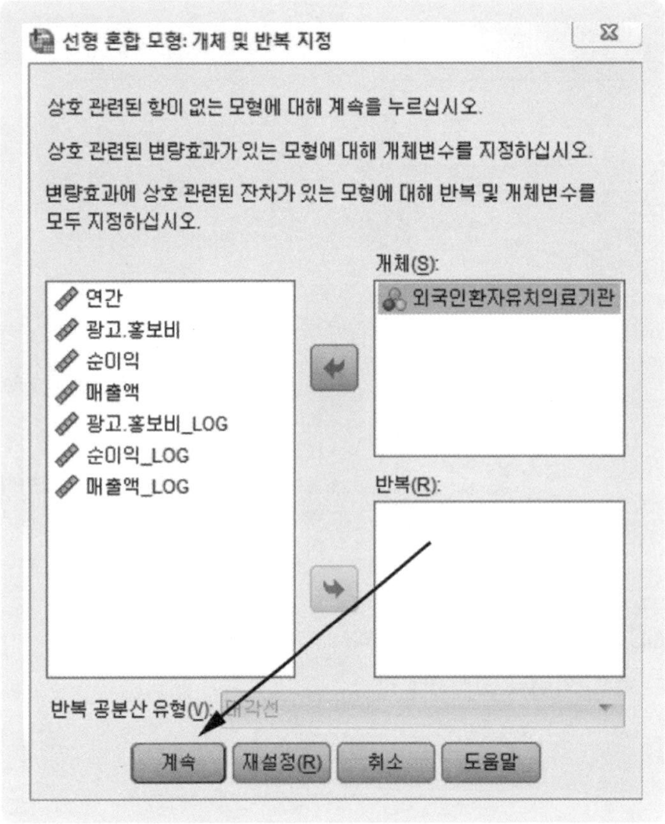

- 개체: 외국인환자유치의료기관
  → 계속

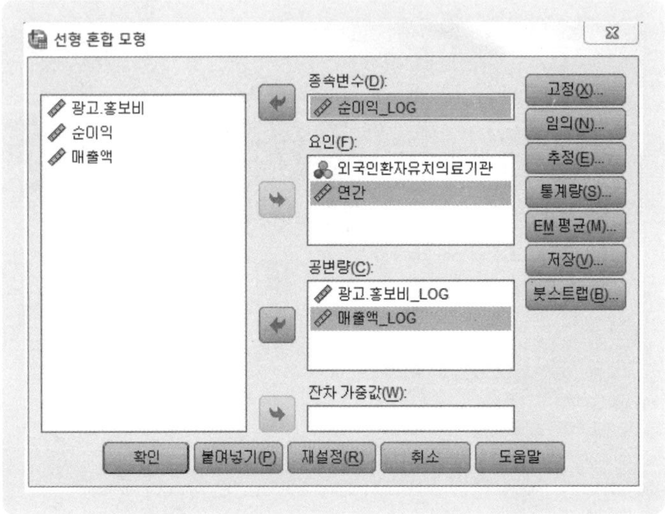

- 종속변수: 순이익_LOG
- 요인분석: 외국인환자유치의료기관, 연도
- 공변량: 광고 · 홍보비_LOG, 매출액_LOG

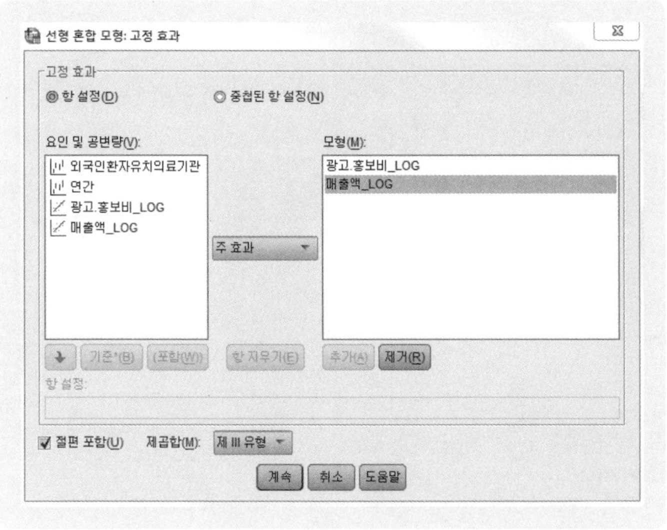

고정

- 선형혼합모형 고정 효과
  요인 및 공변량의 주효과를 상호작용 등 모형의 제요소를 구체화하는 단계이다.
- 모형: 광고·홍보비_LOG, 매출액_LOG
- 요인: 주효과
- 절편포함 체크
- 제곱합: 제Ⅲ유형

…참고

- 제Ⅲ유형: 균형 자료
- 제Ⅰ유형: 불균형 자료 → 계속

임의

- 공분산 유형: 분산분석
- 절편 포함: 체크 해제

모형

- 주효과: 외국인환자유치의료기관, 연간
- 개체 집단: 외국인환자유치의료기관을 조합으로 드래그 → 계속

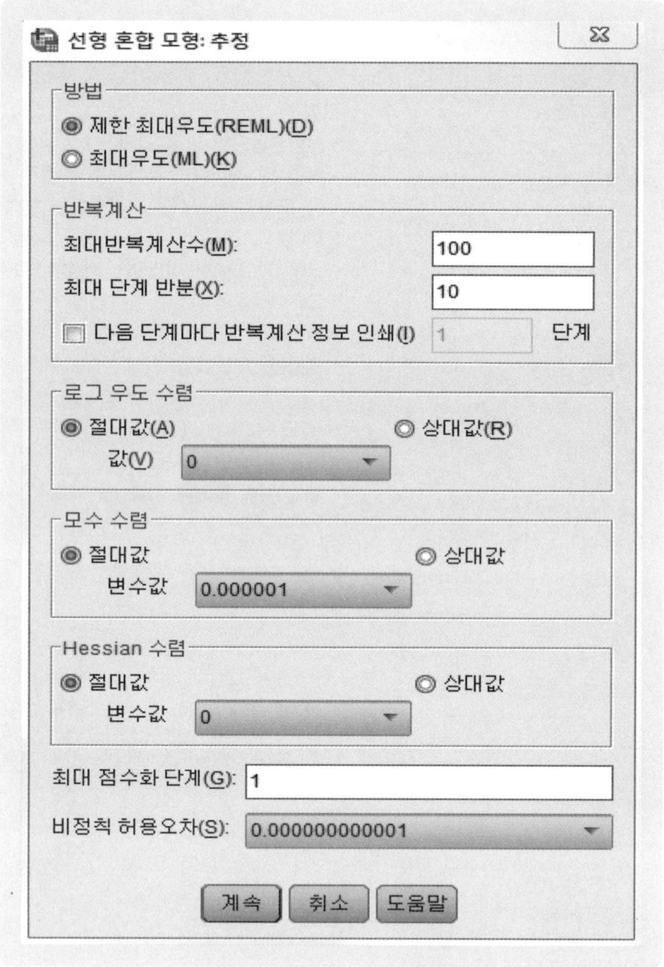

추정
- 방법: 제한 최대우도
- 반복계산, 로그 우도 수렴, 모수 수렴, Hessian 수렴, 최대 점수화 단계: 기본값 그대로 → 계속

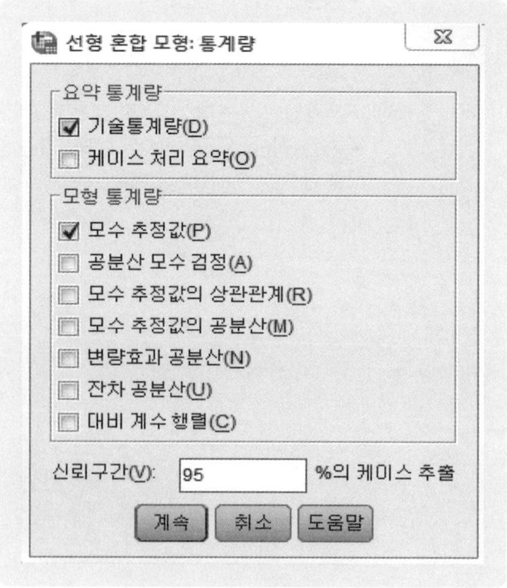

통계량
- 요약 통계량: 기술통계량
- 모형 통계량: 모수 추정값 → 계속

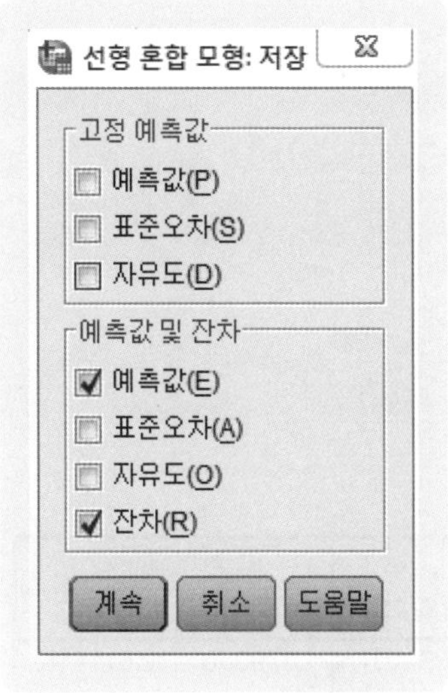
선형 혼합 모형: 저장
고정 예측값
예측값(P)
표준오차(S)
자유도(D)
예측값 및 잔차
예측값(E)
표준오차(A)
자유도(O)
잔차(R)
계속
취소
도움말

저장
- 예측값 및 잔차: 예측값, 잔차

계속 → 확인 → 결과

모형 차원[a]

		수준의 수	공분산 구조	모수의 수
고정 효과	절편	1		1
	광고.홍보비_LOG	1		1
	매출액_LOG	1		1
변량효과	외국인환자유치의료기관 + 연간[b]	13	분산성분	2
잔차				1
합계		16		6

a. 종속변수: 순이익_LOG.

b. 11.5 버전에서는 RANDOM 부명령문의 구문 규칙이 변경되었습니다. 명령문의 산출 결과가 이전 버전의 결과와 다를 수 있습니다. 버전 11 명령문을 사용할 경우 이에 대한 자세한 내용은 현재 명령문 참조 안내서를 참고하십시오.

정보 기준[a]

-2 제한 로그 우도	-35.720
Akaike 정보 기준(AIC)	-29.720
Hurvich & Tsai 기준(AICC)	-28.992
Bozdogan 기준(CAIC)	-21.887
Schwartz 베이지안 기준 (BIC)	-24.887

정보 기준은 가능한 작은 형태로 출력됩니다.

a. 종속변수: 순이익_LOG.

고정 효과 추정값

제3 유형 고정 효과 검정a

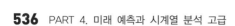

소스	분자 df	분모 df	거짓	유의확률
절편	1	30.322	2.336	.137
광고.홍보비_LOG	1	26.734	3.166	.087
매출액_LOG	1	34.581	11.882	.002

a. 종속변수: 순이익_LOG.

고정 효과 추정값a

모수	추정값	표준오차	자유도	t	유의확률	95% 신뢰구간	
						하한값	상한값
절편	1.118232	.731659	30.322	1.528	.137	-.375350	2.611815
광고.홍보비_LOG	.101983	.057320	26.734	1.779	.087	-.015682	.219648
매출액_LOG	.425378	.123406	34.581	3.447	.002	.174742	.676014

a. 종속변수: 순이익_LOG.

공분산 모수

공분산 모수 추정값a

모수		추정값	표준오차
잔차		.007633	.002353
외국인환자유치의료기관	분산	.102487	.073197
연간	분산	.015885	.013755

a. 종속변수: 순이익_LOG.

고정 효과 유의확률이 유의수준 0.05보다 작을 때 통계적으로 유의미하다.
광고・홍보비는 통계적으로 유의미하지 않다.

오차항의 공분산에 대한 추정값이 제시된다.

예측값과 잔차가 새로운 변수로 추가로 생성된다.

	외국인환자유치의료기관	연간	광고.홍보비	순이익	매출액	광고.홍보비_LOG	순이익_LOG	매출액_LOG	PRED_1	RESID_1
1	1	2008	11.50	21.70	202.70	2.44	3.08	5.31	3.1869	-.1096
2	1	2009	15.50	23.80	215.40	2.74	3.17	5.37	3.2174	-.0478
3	1	2010	19.06	25.50	222.40	2.95	3.24	5.40	3.3230	-.0843
4	1	2011	21.50	31.00	227.80	3.07	3.43	5.43	3.4339	.0001
5	1	2012	27.20	32.30	240.80	3.30	3.48	5.48	3.5226	-.0475
6	1	2013	28.95	42.00	246.15	3.37	3.74	5.51	3.6013	.1364
7	1	2014	25.00	46.00	353.50	3.22	3.83	5.87	3.7839	.0448
8	1	2015	28.00	48.00	382.30	3.33	3.87	5.95	3.7860	.0852
9	2	2008	14.62	52.00	383.82	2.68	3.95	5.95	3.9703	-.0190
10	2	2009	21.30	53.45	414.25	3.06	3.98	6.03	4.0153	-.0366

자연로그로 표시된 예측값을 EXP 함수를 활용해서 원래 값으로 돌려 놓는다.

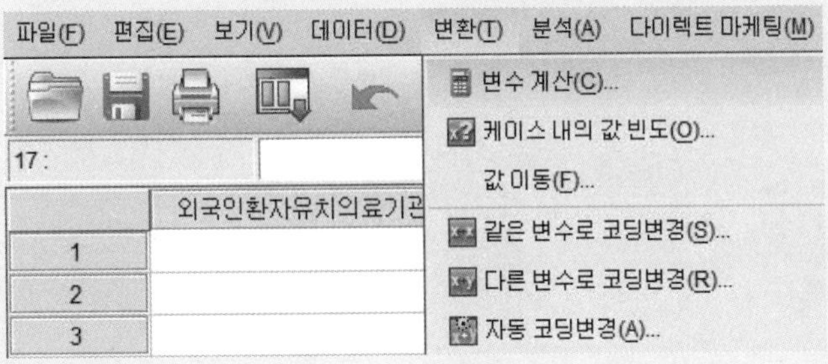

변환 → 변수 계산

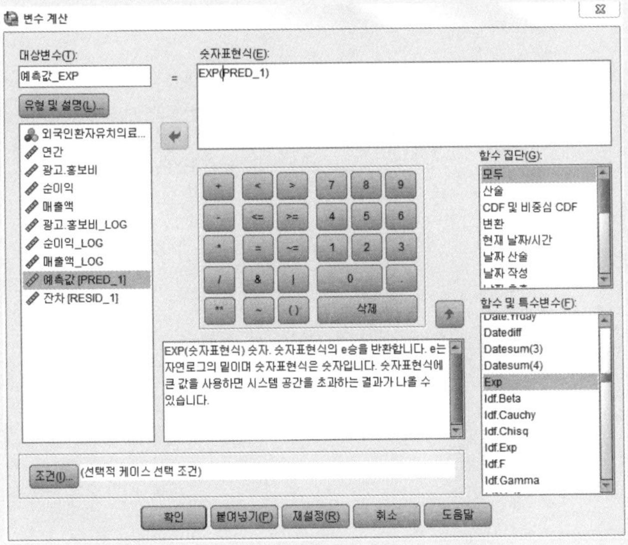

- 대상변수: 예측값_EXP
- 함수 집단: Exp
- 숫자표현식에 EXP(?)로 표시된다. → 물음표에 커서가 있는 상태에서 예측값을 클릭하면 EXP(PRED_1)으로 변경된다.

확인 → 결과

	외국인환자유치의료기관	연간	광고.홍보비	순이익	매출액	광고.홍보비_LOG	순이익_LOG	매출액_LOG	PRED_1	RESID_1	예측값_EXP
1	1	2008	11.50	21.70	202.70	2.44	3.08	5.31	3.1869	-.1096	24.21
2	1	2009	15.50	23.80	215.40	2.74	3.17	5.37	3.2174	-.0478	24.96
3	1	2010	19.06	25.50	222.40	2.95	3.24	5.40	3.3230	-.0843	27.74
4	1	2011	21.50	31.00	227.80	3.07	3.43	5.43	3.4339	.0001	31.00
5	1	2012	27.20	32.30	240.80	3.30	3.48	5.48	3.5226	-.0475	33.87
6	1	2013	28.95	42.00	246.15	3.37	3.74	5.51	3.6013	.1364	36.65
7	1	2014	25.00	46.00	353.50	3.22	3.83	5.87	3.7839	.0448	43.99
8	1	2015	28.00	48.00	382.30	3.33	3.87	5.95	3.7860	.0852	44.08
9	2	2008	14.62	52.00	383.82	2.68	3.95	5.95	3.9703	-.0190	53.00
10	2	2009	21.30	53.45	414.25	3.06	3.98	6.03	4.0153	-.0366	55.44

같은 방법으로 잔차도 Exp 함수를 이용해서 원래 값으로 변경한다.

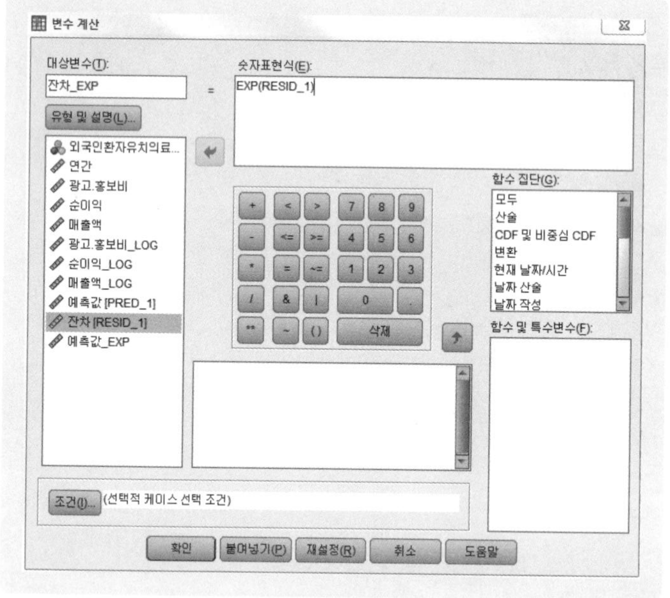

- 대상변수: 잔차_EXP
- 숫자표현식: EXP(RESID_1)

확인 → 결과: 순이익 예측값이 출력된다.

	외국인환자유치의료기관	연간	광고.홍보비	순이익	매출액	광고.홍보비_LOG	순이익_LOG	매출액_LOG	PRED_1	RESID_1	예측값_EXP	잔차_EXP
1	1	2008	11.50	21.70	202.70	2.44	3.08	5.31	3.1869	-.1096	24.21	.90
2	1	2009	15.50	23.80	215.40	2.74	3.17	5.37	3.2174	-.0478	24.96	.95
3	1	2010	19.06	25.50	222.40	2.95	3.24	5.40	3.3230	-.0843	27.74	.92
4	1	2011	21.50	31.00	227.80	3.07	3.43	5.43	3.4339	.0001	31.00	1.00
5	1	2012	27.20	32.30	240.80	3.30	3.48	5.48	3.5226	-.0475	33.87	.95
6	1	2013	28.95	42.00	246.15	3.37	3.74	5.51	3.6013	.1364	36.65	1.15
7	1	2014	25.00	46.00	353.50	3.22	3.83	5.87	3.7839	.0448	43.99	1.05
8	1	2015	28.00	48.00	382.30	3.33	3.87	5.95	3.7860	.0852	44.08	1.09
9	2	2008	14.62	52.00	383.82	2.68	3.95	5.95	3.9703	-.0190	53.00	.98
10	2	2009	21.30	53.45	414.25	3.06	3.98	6.03	4.0153	-.0366	55.44	.96

잔차의 정규성 검정

잔차의 정규성 검정은 Q-Q 도표와 Kolmogorov-Smirnov 및 Shapiro-Wilk에서 유의확률 0.05보다 큰지 확인하는 방법이 있다.

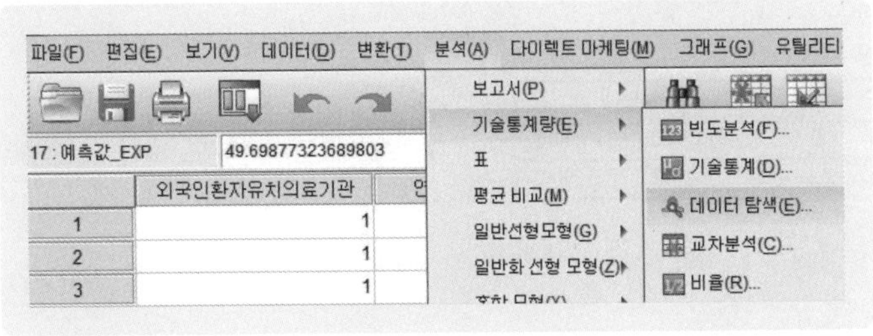

분석 → 기술통계량 → 데이터 탐색

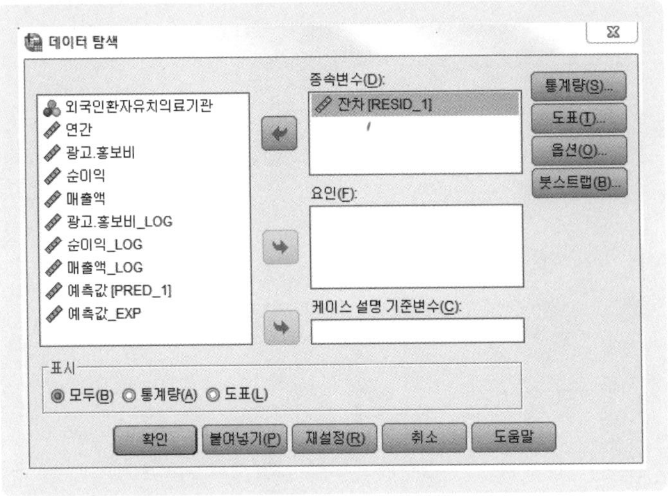

• 종속변수: 잔차

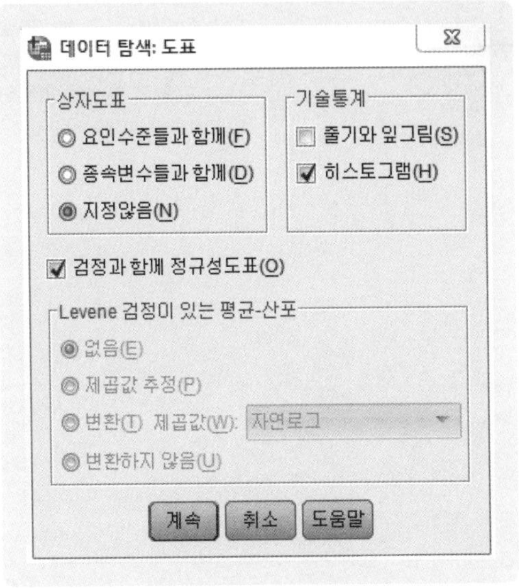

• 기술통계: 히스토그램
• 상자도표: 지정 않음
• 검정과 함께 정규성 도표

계속 → 확인 → 결과

정규성 검정

	Kolmogorov-Smirnov[a]			Shapiro-Wilk		
	통계량	자유도	유의확률	통계량	자유도	유의확률
잔차_EXP	.088	40	.200*	.979	40	.648

a. Lilliefors 유의확률 수정

*. 이것은 참인 유의확률의 하한값입니다.

잔차_EXP

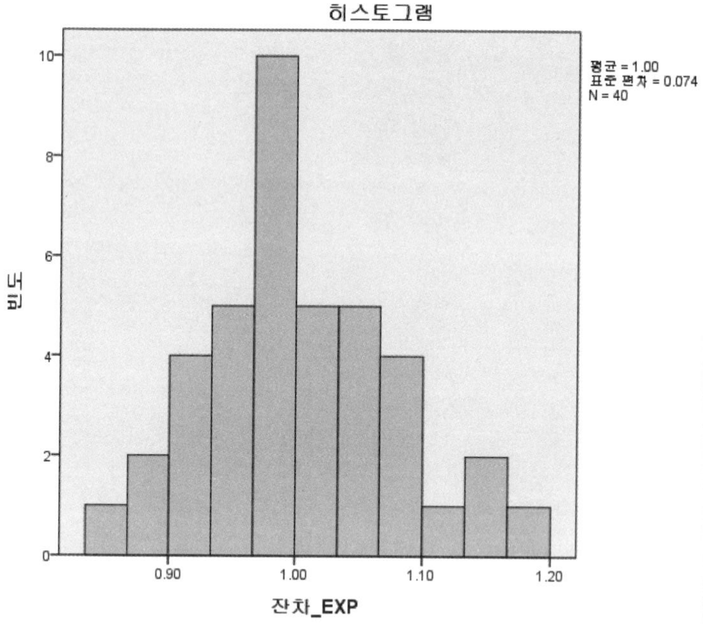

Kolmogorov-Smirnov 또는 Shapiro-Wilk 중 하나라도 유의확률이 유의수준 0.05보다 크면 정규성을 만족한다.

Q-Q 도표

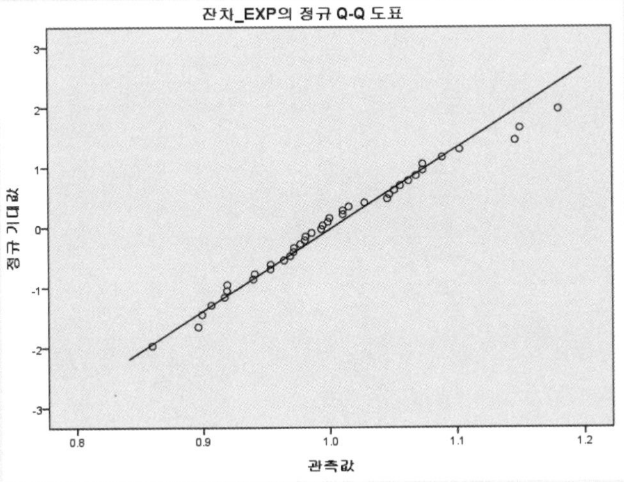

대각선에 모여 있으면 정규성을 만족한다.

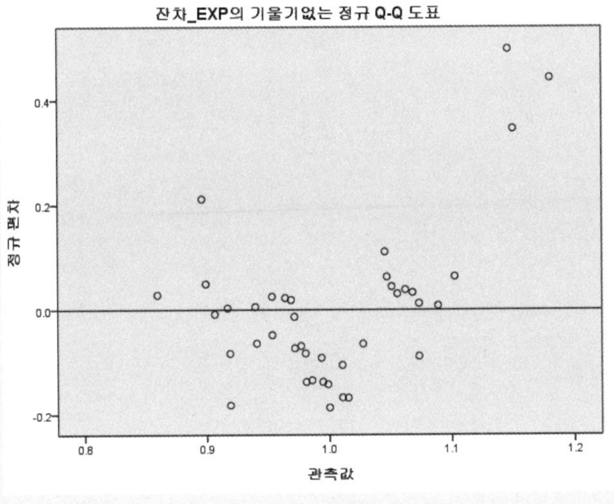

0을 중심으로 골고루 분포되어 있으면 정규성을 만족한다.

28

CHAPTER

시간종속 COX 회귀모형

28 시간종속 COX 회귀모형

구분	방법	내용
생존율 산출	생명표법	표본수 50개 이상
	카플란 마이어 방법	표본수 50개 이하
생존율 비교	Mantel Haenzel Method	생명표법을 이용하여 생존곡선을 비교 분석할 때 적용
	Log Rank Method	카플란 마이어방법 사용 시 비교
	Gehan's Generalized Wilcoxon Method	생명표법에서 채택
생존기간에 영향을 주는 인자에 대한 Odds Ratio 추정	콕스 비례위험 모형	시간에 영향을 받지 않는 경우
	시간종속 COX 회귀모형	시간에 영향을 받는 경우

Curve의 Ratio가 서로 Cross하면 콕스의 비례위험모형의 기본 가정인 Hazard Ratio가 시간에 관계없이 일정하다는 가정에 위배된다. 따라서 시간이 지남에 따라 Hazard Ratio가 변한다는 것을 시사한다. 이런 경우 시간종속 COX 회귀모형을 실시한다.

콕스의 비례위험모형은 공변량의 값이 시간에 무관한 경우만 고려하지만 공변량이 시간에 따라 달라지는 모형을 적용한다. 시간에 따라 비례위험도가 변한다면 시간종속 COX 회귀모형으로 해야 된다.

시간종속 COX 회귀모형은 매우 다양한 분야에 적용 가능하다.

예 암 절제술 후 고령자, 중·장년층의 초기의 예후와 후기의 예후는 차이가 있을까?

근무 연수에 따라서 직원들의 부서별, 남녀별, 급여별 퇴직 가능성이 다를까?

호텔 부서별, 성별 근무기간을 조사했다.

(단위: 개월)

	ID	생존기간	부서	성별	생존여부
1	1	12	1	1	2
2	2	48	4	1	3
3	3	72	3	1	3
4	4	12	1	2	1
5	5	27	1	1	2
6	6	57	3	1	1
7	7	42	3	1	3
8	8	85	2	2	3
9	9	14	3	1	1
10	10	5	1	1	1

변수값 입력

변수 보기 → 값 클릭

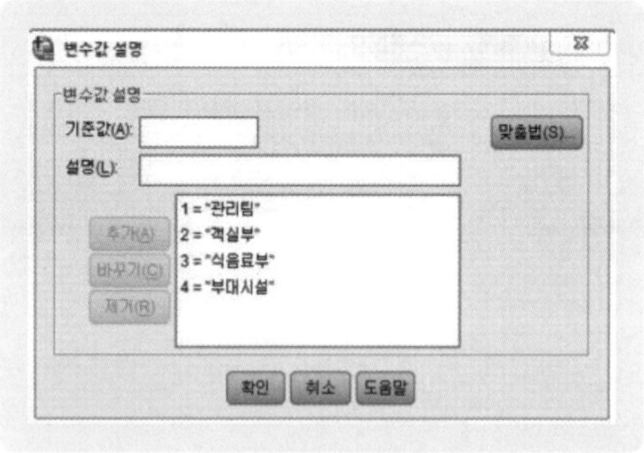

기준값 1
설명: 관리팀 → 추가
기준값: 2
설명: 객실부
같은 방법으로 다른 변수값을 입력 → 확인

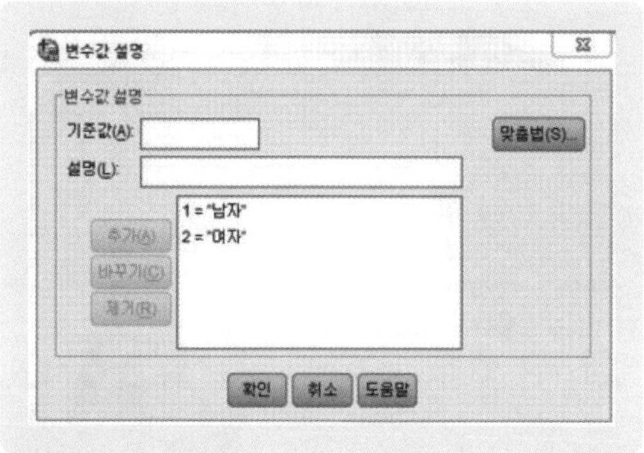

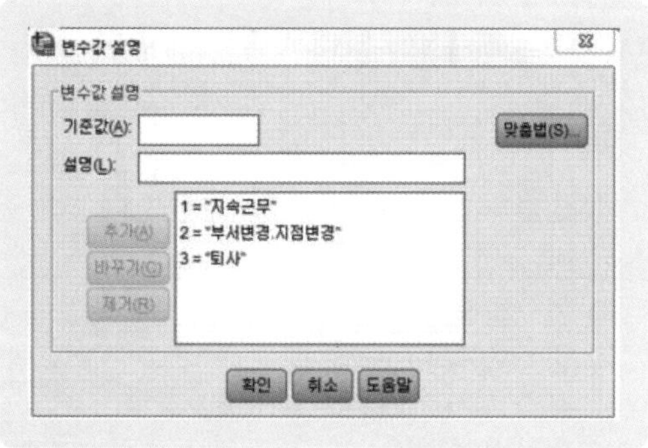

분석 → 생존분석 → 시간종속 COX 회귀모형

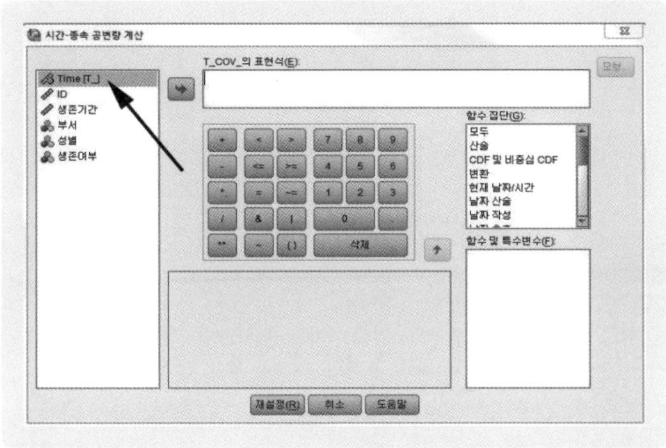

Time(T_)란 변수가 새롭게 보인다. → T_COV의 표현식으로 드래그한다. → T_COV의 표현식에 T_ (T Under_bar)가 보인다.

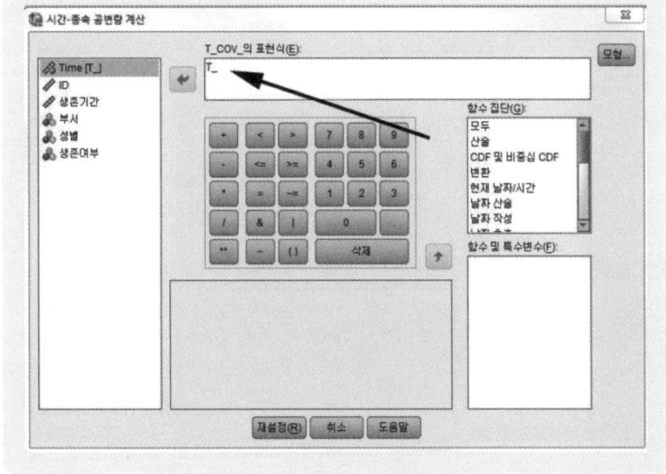

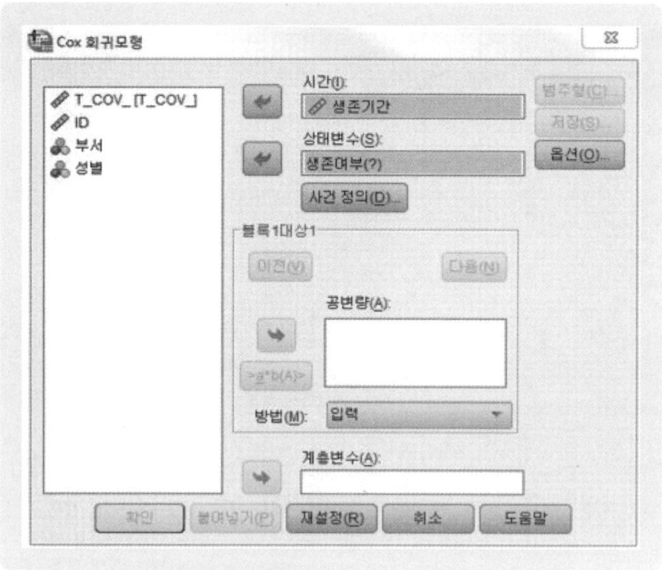

모형 → 변수에 T_COV_(T_COV)란 이름의 새로운 변수가 보인다. (생존시간이 공변량으로 생성된다.)
시간 : 생존기간
상태변수: 생존여부 변수 선택 → 사건 정의

…참고
단일 값: 값이 하나인 경우
예 사망, 퇴사

값의 범위:
예 암 초기부터 암 말기

여러 값:
예 명예퇴직, 퇴사

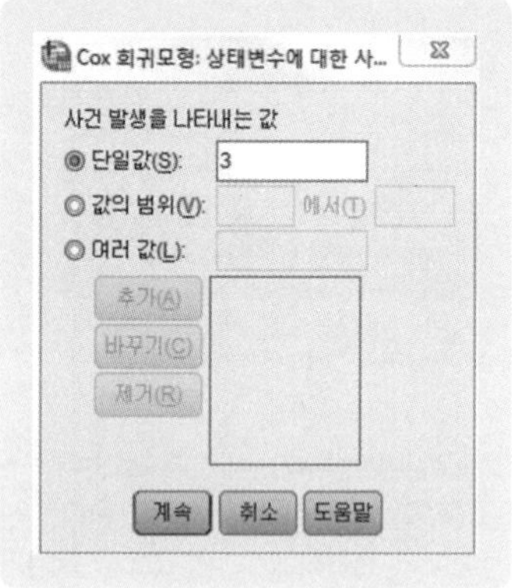

단일값: 3 → 계속
값의 범위:
예 치료 전 사망 1, 치료 중 사망 2, 치료 후 사망 3: 1부터 3
여러 값: 치료 중 사망 1, 치료 후 사망 2: 1과 2

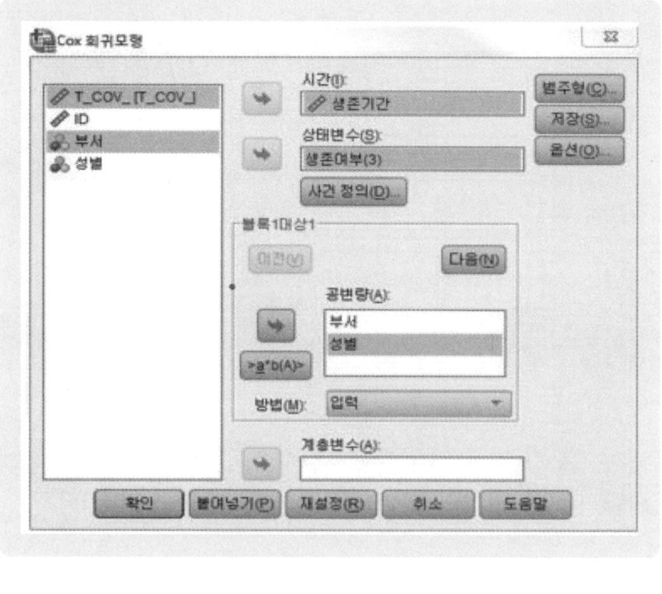

공변량: 독립변수(부서, 성별) 선택

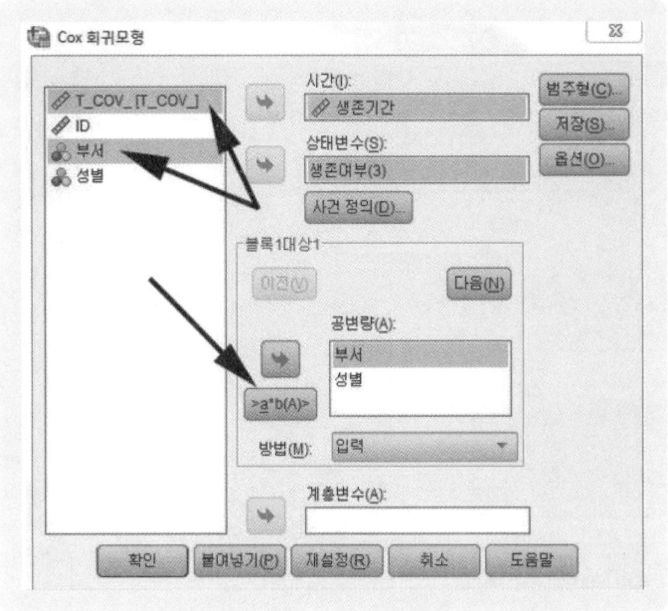

부서를 클릭한 후 Control Key를 누른 상태에서 T_COV_(T_COV_)를 선택 → 공변량 〉 a*b(A) 〉 클릭

공변량에 부서* T_COV_(T_COV_)란 이름의 변수가 들어간다.

성별을 클릭한 후 Control Key를 누른 상태에서 T_COV_(T_COV_)를 선택 → 공변량 〉 a*b(A) 〉 클릭 → 공변량에 성별* T_COV_(T_COV_)란 이름의 변수가 들어간다.

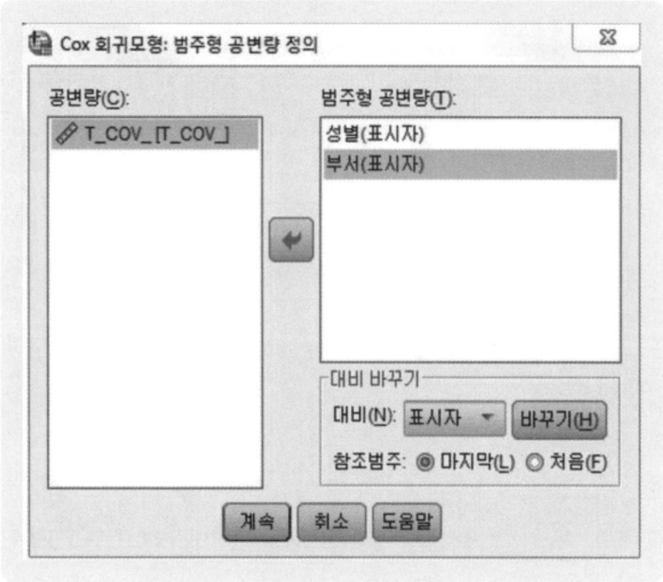

범주형

표시자를 처음으로 변경 → 바꾸기 → 부서(표시자(처음)) 및 성별(표시자(처음))으로 변경 → 계속

주의: 변수값에 0이 있으면 처음을 선택하고, 변수값에 0이 없으면 마지막을 선택한다.

예 참조범주로 처음 선택:
0: 부서 1, 1: 부서 2, 2: 부서 3, 3: 부서 4

참조범주로 마지막 선택 :
1: 부서 1, 2: 부서 2, 3: 부서 3, 4: 부서 4

▌참고▐ 처음으로 변경한 경우

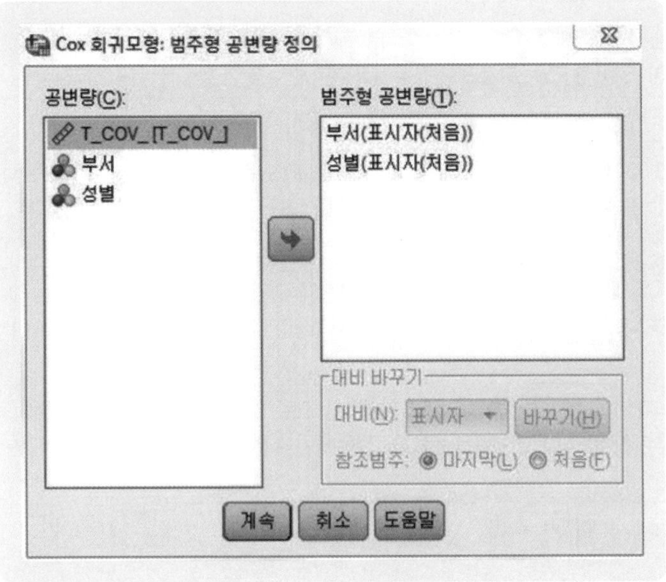

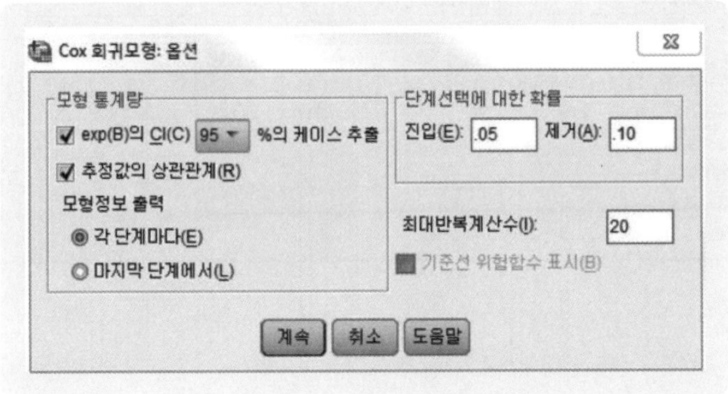

옵션
exp(β)의 CI(C) 95%의 케이스 추출
추정값의 상관관계
모형정보 출력: 각 단계마다

계속 → 방법

구분	특징
입력	모든 변수를 고려 연구자가 어떤 변수들이 의미가 있는지 모를 경우 유의한 변수를 찾을 때 유용하다.
앞으로 LR	앞으로 LR을 선택하면 가장 유의한 변수를 순서대로 추가하는 식이다. 유의확률이 유의수준 0.05 이상인 변수는 방정식에서 제외되므로, 변수가 많을 때, 모든 변수를 고려하는 “입력” 방식보다 “앞으로 LR” 방식이 더 바람직하다. 초보자에게는 “앞으로 LR”을 권장한다. 단계 1의 전체 통계량 유의확률 유의수준 0.05보다 작은지 확인 → 방정식의 변수 유의확률이 유의수준 0.05보다 작은지 확인 → 변수 B 플러스와 마이너스 확인 → Exp(β) 해석
뒤로 LR	유의하지 않은 변수를 제거하면서 방정식을 제시한다. 앞으로 LR을 선택하면 가장 유의한 변수를 순서대로 추가하는 식이고, 뒤로 LR을 선택하면 유의하지 않은 변수를 제거하면서 방정식을 제시한다. 블록 1: 방법 = 후진 단계선택 (우도비)

모형계수에 대한 전체 검정[d]

단계	-2 Log 우도	전체 통계량(스코어)			이전 단계와의 상대적 변화			이전 블록과의 상대적 변화		
		카이제곱	자유도	유의확률	카이제곱	자유도	유의확률	카이제곱	자유도	유의확률
1[a]	201.497	35.241	8	.000	22.055	8	.005	22.055	8	.005
3[b]	201.831	35.012	7	.000	.334	1	.563	21.721	7	.003
4[c]	201.880	34.955	6	.000	.049	1	.825	21.673	6	.001

a. 단계 번호 1: 부서 성별 T_COV_ T_COV_*부서 T_COV_*성별에서 입력된 변수

b. 단계 번호 3: 성별에서 제거된 변수

c. 단계 번호 4: T_COV_*성별에서 제거된 변수

d. 시작 블록 수 1. 방법 = 후진 단계선택 (우도비)

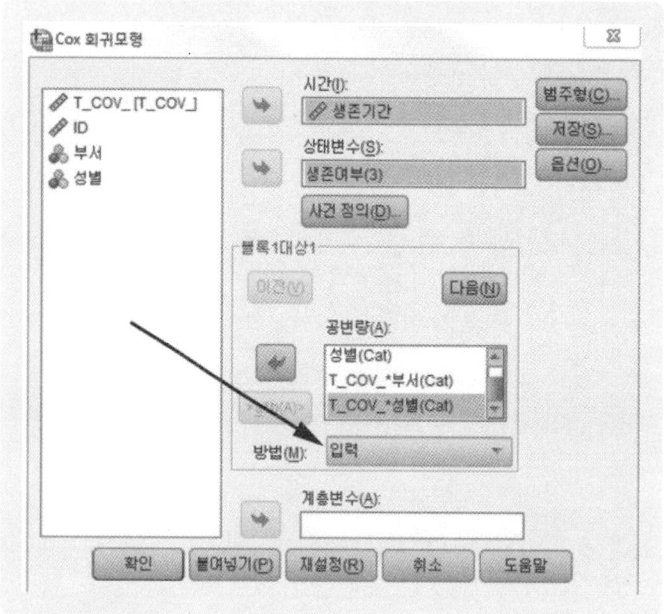

계속 → 확인 → 결과방법: 입력 선택

케이스 처리 요약

		N	퍼센트
분석가능한 케이스	사건[a]	29	32.2%
	중도절단	57	63.3%
	전체	86	95.6%
삭제 케이스	결측 케이스	0	.0%
	음의 시간을 갖는 케이스	0	.0%
	계층에서 가장 최근 사건 이전까지의 중도절단 케이스	4	4.4%
	전체	4	4.4%
전체		90	100.0%

a. 종속변수 생존기간: 생존기간

범주형 변수 코딩[b,c]

		빈도	(1)	(2)	(3)
부서[a]	1=관리팀	25	1	0	0
	2=객실부	28	0	1	0
	3=식음료부	25	0	0	1
	4=부대시설	12	0	0	0
성별[a]	1=남자	47	1		
	2=여자	43	0		

a. 표시형 파라미터 코딩

b. 범주변수: 부서

c. 범주변수: 성별

중도 절단은 전체 86건 중 57건으로 비율은 63.3%이다.

블록 0: 시작 블록

모형계수에 대한 전체 검정

-2 Log 우도
223.552

블록 1: 방법 = 진입

모형계수에 대한 전체 검정[a]

-2 Log 우도	전체 통계량(스코어)			이전 단계와의 상대적 변화			이전 블록과의 상대적 변화		
	카이제곱	자유도	유의확률	카이제곱	자유도	유의확률	카이제곱	자유도	유의확률
201.497	35.241	8	.000	22.055	8	.005	22.055	8	.005

a. 시작 블록 수 1. 방법 = 진입

방정식의 변수

	B	표준오차	Wald	자유도	유의확률	Exp(B)	Exp(B)에 대한 95.0% CI	
							하한	상한
부서			6.869	3	.076			
변수 이름 부서(1)	1.437	2.179	.435	1	.510	4.210	.059	301.573
변수 이름 부서(2)	1.480	1.695	.762	1	.383	4.393	.158	121.875
변수 이름 부서(3)	3.514	1.784	3.881	1	.049	33.581	1.018	1107.753
성별	.412	.716	.331	1	.565	1.510	.371	6.144
T_COV_*부서			12.129	3	.007			
변수 이름 T_COV_*부서(1)	.097	.079	1.500	1	.221	1.102	.943	1.288
변수 이름 T_COV_*부서(2)	-.023	.027	.696	1	.404	.977	.926	1.031
변수 이름 T_COV_*부서(3)	-.083	.034	5.849	1	.016	.920	.860	.984
T_COV_*성별	-.010	.017	.355	1	.551	.990	.959	1.023

해석 순서

전체 통계량 유의확률 해석 → 교호작용 확인 → 교호작용이 없으면 COX 회귀모형 실시 → 교호작용이 있으면 B 계수의 플러스 또는 마이너스 부호 확인: 플러스는 증가, 마이너스는 감소로 해석 → Exp(β) 비율 해석

전체 통계량의 유의확률이 0.000으로 유의수준 0.05보다 작기 때문에 방정식은 통계적으로 유의미하다.

T_COV*부서의 유의확률이 0.007로 유의수준 0.05보다 작기 때문에 부서와 생존기간과의 교호작용이 유의하다. 즉, 시간의 흐름에 따라서 부서별 퇴사 Hazard Ratio는 차이가 있다.

B의 계수로 Hazard Rate의 증감을 알 수 있다. 변수 이름 T_COV*부서(3)의 B 계수가 −0.083으로 마이너스 값이다. 따라서 퇴사율은 부서 4에 비해서 부서 3은 퇴사율이 감소한다라고 해석한다. 몇 배로 감소할까?

변수 이름 T_COV*부서(3)의 유의확률이 0.016으로 유의수준 0.05보다 작기 때문에 통계적으로 유의미하다. 부서 4에 비해서 부서 3은 퇴사율(Hazard Ratio)이 0.92배 감소한다. 즉, 부서 4에 근무 중인 직원을 부서 3으로 인사발령하였을 경우 퇴사율은 0.92배 감소한다.

부서 1, 부서 2와 부서 4는 유의확률이 유의수준 0.05보다 크기 때문에 유의미한 차이가 없다.

연속변수의 경우, Exp(β)는 변수값 1 증가 시마다 위험도 증감으로 해석한다.
예 만약 연령변수의 Exp(β)가 1.21이라면 나이가 한 살 늘어날 때마다 퇴사율이 1.21배 증가한

한다는 의미이다.

T_COV*성별의 유의확률이 0.551로 유의수준 0.05보다 크기 때문에 성별에 따른 퇴사 Hazard Ratio는 시간에 상관없이 일정하다. 즉, T_COV_성별에 대한 Hazard Rate는 시간에 따라 변한다고 할 수 없다.

만약 T_COV_*성별의 유의확률이 유의수준 0.05보다 작다면 성별에 따른 회사율은 시간의 흐름에 따라 여자에 비해서 남자의 Hazard Ratio는 0.99배 낮다. (B의 부호가 마이너스)

회귀계수의 상관행렬

	부서(1)	부서(2)	부서(3)	성별	T_COV_*부서(1)	T_COV_*부서(2)	T_COV_*부서(3)
부서(2)	.683						
부서(3)	.764	.822					
성별	-.060	.052	.088				
T_COV_*부서(1)	-.832	-.302	-.394	.110			
T_COV_*부서(2)	-.631	-.937	-.755	-.094	.308		
T_COV_*부서(3)	-.660	-.655	-.896	-.098	.394	.655	
T_COV_*성별	-.013	-.102	-.111	-.830	-.015	.185	.142

공변량 평균값

	평균
T_COV_	27.904
부서(1)	.101
부서(2)	.369
부서(3)	.332
성별	.477
T_COV_*부서(1)	1.256
T_COV_*부서(2)	9.876
T_COV_*부서(3)	10.304
T_COV_*성별	12.375

통계적으로 유의미하지 않은 변수를 모형에서 제외하고 시간종속 COX 회귀모형을 다시 실시한다.

초보자의 경우, 유의미한 변수의 제외가 까다롭게 느껴질 수 있으므로 방법에서 입력보다는 앞으로 LR을 권장한다.

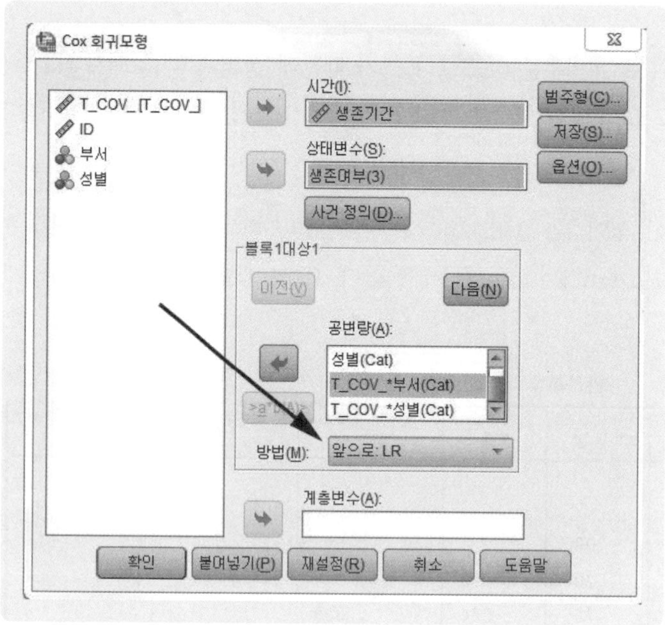

앞으로 LR을 선택한 결과

단계 2의 결과가 입력과 동일하고, 단계 1은 단계 2에서 통계적으로 유의미하지 않은 변수들을 제거한 결과를 보여준다.

블록 1: 방법 = 전진 단계선택 (우도비)

모형계수에 대한 전체 검정[c]

단계	-2 Log 우도	전체 통계량(스코어)			이전 단계와의 상대적 변화			이전 블록과의 상대적 변화		
		카이제곱	자유도	유의확률	카이제곱	자유도	유의확률	카이제곱	자유도	유의확률
1[a]	209.413	21.420	3	.000	14.139	3	.003	14.139	3	.003
2[b]	201.880	34.955	6	.000	7.533	3	.057	21.673	6	.001

a. 단계 번호 1: T_COV_*부서에서 입력된 변수

b. 단계 번호 2: 부서에서 입력된 변수

c. 시작 블록 수 1. 방법 = 전진 단계선택 (우도비)

방정식의 변수

		B	표준오차	Wald	자유도	유의확률	Exp(B)
단계 1	T_COV_*부서			16.646	3	.001	
	변수 이름 T_COV_*부서(1)	.099	.029	11.677	1	.001	1.104
	변수 이름 T_COV_*부서(2)	.000	.009	.000	1	.984	1.000
	변수 이름 T_COV_*부서(3)	-.019	.012	2.697	1	.101	.981
단계 2	부서			6.652	3	.084	
	변수 이름 부서(1)	1.453	2.145	.459	1	.498	4.277
	변수 이름 부서(2)	1.380	1.669	.684	1	.408	3.975
	변수 이름 부서(3)	3.390	1.752	3.743	1	.053	29.662
	T_COV_*부서			11.965	3	.008	
	변수 이름 T_COV_*부서(1)	.095	.078	1.473	1	.225	1.099
	변수 이름 T_COV_*부서(2)	-.020	.027	.563	1	.453	.980
	변수 이름 T_COV_*부서(3)	-.080	.034	5.683	1	.017	.923

29

CHAPTER

몬테칼로 시뮬레이션

29 몬테칼로 시뮬레이션

몬테칼로 시뮬레이션은 다양한 조건변화를 포함한 불확실한 미래 예측에 활용할 수 있다.

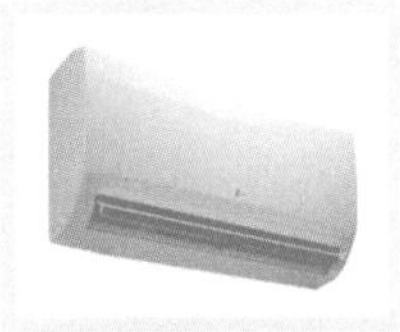

• 온도에 따른 에너지 사용량 변화 예측

• 광고홍보비가 매출에 미치는 영향 예측

• 불확실한 미래의 투자에 따른 수익 예측

2009년부터 2017년까지 호텔고객수, 순이익, 광고홍보비를 조사했다.

	연도	월	호텔고객수	순이익	광고홍보비
1	2009	3	3750	587.50	108.00
2	2009	4	4290	700.90	200.00
3	2009	5	4840	816.40	126.00
4	2009	6	2250	272.50	132.00
5	2009	7	8690	1224.90	276.00
6	2009	8	8230	1128.30	168.00
7	2009	9	2150	251.50	384.00
8	2009	10	5480	850.80	304.00
9	2009	11	3890	616.90	756.00
10	2009	12	3560	547.60	160.00

몬테칼로 시뮬레이션을 하기 위해서 파일 이름과 변수 이름을 모두 영문으로 변경한다.

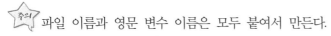

주의 파일 이름과 영문 변수 이름은 모두 붙여서 만든다.

예 Guest Number (X) Guestnumber (◯)

국문 변수 이름					
	연도	월	호텔고객수	순이익	광고홍보비
1	2009	3	3750	587.50	108.00
2	2009	4	4290	700.90	200.00
3	2009	5	4840	816.40	126.00
4	2009	6	2250	272.50	132.00
5	2009	7	8690	1224.90	276.00
6	2009	8	8230	1128.30	168.00
7	2009	9	2150	251.50	384.00
8	2009	10	5480	850.80	304.00
9	2009	11	3890	616.90	756.00
10	2009	12	3560	547.60	160.00

영문 변수 이름					
	Year	Month	Guestnumber	Netprofit	Adverstise
1	2009	3	3750	587.50	108.00
2	2009	4	4290	700.90	200.00
3	2009	5	4840	816.40	126.00
4	2009	6	2250	272.50	132.00
5	2009	7	8690	1224.90	276.00
6	2009	8	8230	1128.30	168.00
7	2009	9	2150	251.50	384.00
8	2009	10	5480	850.80	304.00
9	2009	11	3890	616.90	756.00
10	2009	12	3560	547.60	160.00

경고

부명령문 TARGETOPTS 1: 모형 파일에서 대상 순이익을(를) 찾지 못했습니다. 시뮬레이션 계획을 만들지 못했습니다. 이 명령 실행이 중단되었습니다

```
*Run simulation plan.
SIMRUN
 /PLAN FILE='C:₩Users₩SUSIE₩SUSIE_HAN₩오피스_프로그램₩SPSS 21 통계₩백산출판사_시계열분석₩SPSS_CD₩29 몬테칼로 시뮬레이션₩SimulationPlan_1.splan'
 /CRITERIA  REPRESULTS=TRUE  SEED=629111597
 /DISTRIBUTION DISPLAY=PDF SCALE = PDFVIEW(CURVE) OVERLAYTARGETS(NO) CATEGORICAL= PREDVAL GROUP(CATS)
 /BOXPLOT DISPLAY=NO
 /SCATTERPLOT DISPLAY=NO
 /TORNADO DISPLAY=YES TYPE=CORR
 /PRINT DESCRIPTIVES=YES(CILEVEL=95.0) PERCENTILES=NO.
```

시뮬레이션 실행

[데이터집합1] C:₩Users₩SUSIE₩SUSIE_HAN₩오피스_프로그램₩SPSS 21 통계₩백산출판사_시계열분석₩SPSS_CD₩29 몬테칼로 시뮬레이션₩몬테칼로시뮬리에션.sav

경고

주어진 파일 지정 사항 C:\Users\SUSIE\SUSIE_HAN\오피스_프로그램\SPSS 21 통계\백산출판사_시계열분석\SPSS_CD\29 몬테칼로 시뮬레이션\SimulationPlan_1.splan(으)로는 프로시저에서 파일에 액세스할 수 없습니다.: 부명령문 PLAN의 키워드 FILE에 대한 C:\Users\SUSIE\SUSIE_HAN\오피스_프로그램\SPSS 21 통계\백산출판사_시계열분석\SPSS_CD\29 몬테칼로 시뮬레이션\SimulationPlan_1.splan. 파일 지정이 구문상 부적합하거나, 적합하지 않은 드라이브 또는 디렉토리를 지정하거나, 보호된 디렉토리를 지정하거나, 보호된 파일을 지정하거나 공유할 수 없는 파일을 지정합니다. 이 명령 실행이 중단되었습니다

만약 변수 이름을 국문으로 그대로 둔 채로 몬테칼로 시뮬레이션을 돌리면 어떻게 될까?
변수를 찾지 못한다는 에러 메시지가 뜬다.

회귀분석 등 시계열 분석 실시

여기서는 회귀분석을 예로 들어서 몬테칼로 시뮬레이션을 설명하고자 한다.

분석 → 회귀분석 → 선형

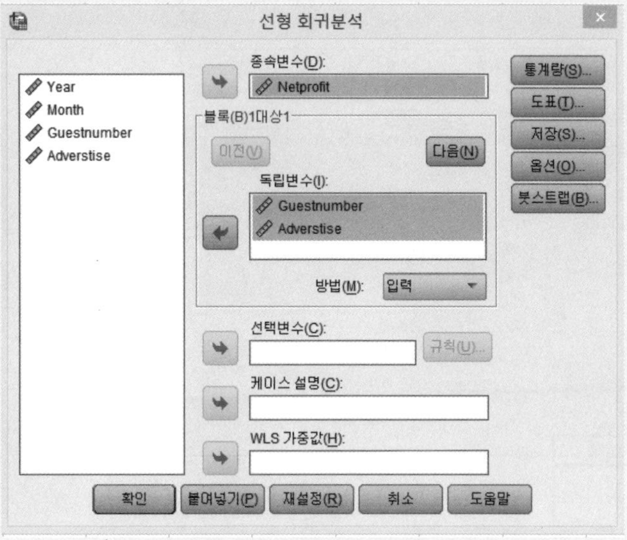

종속변수: Netprofit
독립변수: Guestnumber, Advertise

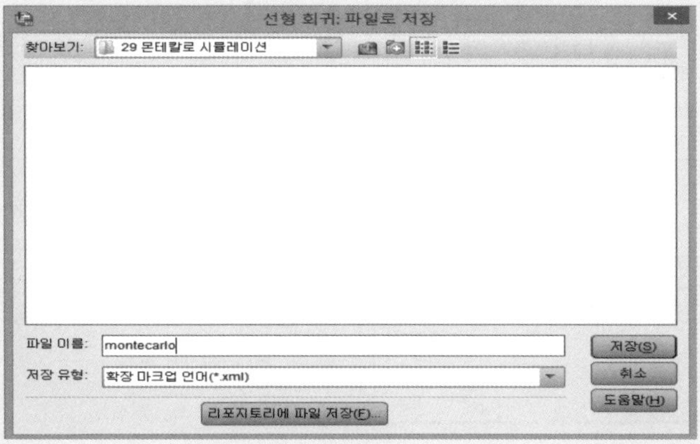

저장 → XML 파일에 모형정보 내보내기
→ 찾아보기: 저장할 위치 결정 → 저장

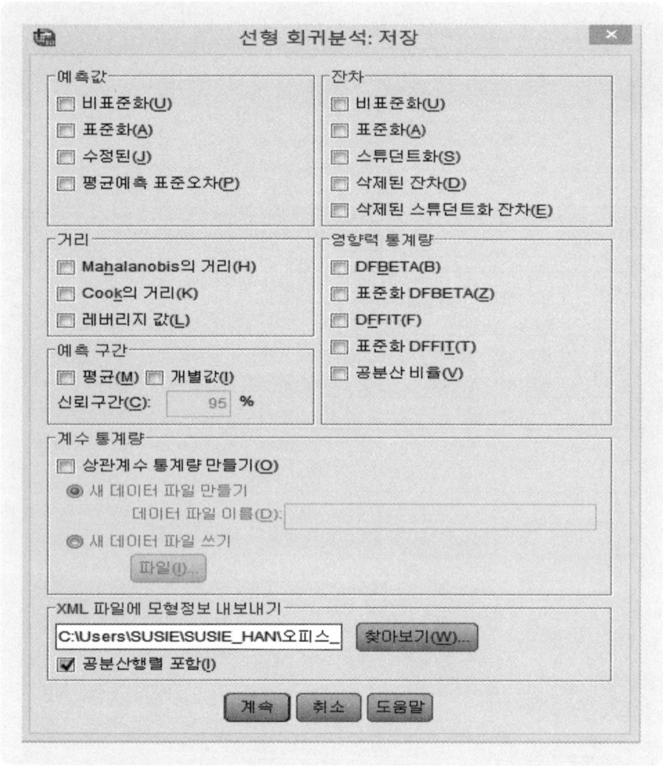
선형 회귀분석: 저장
예측값
비표준화(U)
표준화(A)
수정된(J)
평균예측 표준오차(P)
잔차
비표준화(U)
표준화(A)
스튜던트화(S)
삭제된 잔차(D)
삭제된 스튜던트화 잔차(E)
거리
Mahalanobis의 거리(H)
Cook의 거리(K)
레버리지 값(L)
영향력 통계량
DFBETA(B)
표준화 DFBETA(Z)
DFFIT(F)
표준화 DFFIT(T)
공분산 비율(V)
예측 구간
평균(M)
개별값(I)
신뢰구간(C): 95 %
계수 통계량
상관계수 통계량 만들기(O)
새 데이터 파일 만들기
데이터 파일 이름(D):
새 데이터 파일 쓰기
파일(I)...
XML 파일에 모형정보 내보내기
C:\Users\SUSIE\SUSIE_HAN\오피스_
찾아보기(W)...
공분산행렬 포함(I)
계속
취소
도움말

계속 → 확인 → 결과

진입/제거된 변수[a]

모형	진입된 변수	제거된 변수	방법
1	Adverstise, Guestnumber[b]	.	입력

a. 종속변수: Netprofit

b. 요청된 모든 변수가 입력되었습니다.

모형 요약

모형	R	R 제곱	수정된 R 제곱	추정값의 표준오차
1	.912[a]	.831	.828	350.39429

a. 예측값: (상수), Adverstise, Guestnumber

분산분석[a]

모형		제곱합	자유도	평균 제곱	F	유의확률
1	회귀 모형	58636453.65	2	29318226.83	238.794	.000[b]
	잔차	11909287.04	97	122776.155		
	합계	70545740.69	99			

a. 종속변수: Netprofit

b. 예측값: (상수), Adverstise, Guestnumber

계수[a]

모형		비표준화 계수 B	비표준화 계수 표준오차	표준화 계수 베타	t	유의확률
1	(상수)	139.608	92.522		1.509	.135
	Guestnumber	.172	.008	.913	21.703	.000
	Adverstise	-.076	.279	-.011	-.272	.786

a. 종속변수: Netprofit

R 제곱: 0.831

회귀 방정식이 전체 자료의 83.1%를 설명하고 있다.

회귀 방정식

순이익 = 고객수 × 0.172 + (−0.076) × 광고홍보비

결과가 출력되면서 동시에 지정된 위치에 XML 파일 형태로 저장된다.

모형 소스 선택

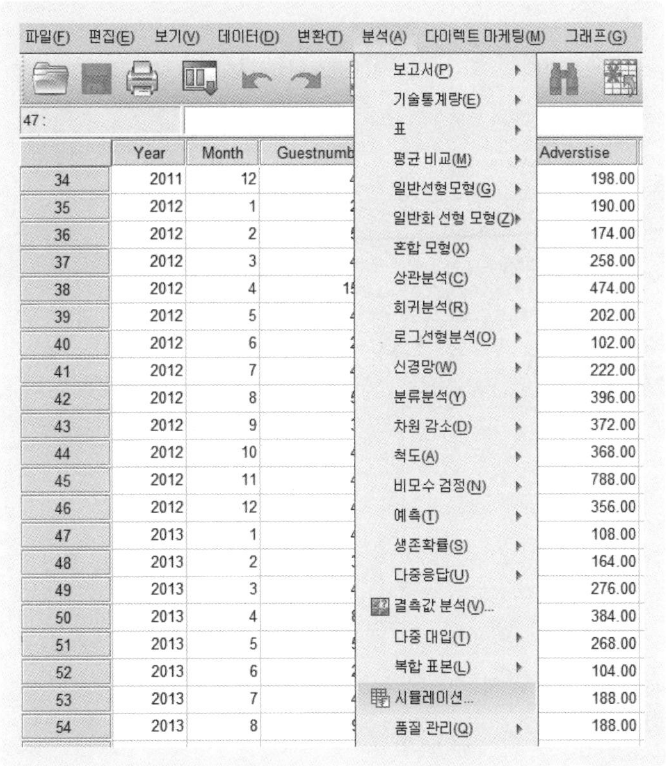

분석 → 시뮬레이션

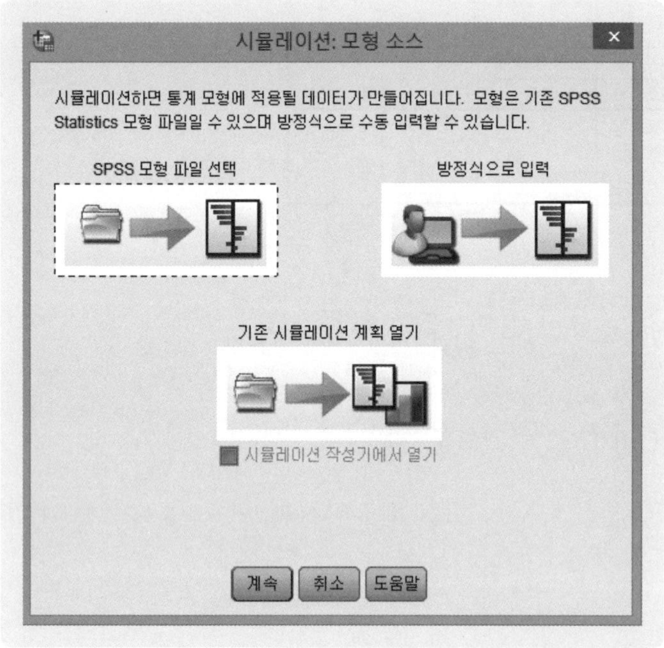

SPSS 모형 파일 선택

- SPSS 모형 파일 선택: 회귀분석 등 SPSS 결과 선택
- 방정식으로 입력: 변수를 지정하고 회귀 방정식을 입력해서 몬테칼로 시뮬레이션을 실시할 경우
- 기존 시뮬레이션 계획 열기: 저장된 몬테칼로 시뮬레이션 불러오기

시뮬레이션 작성기

다음에 맞춤에 물음표가 나타난다.

측정: 변수 속성

계속 → 저장된 XML 파일 선택 → 열기

⑥ 분포: 변수 분포 유형

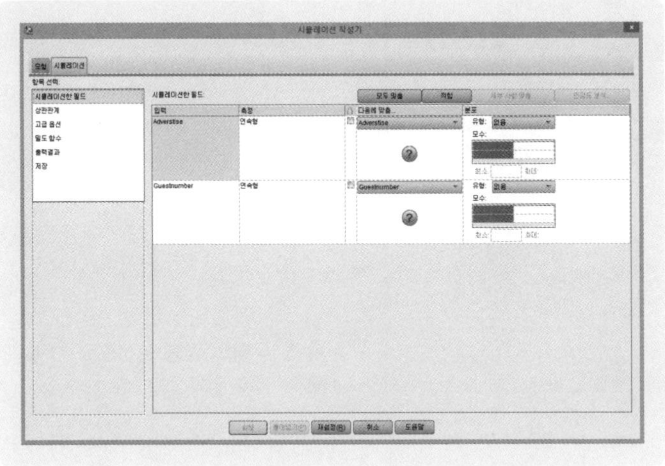

모두 맞춤: SPSS에서 최적의 분포를 찾아준다.

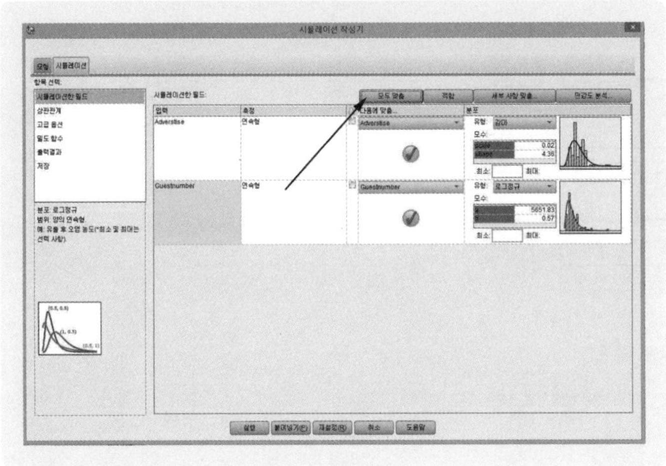

Advertise: 감마
Guestnumber: 로그정규

미래 조건

광고홍보비: 450

광고홍보비가 450이라고 가정했을 때, 몬테칼로 시뮬레이션에 의한 순이익은 어떻게 될까?

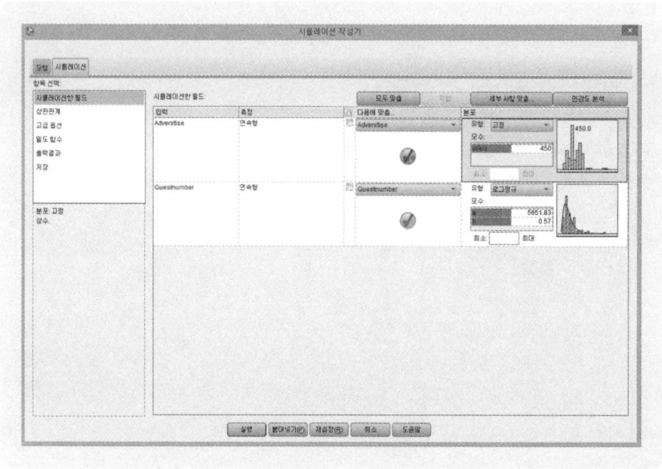

- 유형: 유형 종류를 고정으로 선택
- 모수: 450 입력

실행 → 결과

100,000번 시뮬레이션을 돌린 결과를 보여준다.

평균 95% 신뢰구간에서 하한 1237에서 상한 1262.059로 순이익이 예상된다.

척도 대상의 기술통계량

	평균	표준편차	중위수	최소값	최대값	95% Confidence Interval for Mean		백분위수	
						하한	상한	5.0%	95.0%
Netprofit	1249.564	716.861	1070.087	204.78	10099.83	1237.070	1262.059	480.111	2571.767

척도 입력의 기술통계량

	평균	표준편차	최소값	최대값
Guestnumber	6669.116	4178.669	578.96	58258.42

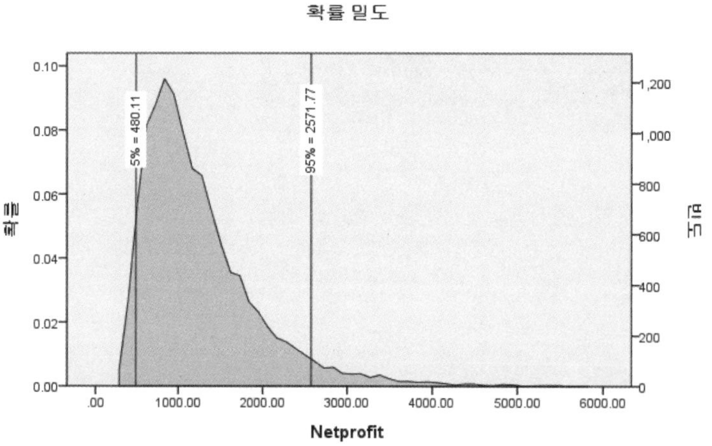

< 480.11	480.11 - 2571.77	> 2571.77
5%	90%	5%

저자약력

한광종

한국의료관광 · 컨벤션연구원 원장

Blog: blog.daum.net/fatherofsusie

Email: fatherofsusie@hanmail.net

Facebook: johngwangjong.han

▮ 저서

Excel 활용 의료병원 통계분석

Excel 활용 마케팅통계조사분석

SPSS 활용 마케팅통계조사분석

SPSS 활용 미래 예측과 시계열 분석

엑셀 활용 비즈니스 시계열분석

Excel 활용 미래 예측과 시계열 분석

의료관광 실무 영어회화

의료관광 실무영어

국제회의 영어

국제회의 실무영어회화

저자와의
합의하에
인지첩부
생략

SPSS 활용 – 미래 예측과 시계열 분석

2015년 1월 10일 초판 1쇄 발행
2017년 1월 10일 초판 2쇄 발행

지은이 한광종
펴낸이 진욱상
펴낸곳 백산출판사
교 정 김호철
본문디자인 오양현
표지디자인 오정은

등 록 1974년 1월 9일 제1-72호
주 소 경기도 파주시 회동길 370(백산빌딩 3층)
전 화 02-914-1621(代)
팩 스 031-955-9911
이메일 edit@ibaeksan.kr
홈페이지 www.ibaeksan.kr

ISBN 979-11-5763-013-4
값 28,000원